건축설비재료

유 성 종 저

技文堂

머리말

최근에 건축물의 규모가 방대해져가고 질적 수준도 고급화되어감에 따라 그 기능 또한 더욱 복잡·다양해지면서 건축설비에 대한 중요성이 증가되고 있는 실정이다. 더욱이 문화생활의 진보와 더불어 보다 쾌적하고, 위생적이며, 안전한 실내환경이 요구됨으로써 최적화된 설계와 고도의 기술적인 시공, 정확한 유지관리와 운전비의 경제성 등 제반 사항의 연구·검토가 필요하다. 이에 따라 설비공사에 사용되는 자재의 품질향상과 합리적인 재료의 선택은 매우 중요한 문제로 대두되고 있다. 잘못된 재료의 선정과 사용방법은 설비의 안정성, 기능성 및 내구성에 큰 영향을 미치게 된다. 따라서 건축기계설비공사에 사용되는 각종 자재의 성능·규격·시험 등 품질에 관한 사항과 특성 및 용도에 관한 종합적인 내용을 기술한 설비재료 지침서가 필요한 실정이다.

이 책은 대학에서 건축설비를 전공하는 학생들의 교재 및 참고도서로서, 또한 실무에 종사하는 분들에게 지침으로 활용되도록 방대한 자료를 압축·요약하여 저술했다. 대학교재로는 다소 많은 분량으로 기술하였으나 실정에 맞추어 활용하길 바라며, 실무지침서로는 다소 미흡한 부분도 있으리라 생각된다. 그러나 교재로서, 재료선정 지침서로서 다음과 같은 내용을 중점으로 엮었다.

1. 재료의 기본사항, 용도, 특성, 사용조건을 이해하는데 주목적으로 하였다.
2. 각종 재료의 성능·규격 등 종합적인 내용의 기술은 한국산업규격(KS)을 기본으로 하였다.
3. 사용되는 단위는 실무현장에서 아직 공학단위를 사용하고 있는 점을 감안하여 SI단위와 병용하였다.
4. 재료에 대한 폭넓은 지식을 얻을 수 있도록 기술하였으며, 특히 새로운 재료의 소개와 적용방법을 포함시켰다.

원래 배움이 적고 경험도 부족하여 내용 중 미흡한 부분이 있고, 또한 뜻하지 않은 오류를 범한 내용도 있으리라 생각된다. 그러나 이 책을 활용하는 설비기술인 여러분들의 조언을 반영하여 계속 수정·보완해 나갈 예정이니 많은 지도와 편달을 바란다.

아무쪼록 이 책을 활용함으로써 건축설비를 전공하는 학생들에게는 전공지식이 함양되고, 실무에 종사하는 설비기술인들에게는 기술향상에 도움이 되기를 바란다. 끝으로 이 책이 나오기까지 도움을 주신 기문당 사장님과 관계자 여러분에게 감사를 드린다.

2003년 1월

저 자

Contents

차 례

01 금속재료

02 관(pipe)

03 관 이음재

04 배관부속

05 덕트(duct)

06 접합재료

07 단열 및 도장재료

08 흡음 · 방진 · 방식

chapter 01

금속재료

01 금속재료

1.1 일반사항

1.1.1 금속재료의 분류

기계나 구조물을 만드는데 사용되는 재료에는 철 · 강 · 구리 · 알루미늄 · 납 등의 금속재료와 목재 · 합성수지 · 석재 · 콘크리트 · 유리 · 도료 등의 비금속재료가 있다. 이 중에서 금속은 다음과 같은 공통된 성질을 가지고 있다는 점에서 비금속과 구별된다.

① 실온(室溫)에서 고체이며, 결정체(結晶體)이다. 단, 수은(Hg)은 예외이다.
② 일반적으로 빛을 잘 반사하며, 금속 고유의 광택을 가지고 있다.
③ 전기 및 열을 잘 전달한다.
④ 연성(延性) 및 전성(展性)이 커서 가공이 용이하고, 소성변형(塑性變形)이 쉽게 된다.

지금까지 발견된 원소는 100종 이상이며, 이 중에 금속원소는 절반이 넘지만 실제 공업용으로 널리 사용되는 금속은 20종 정도이다.

그 중에서 철(Fe)은 자원이 풍부하고 강도가 크며, 가격 또한 비교적 저렴하므로 금속 전체 생산고의 대부분을 차지하고 있다.

철 이외의 금속을 비철금속이라 하며, 구리(Cu) · 알루미늄(Al) · 아연(Zn) · 납(Pb) · 주석(Sn) · 니켈(Ni) · 크롬(Cr) · 텅스텐(W) · 금(Au) · 은(Ag) 등이 있다.

금속 중에서 비중이 4.5 이하의 알루미늄 · 마그네슘 등을 경금속이라 하고, 이보다 비중이 큰 것을 중금속이라 한다.

금속을 포함하여 공업용으로 사용되는 재료를 분류하면 표 1-1과 같다.

표 1-1 공업용 재료의 분류

- 공업재료
  - 금속재료
    - 철금속재료
      - 순철
      - 강(탄소강, 특수강)
      - 주철(회주철, 백주철, 합금주철)
    - 비철금속재료
      - 동, 동합금(황동, 청동)
      - 알루미늄 및 그 합금, 니켈 및 니켈합금
      - 납, 아연, 주석 및 그 합금
      - 귀금속(금, 은, 백금)
  - 비금속재료
    - 석재, 시멘트, 콘크리트, 유리
    - 합성수지(염화비닐, 폴리에틸렌, 에폭시)
    - 가죽, 고무, 펠트, 보온재, 내화재, 연삭재, 도료

1.1.2 금속의 성질

(1) 물리적 성질

1) 비 중

체적이 동일하더라도 재료의 재질에 따라 무게가 다르다. 비중(specific gravity)이란 동일 체적을 가진 각종 재료의 무게를 비교하는 값으로서, 4℃의 순수한 물의 무게를 기준으로 이 무게보다 얼마나 무거운지 또는 가벼운지를 나타낸 수치이다.

$$\text{비중} = \frac{\text{어떤 재료의 무게}}{\text{재료와 동일 체적의 물의 무게} } \tag{1.1}$$

표 1-2에서와 같이 금속의 경우 비중이 작은 것은 리듐 0.53에서부터 큰 것은 이리듐 22.5까지 있다. 공업용에 많이 사용되고 있는 철은 7.87, 동은 8.9, 알루미늄은 2.7이다. 비중은 금속의 종류나 순도에 따라 다르며, 또한 동일한 금속이라도 단조나 압연한 것은 주조한 것보다 일반적으로 크다.

2) 비 열

1g의 물질을 1℃ 올리는데 필요한 열량을 비열(specific heat)이라고 한다. 같은 양의 열을 가하여도 재료에 따라서는 온도의 상승에 차이가 있다. 즉 비열이 큰 재료일수록 가열하는데 더 많은 열이 요구된다. 금속의 비열은 일반적으로 작지만 마그네슘이나 알루미늄의 비열은 크다.

표 1-2 금속원소의 물리적 성질

원소 기호	금 속 명	원자 번호	비 중 (20℃)	용 융 점 (℃)	비 열 (cal/g · ℃)
Ag	은	47	10.497	960.5	0.056(0℃)
Al	알루미늄	13	2.699	660.2	0.223
Au	금	79	19.32	1,063.0	0.131
Ca	칼슘	20	1.55	850±20	0.149
Cr	크롬	24	7.09	1,553	0.1178
Cu	구리	29	8.96	1,083.0	0.0931
Fe	철	26	7.871	1,530±3	0.1172
Ge	게르마늄	32	5.36	958±10	0.073
Hg	수은	80	13.55	-38.89	0.03326
Ir	이리듐	77	22.50	2,454±3	0.031
Li	리듐	9	0.534	180±5	0.092
Mg	마그네슘	12	1.743	650	0.2475
Mn	망간	25	7.40	1,245±10	0.1211
Mo	몰리브덴	42	10.238	2,025±50	0.059(0℃)
Na	나트륨	11	0.971	97.9	0.295
Ni	니켈	28	8.85	1,455	0.2079
Pb	납	82	11.341	327.43	0.031
Pt	백금	78	21.43	1,773.5	0.032
Sb	안티몬	51	6.62	630.5	0.0502
Si	규소	14	2.33	1,414	0.162(0℃)
Sn	주석	50	7.298	231.84	0.0551
Ti	티탄	22	4.54	1,800+22	0.1125
U	우라늄	92	18.70	1,133±2	0.028
W	텅스텐	74	19.262	3,410±20	0.0338
Zn	아연	39	7.133	419.46	0.0944

3) 선팽창계수

일반적으로 물질은 가열하면 팽창하고 냉각하면 수축한다. 물체의 단위길이에 대하여 온도 1℃가 높아지는데 따라 길이가 늘어나는 양을 선팽창계수(coefficient of linear expansion)라 한다.

온도(℃)가 t_0에서 t_1로 변한 경우 길이가 l_0에서 l_1로 변했다면 선팽창계수는 다음과 같다.

$$\text{선팽창계수}(a) = \frac{\text{온도변화에 의한 신장}}{\text{본래의 길이} \times \text{온도변화}} = \frac{l_1 - l_0}{l_0(t_1 - t_0)} \tag{1.2}$$

표 1-3 재료의 선팽창계수

재 료	선팽창계수(α)	재 료	선팽창계수(α)
주 철	$1.0 \sim 1.2 \times 10^{-5}$	납	$2.8 \sim 2.9 \times 10^{-5}$
강	$1.0 \sim 1.1 \times 10^{-5}$	염화비닐	$7.0 \sim 8.0 \times 10^{-5}$
동	1.66×10^{-5}	콘크리트	$0.7 \sim 1.3 \times 10^{-5}$
황 동	$1.8 \sim 2.3 \times 10^{-5}$	유 리	0.9×10^{-5}

4) 열전도율

금속은 일반적으로 열을 잘 전도한다. 길이 1cm에 대하여 1℃의 온도차가 있을 때, $1cm^2$의 단면적을 통하여 1sec 사이에 전달되는 열량을 열전도율(thermal conductivity)이라 한다. 순도가 높은 금속은 열전도율이 좋고, 불순물이 들어갈수록 나쁘게 된다. 열전도율이 가장 좋은 금속은 은이고, 구리 · 금 · 알루미늄 등의 순서로 작아진다.

5) 전기전도율

금속은 열과 마찬가지로 전기도 잘 전도하며, 순수한 금속일수록 양호하고 불순물이 들어가면 불량하다. 즉 합금은 순금속에 비해 전기전도가 나쁘다. 일반적으로 열전도율이 좋은 금속은 전기전도율이 좋다. 실온 20℃에서 전기전도율이 큰 것부터 작은 순서로 표시하면 다음과 같다.

은(Ag) → 구리(Cu) → 금(Au) → 알루미늄(Al) → 마그네슘(Mg) → 아연(Zn) → 니켈(Ni) → 철(Fe) → 주석(Sn) → 납(Pb) → 안티몬(Sb)

표 1-4 재료의 전기저항과 열전도율

원 소	Ag	Cu	Au	Al	Mg	W	Zn	Co	Ni
열전도율(cal/cm · sec · ℃)	1.00	0.94	0.71	0.53	0.37	0.40	0.27	0.17	0.22
전기저항($\Omega cm \times 10^{-6}$)	1.59	1.67	2.35	2.65	4.45	5.65	5.92	6.24	6.84
원 소	Sn	Pb	Zr	Ti	Bi	Si	Te	C	Fe
열전도율(cal/cm · sec · ℃)	0.15	0.08	0.05	0.03	0.02	0.20	0.01	0.06	0.18
전기저항($\Omega cm \times 10^{-6}$)	11	21	40	42	107	10	44×10^4	1,375	9.71

6) 용융온도

금속은 가열하면 어느 온도에 이르면 용융되어 고체로부터 액체로 형태가 변형된다. 또한 용융된 금속을 냉각하면 응고되어 고체로 변태(變態)한다. 표 1-2에서와 같이 금속 중에서 용융온도가 가장 높은 것은 텅스텐으로 3,400℃이고, 가장 낮은 것은 수은으로서 −38.8℃이며, 철은 1,530℃이다.

(2) 기계적 성질

기계나 구조물을 만들 때 각종 재료가 사용되며, 설계할 때는 이들 재료가 외력에 대하여 어느 정도 큰 저항력이 있는가를 알아야 한다. 또한 사용되는 재료가 필요한 기계적 성질을 가지고 있는지의 여부를 실험이나 검사하는 일이 필요하다.

재료의 성질을 시험하려면 그 재료의 일부에서 시험편(test piece)을 잘라내어 이것으로 그 성질을 시험해야 한다. 금속재료는 시험편을 잘라내는 부위 · 방향 등에 따라 재질이 불균일할 수도 있으므로 그 재료를 실제 사용할 때의 상태에 가장 가까운 대표적인 것으로 선정하고 제작해야 한다. 금속재료의 기계적 성질 중에서 공업상 가장 널리 사용되는 성질은 강도(strength), 연성(ductility), 경도(hardness) 등이다.

1) 인장강도

재료가 인장하는 힘에 견디는 세기(强度)를 인장강도(tensile strength)라고 하며, 그림 1-1과 같은 시험편을 가지고 인장시험을 해서 결정한다.

인장시험(tension test)은 시험편의 양끝을 시험기에 고정시키고, 시험편의 축방향으로 당기는 힘을 작용시켜 파괴되기까지의 변형과 주어진 힘을 측정함으로써 그 재료의 항복점 · 인장강도 · 연신율 및 단면수축률 등을 결정하는 시험이다. 인장시험기로 인장하중을 증가시키면서 시험편의 연신을 기록하면 그림 1-2와 같은 하중-신율곡선이 얻어진다. 그림에서 ①곡선은 연강의 경우이고, ②곡선은 비철금속의 경우이다.

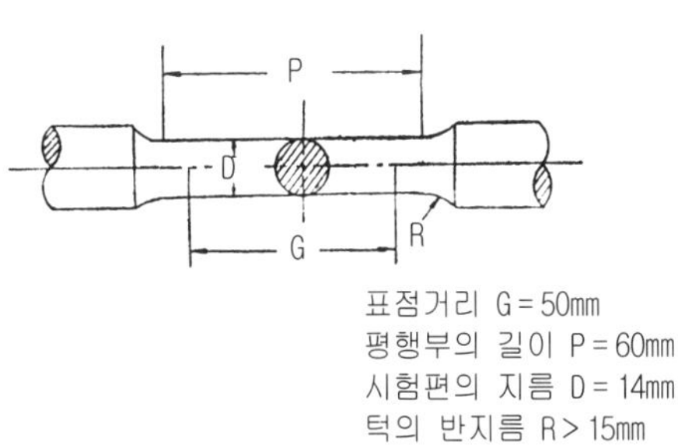

그림 1-1 인장 시험편

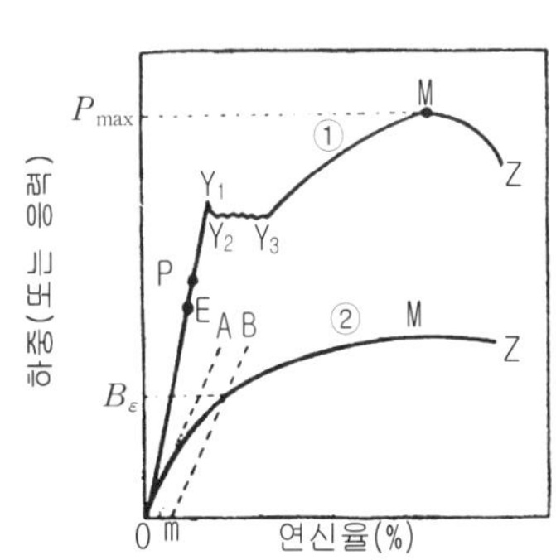

그림 1-2 인장시험 곡선

① 탄성한도(elastic limit) : 인장시험에서 하중이 작을 때는 신율이 하중에 비례하여 탄성적으로 변하며, 하중을 제거하면 신율이 감소되어 본래의 길이로 되돌아간다. 이 한계의 점 E를 탄성한도라 한다.

② 항복점(yield point) : 비례한도 P를 초과한 하중이 작용하면 하중과 신율의 관계는 비례되지 않고, 점 Y_1에서 갑자기 하중이 감소되면서 점 Y_2로 되고, 하중을 증가시키지 않아도 시험편이 늘어난다.

이 때 점 Y_1을 상부 항복점, Y_2를 하부 항복점이라 한다.

③ 인장강도(tensile strength) : 인장시험을 해서 재료가 파괴될 때의 강도를 말하며, 그림 1-2에서 점 M으로 표시되는 최대하중($P_{\max}$)을 시험편의 원단면적(A_0)으로 나눈 값을 인장강도 σ_B라 한다. 응력-신율곡선에서 최대하중점 M까지는 대략 균일하게 늘어나지만 점 M을 지나면 시험편의 단면은 급속히 작게 되고, 하중이 감소되면서 점 Z에서 파괴된다.

$$\sigma_B = \frac{P_{\max}}{A_0}(N/\text{mm}^2)\{\text{kgf/mm}^2\} \tag{1.3}$$

④ 신율(elongation percentage) : 재료를 인장하여 절단될 때까지의 늘어난 비율을 신율이라 한다.

신율 ε는 시험편이 인장되어 절단될 때까지의 늘어난 길이 l과 시험 전의 표점거리 l_0와의 차이를 l_0로 나눈 값을 %로 표시한다.

$$\varepsilon = \frac{l - l_0}{l_0} \times 100(\%) \tag{1.4}$$

⑤ 단면 수축률(reduction of area) : 단면 수축률 ϕ는 시험편 절단부의 단면적 A와 시험하기 전 시편의 단면적 A_0와의 차이를 A_0로 나눈 값을 %로 표시한다. 신율이 클수록 단면 수축률이 크다.

$$\phi = \frac{A_0 - A}{A_0} \times 100(\%) \tag{1.5}$$

위의 인장시험에서 표시된 항복점, 인장강도 등은 재료의 외력에 저항하는 강도의 값이고, 신율과 단면 수축률 등은 변형에 대한 능력을 표시하는 값이다.

2) 경 도

경도(hardness)는 재료의 기계적 성질을 결정하는 중요한 요소로서, 인장강도와 더불어 널리 사용되고 있다. 경도를 표시하는 방법 중 비교적 많이 사용되는 것은 재료의 표면에 일정한 형상을 한 볼(ball), 원뿔(cone), 피라미드 등을 일정한 압력으로 누르고, 이 때에 생긴 자국의 크기로 경도를 표시하는 압입경도가 사용된다. 압입에 의해 경도를 측정하는 방법에는 브리넬경도(H_B), 로크웰경도(H_R), 비커스경도(H_V), 쇼어경도(H_S) 등이 있다.

3) 충격강도

재료에 하중이 급격히 작용했을 때 충격적인 힘에 대한 재료의 성질은 정적 시험에 의한 강도만으로 판단하기 어려운 경우가 있다. 충격적인 힘을 가하여 시험편이 파괴될 때에 필요한 에너지를 그 재료의 충격값(impact value)이라 한다.

충격적인 힘이 작용했을 때, 잘 파괴되지 않는 성질을 인성(toughness)이라 하고, 파괴되기 쉬운 여린 성질을 취성(brittleness) 또는 메짐이라고 한다.

4) 피로강도

인장강도 및 항복점으로부터 계산한 안전하중상태에서 재료에 작은 힘을 계속 작용시켜 반복했을 때 재료가 파괴를 일으키는 경우가 있다. 이와 같은 파괴를 피로(fatigue)파괴라 한다. 그러나 하중이 일정 값보다 작을 때에는 무수히 많은 반복하중이 작용하더라도 재료가 파단하지 않는다. 재료가 영구히 파단하지 않는 응력 중에서 가장 큰 것을 피로한도(fatigue limit)라 하고, 이것을 구하는 것은 피로시험이라 한다.

1.1.3 금속의 결정과 합금의 응고상태

(1) 금속의 결정

1) 금속의 응고

① 응고 순서 : 용융된 순금속을 냉각하면 고유한 일정온도에서 응고가 시작되며, 이때 수많은 원자들이 규칙적인 배열을 형성함으로써 작은 결정핵(seed crystal)을 만든다. 그리고 결정핵을 중심으로 원자가 금속 고유의 격자를 갖는 나뭇가지 모양의 결정으로 성장한다. 이를 수상결정(dendrite)이라 하며, 그림 1-3과 같다. 수상결정은 점점 크게 발달되어 결정이 성장해가면서 각 결정체들이 경계에서 충돌하면서 결정경계선이 형성된다. 그림 1-4에 결정핵이 발생하여 결정경계가 형성되기까지의 과정을 나타냈다.

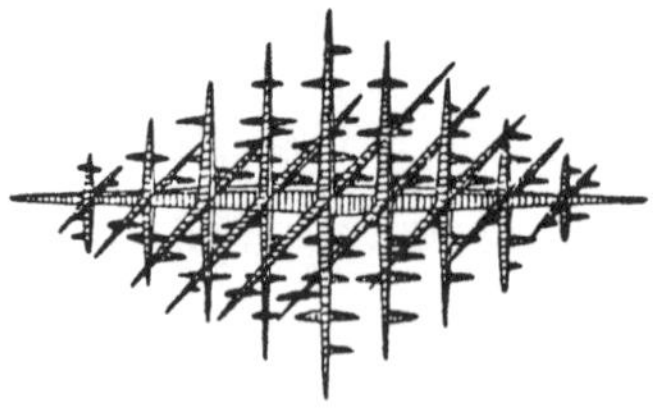

그림 1-3 수상결정

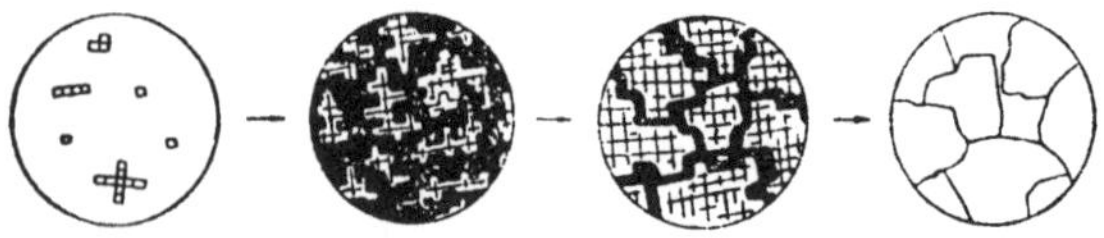

(a) 결정핵 발생 (b) 결정의 성장 (c) 결정경계 형성

그림 1-4 결정핵의 성장과정

② 결정입자의 크기와 형상 : 결정입자의 크기는 금속의 종류와 불순물의 양에 따라 다르고, 또한 냉각속도의 영향을 받는다. 일반적으로 냉가속도가 빠르면 결정핵의 수가 많이 생겨 결정입자는 미세하게 되고, 반대로 냉각속도가 느리면 핵의 수가 적어 결정입자가 커진다.

용융된 금속을 금속주형에 넣으면 접촉되는 부분은 급속히 냉각되므로 결정핵이 많아지지만 중심부는 천천히 냉각되므로 결정핵의 발생이 거의 없다. 따라서 쇳물은 주형의 표면에서부터 응고하기 시작하여 중심부로 갈수록 결정이 성장하게 되므로 그림 1-5와 같은 주상결정(柱狀結晶 ; columnar crystal)이 생긴다. 주형의 모서리가 직각인 경우 직각의 2등분 면에 취약부가 생기고 불순물이 모이기 쉬우므로 편석(偏析)이 생기는 경우가 많다. 이를 방지하기 위해서는 주형의 모서리는 둥글게 라운딩(rounding)해야 한다.

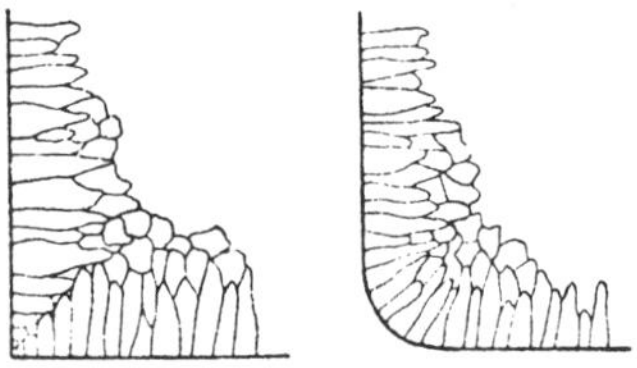

(a) (b)

그림 1-5 주형 내의 결정성장 방향

2) 결정격자

물질을 구성하고 있는 원자가 규칙적으로 배열되어 있을 때 이것을 결정체라 한다. 일반적으로 금속은 매우 많은 크고 작은 결정의 집합체로 이루어져 있다. 금속을 구성하고 있는 결정들은 무질서하게 집합을 이루고 있다.

이와 같은 결정집합을 다결정체라 하고, 그 한 개 한 개의 결정체를 결정입자라 한다. 그리고 결정입자와 결정입자와의 경계를 결정경계라 한다. 한 개의 결정입자를 X선으로 보면 원자들이 규칙적으로 배열되어 있는데, 이와 같은 배열을 결정격자(結晶格子 ; crystal lattice)라 하며, 금속은 각각 고유의 결정격자를 갖는다. 대표적인 금속의 결정격자에는 그림 1-6과 같이 체심입방격자, 면심입방격자, 조밀육방격자가 있다.

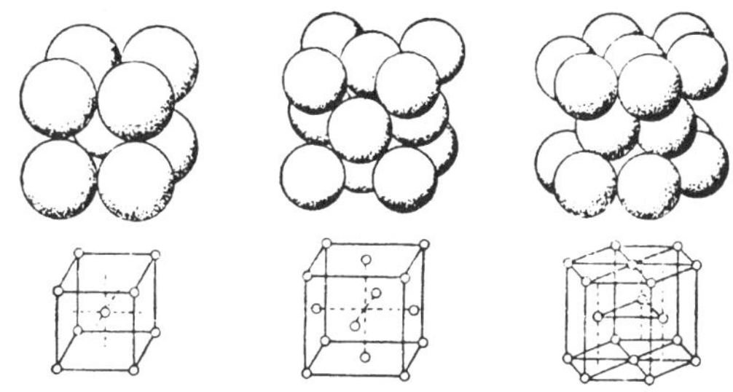

(a) 체심입방격자 (b) 면심입방격자 (c) 조밀육방격자

그림 1-6 결정격자의 모형

3) 금속의 변태(變態)

대부분의 금속은 온도의 변화에 의해 고체에서 액체 또는 기체로 상태의 변화가 일어나는데 이를 변태(transformation)라 하며, 변태하는 온도를 변태점이라 한다. 또한 금속이 고체 내에서 원자배열의 변화, 즉 결정격자의 형상이 변하는 변태를 동소변태(allotropic transformation)라 한다. 순철의 경우 α철은 906℃ 이하에서 체심입방격자, γ철은 906~1,401℃에서 면심입방격자, δ철은 약 1,401~1,530℃에서 체심입방격자이다.

표 1-5는 주요 금속의 결정격자를 나타낸 것으로 Fe, Co, Zr, Ti 등의 순금속은 2종류의 결정구조를 가지고 있으며, 탄소도 다이아몬드와 흑연의 2가지 상태가 있다. 이와 같이 금속의 동소변태는 결정격자의 배치에 변화가 생긴다. 그러나 일정한 온도에서의 원자배열에는 변화가 생기지 않고, 자기(磁氣)의 크기 변화가 생기는 경우가 있는데, 이를 자기변태(magnetic transformation)라 한다. 금속에서 단순히 변태라 함은 동소변태를 가리킨다.

표 1-5 금속의 결정격자

결 정 격 자	해 당 금 속
면심입방격자	Ag, Al, Au, β-Co, Cu, γ-Fe, Ni, Pb, Pt
체심입방격자	Cu, α-Fe, δ-Fe, Mo, Na, β-Ti, V, W, β-Zr
조밀육방격자	Be, Cd, α-Co, Mg, α-Ti, Zn, α-Zr

* 측정온도 : β-Co(477℃), γ-Fe(916℃), β-Ti(900℃), β-Zr(862℃)

(2) 합금의 응고상태

합금은 한 개의 금속원소에 다른 한 개 이상의 금속원소 또는 비금속원소를 첨가하여 융해한 것으로서 금속적인 성질을 가지는 것을 말한다. 단일 금속원소로만 구성되어 있는 순금속에서는 볼 수 없는 특수한 성질을 갖는 이점이 있으므로 각종의 재질을 개선할 수 있다. 합금의 조직은 융합상태에 따라 다르나 대표적인 것에는 공정, 고용체, 금속간의 화합물 등이 있다.

1) 공 정

두 개의 성분으로 된 금속이 용융되어 있는 상태에서는 서로 융합되어 균일한 액체를 형성하지만 응고한 후에는 금속성분이 각각의 결정으로 분리되어 두 개의 금속 성분이 기계적으로 결합된 조직으로 된다. 이와 같은 현상을 공정(共晶)이라 하고, 이때의 조직을 공정조직(eutectic structure)이라 한다.

2) 고용체

한 성분의 금속 중에 다른 성분의 금속이 혼합되어 용융상태에서 합금되었을 때나 고체상태에서도 균일한 융합상태로 되어 각 금속의 성분을 기계적인 방법으로 구분할 수 없을 때, 이것을 고용체(固容體 ; solid solution)라 한다.

3) 금속간의 화합물

금속과 금속 사이의 친화력이 클 때에는 화학적으로 결합하여 각 금속의 성분과는 다른 성질을 갖는 독립된 화합물을 만든다. 이를 금속간 화합물(intermetallic compound)이라 한다.

1.1.4 금속의 가공과 열처리

(1) 금속의 가공

목재에 큰 힘을 가하면 터지거나 부러지고, 돌 또는 콘크리트의 경우는 부서진다. 그러나 금속의 경우에는 큰 힘이 작용하는 경우 일반적으로 늘어나던가 얇게 변형되는 성질을 가지고 있다. 이와 같이 금속에는 그 고유의 성질이 있으므로 판재, 봉재, 파이프 또는 여러 가지 모양으로 가공할 수 있다.

이와 같이 재료가 변형되는 성질을 소성(plasticity)이라 하고, 이 성질을 이용한 변형을 소성변형(plastic deformation)이라 한다. 소성변형 이외에 금속에는 탄성변형(elastic deformation)이라 하여 재료의 탄성한계에 이르지 않은 범위에서는 가해진 외력을 제거할 경우 원상태로 돌아가는 일시적인 변형이 있다.

그러나 소성변형은 탄성변형과는 달리 외력이 비례한도를 넘는 경우, 외력을 제거해도 원상태로 돌아가지 않는다. 따라서 이 변형을 영구변형이라고 한다. 소성변형을 이용한 가공을 소성가공(plastic working) 또는 그냥 가공이라 하며, 다음과 같은 가공법이 있다. 그림 1-7은 소성가공의 예를 나타낸 것이다.

① 압연(rolling) : 회전하는 롤러(roller) 사이에 소재를 넣어 목적으로 하는 판재 또는 봉재 등으로 가공하는 방법이다.

② 압출(extrusion) : 실린더 모양을 한 컨테이너(container)에 금속 원주형의 소재를 넣고 가압하여 봉재 · 관재 · 형재 등의 제품으로 가공하는 방법이다.

③ 인발(drawing) : 원뿔형의 구멍을 가지고 있는 공구(다이스)를 사용하여 소재를 길게 뽑아내는 방법으로서 봉재, 선재를 가공하는 방법이다.

④ 프레스 가공(press working) : 금속판재를 아래, 위 한 쌍의 프레스 형틀 사이에 넣고 성형 · 가공하는 방법이다.

⑤ 단조(forging) : 소재를 가열하여 해머 등으로 단련 및 성형하는 방법이다.

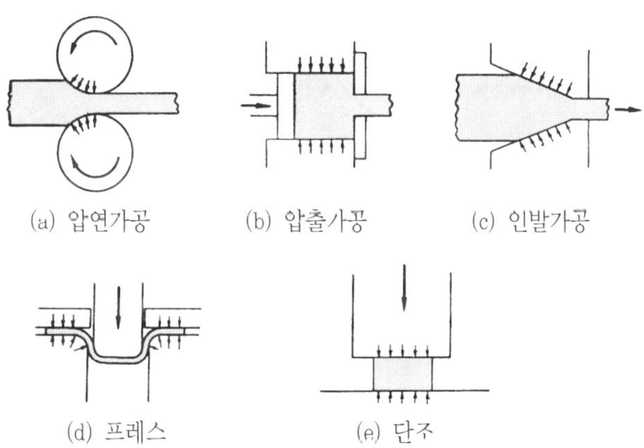

그림 1-7 소성가공의 종류

(2) 소성가공

금속의 소성가공에서 변형을 시키는 온도가 그 금속의 재결정 온도보다 낮은 경우는 냉간가공(cold working) 또는 상온가공이라 하고, 재결정 온도보다 높을 때를 열간가공(hot working)이라 한다.

1) 소성변형

① 슬립 : 금속재료는 보통 다결정으로 되어 있으나 금속의 소성변형 과정을 생각하기 위해서 전체가 한 개의 결정으로 형성되어 있는 단결정의 경우를 예로서 설명한다.

그림 1-8(a)는 외력이 작용하지 않은 상태이다. 여기에 외력으로 인장력이 작용할 경우 (b)와 같은 상태로 미끄럼(sliding)변화를 일으켜서 어떤 방향으로 이동할 경우의 결정

이동은 슬립(slip)의 집단적 이동으로 생기게 된다. 이를 집단슬립이라 하며, 금속 고유의 슬립면에 따라 이동이 생긴다.

소성변형이 진행되면 슬립에 대한 저항이 점점 증가하고, 그 저항이 증가하면 금속의 경도와 강도도 증가한다. 이것을 변형에 의한 가공경화(work hardening) 또는 스트레인 경화(strain hardening)라 한다.

② 쌍정 : 그림 1-8(c)와 같이 변형 전과 변형 후의 위치가 어떤 면을 경계로 하여 대칭되는 것과 같은 변형을 하였을 때 이를 쌍정(twin)이라 한다.

③ 전위 : 금속의 결정격자는 규칙적으로 배열되어 있는 것이 정상적이지만 불완전하거나 결함이 있을 때 외력이 작용하면 불완전한 곳이나 결함이 있는 곳으로부터 이동이 생긴다. 이를 전위(dislocation)라 하며, 이 전위의 이동으로 소성변형이 생긴다.

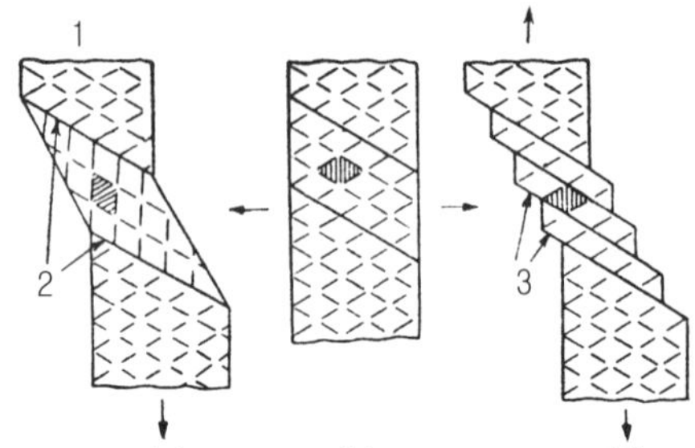

1.인장력 2.쌍정면 3.슬립

(a) 소성변형 전 상태
(b) 슬립에 의한 변형
(c) 트윈에 의한 변형

그림 1-8 소성변형 설명도

2) 냉간가공

얇은판 또는 가는선(wire)을 소성가공할 때, 정밀한 치수로 만들거나 균일한 성질이 필요한 경우 및 표면이 매끈한 것을 만들려고 할 때에는 냉간가공을 한다.

냉간가공을 하면 대부분의 금속 및 합금은 결정 내부의 저항이 크게 되어 가공경화되므로 강도와 경도가 증가하고 신율이 감소된다. 따라서 냉간가공을 계속해서 작업하는 경우, 작업 중에 때때로 풀림을 하여 가공경화의 영향을 제거하고 연성 및 전성을 회복시켜야 한다.

그림 1-9는 가공경화에 따른 기계적 성질의 변화상태를 표시한 것이다. 인장강도, 경도는 가공도가 커짐에 따라 처음에는 증가율이 커지고 다음에는 점진적으로 증가되었다가 나중에는 거의 일정하게 된다. 그러나 신율은 반대현상을 일으킨다.

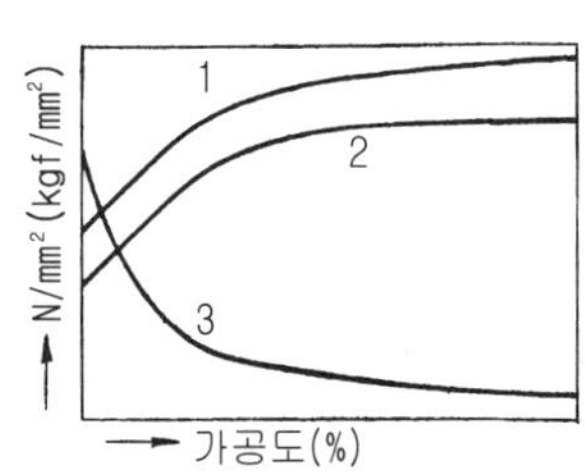

1.경도 2.인장강도 3.연신율(%)

그림 1-9 가공도와 기계적 성질

(3) 상온 가공된 재료의 풀림 열처리

1) 풀 림

금속을 상온에서 압연 또는 선재로 가공할 경우에 가공도가 증가함에 따라 경도도 증가하므로 계속 가공하려면 더욱 큰 힘이 필요하게 된다. 또 무리하게 가공한다면 균열이 생기고 파괴되기 쉽다. 가공경화된 재료를 어떤 온도까지 가열하면 가공 전의 경도로 돌아간다. 이 작업을 풀림(annealing)이라 한다. 상온에서 소성가공작업을 할 때 풀림으로 금속을 연화시키는 공정은 중요한 작업의 하나이다.

2) 재결정

그림 1-10은 상온 가공한 재료를 풀림하면 재질이 연하게 되는 과정을 나타낸 것이다. (1)의 구역에서는 경도에 별로 차이가 없으나 내부변형이 일부 제거되면서 회복되어간다. (2)의 구역은 경도가 급격히 감소되는 온도범위로서 재결정구역이라 한다. 여기서 재질이 연하게 변화되는 것은 상온 가공된 재료 중에서 새로운 결정핵이 생기며, 이것이 성장하여 전체가 새로운 결정으로 변하기 때문에 재결정이라 한다. 새로 형성된 결정은 상온 가공경화의 영향이 없으므로 연한 상태로 되어 있다. (3)의 구역은 온도의 증가와 더불어 결정이 성장하여 결정입자들이 크고 억세게 된다.

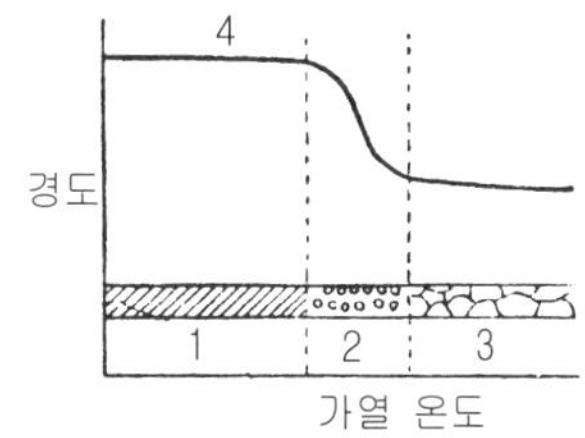

1.회복 2.재결정
3.결정의 성장

그림 1-10 재결정 온도

3) 가공도와 재결정 온도

재결정 온도와 가공도와의 관계를 살펴보면 일반적으로 가공도가 큰 재료의 재결정은 낮은 온도에서 생긴다. 반대로 가공도가 작은 재료의 재결정은 높은 온도에서 생긴다. 표 1-6에 주요금속의 재결정 온도를 나타냈다.

표 1-6 주요 금속의 재결정 온도

금속원소	재결정 온도	금속원소	재결정 온도
금(Au)	200(℃)	알루미늄(Al)	150~240(℃)
은(Ag)	200(℃)	아 연(Zn)	7~15(℃)
구 리(Cu)	200~300(℃)	주 석(Sn)	-7~25(℃)
철(Fe)	350~450(℃)	납 (Pb)	-3(℃)
니 켈(Ni)	530~660(℃)	백 금(Pt)	450(℃)
텅스텐(W)	120(℃)	마그네슘(Mg)	150(℃)

1.2 철강재료

1.2.1 철 및 강의 제조법

(1) 선철의 제조

선철(pig iron)은 적철광, 자철광 등 철광석을 용광로(고로)에서 환원하여 만든다. 용광로의 상부에서 철광석, 코크스, 석회석 등을 교대로 장입(裝入)하고, 한편 열풍로에서 약 800℃로 예열시킨 공기를 송풍구에서 불어넣으면 철광석 중의 산화철은 환원되어 1,500℃의 고온에서 용융된 철로 된다. 이 용융철은 용광로의 아래쪽에서 코크스와 접촉하면서 다량의 탄소를 용해한 선철로 산출한다. 탄소의 함유량은 규소량에 따라 다르지만 보통 2.5~4.5% 정도이다.

(2) 강의 제조

용광로에서 만든 선철은 탄소량이 많아 취성(메짐)이 있으나 주조성이 좋기 때문에 선철의 일부는 용선로(cupola)에서 용해하여 주철로 사용된다. 그러나 선철의 대부분은 탄소량이 적

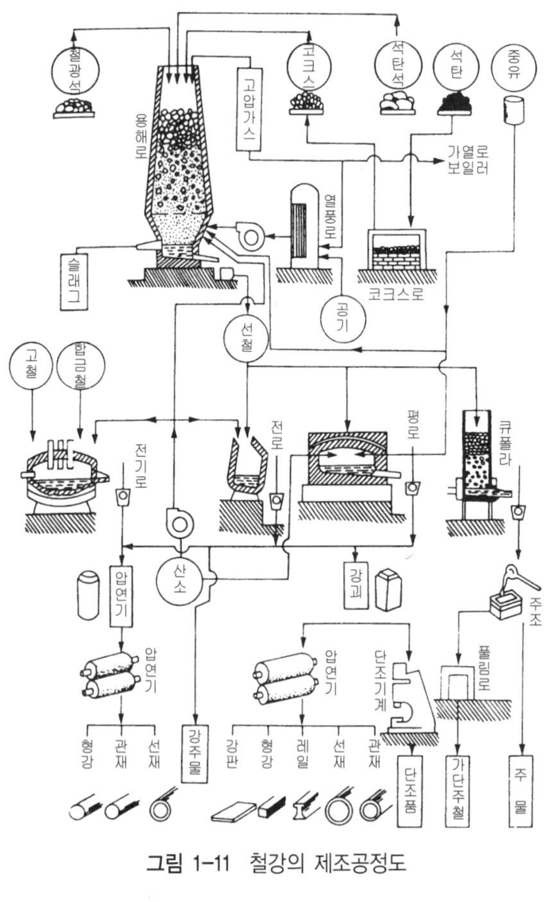

그림 1-11 철강의 제조공정도

은 강인한 강(steel)의 원료로 사용된다. 강을 만드는 방법에는 평로 제강법, 전로 제강법, 전기로 제강법, 고주파로 제강법 등이 있다. 평로와 전로는 일반용 강을 제조할 때 사용하며, 전기로와 고주파로는 주로 특수강을 제조할 때 사용한다. 그림 1-11에 철강의 제조공정도를 나타냈다.

(3) 강 괴

제강로에서 정련이 끝난 용해된 강은, 노(爐) 안 또는 쇳물받개(ladle) 속에서 탈산제를 첨가하여 탈산한 후, 주형(mould)에 주입하여 강괴(steel ingot)를 만든다. 강괴는 탈산의 정도에 따라 림드강과 킬드강으로 나누어진다.

1) 림드강

림드강(rimmed steel)은 평로 또는 전로에서 정련된 용강을 페로망간(Fe-Mn)으로 가볍게 탈산시켜 주형에 주입해서 만든다. 이 강은 탈산이 충분하지 못하므로 용강은 주형 내에서 비등하며, 응고 후에는 표면 밑에 일정한 깊이의 기포가 생긴다. 주형에 접하는 부분은 빨리 냉각되므로 순도는 좋으나 내부에는 용융점이 낮은 불순물이 편석되기 쉽다. 따라서 강괴의 단면은 기공(氣孔)이 생긴다.

림드강은 탈산이 충분히 되지 않아 재질이 균일하지 않으므로 양질의 강이라고는 할 수 없으나, 기포는 압연할 때 압착되면 단접되므로 표면의 순도는 양호하다. 탄소 0.3% 이하의 보통강으로서 판, 봉 및 파이프 등으로 널리 쓰인다.

2) 킬드강

킬드강(killed steel)은 노 내에서 펠로실리콘, 알루미늄 등의 강탈산제를 첨가하여 충분히 탈산시킨 강으로서 주형에 주입하면 그대로 응고한다. 기포 및 편석은 없으나 표면에 헤어크랙(hair crack)이 생기기 쉬우며, 상부에는 수축관(shrinkage nozzle)이 생긴다. 이러한 질이 나쁜 부분은 제거하여 사용하기 때문에 강괴의 10~20%는 잘라버린다.

킬드강은 주로 평로 및 전기로 등에서 만들어지며, 재질이 균일하므로 고급강에 쓰인다.

3) 세미 킬드강

킬드강은 재질이 좋으나 값이 비싸기 때문에 탈산의 정도를 적당하게 하여 재질을 킬드강과 림드강의 중간 정도로 한 것이 세미 킬드강이다. 용접구조물이 많이 사용되고 있는 최근에는 특히 강질의 균일성이 두드러지게 요구되고 있다. 따라서 림드강과 같이 기포나 편석이 없고, 킬드강보다 값이 싼 세미 킬드강이 널리 사용되고 있다.

1.2.2 철강의 분류와 성분

(1) 철강의 분류

철강 중에서 탄소량이 극히 적은(0.03% 이하) 순철(pure iron)은 실제 용도가 적으며, 철에 다른 원소가 함유된 합금이 주로 사용되고 있다. 이들 원소는 필요한 성분을 얻기 위하여 가해지는 것도 있고, 불순물로 남는 것도 있다. 이러한 원소들 중에서 영향이 가장 큰 것은 탄소(C)로서, 탄소량이 0.035~1.7%의 것을 강(steel), 1.7~6.68%의 것을 주철(cast iron)이라 한다.

강은 강인하고 연성이 있으며, 압연에 의해 만드는 압연강과 주조에 의한 주강이 있다. 주철은 취성이 있어서 압연되지 않으므로 쇳물을 용해하여 주물로 사용한다.

탄소량에 따라 철강을 분류하면 표 1-7과 같다.

표 1-7 탄소량에 따른 철강의 분류

- 철강
  - 강 (0.035~1.7%)
    - 아공석강(0.85% 이하)
      - 극연강(0.12% 이하)
      - 연강(0.13~0.3%)
      - 경강(0.3~1.5%)
      - 최경강(0.5~0.7%)
      - (극연강·연강·경강) — 주강(0.1~0.5%)
    - 공석강(0.85%)
    - 과공석강(0.85~1.7%) — 탄소공구강(0.7~1.5%)
  - 주철 (1.7~6.68%)
    - 아공정주철(1.7~4.3%)
      - 고급주철(2.3~3.2%)
      - 보통주철(3.2~3.8%)
      - (고급주철·보통주철) — 가단주철(2.3~3.5%)
    - 공정주철(4.3%)
    - 과공정주철(4.3% 이상)

(2) 철강의 성분과 불순물

철강의 성분 중에는 탄소(C) 이외에 규소(Si), 망간(Mn), 인(P), 황(S) 등이 함유되어 있다. 이들 5원소의 양은 일반적으로 많지 않지만 꼭 들어 있다고 생각해도 좋다. 만일 위의 다섯 가지 성분 이외에 다른 원소가 들어 있는 경우는 특수강, 특수주철 또는 합금강, 합금주철이라고 한다.

철강 중에 함유되어 있는 탄소에는 두 가지 상태가 있다. 하나는 백색 탄화물(Fe_3C)로 되어 있는 것으로 화합탄소라 하며, 다른 하나는 흑색의 유리탄소로서 흑연탄소라고 한다. 화합탄소는 재질이 굳고 취성이 있으며, 유리탄소는 연하고 약하다. 탄소가 거의 화합탄소로 되어 있는 주철을 백주철이라 하며, 이것은 굳어서 절삭이 어렵다. 유리탄소가 많은 주철은 회주철이라 하며, 절삭이 용이하다. 강 중에 함유되어 있는 탄소는 전부 화합탄소이다.

1.2.3 탄소강

현재 이용되고 있는 철강재료의 대부분은 탄소강(carbon steel)으로 대량생산이 가능하며, 가격이 비교적 저렴하고, 기계적 성질이 우수하기 때문에 다양하게 사용되고 있다. 상온 및 고온에서 가공성이 좋아 단조, 압연, 인발에 의한 판·봉·관 등의 가공이 용이하다.

또한 탄소함유량에 의해서 현저한 성질변화가 있고, 특히 담금질, 뜨임, 풀림 등의 열처리에 의해서 성질을 광범위하게 변화시킬 수 있는 특징이 있으므로 그 용도가 다양하다.

(1) 탄소강에 함유된 성분

탄소강은 철, 탄소 이외에 망간, 규소, 인, 황을 반드시 포함하며, 또 제강 원료에 따라서는 적은 양의 구리, 니켈, 크롬, 알루미늄, 비소 등을 비롯하여 산소, 질소, 수소 등의 기체도 함유한다.

1) 망간(Mn)

보통 0.2~0.8%를 함유하게 한다. 강도·경도·인성·점성을 증가시키고 담금질성을 향상시키지만 연성은 감소시킨다. 황을 많이 함유하고 있는 재료는 적열메짐을 방지하기 위하여 망간을 다소 많이 넣는다. 망간은 황과 화합하여 황화망간(MnS)이 되며, 메짐의 원인이 되는 황화철(FeS)이 나타나는 것을 방지한다.

2) 규소(Si)

보통 0.1~0.4%를 함유하게 한다. 강도·경도·주조성을 증가시키지만 연성·충격값·용접성은 저하시킨다. 규소는 용융금속의 유동성을 좋게 하므로 주조하는데 있어서 수월하다. 그러나 단접성과 냉간가공성을 저해하고, 충격저항을 감소시키므로 저탄소강에서는 0.2% 이하로 제한한다.

3) 황(S)

0.06% 이하를 함유하게 한다. 절삭성을 증가시키지만 강도·연신율·충격값·용접성을 저하시킨다. 탄소강에는 원료 및 코크스로부터 황이 불순물로 들어간다. 황은 강의 고온가공성을 나쁘게 하므로 0.017% 정도만 함유되어도 균열이 발생하여 열간가공이 어렵다. 망간을 가하면 황은 황화망간으로 되어 거의 슬랙 안으로 들어가버리며, 황화망간은 강 중에 다소 남아 있어도 별로 해로울 것이 없다. 따라서 강에는 반드시 망간을 가하여 황의 해를 제거한다.

4) 인(P)

0.06% 이하를 함유하게 한다. 강도와 경도를 증가시키지만 0.025% 이상이 되면 연신율을 감소시키고, 결정입자를 거칠게 한다. 또한 제강할 때 편석을 일으키기 쉬우며, 이 편석은 열처리를 해도 제거되지 않으므로 담금균열의 원인이 된다. 특히 상온 이하에서는 충격값을 급격히 저하시키고, 가공시 균열이 발생하기 쉬우며, 여린 재질을 만드는 저온취성(cold brittleness)이 있으므로 냉간가공성을 저하시킨다.

5) 수소(H_2)

산소, 질소, 수소 등은 강의 성질에 좋은 영향을 주지는 않지만 이 중에서 특히 수소가 주는 해가 가장 크다. 수소에 의한 해 중에서 헤어크랙(hair crack)이라고 하는 내부균열은 외부나 절삭상태에서는 보이지 않기 때문에 커다란 결함 중의 하나이다. 이러한 균열은 파단면을 보면 백색의 면으로 나타나기 때문에 백점이라고도 한다. 강 중에 존재하는 백점은 열응력, 변태응력 등에 의해 내부파열을 가져오는 것으로서 니켈이나 크롬합금강에서 일어나기 쉽다.

(2) 탄소강의 분류와 용도

탄소강은 다량생산 및 가공변형이 용이하며, 기계적 성질이 우수하여 금속재료 중에서 가장 널리 사용되고 있다. 일반적으로 탄소량이 적은 것은 건축 구조용, 기계부품, 교량, 자동차 등 각종의 구조용 재료로 쓰이고, 탄소량이 많은 것은 스프링, 공구강 등으로 사용된다.

표 1-8 탄소강의 종류와 용도(KS D 4101)

종 별	탄 소 (%)	인장강도 $N/mm^2(kgf/mm^2)$	연신율 (%)	용 도
극 연 강	0.12 이하	370 이하(38 이하)	25	철판, 철선, 못, 파이프, 와이어, 리벳
연 강	0.13~0.20	370~430(38~44)	22	교량, 각종 형강, 판, 파이프, 건축용 철골, 철교, 볼트, 리벳
반 연 강	0.20~0.30	430~490(44~50)	20~18	기어, 레버, 강철판, 볼트, 너트, 파이프
반 경 강	0.30~0.40	490~540(50~55)	18~14	철골, 강철판, 차축
경 강	0.40~0.50	540~590(55~60)	14~10	차축, 기어, 캠, 레일
최 경 강	0.50~0.70	590~690(60~70)	10~7	축, 기어, 레일, 스프링, 피아노선, 단조공구
탄소 공구강	0.70~1.50	690~780(70~80)	7~2	각종 공구(목공구, 석공구, 수공구, 절삭공구, 게이지)

표 1-8은 탄소의 성분에 따른 탄소강의 종류와 용도를 나타낸 것이다. 저탄소강(0.3% C 이하)인 극연강, 연강, 반연강은 가공성이 양호하고 단접이 잘 되지만 담금질의 효과가 적다. 그러나 고탄소강(0.3% C 이상)인 반경강, 경강, 최경강은 경도가 증가되며, 단접이 잘 되지 않는 반면, 열처리효과가 매우 크다. 표 1-9는 담금질한 강의 기계적 성질을 나타낸 것으로 담금질 전에 비하여 인장강도가 2~3배 정도 증가함을 알 수 있다.

표 1-9 담금질한 탄소강의 기계적 성질

탄 소 (%)	망 간 (%)	항 복 점 $N/mm^2(kgf/mm^2)$	인장강도 $N/mm^2(kgf/mm^2)$	연 신 율 (%)	브리넬 경도 (H_B)
0.14	0.45	388(39.6)	618(63.0)	21.0	170
0.18	0.56	374(38.2)	720(73.5)	16.5	268
0.32	0.51	464(47.3)	926(94.5)	8.0	255
0.46	0.40	601(61.3)	1224(129.4)	3.0	455
0.57	0.65	720(73.5)	1475(150.5)	1.5	500
0.71	0.67	686(70.0)	1509(154.0)	1.5	600
0.83	0.55	947(96.6)	1618(165.1)	0	700
1.01	0.39	871(88.9)	1811(184.8)	0	578

(3) 철-탄소(Fe-C)의 상태도

그림 1-12는 철(Fe)-탄소(C)의 평형상태도로서 탄소량이 6.67%까지만 표시되어 있다. 이것은 탄소량이 6.67% 이상 함유된 철-탄소합금은 너무 취약하여 실제로 사용할 수 없기 때문이다. 탄수량이 6.67%인 곳에서 탄화철(Fe_3C)이라고 하는 금속간 화합물을 만들며, 이것을 시멘타이트(cementite)라 한다. 탄화철은 어떤 온도변화에서는 철과 탄소로 분해되어 불안정하므로 이중 평형상태도를 사용하고 있다. 엄밀히는 Fe-Fe_3C상태도라고 해야 하지만 습관적으로 Fe-C상태도라고 부른다.

평형상태도에서 탄소함유량이 낮을수록 고상화(固相化)되는 온도가 높아짐을 볼 수 있다. 이러한 액체에서 고체로 되는 점을 이은 선 ABCD를 액상선이라고 하며, 이 선보다 위에 있는 철은 용융상태에 있다. 탄소함유량이 0%일 때, 즉 순철은 1,530℃(점 A)에서 응고한다. 이 온도에서 1,401℃(이 점을 A_4변태점이라 한다)까지는 체심입방격자 상태로서 δ철이라고 한다. ANH부분은 1,401~1,530℃ 사이에서 탄소가 고용된 δ고용체이다.

온도가 내려가 906~1,401℃의 범위에서는 면심입방격자의 결정을 가진 γ철이 되며, γ철 중에 탄소가 고용된 것을 γ고용체라 하고, 그 범위는 NJESG이다. 이 고용체를 오스테나이트(austenite)라 한다. 906℃인 점 G를 A_3변태점이라 한다.

점 G(906℃) 이하의 온도에서는 다시 체심입방격자의 결정을 가지며, 이 온도 이하에서 결정격자는 변화하지 않는다. 이때의 철을 일반적으로 α철 또는 페라이트(ferrite)라 한다. 최대 탄소고용도는 점 P인 723℃(이 점을 A_1변태점이라 한다.)에서 0.02%이며, 온도가 내려감에 따라 더욱 감소하여 0℃에서 약 0.008% 정도로 매우 적다. 그러나 점 M(768℃)을 경계로 하여 자기적 성질이 변하므로 768~906℃ 범위의 철을 β철이라 하며 상자성이 있고, 768℃ 이하의 철을 α철이라 하며 강자성이 있다. α철과 β철은 탄소의 고용도가 매우 적다.

공정(共晶)이란 액체상태에서 두 종류의 고체가 동시에 생기는 현상을 말하며, 공석(共析)이란 고체 속에서 두 종류의 고체가 동시에 생기는 현상을 말한다. 따라서 점 C의 공정점(4.3%)이란 용융금속으로부터 점 E의 γ고용체(오스테나이트) 조직과 점 F의 시멘타이트(Fe_3C) 조직이 동시에 석출(析出)되는 점이다. 이 공정을 레데부라이트(ledeburite)라 부르며, ECF가 공정온도선이다.

HJB선은 융체를 냉각함에 있어서 용액 B와 점 H의 δ고용체가 반응하여 점 J에 해당하는 γ고용체가 되고, 가열하면 점 H의 δ고용체와 점 B의 용액으로 분리된다. 즉 포정반응이 일어난다. HJB선은 포정온도선, J는 포정점이다.

일반적으로 점 E(탄소 1.7%)보다 탄소량이 적은 합금을 탄소강(carbon steel), 그보다 많은 합금을 주철(cast iron)이라 하며, 이 점을 경계로 합금의 성질이 매우 많이 달라진다.

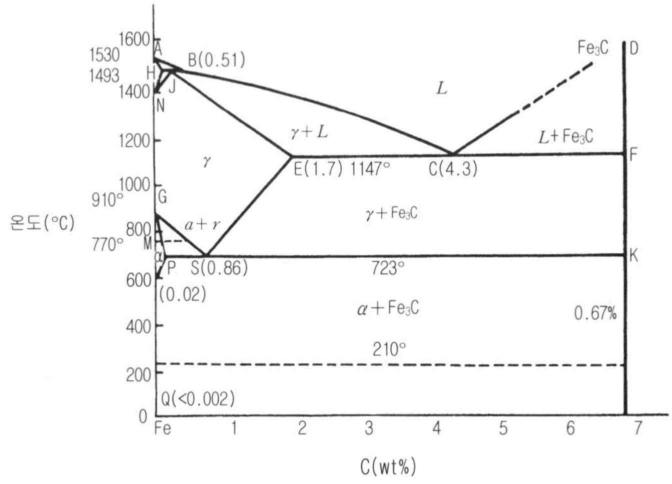

그림 1-12 철-탄소의 평형 상태도

점 S(탄소 0.86%)는 공정점과 같으나 고체 중에 있어서의 현상이므로 이 점이 공석점(eutectoid)이다. 이 점에서는 γ고용체(오스테나이트)에서 α고용체(페라이트)와 시멘타이트(Fe_3C)의 공석을 석출한다. 이 공석결정을 펄라이트(pearlite)라 한다. 펄라이트는 보통 페라이트와 시멘타이트가 층으로 나타나므로 튼튼한 조직이 된다. 0.86% 탄소의 합금을 만들면 점 S의 온도(723℃) 이하에서는 펄라이트 조직만의 탄소강이 된다. 이것을 공석강(eutectoid steel)이라 한다.

공석점 이하의 탄소량을 가진 강철은 처음 페라이트가 석출되고, 점 S의 온도에 이르면 펄라이트가 석출되므로 두 조직이 혼합한 조직이다. 이 범위의 강철을 아공석강(hypo-eutectoid steel)이라 한다.

페라이트는 연하고 점성이 높다. 한편, 펄라이트는 단단하고 강하지만 다소 취성(메짐성)이 있다. 따라서 이 두 조직의 혼합체는 혼합비에 따라서 유용한 성질을 얻을 수 있다.

한편, 공석점 이상의 강철을 과공석강(hyper-eutectoid steel)이라 하며, 펄라이트와 시멘타이트의 혼합조직이다.

(4) 탄소강의 성질

1) 물리적 성질

탄소함유량의 증가에 따라 비중·선팽창률·열전도율은 감소하지만 비열·전기저항은 증가한다. 탄소강의 내식성은 탄소가 증가할수록 감소하고, 소량의 구리(Cu)가 첨가되면 내식성이 급증한다. 그림 1-13은 탄소량에 따른 탄소강의 물리적 성질 변화를 나타낸 것이다.

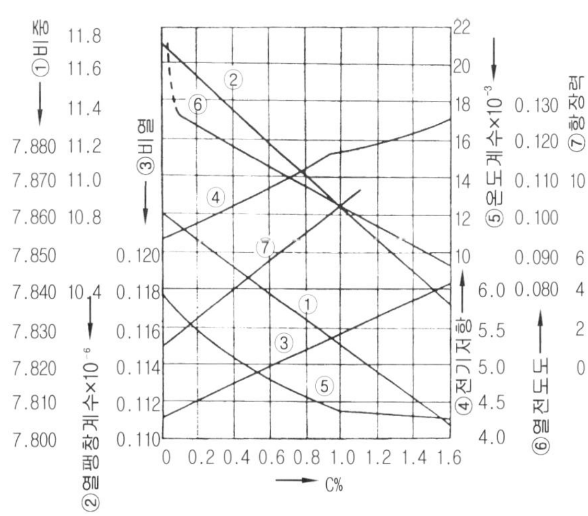

그림 1-13 탄소강의 물리적 성질 변화

2) 기계적 성질

탄소강의 성질은 함유된 성분원소의 종류, 제조법, 기계가공 및 열처리에 따라 다르다. 표준상태의 조직을 가지는 탄소강에서는 탄소함유량에 따라 결정된다. 일반적으로 탄소강에서는 함유 원소량이 S<0.05%, P<0.04%, Si<0.5%, Mn<0.2%라면 불순물이 탄소강에 미치는 영향은 사실상 무시할 수 있다. 그리고 탄소강의 표준상태에서는 탄소가 많을수록 강도

및 경도는 증가하지만 인성 및 충격값은 감소된다. 인장강도와 경도는 공석조직 부근에서 최대가 되고, 과공석 조직에서는 시멘타이트가 생기면서부터 변형이 잘 되지 않으며, 경도는 증가하지만 강도는 급격히 감소한다. 탄소 0.04~0.86%의 압연된 탄소강의 평균강도는 식 (1.6)과 같으며, 오차는 약 10% 정도이다.

$$\sigma_B = 20 + 100 \times C \tag{1.6}$$

여기서, σ_B : 인장강도(N/mm^2){kgf/mm^2}

C : 탄소량(%)

그리고 인장강도(σ_B)와 브리넬 경도(H_B)와의 관계는 아공석강에서 식 (1.7)로 표시된다.

$$H_B = 2.8 \times \sigma_B \tag{1.7}$$

따라서 탄소가 많을수록 가공변형은 어렵게 되고 상온가공은 불가능하다. 온도가 높아지면 강도 및 경도는 감소하지만 인성은 증가하여 적열상태에서는 전연성이 아주 크게 되기 때문에 단조가 용이하게 된다.

그림 1-14는 탄소량에 따른 기계적 성질을, 그림 1-15는 온도에 따른 기계적 성질을 나타낸 것이다.

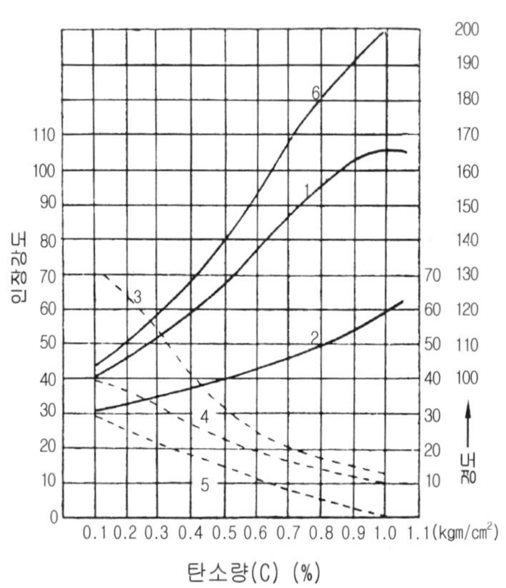

1. 인장강도 2. 항복점 3. 단면수축률
4. 연신율 5. 충격값 6. 경도(H_B)

그림 1-14 탄소강의 기계적 성질

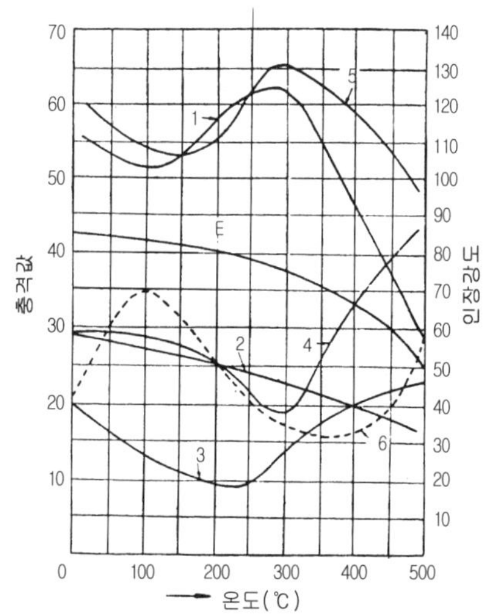

1. 인장강도 2. 항복점 3. 연신율
4. 단면수축률 5. 경도 6. 충격값

그림 1-15 탄소강의 고온성질

① 청열메짐(blue shortness) : 강이 200~300℃로 가열되면 강도 · 경도가 최대로 되고 연신율과 단면수축률은 줄어들어 메지게 되므로 이때 표면에 청색의 산화피막이 생성된다.
② 적열메짐(red shortness) : 황이 많은 강은 고온(900℃ 이상)에서 메짐(강도는 증가하지만 연신율이 감소)이 나타난다.
③ 저온메짐 : 온도가 상온 이하로 내려가면 강도는 증가하지만 메지게 되어 충격값이 특히 크게 감소하며, -70℃에서는 연강에서도 10N/mm^2{1.0kgf/mm^2} 정도를 벗어나지 못한다.

3) 화학적 성질

알칼리에는 거의 부식되지 않지만 산에는 약하다. 0.2% 이하의 탄소함유량은 내식성과는 관련이 없지만 그 이상에서는 많을수록 부식이 잘 된다. 또한 담금질한 강은 풀림 및 불림상태보다 내식성이 크다.

1.2.4 열처리 및 표면경화

(1) 열처리

금속재료를 각종 사용목적에 따라 그 기능을 충분히 발휘하게 하려면 합금만으로는 되지 않는다. 따라서 충분한 기능을 발휘시키기 위해서는 금속재료를 적당한 온도로 가열 · 냉각시켜 특별한 성질을 부여하는 것이 필요하다. 이와 같이 금속재료에 특별한 성질을 부여하기 위하여 적당한 조건의 가열 및 냉각에 의해 필요한 성질과 조직을 얻는 조작을 열처리(heat treatment)라고 한다.

Fe-C 평형상태도에서 평형상태란 공존물의 상호관계가 시간의 경과에 관계없이 변화하지 않는 이상적인 상태를 말하며, 소정의 온도에서 충분한 시간동안 유지함으로써 얻을 수 있다. 급속한 가열이나 냉각을 했을 때는 평형상태를 얻을 수 없게 되며, 어느 온도에서 변태가 저지되어 평형과는 다른 조직이 된다. 담금질 조직의 예를 들어보면 알 수 있다.

γ철의 냉각속도가 너무 빨라 변화가 완전히 저지된 것이 오스테나이트이며, 냉각속도가 다소 늦어서 탄소를 다량으로 고용한 α철로 되는 변화가 마르텐사이트(martencite)이다. 냉각속도가 더욱 늦어져서 α철 및 시멘타이트의 화합물로 되는 것이 펄라이트이다. 이 펄라이트는 시멘타이트 화합물의 온도변화가 낮을수록 미세 펄라이트(troostite), 중간 펄라이트(sorbite) 및 보통 펄라이트로 구분된다. 일반적으로 펄라이트라고 하면 조직이 매우 거친 보통 펄라이트를 말한다. 따라서 금속조직은 그 과도기적인 조직 특성을 갖게 되므로 필요한 강의 성질을 얻기 위해서 다음과 같은 조작의 열처리를 하게 된다.

1) 담금질(quenching)

강을 고온(A_3 변태점 이상)으로 일정시간 가열한 후 물이나 기름 중에 급랭시킴으로써 재료의 경도와 강도를 증가시키기 위한 열처리이다. 앞에서 설명한 것처럼 오스테나이트, 마르텐사이트, 트루스타이트, 소르바이트 조직이 되는 것이다. 담금질한 강은 그대로 사용하는 경우는 없고, 반드시 뜨임처리한 후 사용한다.

그림 1-16은 탄소강의 탄소함유량과 담금질 온도의 관계를 나타낸 것이다. 담금질 온도가 너무 낮으면 균일한 오스테나이트를 얻기 어려우며, 또한 담금질 온도가 너무 높으면 과열로 인하여 재질이 변화하게 되어 담금질 효과가 적어진다.

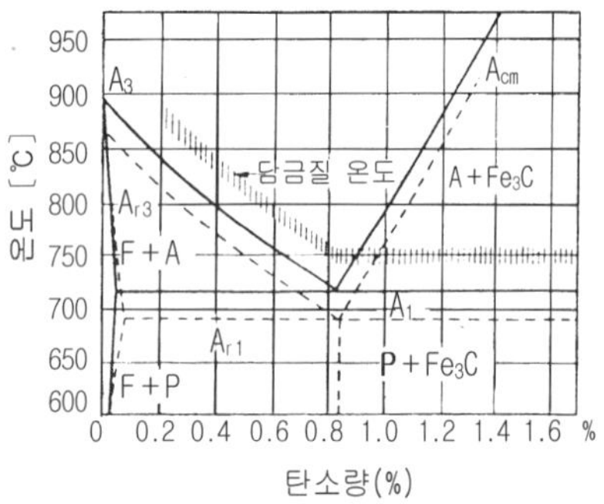

그림 1-16 강의 담금질 온도

2) 뜨임(tempering)

담금질한 강을 적당한 온도(A_1 변태점 이하)로 재가열한 후 냉각시켜서 담금질로 인한 취성을 제거하고, 경도를 떨어뜨림으로써 강인성을 주기 위한 열처리이다.

3) 불림(normalizing)

강을 적당한 온도(A_3 변태점 이상)로 가열한 다음 공기 중에서 서서히 냉각시켜 결정조직을 균일화(표준화)하고 가공재료의 잔유응력을 제거하기 위한 열처리이다.

4) 풀림(annealing)

금속을 적당한 온도로까지 가열하고, 그 온도를 적당한 시간동안 유지한 다음 서서히 냉각시켜서 펄라이트 조직을 얻음으로써 재질을 연화시키거나 결정조직을 균일하고 미세하게 하거나 내부응력을 제거하기 위한 열처리이다. 가열온도는 풀림의 종류에 따라 완전풀림(full annealing), 항온풀림(isothermal annealing), 확산풀림(diffusion annealing), 구상화 풀림(spheroidizing annealing), 응력제거풀림(stress relief annealing), 연화풀림(softening annealing) 등이 있다.

5) 항온열처리

강을 오스테나이트 상태까지 가열하고, 이것을 A_1 변태점 이하의 온도까지 급랭한 다음 그 온도를 일정시간 경과한 후 냉각시키는 열처리이다. 연속 냉각시키는 열처리보다 균열 및 변형이 감소하고 인성이 좋아진다.

(2) 표면경화법

금속의 표면에 특별한 처리를 하여 표면경도, 내마모성, 내식성, 내열성, 기타 성질을 개선하는 방법을 표면경화법(surface hardening method)이라 한다. 침탄법, 질화법, 청화법, 금속침투법, 화염경화법, 고주파경화법 등이 있다.

1.2.5 특수강

특수강은 합금강(alloy steel)이라고도 하며, 보통 탄소강에 특수한 성질을 가지게 하기 위하여 한 개 또는 몇 개의 원소를 첨가하여 만든 것이다. 탄소강에는 탄소 이외에 규소, 망간, 인, 황 등이 포함되어 있으나 이 경우에는 합금강이라고 하지 않는다.

일반적으로 사용되고 있는 중요한 특수 원소에는 니켈, 크롬, 텅스텐, 몰리브덴, 바나듐, 코발트, 규소, 망간, 붕소, 티탄 등이 있으며, 이들 원소는 탄소강의 본래 성질을 현저하게 개선시키고 또한 새로운 특성을 가지게 한다. 용도에 따라 특수강을 분류하면 표 1-10과 같다.

표 1-10 용도별 특수강의 분류

분 류	종 류
구조용 특수강	강인강(니켈강, 크롬강, 니켈-크롬강, 니켈-크롬-몰리브덴강 등) 표면경화강(침탄강, 질화강) 스프링강, 쾌삭강
공구용 특수강 (공구강)	합금공구강, 고속도강 초경질 합금(다이스강)
특수용도의 특수강	내식용 특수강(스테인리스강) 내열용 특수강(고크롬강) 자성용 특수강, 전기용 특수강, 베어링강

(1) 스테인리스강

스테인리스강(stainless steel)은 철(Fe)에 크롬(Cr)을 12% 이상 넣어서 녹이 잘 슬지 않도록 만들어진 강으로서, 여기에다 필요에 따라 C, Ni, Si, Mn, Mo 등을 소량씩 포함하고 있는 복잡한 성분의 합금강이다.

이러한 스테인리스강은 철을 주성분으로 하면서도 탄소강이 가지고 있지 않은 여러 가지 특성을 가지고 있다. 즉 표면이 아름답고 내식성이 우수하여 도장, 도색 등의 표면처리를 하지 않아도 되며, 내열성과 내충격성이 있어서 다양한 용도에 사용할 수 있는 철강재료이다.

그러나 크롬 및 기타 성분의 함유량에 따라 기계적 성질, 열처리 특성, 내식성 등에 현저한 차이가 있다.

대표적인 스테인리강으로는 13 Cr강, 18 Cr강, 18 Cr−8 Ni강이 있으며, 주성분인 Cr이 강 표면에 매우 얇은 Cr_2O_3층(20～30㎛)을 형성하여 금속기지 안으로 침입하는 산소를 차단시키는 부동태피막(passivity layer)의 역할을 함으로써 녹이 잘 슬지 않는 특성을 갖게 한다.

이러한 특성으로 인하여 스테인리스강은 도장이나 도금을 하지 않고도 내식성이 우수하기 때문에 우리의 생활주변에서 쉽게 접하는 주방용 기구에서부터 전자제품, 화학 및 중공업 등 전 산업분야에까지 매우 다양하게 사용되어지고 있다.

현재 사용되는 스테인리스강은 Cr 12～14%, C 0.04～0.5%인 13 Cr형의 페라이트계 스테인리스강(ferrite stainless steel)과 Cr 16～20%, Ni 7～10%, C<0.2%인 18 Cr−8 Ni형의 오스테나이트계 스테인리스강(austenite stainless steel)의 2대 계통이 있다.

1) 스테인리스강의 분류

스테인리스강의 분류는 화학성분과 금속조직에 따라 구별된다. 화학성분에 의해서는 Fe−Cr계와 Fe−Cr−Ni계로 나눠지고, 금속조직상의 차이에 의해서는 오스테나이트계, 페라이트계, 마르텐사이트계, 석출경화계로 나누어진다.

표 1-11 주성분에 의한 스테인리스강의 분류

주성분에 의한 분류					금속조직상으로 본 분류
구 분	명 칭	대표적인 강종	(구 강종)	조 성	
크 롬 계	13 Cr계	STS 410	51종	13% Cr	마르텐사이트계
	18 Cr계	STS 430	24종	18% Cr	페라이트계
크롬-니켈계	18 Cr-8 Ni계	STS 304	27종	18% Cr-8% Ni	오스테나이트계
		STS 316	32종	18% Cr-8% Ni-2.5% Mo	
	16 Cr-7 Ni-1 Al계	STS 631	-	16% Cr-7% Ni-1% Al	석출경화계

① 오스테나이트계 스테인리스강 : 오스테나이트계 스테인리스강은 내식성이 가장 우수하며, 열처리에 의해서는 경화되지 않으나 가공에 의해 경화되며, 대표적인 강종은 STS 304인 18 Cr−8 Ni이 기본조성이다. 오스테나이트 조직은 상온과 고온에서 안전하게 존재하기 때문에 압연중에 변태현상을 동반하지 않고 비자성으로서, 주로 주방용기, 중화학공업 및 건물 내·외장재 등으로 많이 사용되어지고 있다.

② 페라이트계 스테인리스강 : 페라이트계 스테인리스강은 체심입방 구조로 오스테나이트계 스테인리스강 보다 내식성은 다소 떨어지나 응력부식균열(SCC)에는 우수하다. 또한 상온에서는 강자성이며, 열처리에 의해 경화되지 않고 냉간가공성이 매우 우수하다.
③ 마르텐사이트계 스테인리스강 : 마르텐사이트계 스테인리스강은 상온에서 강자성을 보이며, 일반적으로 내식성은 열등한 편이지만 강도가 우수하여 고강도 구조용 강으로 사용된다. 고온에서는 안전한 오스테나이트 조직으로 보유하며 공냉 또는 유냉에 의해 마르텐사이트 변태를 일으켜 상온에서 완전한 마르텐사이트 조직을 갖는다.
④ 석출경화계 스테인리스강 : 열처리 후 시효에 의해 Cu, Al, Ti, Nb 등의 금속간 화합물을 석출시켜 강도를 향상시킨다.

2) 스테인리스강의 일반적인 특성

① 내식성이 우수하다.

일반적으로 스테인리스강은 녹이 전혀 슬지 않는다. 그러나 사용조건에 따라 시간의 차이는 있으나 궁극적으로는 산화되어 부식(corrosion)한다. 스테인리스강은 철을 주성분으로 하는 강종으로서 기존의 탄소강에 비하여 월등한 내식성을 가진 장점 때문에 부식이 심하게 일어날 수 있는 환경에 자주 이용된다. 예를 들면 염분이 많은 해안가나 공장지대와 같이 사용환경이 극히 열악한 지대에서는 내식성이 우수한 강종을 사용하는 것이 바람직하다. 그러나 내식성이 우수한 강종을 선택했더라도 가공방법이나 사용중 유지관리가 부적절한 경우에는 부식이 발생하기도 한다. 스테인리스강에 함유한 크롬은 공기중의 산소와 결합하여 금속표면에 매우 얇은 부동태피막을 형성하고, 이 피막이 녹 발생을 방지하는 역할을 한다. 따라서 스테인리스강이 녹이 발생한다는 것은 부동태피막이 파괴되었다고 볼 수 있으며, 이 부동태피막이 파괴되면 즉시 피막이 재생성되어 녹 발생을 방지해주지만 부동태피막의 재생성이 방해될 경우에는 녹이 발생하게 된다.

② 강도가 크다.

인장강도(18-8계 스테인리스강)가 540～640N/mm^2{55～65kgf/mm^2}로 다른 금속에 비하여 항장력(抗張力)이 매우 크다.

표 1-12 스테인리스강의 기계적 성질

종 류	내 력 N/mm^2(kgf/mm^2)	인 장 강 도 N/mm^2(kgf/mm^2)	연 신 율 (%)
18Cr계	245～340(25～35)	440～590(45～60)	22～37
18Cr-8Ni계	245～340(25～35)	540～640(55～65)	50～65

표 1-13 스테인리스강의 강종별 특성

강 종		특 성	주 용 도
오스테나이트계	STS 304	가장 넓은 용도로 사용되는 스테인리스강으로 Ni이 함유되어 있기 때문에 Cr계보다 한층 뛰어난 내식성, 내열성, 저온강도를 가지고 있으며, 디프 드로잉(deep drawing) 굴곡가공 등 냉간가공은 양호하지만 심한 냉간 가공을 하면 자성을 띠며 가공경화가 일어난다.	가정용품, 자동차부품, 건축내외장, 화학공업, 낙농업설비, 의료기구 등
	STS 304L	저탄소의 Ni-Cr강으로서, 보통의 상태에서 내식성은 304와 유사하나 용접 후 혹은 응력제거 열처리 후의 입계부식에 대한 저항성은 뛰어나다.	화학공업, 석탄공업, 석유공업, 제지공업
	STS 309S	304보다 Ni, Cr의 양을 늘리고 탄소의 양을 줄인 것으로 비교적 용접성이 좋아 용접구조용 내식강으로 사용된다. 성형성은 304와 403의 중간 정도이다.	초산용 탱크, 화학공업장치, 용접용 선재(wire)
	STS 310S	KS규격 중에서 최고의 Cr비율을 가진 오스테나이트계 강종으로서, 탄소의 양을 줄여 내식성을 향상시킨 것으로 가격면에서 고가이다.	초산탱크, 저황기기 등화학공업장치
	STS 316	Mo첨가와 동시에 Ni의 함유량을 크게 한 것으로 내식성이 우수하며, 공식(pitting corrosion)에 대한 저항성이 크고, 고온에서 크리프 강도가 뛰어나다. 가공경화성은 매우 크며 자성은 없다.	화학공업, 석유공업 제지, 염색, 화학색료공업
	STS 316L	저탄소의 Mo함유 Ni-Cr강으로서, STS 316의 특성과 유사하지만 용접 후 또는 응력제거 열처리 후의 입계부식에 대한 저항성이 뛰어나며, 자성은 없다.	황산공업, 비료공업, 합성섬유, 제지공업
	STS 321	18-8계에 티탄을 첨가하여 입계부식을 방지한 것으로서, 특히 430-900℃의 범위에서 사용하기에 적합하다. 풀림(annealing) 처리 상태로는 비자성이지만 냉간가공에 의하여 약간의 자성을 갖는다.	항공기 엔진의 배기관 집진기 링(ring), 보일러, 기타 화학처리장치
페라이트계	STS 430	페라이트계 스테인리스강의 대표적인 강종으로서, 일반내식용으로 가장 널리 사용되며, 드로잉(drawing), 굴곡, 냉간가공이 양호하며, 가공에 의한 경화도 거의 없고 용접성이 우수하다.	주방, 식기 등 가정용품, 자동차부품, 화학공업용, 열교환기
	STS 434	403에 Mo을 첨가하여 내식성을 향상시킨 강종으로 질산, 인산 또는 초산 등에 대해 403보다 우수한 내식성을 나타낸다.	자동차부품, 바닷물고기 수족관
마르텐사이트계	STS 403	13 Cr의 대표적 강종으로 경화성과 내식성이 높다.	터빈 날개(blade) 식기, 칼(knife)류
	STS 410S	열처리 효과가 있는 13 Cr강으로 인성이 우수하기 때문에 내열성, 내식성을 필요로 하는 일반기계구조용으로 사용하며, 어떤 상태에서나 자성이 있다.	칼날계통, 기계부품
	STS 410	내열성, 내식성을 필요로 하는 일반기계구조용으로 강인성이 우수하기 때문에 최적이다.	칼날계통, 식탁기구, 석유공업

③ 내열성 · 고온강도가 높다.

용융온도가 1,427~1,510℃(18 Cr계), 1,400~1,454℃(18 Cr−8 Ni계)이므로 고온에 견딜 수 있으며, 최고 내열온도는 900℃ 정도이다. 또한 800~850℃에서도 거의 산화되지 않으며, 연강과 마찬가지로 500℃를 넘어도 휘어지는 경우가 없다.

④ 내마모성이 높다.

오랜 시간 사용해도 마모가 매우 적어서 마모를 일으키는 부위의 사용에 적합하다.

⑤ 외관이 아름다워서 도장을 할 필요가 없다.

(2) 강인강

구조용 탄소강의 기본 성분에 Mn, Cr, Ni, Mo, W, Ti, Co, Si 등의 원소를 적당량 첨가하여 기계적 성질을 개량한 구조용 합금강으로서, 그 중에서 0.25～0.50 % C 정도의 중탄소 합금강이 강인강으로 불리워진다.

강인강은 합금원소를 가하여 질량효과(質量效果, mass effect)와 강인성의 개선을 꾀한 것으로, 강인강을 선택할 때는 질량효과를 고려하여 경화능곡선(硬化能曲線), 이상임계직경(理想臨界直徑)을 검토하고, 부품 단면의 담금질 조직과 경도를 조사하여 그 부품에 맞는 응력의 분포에 대응한 충분한 강인성을 가진 강종을 선택해야 한다. 축, 기어, 볼트, 너트, 기타 강인성을 필요로 하는 기계부품에 가장 널리 사용된다.

1) Cr강

중탄소강에 1% 전후의 Cr을 첨가한 강으로서, 풀림상태에서는 기계적 성질에 별다른 차이를 주지는 않으나 담금질에 의하여 개선시키는 것이 가능하다. 인장강도 등을 증가시켜도 연신율이 떨어지지 않는 특성을 가지며, 반복되는 하중(荷重)에도 견디는 저항력이 있다.

2) Ni-Cr강

구조용 특수강 중에서 가장 중요한 강종으로, 이중에서 널리 사용되고 있는 것은 0.12～0.40% C에 Ni 1.0～3.5%, Cr 0.5～1.0% 정도를 첨가시킨 것이다. Ni을 첨가하면 강도를 증가시키면서도 인성을 저하시키지는 않으므로 Ni은 우수한 합금원소로 간주된다. Cr은 탄화물 중에 고용되어 강의 경도를 증가시키고, 결정입자를 미세화시킨다. 담금질 후 뜨임한 것은 내마모성, 내식성, 내열성이 탄소강보다 매우 우수하며 높은 온도에서 오랜 시간동안 가열해도 결정입자가 거칠어지는 경향은 거의 없다.

일반적으로 대형 단조용 강재로 적합하다. 그러나 가공에 있어서는 백점(白点 : 수소가스의 영향에 의한 강재 내부의 균열) 등의 미세한 균열이 생기기 쉽고, 그밖에 열처리가 적합하지 않으면 뜨임취성을 일으키므로 주의해야 한다. 종류로는 SNC 1, 2, 3이 있으며, 구분은 주로 Ni량에 의한다.

3) Cr-Mo강

강인강에는 Ni-Cr강이 가장 중요하지만 Cr강에 소량의 Mo를 첨가하면 우수한 성질이 얻어지기 때문에 이 강종은 값이 비싼 Ni을 절약하기 위해 Ni-Cr강의 대용강으로 사용된다. 기계적 성질, 담금질성, 질량효과 등이 Ni-Cr강과 거의 같다. 종류로는 SCM 1~5가 있다.

4) Ni-Cr-Mo강

Ni-Cr강은 뜨임취성에 민감하여 질량이 큰 것은 내부까지 급랭하는 것이 곤란하므로 Mo을 0.3% 정도 첨가하여 뜨임취성을 방지하고, 동시에 담금질성을 향상시킨 강이다. 구조용강 중에서 가장 우수한 강으로 화학성분에 따라 SNCM1, 2, 5~9까지 7종이 있다.

(3) 공구강

공구(tools)란 금속을 가공할 때 절삭, 전단 등에 사용하는 칼날계통이나 측정에 사용하는 각종 기구 또는 가공목적을 위하여 여러 가지 보조로 사용하는 기구를 말한다. 따라서 공구로 사용하는 강은 탄소강보다 상온 및 고온에서 경도가 높고, 내마모성이 커야 하며, 강인성이 있어야 한다.

공구강을 정의하기는 매우 어렵지만 미국철강협회(AISI)는 다음과 같이 정의하고 있다. 공구강은 경화(hardening) 및 뜨임(tempering)이 될 수 있는 강이다. 보통 전기로에서 용해되어 공구강제조법에 의해 만들어진다. 이들은 상온 또는 고온에서 다른 재료를 절삭, 성형, 블랭킹(blanking)하기 위한 공구에 이용되거나 내마모성이 요구되는 용도에 사용된다. 그러나 해머, 대형 압연롤, 저합금 다이블록과 같은 제품을 만드는데 사용되는 대량생산의 전로강은 공구강으로서 정의되지는 않는다.

즉 일반공구강 모두가 공구강으로서 만들어지는 것은 아니다. 이들의 근본적인 차이점은, 공구강은 사용자에게 매우 높은 품질의 강이 공급되도록 특정조건하에 결함이 없도록 만들어져야 되는 것이다. 공구강에는 표 1-14와 같이 탄소공구강, 합금공구강, 고속도공구강으로 나누어진다.

표 1-14 공구강의 분류

종 류	규격기호	비 고	
탄소공구강	KS D 3751	STC	STC1~7의 7종
합금공구강	KS D 3753	냉간가공용	저합금강(STS), 고합금강(STD)
		열간가공용	단조용 형강(STF), 열간용 고합금 공구강
고속도공구강	KS D 3522	SKH	W계(T타입), Mo계(M타입)

(4) 내열강

내열강이란 고온도(高溫度)에서 사용하도록 만들어진 특수강이다. 따라서 사용되는 고온분위기에 대한 내식성과 사용온도에서 적당한 강도를 갖는 것이 필수조건이다. 사용목적이 보일러, 터빈, 공업로, 화학공업, 엔진밸브 등 종류가 많으므로 요구되는 성질은 사용목적에 따라서 상당히 광범위하게 변화한다

내열강은 사용온도 약 350℃ 이상을, 화학성분상으로는 Cr 4% 이상의 강을 대상으로 생각하는 것이 보통이다. 제트 엔진 등 고온도에서 사용하는 경우는 Ni, Co 등 합금원소가 많은 초내열강이나 초내열합금이 사용된다. 스테인리스강은 내식성을 주로 한 강이지만 화학성분으로서는 내열강 범주에 속하므로 내열강으로서 많이 사용된다.

1.2.6 주 철

(1) 주철의 성분과 그 장점

용광로에서 나온 선철은 이것을 제강로에서 용해시켜 적당한 잉곳(ingot)으로 만든다. 그리고 이 잉곳은 압연가공하여 사용하는 가공재와 큐폴라(cupola)에서 용해시킨 것을 주형에 주입해서 성형된 주물 그대로 사용하는 주조용재의 2종류가 있다. 철강재료의 경우 강은 압연가공재이고, 주철은 주조용 재료이다.

일반적으로 주조용재는 용융점이 낮거나 유동성이 좋아야 주조성(castability)이 우수하게 되므로 탄소가 많은 것이 사용된다. 주철에는 탄소의 함유량이 1.7~6.68%이며, 규소도 뺄 수 없는 중요한 원소로 그 양은 대략 1.5~3.5%이다. 이 밖에 망간(0.3~1.5%), 인(0.1~1.0%), 황(0.05~0.15%)도 포함한다. 탄소와 규소의 배합률에 따라 매우 광범위한 성질을 나타낸다.

주철의 장점을 열거하면 다음과 같다.

① 주조성이 우수하여 크고 복잡한 제품도 제작하기 쉽다.
② 금속재료 중에서 단위무게마다의 값이 싸다.
③ 주물의 표면은 굳고 녹이 잘 슬지 않는다.
④ 인장강도, 굽힘강도 및 충격강도는 작으나 압축강도는 크다.
⑤ 마찰저항이 크다.

(2) 주철의 종류

주철은 함유하는 탄소의 상태와 파단면의 색으로부터 회주철(gray cast iron), 백주철

(white cast iron) 및 반주철(mottled cast iron)의 3종류로 분류한다.

회주철은 탄소가 흑연상태로 존재하여 파단면이 회색을 띤다. 백주철은 탄소가 시멘타이트(cementite)로 존재하여 백색의 탄화철이 혼합되어 있다. 그리고 반주철은 회주철과 백주철의 중간상태를 갖는다. 이 외에 주철에는 고급주철, 합금주철, 구상흑연주철, 칠드주철, 가단주철 등이 있다.

표 1-15는 회주철의 기계적 성질로서, 15~30mm의 살두께의 것에 적용한다. 1종은 일반주물용, 2~3종은 기계부품용, 4~6종은 고급주철이다.

표 1-15 회주철의 기계적 성질(KS D 4301)

종 별	기 호	주방 지름 (mm)	인장강도 $N/mm^2(kgf/mm^2)$	항절시험		경 도 (H_B)
				최대하중(kg)	휨(mm)	
1 종	FC 10	30	98(10) 이하	700 이하	3.5 이하	201 이하
2 종	FC 15	〃	147(15) 〃	800 〃	4.0 〃	212 〃
3 종	FC 20	〃	196(20) 〃	900 〃	4.5 〃	223 〃
4 종	FC 25	〃	245(25) 〃	1000 〃	5.0 〃	241 〃
5 종	FC 30	〃	294(30) 〃	1,100 〃	5.5 〃	262 〃
6 종	FC 35	〃	343(35) 〃	1,200 〃	6.0 〃	277 〃

1) 보통주철

인장강도가 98~147N/mm^2{10~15kgf/mm^2} 정도의 회주철로서, 주조성이 좋고 값이 저렴하다. 표 1-15의 1~3종이 이에 속한다. 성분은 탄소 3.2~3.8%, 규소 1.4~2.5%, 망간 0.4~1.0%, 인 0.3~1.5%, 황 0.06~1.3% 정도로 특히 두께가 얇은 것은 규소를 많이 넣지 않으면 백주철이 되므로 가공하기 어렵게 된다. 일반기계부품, 주철관, 난방용품, 가정용품, 농기구 등에 쓰인다.

2) 고급주철

인장강도가 245N/mm^2{25kgf/mm^2} 이상인 회주철로서, 강력하고 내마모성이 요구되는 부품에 사용된다. 표 1-15의 4~6종이 이에 해당한다. 조직은 흑연이 미세하고 균일하게 분포해 있으며, 바탕은 펄라이트 조직으로 된 주철로서 보통 펄라이트 주철(pearlite cast iron)이라 한다.

3) 미하나이트 주철

흑연의 형상을 미세, 균일하게 하기 위하여 Si, Ca-Si 분말을 첨가하여 흑연의 핵형성을 촉진시킨 주철이다. 인장강도 343~441N/mm^2{35~45kgf/mm^2} 정도로서, 고강도, 내마모, 내열, 내식성을 가진 주철로서 내연기관의 실린더, 공작기계의 안내면 등에 쓰이며, 담금질이 가능하다.

4) 합금주철

주철의 성질을 개선하기 위하여 여러 가지 특수원소를 배합한 주철이다. 배합하는 원소로는 니켈, 크롬, 구리, 몰리브덴, 바라듐, 티탄, 알루미늄, 텅스텐, 마그네슘 등의 원소를 단독 또는 함께 첨가하던가 규소, 망간, 인을 많이 넣어서 강도, 내열성, 내식성, 내마모성 등을 개선한다.

5) 구상흑연주철

주철은 강에 비하여 강도 및 연성이 작은 취성재료로서, 사용범위에 제한을 받고 있으나 그 원인은 주로 편상흑연 때문이다. 이 편상흑연은 오랜 시간 열처리를 해야 하는 결점이 있다. 이에 대해 용융상태에서 흑연을 구상(球狀)으로 석출(析出)시킨 것이 구상흑연주철(nodular cast iron)로서 응용범위가 광범위하다. 주조상태의 경우 인장강도 490~686N/mm^2{50~70kgf/mm^2}, 연신율 2~6%이고 풀림(annealing)한 상대는 인장강도 441~539N/mm^2{45~55kgf/mm^2}, 연신율 12~20% 정도이다. 표 1-16에 구상흑연주철의 규격을 나타냈다.

표 1-16 구상흑연주철(KS D 4302)

종 류	기 호	인 장 강 도 N/mm^2(kgf/mm^2)	내 력 N/mm^2(kgf/mm^2)	연 신 율 (%)
1종	NC 40	392(40)	275(28)	12 이상
2종	NC 45	441(45)	294(30)	5 〃
3종	NC 55	539(55)	373(38)	2 〃
4종	NC 70	686(70)	471(48)	1 〃

6) 칠드주철

보통주철에 비하여 규소가 적은 용선에 적당량의 망간을 가하여 금형에 주입하면 금형에 접촉한 부분은 급랭되어 매우 가벼운 백주철로 된다. 이것을 칠드주철(chilled cast iron) 또는 냉각주철이라 한다.

칠드된 부분은 시멘타이트 조직이 되므로 경도가 높아져서 내마모성과 압축강도가 크게 된다. 내부는 회주철이므로 전체를 백주철로 만드는 것보다 잘 파손되지 않는다. 기차의 차륜,

분쇄기의 롤 등이 그 예이다.

7) 가단주철

회주철은 주조성이 좋으나 취약하므로 연신율이 거의 없다. 그러나 가단주철(malleable cast iron)은 백주철의 주물을 만들어 이것을 장시간 열처리하여 탈탄(脫炭)과 시멘타이트의 흑연화에 의하여 연성(연신율 5~12%)을 가지게 한 것이다. 처리방법에 따라 파단면이 강과 같은 백색을 나타내는 백심가단주철과 표면은 탈탄되어 있으나 내부는 시멘타이트가 흑연화 했을 뿐 파면은 검게 보이는 흑심가단주철의 2종류가 있다.

표 1-17 가단주철, 주강 및 회주철의 비교

종 류	화 학 성 분 (%)					인장강도 $N/mm^2(kgf/mm^2)$	연신율 (%)
	C	Si	Mn	P	S		
백심가단주철	2.80~3.20	1.10~0.60	0.5 이하	0.3 이하	0.3 이하	353(36)	8
흑심가단주철	2.00~2.90	1.50~0.80	0.5 이하	0.2이하	0.2 이하	343(35)	10
회 주 철	2.50~4.00	3.00~1.00	0.5.~1.20	0.05~0.60	0.05~0.20	265(27)	-
주 강	0.10~0.60	0.25~0.60	0.5.~1.00	0.05 이하	0.06 이하	461~598(47~61)	12

1.3 철강제품

철강제품은 형상별로 크게 주강, 단강, 주철, 압연제품의 4가지로 나눌 수 있다. 이중에서 구조용으로 많이 사용되는 강재는 압연제품으로 조강, 강판, 강관으로 대별된다. 표 1-18에 각종 철강제품의 종류와 용도를 나타냈다.

표 1-18 철강제품의 종류와 용도

주요 철강제품			용 도
조강 (열간압연)	형 강 (section)	ㄱ형강 ㄷ형강 H형강 I형강 T형강 경량형강	공장·건축물·교량·산업설비·지하철 등에서의 각종 철골 공사용, 차량, 선박 등의 소재로 사용

<table>
<tr><th colspan="3">주요 철강제품</th><th>용 도</th></tr>
<tr><td rowspan="4">조강
(열간압연)</td><td>봉 강
(bar)</td><td>환강
평강
각강</td><td>기계장치 구조용, 건설용, 볼트·너트·리벳, 마봉강 등의 소재로 사용</td></tr>
<tr><td colspan="2">철 근(deformed bar)</td><td>건축, 토목용 소재</td></tr>
<tr><td colspan="2">선 재(wire rod)</td><td>각종 철선, 소형 볼트·너트의 소재</td></tr>
<tr><td colspan="2">궤 조(rail)</td><td>철도용 레일, 크레인 레일, 엘리베이터 레일</td></tr>
<tr><td rowspan="6">판재
(열간 또는
냉간압연)</td><td rowspan="2">열간압연
(hot rolled)</td><td>중후판</td><td>화물차, 보일러, 선박, 화학탱크 등의 소재</td></tr>
<tr><td>열연박판 및 강대</td><td>냉연강판 및 강관의 소재, 경량형강, 구조물, 농기구 등의 소재</td></tr>
<tr><td rowspan="4">냉간압연
(cold rolled)</td><td>냉연박판 및 강대</td><td>자동차, 세탁기, 냉장고, 가구 및 각종 용기 등의 소재</td></tr>
<tr><td>석도용 원판</td><td>석도용 강판</td></tr>
<tr><td>전기강판</td><td>전기기기, 변압기, 모터 등의 소재</td></tr>
<tr><td>표면처리강판</td><td>건축물, 자동차, 가전제품, 주방용품 등</td></tr>
<tr><td rowspan="2">강관</td><td colspan="2">이음매 없는 강관</td><td>고압가스, 화학공업용 고압배관, 석유시추 등</td></tr>
<tr><td>용접강관</td><td>전기용접강관
가스용접강관
단접강관</td><td>수도관, 가스관, 송유관 등의 일반배관용, 일반구조용</td></tr>
<tr><td colspan="3">주 강 품</td><td>기계부품, 공구용, 각종 롤(roll)용</td></tr>
<tr><td colspan="3">단 강 품</td><td>기계부품, 특수 롤(roll)용</td></tr>
</table>

1.3.1 구조용 강재

(1) 일반구조용 압연강재

일반구조용 강재(KS D 3503, SS ; steel structural)는 림드강을 압연하여 제조하며, 인장강도에 따라 표 1-19와 같이 4종류로 구분한다. 접합부가 용접보다는 고력볼트 접합일 경우에 사용한다. 즉 용접성이 떨어지기 때문에 접합부가 용접으로 설계되어진 경우에는 용접구조용 강재(SM)를 사용해야 한다. 특히 SS 490은 용접구조에 사용해서는 안 되며, SS 400은 용접구조에 사용할 수는 있으나 판 두께가 22mm 이하일 때만 사용하는 것이 바람직하다.

표 1-19의 강판, 평강, 형강 및 봉강을 표시할 때의 기호는, 종류의 기호 다음에 P(강판), S(강대), F(평강), A(형강), B(봉강)로 표시한다.

보기 : 일반구조용 압연강재 강판 1종 “SS 330P”

표 1-19 일반구조용 압연강재 종류의 기호(KS D 3503)

종류	종류의 기호		적 요
	SI 단위	(참고) 과거 단위	
1 종	SS 330	SS 34	강판, 강대, 평강, 봉강
2 종	SS 400	SS 41	강판, 강대, 평강, 봉강, 형강
3 종	SS 490	SS 50	
4 종	SS 540	SS 55	두께 40mm 이하의 강판, 강대, 평강, 형강 및 지름 · 변 또는 맞변거리가 40mm 이하의 봉강

표 1-20에서 탄소량의 규제 없이 인(P), 황(S)의 최대허용량을 규정하고 있는 것은, P는 0℃ 이하의 저온취성을 악화시키며, S는 900~1,000℃에서 적열취성으로서 단조시 강에 균열을 일으키기 때문이다.

SS는 림드강이므로 바깥쪽은 순철에 가까운 성질을 가지고 있으나 내부, 즉 중심부로 갈수록 탄소함유량은 높고 불순물도 많아진다. 이러한 의미에서 이 재료를 분석한다는 것은 무의미하며, 규정강도만 나오면 사용상 아무런 지장이 없기 때문에 탄소량의 규제 없이도 인장강도 만으로 구별하고 있다. 강도는 탄소량(%)에 의해 조절되므로 식 1.8에서 인장강도를 알면 C%의 값을 추정할 수 있다.

표 1-20 일반구조용 압연강재의 화학성분과 기계적 성질(KS D 3503)

기 호	화 학 성 분(%)					두 께 (mm)	최소 항복점 $N/mm^2(kgf/mm^2)$	인장강도 $N/mm^2(kgf/mm^2)$
	C	Si	Mn	P	S			
SS 330	-	-	-	0.050 이하	0.050 이하	t≤16	205(21)	330~430 (34~44)
						16<t≤40	195(20)	
						40<t	175(18)	
SS 400	-	-	-	0.050 이하	0.050 이하	t≤16	245(25)	400~510 (41~52)
						16<t≤40	235(24)	
						40<t	215(22)	
SS 490	-	-	-	0.050 이하	0.050 이하	t≤16	285(29)	490~610 (50~62)
						16<t≤40	275(28)	
						40<t	255(26)	
SS 540	0.30 이하	-	1.60 이하	0.040 이하	0.040 이하	t≤16	400(41)	540(55) 이상
						16<t≤40	390(40)	

(2) 용접구조용 압연강재

용접구조용 압연강재(KS D 3515, SM : steel marine)는 원래 용접선체용 압연강재라 불리는 것이 옳을 만큼 선박의 용접구조와 관계가 깊다. 과거 선박은 리벳구조였으나 2차대전 중 미국에서 용접구조에 의한 선박이 사용되면서 용접기술이 급격히 발달하였다. 따라서 명칭이 원래는 용접구조용 압연강재가 아니라 용접선체용 압연강재라는 주장도 있다.

용접구조용 압연강재는 킬드강으로 만들며, 특히 탄소함유량이 낮아야 한다. 용접구조용 압연강재의 특징은 그 명칭이 표시하는 바와 같이 용접성이 특히 우수하며 취성파괴를 일으킬 염려가 없다. SM강재(용접구조용 압연강재)의 기호표시는 전에는 SWS강재로 표기했으나 최근에 와서 SM강재로 바뀌었다.

SM 490 이상은 용접시 충분한 주의와 적당한 열처리가 필요하다. 일반적으로 용접균열은 Hv＜350, 탄소당량＜0.44%이면 안전하지만 이 이상인 경우는 예열이 절대적으로 필요하다. 열영향부의 경화성이 큰 강은 용접균열을 일으키기 쉽기 때문에 강재의 탄소당량이 낮은 강을 선택하는 것이 바람직하며, 탄소당량은 다음과 같이 계산한다.

$$\mathrm{Ceq}(\%) = \mathrm{C} + \frac{1}{6}\mathrm{Mn} + \frac{1}{24}\mathrm{Si} + \frac{1}{5}\mathrm{Cr} + \frac{1}{4}\mathrm{Mo}(\mathrm{WES}\text{식}) \tag{1.8}$$

탄소량은 0.2% 이하이며, 규소는 킬드강으로 만들기 위해 약 0.55% 이하로 되어 있다. 인과 황은 일반구조용 압연강재(SS)보다 낮은 0.04% 이하이지만 망간은 1.5% 이하로 비교적 높은 편이다. 이것은 Mn의 역할이 탄소당량 식에서 예상할 수 있듯이 C%가 낮은 약점을 보강하고 Si와 함께 강재의 강도를 올려야 하기 때문이다.

표 1-21에서 SM 400A의 Si가 -로 되어 있음은 0%를 뜻하는 것이 아니라 Si는 분석하지 않아도 좋다는 뜻이다. 즉 많든 적든 무관함을 뜻한다. 또한 Mn이 2.5×C 이상으로 되어 있는 것은 Mn이 탈산제로 사용하고 있으므로 너무 적게 할 수 없다는 것이다. SM 400B 이하는 Si가 0.35% 또는 0.55% 이하이므로 이는 킬드강이다. SM 490Y는 항복점이 높은 것이다. SM 490과 같이 인장강도는 490～610N/mm^2{50～62kgf/mm^2}이나 항복점은 SM 490보다도 39N/mm^2{4kgf/mm^2} 정도 높다. 설계는 항복점으로 계산하는 것으로 소성변형영역의 인장강도로 설계하는 것은 아니다.

종류를 나타내는 기호 중 끝자리의 A, B, C는 용접성이 양호한 순서를 나타내며, 재질의 큰 차이점은 강재의 탄소함유량이 A보다는 C가 적기 때문에 연성, 충격성, 용접성이 뛰어나다. 또한 A, B, C는 저온 충격값에 의한 순서로 A는 충격값의 규정이 없는 저급품이며, B는 약 0℃까지, C는 -10～-20℃까지 사용해도 인성이 유지된다. 즉 A강재의 경우에는 충격하중에 관한 규격이 정해져 있지 않기 때문에 충격하중을 받는 구조물에는 사용하지 않은 것이 좋다.

또 끝자리 기호의 YA, YB강재는 A, B강재에 비하여 인장강도 차이는 없으나 항복강도는 Y가 있는 강재가 더 뛰어나다.

표 1-21 용접구조용 압연강재 화학성분과 기계적성질 (KS D 3515)

<table>
<tr><th colspan="2" rowspan="2">기 호</th><th rowspan="2">두 께
(mm)</th><th colspan="5">화 학 성 분 (%)</th><th rowspan="2">두 께
(mm)</th><th rowspan="2">최소항복점
N/mm²(kgf/mm²)</th><th rowspan="2">인장강도
N/mm²(kgf/mm²)</th></tr>
<tr><th>C</th><th>Si</th><th>Mn</th><th>P</th><th>S</th></tr>
<tr><td rowspan="5">SM400</td><td rowspan="2">A</td><td>t≤50</td><td>0.23
이하</td><td rowspan="2">–</td><td rowspan="2">2.5×C
이상</td><td rowspan="5">0.035
이하</td><td rowspan="5">0.035
이하</td><td rowspan="5">t≤16
16<t≤40
40<t≤100
100<t</td><td rowspan="5">245(25)
235(24)
215(22)
205(21)</td><td rowspan="5">400~510
(41~52)</td></tr>
<tr><td>50<t≤200</td><td>0.25
이하</td></tr>
<tr><td rowspan="2">B</td><td>t≤50</td><td>0.20
이하</td><td rowspan="2">0.35
이하</td><td rowspan="2">1.60~
1.40</td></tr>
<tr><td>50<t≤200</td><td>0.22
이하</td></tr>
<tr><td>C</td><td>t≤100</td><td>0.18
이하</td><td>0.35
이하</td><td>1.40
이하</td></tr>
<tr><td rowspan="5">SM490</td><td rowspan="2">A</td><td>t≤50</td><td>0.20
이하</td><td rowspan="5">0.55
이하</td><td rowspan="5">1.60
이하</td><td rowspan="5">0.035
이하</td><td rowspan="5">0.035
이하</td><td rowspan="5">t≤16
16<t≤40
40<t≤100
100<t</td><td rowspan="5">325(33)
315(32)
295(30)
285(29)</td><td rowspan="5">490~610
(50~62)</td></tr>
<tr><td>50<t≤200</td><td>0.22
이하</td></tr>
<tr><td rowspan="2">B</td><td>t≤50</td><td>0.18
이하</td></tr>
<tr><td>50<t≤200</td><td>0.20
이하</td></tr>
<tr><td>C</td><td>t≤100</td><td>0.18
이하</td></tr>
<tr><td rowspan="2">SM490</td><td>YA</td><td rowspan="2">t≤100</td><td rowspan="2">0.20
이하</td><td rowspan="2">0.55
이하</td><td rowspan="2">1.60
이하</td><td rowspan="2">0.035
이하</td><td rowspan="2">0.035
이하</td><td rowspan="2">t≤16
16<t≤40
40<t≤75
75<t≤100</td><td rowspan="2">365(37)
355(36)
335(34)
325(33)</td><td rowspan="2">490~610
(50~62)</td></tr>
<tr><td>YB</td></tr>
<tr><td rowspan="2">SM520</td><td>B</td><td rowspan="2">t≤100</td><td rowspan="2">0.20
이하</td><td rowspan="2">0.55
이하</td><td rowspan="2">1.60
이하</td><td rowspan="2">0.035
이하</td><td rowspan="2">0.035
이하</td><td rowspan="2">t≤16
16<t≤40
40<t≤75
75<t≤100</td><td rowspan="2">365(37)
355(36)
335(34)
325(33)</td><td rowspan="2">520~640
(53~65)</td></tr>
<tr><td>C</td></tr>
<tr><td colspan="2">SM570</td><td>t≤100</td><td>0.18
이하</td><td>0.55
이하</td><td>1.60
이하</td><td>0.035
이하</td><td>0.035
이하</td><td>t≤16
16<t≤40
40<t≤75
75<t≤100</td><td>460(47)
450(46)
430(44)
420(43)</td><td>570~720
(58~73)</td></tr>
</table>

(3) 용접구조용 내후성 열간압연강재

용접구조용 압연강재(SM) 중에 인장강도 490N/mm²{50kgf/mm²} 이상의 고장력 강판을 고장력강(속칭 하이텐 : high tention steel plate)이라고 부르고 있다. HT 50으로 약칭하기도 한다. 수력발전소의 수압철관, 수차케이싱, 건설기계, 해양구조물 등에는 SM 및 고장력강이 사용되고 있다.

SM은 노천에서 사용할 때 방청을 위한 도장이 문제가 되므로 이 점을 고려하여 개발된 것이 용접구조용 내후성 열간압연강재(KS D 3529, SMA ; steel marine atmospheric)이다. 내후성은 P, Cu, Cr 원소의 첨가로 향상되기는 하지만 용접성이 떨어지므로 P를 제거하고 Cu, Cr을 기본으로 하여 여기에 다시 Mo, Ni, Ti, V 또는 Zr 중 어느 한 원소 이상을 첨가한다. 내후성은 일반강재의 7~8배이지만 용접성이 떨어진다.

1.3.2 조강류

(1) 형 강

형강(shape steelsection steel)은 블룸(bloom)이나 빌릿(billet) 등 반제품을 열간압연하여 만든 구조용 강재로서, KS D 3502에 열간압연형강의 단면형상을 ㄱ형강(angles ; 등변ㄱ형강, 부등변 ㄱ형강, 부등변 부등두께 ㄱ형강), I형강(I-beam), ㄷ형강(channels), 구평형강(bulb plates), H형강(H-beam), T형강(T-bar)의 6종류로 정하고 있다. 그림 1-17에 각종 형강의 단면을 나타냈다.

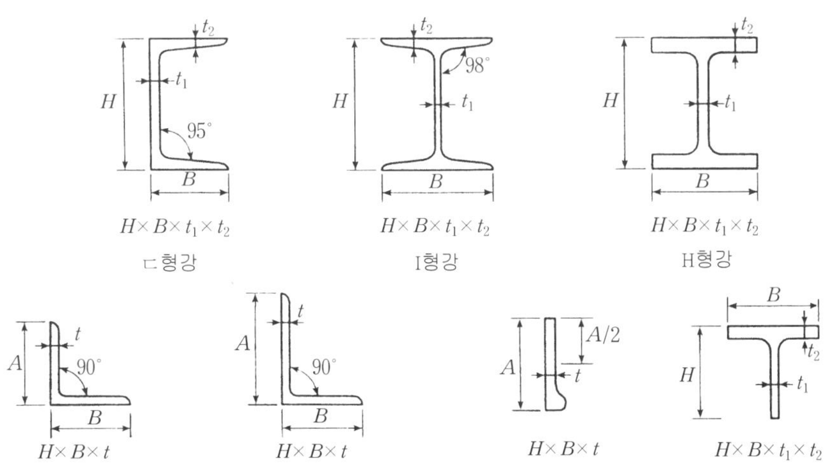

그림 1-17 각종 형강의 단면

형강은 건축구조물, 토목용, 교량용, 광산지지용, 철골, 철탑, 선박, 차량 등의 구조물에 사용한다. 설비공사에는 덕트의 보강이나 이음용 플랜지로, 또한 배관이나 덕트의 지지철물에 ㄱ형강이 사용되고, 탱크류의 가대(架臺) 및 냉각탑 등 설비기기류를 건물에 설치하는 경우 여러 가지 형강이 사용되고 있다.

형강에는 이 외에 일반구조용 용접 경량 H형강(KS D 3558)과 일반구조용 경량형강(KS D 3530)이 있다. 경량형강은 냉간롤러로 박판 또는 띠강판을 성형시켜 만든 2차 가공제품이다. 살두께가 얇기 때문에 국부좌굴, 부식 등이 일어나기 쉬우므로 하중이 작은 구조물에 사용된다.

표 1-22에 형강의 화학성분과 인장강도를, 그림 1-18에 경량형강의 종류를 나타냈다.

표 1-22 형강의 화학성분과 인장강도

종 류	규격번호	기 호	화 학 성 분 (%)			인장강도	항복점
			C	P	S	$N/mm^2(kgf/mm^2)$	$N/mm^2(kgf/mm^2)$
열간압연형강	KS D 3502	-	0.25 이하	0.050 이하	0.050 이하	400～540 (41～55)	245(25) 이상
용접경량 H형강	KS D 3558	SWH 400 SWH 400L					
경량형강	KS D 3530	SSC 41					

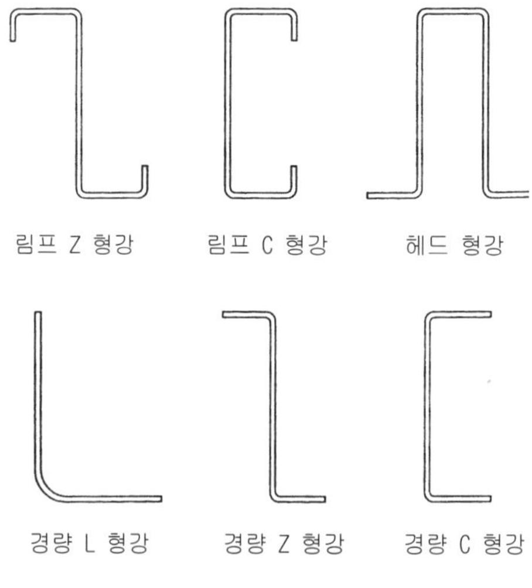

그림 1-18 경량형강의 단면

(2) 봉 강

봉강(steel bar)은 빌릿(billet)을 원자재로 하여 1,200℃ 이상의 고온에서 열간압연 또는 단조에 의하여 제조하며, 단면의 형상에 따라 환봉(원형), 평강(장방형) 각강(사각형, 육각형, 팔각형) 등이 있다.

각종 기계 및 건설용 구조물의 부품 등에 흔히 사용되며, 열연봉강을 원재료로 하여 냉간 인발이나 열간단조 또는 냉·온간단조에 의해 제조한 봉강은 자동차 및 산업기계 등의 기간 산업이나 조립금속에 사용된다. 설비구조물의 각종 가대(架臺)에는 직경 9, 13, 19, 22, 25mm, 길이 3.5~10m의 것이 사용되고, 배관이나 덕트의 행거용 지지봉, 기타 구조물에 사용되고 있다.

표 1-23 환 강

지 름 (mm)	단 면 적 (cm^2)	단위중량 (kg/m)	지 름 (mm)	단 면 적 (cm^2)	단위중량 (kg/m)
6	0.2827	0.222	11	0.9503	0.746
7	0.3848	0.302	12	1.131	0.888
8	0.5027	0.395	13	1.327	1.04
9	0.6362	0.499	14	1.539	1.21
10	0.7854	0.617	15	1.767	1.39

(3) 철 근

철근(deformed bar)은 원형의 봉상(환강)과 동일한 형상이지만 표면에 축방향으로 돌기와 일정한 간격의 마디가 있으므로 콘크리트 부착력이 강하게 되어 있다. 열간압연재로서 KS D 3112에 SR 235, SD 295 등 6종이 규정되어 있으며, 규격의 명칭이나 문자 중 R은 환강을, D는 이형봉강을 나타내고, 숫자는 최소항복강도를 나타낸다. 또한 단면지름은 6mm(D 6)에서 51mm(D 51)까지 3~4mm 간격으로 제조되고 있다.

(4) 선 재

선재(wire rod)는 철선을 제조하기 위한 소재로서 단면이 원형인 코일형상으로 감긴 강재이다. 빌릿을 가열한 후 선재압연공정을 거쳐 지름 5.5mm 이상, 42mm 이하의 다양한 규격으로 제조한다. 재질에 따라 보통강 선재와 특수강 선재로 나누어진다. 선재는 다양한 용도로 사용되며, 반제품에서 제품화될 때까지 공정이 길고, 선으로 늘리는 가공 등 후속공정이 요구되기 때문에 가공방법에 따라 품질이 달라진다.

1) 보통강 선재

연강선재(못, 철사, 철망 등), 경강선재(와이어 로프, 바늘 등), 용접봉 등이 있다.

2) 특수강 선재

기계구조용 선재(나사, 볼트, 너트, 샤프트, 기어 등), 피아노 선재, 베어링강 선재, 스프링강 선재, 쾌삭강 선재(시계, 계측기기 등), 내열강 선재, 공구강 선재 등이 있다.

1.3.3 강 판

(1) 열간압연강판

열간압연강판(KS D 3501, HR ; hot rolled carbon steel sheets)은 통상 재결정 이상의 고온에서 압연한 강재로서, 일명 **열연강판**이라고도 한다. 연속주조 또는 분괴압연에 의해 제조되는 슬래브(slab)를 열간압연하여 두께 1.2～22.0mm, 폭 400～2,540mm의 제품으로 제조한다. 두께에 따라 후판(6mm 이상), 중판(3～6mm), 박판(3mm 미만)으로 나누어진다. 열연제품의 형태에 따른 분류를 표 1-25에 나타냈다. 제품의 용도는 이음매 없는 강관용, 자동차 구조용, 해양에서 사용하는 컨테이너용, 압력용기용, 고탄소공구강용 등에 사용된다.

표 1-24 열간압연 연강판 및 강대의 화학성분과 인장강도(KS D 3501)

종류의 기호	적용두께 (mm)	화 학 성 분(%)		인장강도 (N/mm^2)	비고
		P	S		
SPH 1	1.2～14	0.050 이하	0.050 이하	270 이상	일반용
SPH 2	1.2～14	0.040 이하	0.040 이하	270 이상	드로잉용
SPH 3	1.2～6.0	0.030 이하	0.035 이하	270 이상	딥드로잉용

표 1-25 열연강판의 분류

분 류	가 공 형 상
열연강대(HR coil)	코일상태로 감긴 강판(두께 1.2～22.0mm, 폭 400～2,540mm)
열연박판(HR plate & sheets)	열연코일을 절판한 강판
열연협폭강대(HR skelp)	열연코일을 slitting하여 되감은 강대(hoop), 폭 200mm 이하
산세강판(PO coil & sheets)	열연코일의 스케일을 산세처리로 제거한 강판
무늬강판(checkered & sheets)	체크무늬가 있는 열연강판

(2) 냉간압연강판

냉간압연강판(KS D 3512, CR ; cold rolled carbon steel sheets, 일명 **냉연강판**)은 열연코일을 소재로 표면의 스케일을 제거하고, 두께 0.15~3.2mm 정도까지 압연한 후 풀림처리와 조질압연을 거쳐 제조한다. 냉연강판은 열연강판에 비하여 두께가 얇고, 두께정도(精度)가 우수하며, 표면이 미려하고, 가공성이 우수하다. 이러한 특성에 따라 자동차, 가전기구, 가구, 사무용품, 건설용 등에 직접 사용되거나 아연, 알루미늄, 주석, 크롬 등의 도금용 원판으로 사용된다.

KS D 3512에 1종(SCP 1 ; 일반용), 2종(SCP 2 ; 가공용), 3종(SCP 3 ; 심가공용)이 규정되어 있다. 특수 냉연강판으로는 범랑용 강판, 내식 · 내후성 강판, 저급전기강판, 표면피복강판, 경질강판, 고강도강판, 청열강판(bluesheet), 엠보싱강판 등이 있고, 도금 원판으로는 아연도금원판, 석도원판 등이 있다.

1종(SCP 1)은 일반용으로 표면이 아름답고 수요가 가장 많은 제품으로 벤딩이나 간단한 드로잉가공에 적합한 강판이다. 자동차 차량의 외판, 세탁기, 냉장고의 외판, 캐비닛, 철제가구, 배전반 등 평판용으로 주로 사용된다.

표 1-26 냉간압연강판 및 강대의 기계적 성질(KS D 3512)

종별	종류의 기호	인장강도 N/mm^2 (kgf/mm^2)	연 신 율(%) 호칭두께에 따른 구분(mm)						인장시험편
			0.25~0.39	0.40~0.59	0.60~0.99	1.0~1.5	1.6~2.4	2.5 이상	
1종	SCP 1	275 이상 (28 이상)	32 이상	34 이상	36 이상	37 이상	38 이상	39 이상	(일반용)
2종	SCP 2	275 이상 (28 이상)	34 이상	36 이상	38 이상	39 이상	40 이상	41 이상	(드로잉용)
3종	SCP 3	275 이상 (28 이상)	36 이상	38 이상	40 이상	41 이상	42 이상	43 이상	(딥드로잉용)

2종(SCP 2)은 가공용으로 SCP 1에 비해 우수한 가공성을 얻을 수 있는 강판이다. 문짝, 가솔린 탱크, 통신기기 부품, 전기밥통 외판 등에 사용된다. 3종(SCP 3)은 심가공용으로 SCP 2에 비해 우수한 심가공성을 갖고 있으며, 야금학적으로 결정립을 조성하고 있기 때문에 심가공 후 아름다운 표면을 얻을 수 있다.

표면처리강판은 녹의 발생을 방지하거나 표면을 아름답게 하기 위해 표면처리한 강판으로 석도강판(tin plate), 아연도금강판, 크롬도금강판, 니켈도금강판, 알루미늄도금강판 및 각종 착색강판이 있다.

표 1-27 보통강 냉간압연강재의 형상별 분류

형상별 분류		적 요
미 소 둔 강 판		열연강판을 산세처리한 후 냉간압연하고 전기청정공정에서 압연유 등을 제거한 풀림처리하지 않은 냉간압연강대
냉 연 박 판		두께 3mm 미만의 냉연강재
냉연 광폭 강대		폭 500mm 이상의 제품으로 코일상태로 생산
냉연 협폭 강대		폭 500mm 미만의 제품으로 코일상태로 생산
석 도 용 원 판		석도강판에 적합하도록 제조된 저탄소강의 강판 및 강대로 두께가 얇은 최고급 냉연강판(호칭두께 0.14~0.06mm)
전 기 강 판		Si가 1~5% 다량 함유되어 있으며, 자기특성이 규제됨. 전기기기의 모터, 변압기 등의 철심으로 사용
표면처리 강판	석 도 강 판	석도용 원판에 주석(tin)도금한 강판
	아연도금강판	냉연강판 표면에 Zn을 도금한 강판으로 제조방법에 따라 용융아연도금강판(KS D 3506)과 전기아연도금강판(KS D 3528)이 있다.
	크롬도금강판	석도강판 대용재로서 고가의 주석(Sn) 대신에 저가의 크롬(Cr)산으로 전해처리하여 산화크롬의 피막을 생성시킨 강판
	니켈도금강판	석도강판 대용재로서 고가의 주석(Sn) 대신에 저가의 니켈(Ni)을 도금한 강판으로 전기전자부품에 사용
	전기동도금강판	전기도금법에 의해서 냉연강판에 동으로 도금한 강판
	갈 바 륨 강 판	Al 55%, Zn 43.4%, Si 1.6%의 조성으로 이루어진 아연-알루미늄도금 강판으로 특수한 무늬를 갖고 있다.
	착 색 강 판	냉연강판, 아연도금강판, 알루미늄 도금강판의 내식성을 높이고, 미관을 살리기 위해 특수표면처리를 한 다음 적색, 청색, 녹색, 은색 등 다양한 색채의 도료로 피복한 강판

1.3.4 기타 철강제품

(1) 주강품(steel castings)

탄소강으로 주조한 주물을 주강(cast steel)이라 한다. 주강은 주철에 비하여 용해, 주입온도가 400℃ 가량 높기 때문에 응고할 때 수축이 크고, 가스의 방출이 많아서 주철보다 고도의 기술이 필요하다. 구조용 재료 또는 기계부품 등에서 단조할 수 없고, 주철로는 그 강도가 부족할 때 주강을 사용한다.

주강은 주조한 상태로는 거칠고, 재질이 균일하지 않은 상태이므로 주조 후 완전풀림을 실시하여 조직을 미세화시키고, 주조응력을 제거해야 한다. 주강의 종류에는 탄소주강뿐만 아니라 합금주강, 스테인리스주강이 있으며, 탄소주강에는 SC 360, SC 410, SC 450 및 SC 480이 있으며, 기계적 성질과 표준조성은 표 1-28과 같다.

표 1-28 탄소주강의 화학성분과 기계적 성질(KS D 4101)

종류	종별	화학성분 (%)			기계적 성질				적용
		C	P	S	인장강도 N/mm^2(kgf/mm^2)	항복점 N/mm^2(kgf/mm^2)	연신율 (%)	단면수축률 (%)	
1종	SC 360	0.20 이하	0.040 이하	0.040 이하	360(37) 이상	175(18) 이상	23 이상	35 이상	일반구조용, 전동기 부품용
2종	SC 410	0.30 이하	0.040 이하	0.040 이하	410(42) 이상	205(21) 이상	21 이상	35 이상	
3종	SC 450	0.35 이하	0.040 이하	0.040 이하	450(46) 이상	225(23) 이상	19 이상	30 이상	
4종	SC 480	0.40 이하	0.040 이하	0.040 이하	480(47) 이상	245(25) 이상	17 이상	25 이상	

(2) 단강품

단강품(steel forgings)은 강괴, 빌릿 등을 소재로 하여 프레스 또는 해머로 누르거나 두드려서 만든 강으로서 압연강재 및 주강품보다 강도면에서 우수하다. 그러나 제조공정에서 용도에 적합하도록 화학성분을 고려하여 정련해야 하며, 강괴 자체로부터 특별한 관리가 요구된다. 따라서 불순물이 많은 강괴 상하 부분의 30% 정도를 절단하고, 표면의 흠을 미리 제거한 다음에 단조하기 때문에 실수율(實收率)이 낮은 단점이 있다.

용도는 철도차륜 및 차축, 압연기의 롤 등 강도가 요구되는데 쓰이며, 각종 형태로 성형한 제품은 자동차, 선박, 철도차량의 부품, 압력용기 및 부품으로 사용된다.

1.4 비철금속재료

1.4.1 구리와 그 합금

(1) 구리의 제조

구리(동)는 은(Ag) 다음으로 열 및 전기전도율이 좋고, 내식성이 우수하며, 연성이 좋아 가공이 쉽기 때문에 판재 · 봉재 · 선재 · 파이프 등으로 가공하여 산업용 및 생활용품에 널리 사용된다.

구리의 제조는 동광석을 용광로에서 용해시키고 다시 전로에서 산화 정련하여 순도 98~

99.5%의 조동으로 만든다. 이 조동은 반사로 및 전기로로 정련시킨다. 동의 가공은 열간작업 및 냉간작업으로 하며, 열간가공은 750~850℃에서 이루어진다.

(2) 구리의 성질

1) 물리적 성질

구리의 물리적 성질은 표 1-29와 같다. 일반적으로 고유의 담적색(淡赤色)을 띠고 있으나 공기 중에서는 표면이 산화되어 암적색(暗赤色)으로 된다. 또한 열과 전기의 전도율이 크며, 자기(磁氣)성분이 없다.

표 1-29 구리의 물리적 성질(99.85% Cu)

성 질	물 성	성 질	물 성
원자량	63.57	비열(20℃)	0.0921kcal/kg · ℃
결정구조	면심입방격자	선팽창계수	16.8×10^{-6}
비중	8.9	열전도율	332kcal/m · hr · ℃
끓는점	2,595℃	고유저항(20℃)	1.71 $\mu \cdot \Omega \cdot$ cm
녹는점	1,083℃	주조수축률	1.42%

2) 화학적 성질

건조한 공기 중에서는 산화하지 않지만 CO_2 또는 습기가 있으면 녹(염기성 황산동 또는 염기성 탄산동)이 생기며, 바닷물 등 염수에 부식된다. 수소를 함유하는 환원성 분위기 중에서 구리를 가열하면 서로 반응하여 수증기가 발생하며, 이 수증기의 팽창으로 미세하게 갈라지는 수소 메짐성(수소취성, 수소병)이 생긴다. 산소를 함유한 정련 구리에서 나타나고 있다.

3) 기계적 성질

구리는 질이 연하고 가공성이 풍부하여 판, 선, 봉 등으로 제작되며, 냉간가공에 의하여 적당한 강도를 부여할 수 있다. 그림 1-19는 전기구리판을 상온에서 압연했을 때의 가공도와 기계적 성질을 나타낸 것이다.

인장강도는 가공도에 따라 증가하고, 가공도 70~80% 부근에서 최대값이 되며, 상온 가공 후 600~700℃에서 30분간 풀림하면 연화된다. 그림 1-20은 약 80% 압연가공된 구리판을 풀림할 때 온도변화에 따른 기계적 성질을 나타낸 것이다. 구리는 경화의 정도에 따라 연질, $\frac{1}{4}$경질($\frac{1}{4}$H), $\frac{1}{2}$경질($\frac{1}{2}$H), 경질(H)로 분류된다.

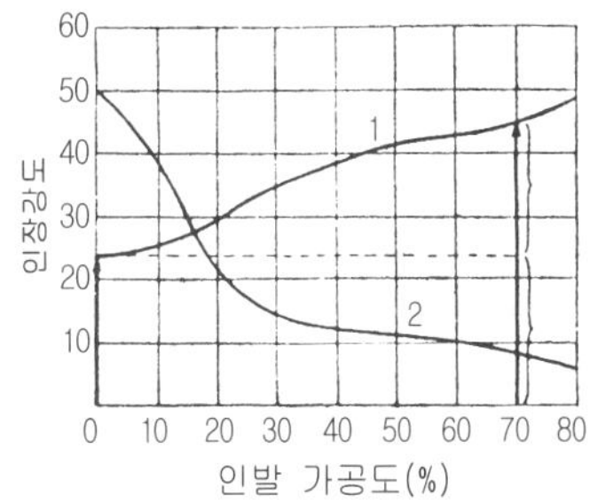

① 인장강도(kgf/mm²) ② 연신율(%)
③ 브리넬 경도(H_B)

그림 1-19 구리의 가공에 의한 기계적 성질의 변화

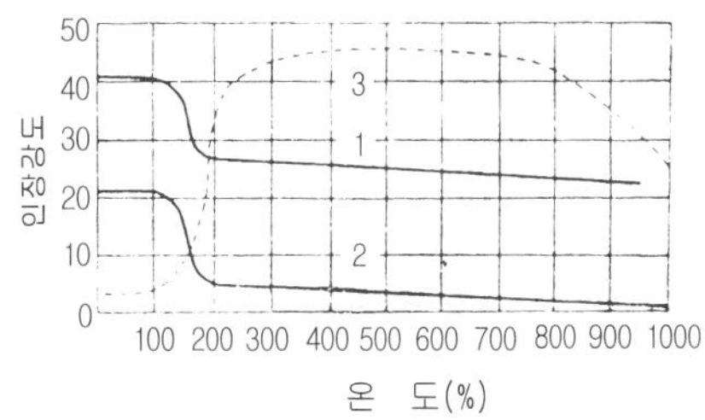

① 인장강도(kgf/mm²) ② 탄성한도(kgf/mm²)
③ 연신율(%)

그림 1-20 구리의 풀림에 의한 기계적 성질의 변화

표 1-30 구리의 기계적 성질

종 류	인장강도 N/mm²(kgf/mm²)	탄성한도 N/mm²(kgf/mm²)	항복점 N/mm²(kgf/mm²)	연신율 (%)	단면수축률 (%)	경도 (H_B)
주 물	137~196(14~20)	-	44~59(4.5~6)	25~50	40~70	30~53
압연재(40%압연)	333~353(34~36)	127~147(13~15)	-	5	8	65~75
압연 후 풀림	216~245(22~25)	39~59(4~6)	59(6)	50~60	40~60	35~40

(3) 구리의 종류

1) 터프피치동(tough-pitch copper)

조동을 전해 · 정련하여 산소의 함유량이 0.02~0.05% 정도이고, 순도 99.9% 이상의 순동으로 정제한 동이다. 전기전도성이 우수하지만 고온의 환원성 분위기에서는 수소취화 현상이 발생할 수 있다. 전기제품의 부품생산에 사용된다.

2) 인탈산동

전기동을 반사로에서 정련한 동이다. 정련시 인(P)을 넣어 불순물인 산소를 0.01% 이하로 제거시킨 동으로 인이 잔류하게 된다. 전기전도성은 터프피치동보다 낮으며, 고온에서도 수소취화 현상이 발생하지 않는다. 각종 배관재로 많이 사용되고 있다.

3) 무산소동

전기동을 진공 · 용해하여 산소함유량을 0.006% 이하로 탈산한 동이다. 순도 99.9% 이상의 순동으로, 터프피치동과 인탈산동이 갖는 성질을 동시에 가지고 있다. 전기전도성이 우수하고 고온에서도 수소취화 현상이 발생하지 않는다. 전자기기 및 전기로 등의 부품제작에 사용된다.

표 1-31 구리의 특성과 용도

종 류	기 호	특 성	용 도
터프피치동	C 1100	전기 및 열전도도 양호, 전연성, 내식성, 내후성 우수	전기·전자부품, 변압기, 증류기, 화학공업용, 개스킷용
인탈산동	C 1201 C 1220 C 1221	전기전도도가 터프피치동에 비하여 저하되지만 O_2의 함량이 적어 가공성이 우수하고, 수소취성이 없으며 용접용에 적합	급수관, 온수관, 송유관 등의 배관용, 열교환기용, 개스킷, 건축 및 화학공업용
무산소동	C 1020	전기 및 열전도도 우수, 전연성이 좋아 가공성이 우수하고, 수소취성이 없으며 용접성, 내후성이 좋음.	커넥터, 동축케이블 등 전기관계 부품에 적당

(4) 구리합금

1) 황동(Cu-Zn)

구리와 30~40% 아연의 합금을 황동(brass)이라 부르며, 가공성, 주조성, 내식성 및 기계적 성질이 우수하고 광택이 좋아서 널리 사용되고 있다. 황동의 기계적 성질은 아연 함유량에 따라 변화한다. 인장강도는 아연 40% 부근에서(6 : 4황동) 최대이며, 연신율은 30% 부근에서 최대값을 나타낸다. 성분에 따라 황동 1종(70 Cu−30 Zn), 황동 2종(65 Cu−35 Zn), 황동 3종(60 Cu−40 Zn)이 있다.

2) 단동(단련황동)

황동 중에서 구리와 5~20%의 아연합금제를 단동이라 부르며, 외관의 색상과 가공성이 우수하다. 아연의 성분에 따라 단동 1종(95 Cu−5 Zn), 단동 2종(90 Cu−10 Zn), 단동 3종(85 Cu−15 Zn), 단동 4종(80 Cu−20 Zn)이 있다. 단동은 연성이 풍부하여 압연, 단조 등의 가공에 의해 봉·판·파이프·선 등의 제품을 만든다.

3) 청동(Cu-Sn)

구리와 주석을 주성분으로 한 청동(bronze)은 청동기시대에서부터 사용된 합금으로서, 과거에는 대포의 몸체 재료로 사용되었으므로 포금(gun metal)이라고도 했다.

강도가 크고 내마모성이 우수하다. 또한 주조성·내식성이 우수하며, 주조용 합금으로도 훌륭하다. 주석이 많이 함유되어 있을수록 강도와 경도가 증가하며, 주석 15% 이상에서는 급격히 커진다. 연신율은 4%에서 최대이고, 그 이상으로 되면 급격히 감소한다.

인청동은 구리와 8.5% 이하의 주석, 그리고 용해시 탈산을 위해서 0.03~0.035% 정도의 인을 첨가한 청동으로, 내마멸성이 크고 전연성이 풍부하여 적당한 열처리와 냉간가공을 함으로써 금속재료로 광범위하게 사용되고 있다. 또한 우수한 스프링성(경년변화가 없다)을 가졌으며, 베어링이나 밸브, 기어 등에 이용된다.

1.4.2 알루미늄과 그 합금

(1) 알루미늄의 성질

알루미늄은 규소(Si) 다음으로 지구상에 많이 존재하는 원소로서 비중이 2.7인 경금속이다. 주조가 용이하며 금속과 합금이 잘 되고, 상온 및 고온가공이 용이하다. 또한 대기 중에서 내식성이 우수하고 전기 및 열의 양도체이다.

알루미늄의 기계적 성질은 다른 금속과 마찬가지로 원소의 함유량과 열처리에 따라 변화한다. 표 1-32에 알루미늄의 기계적 성질을 나타냈다.

표 1-32 알루미늄의 기계적 성질

순 도	상 태	인 장 시 험			브리넬 경도 (H_B)
		인장강도 $N/mm^2(kgf/mm^2)$	항 복 점 $N/mm^2(kgf/mm^2)$	연 신 율 (%)	
99.996%	풀 림 재	47(4.8)	12.2(1.25)	48.8	17
	75% 상온가공	113(11.5)	108(11.0)	5.5	27

알루미늄은 상온에서 판, 선으로 가공하면 경도와 인장강도가 증가하고 연신율이 감소한다. 상온가공에 의하여 경화된 것을 가열하면 150℃ 정도에서 연화되기 시작하여 300~350℃에서 완전히 연하게 된다. 온도가 더욱 높아짐에 따라 점차 강도가 감소되지만 연신율은 400~500℃에서 극히 증대된다. 따라서 압연 및 압출 등의 가공은 이 온도범위에서 하게 된다.

알루미늄은 공기나 물 속에서는 산화막이 생겨 더이상 산화가 생기지 않으므로 내식성을 갖는다. 그러나 바닷물이나 산 · 알칼리 등에는 침식되므로 그 표면에 인공적으로 내식성의 산화피막을 입혀서 생활용품이나 기계부품 등에 사용된다.

(2) 알루미늄 합금

알루미늄은 순금속 상태에서는 내식성이 강한 반면 강도가 작아서 구조용 재료로는 부적당하다. 그러나 알루미늄에 구리, 규소 또는 마그네슘 등의 금속을 포함시킨 경합금(light alloy) 중에는 기계적 성질이 우수한 것이 많다. 따라서 항공기나 자동차의 부품, 건축용 재료, 광학기계, 화학공업 등 무게를 가볍게 해야 하는 각종 용도에 널리 사용된다.

알루미늄 합금에는 실루민(silumin), 와이합금 등의 주조용 합금과 두랄루민(duralumin) 등의 단련용(단조용) 합금으로 나누어진다.

1.4.3 기타 비철금속

(1) 마그네슘과 그 합금

1) 마그네슘

마그네슘(Mg)은 비중이 1.74로서 실용 금속재료 중에서는 가장 가벼우므로 항공기 등 가벼운 것을 요구하는 구조용 재료에 사용된다.

2) 마그네슘 합금

마그네슘 합금은 인장강도가 147～343N/mm^2{15～35kgf/mm^2} 정도로 강도-비중비가 커서 경합금재료로 적합하다. 그러나 바닷물에 접촉하면 심하게 침식되며, 상온가공이 어려운 단점이 있으므로 알루미늄, 아연, 망간 등의 원소를 첨가하여 합금으로 사용한다.

(2) 니켈과 그 합금

1) 니켈

니켈(Ni)은 은백색의 금속이며, 비중이 8.9로서 구리와 비슷하다. 강자성체이고 내산성이 강하며, 고온에서도 잘 산화되지 않는다. 진공관용 재료, 전지재료 합금용이나 도금용 재료로 널리 사용된다.

2) 니켈합금

니켈합금에는 구리, 크롬 등의 원소를 첨가하여 합금한 것이 대표적이다. 니켈-구리합금 중 니켈 20% 정도의 합금을 백동이라 하며, 니켈 40～50%의 합금을 콘스탄탄(constantan)이라 한다. 백동은 우리 나라에서는 옛날부터 식기나 장식품 및 가정용품에 사용되어왔고,

콘스탄탄은 전기저항이 크고 상온에서 거의 변화를 가져오지 않기 때문에 정밀한 전기계측기 재료 등에 많이 이용된다.

니켈-크롬합금은 니켈에 크롬을 20～40% 정도 함유한 것으로, 내식성 · 내열성 · 절연성을 개선한 합금이다.

(3) 아 연

아연(Zn)은 비중이 7.13이며 융점(419.5℃)이 비교적 낮은 재료로서, 취성이 있기 때문에 구조용 재료로는 사용이 부적당하다. 그러나 융점이 낮기 때문에 주조가 용이하여 다이캐스팅(die casting)에 사용되고 있다. 아연의 성질 중 가장 중요한 것은 희생적 방식작용(防蝕作用)이 강하다는 점이다. 희생적 방식작용이란 아연을 철강재의 표면에 접촉시키면, 아연이 완전히 부식되기 전까지는 철강재는 부식되지 않고 아연만 부식된다. 따라서 아연은 아연도강관, 아연도강판, 아연도철선, 철구조물, 주물 등에 아연용융도금이 사용되며, 기타 아연전기도금이나 용사 등 여러 가지 방법에 의하여 철강재의 보호피막에 사용되고 있다.

아연의 다른 용도는 다이캐스팅으로 자동차나 가전제품 등의 정교한 부품을 다량으로 생산할 경우에 주로 사용되고 있다. 또한 구리, 니켈, 알루미늄 등과 합금을 만들거나 산화물 또는 분말상태로 가공되어 산업용으로 여러 가지 용도에 사용되고 있다. 이 외에 아연이 산에 잘 녹는다는 성질을 이용하여 건전지의 케이스 및 인쇄원판으로도 사용되며, 미량의 아연은 성장발육에 필수불가결의 원소이기 때문에 아연화연고 등을 비롯하여 각종 성인용, 어린이용 영양제에도 일부 첨가되고 있다.

(4) 주 석

주석(Sn)은 고대 청동기시대부터 구리와의 합금인 청동(Cu+Sn)을 만들어 사용되어 오고 있다. 현재 많이 사용되는 용도로는 내식성이 크기 때문에 철에 도금하여 함석을 만든다. 또한 식기나 장식용구에 이용되며, 땜납(Sn+Pb)이나 베어링 메탈(Sn+Cu+Sb) 등의 합금에도 많이 사용된다.

고온에서는 강도, 경도, 연신율이 모두 저하하며, 강한 산이나 알칼리에 침식된다. 또한 중성에서는 내식성을 가지며 O_2가 있으면 부식은 가속화된다.

(5) 납

납(Pb)은 전성이 크고 연하며 용융점(327.4℃)이 낮고, 비중이 11.34인 중금속으로 공기 중에서는 거의 부식되지 않는다. 유독한 금속임에도 수돗물에서는 안전한 피막이 형성되어 과거부터 수도관으로 사용되어 왔다. 초산 및 고온의 진한 염산에는 침식되지만 다른 산에는 저항이 크므로 내식용 기구로 널리 사용되고 있다.

6~8%의 안티몬(Sb)을 함유한 합금은 경연(硬鉛 ; hard lead)이라 하며, 화학공업용의 관, 밸브, 콕 등에 사용된다. 납의 용도는 다음과 같다.

① 납판과 납관 등으로 가공되어 건설자재로 쓰인다. 특히 우수한 내산성 때문에 화학반응 용기 및 탱크의 내장 등 화학공업용 자재로 많이 사용된다.

② 전선피복으로 많이 사용된다. 특히 무겁고, 내식성이 좋으며, 연하기 때문에 해저 케이블에는 거의 납이 사용되고 있다.

③ 방음, 방진 소재 및 방사선 흡수재로 사용된다. 이는 무겁고 원자량이 클수록 이러한 효과들이 크다는 것을 이용한 것으로서 방음, 방진 소재로는 옛날부터 이용되어 왔다. 방사선 흡수재로는 X선, γ선 등 방사선이 의료용, 산업용으로 이용됨에 따라 이들을 취급·보관하는 밀실 등으로부터 방사선이 유출되지 않도록 하기 위하여 최근에는 많이 사용되고 있다.

④ 활자용 합금(납-주석-안티몬계), 축수합금(납-동계), 저융점합금, 특수황동 등의 합금으로 사용된다.

⑤ 이 외에 자동차용 휘발유의 내폭제(anti-knock제), 축전지의 극판, 축전지액(황산납 $PbSO_4$), 크리스탈 유리, 염화비닐 안정제, 안료(페인트, 그림도구, 고무의 착색, 도기의 유약), 농약, 살충제, 그물이나 낚시의 추, 탄환 등에 사용된다.

(6) 땜납합금(6.2.2항 참조)

1) 연납

일반적으로 말하는 땜납으로서 용융점이 낮아서(450℃ 이하) 특수한 기술 없이도 납땜이 쉽다. 납과 주석 40~50%의 합금이 많이 사용된다.

2) 경납

황동납, 금납, 은납, 동납 등 용융온도가 450℃ 이상의 땜납이다.

chapter 02

관(pipe)

02

관(pipe)

2.1 개 론

관(pipe)은 속이 비어 있는 둥글고 긴 통으로서, 수도관 · 가스관 등 우리의 일상생활에서 또는 각종 공업용 시설에서 널리 사용되고 있다. 관의 단면은 보통 원형이지만 다른 모양의 것도 있다. 주로 액체나 기체 또는 분체(粉體)를 수송하는 배관용으로 사용된다. 그러나 전선이나 전화 케이블의 보호용으로 또한 각종 구조물의 부재로도 널리 응용되고 있으며, 이 외에 열교환이나 압력전달용으로도 사용되고 있다. 본 서에서는 단면이 원형이고, 배관(piping)용으로 사용하는 관을 중심으로 취급하기로 한다.

2.1.1 관의 분류

유체의 수송에 사용되는 관은 재질에 따라 강관 · 주철관 · 동관 · 연관 · 합성수지관 · 콘크리트관 등으로 크게 분류되며, 각종 관은 다시 용도 및 사용압력 등에 따라 다양한 종류로 세분된다.

- 관
  - 금속관
    - 철금속관 : 강관, 스테인리스강관, 주철관
    - 비철금속관 : 동관, 동합금관, 납관, 알루미늄관, 주석관
  - 비금속관
    - 합성수지관(유기질) : PVC관, 폴리에틸렌(PE)관, PB관, PP관
    - 콘크리트관(무기질) : 흄관, 석면시멘트관, 도관, 유리관

2.1.2 관의 굵기와 호칭법

관의 굵기는 일반적으로 호칭지름이 사용되며, 계열에 따라 미터단위(mm)와 인치단위(″)의 2가지 단위로 표시된다. 호칭지름의 단위를 기호로 나타내는 경우 'A' 또는 'B'로 표시하

며, 이때 A는 「mm」를, B는 「″ 」를 뜻한다. 예를 들면 호칭지름 25 mm(1″)관은 25A 또는 1B로, 호칭지름 100mm(4″)관은 100A 또는 4B로 나타낼 수 있다. 그러나 호칭지름은 실제의 관지름과 다르므로 관의 강도 및 유량문제를 다룰 때는 호칭지름이 아닌 실제의 관지름, 즉 바깥지름이나 안지름이 사용된다.

표 2-1 관의 호칭지름 기호 표시의 예

단 위	기 호	호칭지름 기호 표시의 예									
미터계열(mm)	A	15A	20A	25A	32A	40A	50A	65A	80A	100A	… 200A
인치계열(inch)	B	½B	¾B	1B	1¼B	1½B	2B	2½B	3B	4B	… 8B

2.1.3 관의 두께

동일 규격의 관에서 호칭지름마다 한 가지 두께만을 규격화하여 사용하는 관도 있으나 대부분의 관은 2종류 이상의 두께를 규정하여 제조하고 있다. 관 재료의 강도 및 성질 또는 접촉하는 유체의 제반 성질이 매우 다양하기 때문에 관의 두께를 한 가지로만 통일시킨다는 것은 여러 측면에서 불가능하기 때문이다. 따라서 관을 치수별로 몇 가지의 두께를 정해놓고, 그 중에서 알맞은 것을 선택하여 사용하도록 하고 있다. 동일치수의 관에서 두께를 달리하는 경우 두께를 나타내는 번호 또는 기호가 사용된다.

2.1.4 파이프와 튜브

관은 파이프(pipe)와 튜브(tube)로 구분되기도 하지만 일반적으로 명백한 구별이 없이 혼용되어 사용되고 있다.

(1) 파이프

관의 벽두께가 두꺼워 나사(관용나사)를 내어서 관이음을 할 수가 있다. 또한 관의 굵기(지름)를 호칭지름으로 나타낸다. 호칭지름은 관의 굵기에 따라 표 2-1의 예와 같이 일정한 등분으로 나누어져 있으며, 대략 관의 안지름을 기준으로 한다. 따라서 파이프의 바깥지름은 항상 호칭지름보다 크다. 관이음쇠도 호칭지름으로 표시되며, 파이프의 동일 호칭지름에 맞도록 제작하여 국제적으로 표준화하고 있다. 주로 급수관 · 가스관 · 증기관 · 냉온수관 등 유체 수송용에 사용된다.

(2) 튜 브

비철금속관이나 비금속관에 사용되며, 관 벽의 두께가 파이프에 비해 얇게 제작되어 있으므로 나사를 내어서 이음할 수가 없다. 호칭지름 없이 바깥지름으로 관의 굵기를 나타낸다. 주로 열교환기 튜브 · 보일러 튜브 · 냉각관 등 관의 내 · 외면에서 열교환을 목적으로 사용하거나 계측기 배관 · 압축기 · 냉동기 같은 장치 내의 배관용으로 사용된다.

2.1.5 관의 선정

관은 각 종류마다 특성이 다르므로 배관공사를 계획할 때 어떤 종류의 관을 선택해야 할 것인가는 매우 중요한 문제이다. 이들 관 재료는 사용목적에 따라 내식성 · 내구성 · 내압성 · 내충격성 · 내약품성 등이 요구되지만, 이러한 성질을 완전히 갖춘 재료는 드물다. 따라서 관을 선정할 때는 다음의 사항은 고려하여 선정할 필요가 있다.

① 관속을 흐르는 유체의 화학적 성질
- ㉠ 유체가 관을 부식시킬 수 있는지의 여부
- ㉡ 유체가 관의 재질을 용해 또는 승화(昇華)시켜 수송하는 유체가 오염되거나 그 때문에 유해하게 되는지의 여부
- ㉢ 유체에 고체가 섞여서 관을 마모시키는지의 여부
- ㉣ 유체의 농도에 따라 관의 재질이 받는 화학적 영향의 차이

② 관속을 흐르는 유체의 온도
- ㉠ 유체의 온도가 관의 내압강도, 기타 물리적 성질에 미치는 영향
- ㉡ 유체의 온도가 관에 미치는 화학적 영향
- ㉢ 유체가 관속에서 동결(凍結)할 때 관에 미치는 영향

③ 유체의 압력, 즉 관이 받는 내압조건
- ㉠ 유체의 최고압력
- ㉡ 유체의 흐름에 진동 또는 수격작용(water hammer)이 있는지의 여부, 있다면 그 최대값이 관 자체 규격의 상용압력 이하가 되는지의 여부

④ 관의 바깥벽에 접하는 환경조건
- ㉠ 땅속에 매설하는 배관의 경우 토질에 따른 영향 여부, 산성토양이며 습한 지역에서는 내산성이 강한 관을 선택해야 한다.
- ㉡ 화학공장 등 기체가 발생하는 곳에 배관할 경우, 그 기체가 관에 미치는 영향을 고려

⑤ 관이 받는 외압

㉠ 땅 속에 매설하는 배관 등에서의 외압강도 고려

⑥ 관의 이음방법

㉠ 관속을 흐르는 유체의 화학적 성질에 적합한가의 여부

㉡ 진동이나 충격을 받는 배관인지의 여부

㉢ 관의 이음방법이 내압이나 외압에 견디는지의 여부

⑦ 관의 무게와 수송조건

㉠ 수송조건이 나쁜 경우 관의 무게와 수송조건이 문제가 되기도 하며,

㉡ 설치하는 배관의 용도가 일시적 사용인가, 반영구적 사용인가에 따라 수송조건을 고려할 경우가 있다.

⑧ 기타 구입의 용이성이나 사용년한 및 경제성

이상의 여러 조건들을 충분히 고려하여 관의 종류와 이음방법을 선정해야 한다. 이를 위해서는 각종 관에 대한 재질의 화학적 성질, 규격의 상용수압, 수압시험압력, 관의 치수 및 무게 등을 충분히 알아 둘 필요가 있다.

2.1.6 관 단면의 성질

그림 2-1에서와 같이 관의 단면에서 바깥지름을 D, 안지름을 d, 평균지름을 D_m, 관의 살두께를 t라 하면 다음과 같은 식이 성립된다.

안지름 : $d = D - 2t$

평균지름 : $D_m = \frac{D + d}{2} = d + t = D - t$

내측 단면적 : $A_i = \frac{\pi}{4} d^2$

외측 단면적 : $A_o = \frac{\pi}{4} D^2$

살두께 단면적 : $A_m = \pi\, t(D - t)$

단면계수 : $Z = \frac{2I}{D} \fallingdotseq 0.8 D_m^2 \cdot t$

관의 무게 : $W = 100\, w \frac{\pi}{4}(D^2 - d^2) = 100\pi\, wt(D - t)$

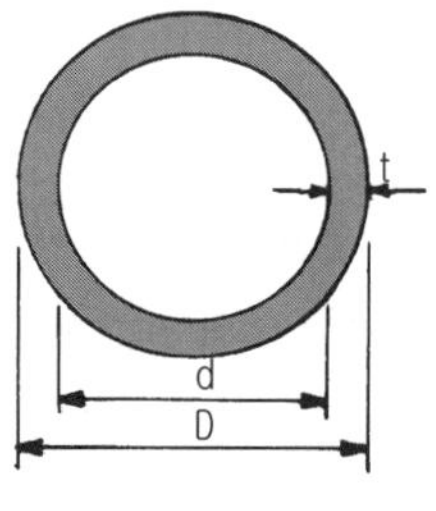

그림 2-1 관 단면의 치수

관성모멘트 : $I = \frac{\pi}{64}(D^4 - d^4) = 0.0625A_m(D^2 - d^2) \fallingdotseq 0.4D_m^3 \cdot t$

여기서, W : 관 1m에 대한 무게(kg/m)

D, d, t의 단위 : cm

w : 관을 구성하는 물질 $1cm^3$의 무게(kg/cm^3)

강 $w = 0.007862kg/cm^3$

주철 $w = 0.007197kg/cm^3$

동 $w = 0.008886kg/cm^3$

납 $w = 0.011405kg/cm^3$

알루미늄 $w = 0.00138kg/cm^3$

경질염화비닐 $w = 0.0014kg/cm^3$

2.2 강 관

강관(steel pipe)은 강도가 크고 충격에 대하여 강인하기 때문에 건축물에서 물이나 증기·가스를 공급하는 배관은 물론 산업설비에서도 각종 유체의 수송용으로 광범위하게 사용되고 있다. 그러나 다른 종류의 관에 비하여 부식이 잘 되어 내용년수가 비교적 짧은 단점이 있다.

다른 재질의 관에 비해 강관이 갖는 특성은 다음과 같다.

① 기계적 성질이 우수하다. : 인장강도가 크며, 충격에 대해 강인하다.
② 굴요성(屈橈性)이 풍부하여 시공(施工)이 비교적 용이하다.
③ 고온이나 저온에서도 강도가 크다.
④ 주철관이나 납관에 비해 가볍다.
⑤ 가격이 비교적 저렴하다.
⑥ 단점으로는 다른 관에 비해 부식이 잘 되어 내용년수가 짧다.

2.2.1 강관의 분류와 제조방법

(1) 강관의 분류

강관은 사용목적에 적합하도록 특수성을 부여한 많은 종류의 관이 제조되고 있다. 재질·제조방법·용도에 따라 분류하면 다음과 같다.

① 재질별 : 탄소강관, 합금강관, 스테인리스강관
② 제조방법별 : 이음매 있는 관(용접관 ; seamed pipe), 이음매 없는 관(seamless pipe)
③ 용도별 : 배관용 강관, 보일러·열교환기용 강관, 구조용 강관, 물체보호용 강관

(2) 강관의 제조방법

강관의 제조는 이음매 있는 관으로 제조하는 방법과 이음매 없는 관으로 제조하는 방법의 2종류로 나눈다. 이음매 없는 관은 압력이 높은 배관에 사용한다.

1) 이음매 있는 관(seamed pipe/welding pipe)

그림 2-2와 같이 강판을 원통형으로 말아서 용접이나 가열 단접에 의해 제조한다. 단접강관은 1,400℃ 정도로 가열된 띠강(강대) 또는 일정한 폭을 가진 강판을 관 형태로 성형한 후 양 끝을 롤(roll)로 압축하여 만든다. 용접강관은 띠강 또는 강판을 상온에서 연속적으로 성형한 다음 양 끝을 전기저항용접이나 가스용접 또는 서브머지드 아크용접에 의하여 만든다. 관지름이 큰 경우는 폭이 넓은 강대를 나선형으로 성형하면서 용접한 스파이럴 강관이 사용된다.

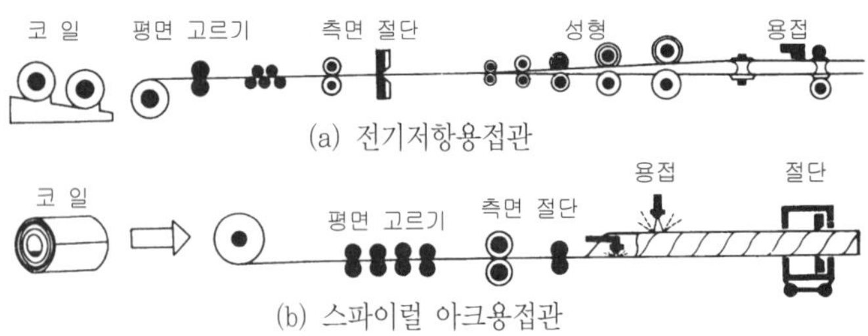

그림 2-2 이음매 있는 관의 제조 공정도

2) 이음매 없는 관(seamless pipe)

그림 2-3의 제조 공정도와 같이 강괴(鋼塊)를 가열로에서 1,250℃ 정도로 가열한 다음 천공기(穿孔機 ; 회전식 압연기)에 의해 속이 빈 원통형으로 만든 후, 이것을 압연기로서 두

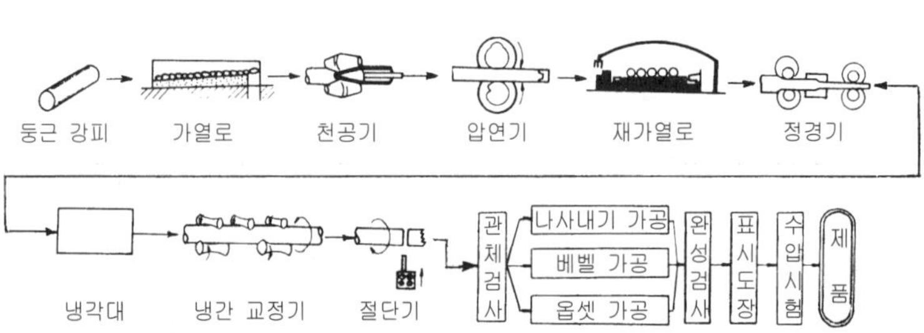

그림 2-3 이음매 없는 관의 제조 공정도

께가 얇고 길이가 긴 소정의 치수로 만든다. 일반적으로 열간가공하여 완성하지만 특수용도 및 치수의 정밀도에 따라 냉간가공으로 완성하는 것도 있다.

2.2.2 배관용 강관

(1) 배관용 탄소강관

배관용 탄소강관(KS D 3507, SPP ; carbon steel pipes for ordinary piping)은 사용압력이 비교적 낮은 증기 · 물 · 기름 · 가스 · 공기 등의 배관에 사용되는 관으로서 백관과 흑관이 있다. 일반적으로 사용압력이 1.0MPa{10kgf/cm^2} 이하인 곳에 주로 사용되고 있다. 백관은 부식을 방지하기 위해 관의 내 · 외면에 아연도금을 한 관(아연의 부착량 : 400g/m^2 이상)으로 물 수송 배관에 주로 사용되며, 흑관은 도금을 하지 않은 관으로 증기 · 가스배관에 사용되며 가스관이라고도 한다.

관의 종류를 나타내는 기호는 SPP로 하고, 도면이나 대장 등에 기호로 백관을 구분할 필요가 있을 때는 종류의 기호 끝에 -ZN을 표기한다.

관의 제조는 단접 또는 전기저항용접에 의하며, 냉간가공한 관은 제조 후 충분히 풀림처리(annealing)를 한다. 제조 후 1개마다 2.45MPa{25kgf/cm^2} 이상의 수압시험을 하여 결함이 없어야 하고, 재료의 인장강도는 294N/mm^2{30kgf/mm^3} 이상으로 한다. 사용온도는 일반적으로 -15~350℃ 범위이며, 관 1개(본)의 길이는 원칙으로 5,500mm 이상으로 한다.

표 2-2에 배관용 탄소강관의 화학성분 · 인장강도 · 관의 구분을, 표 2-3에 호칭지름에 따른 치수를 나타냈다.

관 끝의 모양은 호칭지름 300A 이하의 경우 양 끝에 나사를 내거나 플레인 엔드(plane end)로 하고, 350A(14B) 이상의 관은 플레인 엔드 또는 용접이음에 적합하도록 베벨 엔드(bevel end)로 가공한다. 베벨 엔드의 모양은 그림 2-4와 같이 한다. 나사를 내는 관에는 그 양 끝에 KS B 0222(관용 테이퍼나사)에서 규정하는 테이퍼나사(taper thread)로 가공하고, 그 한쪽 끝에는 소켓 이음쇠(KS B 1533의 나사식 강관제 관 이음쇠)를, 다른 한 끝에는 나사 보호환을 붙이는 것을 원칙으로 한다. 테이퍼나사의 검사는 관용 테이퍼나사 게이지(KS B 5231)로 한다.

치수는 관의 '호칭'으로 하며 검사에 합격한 관에는 쉽게 지워지지 않는 방법으로 '종류의 기호', '제조방법을 표시하는 기호', '치수', '제조자명 또는 그 약호' 등을 표시한다.

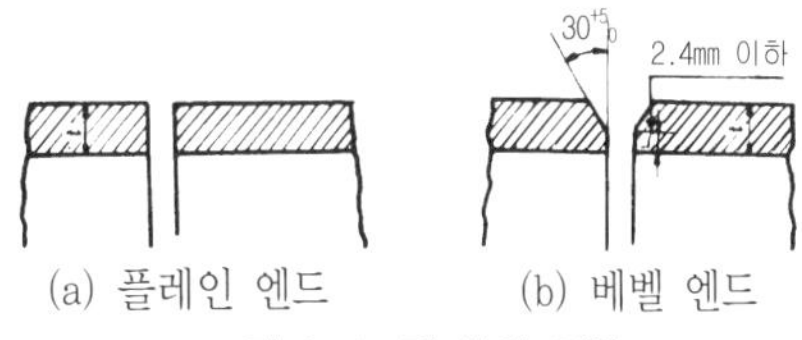

그림 2-4 관 끝의 모양

표 2-2 배관용 탄소강관의 화학성분 · 인장강도 · 연신율(KS D 3507)

기호	P	S	인장강도 N/mm^2(kgf/mm^2)	연신율(%) 11호 시험편 5호 시험편 세로방향	연신율(%) 5호 시험편 가로방향	구 분
SPP	0.040 이하	0.040 이하	294(30) 이상	30 이상	25 이상	흑관(아연도금을 하지 않은 관)
						백관(흑관에 아연도금을 한 관)

표 2-3 배관용 탄소강관의 치수(KS D 3507)

호칭지름 A	호칭지름 B	바깥지름 (mm)	바깥지름의 허용차 테이퍼 나사관	바깥지름의 허용차 기타 관	두께 (mm)	두께의 허용차	소켓을 포함치 않은 무게 (kg/m)
6	1/8	10.5	±0.5mm	±0.5mm	2.0	+규정하지 않음 -12.5%	0.419
8	1/4	13.8	±0.5mm	±0.5mm	2.35		0.664
10	3/8	17.3	±0.5mm	±0.5mm	2.35		0.866
15	1/2	21.7	±0.5mm	±0.5mm	2.65		1.25
20	3/4	27.2	±0.5mm	±0.5mm	2.65		1.60
25	1	34.0	±0.5mm	±0.5mm	3.25		2.45
32	1 1/4	42.7	±0.5mm	±0.5mm	3.25		3.16
40	1 1/2	48.6	±0.5mm	±0.5mm	3.25		3.63
50	2	60.5	±0.5mm	±1%	3.65		5.12
65	2 1/2	76.3	±0.7mm	±1%	3.65		6.34
80	3	89.1	±0.8mm	±1%	4.05		8.49
90	3 1/2	101.6	±0.8mm	±1%	4.05		9.74
100	4	114.3	±0.8mm	±1%	4.5		12.2
125	5	139.8	±0.8mm	±1%	4.85		16.1
150	6	165.2	±0.8mm	±1%	4.85		19.2
175	7	190.7	±0.9mm	±1%	5.3		24.2
200	8	216.3	±1.0mm	±1%	5.85		30.4
225	9	241.8	±1.2mm	±1%	6.2		36.0
250	10	267.4	±1.3mm	±1%	6.40		41.2
300	12	318.5	±1.5mm	±1%	7.00		53.8
350	14	355.6	-	±1%	7.60		65.2
400	16	406.4	-	±1%	7.9		77.6
450	18	457.2	-	±1%	7.9		87.5
500	20	508.0	-	±1%	7.9		97.4
550	22	558.8	-	±1%	7.9		10.7
600	24	609.6	-	±1%	7.9		11.7

주) 무게의 수치는 1cm^{3}의 강을 7.85g으로 하고, 다음 식에 따라서 계산한다.

$W=0.02466t(D-t)$

여기에서, W : 관의 무게(kg/m)

t : 관의 두께(mm)

D : 관의 바깥지름(mm)

(2) 수도용 아연도강관

수도용 아연도강관(KS D 3537, SPPW ; galvanized steel pipes for water service)은 배관용 탄소강관(SPP)의 흑관에 아연도금을 실시하여 내식성을 증가시킨 관으로서, 정수두(靜水頭) 100m 이하의 급수용 · 수도용 배관에 사용한다. 배관용 탄소강관의 백관보다 도금의 질을 높이고, 도금층을 두껍게 함으로써 내식성과 내구성을 증가시킨 관이다. 종류를 나타내는 기호는 SPPW로 하고, 관 1개의 길이는 원칙적으로 5,500mm로 한다.

도금방법은 나사를 내기 전에 알칼리 세척 · 수세 및 산세척에 의하여 내 · 외면의 녹이나 스케일, 기타 부착물을 완전히 제거한 다음, 가열 · 용융한 아연 중탕에 담가 내외면을 용융 아연도금한다. 도금의 부착량은 600g/m^2 이상으로 하며, 1개라도 550g/m^2 미만이어서는 안 된다. 관의 치수와 중량 및 관 끝의 가공과 보호방법은 SPP와 동일하다.

(3) 압력배관용 탄소강관

압력배관용 탄소강관(KS D 3562, SPPS ; carbon steel pipes for water service)은 온도 350℃ 정도 이하의 압력배관에 사용하는 강관이다. 일반적으로 사용압력 1.0~9.8MPa{10~100kgf/cm^2}까지 작용하는 수압관 · 보일러 증기관 · 고층건물의 물배관 · 소방용 배관에 사용한다.

관은 이음매 없이 또는 전기저항용접으로 제조하며, 냉간가공한 관에는 제조 후 풀림처리를 한다. 호칭지름에 따른 관의 바깥지름은 배관용 탄소강관과 같으나 동일 호칭지름의 관이라도 호칭두께(스케줄번호 ; 압력관의 두께를 나타내는 번호)가 클수록 살두께가 두껍다. 스케줄번호는 10, 20, 30, 40, 60, 80의 8종류가 있으며, 40과 80의 것이 많이 사용된다. 인장강도에 따라 SPPS 370(2종){SPPS 38(2종)}과 SPPS 410(3종){SPPS 42(3종)}이 있다.

관은 표 2-4에 나타낸 수압시험압력을 가했을 때 이에 견디고 누설이 없어야 한다. 표 2-5에 압력배관용 탄소강관의 종류와 화학성분 및 인장강도를, 표 2-6에 스케줄번호에 따른 치수를 나타냈다.

관의 치수를 표시하는 방법은 호칭지름×호칭두께로 한다. 예를 들면 50A×Sch 40 또는 2B×Sch 40 등으로 표시한다.

표 2-4 압력배관용 탄소강관의 수압시험 압력(KS D 3562) 단위 : MPa{kgf/cm^2}

스케줄번호	10	20	30	40	60	80
시험압력	2 (20)	3.4 (35)	4.9 (50)	5.9 (60)	8.8 (90)	11.8 (120)

표 2-5 압력배관용 탄소강관의 종류 · 화학성분 · 인장강도(KS D 3562)

종류의 기호	화 학 성 분 (%)					인장강도	항복점
	C	Si	Mn	P	S	N/mm²(kgf/mm²)	N/mm²(kgf/mm²)
SPPS 370 (SPPS 38)	0.25 이하	0.35 이하	0.30~0.90	0.040 이하	0.040 이하	373(38) 이상	216(22) 이상
SPPS 410 (SPPS 42)	0.30 이하	0.35 이하	0.30~1.00	0.040 이하	0.040 이하	412(42) 이상	245(25) 이상

스케줄번호(schedule number ; Sch. NO)란 압력관의 두께를 선정할 때 기준이 되는 번호로서, 10~160까지의 10단계로 나누어지며, 다음의 식 (2.1)에 의해 정한다. 식 (2.2)는 관의 살두께를 구하는 식으로 부식여유, 나사절삭여유 및 제조치수의 허용차를 고려하였다.

다음의 식은 SI단위를 나타낼 때의 식이며, { }속의 식은 공학단위를 사용할 때이다.

$$\text{Sch. No} = 1000 \times \frac{P}{S}\left\{10 \times \frac{P}{S}\right\} \tag{2.1}$$

$$t = \left(\frac{P}{S} \times \frac{D}{1.75}\right) + 2.54\left\{\left(\frac{P}{S} \times \frac{D}{175}\right) + 2.54\right\} \tag{2.2}$$

여기서, t : 관의 두께(mm) − 바로우의 식(Barlow formula)에서

P : 배관의 사용압력 MPa{kgf/cm²}

S : 관의 허용응력 N/mm²{kgf/mm²} (=최대응력/안전율)

D : 관의 바깥지름(mm)

표 2-6 압력배관용 탄소강관의 치수(KS D 3562)

호칭지름		바깥지름 (mm)	호 칭 두 께											
			스케줄 10		스케줄 20		스케줄 30		스케줄 40		스케줄 60		스케줄 80	
A	B		두께 (mm)	무게 (kg/m)	두께 (mm)	무게 (kg/m)	두께 (mm)	무게 (kg/m)	두께 (mm)	무게 (kg/m)	두께 (mm)	무게 (kg/m)	두께 (mm)	무게 (kg/m)
6	1/8	10.5	-	-	-	-	-	-	1.7	0.369	2.2	0.450	2.4	0.479
8	1/4	13.8	-	-	-	-	-	-	2.2	0.629	2.4	0.675	3.0	0.799
10	3/8	17.3	-	-	-	-	-	-	2.3	0.851	2.8	1.00	3.2	1.11
15	1/2	21.7	-	-	-	-	-	-	2.8	1.31	3.2	1.46	3.7	1.64
20	3/4	27.2	-	-	-	-	-	-	2.9	1.74	3.4	2.00	3.9	2.24
25	1	34.0	-	-	-	-	-	-	3.4	2.57	3.9	2.89	4.5	3.27
32	1 1/4	42.7	-	-	-	-	-	-	3.6	3.47	4.5	4.24	4.9	4.57
40	1 1/2	48.6	-	-	-	-	-	-	3.7	4.10	4.5	4.89	5.1	5.47
50	2	60.5	-	-	3.2	4.52	-	-	3.9	5.44	4.9	6.72	5.5	7.46
65	2 1/2	76.3	-	-	4.5	7.97	-	-	5.2	9.12	6.0	10.4	7.0	12.0

호칭지름		바깥 지름 (mm)	호칭 두께											
			스케줄 10		스케줄 20		스케줄 30		스케줄 40		스케줄 60		스케줄 80	
A	B		두께 (mm)	무게 (kg/m)	두께 (mm)	무게 (kg/m)	두께 (mm)	무게 (kg/m)	두께 (mm)	무게 (kg/m)	두께 (mm)	무게 (kg/m)	두께 (mm)	무게 (kg/m)
80	3	89.1	-	-	4.5	9.39	-	-	5.5	11.3	6.6	13.4	7.6	15.3
90	3 1/2	101.6	-	-	4.5	10.8	-	-	5.7	13.5	7.0	16.3	8.1	18.7
100	4	114.3	-	-	4.9	13.2	-	-	6.0	16.0	7.1	18.8	8.6	22.4
125	5	139.8	-	-	5.1	16.9	-	-	6.6	21.7	8.1	26.3	9.5	30.5
150	6	165.2	-	-	5.5	21.7	-	-	7.1	27.7	9.3	35.8	11.0	41.8
200	8	216.3	-	-	6.4	33.1	7.0	36.1	8.2	42.1	10.3	52.3	12.7	63.8
250	10	267.4	-	-	6.4	41.2	7.8	49.9	9.3	59.2	12.7	79.8	15.1	93.9
300	12	318.5	-	-	6.4	49.3	8.4	64.2	10.3	78.3	14.3	107	17.4	129
350	14	355.6	6.4	55.1	7.9	67.7	9.5	81.1	11.1	94.3	15.1	127	19.0	158
400	16	406.4	6.4	63.1	7.9	77.6	9.5	93.0	12.7	123	16.7	160	21.4	203
450	18	457.2	6.4	71.1	7.9	87.5	11.1	122	14.3	156	19.0	205	23.8	254
500	20	50.80	6.4	79.2	9.5	117	12.7	155	15.1	184	20.6	248	26.2	311
550	22	558.8	6.4	87.2	9.5	129	12.7	171	15.9	213	-	-	-	-
600	24	609.6	6.4	95.2	9.5	141	14.3	228	-	-	-	-	-	-
650	26	660.4	7.9	103	12.7	203	-	-	-	-	-	-	-	-

【예제 2-1】 최고사용압력이 7 MPa{71kgf/cm^2}인 배관에 호칭지름 50A, 인장강도가 373 N/mm^2{38kgf/mm^2}인 강관을 사용하는 경우 스케줄 번호를 구하시오(단, 안전율은 4로 한다).

풀이 1) 식 (2.1)에 의한 계산

안전율이 4이므로 허용응력

$$S = 373 \times \frac{1}{4} = 93.3(\mathrm{N/mm^2})\left\{38 \times \frac{1}{4} = 9.5(\mathrm{kgf/mm^2})\right\}$$

따라서 $\text{Sch. NO.} = 1000 \times \dfrac{7}{93.3} \fallingdotseq 75\left\{10 \times \dfrac{71}{9.5} \fallingdotseq 74.7\right\}$

즉 Sch. NO.80을 선정한다.

2) 식 (2.2)에 의한 계산

$$t = \left(\frac{7}{93.3} \times \frac{60.5}{1.75}\right) + 2.54 = 5.13(\mathrm{mm})\left\{\left(\frac{71}{9.5} \times \frac{60.5}{175}\right) + 2.54 = 5.12(\mathrm{mm})\right\}$$

따라서 호칭지름이 50A이고, 두께가 5.27mm 이상인 규격을 표 2-6에서 찾으면 Sch. NO.80을 선정할 수 있다.

(4) 고압배관용 탄소강관

고압배관용 탄소강관(KS D 3564, SPPH ; carbon steel pipes for high pressure service)은 350℃ 정도 이하의 온도에서 사용압력이 높은 배관에 사용하는 강관이다. 일반적으로 9.8MPa{100kgf/cm^2} 이상의 암모니아 합성용 배관, 내연기관의 연료분사관, 화학공업에서의 고압배관 등에 주로 사용된다. 관은 킬드강을 소재로 이음매 없이 제조하여 그대로 사용하거나 종류에 따라 풀림 또는 불림(normalizing)에 의한 열처리를 한다. 사용되는 관의 두께는 스케줄번호 80 이상으로 한다.

관의 치수 표시는 호칭지름×호칭두께(Sch. NO) 또는 바깥지름×두께로 나타낸다. 표 2-7에 고압배관용 탄소강관의 종류와 인장강도를, 표 2-8에 치수와 두께를 나타냈다.

표 2-7 고압배관용 탄소강관의 화학성분과 인장강도(KS D 3564)

규격번호	종류의 기호	화 학 성 분 (%)					인장강도 N/mm^2(kgf/mm^2)	항복점 N/mm^2(kgf/mm^2)
		C	Si	Mn	P	S		
D 3564	SPPH 370 (SPPH 38)	0.25 이하	0.10~0.35	0.30~1.10	0.035 이하	0.035 이하	373(38) 이상	216(22) 이상
	SPPH 410 (SPPH 42)	0.30 이하	0.10~0.35	0.30~1.40	0.035 이하	0.035 이하	412(42) 이상	245(25) 이상
	SPPH 480 (SPPH 49)	0.33 이하	0.10~0.35	0.30~1.50	0.035 이하	0.035 이하	481(49) 이상	275(28) 이상

표 2-8 고압배관용 탄소강관의 치수와 무게(KS D 3564)

호칭지름		바깥지름 (mm)	호 칭 두 께													
			스케줄 40		스케줄 60		스케줄 80		스케줄 100		스케줄 120		스케줄 140		스케줄 160	
A	B		두께 (mm)	무게 (kg/m)	두께 (mm)	무게 (kg/m)	두께 (mm)	무게 (kg/m)	두께 (mm)	무게 (kg/m)	두께 (mm)	무게 (kg/m)	두께 (mm)	무게 (kg/m)	두께 (mm)	무게 (kg/m)
6	1/8	10.5	1.7	0.369	-	-	2.4	0.479	-	-	-	-	-	-	-	-
8	1/4	13.8	2.2	0.629	-	-	3.0	0.799	-	-	-	-	-	-	-	-
10	3/8	17.3	2.3	0.851	-	-	3.2	1.11	-	-	-	-	-	-	-	-
15	1/2	21.7	2.8	1.31	-	-	3.7	1.64	-	-	-	-	-	-	4.7	1.97
20	3/4	27.2	2.9	1.74	-	-	3.9	2.24	-	-	-	-	-	-	5.5	2.94
25	1	34.0	3.4	2.57	-	-	4.5	3.27	-	-	-	-	-	-	6.4	4.36
32	1 1/4	42.7	3.6	3.47	-	-	4.9	4.57	-	-	-	-	-	-	6.4	5.73
40	1 1/2	48.6	3.7	4.10	-	-	5.1	5.47	-	-	-	-	-	-	7.1	7.27
50	2	60.5	3.9	5.44	-	-	5.5	7.46	-	-	-	-	-	-	8.7	11.1
65	2 1/2	76.3	5.2	9.12	-	-	7.0	12.0	-	-	-	-	-	-	9.5	15.6

호칭지름		바깥지름 (mm)	호칭두께													
			스케줄 40		스케줄 60		스케줄 80		스케줄 100		스케줄 120		스케줄 140		스케줄 160	
A	B		두께 (mm)	무게 (kg/m)	두께 (mm)	무게 (kg/m)	두께 (mm)	무게 (kg/m)	두께 (mm)	무게 (kg/m)	두께 (mm)	무게 (kg/m)	두께 (mm)	무게 (kg/m)	두께 (mm)	무게 (kg/m)
80	3	89.1	5.5	11.3	-	-	7.6	15.3	-	-	-	-	-	-	11.1	21.4
90	3 1/2	101.6	5.7	13.5	-	-	8.1	18.7	-	-	-	-	-	-	12.7	27.8
100	4	114.3	6.0	16.0	-	-	8.6	22.4	-	-	11.1	28.2	-	-	13.5	33.6
125	5	139.8	6.6	21.7	-	-	9.5	30.5	-	-	12.7	39.8	-	-	15.9	48.6
150	6	165.2	7.1	27.7	-	-	11.0	41.8	-	-	14.3	53.2	-	-	18.2	66.0
200	8	216.3	8.2	42.1	10.3	52.3	12.7	63.8	15.1	74.9	18.2	88.9	20.6	99.4	23.0	110
250	10	267.4	9.3	59.2	12.7	79.8	15.1	93.9	18.2	112	21.4	130	25.4	152	28.6	168
300	12	318.5	10.3	78.3	14.3	107	17.4	129	21.4	157	25.4	184	28.6	204	33.3	234
350	14	355.6	11.1	94.3	15.1	127	19.0	158	23.8	195	27.8	225	31.8	254	35.7	282
400	16	406.4	12.7	123	16.7	160	21.4	203	26.2	246	30.9	286	36.5	333	40.5	365
450	18	457.2	14.3	156	19.0	205	23.8	254	29.4	310	34.9	363	39.7	408	45.2	459
500	20	508.0	15.1	184	20.6	248	26.2	311	32.5	381	38.1	441	44.4	508	50.0	565
550	22	558.8	15.9	213	22.2	294	28.6	374	34.9	451	41.3	527	47.6	600	54.0	672
600	24	609.6	17.5	256	24.6	355	31.0	442	38.9	547	460	639	52.4	720	59.5	807
650	26	660.4	18.9	299	26.4	413	34.0	525	41.6	635	491	740	56.6	843	64.2	944

(5) 내식성 급수용 강관

내식성 급수용 강관(KS D 3623, SPCR ; corrosion resistance welded steel pipes for water service)은 일반적으로 급수에 사용하는 내식성 용접강관으로서 상수도용 급수관은 백관을 사용한다. 관의 제조방법 · 기계적 성질 · 치수 · 무게 · 시험방법 등은 배관용 탄소강관(SPP)과 동일하고, 백관의 아연도금방법과 도금부착량은 수도용 아연도강관(SPPW)과 동일하지만 소재의 화학성분은 표 2-9에 나타낸 것과 같이 차이가 있다.

표 2-9 내식성 급수용 강관의 화학성분(KS D 3623)

종류의 기호	구 분	화학성분(%)							
		C	Si	Mn	P	S	Cu	Ni	Ca
SPCR	흑관(아연도금을 하지 않은 관)	0.18 이하	0.35 이하	0.60 이하	0.025 이하	0.005 이하	0.08~0.30	0.08~0.30	60 이하 ppm
	백관(흑관에 아연도금을 한 관)								

(6) 배관용 아크용접 탄소강관

배관용 아크용접 탄소강관(KS D 3583, SPW 40 ; electric arc welded carbon steel pipe)은 배관용 탄소강관(SPP)과 마찬가지로 비교적 사용압력이 낮은 증기·물·기름·가스 및 공기를 수송하는데 사용하는 관으로서, 1.0MPa{10kgf/cm^2} 이하의 도시가스 및 1.5MPa{15kgf/cm^2} 이하의 수도용 배관에 많이 사용된다. 호칭지름 350A(14B) 이상의 관이 사용되며, 동일 호칭지름의 관이라도 두께가 다른 몇 가지 관으로 제조된다.

관의 제조는 띠강 또는 강판은 프레스나 롤러로서 원통형으로 성형하여 서브머지드 아크용접에 의한 스파이럴 심용접 또는 스트레이트 심용접에 의한다. 관길이는 4,000mm 이상을 원칙으로 하고, 관마다 2.45MPa{25kgf/cm^2} 이상의 수압시험을 해서 누설이 없어야 한다.

표 2-10에 배관용 아크용접 탄소강관의 종류를 나타내는 기호와 인장강도를, 표 2-11에 치수와 단위 무게를 나타냈다.

표 2-10 배관용 아크용접 탄소강관의 기호와 인장강도(KS D 3583)

규격번호	종류의 기호	화 학 성 분(%)			인장강도 N/mm^2(kgf/mm^2)	항복점 N/mm^2(kgf/mm^2)
		C	P	S		
D 3583	SPW 400 (SPW 41)	0.25 이하	0.040 이하	0.040 이하	400(41) 이상	225(23) 이상

표 2-11 배관용 아크용접 탄소강관의 치수와 무게(KS D 3583)

(무게 : kg/m)

호칭지름 A	호칭지름 B	바깥지름(mm) \ 두께(mm)	6.0	6.4	7.1	7.9	8.7	9.5	10.3	11.1	11.9	12.7	13.1	15.1	15.9
350	14	355.6	51.7	55.1	61.0	67.7									
400	16	406.4	59.2	63.1	69.9	77.6									
450	18	457.2	66.8	71.1	78.8	87.5									
500	20	508.0	74.3	79.2	87.7	97.4	107	117							
550	22	558.8	81.8	87.2	96.6	107	118	129	139	150	160	171			
600	24	609.6	89.3	95.2	105	117	129	141	152	164	175	187			
650	26	660.4	96.8	103	114	127	140	152	165	178	190	203			
700	28	711.2	104	111	123	137	151	164	178	192	205	219			
750	30	762.0		119	132	147	162	176	191	206	220	235			
800	32	812.8		127	141	157	173	188	204	219	235	251	258	297	312
850	34	863.6				167	183	200	217	233	250	266	275	316	332
900	36	914.4				177	194	212	230	247	265	282	291	335	352
1,000	40	1016.0				196	216	236	255	275	295	314	324	373	392
1,100	44	1117.6						260							

(7) 고온배관용 탄소강관

고온배관용 탄소강관(KS D 3570, SPHT ; carbon steel pipes for high temperature service)은 주로 350℃를 초과하는 온도의 배관에 사용하는 탄소강관으로서 인장강도에 따라 SPHT 370{38}, SPHT 410{42}, SPHT 480{49}의 3종류가 있다. 관의 제조는 입자가 거친(粗粒) 킬드강으로 이음매 없이 제조하거나 전기저항용접에 의하며, SPHT 480(49)은 이음매 없이 제조한 다음 열처리를 한다.

(8) 배관용 합금강관

배관용 합금강관(KS D 3573, SPA ; alloy steel pipes)은 주로 고온도의 배관에 사용하는 관으로 이음매 없이 제조한 후 열처리를 한다. 재질에 따라 다음과 같이 7종류가 있다.

① 몰리브덴강 강관 : SPA 12

② 크롬 · 몰리브덴강 강관 : SPA 20, SPA 22, SPA 23, SPA 24, SPA 25, SPA 26
Mo강이나 Cr-Mo강은 탄소강에 비하여 고온에서의 강도가 크며, Cr의 함유량이 많아짐에 따라 내산화성, 내식성이 좋아진다. 고압보일러의 증기관, 석유정제용 배관 등 고온 · 고압 하에서 사용되는 배관에 적합하다. 관의 치수와 중량은 고온배관용 탄소강관과 동일하다.

(9) 저온배관용 탄소강관

저온배관용 탄소강관(KS D 3569, SPLT ; steel pipes for low temperature service)은 빙점 이하의 특히 낮은 온도의 배관에 사용하는 강관으로, 인장강도에 따라 SPLT 39, SPLT 46, SPLT 70의 3종류가 있다. 탄소강이나 저합금강은 저온도에서는 취화(脆化)하는 성질이 있으므로 저온에서도 강의 인성(靭性)이 유지되는 강관을 사용할 필요가 있다. 석유화학공업 등 각종 화학공업이나 LPG 탱크 등에 많이 사용된다.

SPLT 39는 탄소강관으로서 입자가 미세한(細粒) 킬드강을 사용하여 이음매 없이 제조하거나 전기저항용접으로 제조한다. SPLT 46과 SPLT 70은 니켈강관으로 니켈합금강을 사용하여 이음매 없이 제조한다.

KS D 3576(배관용 스테인리스강관)에 규정하는 관 가운데 STS 329 J1TP, STS 329 J2TP, STS 405 TP 및 KS D 3588(배관용 아크용접 대구경 스테인리스강관)에 규정하는 관 중에 STS 329 J1TPY의 관도 저온배관으로 사용할 수 있다.

(10) 연료가스 배관용 탄소강관

연료가스 배관용 탄소강관(KS D 3631, SPPG ; carbon steel pipes for fuel gas piping)

은 사용압력이 중압 1.0MPa{9.9kgf/cm^2} 이하인 연료용 가스(도시가스 및 액화석유가스 등)를 공급하는 배관에 사용하는 탄소강관이다. 관의 제조방법이나 치수 등은 배관용 탄소강관(SPP)과 동일하다. 그러나 관의 화학성분은 C 0.30% 이하, Si 0.35% 이하, Mn 0.95% 이하, P 0.040% 이하, S 0.035% 이하이고, 인장강도는 334N/mm^2{34kgf/mm^2}, 항복점 또는 내력은 206N/mm^2{21kgf/mm^2}이다.

2.2.3 배관용 라이닝 및 도복장 강관

강관의 내식성을 증가시키기 위해 관 내면에 경질염화비닐이나 폴리에틸렌의 합성수지로 라이닝(lining)하거나 내·외면에 코팅(coating) 또는 피복(被服)을 한 관으로서, 목적에 따라 여러 용도에 사용되고 있다. 라이닝의 목적은 강관을 유체 및 대기환경의 부식으로부터 방어하여 관의 내구성과 관속을 흐르는 유체의 영향을 최소한으로 하는 데 있다. 최근에 상수원의 오염으로부터 수돗물의 산성도가 올라가고, 대기오염농도 상승은 공조설비의 냉각수와 같은 개방관로에서 물의 산성도를 급속히 높여서 강관이나 다른 금속관의 수명에 크게 영향을 미친다.

강관의 경우 급수관에서의 부식은 스케일로 인해 관 단면이 줄어들면서 유량이 적어지므로 통수능력에 문제가 있고, 온수관에서의 부식속도는 더욱 심하여 관로(管路)의 기능에 국한하지 않고, 기기의 성능에도 영향을 미치게 된다.

합성수지로 라이닝한 강관을 취급할 때는 다음과 같은 주의가 필요하다.

① 보관장소는 옥내로 하며, 화기 또는 열원과 가까이 하지 않도록 한다. 부득이 하게 옥외에 보관할 경우는 직사일광에 의한 노화현상이나 온도상승 또는 빗물을 피하기 위해 덮개를 한다.

② 관을 절단할 때에는 절단부위에 고온이 발생하지 않도록 한다.

③ 용접이음은 피한다.

④ 관에 나사를 낼 때는 수용성 절삭유를 사용한다.

⑤ 한랭지에서 동결된 관을 녹일 때에는 불을 사용하지 말고, 전기 또는 더운물을 사용한다.

(1) 경질염화비닐 라이닝강관

경질염화비닐 라이닝강관(KS D 3761, unplasticized polyvinyl chloride lining steel pipes)은 최고사용압력 1.0MPa{10kgf/cm^2} 이하의 수도에 사용하는 강관으로서 관의 내면에 경질염화비닐수지를 라이닝하고, 외면은 아연도금이나 경질염화비닐수지로 피복한다. 원관(原管)은 KS D 3507의 배관용 탄소강관(SPP) 또는 KS D 3537의 수도용 아연도강관(SPPW)

을 사용하며, 관의 양 끝은 플레인엔드로 한다. 표 2-12에 관의 종류와 기호를, 표 2-13에 관의 치수를 나타냈다.

표 2-12 경질염화비닐 라이닝강관의 종류와 기호(KS D 3761)

종 류	기 호	원 관	외 면	적 용(참조)
경질염화비닐 라이닝강관 A	SGP-VA	KS D 3707의 흑관 (배관용 탄소강관)	1차 방청 도장	옥내배관
경질염화비닐 라이닝강관 B	SGP-VB	KS D 3637 (수도용 아연도강관)	아연도금	옥내배관, 옥외노출배관 및 지중매설배관
경질염화비닐 라이닝강관 C	SGP-VC	KS D 3707의 흑관	아연도금	옥내배관 및 옥외노출 배관
경질염화비닐 라이닝강관 D	SGP-VD	KS D 3707의 흑관	경질염화 비닐 피복	지중매설배관 및 옥외노출배관

표 2-13 경질염화비닐 라이닝강관의 치수(KS D 3761) (단위 : mm)

<table>
<tr><th rowspan="3">호칭지름 (A)</th><th colspan="5">라이닝 강관</th><th rowspan="3">길이</th><th colspan="2" rowspan="2">(참 고)</th></tr>
<tr><th colspan="2">강 관 부</th><th colspan="2">내면용 비별관부</th><th>외면 피복부</th></tr>
<tr><th>바깥지름</th><th>바깥지름 허용차</th><th>두께</th><th>두께 허용차</th><th>두께</th><th>강관부 두께</th><th>라이닝강관의 근사안지름</th></tr>
<tr><td>15</td><td>21.7</td><td rowspan="6">±0.5</td><td rowspan="7">1.5</td><td rowspan="11">±0.2</td><td rowspan="2">1.5 이상</td><td rowspan="11">5,500</td><td>2.8</td><td>13.1</td></tr>
<tr><td>20</td><td>27.2</td><td>2.8</td><td>18.6</td></tr>
<tr><td>25</td><td>34.0</td><td rowspan="6">1.2 이상</td><td>3.2</td><td>24.6</td></tr>
<tr><td>32</td><td>42.7</td><td>3.5</td><td>32.7</td></tr>
<tr><td>40</td><td>48.6</td><td>3.5</td><td>38.6</td></tr>
<tr><td>50</td><td>60.5</td><td>3.8</td><td>49.9</td></tr>
<tr><td>65</td><td>76.3</td><td rowspan="5">±0.8</td><td>4.2</td><td>64.9</td></tr>
<tr><td>80</td><td>89.1</td><td rowspan="3">2.0</td><td>4.2</td><td>76.7</td></tr>
<tr><td>100</td><td>114.3</td><td rowspan="3">1.5 이상</td><td>4.5</td><td>101.3</td></tr>
<tr><td>125</td><td>139.8</td><td>4.5</td><td>126.8</td></tr>
<tr><td>150</td><td>165.2</td><td>2.5</td><td>5.0</td><td>150.2</td></tr>
</table>

주) 길이는 원칙적으로 5,577mm로 한다.

(2) 폴리에틸렌 피복강관

폴리에틸렌 피복강관(KS D 3589, polyethylene coated steel pipes)은 폴리에틸렌으로 강관의 바깥면을 피복한 관으로서, 가스 · 기름 · 물 등을 지중매설배관으로 수송할 때 주로 사용한다. 피복하기 전의 원관은 호칭지름 15~2,000A의 KS D 3507(배관용 탄소강관 ; SPP) · KS D 3562(압력배관용 탄소강관 ; SPPS) · KS D 3583(배관용 아크용접 탄소강관 ; SPW 400)이 주로 사용된다.

강관에 접착력이 강한 점착제를 사용하고, 그 위에 전기적 · 화학적 안전성이 높은 폴리에틸렌을 피복하므로 내수성 및 내약품성이 우수하다. 폴리에틸렌 피복강관은 표 2-14와 같이 3종류로 구분한다.

표 2-14 폴리에틸렌 피복강관의 종류(KS D 3589)

종류의 기호	폴리에틸렌	하측 피복	적 용
P_1H 또는 P_1S	1 층	접착제 또는 점착제	곧은 관
P_2S 또는 P_2H	2 층	점착제 또는 접착제	곧은 관
P_1F	1 층	-	이형관

주) P_1H : 강관직관(원관)을 가열하고 바깥면에 접착제(P_1S는 점착제)를 도포한 후 피복용 폴리에틸렌을 압출법으로 피복한 관

P_2S : 강관직관(원관)을 가열하고 바깥면에 점착제(P_2H는 접착제)를 도포한 후 피복용 폴리에틸렌을 압출법으로 피복한 후 연속해서 포장용 폴리에틸렌을 1차 피복층과 용착되지 않도록 압출법으로 피복한 관

P_1F : 강관직관(원관)을 가열한 후 바깥면에 피복용 폴리에틸렌 분말을 유동침지, 스프레이 또는 살포 등의 방법으로 피복한 관

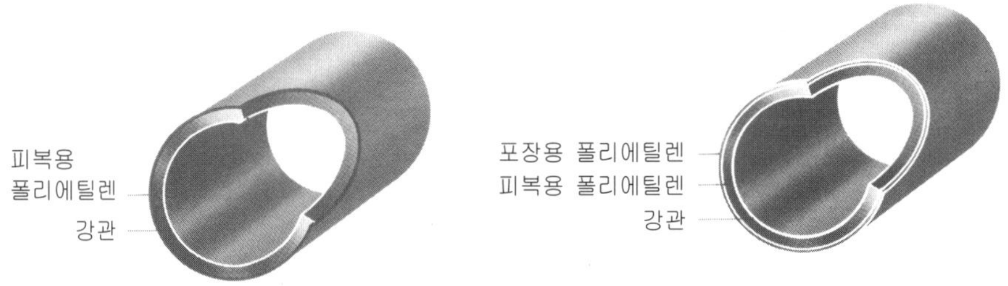

그림 2-5 폴리에틸렌 피복강관

폴리에틸렌 피복관(PLP)의 특징은 다음과 같다.

① 내수성, 내약품성, 내식성이 우수하며, 사용온도 범위는 -40~60℃이다.

② 전기절연성이 높아서 전기적 부식환경이 열악한 토양의 매설배관시에도 전류에 의한 전식발생이 없다.

③ 외면은 접착력이 강한 방식성 점(접)착제를 도포하고, 그 위에 전기적, 화학적으로 안정된 폴리에틸렌을 피복했고, 내면은 내수성이 우수한 수도용 액상에폭시로 피복되어 있으므로 핀홀이 없다.

④ 시공과 보수가 용이하다. : 폴리에틸렌을 피복한 그대로 접속시공이 가능하고, 접속 부위는 폴리에틸렌 열수축 튜브나 방식테이프로 용이하게 시공할 수 있다. 또한 접합방식이 다양(그루빙, 역그루빙, 내면코어 용접식 등)하다.

⑤ 위생적이다. : 수도용 액상에폭시수지는 화학적으로 안정성이 있으므로 음용수에 영향을 주지 않으며, 내수성 및 내식성이 우수하여 녹 발생이 없다. 또한 물 속에 녹아 있는 금속이온과의 친화력이 없기 때문에 스케일(물 때)의 생성이 거의 없어서 위생적이다.

(3) 분말용착식 폴리에틸렌 피복강관

분말용착식 폴리에틸렌 피복강관(KS D 3607, polyethylene coated steel pipes by powder fusion)은 관의 바깥면에 분말용착법으로 폴리에틸렌을 피복한 강관이다. 사용온도 60℃ 이하의 액체, 액화가스 등을 수송하는 지중매설용, 공동구 내의 배관 등에 주로 사용한다. 피복의 두께에 따라 피복강관 1호(PF_1)와 2호(PF_2)로 구분하며, 관에 사용하는 피복이음쇠도 1호(PF_3)와 2호(PF_4)로 나누어진다.

피복강관에 사용하는 원관과 관 이음쇠는 표 2-15에 따른다.

표 2-15 분말용착식 폴리에틸레 피복강관의 원관 및 관 이음쇠

호칭지름(A)	원 관	관 이 음 쇠
15~2,000	KS D 3507 (배관용 탄소강관)	KS B 1541 (특수배관용 강제 맞대기 용접식 관 이음쇠)
	KS D 3562 (압력배관용 탄소강관)	KS B 1542 (특수배관용 강제 삽입 용접식 관 이음쇠)
	KS D 3583 (배관용 아크용접 탄소강관)	KS B 1543 (배관용 강판제 맞대기 용접식 관 이음쇠)
		KS D 3578 (수도용 도복장강관 이형관)

(4) 수도용 에폭시수지 분체 내·외면 코팅강관

수도용 에폭시수지 분체 내외면 코팅강관(KS D 3608, steel pipes coated on the interior and exterior with for water works)은 배관용 탄소강관(SPP)의 흑관 내·외면을 에폭시수지 분체로서 코팅한 관으로 사용압력 1.0MPa{10kgf/cm^2} 이하의 수도용에 사용한다. 코팅한 도막의 두께는 관의 내면을 0.3mm 이상으로 외면은 0.3~1.0mm로 하며, 핀홀(pin hole)이 있거나, 도막이 떨어지거나, 갈라지지 않아야 한다.

(5) 수도용 폴리에틸렌 분체 라이닝강관

수도용 폴리에틸렌 분체 라이닝강관(KS D 3619, polyethylene powder lining steel pipes for water works)은 배관용 탄소강관(SPP)의 흑관 내면에 폴리에틸렌 분체로 라이닝한 관으로 정수두 100m 이하에서 수도용으로 사용한다. 바깥면은 아연도금이나 폴리에틸렌으로 피복하며, 호칭지름 10~100A까지 있다.

바깥면을 아연도금한 관은 옥내 및 노출용으로, 폴리에틸렌으로 피복한 관은 지하매설용으로 사용한다. 라이닝 강관의 종류와 기호는 바깥면 처리의 차이에 따라서 표 2-16과 같이 구분한다.

표 2-16 수도용 폴리에틸렌 분체 라이닝 강관의 종류와 구분(KS D 3619)

관의 명칭	규격번호	구분	기호	바깥면처리
수도용 폴리에틸렌 분체 라이닝강관	KS D 3619	1호	PA	1차 방청도장
		2호	PB	아연도금
		3호	PC	폴리에틸렌 피복(2층)
		4호	PD	폴리에틸렌 피복(1층)

(6) 상수도용 도복장 강관

상수도용 도복장 강관(KS D 3565, STWW ; coated steel pipes for water works)은 일반적으로 사용 정수두 100m 이하의 상수도배관에 사용한다. 원관은 강대 또는 강판을 사용하며, 단접이나 전기저항용접에 의하여 제조한다.

도복장 강관이란 아스팔트(A), 콜타르 에나멜(C), 타르 에폭시 수지도료(T), 액상 에폭시 수지도료(L), 폴리에틸렌 테이프(P), 폴리에틸렌(PE) 등을 도복장한 관이다. 여기서 도복장이란 도료에 의한 도장과 도료와 복장재를 사용한 도복장을 말한다. 관에 사용하는 이형관은 KS D 3578(상수도용 도복장 강관 이형관)에 따른다. 도복장 및 그 방법은 KS D 3589(폴리에틸렌 피복강관), KS D 3607(분말용착식 폴리에틸렌 피복강관), KS D 8306(수도용 강관 아스팔트 도복장 방법), KS D 8307(수도용 강관 콜타르 에나멜 도복장 방법), KS D 8500(수도용 강관 외면 테이프 도복장 방법), KS D 8501(수도용 타르 에폭시수지 도료 도장 방법), KS D 8502(수도용 액상 에폭시수지 도료 도장 방법)에 따른다.

도복장 방법에 따른 치수의 표시는 "외면(아스팔트) · 내면(액상 에폭시) 도복장, 호칭지름×두께"의 경우 "A, L, 400A×6.0"과 같이 한다.

도복장 강관은 산, 염분, 미로전류, 박테리아 등 주위의 환경오염물질에 의한 관 외면의 부식을 방지한 관으로서 상수도, 하수도, 공업용수, 농업용수 등에 사용된다.

표 2-17에 도복장 강관에 사용하는 원관의 화학성분과 인장강도 및 제조방법을, 표 2-18에 치수를 나타냈다. 원관의 길이는 6,000mm로 하며, 호칭지름 80A에서 3,000A까지 규정되어 있으나 여기서는 1,000A까지만 나타냈다.

표 2-17 상수도용 도복장 강관 원관의 화학성분과 인장강도 및 제조방법(KS D 3565)

규격기호	종류의 기호	화학성분(%) C	P	S	인장강도 $N/mm^2(kgf/mm^2)$	제조방법
D 3565	STWW 290 (STWW 30)	-	0.040 이하	0.040 이하	290(30) 이상	단접 또는 전기저항용접
	STWW 370 (STWW 38)	0.25 이하	0.040 이하	0.040 이하	370(38) 이상	전기저항용접
	STWW 400 (STWW 41)	0.25 이하	0.040 이하	0.040 이하	400(41) 이상	전기저항용접 또는 아크용접

표 2-18 상수도용 도복장 강관의 치수와 무게(KS D 3565)

호칭지름 (A)	바깥지름 (mm)	종류의 기호 STWW 290(30)		STWW 370(38)		STWW 400(41) 호칭두께 A		B	
		두께 (mm)	무게 (kg/m)	두께 (mm)	무게 (kg/m)	두께 (mm)	무게 (kg/m)	두께 (mm)	무게 (kg/m)
80	89.1	4.2	8.79	4.5	9.39	-	-	-	-
100	114.3	4.5	12.2	4.9	13.2	-	-	-	-
125	139.8	4.5	15.0	5.1	16.9	-	-	-	-
150	165.2	5.0	19.8	5.5	21.7	-	-	-	-
200	216.3	5.8	30.1	6.4	33.1	-	-	-	-
250	267.4	6.6	42.4	6.4	41.2	-	-	-	-
300	318.5	6.9	53.0	6.4	49.3	-	-	-	-
350	355.6	-	-	-	-	6.0	51.7	-	-
400	406.4	-	-	-	-	6.0	59.2	-	-
450	457.2	-	-	-	-	6.0	66.8	-	-
500	508.0	-	-	-	-	6.0	74.3	-	-
600	609.6	-	-	-	-	6.0	89.3	-	-
700	711.2	-	-	-	-	7.0	122	6.0	104
800	812.8	-	-	-	-	8.0	159	7.0	139
900	914.4	-	-	-	-	8.0	179	7.0	157
1,000	1,016.0	-	-	-	-	9.0	223	8.0	199

부식을 방지하기 위한 도복장 강관은 위에서 설명한 관 이외에, 다음과 같은 관이 규격화되어 수도용이나 일반 용수용으로 사용되고 있다.

1) 수도용 강관 아스팔트 도복장 강관(KS D 8306)

수도용 강관의 외면에 아스팔트 또는 아스팔트 에나멜을 사용하여 도장 및 도복장한 관이다.

2) 수도용 강관 콜타르 에나멜 도복장 강관(KS D 8307)

수도용 강관의 외면에 콜타르 에나멜을 사용하여 도장 및 도복장한 관이다.

3) 수도용 강관 외면테이프 도복장 강관(KS D 8500)

수도용 강관의 외면을 공장에서 일정한 설비와 기술에 따라 비가열식 공법으로 테이프를 도복장한 관이다.

(7) 일반 용수용 도복장 강관

일반 용수용 도복장 강관(STWS, KS D 3626 ; coated steel pipes for water services)은 하수도, 공업용수, 농업용수에 사용되며, 규격이나 치수는 KS D 3565(상수도용 도복장 강관)와 같다. 관에 사용하는 이형관은 KS D 3578(상수도용 도복장 강관 이형관)에 따른다.

관의 종류와 기호는 STWS 290{30}, STWS 370{38}, STWS 400{41}의 3종류가 있다. 관의 도복장은 KS D 8306(수도용 강관 아스팔트 도복장 방법), KS D 8307(수도용 강관 콜타르 에나멜 도복장 방법), KS D 8501(수도용 타르 에폭시수지 도료 도장 방법), KS D 8502(수도용 액상 에폭시수지 도료 도장 방법)에 따른다.

(8) 모르타르 라이닝 강관

수도용 강관, 배관용 아크용접 강관 등의 부식을 방지하기 위하여 관의 내면에는 시멘트 모르타르를 엷게 입히고, 외면에는 아스팔트 피막을 입힌 관으로 호칭지름 75~300A에 사용된다.

2.2.4 배관용 이외의 강관

(1) 보일러 열교환기용 강관

관의 내외에서 열을 주고받을 경우에 사용하는 강관으로, 보일러의 수관(水管)·연관(煙

管) · 과열기관 · 예열관과 화학공업 · 석유공업 등에서의 응축수관 · 촉매관 등에 사용한다.

관의 제조는 이음매 없이 또는 전기저항용접으로 만든다. 보일러 · 열교환기용으로 KS에 규격화되어 있는 관은 다음과 같다.

1) 보일러 · 열교환기용 탄소강관

보일러 · 열교환기용 탄소강관(KS D 3563, SBTH ; carbon steel boiler and heat exchanger tubes)은 관의 내외에서 열을 주고받을 경우에 사용하는 탄소강관으로 STBH 340, STBH 410, STBH 510의 3종류가 있다. 보일러의 수관 · 연관 · 과열기관 · 공기예열관 및 석유 · 화학공업의 열교환기관 · 콘덴서관 · 촉매관 등에 사용한다.

2) 보일러 · 열교환기용 합금강 강관

보일러 · 열교환기용 합금강 강관(KS D 3572, STHB ; alloy steel boiler and heat exchanger tubes)은 관의 내외에서 열의 교환용으로 사용되는 합금강관으로서 몰리브덴강 강관(STHA 12 외 1종)과 크롬-몰리브덴강 강관(STHA 20 외 5종)이 있다. 보일러의 수관 · 연관 · 과열관 · 공기예열관 등, 석유 · 화학공업의 열교환기관 · 콘덴서관 · 촉매관 등에 사용한다.

3) 보일러 · 열교환기용 스테인리스강관

보일러 · 열교환기용 스테인리스강관(KS D 3577, STS-TB ; stainless steel boiler and heat exchanger tubes)은 관의 내외에서 열의 교환용으로 사용되는 스테인리스강관으로 보일러의 과열기관, 석유 · 화학공업의 열교환기관, 콘덴서관, 촉매관 등에 사용한다.

4) 저온열교환기용 강관

저온열교환기용 강관(KS D 3571, STLT ; steel heat exchanger tubes for low temperature service)은 빙점 이하의 낮은 온도에서 관 내외에 열교환용으로 사용되는 강관으로 열교환기관, 콘덴서관 등에 사용한다. 탄소강 강관(STLT 39)과 니켈 강관(STLT 46, STLT 70)이 있다.

5) 열교환기용 이음매 없는 크롬-철 합금관

열교환기용 이음매 없는 크롬-철 합금관(KS D 3757, NCF-TB ; mseamless nickel-chromium-iron alloy heat exchanger tubes)은 관의 내외에서 열의 수수를 목적으로 사용하는 장소, 즉 화학 · 석유공업의 열교환기관, 원자력용의 증기발생기관 등에 사용한다.

(2) 구조용 강관

구조용으로 사용되는 강관에는 일반구조용, 기계구조용, 용접구조용 등이 있다. 일반구조용 강관은 토목, 건축, 비계, 발판, 철탑, 울타리, 난간, 기타 구조물에 사용한다. 기계구조용 강관은 각종 기계, 항공기, 자전거, 가구, 기구, 기타 기계부품에 사용한다. 그리고 용접구조용 강관은 용접성이 우수하기 때문에 압연강재 · 단강품 또는 다른 주강품과 용접하는 구조재로 사용한다. 구조용으로는 다음과 같은 강관이 규격화되어 있다.

1) 일반구조용 탄소강관

일반구조용 탄소강관(KS D 3566, SPS ; carbon steel tubes for general structural purposes)은 건축, 토목, 비계, 지주, 철탑, 기타 각종 구조물에 사용하는 강관으로 5종류가 규정되어 있다. 관은 이음매 없이 제조하거나 전기저항용접, 단접 또는 아크용접(스파이럴 심용접 또는 스트레이트 심용접)으로 제조한다.

표 2-19에 종류에 따른 화학성분과 인장강도를, 표 2-20에는 바깥지름 190.7mm까지의 치수와 무게를 나타냈다.

표 2-19 일반구조용 탄소강관의 화학성분과 인장강도(KS D 3566)

종류의 기호	화 학 성 분 (%)					인장강도 (N/mm^2)	항복점 (N/mm^2)
	C	Si	Mn	P	S		
SPS 290 (SPS 30)	-	-	-	0.050 이하	0.050 이하	290 이상	-
SPS 400 (SPS 41)	0.25 이하	-	-	0.040 이하	0.040 이하	400 이상	235 이상
SPS 500 (SPS 51)	0.24 이하	0.5 이하	0.30～1.30	0.040 이하	0.040 이하	500 이상	355 이상
SPS 490 (SPS 50)	0.18 이하	0.55 이하	1.50 이하	0.040 이하	0.040 이하	490 이상	315 이상
SPS 540 (SPS 55)	0.23 이하	0.55 이하	1.50 이하	0.040 이하	0.040 이하	540 이상	390 이상

표 2-20 일반구조용 탄소강관의 치수와 무게(KS D 3566)

바깥지름 (mm)	두 께 (mm)	단위 무게 (kg/m)	참 고			
			단면적 (cm^2)	단면2차모멘트 (cm^4)	단면계수 (cm^3)	단면2차반지름 (cm)
21.7	2.0	0.972	1.238	0.607	0.560	0.700
27.2	2.0	1.24	1.583	1.26	0.930	0.890
	2.3	1.41	1.799	1.41	10.03	0.880
34.0	2.3	1.80	2.291	2.89	1.70	1.12
42.7	2.3	2.29	2.919	5.97	2.80	1.43
	2.5	2.49	3.157	6.40	3.00	1.42
	2.8	2.76	3.510	7.02	3.29	1.41
48.6	2.3	2.63	3.345	8.99	3.70	1.64
	2.5	2.84	3.621	9.65	3.97	1.63
	2.8	3.16	4.029	10.6	4.36	1.62
	3.5	3.58	4.564	11.8	4.86	1.61
60.5	2.3	3.30	4.205	17.8	5.90	2.06
	3.2	4.52	5.760	23.7	7.84	2.03
	4.0	5.57	7.100	28.5	9.41	2.00
76.3	2.8	5.08	6.465	43.7	11.5	2.60
	3.2	5.77	7.349	49.2	12.9	2.59
	4.0	7.13	9.085	59.5	15.6	2.56
89.1	2.8	5.96	7.591	70.7	15.9	3.05
	3.2	6.78	8.636	79.8	17.9	3.04
	4.0	8.39	10.69	97.0	21.8	3.01
101.6	3.2	7.76	9.892	120	23.6	3.48
	4.0	9.63	12.26	146	28.8	3.45
	5.0	11.9	15.17	177	34.9	3.42
114.3	3.2	8.77	11.17	172	30.2	3.93
	3.6	9.83	12.52	192	33.6	3.92
	4.5	12.2	15.52	234	41.0	3.89
	5.6	15.0	19.12	283	49.6	3.85
139.8	3.6	12.1	15.40	357	51.1	4.82
	4.0	134.	17.07	394	56.3	4.80
	4.5	15.0	19.13	438	62.7	4.79
	6.0	19.8	25.22	566	80.9	4.74
165.2	4.5	17.8	22.72	734	88.9	5.68
	5.0	19.8	25.16	808	97.8	5.67
	6.0	23.6	30.01	952	115	5.63
	7.0	27.3	34.79	109×10	132	5.60
190.7	4.5	20.7	26.32	114×10	120	6.59
	5.0	22.9	29.17	126×10	132	6.57
	6.0	27.3	34.82	149×10	156	6.53
	7.0	31.7	40.40	171×10	179	6.51

2) 건축구조용 탄소강관

건축구조용 탄소강관(KS D 3632, STKN ; carbon steel tubes for building structures)은 주로 건축구조물에 사용하는 강관으로서 STKN 400 W, STKN 400 B, STKN 490 B의 3종류가 있다. KS D 3632에 관의 바깥지름 60.5mm에서부터 1371.6mm까지 규정되어 있다.

3) 기계구조용 탄소강관

기계구조용 탄소강관(KS D 3517, STKM ; carbon steel tubes for machine structural purposes)은 기계, 자동차, 가구, 기구, 기타 기계부품에 사용하는 강관으로서 KS D 3517에 11종(STKM 11 A)에서부터 20종(STKM 20 A)까지 10종류가 규정되어 있다. 종류의 기호를 나타내는 기호 중 끝자리의 A, B, C는 제관방법, 냉간가공 및 열처리 등의 내용에 따른다.

4) 기계구조용 스테인리스강관

기계구조용 스테인리스강관(KS D 3536, STS-TK ; stainless steel pipes for machine and structural purposes)은 기계, 자동차, 자전거, 가구, 기구, 기타 기계부품 및 구조물에 사용하는 스테인리스강관으로 STS 430 TKA, STS 430 TKC 등 12종류가 있다. 원형관과 각형관이 있으며, 이음매 없이 제조하거나 전기저항용접 또는 자동아크용접에 의하여 제조한다.

5) 기계구조용 합금강 강관

기계구조용 합금강 강관(KS D 3574, SCM-TK ; alloy steel tubes for machine purposes)은 기계, 자동차, 그 밖의 기계부품에 사용하는 합금강관으로서 크롬강(SCr 420 TK)과 크롬-몰리브덴강(SCM 415 TK 외 5종)이 있다.

6) 용접구조용 원심력 주강관

용접구조용 원심력 주강관(KS D 4108, SCW-CF ; centrifugally cast steel pipes for welded structure)은 압연강재, 단강품 또는 다른 주강품과의 용접구조에 사용되는 관으로서, 특히 용접성이 우수한 관두께 8mm 이상, 150mm 이하의 주강관에 대해서 규정하고 있다.

7) 일반구조용 각형 강관

일반구조용 각형 강관(KS D 3588, SPSR ; carbon steel square tubes for general structural purposes)은 건축, 토목, 기타 구조물에 사용하는 강관으로서 SPSR 400과 SPSR 490의 2종류가 규정되어 있다.

2.2.5 강관의 사용범위와 제조방법 표시

(1) 강관의 사용범위

탄소강관의 사용온도와 압력범위를 나타내면 그림 2-6과 같다.

(2) 강관의 제조방법 표시

검사에 합격한 관에는 쉽게 지워지지 않는 방법으로 '종류의 기호', '제조방법을 표시하는 기호', '치수', '제조자 명 또는 그 약호' 등을 표시한다. 그림 2-7에 강관의 제조방법 표시방법을, 표 2-21에 제조방법을 나타내는 기호를 나타냈다.

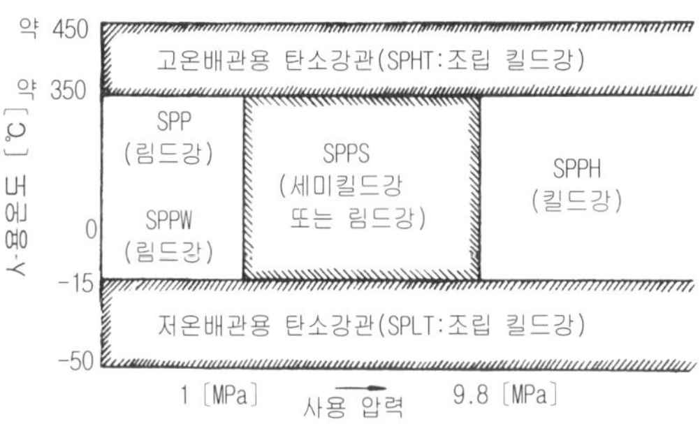

그림 2-6 강관의 사용범위

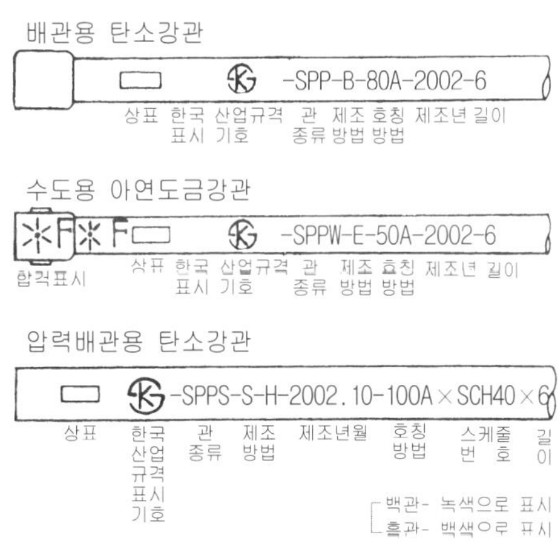

그림 2-7 강관의 제조방법 표시

표 2-21 제조방법을 나타내는 기호

기 호	제조방법에 따른 관	기 호	제조방법에 따른 관
-E	전기저항용접 강관	-B	단접 강관
-E -C	냉간가공 전기저항용접 강관	-B-C	냉간가공 단접 강관
-E -H	열간가공 전기저항용접 강관	-S -H	열간가공 이음매 없는 강관
-E -G	열간가공 · 냉간가공 이외의 전기저항용접 강관	-S -C	냉간가공 이음매 없는 강관
		-L	레이저 용접 강관
-A	자동아크용접 강관	-L-C	냉간가공 레이저 용접 강관
-A -C	냉간가공 자동아크용접 강관	-L-B	용접부 가공 레이저 용접 강관
-A -B	용접부 가공 자동아크용접 강관	Z	특별 품질 규정의 지정을 표시하는 기호

2.3 스테인리스강관

스테인리스강(STS)은 내식성을 확보하기 위하여 탄소강에 약 12% 이상의 크롬(Cr) 성분을 넣어서 만든 합금강의 일종이다. 필요에 따라 내식성 · 가공성 등 물성을 향상시키기 위해 니켈(Ni), 몰리브덴(Mo), 질소(N) 등 다양한 원소를 첨가함으로써 탄소강에는 없는 여러 가지 특성을 지니고 있다.

대표적인 스테인리스강으로는 13Cr강, 18Cr강, 18Cr-8 Ni강이 있으며, 주성분인 Cr이 강의 표면에 매우 얇은 Cr_2O_3층(20~30㎛)을 형성하여 금속기지 내로 침입하는 산소를 차단하는 부동태피막(passivity layer)의 역할을 하므로 녹이 잘 슬지 않는 특성을 갖게 한다.

스테인리스강의 분류는 화학성분에 따라 Fe-Cr계(400계), Fe-Cr-Ni계(300계)로 나누어지고, 금속조직상으로는 오스테나이트계, 페라이트계, 말텐사이트계로 분류된다. 배관용으로는 Fe-Cr-Ni계의 오스테나이트계가 주로 이용된다. 스테인리스강의 종류와 특징은 1장의 1.2.5의 (1)항에 기술했으므로 참조하기 바란다.

스테인리스강관은 용도에 따라 배관용 · 구조용 · 열교환기용으로 제조되며, 관의 특징을 열거하면 다음과 같다.

① 내식성이 우수하여 사용환경에 제약이 적으며 위생적이다.
② 내열성 · 내마모성 · 내충격성이 우수하다.
③ 기계적 강도가 높다.
④ 마찰손실이 적다.
⑤ 관의 두께를 얇게 할 수 있어 단위길이마다의 무게가 가볍다.
⑥ 표면이 아름다워 의장성이 뛰어나다.

(1) 일반배관용 스테인리스강관

일반배관용 스테인리스강관(KS D 3595, STS-TPD ; light gauge stainless steel pipes for ordinary piping)은 최고사용압력 1.0MPa{10kgf/cm^2} 이하의 급수 · 급탕 · 배수 · 냉온수 및 기타 배관에 사용하는 스테인리스강관이다. 관의 종류에는 STS 304 TPD와 STS 316 TPD의 2종류가 있으며, 표 2-22에는 종류에 따른 용도를 나타냈다.

표 2-22 일반배관용 스테인리스강관의 종류와 용도(KS D 3595)

규격기호	종류의 기호	용 도 (참고)
D 3595	STS 304 TPD	통상의 급수, 급탕, 배수, 냉온수 등의 배관용
	STS 316 TPD	수질, 환경 등에서 STS 304 TPD보다 높은 내식성이 요구되는 경우

표 2-23에 일반배관용 스테인리스강관의 치수를 나타냈다. 호칭지름을 나타내는 기호는 A나 B 대신 [Su]가 사용된다.

표 2-23 일반배관용 스테인리스강관의 치수(KS D 3595) (치수단위 : mm)

<table>
<tr><th rowspan="2">호칭 지름
(Su)</th><th rowspan="2">바깥 지름</th><th colspan="2">바깥지름의 허용차</th><th rowspan="2">두께</th><th rowspan="2">두께의
허용차</th><th colspan="2">단위 무게(kg/m)</th></tr>
<tr><th>바깥 지름</th><th>둘레 길이</th><th>STS 304 TPD</th><th>STS 316 TPD</th></tr>
<tr><td>8</td><td>9.52</td><td rowspan="5">0
-0.37</td><td rowspan="5">-</td><td>0.7</td><td rowspan="8">±0.12</td><td>0.154</td><td>0.155</td></tr>
<tr><td>10</td><td>12.70</td><td>0.8</td><td>0.237</td><td>0.239</td></tr>
<tr><td>13</td><td>15.88</td><td>0.8</td><td>0.301</td><td>0.303</td></tr>
<tr><td>20</td><td>22.22</td><td>1.0</td><td>0.529</td><td>0.532</td></tr>
<tr><td>25</td><td>28.58</td><td>1.0</td><td>0.687</td><td>0.691</td></tr>
<tr><td>30</td><td>34.0</td><td rowspan="4">±0.34
±0.43
±0.49
±0.60</td><td rowspan="2">±0.20</td><td>1.2</td><td>0.980</td><td>0.986</td></tr>
<tr><td>40</td><td>42.7</td><td>1.2</td><td>1.24</td><td>1.25</td></tr>
<tr><td>50</td><td>48.6</td><td rowspan="2">±0.25</td><td>1.2</td><td>1.42</td><td>1.43</td></tr>
<tr><td>60</td><td>60.5</td><td>1.5</td><td rowspan="2">±0.15</td><td>2.20</td><td>2.21</td></tr>
<tr><td>75</td><td>76.3</td><td rowspan="8">±1%</td><td rowspan="8">±0.8%</td><td>1.5</td><td>2.79</td><td>2.81</td></tr>
<tr><td>80</td><td>89.1</td><td>2.0</td><td rowspan="3">±0.30</td><td>4.34</td><td>4.37</td></tr>
<tr><td>100</td><td>114.3</td><td>2.0</td><td>5.59</td><td>5.63</td></tr>
<tr><td>125</td><td>139.8</td><td>2.0</td><td>6.87</td><td>6.91</td></tr>
<tr><td>150</td><td>165.2</td><td>3.0</td><td rowspan="4">±0.40</td><td>12.1</td><td>12.2</td></tr>
<tr><td>200</td><td>216.3</td><td>3.0</td><td>15.9</td><td>16.0</td></tr>
<tr><td>250</td><td>267.4</td><td>3.0</td><td>19.8</td><td>19.9</td></tr>
<tr><td>300</td><td>318.5</td><td>3.0</td><td>23.6</td><td>23.8</td></tr>
</table>

종류의 기호	기본 무게(kg)	계 산 식
STS 304 TPD	7.93	W=0.02491 t (D-t)
STS 316 TPD	7.98	W=0.02507 t (D-t)

여기에서 W : 관의 단위 무게(kg/m), t : 관의 두께(mm), D : 관의 바깥지름(mm)
또한, 기본무게란 두께 1mm, 넓이 $1m^2$의 무게이다.

관은 스테인리스강판이나 강대를 자동아크용접 또는 전기저항용접으로 제조하며, 1개의 길이는 원칙적으로 4,000mm로 한다. 제조 후 1개마다 2.45MPa{$25kgf/cm^2$} 이상의 수압시험이나 5.9MPa{$60kgf/cm^2$} 이상의 공기압 시험을 해서 결함이 없어야 하고, 재료의 인장강도는 $520N/mm^2${$53kgf/mm^2$} 이상이어야 한다.

(2) 배관용 스테인리스강관

배관용 스테인리스강관(KS D 3576, STS-TP ; stainless steel pipes)은 내식용 · 저온용 · 고온용 등의 배관에 사용되는 관으로서 특히 내식성을 요구하는 화학공업 배관에 많이 사용한다. 관은 이음매 없이 제조하던가 또는 자동아크용접이나 전기저항용접에 의하여 제조하며, 고용화 열처리 또는 풀림처리를 한다.

관의 종류에는 오스테나이트계강관 16종, 오스테나이트-페라이트계강관 2종, 페라이트계강관 1종 등 모두 19종이 규정되어 있으며, 표 2-24에는 종류와 인장강도를 나타냈다.

관의 바깥지름은 배관용 탄소강관(SPP)과 같으며, 두께는 스케줄 번호에 의한 호칭두께가 사용된다. 호칭지름의 기호는 A 또는 B를 사용하며, 치수를 표시할 때는 호칭지름×호칭두께(예 : 50A×Sch 10S) 또는 바깥지름×두께로 나타낸다. 표 2-25에 수압시험 압력을, 표 2-26에는 관의 치수를 나타냈다.

표 2-24 배관용 스테인리스강관의 종류와 인장강도(KS D 3576)

분 류	종류의 기호	인장강도 $N/mm^2(kgf/mm^2)$	항복점 또는 내력 $N/mm^2(kgf/mm^2)$
오스테나이트계강관	STS 304 TP	520(53) 이상	206(21) 이상
	STS 304 HTP	520(53) 이상	206(21) 이상
	STS 304 LTP	481(49) 이상	177(18) 이상
	STS 309 TP	520(53) 이상	206(21) 이상
	STS 309 STP	520(53) 이상	206(21) 이상
	STS 310 TP	520(53) 이상	206(21) 이상
	STS 310 STP	520(53) 이상	206(21) 이상
	STS 316 TP	520(53) 이상	206(21) 이상
	STS 316 HTP	520(53) 이상	206(21) 이상
	STS 316 LTP	481(49) 이상	177(18) 이상
	STS 317 TP	520(53) 이상	206(21) 이상
	STS 317 LTP	481(49) 이상	206(21) 이상
	STS 321 TP	520(53) 이상	206(21) 이상
	STS 321 HTP	520(53) 이상	206(21) 이상
	STS 347 TP	520(53) 이상	206(21) 이상
	STS 347 HTP	520(53) 이상	206(21) 이상
오스테나이트-페라이트계강관	STS 329 J1 TP	588(60) 이상	392(40) 이상
	STS 329 J2 LTP	618(63) 이상	451(46) 이상
페라이트계강관	STS 405 TP	412(42) 이상	206(21) 이상

표 2-25 배관용 스테인리스강관의 수압시험 압력(KS D 3576)

스케줄 번호(Sch)	5S	10S	20S	40S	80S	120S	160S
시험압력 $MPa(kgf/cm^2)$	1.5(15)	2.0(20)	3.4(35)	5.9(60)	11.8(120)	11.6(180)	19.6(200)

표 2-26 배관용 스테인리스강관의 치수(KS D 3576)

호칭지름		바깥지름 (mm)	호 칭 두 께 (mm)						
A	B		5S	10S	20S	40S	80S	120S	160S
6	⅛	10.5	1.0	1.2	1.5	1.7	2.4	-	-
8	¼	13.8	1.2	1.65	2.0	2.2	3.0	-	-
10	⅜	17.3	1.2	1.65	2.0	2.3	3.2	-	-
15	½	21.7	1.65	2.1	2.5	2.8	3.7	-	4.7
20	¾	27.2	1.65	2.1	2.5	2.9	3.9	-	5.5
25	1	34.0	1.65	2.8	3.0	3.4	4.5	-	6.4
32	1¼	42.7	1.65	2.8	3.0	3.6	4.9	-	6.4
40	1½	48.6	1.65	2.8	3.0	3.7	5.1	-	7.1
50	2	60.5	1.65	2.8	3.5	3.9	5.5	-	8.7
65	2½	76.3	2.1	3.0	3.5	5.2	7.0	-	9.5
80	3	89.1	2.1	3.0	4.0	5.5	7.6	-	11.1
90	3½	101.6	2.1	3.0	4.0	5.7	8.1	-	12.7
100	4	114.3	2.1	3.0	4.0	6.0	8.6	11.1	13.5
125	5	139.8	2.8	3.4	5.0	6.6	9.5	12.7	15.9
150	6	165.2	2.8	3.4	5.0	7.1	11.0	14.3	18.2
200	8	216.3	2.8	4.0	6.5	8.2	12.7	18.2	23.0
250	10	267.4	3.4	4.0	6.5	9.3	15.1	21.4	28.6
300	12	318.5	4.0	4.5	6.5	10.3	17.4	25.4	33.3
350	14	355.6	4.0	5.0	-	11.1	19.0	27.8	35.7
400	16	406.4	4.5	5.0	-	12.7	21.4	30.9	40.5

(3) 기타 스테인리스강관

배관에 사용하는 스테인리스강관은 위에서 설명한 관 이외에도 다음과 같은 관이 규격화되어 사용되고 있다.

1) 스테인리스강 위생관

스테인리스강 위생관(KS D 3585, STS-TBS ; stainless steel sanitary pipes)은 주로 낙농·식품공업 등에 사용하는 관으로서, STS 304 TBS, STS 304 LTBS, STS 316 TBS, STS 316 LTBS의 4종류가 있다. 관의 바깥지름 25.4mm에서 165.2mm까지 제조되며, 치수는 바깥지름×두께로 표시한다.

2) 배관용 아크용접 대구경 스테인리스강관

배관용 아크용접 대구경 스테인리스강관(KS D 3588, STS-TPY ; arc welded large diameter stainless steel pipes)은 내식용, 저온용, 고온용 등의 배관에 사용되는 관으로

STS 304 TPY, STS 304 LTPY 등 19종류가 있다. 호칭지름 150mm부터 1,000mm까지, 스케줄번호 5S~20S까지 규정되어 있다. 치수는 호칭지름×호칭두께 또는 바깥지름×두께로 표시하며, 500A×Sch 10S와 같이 한다.

2.4 주철관

주철관(cast iron pipe)은 강관에 비해 내압성(耐壓性), 내마모성이 우수하고 내충격성, 내식성, 내구성이 좋으므로 지중에 매설하는 수도용이나 배수용으로 널리 사용되어 왔으며, 가스공급용 배관이나 화학공업용 등에도 많이 사용되고 있다.

수도용으로 사용하는 주철관은 수압이나 지중매설로 인한 외압에 견딜 수 있도록 강도가 높은 덕타일 주철을 사용하며, 내면은 녹이 슬지 않도록 모르타르 라이닝이나 에폭시수지 분체도장을 한다. 그러나 배수용으로 사용하는 관은 내압이 작용하지 않으므로 보통 주철인 회주철을 사용한다.

주철관의 제조방법은 수직법(vertical method)과 원심력법(centrifugal method)의 2종류가 있다. 수직법은 관의 수구(受口 : socket)가 아래가 되도록 주형을 수직으로 세우고, 여기에 용선(鎔銑)을 부어 만드는 방법이다. 주로 배수용 주철관의 제조에 사용된다. 원심력법은 금형(金型) 또는 모래형(沙型)을 회전시키면서 용선을 부어 주조하는 방법이다. 수직법에 비하여 재질이 치밀하며, 두께가 균일하고, 강도가 크기 때문에 압력이 작용하는 배관에 사용한다. 주철관의 특성을 열거하면 다음과 같다.

① 충격에 강하고 내구성이 크다.
② 내식성 · 내열성이 있다.
③ 다른 배관재에 비하여 열팽창계수가 적다.
④ 소음(noise)을 흡수하는 성질이 있으므로 옥내 배수용으로 적합하다.
⑤ 마찰저항이 크고 단위길이마다의 무게가 무겁다.

(1) 덕타일 주철관

덕타일 주철관(KS D 4311, ductile iron pipes)은 땅속이나 지상에 배관하여 압력 또는 무압력상태에서 물 등의 수송용으로 사용하는 주철관이다. 두께에 따라 1종 관, 2종 관, 3종 관의 3종류로 나누어지고, 이음방법에 따라 메커니컬 이음식(mechanical joint type), 케이피 메커니컬 이음식(KP-mechanical joint type), 타이튼 이음식(tyton joint type) 주철관이 있다. 그림 2-8에 덕타일 주철관의 모양을, 표 2-27~29에는 치수와 무게를 나타냈다.

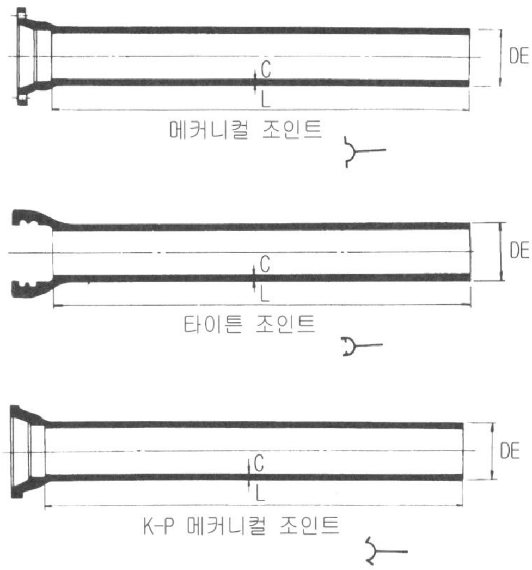

그림 2-8 덕타일 주철관의 모양

표 2-27 덕타일 주철관 1종관의 치수와 무게(KS D 4311) 단위 : 치수 mm, 무게(약) kg

호칭 지름	직 관 부			K-P 메커니컬 조인트관 총무게				타이튼 조인트관 총무게				메커니컬 조인트관 총무게			
	바깥 지름	관두께	m당 무게	소켓 무게	4m	5m	6m	소켓 무게	4m	5m	6m	소켓 무게	4m	5m	6m
80	98	7.4	14.8	4.0	63	78	-	5.2	64.5	79.2	-	6.0	65.2	80.0	-
100	118	7.5	18.4	4.8	78.5	97	-	6.7	80.5	98.5	-	7.1	80.7	99.1	-
125	144	7.6	23.0	5.9	98.	121	-	8.6	101.0	124.0	-	8.6	100.6	123.6	-
150	170	7.7	27.7	7.4	118	146	-	10.7	122.0	149.9	-	9.9	120.7	148.4	-
200	222	7.8	36.9	9.9	158	194	231	14.9	163.0	199.0	236.0	13.7	161.3	198.2	235.1
250	274	8.3	48.8	13.4	209	257	306	21.0	216.0	265.0	314.0	18.5	213.7	262.5	311.3
300	326	8.8	61.8	16.7	264	326	388	26.5	274.0	336.0	397.0	23.5	270.7	332.5	394.3
350	378	9.4	76.7	21.6	329	405	482	32.6	339.0	416.0	493.0	28.6	335.4	412.1	488.8
400	429	9.9	91.9	26.2	394	486	578	37.2	405.0	497.0	589.0	34.0	401.6	493.5	585.4
450	480	10.5	108.5	31.8	466	574	683	49.3	483.0	592.0	700.0	41.4	475.4	583.9	692.4
500	532	11.0	126.9	38.4	546	376	800	55.1	563.0	690.0	817.0	49.8	557.4	684.3	811.2
600	635	12.1	166.9	54.5	722	889	1056	71.2	739.0	906.0	1073.0	69.0	736.6	903.5	1070.4
700	738	13.2	211.9	73.5	921	1133	1345	70.0	918.0	1130.0	1341.0	92.9	940.5	1152.4	1364.3
800	842	14.3	262.1	85.4	1134	1396	1658	85.7	1134.0	1396.0	1658.0	120.2	1168.8	1430.9	1693.0
900	945	15.4	317.1	101.5	1370	1687	2004	107.6	1376.0	1693.0	2010.0	151.2	1419.6	1736.7	2053.8
1000	1048	16.5	377.0	122.6	1631	2008	2385	137.8	1646.0	2023.0	2400.0	202.4	1710.4	2087.4	2464.4
1100	1144	17.6	438.9	139.4	1895	2334	2773	163.2	1919.0	2358.0	2797.0	167.4	1923.0	2361.9	2800.8
1200	1255	18.7	511.9	168.4	2216	2727	3239	197.3	2245.0	2756.0	3268.0	202.7	2249.9	2761.7	3273.5

표 2-28 덕타일 주철관 2종관의 치수와 무게(KS D 4311)

단위 : 치수 mm, 무게(약) kg

호칭 지름	직 관 부			K-P 메커니컬 조인트관 총무게				타이튼 조인트관 총무게				메커니컬 조인트관 총무게			
	바깥 지름	관두께	m당 무게	소켓 무게	4m	5m	6m	소켓 무게	4m	5m	6m	소켓 무게	4m	5m	6m
80	98	6.7	13.5	4.0	58	71.5	-	5.2	59.0	72.7	-	6.0	60.0	73.5	-
100	118	6.8	16.4	4.8	70.5	87	-	6.7	72.5	88.5	-	7.1	72.7	89.1	-
125	144	6.9	21.0	5.9	90	111	-	8.6	92.5	114.0	-	8.6	92.6	113.6	-
150	170	7.0	25.3	7.4	109	134	-	10.7	112.0	137.0	-	9.9	111.1	136.4	-
200	222	7.1	33.8	9.9	145	179	213	14.9	150.0	184.0	218.0	13.7	148.9	182.7	216.5
250	274	7.5	44.3	13.4	191	235	279	21.0	198.0	243.0	287.0	18.5	195.7	240.0	284.3
300	326	8.0	56.3	16.7	242	298	355	26.5	252.0	308.0	364.0	23.5	248.7	305.0	361.3
350	378	8.5	69.6	21.6	300	370	439	32.6	311.0	381.0	450.0	28.6	307.0	376.6	446.5
400	429	9.0	83.7	26.2	361	445	528	37.2	372.0	456.0	539.0	34.0	368.8	452.5	536.2
450	480	9.5	98.5	31.8	426	524	623	49.3	443.0	542.0	640.0	41.4	435.4	533.9	632.4
500	532	10.0	115.6	38.4	501	616	732	55.1	518.0	633.0	749.0	49.8	512.2	627.8	743.4
600	635	11.0	152.0	54.5	663	815	967	71.2	679.0	831.0	983.0	69.0	677.0	829.0	981.0
700	738	12.0	193.0	73.5	846	1039	1232	70.0	842.0	1035.0	1228.0	92.9	864.9	1057.9	1250.9
800	842	13.0	238.7	85.4	1040	1279	1518	85.7	1041.0	1279.0	1518.0	120.2	1075.0	1313.7	1552.4
900	945	14.0	288.7	101.5	1256	1545	1834	107.6	1262.0	1551.0	1840.0	151.2	1306.0	1594.7	1883.4
1000	1048	15.0	343.2	122.6	1495	1839	2182	137.8	1511.0	1854.0	2197.0	202.4	1575.2	1918.4	2261.6
1100	1144	16.0	399.5	139.4	1737	2137	2536	163.2	1761.0	2161.0	2560.0	167.4	1765.4	2164.9	2564.4
1200	1255	17.0	465.9	168.4	2032	2498	2964	197.3	2061.0	2527.0	2993.0	202.7	2066.3	2532.2	2998.1

표 2-29 덕타일 주철관 3종관의 치수와 무게(KS D 4311)

단위 : 치수 mm, 무게(약) kg

호칭 지름	직 관 부			K-P 메커니컬 조인트관 총무게				타이튼 조인트관 총무게				메커니컬 조인트관 총무게			
	바깥 지름	관두께	m당 무게	소켓 무게	4m	5m	6m	소켓 무게	4m	5m	6m	소켓 무게	4m	5m	6m
80	98	6.0	12.2	4.0	53.0	65.0	-	5.2	54.0	66.2	-	6.0	54.8	67.0	-
100	118	6.1	15.1	4.8	65.0	80.5	-	6.7	67.0	82.0	-	7.1	67.5	82.6	-
125	144	6.2	18.9	5.9	81.5	100	-	8.6	84.0	103.0	-	8.6	84.2	103.1	-
150	170	6.3	22.8	7.4	98.5	121.0	-	10.7	102.0	125.0	-	9.9	101.1	123.9	-
200	222	6.4	30.6	9.9	132.0	163.0	194	14.9	137.0	168.0	199.0	13.7	136.1	166.7	197.3
250	274	6.8	40.2	13.4	174.0	214.0	255	21.0	182.0	222.0	262.0	18.5	179.3	219.5	259.7
300	326	7.2	50.8	16.7	220.0	271.0	322	26.5	230.0	281.0	331.0	23.5	226.7	277.5	328.3
350	378	7.7	63.2	21.6	274.0	338.0	401	32.6	285.0	349.0	412.0	28.6	281.4	344.6	407.8
400	429	8.1	75.5	26.2	328.0	404.0	479	37.2	339.0	415.0	490.0	34.0	336.0	411.5	487.0
450	480	8.6	89.8	31.8	391.0	481.0	571	49.3	409.0	498.0	588.0	41.4	400.6	490.4	580.2
500	532	9.0	104.3	38.4	456.0	560.0	664	55.1	482.0	577.0	681.0	49.8	467.0	571.3	675.6
600	635	9.9	137.1	54.5	603.0	740.0	877	71.2	620.2	757.0	894.0	69.0	617.4	754.5	891.6
700	738	10.8	173.9	73.5	769.0	943.0	1117	70.0	766.0	940.0	1113.0	92.9	788.5	962.4	1136.3
800	842	11.7	215.2	85.4	946.0	1161.0	1377	85.7	948.0	1162.0	1377.0	120.2	981.0	1196.4	1411.4
900	945	12.6	260.2	101.5	1142.0	1403.0	1663	107.6	1148.0	1409.0	1669.0	151.2	1192.0	1452.2	1712.4
1000	1048	13.5	309.3	122.6	1360.0	1669.0	1978	137.8	1375.0	1684.0	1994.0	202.4	1439.6	1748.9	2058.2
1100	1144	14.4	360.1	139.4	1580.0	1940.0	2300	163.2	1604.0	1964.0	2324.0	167.4	1607.8	1967.9	2328.0
1200	1255	15.3	420.1	168.4	1849.0	2269.0	2689	197.3	1878.0	2298.0	2718.0	202.7	1883.1	2303.2	2723.3

관의 제조는 양질의 선철에 강을 배합하여 용해하고 주방상태에서 흑연을 구상화시키는 적당한 처리를 한 다음 원심력을 이용하여 주조한다. 다음에 관을 주형에서 꺼내고, 규정된 기계적 성질을 갖도록 적절한 방법으로 열처리를 한다.

덕타일 주철관은 주철 중의 흑연을 구상화(球狀化)시킴으로써 관의 질을 균일하게 하고 강도를 증가시킨 관이다.

관의 호칭지름 80~1,200mm까지 제조되며, 표준길이는 4m, 5m, 6m의 3가지가 있다. 관의 인장강도는 420N/mm^2{43kgf/mm^2} 이상 연신율 10% 이상이며, 표 2-30의 수압을 유지했을 때 결함이 없어야 한다.

수도용으로 사용하는 주철관은 주로 덕타일 주철관이 사용되며, 대부분이 매설되어 사용되기 때문에 부식이 적고, 하중에 견딜 수 있는 강도와 유연성이 있어야 한다.

또한 수도용 주철관의 이음형식은 소켓이음에서 메커니컬 이음이나 타이톤 이음(250mm 이하의 소구경)으로 전환되었으며, 부식을 방지하기 위하여 모르타르 라이닝관이 채용되고 있다.

표 2-30 덕타일 주철관의 수압시험(KS D 4311)

호칭지름(mm)	수압시험 MPa(kgf/cm^2)		
	1종 관	2종 관	3종 관
300 이하	6.86(70)	5.88(60)	4.90(50)
350~600	5.88(60)	4.90(50)	3.92(40)
700~1,000	4.90(50)	3.92(40)	3.14(32)
1,100~1,200	3.92(40)	3.14(32)	2.45(25)

(2) 모르타르 라이닝 덕타일 주철관

모르타르 라이닝 덕타일 주철관(mortar lining ductile iron pipes)은 덕타일 주철관의 부식을 방지하기 위하여 삽입구를 제외한 관의 내면에 KS D 4316(수도용 원심력 덕타일 주철관의 모르타르 라이닝)에 규정한 시멘트 모르타르를 라이닝한 관이다. 라이닝을 실시한 관은 철과 물이 직접 접촉하지 않으므로 수질의 변화가 적고 마찰저항이 작으므로 많이 사용되고 있다.

라이닝 방법은 도장하지 않은 관의 내면에 시멘트·모래의 배합비 1:1.5~2.0(중량비)인 것을 원심력을 이용하여 두께나 질을 균일하게 라이닝한다.

그리고 관의 수구 내면에 부착한 모르타르는 모두 제거한 다음 1~2주 동안 습윤상태로 유지하여 충분히 양생한다. 라이닝 주철관은 저온도, 건조, 하중, 충격 등 해로운 영향을 받지 않도록 취급시 주의해야 한다.

(3) 내면 에폭시수지 분체도장 덕타일 주철관

덕타일 주철관의 내면에 KS D 4317(덕타일 주철관 내면 에폭시수지 분체도장)에서 규정한 에폭시수지 분체도장을 한 관이다.

(4) 배수용 주철관

배수용 주철관(KS D 4307, cast-iron soil pipes and fittings)은 주로 건물의 배수용에 사용되며, 내압이 작용하지 않으므로 수도용 주철관보다 관두께가 얇다.

관의 호칭지름은 50~200mm까지의 7종이며, 관 끝의 이음부 모양에 따라 허브형(hub)과 노허브형(no-hub)이 있다. 허브형 주철관은 직관 1종, 직관 2종 및 이형관의 3종류가 있으며, 노허브형 주철관은 직관과 이형관의 2종류가 있다.

허브형 주철관 직관의 길이는 여러 종류로 제조되고 있다. 1종은 길이가 0.3m, 0.4m, 0.6m, 0.8m, 1.0m, 1.6m의 6가지가 있으며, 직관 2종은 0.6m, 0.8m, 1.0m, 1.6m, 2.35m의 5가지가 있다. 노허브형 주철관의 직관 길이는 1.5m와 3m의 2종류가 있다. 이형관은 관을 이음할 때 사용하는 일종의 이음쇠이다.

관의 제조는 양질의 선철 또는 여기에 강을 배합하여 용제하고, 사형 또는 금형에 의하여 주조한다.

관의 인장강도는 147N/mm^2{15kgf/mm^2} 이상, 압괴강도 196N/mm^2{20kgf/mm^2} 이상이고, 3.43bar{3.5kgf/cm^2}의 수압을 가하여 이상이 없어야 한다. 관의 화학성분 중 P는 0.6%, S는 0.10% 이하로 한다.

관은 제조 후 허브형 주철관은 소켓 바깥면 중앙부에 직관 1종은 ⊘, 직관 2종은 ⊘, 이형관은 ⊗, 노허브 주철관은 바깥면 중앙부에 직관은 ⊘, 이형관은 ⊗ 및 제조자의 약호를 각각 높이 2mm 이상, 크기 20mm 이상으로 부각 주조한다.

표 2-31에 배수용 주철관의 치수를 나타냈다.

표 2-31 배수용 주철관의 치수(KS D 4307)

(a) 허브형 주철관

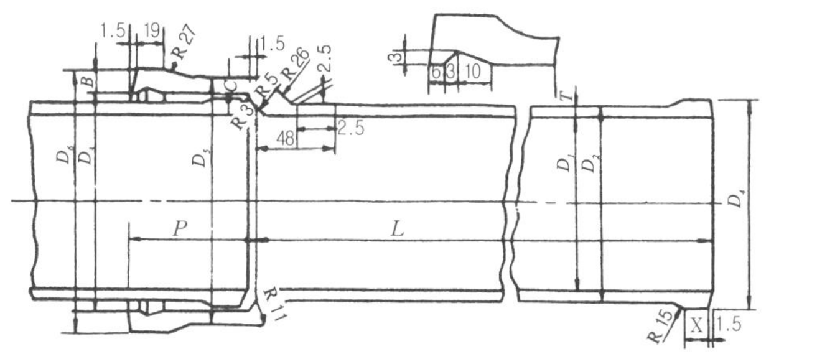

[1종] (단위 : mm)

호칭 지름	관 두께	실제 안지름	실제 바깥 지름	소 켓 치 수						삽입구 치수		무 게 (kg)					
	T	D_1	D_2	D_3	D_5	D_6	B	C	P	D_4	X	유효 길이 (L)= 1,600	유효 길이 (L)= 1,000	유효 길이 (L)= 800	유효 길이 (L)= 600	유효 길이 (L)= 400	유효 길이 (L)= 300
50	6.0	50	62	76	92	102	13	8	61	69	14	13.8	9.2	7.7	6.2	4.7	3.9
65	6.0	65	77	91	107	117	13	8	64	84	15	17.5	11.7	9.7	7.8	5.8	4.8
75	6.0	75	87	101	117	127	13	8	67	94	16	19.9	13.3	11.1	8.9	6.7	5.6
100	6.0	100	112	126	142	152	13	8	73	119	17	26.0	17.4	14.5	11.6	8.8	7.3
125	6.0	125	137	151	167	177	13	8	73	144	17	32.0	21.4	17.8	14.3	10.7	8.9
150	6.0	150	162	176	194	2022	13	9	73	169	17	38.2	25.5	21.2	17.0	12.7	10.6
200	7.0	200	214	232	252	60	14	10	85	222	17	59.5	39.8	33.2	26.6	20.7	16.8

주) 무게는 주철의 비중을 7.2로 하여 계산한 것임.

[2종] (단위 : mm)

호칭 지름	관 두께	실제 안지름	실제 바깥 지름	소 켓 치 수						삽입구 치수		무 게 (kg)				
	T	D_1	D_2	D_3	D_5	D_6	B	C	P	D_4	X	유효 길이 (L)= 2,350	유효 길이 (L)= 1,600	유효 길이 (L)= 1,000	유효 길이 (L)= 800	유효 길이 (L)= 600
50	4.5	50	59	76	92	102	13	8	61	69	14	-	10.5	7.2	6.1	5.0
65	4.5	65	74	91	107	117	13	8	64	84	15	-	13.4	9.1	7.7	6.3
75	4.5	75	84	101	117	127	13	8	67	94	16	21.4	15.3	10.4	8.8	7.2
100	4.5	100	109	126	142	152	13	8	73	119	17	28.1	20.1	13.7	11.6	9.5
125	4.5	125	134	151	167	177	13	8	73	144	17	34.6	24.7	16.8	14.1	11.5
150	4.5	150	159	176	194	202	13	9	73	169	17	-	29.6	20.2	17.0	13.9
200	6.0	200	212	232	252	260	14	10	85	222	17	-	51.8	35.1	29.5	23.9

(b) 노허브형 주철관

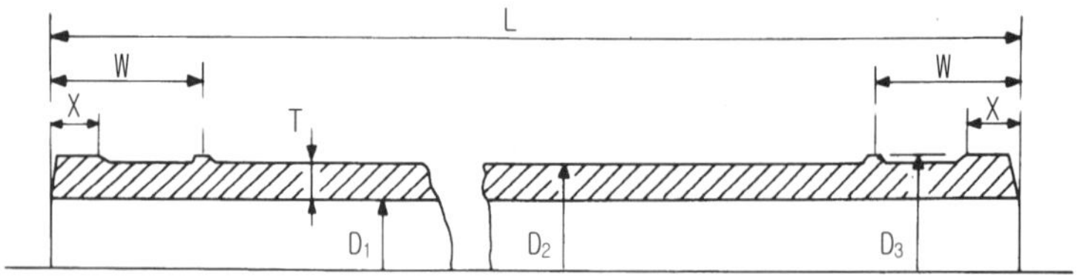

단위 : mm

호칭지름	관두께	실제 안지름	실제 바깥지름	돌출부 개스킷의 폭	삽 입 구 치 수		무 게(kg)	
	T	D_1	D_2	W	D_3	X	유효길이 (L)=1,500	유효길이 (L)=30
50	4.1	50	59	29	62	6	7.5	15.0
75	4.1	76	85	29	88	6	11.1	22.2
100	4.8	101	111	29	114	8	17.2	34.4
125	4.8	127	137	38	140	8	21.5	43.0
150	4.8	152	162	38	165	8	25.5	51.0
200	5.8	203	215	51	218	8	41.1	82.2

비고 1. 무게는 주철의 비중을 7.2로 하여 산출한다.

2.5 비철금속관

2.5.1 동 관

동(구리)의 사용 역사는 아주 오래 되었으며, 철 다음으로 많이 사용되는 금속이다. 내식성이 크고, 열이나 전기의 전도율이 좋으며, 기계적 성질이 양호하기 때문에 각종 공업 분야에 광범위하게 사용되고 있다.

배관용으로 사용되는 동관(copper pipes and tubes)은 주로 인탈산 동관이 사용된다. 인탈산 동관은 전기동을 인(P)으로 탈산처리한 동괴(銅塊)를 냉간인발법 또는 850℃로 가열하여 압출(壓出)에 의해 제조한다. 수소취화가 없어서 수소용접으로 가공하기에 적합하고, 전연성 · 휨성 · 열전도성이 좋으므로 열교환기용, 냉난방기기용, 급수관, 급탕관, 냉 · 온수관, 증기관, 송유관, 가스관, 상수도관, 소화배관 등에 널리 사용된다.

동관은 현재 많은 종류가 제조되고 있으며, 관의 사용 소재(素材), 재질, 두께, 용도 등에 따라 분류하고 내용을 요약하면 표 2-32와 같다.

표 2-32 동관의 분류

구 분	종 류	비 고
소재별	인탈산 동관	급수관 · 급탕관 · 냉온수관 · 상수도관 · 송유관 · 가스관 등 일반 배관용, 공조기기 및 열교환기용으로 사용
	타프피치 동관	전기 · 열의 전도성이 우수하고 전연성, 내식성이 좋아 전기부품 관계에 적합
	무산소 동관	전기 · 열의 전도성, 전연성이 우수하고 용접성, 내식성이 좋으므로 전기용, 화학공업용에 적합
	동합금관	황동관, 청동관 등 다양하게 제조되며, 구조용 · 열교환기용 · 화학공업용으로 사용
재질별	연질(O)	가장 연한 재질로서 가공 등 작업이 용이하다. 상수도 및 가스배관과 같이 지하매설용은 연질을 사용한다.
	반연질(OL)	연질에 약간의 경도와 강도를 부여한 재질이다.
	반경질(½H)	경질에 약간의 연성을 부여한 재질이다.
	경질(H)	경도와 강도가 가장 크다. 배관재에 주로 사용된다.
두께별	K형	가장 두껍다. 고압배관, 의료배관용으로 사용
	L형	두껍다. 의료배관, 일반 배관용으로 사용
	M형	보통 두껍다. 일반 배관용으로 사용
	N형	가장 얇다(KS규격은 없으나, DWV type은 배수용으로 제조).
용도별	일반 배관용(water tube)	유체를 수송하는 일반 배관용
	냉동 · 공조용(ACR tube)	공조기기, 냉동기 등의 열교환용
	열교환용 (condenser tube)	동합금제품으로 응축기 · 증발기 · 보일러 · 저탕탱크 등에서의 열교환용 코일
형태별	직 관	일반 배관용으로 호칭지름 15~150mm은 관길이 6m, 200mm 이상은 3m로 제조
	코 일 P/C(pancake) B/C(bunch) L/W(level wound)	상수도, 가스 등 이음매 없이 장거리 배관이 필요한 곳에 사용. 코일 길이는 팬케이크 코일 : 10, 15, 30m 번치 코일 : 50, 70, 100m 레벨 와운드 코일 : 200m 이상
	온돌 난방용	온수난방(panel heating) 전용으로 형태가 다양

배관용으로 사용되는 동관의 특성은 다음과 같다.

① 내식성이 우수하여 내구년수(耐久年數)가 길다.

② 관 내면이 매끄러워 마찰손실이 적으며 스케일 생성이 적다.

③ 전 · 연성이 좋아 배관의 가공이나 시공이 용이하다.

④ 신율(伸率)과 유연성이 좋아 진동이나 지진에 안전하고, 동결파손에도 강하다.

⑤ 위생적이다(부식에 의한 오염의 우려가 적다).

⑥ 열 및 전기의 전도율이 양호하다.

⑦ 두께가 얇고 가벼워서 설치물을 경량화시킬 수 있다.
⑧ 타격에 의해 찌그러지기 쉬운 단점이 있다.

(1) 이음매 없는 동 및 동합금관

이음매 없는 동 및 동합금관(KS D 5301, copper and copper alloy seamless pipes and tubes)은 재질에 따라 연질(O), 반연질(OL), 반경질($\frac{1}{2}$H), 경질(H)의 4종류가 있으며, 제조 형태에 따라 직관, 코일관 및 온돌난방 전용관 등이 있다. 배관용 동관의 두께는 K형, L형, M형의 3종류가 있으며, K형이 두께가 가장 두꺼우며 순차적으로 얇아진다. 두께가 두꺼울수록 높은 압력에 사용할 수 있으므로 적정 두께의 규격을 선정해야 한다.

동관의 종류와 등급 및 기호를 표 2-33에 나타냈고, 이중에서 인탈산 동관의 C1220(보통급)의 기계적 성질 예를 표 2-34에 나타냈다. 또한 표 2-35에 배관용 동관의 치수를, 표 2-36에 열교환기용 합금관의 표준치수를 나타냈다.

표 2-33 동관의 종류, 등급, 기호

종 류		등 급	기 호	참 고	
합금번호	모양			명 칭	특색 및 용도 보기
C 1020	관	보통급	C 1020 T([1])	무산소동	전기·열전도성, 절연성·드로잉성이 우수하고, 용접성·내식성·내후성이 좋다. 고온의 환원성 분위기에서 가열해도 수소취화를 일으키지 않는다. 열교환기용, 전기용, 화학공업용, 급수·급탕용 등
		특수급	C 1020 TS([-1])		
C 1100	관	보통급	C 1100 T([1])	타프피치동	전기·열전도성이 우수하고, 드로잉성·내식성·내후성이 좋다. 전기부품 등
		특수급	C 1100 TS([1])		
C 1201	관	보통급	C 1201 T	인탈산동	압광성·굽힘성·드로잉성·용접성·내식성·열전도성이 좋다. C 1220은 고온의 환원성 분위기에서 가열해도 수소취화를 일으키지 않는다. C 1201은 C 1220보다 전기 전도성이 좋다. 열교환기용, 화학공업용, 급수·급탕용, 가스관 등
		특수급	C 1201 TS		
C 1220	관	보통급	C 1220 T		
		특수급	C 1220 TS		
C 2200	관	보통급	C 2200 T	단 동	색깔과 광택이 아름답고, 압광성·굽힘성·드로잉성·내식성이 좋다. 화장품 케이스, 급배수관, 이음쇠 등
		특수급	C 2200 TS		
C 2300	관	보통급	C 2300 T		
		특수급	C 2300 TS		
C 2600	관	보통급	C 2600 T	황 동	압광성·굽힘성·드로잉성·도금성이 좋다. 열교환기, 커튼봉, 위생관, 모든 기기부품, 안테나 로드 등 C 2800은 강도가 높다. 정당용, 선박용, 모든 기기부품 등
		특수급	C 2600 TS		
C 2700	관	보통급	C 2700 T		
		특수급	C 2700 TS		
C 2800	관	보통급	C 2800 T		
		특수급	C 2800 TS		

표 2-33 동관의 종류, 등급, 기호

종류		등급	기호	참고	
합금번호	모양			명칭	특색 및 용도 보기
C 6561	관	보통급	C 6561 T	규소청동	내산성이 좋고 강도가 높다. 화학공업용 등
C 4430	관	보통급	C 4430 T	복수기용 황동	내식성이 좋고, 특히 C 6870 · C 6871 · C 6872는 내해수성이 좋다. 화력 · 원자력 발전용 복수기, 선박용 복수기, 급수가열기, 증류기, 유냉각기, 조수(造水) 장치 등의 열교환기용
		특수급	C 4430 TS		
C 6870	관	보통급	C 6870 T		
		특수급	C 6870 TS		
C 6871	관	보통급	C 6871 T		
		특수급	C 6871 TS		
C 6872	관	보통급	C 6872 T		
		특수급	C 6872 TS		
C 7060	관	보통급	C 7060 T	복수기용 백동	내식성, 특히 내해수성이 좋고, 비교적 고온의 사용에 적합하다. 선박용 복수기, 급수 가열기, 화학공업용, 조수 장치용 등
		특수급	C 7060 TS		
C 7100	관	보통급	C 7100 T		
		특수급	C 7100 TS		
C 7150	관	보통급	C 7150 T		
		특수급	C 7150 TS		
C 7164	관	보통급	C 7164 T		
		특수급	C 7164 TS		

표 2-34 인탈산 동관의 기계적 성질(KS D 5301)

종별	재질별	기호	인장시험				경도시험(로크웰 경도)			
			바깥지름 (mm)	두께 (mm)	인장강도 N/mm² (kgf/mm²)	연신율 (%)	두께 (mm)	HR30T	HR15T	참고 HRF
C 1220	O	C 1220T-O	4∼250	0.3∼30	205(21) 이상	40 이상	0.6 이상	-	60 이하	50 이하
	OL	C 1220T-OL	4∼250	0.3∼30	205(21) 이상	40 이상	0.6 이상	-	65 이하	55 이하
	½H	C 1220T-½H	4∼250	0.3∼25	245∼325 (25∼33)	-	-	30∼60	-	-
	H	C 1220T-H	25 이하 25∼50 50∼100	0.3∼3.0 0.9∼4.0 1.5∼6.0	315(32) 이상	-	-	55 이상 - -	-	-

표 2-35 배관용 동관의 치수(KS D 5301)

형 (TYPE)	호칭지름 (A)	호칭지름 (B)	바깥지름 (mm)	두께 (mm)	중량 (kg/m)	상용압력(kgf/cm^2) 경질	상용압력(kgf/cm^2) 연질	주용도
K	8	1/4	9.52	0.89	0.216	111.0	71.6	의료배관
	10	3/8	12.70	1.24	0.399	123.0	79.7	
	15	1/2	15.88	1.24	0.510	95.3	61.6	
	-	5/8	19.05	1.24	0.620	78.7	50.9	
	20	3/4	22.22	1.65	0.953	90.8	58.7	
	25	1	28.56	1.65	1.25	69.7	45.1	
	32	1 · 1/4	34.92	1.65	1.54	56.6	36.6	
	40	1 · 1/2	41.28	1.83	2.03	53.7	34.7	
	50	2	53.98	2.11	3.07	46.1	29.8	
	65	2 · 1/2	66.68	2.41	4.35	43.2	27.9	
	80	3	79.38	2.77	5.96	42.4	27.4	
	90	3 · 1/2	92.08	3.05	7.63	39.8	25.7	
	100	4	104.78	3.40	9.68	38.7	25.0	
	125	5	130.18	4.06	14.40	37.2	24.0	
	150	6	155.58	4.88	20.70	38.1	24.7	
	200	8	206.38	4.88	38.60	41.2	26.6	
L	8	1/4	9.52	0.76	0.187	95.4	61.7	의료배관 급 · 배수배관 급탕배관 냉 · 난방배관 가스배관
	10	3/8	12.70	0.89	0.295	81.7	52.8	
	15	1/2	15.88	1.02	0.426	74.5	48.1	
	-	5/8	19.05	1.07	0.540	65.3	42.2	
	20	3/4	22.22	1.14	0.675	60.1	38.8	
	25	1	28.58	1.27	0.974	52.6	34.0	
	32	1 · 1/4	34.92	1.40	1.32	47.9	31.0	
	40	1 · 1/2	41.28	1.52	1.70	43.3	28.0	
	50	2	53.98	1.78	2.61	38.5	24.9	
	65	2 · 1/2	66.68	2.03	3.69	35.5	22.9	
	80	3	79.38	2.29	4.96	34.1	22.0	
	90	3 · 1/2	92.08	2.54	6.38	33.0	21.3	
	100	4	104.78	2.79	7.99	31.5	20.4	
	125	5	130.18	3.18	11.30	28.8	18.6	
	150	6	155.58	3.56	15.20	27.3	17.6	
	200	8	206.38	5.08	28.70	29.7	19.2	
M	10	3/8	12.70	0.64	0.217	57.2	37.0	상 동
	15	1/2	15.88	0.71	0.302	51.5	33.3	
	20	3/4	22.22	0.81	0.487	39.6	25.6	
	25	1	28.58	0.89	0.692	34.4	22.2	
	32	1 · 1/4	34.92	1.07	1.02	35.0	22.6	
	40	1 · 1/2	41.28	1.24	1.39	35.1	22.7	
	50	2	53.98	1.47	2.17	30.7	19.8	
	65	2 · 1/2	66.68	1.65	3.01	28.4	18.3	
	80	3	79.38	1.83	3.99	26.8	17.3	
	90	3 · 1/2	92.08	2.11	5.33	26.7	17.3	
	100	4	104.78	2.41	6.93	26.6	17.2	
	125	5	130.18	2.77	9.91	25.1	16.2	
	150	6	155.58	3.10	13.30	23.3	15.1	
	200	8	206.38	4.32	24.50	24.8	16.0	

표 2-36 열교환기용 합금관의 표준치수(KS D 5301) (단위 : mm)

바깥지름	두께												
	0.9	1	1.2	1.4	1.6	1.8	2	2.1	2.5	2.6	2.8	3	3.7
10	—	○	—	—	—	—	○	—	—	—	—	—	—
12	—	○	—	—	—	—	—	—	—	—	—	—	—
15	—	○	○	—	—	—	○	—	○	—	—	—	—
16	—	○	○	○	○	—	—	—	—	—	—	—	—
19	—	○	○	○	○	○	○	—	—	—	—	—	—
20	—	—	—	○	—	—	○	—	—	—	—	○	—
22.2	—	—	○	—	—	—	—	—	—	—	—	—	—
25	—	○	○	—	—	—	—	—	—	—	—	—	—
25.4	○	—	○	—	—	—	—	○	—	—	○	—	—
28.2	—	—	—	—	○	—	—	—	—	○	—	—	—
28.6	—	—	○	—	—	—	—	—	—	—	—	—	—
31.8	○	—	○	—	—	—	—	—	—	—	—	—	—
40.9	—	—	—	—	—	—	○	—	—	—	—	—	○
44.4	—	—	○	—	—	—	—	—	—	—	—	—	—

KS D 5301(ASTM-B 88, JIS-H 300)의 규격 동관은 호칭지름을 아는 경우 아래 식에 의해 관의 바깥지름을 쉽게 구할 수 있다. 이때 호칭지름은 인치단위(B)로 하여 계산한다.

$$\text{바깥지름} = \text{호칭지름} + \frac{1}{8}'' \qquad (2.3)$$

예를 들어 호칭지름이 $\frac{1}{2}$B인 경우 : $\frac{1}{2}'' + \frac{1}{8}'' = \frac{5}{8}'' \rightarrow 15.88\,\text{mm}$

호칭지름이 2B인 경우 : $2'' + \frac{1}{8}'' = (25.4 \times 2)\text{mm} + 3.175\text{mm} = 53.98\text{mm}$

(2) 피복동관

피복동관(SPA-copper tube)은 배관용 동관(KS D 5301)을 원관으로 하여, 관 외부에 표 2-37에 표시된 합성수지를 이음매 없이 압출하여 피복한 관이다. 상수도·가스 등 지하 매설배관, 방로·보온을 필요로 하는 각종 설비의 배관에 사용된다. 호칭지름 20A 이하는 코일 및 직관형태로, 25~50A는 직관형태로 제조된다.

원관의 종류에 따라 연질과 경질, 두께에 따라 K형과 L형으로 구분되며, 연질제품은 코일관과 직관의 형태로, 경질제품은 직관의 형태로 제조된다.

표 2-37 피복동관의 구분

피복재료 구분	피복재료	표피재료	단면구조(예)
P형	저발포 폴리에틸렌 (발포배율 1~3)	폴리에틸렌	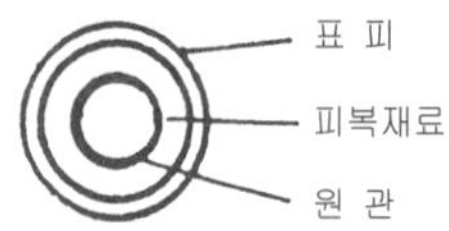
V형	염화비닐 또는 폴리에틸렌		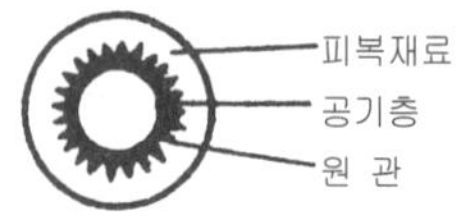

(3) 동 및 동합금 용접관

동 및 동합금 용접관([KS D 5545, copper and copper alloy welded pipes and tubes)은 KS D 5201(동 및 동합금의 판 및 조)에서 규정하는 C 1220, C 2600, C 2680, C 4430, C 7060, C 7150의 조를 관으로 성형하여 고주파 유도 가열용접 또는 티그용접한 관이다.

(4) 이음매 없는 니켈 동합금관

이음매 없는 니켈 동합금관(KS D 5539, nickel copper alloy seamless pipes and tubes ; NCuP)은 니켈(Ni)을 63~70% 함유한 동관으로 기계적 강도가 우수하고, 내식성, 특히 내산성이 양호하기 때문에 급수가열기, 화학공업용 등에 적합하다. 질(質)에 따라 2종류가 있으며, 바깥지름 15.9~50.8mm까지 규정되어 있다.

2.5.2 납 관(연관)

납관(lead pipes)은 동관과 함께 오래 전부터 사용되고 있는 금속관으로서, 위생배관을 플러밍(plumbing : plumbum은 라틴어의 납)이라고 부르는 이유도 고대 로마에서는 배관으로 사용되는 관이 유일하게 납관이 사용되었기 때문이다. 재질이 부드러워 가공이 쉽고 내식성이 커서 수도관 · 배수관 · 가스배관 · 전선보호관 · 화학공업용 배관 등으로 사용되고 있다. 그러나 최근 국내에서는 수도용이나 배수용으로 사용되는 경우는 드물다.

납관은 상온에서 압출방법에 의해 제조하며, 관의 특성을 열거하면 다음과 같다.

① 전성(展性) · 연성(延性)이 풍부하여 가공이 용이하다. 그러나 수평배관에서는 휘어지기 쉽다.
② 부식성이 적다. 그러나 산에는 강하지만(내산성) 알칼리성에는 약하므로 콘크리트에 매설할 경우는 아스팔트 시트 테이프 등으로 충분히 방식처리할 필요가 있다.

③ 신축(伸縮)에 유리하다.

④ 천연수나 수돗물 또는 바닷물에서는 불활성 피막을 만들기 때문에 관의 용해나 부식을 방지한다.

⑤ 무거우며(비중 : 11.3), 충격에 약하므로 노출배관은 가능하면 피해야 한다.

⑥ 초산이나 진한 염산 등에 침식되며, 증류수나 멸균수 등 극연수에도 다소 침식이 된다.

(1) 수도용 폴리에틸렌 라이닝 납관

수도용 폴리에틸렌 라이닝 납관(KS D 6703, polyethylene lining lead pipes for water supply)은 사용압력 0.75MPa{7.6kgf/cm^2} 이하의 수도에 사용하는 폴리에틸렌 라이닝 납관으로, 내면에 폴리에틸렌 분체를 융착시켜 피복한 관이다. 안지름 10~50mm까지의 비교적 지름이 작은 관에 사용된다.

라이닝 납관의 내압성은 상온의 물로 수압시험을 실시했을 때 특종의 경우는 2.3MPa {23.5kgf/cm^2}, 1종 및 2종은 1.75MPa{17.8kgf/cm^2}의 수압에서 1분간 이상이 없어야 한다.

표 2-38 라이닝 납관의 종류와 기호(KS D 6703)

종 류	기 호	특 성 및 용 도
라이닝 납관 특종	PbTWS-L	텔루륨(TE)을 첨가한 소관 특종에 라이닝 피막 및 외면 피복을 한 관으로서, 굽힘성이 좋고, 내피로성 · 내식성이 뛰어나며, 내수충격성이 높다. 소관의 인장강도는 약 19.6N/mm^2(2.00kgf/mm^2) 정도이다.
라이닝 납관 1종	PbTW1-L	순납(Pb 99.8%)의 소관 1종에 라이닝 피막 및 외면 피복을 한 관으로서, 굽힘성과 내식성이 뛰어나고, 내수충격성이 높다. 소관의 인장강도는 약 13.2N/mm^2(1.35kgf/mm^2) 정도이나.
라이닝 납관 2종	PbTW2-L	안티몬(Sb)을 첨가한 소관 2종에 라이닝 피막 및 외면 피복을 한 관으로 굽힘성과 내식성이 뛰어나고, 내수 충격성이 높다. 소관의 인장강도는 약 15.2N/mm^2(1.55kgf/mm^2) 정도이다.

표 2-39 소관의 치수와 무게(KS D 6703)

호칭 지름	안지름 (mm)	소관 특종 및 2종		소관 1 종	
		살두께 (mm)	길이 1,000mm의 무게(kg)	살두께 (mm)	길이 1,000mm의 무게(kg)
13	13	3.4	2.0	4.7	3.0
20	20	4.2	3.6	5.8	5.3
25	25	4.7	5.0	6.3	7.0
30	30	5.3	6.7	6.8	8.9
40	40	6.4	10.6	8.1	13.9
50	50	7.5	15.4	9.4	19.9

라이닝 납관의 종류와 기호를 표 2-38에, 소관(素管 ; 피막 및 피복하지 않은 나(裸) 납관)의 표준치수와 무게를 표 2-39에 나타냈다.

(2) 일반 공업용 납 및 납합금관

일반 공업용 납 및 납합금관(KS D 6702, lead and lead alloy tubes for common industries)은 압출에 의해 제조하며, 화학성분에 따라 1종(화학공업용), 2종(일반용), 3종(가스용)의 3종류가 있다. 표 2-40에 일반 공업용 납 및 납합금관의 종류를 나타냈다. 또한 1종과 2종 관의 표준치수를 표 2-41에, 3종의 표준치수를 표 2-42에 나타냈다.

표 2-40 납관의 용도 및 화학성분(KS D 6702)

종 류	기 호	화 학 성 분(Pb)
연관 1종(화학공업용)	PbT1	99.9% 이상
연관 2종(일반용)	PbT2	99.5% 〃
연관 3종(가스용)	PbT3	99.5% 〃

표 2-41 1종 및 2종의 표준치수(KS D 6702)

두께(mm)	3	4.5	6	8	10	12	관 1개의 길이(m)
안지름(mm)	관 1m의 무게(kg) (참고)						
10	1.4	2.3	3.4	5.2	7.1	9.4	10 이상
13	1.7	2.8	4.1	6.0	8.2	10.7	
16	2.0	3.3	4.7	6.8	9.3	12.0	
20	2.5	3.9	5.6	8.0	10.7	13.7	
25	3.0	4.7	6.6	9.4	12.5	15.8	
30	3.5	5.5	7.7	10.8	14.3	18.0	3 이상
40	4.6	7.1	9.8	13.7	17.8	22.2	
50	5.7	8.7	12.0	16.5	21.4	26.5	
65	7.3	11.1	15.2	20.8	26.7	32.9	
75	8.3	12.7	17.3	23.7	30.3	37.2	
90	9.9	15.1	20.5	27.9	35.6	43.6	
100	11.0	16.8	22.7	30.8	39.2	47.9	
125	13.7	20.8	28.0	37.9	48.1	58.6	
150	16.4	24.8	33.3	45.0	57.0	69.3	
180	-	-	39.8	53.6	67.7	82.1	2 이상
200	-	-	44.4	59.3	74.8	90.6	
230	-	-	-	67.8	85.5	103	
250	-	-	-	73.5	92.6	112	
300	-	-	-	87.8	110	133	

표 2-42 3종의 표준치수(KS D 6702)

안지름(mm)	두께(mm)	1m의 무게(kg)(참고)	1타래의 길이(m)
6	1.2	0.3	60 이상
10	1.2	0.5	40 이상
13	1.4	0.7	30 이상
16	1.8	1.1	20 이상
20	2.0	1.6	15 이상
25	2.2	2.1	15 이상

(3) 배수용 납관

상온에서 구부리기와 관끝 넓히기가 쉬우므로 위생기구를 배수관에 연결하는 기구배수관 등 장소가 좁고 복잡한 굴곡을 필요로 하는 곳에 사용된다. 관의 치수는 KS D 6702(일반공업용 납 및 납합금관) 2종에 따르며, 두께 3.0mm 및 4.5mm, 관의 안지름 13~125mm가 사용된다.

2.5.3 알루미늄관과 주석관

(1) 알루미늄관

알루미늄(aluminium)은 구리 다음으로 열 및 전기전도율이 좋으며, 비중이 2.7로서 가볍다. 또한 전연성(展延性)이 풍부하여 가공성이 좋고, 순도가 높은 것은 내식성이 좋기 때문에 건축재료 · 화학공업재료 · 기타 각종 기기부품 재료 등 다방면에 사용된다. 관은 압출 또는 인발에 의해 이음매 없이 제조되며, 재질과 화학성분에 따라 여러 종류가 제조된다. 알루미늄의 순도가 99.0% 이상인 관은 인장강도가 88~108N/mm^2{9~11kgf/mm^2} 정도이다.

KS D 6761에 이음매 없는 알루미늄 및 알루미늄 합금관(aluminium and aluminium alloy seamless pipes and tubes), KS D 6713에 알루미늄 및 알루미늄 합금용접관(aluminium and aluminium alloy welded pipes and tubes)이 규정되어 있다.

(2) 주석관

주석(tin)은 상온에서 물 · 공기 · 묽은 산에는 전혀 침식되지 않으며, 비중이 7.3이고, 용융온도가 232℃로서 납보다 낮은 온도에서 녹는다. 관의 제조는 냉간 압출방법에 의하며 주로 화학공장 · 양조공장 등에서 알코올, 맥주 등의 수송관으로 사용된다.

2.6 합성수지관(플라스틱 파이프)

합성수지(synthetic resins)는 가소성(可塑性 : plasticity) 물질로서 보통 플라스틱(plastic)이라 한다. 플라스틱은 석유·천연가스·석탄 등에서 얻어지는 에틸렌, 아세틸렌, 벤젠 등의 각종 원료를 화학적으로 변화시켜 만드는 유도고분자(誘導高分子) 물질과 중합(重合)이나 축합(縮合)에 의하여 만들어지는 합성고분자 물질로서 열가소성수지(熱可塑性樹脂)와 열경화성수지(熱硬化性樹脂)가 있다.

열가소성수지(thermoplastic resin)란 고체상태에서 열을 가하면 연화 또는 용융하여 가소성이나 점성이 생기고, 이것을 냉각하면 다시 고체상태로 되는 수지를 말한다. 주로 중합반응(polymerization)에 의해 제조되며, 염화비닐, 폴리에틸렌, 폴리프로필렌, 스티로폼, 초산비닐, 아크릴 등이 있다. 열경화성수지(thermosetting resin)는 고체상태로 된 후에 열을 가해도 연화되지 않는 수지로서 강도 및 열경화점이 높다. 주로 축합반응(condensation)으로 제조되며 페놀, 멜라민, 폴리에스테르, 요소, 에폭시 등이 있다. 이들 합성수지는 기계부품, 필름, 도료, 접착제 등의 공업재료, 건축재료, 전기부품 등에 광범위하게 이용되고 있다. 관으로 이용되는 합성수지는 열가소성의 염화비닐·폴리에틸렌·폴리부틸렌·폴리프로필렌 등이 주로 사용된다. 표 2-43에 합성수지의 종류에 따른 특징과 주용도를 나타냈다.

표 2-43 합성수지의 종류

종류		특징	주용도
열가소성 수지	염화비닐수지	강도, 전기절연성, 내약품성이 우수하나 고온과 저온에서는 강도가 약하다.	파이프, 이음관 재료, 바닥용 타일, 시트, 접착제, 도료
	폴리에틸렌수지	물보다 가볍고 내약품성, 전기절연성, 내수성이 우수하다.	파이프, 발포보온관, 방수필름, 건축용 성형품, 벽재
	아크릴수지	투광성이 크고 착색이 자유롭다.	채광판, 유리 대용품
	초산비닐수지	무색 투명하며 접착성이 우수하지만 내열성이 부족하다.	도료, 접착제, 비닐론 원료
	비닐아세틸수지	무색 투명하며 밀착성이 우수하다.	안전유리 중간막, 접착제, 도료
	메틸메타크릴수지	무색 투명하며 내약품성이 매우 우수하다.	방풍유리, 광조장식, 조명기구
	스티롤수지 (폴리스티렌)	무색 투명하며 전기절연성, 내수성, 내약품성이 크다.	창유리, 파이프, 발포보온판, 벽용 타일, 채광용
	폴리아미드수지 (나일론)	강인하고 잘 미끄러지며 내마모성이 크다.	건축물 장식용품
	셀룰로이드	투명하고 가공성은 양호하나 내열성이 없다.	대용 유리

종 류		특 징	주 용 도
열경화성 수지	페놀수지	강도, 전기절연성, 내산성, 내열성, 내수성은 모두 우수하지만 내알칼리성이 약하다.	덕트, 파이프, 벽, 발포보온관, 접착제, 배전판
	요소수지	페놀수지의 성질과 유사하며, 무색으로서, 착색은 자유롭지만 내수성이 좀 약하다.	마감재, 조각재, 가구재, 도료, 접착제
	멜라민수지	요소수지와 비슷하며 경도도 크고 내수성이 약하다.	마감재, 가구재, 전기부품
	알키드수지	접착성이 크고 내후성, 전기적 성능이 우수하다.	도료, 접착제
	불포화 폴리에스테르수지	전기절연성, 내열성, 내약품성이 우수하다.	파이프, 도료, 욕조, 접착제
	실리콘수지	열절연성이 크고 내약품성, 전기적 성능이 우수하다.	방수피막, 발포보온판, 접착제
	에폭시수지	금속과의 접착성이 크고 내약품성, 내열성이 우수하다.	금속도료, 접착제
	우레탄수지	열절연성이 크고 내약품성, 내열성이 우수하다.	보온·보냉재, 접착제, 도료
	규소수지	내열성, 전기절연성, 발수성이 우수하다.	전기부품, 기름발수제
	프란수지	내약품성, 접착성이 우수하다.	금속도료, 금속접착제

근래에 플라스틱이 건설재료로 대량 사용되면서 화재시 연기와 유독가스의 발생이 문제로 대두되었다. 특히 사용량이 많은 염화비닐수지는 난연성이며, 유독가스가 발생한다. 폴리에틸렌·폴리프로필렌은 불에 잘 타므로 이산화탄소와 물로 되기 쉽지만 폴리스티렌은 매연을 대량으로 방출하며 잘 연소하지 않는다.

2.6.1 경질염화비닐관(PVC관)

염화비닐(vinyl chloride)은 1965년경까지는 주로 아세틸렌법에 의하여 제조되어왔으나 현재는 석유화학공업에서 대량으로 값싸게 얻을 수 있는 에틸렌을 원료로 하는 에틸렌법으로 바뀌어가고 있다. 아세틸렌법은 석회석을 주원료로 하는 카바이드와 식염을 주원료로 하는 염소와 수소를 화합시켜서 만들며, 제조공정을 그림 2-9에 나타냈다.

그림 2-9 염화비닐수지의 제조 공정도(아세틸렌법)

염화비닐관은 고분자 중합체인 염화비닐 분말에 열안정제 · 착색제 · 윤활제 등을 첨가하여 약 150~160℃ 정도로 가열하면서 압출성형에 의해 제조한다. 이 관은 금속관에서 볼 수 없는 우수한 성질을 가지고 있으며, 그 특성을 들면 다음과 같다.

① 내식성(내산성, 내알칼리성) · 내약품성 · 내유성이 우수하다.
부식이 없으므로 위생적이며, 염산 · 황산 · 수산화나트륨과 같은 거의 모든 무기산류, 염류, 알칼리, 유류 등에 침식되지 않는다.

② 가볍고 강인하다.
비중이 1.43으로 철의 1/5, 동의 1/6, 알루미늄의 1/2 정도이므로 운반 및 취급이 용이하다. 기계적 성질은 20℃에서 인장강도가 54~57N/mm^2{550~580kgf/cm^2}로서 납의 약 3배, 폴리에틸렌의 2.5배, 철의 1/3 정도이다.

③ 관의 마찰저항이 적다.
관의 내벽이 매끄러우므로 마찰손실계수가 작으며, 또한 녹이나 물때가 생기지 않으므로 오랫동안 사용해도 마찰손실계수는 별로 변하지 않는다.

④ 전기 절연성이 크다.
전기의 불량도체이므로 금속관처럼 전식작용(電蝕作用)이 전혀 없으며, 자기소화성(自己消火性)으로 화재의 위험이 적다.

⑤ 열의 불양도체이다.
열전도율이 0.11~0.14kcal/m · h · ℃로서 철의 약 1/350 정도이다. 따라서 금속관처럼 빨리 동결하지 않는다.

⑥ 배관가공이 용이하다.
관의 구부리기, 절단, 이음, 용접 등 가공작업이 쉽고 숙련이 필요없이 간단하게 작업할 수 있다.

⑦ 다른 종류의 관에 비하여 가격이 저렴하며, 배관의 시공비도 적게 든다.

⑧ 금속관에 비해 차음효과가 크며, 다양한 색상의 제품생산이 가능하다.

이상의 장점 이외에 다음과 같은 결점이 있으므로 선정 및 취급에 주의해야 한다.

① 고온 및 저온에서 강도가 떨어진다.
온도가 상승함에 따라 강도가 떨어지며, 70~80℃부터 연화하기 시작한다. 저온(0℃ 이하)에서도 강도가 극히 떨어지며, 취화온도는 −18℃이다. 일반적으로 사용온도는 5~70℃ 범위이다.

② 충격강도가 작다.
충격에 대하여 매우 약하며, 특히 저온에서 현저하다. 따라서 낮은 온도(5℃ 이하)에서

관을 취급할 때는 충격을 받지 않도록 주의해야 한다.

③ 열팽창률이 크다.

열팽창률이 6~8^{-5}/℃로서 철의 7~8배에 상당하다.

④ 화재시 또는 소각 폐기하는 경우 인체에 유해한 염산가스를 발생한다.

⑤ 장시간 직사광선을 받을 경우 노화가 빠르다.

염화비닐관은 위와 같은 많은 특성을 지니고 있으므로 수도관 · 급수관 · 배수관은 물론 화학공업 배관용 · 농업용 · 가스관 · 온천용 · 염전용 · 전선보호관 등 광범위하게 사용되고 있다. 최근에는 내열성 경질염화비닐관이 개발되어 100℃까지 사용이 가능하여 급탕이나 난방 배관에도 사용되고, 또한 내충격성 염화비닐관의 개발로 상온에서 일반 비닐관에 비해 20~30배의 내충격강도를 가지게 되므로 널리 사용되고 있다.

(1) 수도용 경질염화비닐관

수도용 경질염화비닐관(KS M 3401, VP, HIVP ; unplasticized polyvinyl chloride pipes for water works)은 사용압력 0.75MPa{7.6kgf/cm^2} 이하의 수도배관에 사용하는 관이다. 용도에 따라 경질염화비닐관(VP)과 내충격성 경질염화비닐관(HIVP ; high impact polyvinyl chloride pipes)으로 구분하며, 관의 모양에 따라 표 2-44와 같이 직관, TS관 및 편수칼라관의 3종류가 있다.

특히 내충격성 경질염화비닐관(HIVP)은 일반의 경질염화비닐관이 갖는 특성 이외에 다음과 같은 특성을 더 가지고 있다. HIVP와 VP의 물리적 성질 비교는 표 2-45와 같다.

① 내압 및 외압, 물 충격압, 동파에 대한 강도가 크게 향상되었다. 상온에서 일반염화비닐관의 20~30배, 저온에서도 4~6배의 충격에 견딘다.

② 특수 충격보강재를 사용함으로써 깨지거나 파손이 잘 되지 않는다.

③ 중금속 성분이 없는 무독성으로서 위생적이다.

④ 신축, 진동을 흡수하며, 스러스트(thrust) 방호가 불필요하다.

표 2-44 수도용 경질염화비닐관의 종류(KS M 3401)

용 도 별	기 호	종 류
경질염화비닐관	VP	직관, TS관, 편수칼라관
내충격성 경질염화비닐관	HIVP	직관, TS관, 편수칼라관

표 2-45 HIVP와 VP의 물리적 성질 비교

물리적 성질	단 위	내충격성 경질염화비닐관(HIVP)	경질염화비닐관(VP)
추 낙하 충격강도	0℃에서의 파괴한계의 추낙하 높이(cm)	40～50	10～30
경 도	로크웰(R)	107	120
비 중		1.40	1.43
인장강도	MPa(kgf/cm^2)	46.1～49(470～500)	49～53.9(500～550)
압축강도	MPa(kgf/cm^2)	58.8(600)	64.7(660)
굽힘강도	MPa(kgf/cm^2)	79.4(810)	84.3(860)
신 장 률	%	20～100	50～150
비 열	kcal/kg · ℃	0.25	0.2～0.5
열전도율	kcal/m · ℃ · h	0.11～0.14	0.11～0.14
열팽창률	×10^{-5}/℃	6～8	6～8
전기저항	Ω-cm	>10^{15}	>10^{15}

직관은 호칭지름 13～300mm까지 15종이며, 관의 길이는 4,000mm이고, TS관과 편수칼라관은 호칭지름 50～300mm까지 9종이며, 길이는 6,000mm를 표준으로 한다. 표 2-46, 47, 48, 49에 관의 모양과 치수를 나타냈다. 편수칼라관은 원관을 가공한 것(A형)과, 원관의 가공한 부분에 두께의 보강을 위해 원관 이외의 관으로 보강한 것(B형)의 2종류가 있다.

관의 인장강도는 15℃에서 49N/mm^2{500kgf/cm^2} 이상이고, 상온의 물로 4.0MPa{40.8 kgf/cm^2}의 수압을 가하여 1분간 유지했을 때 이상이 없어야 한다.

표 2-46 수도용 경질염화비닐관 직관의 치수(KS M 3401) (단위 : mm)

호칭 지름	바깥지름(D)			두께(t)		참고 무게(kg/m)	
	기본 치수	최대 · 최소 바깥지름 허용차	평균 바깥지름 허용차	기본 치수	두께 허용차	VP	HIVP
13	18	±0.20	±0.20	2.5	±0.20	0.174	0.170
16	22	±0.20	±0.20	3.0	±0.30	0.256	0.251
20	26	±0.25	±0.20	3.0	±0.30	0.310	0.303
25	32	±0.30	±0.20	3.5	±0.30	0.448	0.439
30	38	±0.35	±0.20	3.5	±0.30	0.542	0.531
40	48	±0.40	±0.20	4.0	±0.30	0.791	0.774
50	60	±0.50	±0.20	4.5	±0.40	1.122	1.098
65	76	±0.50	±0.20	5.2	±0.40	1.653	1.618
75	89	±0.50	±0.20	5.9	±0.40	2.202	2.156
100	114	±0.65	±0.20	7.1	±0.50	3.409	3.338
125	140	±0.80	±0.30	8.3	±0.60	4.908	4.805
150	165	±1.00	±0.30	9.6	±0.60	6.701	6.561
200	216	±1.30	±0.70	1.1	±0.80	10.213	9.998
250	267	±1.60	±0.90	13.4	±0.80	15.260	14.939
300	318	±1.90	±1.00	16.1	±1.10	21.825	21.367

표 2-47 수도용 경질염화비닐관 TS관의 치수(KS M 3401)

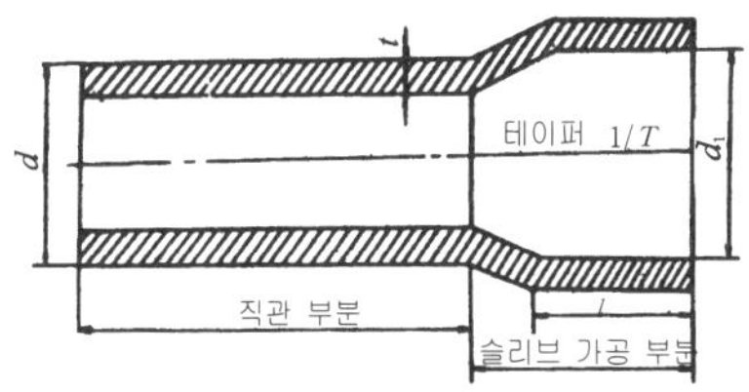

(단위 : mm)

호칭 지름	d_1	d_1의 허용차	$1/T$	l	t	참고 무게 (kg/m)
50	60.80	±0.30	1/37	63	4.5	6.808
65	76.80	±0.30	1/41	69	5.2	9.938
75	89.80	±0.30	1/43	72	5.9	13.388
100	115.00	±0.35	1/44	92	7.1	20.802
125	141.20	±0.40	1/45	112	8.3	29.531
150	166.50	±0.50	1/46	140	9.6	41.245
200	218.30	±0.50	1/50	200	11.1	63.535
250	269.80	±0.60	1/50	250	13.4	95.757
300	321.30	±0.60	1/50	300	16.1	137.979

표 2-48 수도용 경질염화비닐관 편수칼라관(A형)의 치수(KS M 3401)

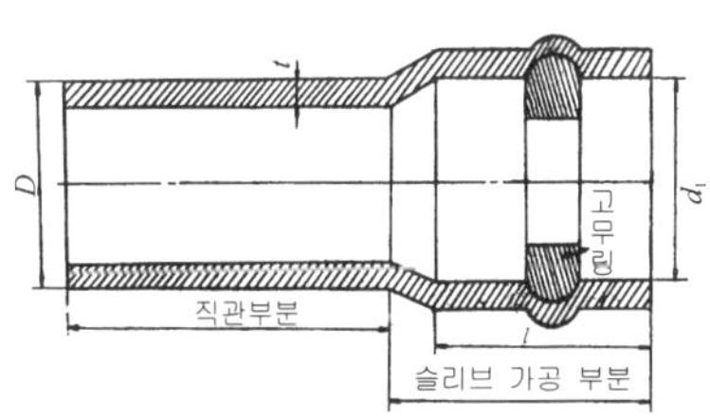

(단위 : mm)

호칭 지름	d_1	d_1의 허용차	l	t	참고 무게(kg/본)
50	61.3	±0.50	90	4.5	6.930
65	77.3	±0.50	95	5.2	10.226
75	90.3	±0.50	95	5.9	13.632
100	115.6	±0.65	115	7.1	21.227
125	142.0	±0.80	130	8.3	30.684
150	167.3	±1.00	135	9.6	41.948
200	219.5	±1.20	155	11.1	64.228
250	271.1	±1.40	180	13.4	96.533
300	322.7	±1.60	210	16.1	138.322

표 2-49 수도용 경질염화비닐관 편수칼라관(B형)의 치수(KS M 3401)

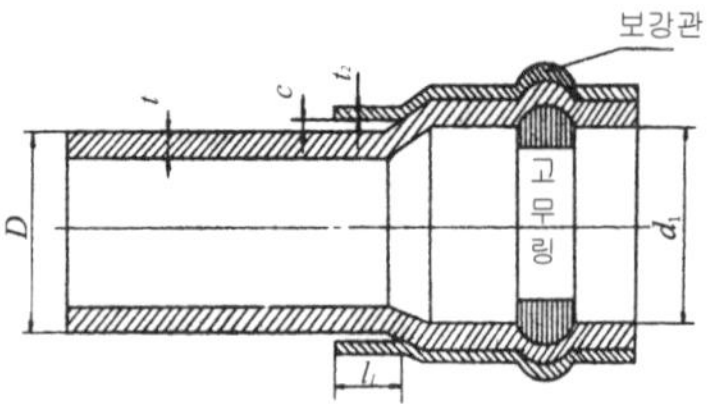

(단위 : mm)

호칭 지름	t_2	l_1	C	참고 무게(kg/본)
50	2.5 이상	10	0.5 이하	7.008
65	3.0 이상	10	0.5 이하	10.458
75	3.0 이상	10	0.5 이하	13.977
100	4.0 이상	15	0.7 이하	21.780
125	5.0 이상	15	0.9 이하	31.338
150	6.0 이상	15	1.0 이하	43.326
200	8.0 이상	20	1.8 이하	66.518
250	9.0 이상	20	2.2 이하	100.224
300	11.0 이상	20	2.6 이하	144.964

(2) 일반용 경질염화비닐관

일반용 경질염화비닐관(KS M 3404, VG ; unplasticized polyvinyl chloride pipes for general service)은 일반의 유체를 수송하는 관으로, 호칭지름과 두께에 따라 일반관(VG_1)과 얇은관(VG_2)의 2종류가 있다.

관의 길이는 4,000mm를 표준으로 하며, 인장강도는 20℃에서 47N/mm^2{480kgf/cm^2} 이상이다. 표 2-50에 관의 치수를 나타냈다.

수압시험은 상온의 물로 VG_1은 2.5MPa{25.5kgf/cm^2}, VG_2는 1.5MPa{15.3kgf/cm^2}의 수압을 가하여 1분간 유지했을 때 이상이 없어야 한다. 관을 상온에서의 압력수송관로에 사용하는 경우 사용압력은 원칙으로 VG_1은 1.0MPa{10.2kgf/cm^2}, VG_2는 0.6MPa{6.1kgf/cm^2}로 한다.

관의 끝 부분을 슬리브로 가공하는 경우, 압력 및 무압력 수송용의 고무링형(편수칼라관) 또는 접착형(TS형)으로 한다.

표 2-50 일반용 경질염화비닐관의 치수(KS M 3404) (단위 : mm)

구분 / 호칭	일 반 관(VG_1)							얇 은 관(VG_2)					
	바깥지름			두 께		근사 안지름 (참고)	무게 (kg/m) (참고)	바깥지름		두 께		근사 안지름 (참고)	무게 (kg/m) (참고)
	기본 치수	최대 최소 바깥 지름 허용차	평균 바깥 지름 허용차	최소 지수	허용 범위			기본 치수	평균 바깥 지름 허용차	최소 지수	허용 범위		
10	15	±0.2	±0.2	2.2	±0.6	10	0.140	-	-	-	-	-	-
13	18	±0.2	±0.2	2.2	±0.6	13	0.174	-	-	-	-	-	-
16	22	±0.2	±0.2	2.7	±0.6	16	0.256	-	-	-	-	-	-
20	26	±0.2	±0.2	2.7	±0.6	20	0.310	-	-	-	-	-	-
25	32	±0.2	±0.2	3.1	±0.8	25	0.448	-	-	-	-	-	-
30	38	±0.3	±0.2	3.1	±0.8	31	0.542	-	-	-	-	-	-
35	42	±0.3	±0.2	3.1	±0.8	35	0.605	42	±0.2	1.8	+0.4	38	0.359
40	48	±0.3	±0.2	3.6	±0.8	40	0.791	48	±0.2	1.8	+0.4	44	0.413
50	60	±0.4	±0.2	4.1	±0.8	51	1.122	60	±0.2	1.8	+0.4	56	0.521
65	76	±0.5	±0.3	4.1	±0.8	67	1.445	76	±0.3	2.2	+0.6	71	0.825
75	89	±0.5	±0.3	5.5	±0.8	77	2.202	89	±0.3	2.7	+0.6	83	1.159
100	114	±0.6	±0.4	6.6	±1.0	100	3.409	114	±0.4	3.1	+0.8	107	1.737
125	140	±0.8	±0.5	7.0	±1.0	125	4.464	140	±0.5	4.1	+0.8	131	2.739
150	165	±1.0	±0.5	8.9	±1.4	146	6.701	165	±0.5	5.1	+0.8	154	3.941
200	216	±1.3	±0.7	10.3	±1.4	194	10.129	216	±0.7	6.5	+1.0	202	6.572
250	267	±1.6	±0.9	12.7	±1.8	240	15.481	267	±0.9	7.8	+1.2	250	9.758
300	318	±1.9	±1.0	15.1	±2.2	286	21.962	318	±1.0	9.2	+1.4	298	13.701
350	-	-	-	-	-	-	-	355	±1.2	9.5	+1.4	335	15.491
400	-	-	-	-	-	-	-	400	±1.4	9.8	+1.4	379	18.364
450	-	-	-	-	-	-	-	450	±1.5	11.0	+1.5	427	22.643
500	-	-	-	-	-	-	-	500	±1.7	12.2	+1.7	474	28.427
550	-	-	-	-	-	-	-	560	±1.9	13.7	+1.9	531	35.516
600	-	-	-	-	-	-	-	630	±3.2	15.4	+2.4	597	45.453
700	-	-	-	-	-	-	-	710	±3.5	17.4	+2.7	673	57.442
800	-	-	-	-	-	-	-	800	±4.0	19.6	+3.1	758	73.455
900	-	-	-	-	-	-	-	900	±4.5	22.0	+3.5	853	92.488
1,000	-	-	-	-	-	-	-	1,000	±5.0	24.4	+3.9	947	115.837

(3) 내열성 경질염화비닐관

내열성 경질염화비닐관(KS M 3414, CPVC pipe ; chlorinated polyvinyl chloride pipes for hot and cold water supply)은 사용온도 90℃ 이하의 물배관에 사용하는 관으로, 호칭지름 13~50mm까지 7종이 있으며, 관의 길이는 4,000mm를 원칙으로 한다.

CPVC(염소화 염화비닐수지)는 기존 PVC의 최대 약점인 내열성, 내후성, 내식성을 향상시킨 제품으로 내열용 관, 이음관, 밸브, 판, 시트, 가정용 내장재, 전기부품 등으로 사용된다. PVC에 비하여 연화점이 50~60℃ 정도 높기 때문에 열적 특성이 우수하다. 관의 사용온도에 따른 최고사용압력은 표 2-51과 같으며, 표 2-52에 관의 치수를 나타냈다.

관의 인장강도는 15℃에서 50N/mm^2{510kgf/cm^2} 이상이고, 상온의 물로 4.0MPa {40.8kgf/cm^2}의 수압을 가하여 1분간 유지했을 때 이상이 없어야 한다.

표 2-51 사용온도와 최고 사용압력(KS M 3414)

사용온도(℃)	5~40	41~60	61~70	71~90
최고사용압력 MPa(kgf/cm^2)	1.0(10.2)	0.6(6.1)	0.4(4.1)	0.2(2.0)

표 2-52 내열성 경질 염화비닐관의 치수(KS M 3414) (단위 : mm)

호칭 지름	바깥지름(*D*)			두 께(*t*)		참고 무게 (kg/m)
	기준 치수	최대·최소 바깥지름 허용차	평균 바깥지름 허용차	기준 치수	두께 허용차	
13	18.0	±0.20	±0.20	2.5	±0.20	0.185
16	22.0	±0.20	±0.20	3.0	±0.30	0.272
20	26.0	±0.25	±0.20	3.0	±0.30	0.329
25	32.0	±0.30	±0.20	3.5	±0.30	0.476
30	38.0	±0.35	±0.20	3.5	±0.30	0.577
40	48.0	±0.40	±0.20	4.0	±0.30	0.840
50	60.0	±0.50	±0.20	4.5	±0.40	1.193

(4) 발포 중심 PVC관

발포 중심층을 갖는 공압출 염화비닐관(KS M 3413, coextruded poly vinyl chloride (PVC) plastic pipe with a cellular core)은 3중벽 구조로 된 PVC관으로서 보통 **발포관**이라고 부른다. 내부에 발포층을 형성시켰기 때문에 일반 PVC관에 비하여 가볍고, 압력 및 충격에 대한 저항성이 뛰어난 관이다. 특히 소음 흡수성과 단열효과가 우수한 관으로서, 건물의 배수·통기 및 하수관, 빗물배수관, 전화케이블 보호관 등으로 사용된다.

관은 염화비닐 중합체를 주원료로 하여 다층 공압출(multilayer coextrusion) 성형기로 제조한다. 그리고 경질염화비닐 이음관과 함께 사용하기 위하여 바깥지름을 KS M 3404(일반 경질염화비닐관)와 같게 한다.

관의 종류는 용도에 따라 표 2-53과 같이 일반관(FG_1), 얇은관(FG_2), 통신 보호관(FC)의 3 종류가 있다. 표 2-54에 FG_1과 FG_2의 치수를 나타냈다.

표 2-53 발포 중심 염화비닐관의 종류(KS M 3413)

종 류	비 고
FG_1관(일반관)	집수, 배수, 하수 및 통기용 일반관
FG_2관(얇은관)	집수, 배수, 하수 및 통기용 얇은관
FC관(통신 보호관)	지하매설 통신 보호관

표 2-54 발포중심 염화비닐관의 치수(KS M 3413) (단위 : mm)

구분 / 호칭	바깥지름			일 반 관(FG_1)				얇 은 관(FG_2)			
	기본 치수	최대·최소 허용차	평균 허용차	두께 최소 치수	두께 허용 범위	근사 안지름 (참고)	참고 무게 (g/m)	두께 최소 치수	두께 허용 범위	근사 안지름 (참고)	참고 무게 (g/m)
35	42	±0.3	±0.2	3.1	+0.8	35	470	1.9	+0.4	38	280
40	48	±0.3	±0.2	3.6	+0.8	40	600	1.9	+0.4	44	320
50	60	±0.4	±0.2	4.1	+0.8	51	840	1.9	+0.4	56	410
65	76	±0.5	±0.3	4.1	+0.8	67	1090	2.4	+0.6	71	640
75	89	±0.5	±0.3	5.5	+1.0	77	1640	2.9	+0.6	83	890
100	114	±0.6	±0.4	6.6	+1.0	100	2420	3.4	+0.8	106	1,500
125	140	±0.8	±0.5	7.0	+1.0	125	3180	4.6	+0.8	130	2,250
150	165	±1.0	±0.6	8.9	+1.4	146	4570	5.9	+0.8	152	3,360
200	216	±1.3	±0.8	10.3	+1.4	194	6800	7.5	+1.0	200	5,280
250	267	±1.6	±1.0					9.0	+1.2	248	7,560
300	318	±1.9	±1.1					10.6	+1.4	295	10,570
350	355	±2.2	±1.2					11.0	+1.4	332	11,760
400	400	±2.5	±1.4					11.3	+1.4	376	13,780

(5) 새마을 간이 상수도용 경질염화비닐관

정수두 20m 이하의 새마을 간이 상수도에 사용하는 경질염화비닐관(KS M 3403)으로서, 수도용과 마찬가지로 직관, TS관, 편수칼라관의 3종류가 제조되며, 0.98MPa{10.0kgf/cm^2}의 수압시험을 실시한다. 직관은 호칭지름 13~100mm까지 9종이 있으며, TS관과 편수칼라관은 50~100mm까지 3종류가 있다.

(6) 기타 경질염화비닐관

산업규격 이외에 각 제조회사의 규격에 따라 제조되어 많이 사용되고 있는 경질염화비닐관은 다음과 같다. 배수용으로 사용하는 PVC관의 경우는 최근에 아파트의 배수 소음문제가 대두되면서 소음을 줄이기 위한 공법이나 배관자재가 계속 개발되고 있다. 관의 명칭은 제조회사에서 사용하는 명칭을 그대로 표기하였다.

1) 이중관(PVC 이중관)

관의 벽이 2중구조로 되어 있으므로 층 사이에 공간이 있어서 공기층을 형성시킨 관이다. 배수관으로 사용하는 경우 물 흐르는 소리가 차단되는 방음효과가 있으며, 동절기 결로현상 방지에도 효과적이다. 건물의 배수 수직관이나 수평지관에 주로 사용되며, 저소음관으로 불리기도 한다. 또한 일반 PVC관보다 외부압력에 대한 저항강도가 커서 오래 사용할 수 있고 단열효과도 우수하다.

표 2-55 PVC 이중관의 치수 (단위 : mm)

호칭지름	바깥지름 (D_1)	두께			공간층 (S)	근사내경 (d_2)	무게 N/m(kg/m)
		외측(t_1)	내측(t_2)	t_1+t_2			
35	42±2	1.5 이상	1.5 이상	3.3 이상	2.0±0.2 이상	30 이상	5.4(0.55) 이상
40	48±2	1.5 이상	1.5 이상	3.3 이상	2.0±0.2 이상	36 이상	7.35(0.75) 이상
50	60±2	1.5 이상	1.5 이상	3.3 이상	2.0±0.2 이상	47 이상	8.57(0.875) 이상
75	89±3	1.8 이상	1.5 이상	3.5 이상	2.0±0.2 이상	75 이상	13.72(1.40) 이상
100	114±4	1.8 이상	1.5 이상	4.0 이상	2.0±0.2 이상	99 이상	19.6(2.0) 이상

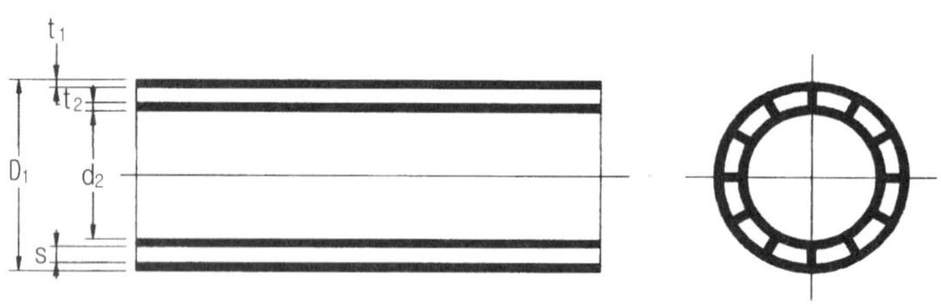

2) 나선관(스핀관)

나선관(spin pipe)은 건축물의 배수 수직관에 사용하는 관으로서, 관 내면에 그림 2-10과 같이 스크루 모양의 삼각 안내 돌기를 여러 줄(6라인) 형성시켜서 배수가 이 돌기부를 따라 연속 회전하면서 배수되도록 하였다. 수직관 내의 중심통기를 보장하고, 관내 기압을 안정시키도록 한 관이다. 나선형 관으로도 불리며, 호칭지름 75mm, 100mm가 제조된다.

그림 2-10 나선관의 모양

3) 이중 나선관(new spin pipe)

이중관과 나선관이 갖는 각각의 특성을 결합한 관으로 배수 수직관에 사용한다. 즉 이중관의 특징인 관 둘레의 층 사이에 벌집모양의 공기관을 형성시켜 배수시 관내에서 발생하는 소음을 흡수하고, 관 내외의 온도차로 인한 결로현상이 나타나지 않도록 하였다. 또한 나선관의 특징인 배수관 내의 중심통기 보장과 기압안정으로 배수의 흡인 또는 토출작용이 일어나지 않도록 한 관이다.

4) 3중벽 구조(HI-3P) 내충격 수도관

HI-3P 내충격 수도관은 경질염화비닐관(VP)의 물리 · 화학적 성질을 강화시킨 고밀도경질 중심층과 그 내외층에 내충격 경질층을 갖는 3중벽 구조이다. 관 중심층과 표면층 사이에서 충격에너지를 감소시켜 외부압력에 대한 충격강도가 크며, 높은 인장강도를 유지한다. TS관과 편수칼라관이 있으며, 호칭지름 16~400mm가 제조된다. 관의 바깥지름과 관두께는 경질염화비닐관과 동일하다.

5) 스케줄(schedule) PVC, CPVC관

미국 ASTM 규정에 의하여 생산되는 제품으로 일반규격의 PVC, CPVC관보다 내충격성 · 내열성 · 내압성이 우수하다. 음용수 · 식료품 배관 등 위생배관, 화학배관, 상하수도관, 배수관 · 폐수관 등 각종 산업용 배관으로 사용된다. 스케줄번호는 CPVC 스케줄관은 40번과 80번이, PVC 스케줄관은 40, 80, 120번이 규정되어 있다. 표 2-56에 CPVC 스케줄관의 치수를 나타냈다.

표 2-56 CPVC 스케줄관의 치수

호칭지름 (B)	CPVC 스케줄관									
	바깥지름 (mm)		안지름 (mm)		최소두께 (mm)		규정무게 (lb/ft)		최대사용압력 (kgf/cm²)	
	40	80	40	80	40	80	40	80	40	80
3/8	17.1		12.3	10.3	2.3	3.2	.122	.154	43.60	64.70
1/2	21.3		15.4	13.4	2.8	3.7	.180	.225	42.20	59.77
3/4	26.7		20.6	18.4	2.9	3.9	.239	.305	33.76	48.52
1	33.4		26.2	23.7	3.4	4.5	.352	.449	31.65	44.30
1¼	42.2		34.6	31.9	3.6	4.9	.475	.618	26.02	36.57
1½	48.3		40.4	37.5	3.7	5.1	.568	.751	23.21	33.05
2	60.3		52.0	48.6	3.9	5.5	.761	1.040	19.69	28.13
2½	73.0		62.1	58.1	5.2	7.0	1.201	1.582	21.10	29.54
3	88.9		77.3	72.7	5.5	7.8	1.572	2.124	18.28	26.02
3½	101.6		89.4	84.5	5.7	8.1	1.905	2.607	16.88	24.61
4	114.3		101.5	96.2	6.0	8.6	2.239	3.105	15.47	22.50
6	168.3		153.2	145.0	7.1	11.0	3.945	5.929	12.66	19.69
8	219.1		201.8	192.1	8.2	12.7	5.958	9.051	11.25	17.58
10	273.1		253.4	241.1	9.2	15.1	8.458	13.429	9.85	16.17
12	323.9		302.0	286.9	10.3	17.4	11.172	18.458	9.14	16.17
14	356.6		332.0	315.2	11.1	19.1	13.262	22.224	9.14	15.47
16	406.4		379.5	361.0	12.7	21.4	17.312	28.557	9.14	15.47

2.6.2 폴리에틸렌관(PE관)

폴리에틸렌관(polyethylene pipe)은 석유정제과정에서 나오는 에틸렌을 주원료로 하여 중합체로 만든 다음 여기에 안정제를 첨가하여 성형 압출방법으로 제조한다. 중합방법에 의한 밀도차에 따라 저밀도 폴리에틸렌관(연질 폴리에틸렌관)과 고밀도 폴리에틸렌관(경질 폴리에틸렌관)이 있다.

이 관은 염화비닐관이 갖는 특성을 가지고 있으면서도 화학적 · 물리적 성질이 PVC관보다 더 우수하다. 용도에 따라 일반용 · 수도용 · 가스용 · 하수도용 폴리에틸렌관이 있으며, 그 특징을 비교하면 다음과 같다.

① 비중이 0.9～0.93(연질관)과 0.94～0.96(경질관)으로서, PVC관의 2/3 정도로 가볍다. 또한 유연성이 있으므로 지름이 작은 관은 길이 120m까지 제조되어 있어서 코일모양으로 감았기 때문에 운반 · 취급이 용이하고, 장거리배관에서 이음부위가 많지 않아도 된다.

② 충격에 강하고 내한성(耐寒性)이 우수하다. 연질, 경질관 모두 −60℃에서도 취화(脆化)하지 않고 유연하므로 한랭지 배관에서 관 속의 물이 얼어도 관이 파손되지 않고, 유연성이 있다.

③ 내열성과 보온성이 PVC관보다 우수하다. 90℃ 정도에서 연화하기 시작하며, 200℃에서 융해한다. 열전도율은 $6 \sim 8 \times 10^{-4}$cal/cm · sec · ℃로서 철의 1/150, 납의 1/100, 염화비닐의 1/2 정도이다. 상용온도는 80℃ 이하이다.

④ 내약품성 · 위생성이 우수하다. 염화비닐관과 마찬가지로 거의 모든 산 · 알칼리에 침식되지 않는 우수한 특성을 갖는다.

⑤ 전기의 절연성이 커서 전식작용을 일으키지 않는다.

⑥ 인장강도와 그림 2-11과 같이 온도의 상승에 따라 현저하게 저하한다.

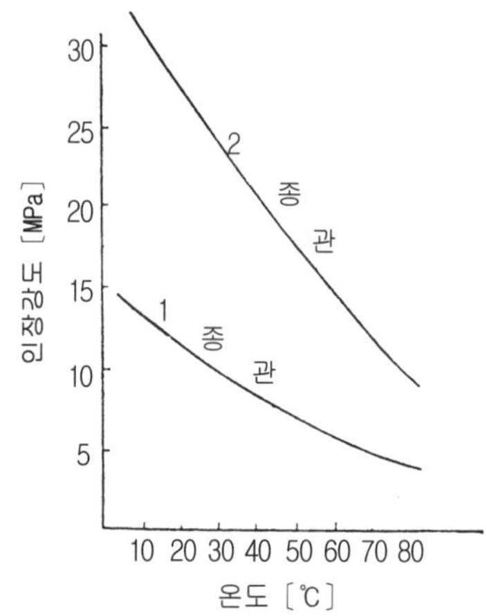

그림 2-11 폴리에틸렌의 인장강도

인장강도에서의 관의 파괴수압 P MPa{kgf/cm²}은 다음 식으로 계산된다.

$$P = \frac{2t\sigma}{D-t} \tag{2.4}$$

여기서, σ : 인장강도 MPa{kgf/cm²}

D : 관의 바깥지름(cm)

t : 관의 두께(cm)

【예제 2-2】 온도 50℃에서 호칭지름 65mm의 일반용 폴리에틸렌관(1종관)의 파괴수압은 얼마인가?

풀이　그림 2-11에서 인장강도 $\sigma=6.5$MPa, 표 2-60에서 $D=7.6$cm, $t=0.5$cm이므로

$$P=\frac{2t\sigma}{D-t}=\frac{2\times6.5\times0.5}{7.6-0.5}\fallingdotseq 0.9\text{MPa}$$

(1) 수도용 폴리에틸렌관

수도용 폴리에틸렌관(KS M 3408, polyethylene pipes for water works)은 사용압력 0.75MPa{7.6kgf/cm^2} 이하의 수도배관에 사용하는 관으로서, 표 2-57과 같이 1종과 2종이 있으며, 구조에 따라 단층관과 2층관으로 나누어진다. 단층관은 관 전체가 카본블랙을 배합한 폴리에틸렌으로 구성어 있으며, 2층관은 관의 바깥쪽은 카본블랙을 배합한 폴리에틸렌층, 안쪽은 카본블랙을 배합하지 않은 폴리에틸렌층으로 구성되어 있는 관이다. 관의 색은 단층관은 흑색, 2층관은 그림 2-12와 같이 바깥층은 흑색, 안층은 폴리에틸렌 원색으로 한다.

표 2-57　수도용 폴리에틸렌관의 종류(KS M 3408)

종류		사용재료	구 조	기 호
1종	단층관	저밀도 또는 중밀도 폴리에틸렌	단층	①S
	2층관		2층	①W
2종	단층관	고밀도 폴리에틸렌	단층	②S
	2층관		2층	②W

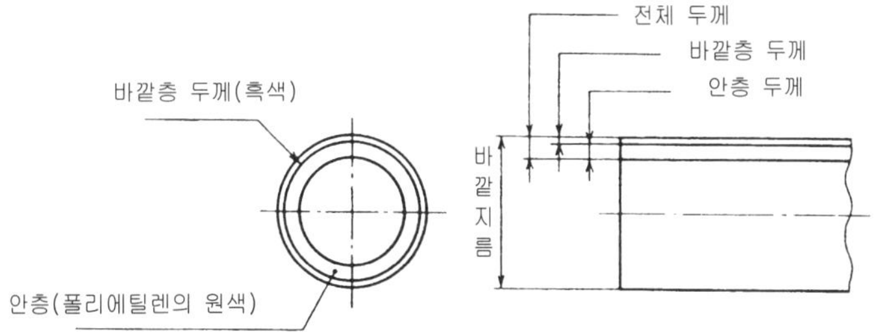

그림 2-12　2층관의 구조와 색(KS M 3408)

관의 인장강도는 1종은 9.8N/mm^2{100kgf/cm^2} 이상, 2종은 19.6N/mm^2{200kgf/cm^2} 이상이고, 상온의 물로 2.5MPa{25.5kgf/cm^2}의 수압을 가하여 1분간 유지했을 때 이상이 없어

야 한다. 호칭지름 16～300mm까지 제조되며, 표 2-58에 관의 치수를 나타냈다.

표 2-58 수도용 폴리에틸렌관의 치수(KS M 3408) (단위 : mm)

호칭 지름	바깥지름		1종(단층관 및 2층관)				2종(단층관 및 2층관)				길이(m) 기준치수
			전체 두께		바깥층 두께		전체 두께		바깥층 두께		
	최 소	최 대	최 소	최 대	최 소	최 대	최 소	최 대	최 소	최 대	
12	21.5	22.0	3.2	3.8	1.2	1.8	2.5	3.0	0.8	1.2	120
20	27.0	27.6	3.7	4.3			3.0	3.5			120
25	34.0	34.7	4.7	5.3			3.5	4.1			90
30	42.0	42.8	5.2	6.0	1.6	2.4	4.0	4.7	1.2	1.8	90
40	48.0	48.9	6.1	6.9			4.5	5.2			60
50	60.0	61.1	7.5	8.5			5.5	6.3			40
65	76.0	77.3	9.8	11.2			6.6	7.5			6
75	89.0	90.5	11.1	12.8	2.2	3.0	8.1	9.2	1.4	2.0	6
100	114.0	115.9	13.9	16.0			10.4	11.7			6
125	140,0	142.3	17.2	19.8			12.7	14.2			6
150	165.0	167.6	20.4	23.5			15.3	17.0			6
200	216,0	218.8	27.0	31.0	2.8	4.0	-	-	-	-	6
250	267.0	270.1	33.0	38.0							6
300	318.0	321.3	39.5	45.4							6

(2) 일반용 폴리에틸렌관

일반용 폴리에틸렌관(KS M 3407, polyethylene pipes for general purpose)은 일반용 배관에 사용하는 관으로서, 비교적 유연성이 있는 1종과 견고성을 가진 2종이 있다. 관의 제조는 폴리에틸렌 또는 에틸렌을 주체로 한 공중합체를 주원료로 하여 압출가공한다.

인장강도와 수압시험 압력을 표 2-59에, 관의 치수를 표 2-60에 나타냈다.

표 2-59 관의 인장강도와 수압시험

인장시험	인 장 강 도 $N/mm^2(kgf/cm^2)$	1종	2종
		9.3(95) 이상	19.6(200) 이상
수압시험	호칭지름 20mm 이하 $MPa(kgf/cm^2)$	1.9(19)	2.9(30)
	호칭지름 25～30mm $MPa(kgf/cm^2)$	1.4(14)	2.2(22)
	호칭지름 40～75mm $MPa(kgf/cm^2)$	1.0(10)	1.6(16)
	호칭지름 100～15mm $MPa(kgf/cm^2)$	0.64(6.5)	1.3(13)
	호칭지름 200mm 이상 $MPa(kgf/cm^2)$	0.44(4.5)	1.0(10)

표 2-60 일반용 폴리에틸렌관의 치수(KS M3407)

호칭지름 (A)	바깥지름 (mm)	1종관(비교적 유연한 재질) 두 께 (mm)	1종관 근사 안지름 (mm)	1종관 무 게 (kg/m)	2종관(비교적 견고한 재질) 두 께 (mm)	2종관 근사 안지름 (mm)	2종관 무 게 (kg/m)	길 이 (m)	관의 지름 (cm)
10	17.0	2.0	13.0	0.087	2.0	13.0	0.090	4, 120	60 이상
13	21.5	2.7	16.1	0.146	2.4	16.7	0.138	4. 120	60 이상
20	27.0	3.0	21.0	0.207	2.4	22.2	0.177	4, 120	100 이상
25	34.0	3.0	28.0	0.269	2.6	28.8	0.245	4, 90	100 이상
30	42.0	3.5	35.0	0.389	2.8	36.4	0.329	4, 90	150 이상
40	48.0	3.5	41.0	0.450	3.0	42.0	0.405	4, 90	150 이상
50	60.0	4.0	52.0	0.656	3.5	53.0	0.593	4, 60	150 이상
65	76.0	5.0	66.0	1.028	4.0	68.0	0.864	4, 40	200 이상
75	89.0	5.5	78.0	1.325	5.0	79.0	1.26	4, 30	200 이상
100	114	6.0	102	1.859	5.5	103	1.79	4	-
125	140	6.5	127	2.502	6.5	127	2.60	4	-
150	165	7.0	151	3.195	7.0	151	3.32	4	-
200	216	8.0	200	4.807	8.0	200	4.99	4	-
250	267	9.0	249	6.706	9.0	249	6.97	4	-
300	318	10.0	298	8.892	10.0	298	8.24	4	-

(3) 가스용 폴리에틸렌관

가스용 폴리에틸렌관(KS M 3514, polyethylene pipes for the supply of gaseous fuels)은 도시가스 및 액화 석유가스 수송에 사용되는 관으로서, 관 재료의 멜트플로레이트에 따라 A종, B종, C종이 있으며, 관의 치수에 따라 1호, 1호R, 1호U, 2호, 3호의 5종류로 분류된다. 관의 색은 노란색으로 하며, 1호관의 두께가 가장 두껍다.

(4) 가교화 폴리에틸렌관

가교화 폴리에틸렌관(KS M 3357, cross-linked polyethylene pipe)은 상품명인 **엑셀 파이프**(X-L pipe)로 널리 알려져 있다. 고밀도 폴리에틸렌을 특수반응 성형 장치에 의해 분자구조를 선상고분자구조에서 3차원의 망상 가교분자물질로 변화시킨 관이다. 내열성 · 내약품성 · 내구성 · 유연성 · 내화성이 우수하고, 사용온도는 -0℃에서 100℃까지 가능하다. 관의 인장강도는 20℃에서 19.6~24.5N/mm^2{200~250kgf/cm^2}, 80℃에서 9.3~10.3N/mm^2{95~105kgf/cm^2}이며 열관류율은 22.3kcal/m · hr · ℃이다.

표 2-61 가교화 폴리에틸렌관(X-L 파이프)의 물성

항 목		물 성	항 목	물 성
비 중		0.94	연화점(℃)	123
항복응력N/mm²(kgf/cm²)	20℃	17.6~21.6 (180~220)	열관류율(kcal/m² · hr · ℃)	22.3
	80℃	7.4~9.3 (75~95)	선팽창계수(10^{-4}/℃)	1.4~2.0
신 율(%)	20℃	440~550	사용온도범위(℃)	0~100℃
	80℃	440~500	가교화도(%)	80 이상

주로 온수난방용 온돌 파이프로 많이 사용되며, 기타 급수 및 냉온수용, 공업용으로도 사용된다. 호칭지름 50mm 이하가 제조되며, 1종과 2종이 있다. 표 2-61에 X-L 파이프의 물성을, 표 2-62에는 치수를 나타냈다.

표 2-62 가교화 폴리에틸렌관(X-L 파이프)의 치수(KS M 3357)

호칭지름 (A)	바깥지름 (mm)	1 종			2 종		
		두 께 (mm)	안지름 (mm)	무 게 (kg/m)	두 께 (mm)	안지름 (mm)	무 게 (kg/m)
6	10	-	-	-	1.8	6.4	0.047
8	12	-	-	-	2.0	8.0	0.064
12	16	2.0	12.0	0.09	2.2	11.6	0.098
15	20	2.0	16.0	0.116	2.8	14.4	0.153
20	25	2.3	20.4	0.169	3.5	18.0	0.238
25	32	2.9	26.2	0.268	4.4	23.2	0.382
30	40	3.7	32.6	0.425	5.5	29.0	0.594
40	50	4.6	40.8	0.659	6.9	36.2	0.926

(5) 대구경 2중벽 구조의 고밀도 폴리에틸렌관

고밀도 폴리에틸렌(HDPE)으로 성형된 2중벽 관(KS M 3500)으로서, 관의 내면은 평활하고 외면은 요철 모양 또는 평활한 모양으로 되어 있다. 주로 안지름이 450~3,000mm인 대구경의 관으로서, 배수로, 하수로 및 농업용수로용 등 저압이면서 자연 기울기에 의한 흐름에 사용된다.

관의 종류는 원 강성계수(ring stiffness constant RSC)의 분류에 따라 RSC 40, RSC 63, RSC 100, RSC 160의 4종류이다.

2.6.3 기타 합성수지관

(1) 폴리부틸렌관

폴리부틸렌관(KS M 3363, polybutylene pipes)은 폴리부텐관(polybutene pipe)이라고도 하며, 간단히 PB파이프로 불리우고 있다. 상품명인 **에이콘 파이프**(acorn pipe)로 널리 알려져 있다. 주로 온도 95℃ 이하의 물을 수송하는 관으로 사용한다. PB파이프의 물성을 표 2-63에, 사용온도와 최고 사용압력을 표 2-64에, 관의 치수를 표 2-65에 나타냈다.

표 2-63 폴리부틸렌관의 물성

항 목	물 성	항 목	물 성
비 중	0.937	연 화 점 (℃)	119
항복강도 $N/mm^2(kgf/cm^2)$	16.7(170)	취 화 온 도 (℃)	-18
인장강도 $N/mm^2(kgf/cm^2)$	33.3(340)	선팽창계수(cm/cm · ℃)	1.3×10^4
신 율 (%)	330	열전도율(kcal/m · hr · ℃)	0.33

표 2-64 폴리부틸렌관이 온도와 압력

온도(℃)	20	30	40	50	60	70	80	90
순간압력$MPa(kgf/cm^2)$	4.4(45)	3.9(40)	3.5(36)	3.1(32)	2.7(28)	2.5(25)	2.1(21)	1.4(14.5)
상용압력$MPa(kgf/cm^2)$	1.6(16.6)	1.5(15.7)	1.4(14.6)	1.3(13.6)	1.2(12.1)	1.0(10.7)	0.8(8.6)	0.6(5.9)

표 2-65 폴리부틸렌관의 치수

국제규격	급수 · 급탕용			난방용		
	바깥지름 및 허용오차(mm)	두께 및 허용오차(mm)	무게(g/m)	바깥지름(mm)	두께(mm)	무게(g/m)
ASTM 3/8″	12.69±0.9	1.60+0.2	54.78	–	–	–
〃 1/2″	15.88±0.1	1.60+0.2	70.43	15.88±0.1	1.45	64
〃 3/4″	22.22±0.1	2.03+0.2	126	22.22±0.1	1.60	104
〃 1″	28.575±0.1	2.60+0.2	200	28.00±0.25	2.00	162
〃 1¼″	34.924±0.1	3.18+0.25	306	34.92±0.2	3.17	–
〃 1½″	41.275±0.1	3.75+0.25	430	–	–	–
〃 2″	53.975±0.1	4.90+0.25	734	–	–	–
JIS 13mm	17.00±0.2	2.00+0.4	94	17.00±0.2	2.10	94
〃 16mm	22.00±0.2	2.40+0.4	122	21.50	2.50	122
BS 20mm	–	–	–	19.00	1.60	88

관의 인장강도는 15.7N/mm²(160kgf/cm²) 이상으로 하고, 상온의 물로 2.45Pa(25kgf/cm²)의 수압을 가하여 2분간 유지했을 때 이상이 없어야 한다. 비중이 0.92로 가볍고, 최고 사용온도는 -20~100℃로 내열 · 내한성이 뛰어나며, 내부식성 · 내충격성이 크다. 급수 · 급탕용의 위생배관, 난방배관, 농업 · 식품 · 화학 분야 등 널리 사용되고 있다. 관은 직관(6m)과 롤관(30~200m)이 제조되고 있다.

(2) 폴리프로필렌 공중합체관

폴리프로필렌관(PP관)은 폴리에틸렌관(PE관)보다 경도가 높고 인장강도가 크다. 또한 습기에 대한 차단성이 우수하며, 높은 결정성 때문에 연화온도가 높아 150℃까지 견딜 수 있다.

폴리프로필렌 공중합체관(KS M 3362, PP-C관 ; polypropylene copolymer pipes)은 프로필렌에 약간의 에틸렌을 함유시킨 폴리프로필렌 공중합체를 주원료로 하여 압출가공에 의해서 제조한 관으로서, 충격강도 및 내압 크리프강도가 우수하고 열융착 이음이 가능하다. PP관에 가공성, 내한성 및 충격강도를 향상시킨 PPR관도 개발되어 사용되고 있다.

PP-C관에는 1종(수도용)과 2종(온수 난방용)이 있으며, 표 2-66에 관의 치수를 나타냈다.

표 2-66 폴리프로필렌 공중합체(PP-C)관의 치수

호칭지름 (A)	바깥지름 (mm)	두 께 (mm)	참고 무게 (kg/m)
6	10	1.8	0.047
8	12	1.8	0.058
12	16	1.8	0.082
15	20	1.9	0.110
20	25	2.3	0.167
25	32	3.0	0.273
30	40	3.7	0.421
40	50	4.6	0.652
50	63	5.8	1.030
65	75	6.9	1.450
75	90	8.2	2.080
100	110	10	3.080

주) 수도용 - 호칭지름 6~100mm
온수 난방용 - 호칭지름 6~40mm

(3) 3중 복합관(메타폴 파이프)

삼중 복합관(알루미늄복합관)은 그림 2-13과 같이 폴리에틸렌층, 알루미늄층, 가교화 폴리에틸렌층의 3중으로 된 복합관으로 PE 사이에 열용해성 접착제가 복합되어 만들어지며, 보통 상품명인 메타폴 파이프(metapol pipe)로 불리우고 있다. 위생성, 유연성, 내약품성 및 강성이 우수하고, 시공이 간편하기 때문에 급수관, 온수온돌용, 냉온수용, 약품수송용으로 최근에 사용이 증가하고 있다.

관의 인장강도는 26.5~39.4N/mm^2{2.7~3.0kgf/mm^2}이고, 열전도율은 0.37kcal/m · hr · ℃로서 호칭지름 16~50mm가 제조되고 있다. 관의 이음방법은 먼저 캡과 링을 관에 삽입한 다음, 이음쇠에 관을 삽입하여 캡을 조이면 된다. 표 2-67에 메타폴 파이프의 치수를 나타냈다.

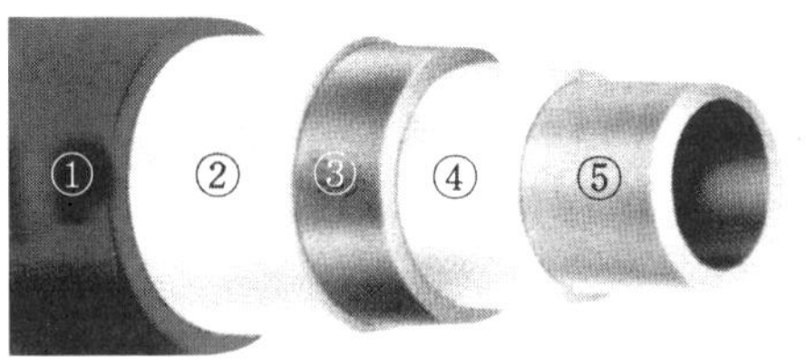

그림 2-13 3중 복합관(메타폴 파이프)의 구조

표 2-67 메타폴 파이프의 치수(제조회사 규격)

호칭지름 (A)	바깥지름 (mm)	안지름 (mm)	두 께(mm)		단위중량 (g/m)	최소곡률 반지름(mm)	파괴압력(kgf/cm^2)	
			전체	알루미늄층			20℃	95℃
16	16	11.5	2.25	0.5	125	80	100	60
20	20	15	2.5	0.55	185	100	90	50
26	26	20	3.0	0.7	300	130	80	45
32	32	26.2	3.2	0.7	390	160	65	40
40	40	32.6	3.9	0.7	550	200	60	35
50	48	40	4.0	0.8	755	-	60	30

(4) F.R.P관

F.R.P(fiberglass reinforced plastics ; 유리섬유강화 플라스틱)란 유리섬유를 주보강제로 하여 열경화성 수지(불포화폴리에스테르)를 합성 가공한 복합재료이다. 가볍고, 강하며, 내식 · 내열 · 내부식성이 우수한 반영구적인 소재로서, 전 산업 분야에서 널리 사용되고 있다.

F.R.P파이프는 불포화폴리에스테르(unsaturated polyester resin), 에폭시(epoxy resin), 비닐에스테르(vinylester resin) 등의 수지를 사용하여 제조하며, 직관과 TS관의 2종류가 있다.

TS관은 직관부의 끝을 테이퍼 가공하여 별도의 가공 없이 바로 이음하도록 되어 있다. 관의 치수를 표 2-68에 나타냈으며, 관의 특징은 다음과 같다.

① 기계적 강도가 크다. 인장강도가 196~294N/mm^2{20~30kgf/cm^2}로 강관의 1/3~1/2 정도이고, 비중이 1.7 ~1.9로서 가볍기 때문에 취급, 운반 등이 용이하다. 또한 플라스틱재료에 비해 충격강도가 매우 크다.

② 내약품성이 우수하다. 산, 알칼리, 염류, 기타 부식성 약품이나 가스류에 강한 내성을 가지고 있다.

③ 사용온도가 -80~90℃로 범위가 넓다.

④ 열전도율이 0.23kcal/m · hr · ℃로 단열성이 우수하고, 열팽창계수는 11.2~18.0×10^{-6}/℃로 플라스틱에 비해 현저히 적다.

표 2-68 F.R.P관의 치수(제조회사 규격)

호칭지름 (A)	안지름 (mm)	내부 압력에 따른 두께(t)		
		0.49MPa (5kgf/cm^2)	0.98MPa (10kgf/cm^2)	1.96MPa (20kgf/cm^2)
25	25	3.0	3.0	3.0
40	40	3.0	3.0	3.0
50	50	3.0	3.0	3.0
65	65	3.0	3.0	3.5
80	80	3.0	3.0	4.0
100	100	3.0	3.0	4.5
125	125	3.0	3.5	5.5
150	150	3.0	4.0	6.0
200	200	3.0	4.5	7.5
250	250	3.5	5.5	9.0
300	300	4.0	6.0	10.5
350	350	4.0	7.0	11.5
400	400	4.5	7.5	12.0
500	500	5.5	9.0	13.0
600	600	6.0	10.5	-
700	700	7.0	12.0	-
800	800	7.5	13.5	-

(5) AS파이프

AS파이프(acoustic sealant pipes)는 폴리프로필렌(PP)을 원료로 하여 여기에 비중이 높은 광물질을 첨가 · 보강한 재료로 제조되며, 소음차단 능력이 우수하여 흡음관으로 불리어지고 있다. 특히 공기진동과 물체진동에서 효과가 뛰어나므로 진동억제에 의한 저소음관으로서 배수배관에 주로 사용되고 있다.

재료의 비중은 1.9이고, 인장강도는 19.6N/mm^2, 선팽창계수는 0.09mm/m · ℃, 내열온도 120℃이다. 관의 바깥지름이 PVC관과 동일하며, 이음관은 고무링 이음관(NRF형)으로 시공이 편리하다. 표 2-69에 AS파이프의 치수를 나타냈다.

표 2-69 AS 파이프의 치수(제조회사 규격)

호칭지름 (A)	바깥지름(mm)		두 께(mm)		참고중량 (kg/m)
	기본치수	허용오차	최소두께	허용오차	
35	42	±0.2	3.0	+0.4	0.78
40	48	±0.2	3.0	+0.4	0.91
50	60	±0.2	4.0	+0.4	1.46
75	89	±0.3	4.5	+0.6	2.55
100	114	±0.4	5.3	+0.8	3.93
125	140	±0.5	6.0	+0.8	5.41
150	165	±0.5	8.0	+0.8	8.21
200	216	±0.7	9.5	+1.0	12.88

2.7 콘크리트관 및 도관

2.7.1 콘크리트관

(1) 원심력 철근콘크리트관(흄관)

원심력 철근콘크리트관(KS F 4403, reinforced spun concrete pipes)은 오스트레일리아(호주)의 W. R. Hume이 원심력 공법을 이용하여 콘크리트관을 제작하게 되었으며, 그의 이름에서 유래하여 흔히 흄관(hume pipe)이라고 부르고 있다. 관의 제조방법은 철제의 형틀(mould) 속에 원통형으로 조립된 철망을 넣고, 회전시키면서 반죽한 콘크리트를 투입시키면 원심력으로 인하여 고르게 다져지면서 치밀한 콘크리트관이 된다. 성형 후에는 증기로 양생(養生)을 실시하여 고르게 경화시킨다.

흄관은 용도에 따라 보통관과 압력관이 있으며, 관끝의 이음부위 모양에 따라 A형(칼라이음), B형(소켓이음), C형(삽입이음), NC의 4종류가 있다. 표 2-70에 흄관의 종류를, 표 2-71, 72에 흄관 A형과 B형의 치수를 나타냈다.

보통관은 관체에 토압이 작용하거나 차량하중 등의 외압만 작용하는 장소에 사용되는 것으로서, 하수도관 · 배수관 등 내압의 작용이 없는 곳에 광범위하게 사용되고 있다. 압력관은 외압은 물론 관내 수압이 작용하는 경우에 사용되는 관으로서 상수도관 · 취수관 · 관개용수관 · 공업용수관 등에 널리 사용되고 있다. 내압 98~980Pa{1~10kgf/cm^2}이 작용하는 곳에 사용한다.

표 2-70 흄관의 종류

종 류		호 칭 지 름(mm)				용 도
		A형	B형	C형	NC형	
보통관	1종	150~1,800	150~1,350	1,500~3,000	1,500~3,000	내압이 작용하지 않은 경우
	2종	150~1,800	150~1,350	1,500~3,000	1,500~3,000	
압력관	2K	150~1,800	150~1,350	-	1,500~3,000	내압이 작용하는 경우
	4K	150~1,800	150~1,350	-	1,500~3,000	
	6K	150~800	150~800	-	-	

표 2-71 흄관 A형의 치수

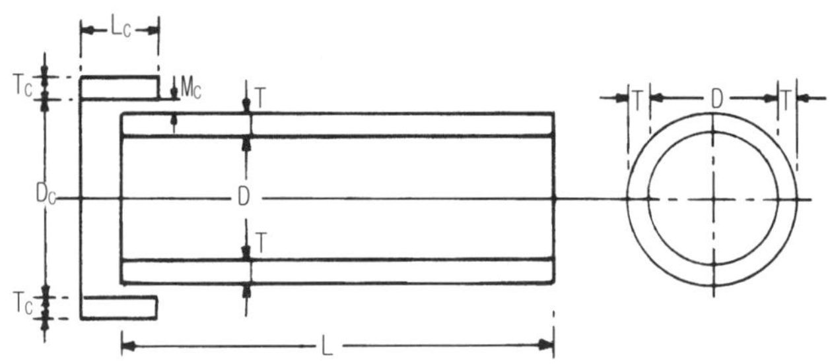

호칭 (mm)	관			칼라				참고 중량(kg)		
	D	T	L	Dc	Tc	Lc	Mc	관	칼라	계
φ150	150	26	2,500	226	28	150	12	90	8	98
φ200	200	27	2,500	278	30	150	12	12	11	131
φ250	250	28	2,500	330	31	150	12	153	13	166
φ300	300	30	2,500	390	33	150	15	194	17	211
φ350	350	32	2,500	444	35	150	15	240	20	260
φ400	400	35	2,500	500	38	150	15	299	24	323
φ450	450	38	2,500	556	42	200	15	364	40	404
φ500	500	42	2,500	614	46	200	15	447	48	495
φ600	600	50	2,500	730	50	200	15	638	62	700
φ700	700	58	2,500	846	58	200	15	863	83	946
φ800	800	66	2,500	962	66	200	15	1,122	108	1,230
φ900	900	75	2,500	1,080	75	200	15	1,435	139	1,574
φ1,000	1,000	82	2,500	1,200	82	250	18	1,741	211	1,952
φ1,100	1,100	88	2,500	1,312	88	250	18	2,052	247	2,299
φ1,200	1,200	95	2,500	1,426	95	250	18	2,414	290	2,704
φ1,350	1,350	103	2,500	1,592	103	250	18	2,937	350	3,287
φ1,500	1,500	112	2,500	1,768	112	250	22	3,543	422	3,965
φ1,650	1,650	120	2,500	1,934	120	250	22	4,168	494	4,662
φ1,800	1,800	127	2,500	2,098	127	250	22	4,803	565	5,368

표 2-72 흄관 B형의 치수

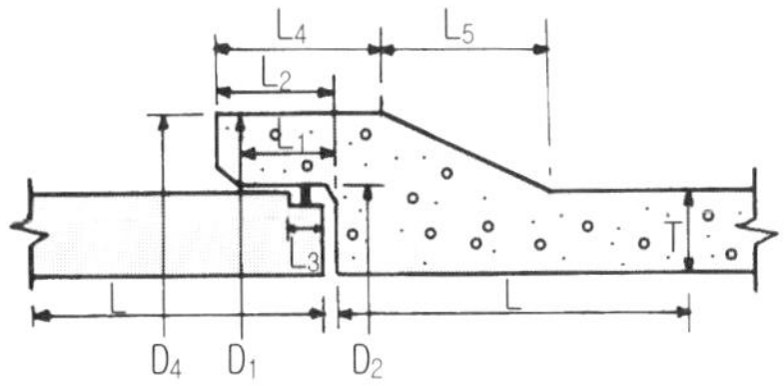

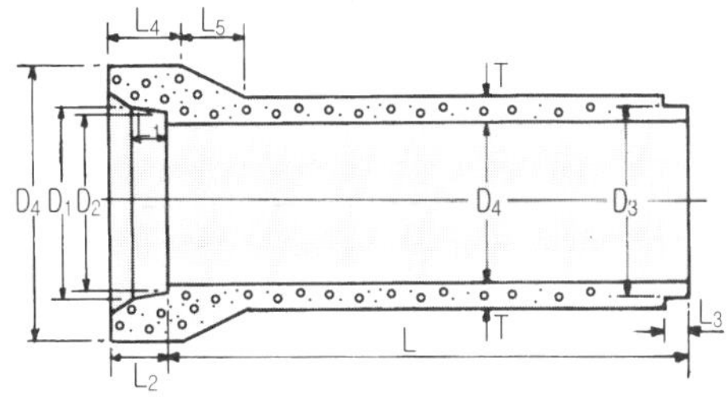

호칭 (mm)	안지름 (D)	D_1	D_2	D_3	D_4	두께	L_1	L_2	L_3	L_4	L_5	유효 길이 (L)	참고 중량 (kg)
ϕ150	150	210	206	194	262	26				115	50		98
ϕ200	200	262	258	246	317	27			32		55		131
ϕ250	250	314	310	298	370	28	65	90			60		171
ϕ300	300	368	364	350	424	30				120			217
ϕ350	350	422	418	404	482	32					65		267
ϕ400	400	478	474	460	544	35			36	125	70		337
ϕ450	450	534	530	516	606	38	70	95			75		409
ϕ500	500	592	588	574	672	42				130	85	2500	502
ϕ600	600	708	704	690	804	50		100		135	100		726
ϕ700	700	824	820	802	936	58		105		140	115		973
ϕ800	800	940	936	918	1,068	66	80	110	40	150	130		1,254
ϕ900	900	1,058	1,054	1,036	1,204	75	85	115		160	150		1,621
ϕ1,000	1,000	1,172	1,168	1,150	1,332	82	96	120		165	165		1,964
ϕ1,100	1,100	1,286	1,282	1,260	1,458	88	100	125		175	175		2,296
ϕ1,200	1,200	1,400	1,396	1,374	1,586	95	104	130	42	185	190		2,663
ϕ1,350	1,350	1,566	1,562	1,540	1,768	103	108	135		195	205		3,309

(2) 무근 및 철근콘크리트관

무근콘크리트관 및 철근콘크리트관(KS F 4401, concrete pipes and reinforced concrete pipes)은 하수도용 또는 관개배수용으로 사용한다.

1) 무근콘크리트관

시멘트, 모래, 자갈로만 만든 관으로서, 하수도용 · 관개배수용으로 사용되고 있으나 강도가 약해서 운송, 시공도중에 파손이 생길 우려가 있다. 따라서 차량하중 등 외압이 작용하는 장소에는 적합하지 않다.

2) 철근콘크리트관

거푸집에 조립철근과 콘크리트를 넣은 후 전동기 또는 이와 동등한 효과를 얻을 수 있는 방법으로 다져서 만든 관으로서, 호칭지름 150~2,000mm가 규격화되어 있다.

(3) 진동 및 전압 철근콘크리트관

진동 및 전압 철근콘크리트관(KS F 4402, vibrated and rolled reinforced concrete pipe)은 주로 오수와 우수용 관거 또는 수로 등에 사용된다.

(4) 코어식 프리스트레스트 콘크리트관

코어식 프리스트레스트 콘크리트관(KS F 4405, PC pipe ; core type prestressed concrete pipes)은 콘크리트로 된 코어 파이프 주위에 PC강선을 인장해줌으로써 원주방향으로 미리 압축응력이 작용하도록 만든 관이다. 따라서 내압이나 외압에 의해 발생되는 인장응력을 소멸시켜 상당히 높은 압력에도 견딜 수 있도록 하였다. 안정성과 통수능력은 양호하지만 고가이므로 외압과 내압이 동시에 많이 걸리는 장소에 주로 사용된다. 관의 종류는 1~5종이 있으며, 제작방식에 따라 원심력방식(500~2,000mm, 유효길이 4.5m)과 축전압방식(500~1,000mm, 유효길이 4.5m)이 있다.

(5) 현장제작 콘크리트관

강도, 크기, 특수형태 등의 이유로 공장제품의 사용이 불가능한 경우 현장에서 직접 제작한 관이다. 구조계산이나 부식방지, 침수성 방지 등에 신중한 검토가 필요하다.

(6) 석면시멘트관

석면시멘트관(KS L 5116, asbestos cement pipes)은 시멘트와 석면을 주원료로 하여 만든 관으로 주로 연통에 사용한다. 내열성에 따라 보통관과 내화관이 있으며, 관지름에 따라 3.5번, 4번, 4.5번, 5번, 6번이 있고, 모양에 따라 직관과 이형관이 있다.

관의 제조는 시멘트와 석면, 기타 원료에 적당량의 물을 넣고 반죽상태로 하여 압축성형한 후 충분히 양생한다. 시멘트와 석면의 배합비율(무게비)에 따라 표 2-73과 같이 구분하며, 직관의 치수를 표 2-74에 나타냈다.

표 2-73 석면시멘트관의 구분 (단위 : %)

내열성에 따른 구분	시 멘 트	석 면
보 통 관	86	14
내 화 관	80	20

표 2-74 석면시멘트관 직관(보통관, 내화관)의 치수

관지름에 의한 종류	바깥지름의 표준(cm)	안지름의 표준(cm)	관두께 (mm)	관길이 (m)
3.5번	10.2	9.0	6.0	1.82
4번	11.3	10.0	6.5	1.82
4.5번	12.9	11.5	7.0	1.82
5번	14.1	12.5	8.0	1.82
6번	16.9	15	9.5	1.82

2.7.2 도 관

도관(KS L 3208, vitrified clay pipes)은 점토를 주원료로 하여 잘 반죽한 재료를 제관기(製管機)로 성형하고, 내외면을 다듬질한 후 소켓과 삽입구에 줄자국을 낸다. 성형 후 약 1주일간 자연건조시켜서 반쯤 건조되었을 때 내외면에 유약(잿물)을 고르게 바른 다음, 가마에 넣고 구워서 만든다. 구울 때 아궁이에 소금을 넣으면 표면에 유리막이 형성되어 매끄럽고, 흡수성이 적은 관이 된다.

도관은 내산 및 내알칼리성이 우수하고, 내마모성이며, 이형관을 제조하기 쉬운 장점이 있다. 그러나 충격에 대하여 다소 약하기 때문에 취급 및 시공시 주의할 필요가 있다.

접합방법으로는 공장에서 제작되는 압축조인트 이음과 현장에서의 시멘트 모르타르 이음이 있다. 관의 종류로는 보통관과 두꺼운 관이 있으며, 하수관으로는 두꺼운 관이 적합하다.

관의 형태는 직관 이외에 곡관(30°, 45°, 60° 곡관), 가지관(60°, 90° 가지관)이 있다. 최근에는 도관의 사용이 많지 않지만 외국에서는 수실변화가 심하고 부식의 염려가 많은 배수관에서 호칭지름 400mm 이하의 관이 많이 사용되고 있다.

chapter 03

관 이음재

03 관 이음재

3.1 강관 이음쇠

강관을 접속하는 이음방식에는 크게 나누어 나사이음, 용접이음, 플랜지이음, 그루브이음 등이 있다. 나사이음은 주로 지름이 작은 관(50mm 이하)에, 용접이음은 지름이 큰 관에 사용되며, 이들 이음방식에 따라 많은 종류의 이음쇠를 사용하고 있다. 이들 이음쇠는 사용목적 · 배관의 안전성 · 경제성 등을 고려하여 적당한 것을 선정해야 한다.

- 강관 이음쇠
  - 나사식 — 가단주철제 이음쇠, 강관제 이음쇠, 배수관 이음쇠
  - 용접식
    - 맞대기 용접식 이음쇠 : 일반배관용, 특수배관용
    - 삽입 용접식 이음쇠

3.1.1 나사식 이음쇠

(1) 가단주철제 이음쇠

나사식 가단주철제 관이음쇠(KS B 1531, screwed malleable cast iron pipe fittings)는 물, 기름, 증기, 공기, 가스 등의 일반배관에 사용하는 배관용 탄소강관(SPP), 수도용 아연도금강관(SPPW) 및 수도용 라이닝강관을 나사이음할 때 사용한다. 이음쇠의 나사는 KS B 0222(관용 테이퍼나사)에 규정한 테이퍼나사로 하며, 제조 후 2.5MPa{25.5kgf/cm^2}의 수압이나 0.5MPa{5.1kgf/cm^2}의 공기압을 가했을 경우 누설 등 이상이 없어야 한다.

1) 사용압력

이음쇠의 최고 사용압력은 표 3-1과 같이 사용상태에 따라 다르다.

표 3-1 유체의 사용상태에 따른 이음쇠의 사용압력(KS B 1531)

유체의 사용상태	최고 사용압력 MPa(kgf/cm^2)
300℃ 이하의 증기, 공기, 가스 및 기름	1.0(10.2)
200℃ 이하의 증기, 공기, 가스, 기름 및 맥동수	1.4(14.3)
120℃ 이하의 정류수(맥동이 없는 수류)	2.0(20.4)

2) 이음쇠의 종류

용도에 따른 이음쇠의 종류를 표 3-2에, 이음쇠의 모양을 그림 3-1에 나타냈다.

표 3-2 나사식 가단주철제 이음쇠의 종류

용 도	종 류	
배관의 방향을 바꿀 때	엘보 (elbow)	엘보, 암수 엘보(스트리트 엘보), 45° 엘보, 45° 암수 엘보(45° 스트리트 엘보), 지름이 다른 엘보(이경엘보, 지름이 다른 암수 엘보(이경 스트리트 엘보)
	벤드 (bend)	쇼트 벤드, 암수 쇼트 벤드, 롱 벤드, 암수 롱 벤드, 수 롱 벤드, 45° 롱 벤드, 45° 암수 롱 벤드, 45° 수 롱 벤드, 되돌림 벤드(리턴 벤드)
배관을 분기할 때	티(T)	티, 암수 티(서비스 티), 지름이 다른 티(이경 티), 지름이 다른 암수 티(이경 서비스 티)
	와이(Y)	45° 와이, 90° 와이
	크로스(cross)	
배관을 직선으로 이을 때	소켓 (socket)	소켓, 암수 소켓, 지름이 다른 소켓(이경 소켓, 리듀서) 동심 리듀서, 편심 리듀서
	니플(nipple), 지름이 다른 니플(이경 니플)	
배관의 끝을 막을 때	캡(cap), 플러그(plug)	
기 타	유니언(union), 부싱(bushing), 조립 플랜지, 멈춤 너트 익스텐션 피스(extension pieces)	

이들 이음쇠 중 부싱은 관지름을 축소시킬 때 지름이 다른 이음쇠 대신에 사용할 수 있지만 마찰저항이 크기 때문에 일반 배관에는 될 수 있는 한 피하고, 압력게이지 접속 등 특수한 경우에 한하여 사용한다.

유니언은 그림 3-2(a)와 같이 유니언 나사·유니언 플랜지·유니언 너트의 3개가 1조로 되어 있다. 유니언 나사와 유니언 플랜지를 관끝에 단단히 나사맞춤하고, 유니언 너트를 죔으로써 관을 회전시키지 않아도 이음할 수 있다. 따라서 배관의 요소마다 유니언을 넣어두면 나중에 배관을 분기하여 증설할 때나 배관의 일부를 교환·수리하기 위해 떼어낼 필요가 있을 때에 유니언 너트만 풀면 되므로 편리하다. 유니언은 주로 호칭지름 50mm 이하의 작은 관에 사용하고, 호칭지름이 큰 관은 플랜지(flange)를 사용한다.

그림 3-1 나사식 가단주철제 이음쇠

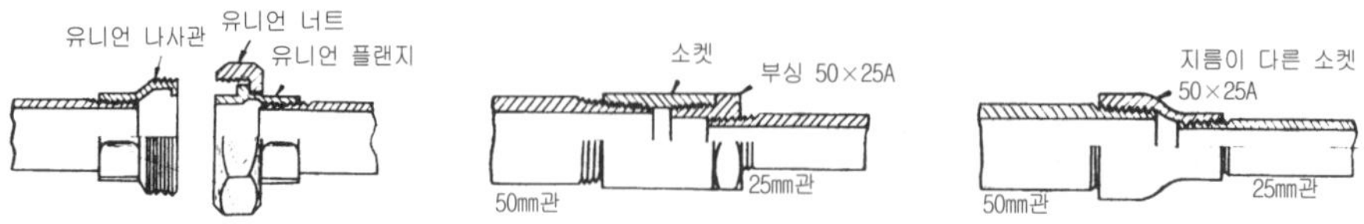

(a) 유니언 (b) 부싱 (c) 지름이 다른 소켓

그림 3-2 이음쇠의 사용 보기

3) 이음쇠 크기의 호칭

이음쇠의 호칭법(규격 표시법)은 다음과 같이 표시한다.

① 지름이 동일한 경우 : 이음쇠 명칭 다음에 호칭지름 표시. 예) 티 25 A, 엘보 20 A

② 2개의 구멍을 가질 때 : 지름이 큰 것을 ①, 작은 것을 ②로 하는 순서로 호칭.
예) 엘보 25×20A, 지름이 다른 소켓 32×15A

③ 3개의 구멍을 가질 때(티 또는 45° 와이) : 동일 중심선상에 있는 것을 ①, ②로 하고 나머지 것을 ③으로 호칭. ①과 ②의 지름이 다른 경우에는 지름이 큰 것을 ①, 작은 것을 ②로 하는 순서로 호칭한다. 다만 ①과 ②가 같은 지름이고, ③의 지름이 다른 경우에는 ②를 생략해도 된다.
예) 티 25×25×20A, 티 25×20A, 티 25×15×20A,

④ 3개의 구멍을 가질 때(90° 와이) : 지름이 큰 것부터 차례로 ①, ②, ③으로 호칭.

⑤ 4개의 구멍을 가질 때(크로스) : 지름이 가장 큰 것을 ①, 그것과 동일선상의 것을 ②, 다른 선상에서 큰 것을 ③, 나머지를 ④로 호칭한다.

4) 관용 나사(pipe thread)

각종 관을 나사이음할 때 쓰이는 삼각나사로서, 일반 체결용 나사에 비하여 피치 및 산의 높이가 작고 잘 풀리지 않으므로 수밀성이나 기밀성을 필요로 한 곳에 사용된다. 관용 나사의 종류에는 누설방지와 기밀유지를 주목적으로 하는 관용 테이퍼나사와 기계적 결합(강도)을 목적으로 하는 관용 평행나사의 2종류가 있다. 모두 산(山)의 각도는 55°이고, 나사의 크기는 25.4mm(1″)마다 나사의 산수로 표시한다. 관용 나사의 크기는 28산(6A), 19산(10A), 14산(15A, 20A), 12산(25A 이상)의 4종류가 있다.

① 관용 테이퍼나사(KS B 0222, taper pipe thread) : 축심에 대해 1/16의 테이퍼(taper)를 지니고 있으므로 평행나사에 비하여 기밀성이 뛰어나다. 테이퍼 수나사에 테이퍼 암나사를 조합하는 경우(수나사, 암나사 모두 기호는 PT)와 테이퍼 수나사에 평행 암나사를 조합하는 경우(수나사 기호는 PT, 암나사 기호는 PS)가 있다.

② 관용 평행나사(KS B 0221, parallel pipe thread) : 관, 관이음 부속, 유체기계 등에서 기계적 결합을 주목적으로 한 나사(기호는 PF)이다. 관용 테이퍼나사에 비하여 기밀성이 떨어진다.

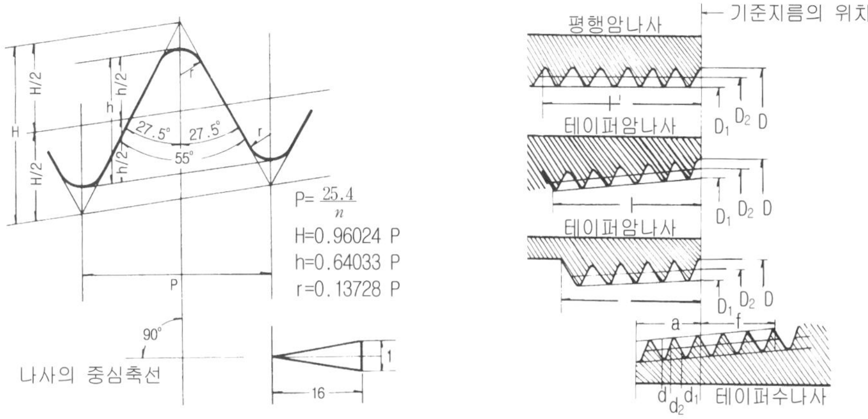

그림 3-3 관용나사

(2) 강관제 이음쇠

나사식 강관제 관이음쇠(KS B 1533, screwed type steel pipe fittings)는 가단주철제 이음쇠와 마찬가지로 배관용 탄소강관(또는 수도용 아연도금강관)의 나사이음에 사용하며, 배관용 탄소강관과 같은 재질로 제조한다. 이음쇠의 종류에는 그림 3-4와 같이 소켓(socket), 배럴 니플(barrel nipple), 크로스 니플(cross nipple), 롱 니플(long nipple)의 4종류가 있다. 롱 니플은 길이가 50~300mm까지 9종류가 있다.

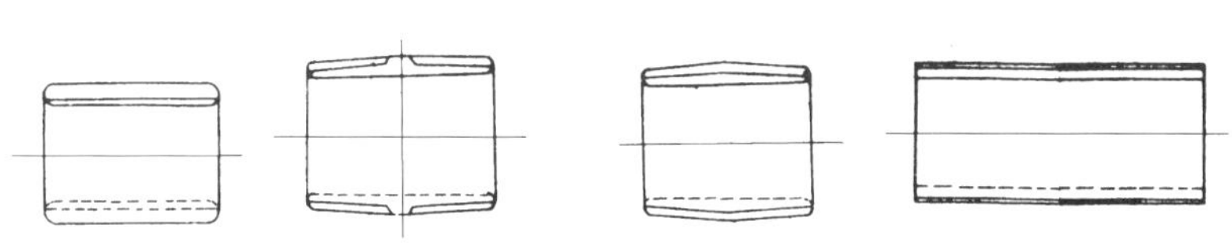

(a) 소켓 (b) 배럴 니플 (c) 크로스 니플 (d) 롱 니플

그림 3-4 나사식 강관제 이음쇠

(3) 배수관 이음쇠

나사식 배수관 이음쇠(KS B 1532, screwed drainage fittings)는 배관용 탄소강관(SPP)을 배수용으로 사용할 때의 이음쇠로서 주철 또는 가단주철제로 만든다. 이음쇠의 나사는 관

용 테이퍼나사로 하며, 제조 후 0.35MPa{3.5kgf/cm²}의 수압이나 0.15Ma{1.5kgf/cm²}의 공기압을 가했을 때 누설 등 이상이 없어야 한다.

표 3-3은 모양에 따른 이음쇠의 종류를, 그림 3-5에는 이음쇠의 모양을 나타냈다.

표 3-3 나사식 배수관 이음쇠의 종류

모 양	종 류
엘 보	90° 엘보, 90° 큰 반지름 엘보, 45° 엘보, 22½° 엘보
와 이	90° Y, 지름이 다른 90° Y, 90° 양Y, 지름이 다른 90° 양Y, 90° 큰 반지름 Y, 지름이 다른 90° 큰 반지름 Y, 90° 큰 반지름 양Y, 지름이 다른 90° 큰 반지름 양 Y, 45° Y, 지름이 다른 45° Y, 45° 양Y, 지름이 다른 45° 양Y
기 타	통기T, 소켓, 늘림소켓(인크리저), 태커, U트랩

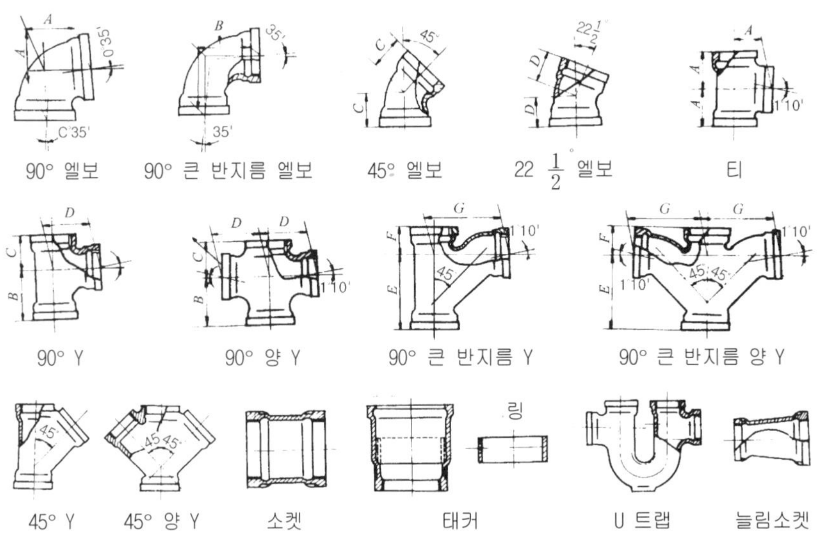

그림 3-5 나사식 배수관 이음쇠

배수관 이음쇠는 일반 이음쇠와는 달리 배관 속을 흐르는 배수의 흐름을 원활히 하고 오물이 막히는 것을 방지하기 위하여 다음과 같은 특징을 지니고 있다.

① 관 속을 흐르는 배수가 원활하게 흐르도록 분기부의 곡률 반지름을 크게 하기 위하여 45° Y 또는 90° Y 등의 이음쇠를 사용한다.

② 90° 엘보나 티는 배수 수평관에 기울기를 주기 위하여 1° 10′ 만큼의 각도 차로 가공했기 때문에 나사이음을 하면 1/50의 기울기가 생긴다.

③ 이음쇠에 배관용 강관을 체결했을 때 그림 3-6(a)와 같이 이음쇠의 안지름과 관의 안지름이 일치하도록 되어 있다. 이것은 배수관 속을 흐르는 유체의 저항을 될 수 있는 한

작게 하고, 오물이 걸려 막히는 것을 방지하기 위함이다.

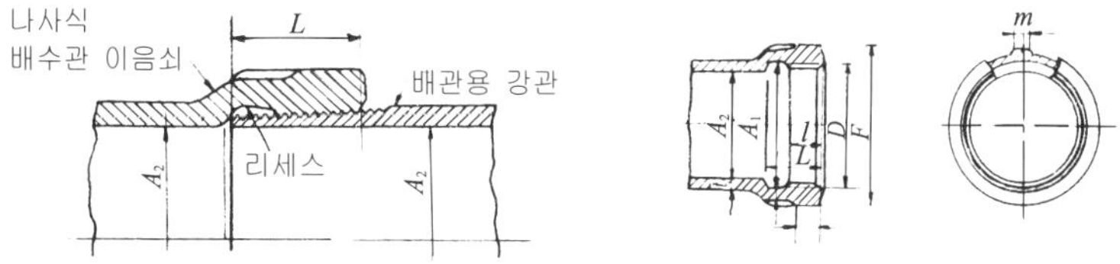

(a) 이음쇠의 안지름과 관의 안지름이 동일　　　(b) 이음쇠의 끝 모양

그림 3-6 나사식 배수관 이음쇠의 구조

(4) 나사이음

1) 이음방법

나사이음(threaded or screwed joints)은 관끝에 관용 테이퍼나사(KS B 0222)를 내고, 나사식 이음쇠를 사용하여 접합하는 방법으로서, 주로 지름이 작은 관에 사용한다. 이음 순서와 방법은 다음과 같다.

① 관을 파이프바이스에 고정하고, 관축에 대하여 직각으로 절단한 다음, 규정된 길이로 나사를 낸다.
② 나사의 가공상태를 확인하고, 이상이 없으면, 나사부와 관 속의 이물질을 제거한다.
③ 수나사부에 패킹을 한다.
④ 이음쇠를 손으로 3~5회전 돌려서 꽉 끼운다.
⑤ 파이프렌치로 이음쇠를 물리고 불완전 나사부만 남을 때까지 꽉 조인다.
⑥ 이음 완료 후 불완전 나사부와 파이프렌치 등의 자국에는 방청페인트를 충분히 칠한다.

[주의사항]

㉠ 파이프커터로 절단한 경우에는 절단부 내면에 생긴 거스러미(burr)를 반드시 줄이나 리밍작업(reaming) 등으로 제거한다.
㉡ 용접절단의 경우는 절단면을 다른 공구로 손질한다.
㉢ 나사의 길이는 규정된 길이로 절삭한다.
필요 이상으로 길면 나사부는 관두께가 얇아져 강도가 저하되고, 너무 짧으면 차입 길이가 짧아져 누설의 원인이 된다.
㉣ 나사부는 이음쇠를 끼울 때 너무 헐겁거나 빡빡하지 않아야 한다.
나사직경의 확인은 테이퍼나사 링 게이지(ring gauge)에 맞춰 관끝이 게이지의 노치 범위에 있으면 정상이고, 그 이외에는 불량나사이다.(그림 3-7)

ⓜ 굴절나사, 편심나사 등 불량나사는 사용하지 않는다.

ⓑ 나사이음에 사용하는 패킹은 액상합성수지, 실링 테이프(sealing tape) 등을 사용한다. 페이스트 실(paste seal)제를 사용하는 경우는 굳어지지 않은 상태에서 나사이음을 하며, 굳어진 후에는 나사를 돌려서는 안 된다. 나사용 패킹으로 고련페인트, 퍼티(putty), 마 등의 사용은 바람직하지 못하다.

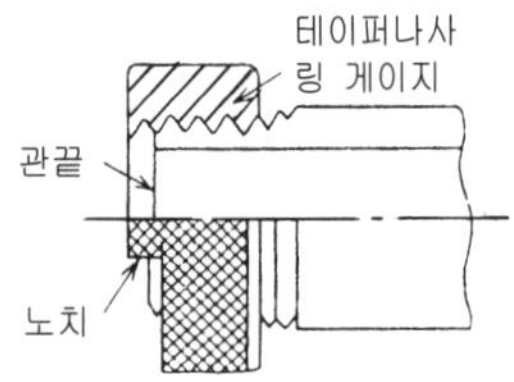

그림 3-7 테이퍼나사 링 게이지에 의한 나사확인

2) 관의 길이 산출

배관은 일반적으로 관의 중심을 기준으로 치수를 표시한다. 그림 3-8은 90° 엘보 2개를 사용하여 나사이음할 때의 치수를 나타낸 것으로서, 관의 절단길이를 산출할 때는 다음의 식이 이용된다.

$$L = l + 2(A - a)$$

$$l = L - 2(A - a)$$

$$l' = L - (A - a)$$

여기서, L : 배관 중심간의 길이

l : 관의 길이

A : 이음쇠의 중심에서 단면까지의 길이

a : 나사가 물리는 최소길이

l' : 한쪽의 이음을 완료한 상태에서의 중심과 관 끝의 길이

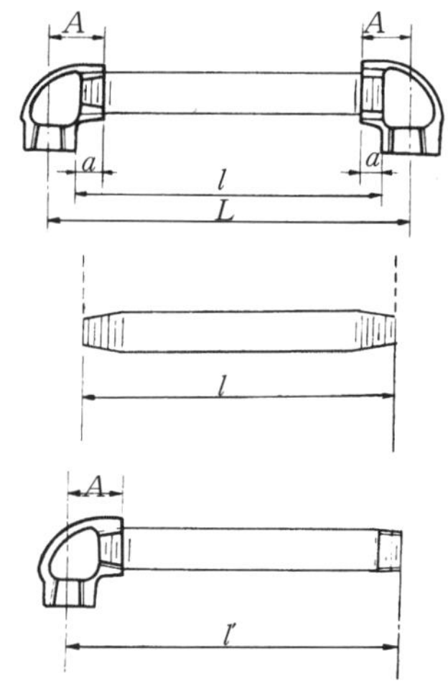

그림 3-8 나사이음할 때의 치수

나사가 물리는 최소길이(a)는 관의 지름에 따라 다르며, 표 3-4와 같다.

표 3-4 나사가 물리는 최소길이 (단위 : mm)

호 칭 지 름(A)	15	20	25	32	40	50	65	80	100
나사가 물리는 최소길이(a)	11	13	15	17	18	20	23	25	28

표 3-5~8까지는 많이 사용되고 있는 이음쇠의 나사이음에 필요한 치수를 나타낸 것이다.

표 3-5 엘보, 티의 여유치수

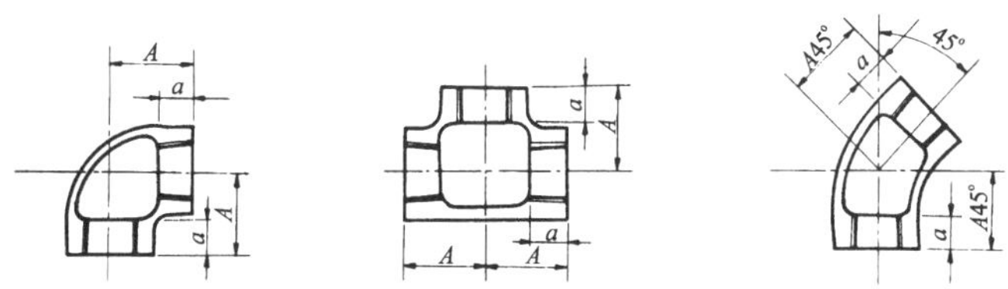

(단위 : mm)

호칭지름	중심에서 단면까지의 거리(A)		여 유 치 수(A−a)	
	엘보, 티	45° 엘보	엘보, 티	45° 엘보
15	27	21	16	16
20	32	25	19	19
25	38	29	23	23
32	46	34	29	29
40	48	37	30	30
50	57	42	37	37

표 3-6 지름이 다른 엘보, 티의 여유치수

(단위 : mm)

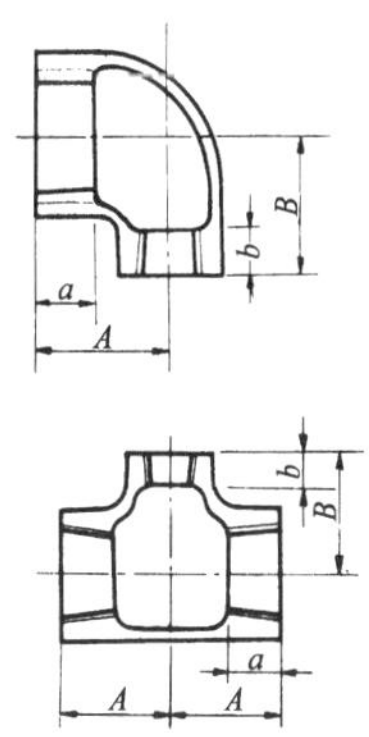

호칭지름	중심에서 단면까지의 거리		여유 치수	
	A	B	$A-a$	$B-b$
20×15	29	30	16	19
25×15	32	33	17	22
20×20	34	35	19	22
32×20	38	40	21	27
32×25	40	42	23	27
40×20	38	43	20	30
40×25	41	45	23	30
40×32	45	48	27	31
50×20	41	49	2	36
50×25	44	51	24	36
50×32	48	54	28	37
50×40	52	55	32	37

표 3-7 소켓의 여유치수 (단위 : mm)

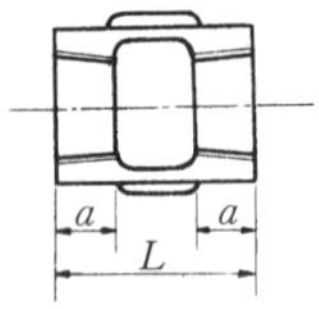

호칭지름	L	여유치수 $L-2a$
15	35	13
20	40	14
25	45	15
32	50	16
40	55	19
50	60	20

표 3-8 지름이 다른 소켓의 여유치수 (단위 : mm)

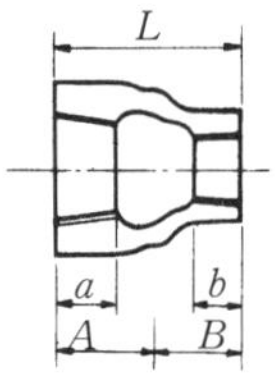

호칭지름	L	여유치수		
		$A-a$	$B-b$	$L-(a+b)$
20×15	38	7	7	14
25×20	42	7	7	14
32×20	48	9	9	18
32×25	48	8	8	16
40×25	52	10	9	19
40×32	52	9	8	17
50×32	58	11	10	21
50×40	58	10	10	20

【예제 3-1】 호칭지름 15A의 강관으로 그림 3-9와 같이 나사이음할 때 배관 중심간의 길이를 300mm로 하면 관의 절단길이 l은 얼마인가?

풀이

$$l = L-2(A-a)$$
$$= 300-2(27-11)$$
$$= 300-32$$
$$= 268(\text{mm})$$

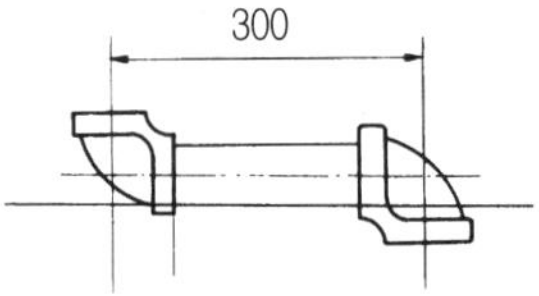

그림 3-9 예제 3-1의 배관

【예제 3-2】 호칭지름 20A의 관을 그림 3-10과 같이 나사이음할 때 배관 중심간의 길이를 각각 300mm와 200mm라 하면, 관의 절단길이 l은 각각 얼마인가?

풀이 i) 300mm간의 관길이,

$$l = L-2(A-a)$$
$$= 300-2(32-13)=262(\text{mm})$$

ii) 200mm간의 관길이,

$$l = L-(A-a)+(A'-a)$$
$$= 200-(32-13)+(25-13)$$
$$= 200-31 = 169(\text{mm})$$

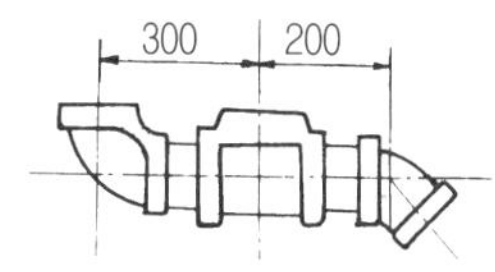

그림 3-10 예제 3-2의 배관

【예제 3-3】 호칭지름 20A의 관으로 그림 3-11과 같이 45° 엘보 2개를 사용하여 나사이음할 때 대각선에서 관의 절단길이는 얼마인가? 다만, run 또는 offset의 길이는 300mm로 한다.

풀이 중심간의 대각선 길이를 L이라 하면,

$$L = 300\times\frac{1}{\sin45^\circ\ (\cos45^\circ)}$$
$$= 300\times1.414 = 424.2(\text{mm})$$

또는,

$$L = \sqrt{300^2+300^2} = 424.2(\text{mm})$$

그러므로 대각선에서 관의 절단길이는

$$l = L-2(A-a)$$
$$= 424.2-2(25-13)$$
$$= 424.2-22$$
$$= 400.2(\text{mm})$$

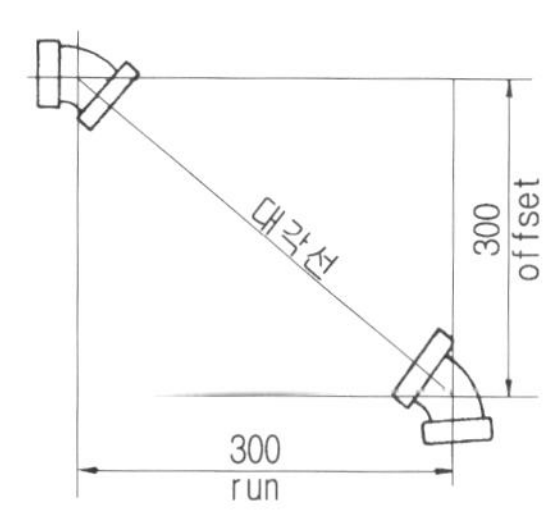

그림 3-11 예제 3-3의 배관

3.1.2 용접식 이음쇠

(1) 맞대기용접식 이음쇠

1) 일반 및 연료가스 배관용 맞대기용접식 이음쇠

일반배관 및 연료가스 배관용 강제 맞대기용접식 관이음쇠(KS B 1522, steel butt-welding pipe fittings for ordinary use and fuel gas)는 사용압력이 비교적 낮은 증기, 물, 기름, 가스, 공기 등의 일반배관에 사용하는 이음쇠이다. 배관용 탄소강관(SPP) 및 배관용 아크용접 탄소강관(SPW 400)을 용접이음할 때 사용한다. 따라서 재료에 따른 이음쇠의 종류에는 SPP용 이음쇠(흑, 백)와 SPW 400용 이음쇠(흑)의 2종류가 있다. 표 3-9는 모양에 따른 이음쇠의 종류와 기호를 나타낸 것이다.

표 3-9 모양에 따른 종류와 기호(KS B 1522)

모양에 따른 종류			기 호
대 분 류	소 분 류		
45° 엘보	롱		45E(L)
90° 엘보	롱		90E(L)
	쇼 트		90E(S)
180° 엘보	롱		180E(L)
	쇼 트		180E(S)
리 듀 서	동심	1형	R(C) 1
		2형	R(C) 2
	편심	1형	R(E) 1
		2형	R(E) 2
티	같은 지름		T(S)
	다른 지름		T(R)
캡	-		C

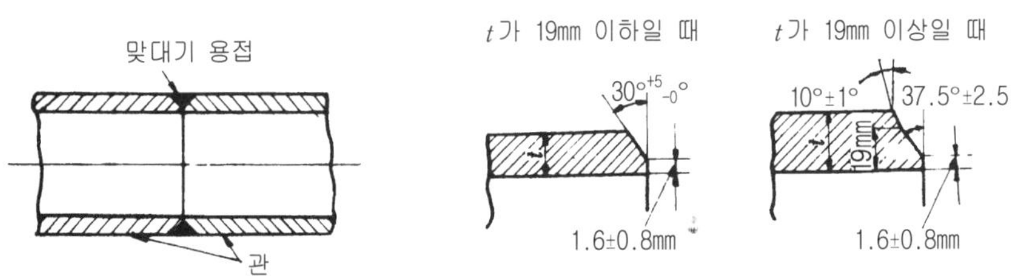

(a) 관의 맞대기 용접 (b) 베벨가공 치수

그림 3-12 관의 맞대기용접과 베벨가공 치수

SPP용 용접식 이음쇠는 재질은 물론 바깥지름 · 안지름 · 두께도 SPP관과 동일하며, SPW 400용 이음쇠도 SPW 400과 동일하다. 이음쇠 중 엘보의 곡률반지름은 롱(L)이 강관 호칭지름의 1.5배, 쇼트(S)는 1.0배로 한다. 이음쇠의 끝 단면은 베벨엔드(bevel end)로 하며, 모양과 치수는 그림 3-12와 같이 한다. 다만, 이음쇠의 두께가 4mm 미만인 경우는 플레인 엔드(plane end)로 할 수 있다. 그림 3-13에 맞대기 용접이음쇠의 모양을 나타냈다.

그림 3-13 맞대기 용접이음쇠의 예

2) 배관용 맞대기용접식 이음쇠

배관용 강제(鋼製) 맞대기용접식 관이음쇠(KS B 1541, steel butt-welding pipe fittings)는 압력배관용 탄소강관(SPPS), 고압배관용 탄소강관(SPPH), 고온배관용 탄소강관(SPHT), 배관용 합금강관(SPA), 배관용 스테인리스강관(STS-TP) 및 저온배관용 강관(SPLT)을 맞대기용접으로 이음할 때 사용하는 이음쇠이다. 이음쇠에 사용하는 재료는 탄소강, 합금강, 스테인리스강이 사용되며, 모양에 따른 이음쇠의 종류는 표 3-10과 같다.

표 3-10 모양에 따른 종류와 기호(KS B 1541)

모양에 따른 종류		기 호
대분류	소분류	
45° 엘보	롱	45 E(L)
90° 엘보	롱	90 E(L)
	쇼 트	90 E(S)
180° 엘보	롱	180 E(L)
	쇼 트	180 E(S)
리 듀 서	동 심	R(C)
	편 심	R(E)
티(T)	같은 지름	T(S)
	다른 지름	T(R)
캡	-	C

3) 배관용 강판제 맞대기용접식 이음쇠

배관용 강판제(鋼板製) 맞대기용접식 관이음쇠(KS B 1543, steel plate butt-welding pipe fittings)는 압력배관 · 고온배관 · 저온배관 · 합금강 배관 및 스테인리스강 배관 등의 특수용도 배관에서 맞대기용접으로 이음할 때 사용하는 이음쇠이다.

이음쇠에 사용하는 재료는 KS B 1541(배관용 강제 맞대기용접식 관이음쇠)과 마찬가지로 탄소강, 합금강, 스테인리스강이 사용되며, 모양에 따른 이음쇠의 종류도 유사하다.

(4) 삽입용접식 이음쇠

배관용 강제 삽입용접식 관이음쇠(KS B 1542, steel socket-welding pipe fittings)는 KS B 1541(배관용 강제 맞대기용접식 이음쇠)의 용도와 마찬가지로, 압력배관 · 고압배관 · 고온배관 · 저온배관 · 합금강 배관 및 스테인리스강 배관 등의 특수용도 배관에서 삽입용접으로 이음할 때 사용하는 이음쇠이다. 이음쇠에 사용하는 재료도 탄소강, 합금강, 스테인리스강이 사용되며, 모양에 따른 이음쇠의 종류는 표 3-11과 같다.

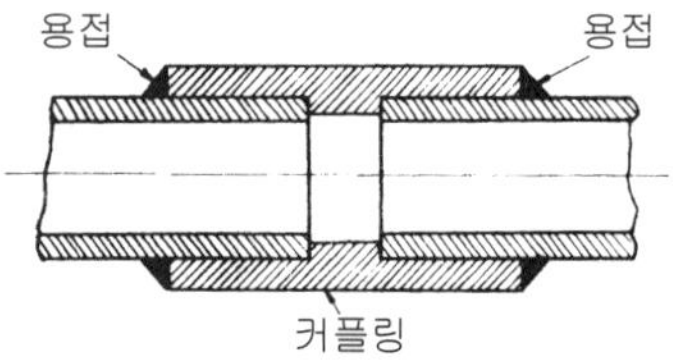

그림 3-14 관의 삽입용접

표 3-11 모양에 따른 종류와 기호 (KS B 1542)

모양에 따른 종류		기 호
대 분 류	소 분 류	
45° 엘보	같은 지름	45 E(S)
	다른 지름	45 E(R)
90° 엘보	같은 지름	90 E(S)
	다른 지름	90 E(R)
풀 커플링	같은 지름	FC(S)
	다른 지름	FC(R)
하프 커플링	-	HC
캡	-	C
45° Y	같은 지름	45 Y(S)
	다른 지름	45 Y(R)
T	같은 지름	T(S)
	다른 지름	T(R)
크로스	같은 지름	CROSS(S)
	다른 지름	CROSS(R)

45° 엘보 90° 엘보 티 소켓 크로스

그림 3-15 삽입용접 이음쇠

(5) 용접이음

강관의 용접이음에는 전기용접이나 가스용접이 이용되며, 이음방법에 따라 맞대기용접과 슬리브용접이 있다.

가스용접은 주로 두께가 얇은 관에 사용되며, 전기용접에 비해 용접속도도 느리고, 용접변형이 심하다. 반면에 전기용접(아크용접)은 관지름이 크고 두께가 두꺼운 관의 이음에 사용되며, 용접속도가 빠르고 변형이 적어 많이 사용된다.

나사이음에 비하여 용접이음의 이점은 다음과 같다.

① 이음부의 강도가 크고 누설의 염려가 적다.
② 이음부위의 관두께가 일정하여 유체의 저항손실이 적다.
③ 돌기부(突起部)가 없으므로 보온 피복의 경우 단열재료가 절약되고, 보온공사도 용이하다.
④ 이음시간이 단축되며, 이음재료비가 절약된다.
⑤ 양호한 용접의 경우 누설이 없으므로 유지 · 보수비가 절약된다.
⑥ 돌기부가 없으므로 배관상의 공간 효율이 좋고 중량도 비교적 가볍다.

1) 맞대기용접 이음

관을 맞대기용접으로 이음하려면 먼저 관끝을 그림 3-12(관의 맞대기용접과 베벨가공 치

표 3-12 홈내기 형상 및 용접부 간격의 치수

홈내기 형상	t(mm)	a(°)	a(mm)	b(mm)	배관용 탄소강관(A)
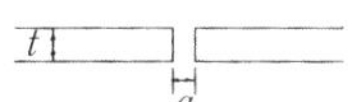	2.8~4.5		0~2		125 이하
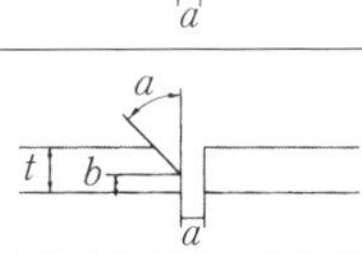	5.0	45	0~2	2.0	150
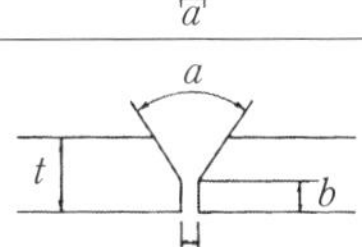	5.8~7.9	70	0~2	2.0	200 이상

수)와 같이 홈내기 가공을 한다. 그리고 관을 롤러작업대 등에 올려놓고 관축이 일치되도록 서로 맞춘 다음, 양쪽 관끝의 루트간격을 정확히 잡는다. 그리고 몇 개소에 가용접(假鎔接)을 한 다음 본용접을 시작한다. 이음부분의 홈내기 및 용접부 간격의 치수는 표 3-12와 같이 한다.

공장에서 용접을 하는 경우는 그림 3-16과 같이 V블록 또는 롤러작업대를 사용할 수 있으나 공사현장에서는 관이 고정되어 있으므로 회전할 수 없는 경우도 많다. 이런 경우에는 아래보기 · 수평 · 위보기자세 등 모든 자세로 관둘레를 돌아가며 용접해야 하므로 고도의 기술을 요한다.

공사현장에서의 맞대기용접은 그림 3-17과 같은 클램프를 사용하여 관축을 일치시키고, 3~4개소를 가용접한 후 클램프를 해체하여 본용접을 하면 작업이 쉽다.

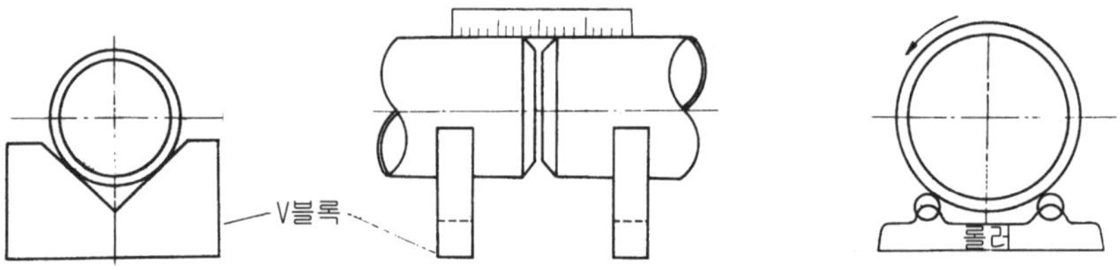

(a) V블록 받침 (b) 롤러 받침

그림 3-16 공장용접의 용접 받침

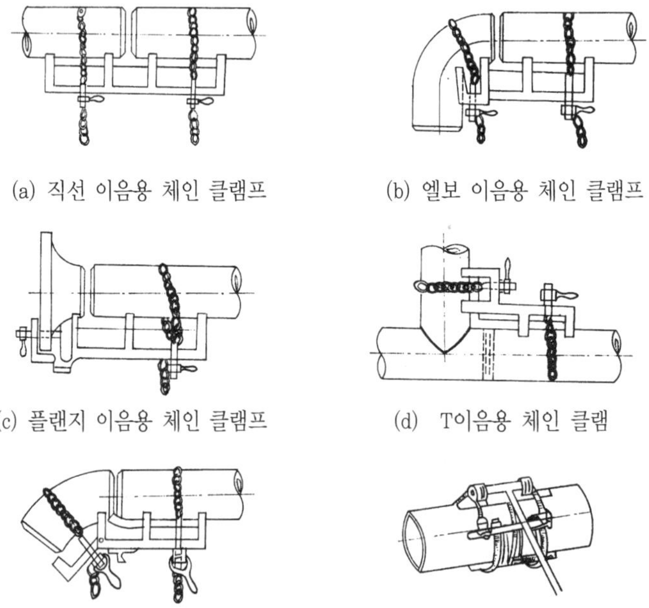

(a) 직선 이음용 체인 클램프 (b) 엘보 이음용 체인 클램프
(c) 플랜지 이음용 체인 클램프 (d) T이음용 체인 클램프
(e) 조정용 체인 클램프 (f) 파이프 용접용 밴드 클램프

그림 3-17 현장용접의 파이프 클램프

두 관을 수평으로 맞대기용접할 때의 순서와 방법은 다음과 같다.

① 관 끝에 홈내기 가공(베벨가공)을 하고, 개선면(그루브면)을 줄 등으로 다듬질한다.
② 이음할 두 관을 롤러작업대 또는 V블록 위에 올려놓고 중심선을 맞춘 다음 루트간격을 정확히 조정한다.
③ 두 관의 중심이 일치되고 루트간격이 정확하면 3~4개소에 가용접을 한다.
④ 가능한 한 관을 회전시키면서 아래보기자세로 용접한다.

[주의사항]

㉠ 모재의 용접면은 충분히 건조시키고 페인트, 기름, 녹, 스케일 등 유해한 물질은 와이어브러시 등으로 완전히 제거한다.
㉡ 용접봉은 용접자세, 이음모양, 용접모재 등에 적합한 종류와 지름을 선정한다.
㉢ 규격화된 보호구를 착용하고 용접한다.
㉣ 건조한 용접봉을 사용한다.
㉤ 용접작업 중 유독가스가 체류할 우려가 있는 곳은 적절한 환기설비를 하는 등의 대책을 강구해야 한다.
㉥ 홈내기 가공은 원칙적으로 기계가공으로 한다. 가스절단으로 가공하는 경우에는 반드시 글라인더 등으로 그루브면을 매끈하게 다듬질한다.
㉦ 비드(bead)의 덧살은 모재면보다 낮아서는 안 되며, 덧살높이는 1~3mm 정도로 한다.
㉧ 다층용접의 경우 각 층마다 슬래그, 스패터 등을 완전히 제거 · 청소한 다음에 실시한다.
㉨ 용접부위는 장시간 방치하면 쉽게 부식되므로 슬래그 제거 및 외관검사 후 즉시 방청도장을 실시해야 한다.

관과 맞대기용접식 엘보 · 티 등을 용접할 때에는 그림 3-18과 같이 직각자 및 수준기 등을 사용하여 중심이 일치되도록 맞춘다. 작업방법은 먼저 한 곳에 가용접을 한 다음 다시 측정하여 오차가 생길 때는 해머로 수정하고, 2~3개소에 가용접을 더 한 다음 본용접을 한다.

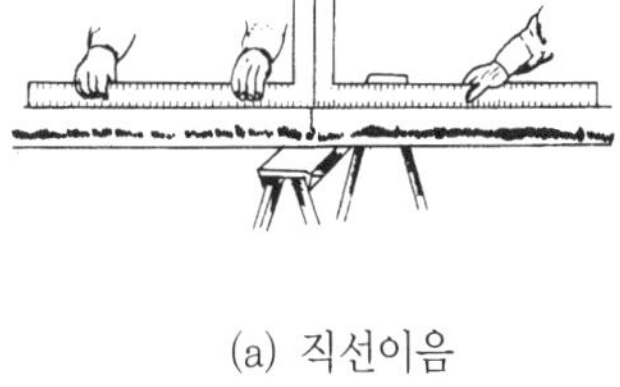

(a) 직선이음

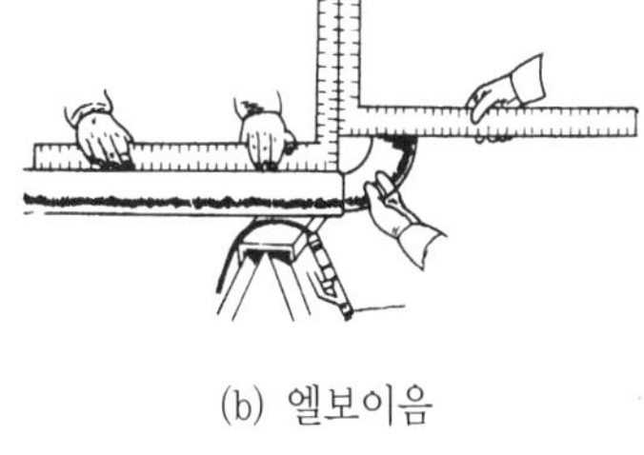

(b) 엘보이음

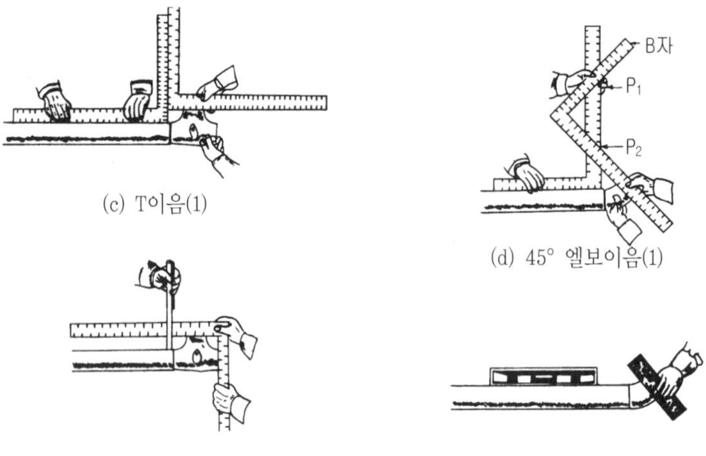

(c) T이음(1)

(d) 45° 엘보이음(1)

(e) T이음(2)

(f) 45° 엘보이음(2)

그림 3-18 맞대기용접 이음시 관 중심 맞추기

2) 삽입용접 이음

삽입용접식 이음쇠를 사용하여 이음하는 방법으로는 압력배관, 고압배관 등 특수배관의 이음에 많이 채택된다. 그림 3-14(관의 삽입용접)를 참조하면 된다.

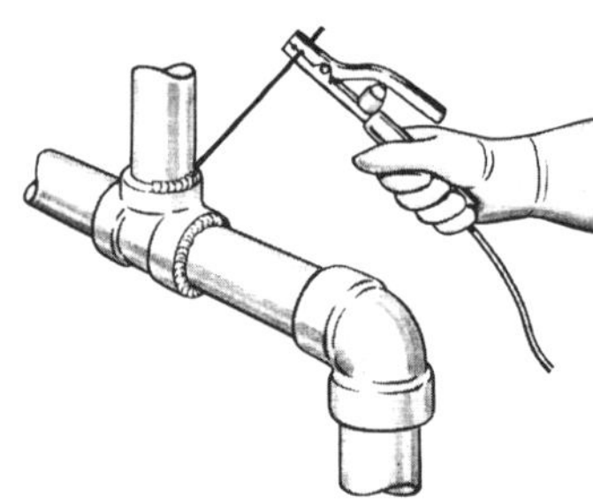

그림 3-19 관의 삽입용접 예

3.1.3 플랜지(flange)

관끝에 용접 또는 나사이음으로 플랜지를 연결하고 두 플랜지 사이에 패킹을 넣어 볼트로 체결하는 이음쇠이다. 관이나 밸브 · 기기접속 또는 배관의 보수 · 점검을 위해 관의 해체나 교환을 필요로 하는 곳에 주로 사용한다.

그림 3-20 관의 플랜지이음 예

(1) 플랜지의 압력

철강제 플랜지의 호칭압력은 KS B 1501(철강제 관플랜지의 압력단계)에서 2K, 5K, 10K, 16K, 20K, 30K, 40K, 63K의 8단계로 구분하고 있다. 다만, 10K의 것은 보통 플랜지와 얇은형 플랜지의 2종류가 있다.

(2) 재질

플랜지의 재질은 강판제, 주철제, 주강제, 단조강제, 스테인리스강제 등의 철강제가 주로 사용되며, 이 외에 청동제, 황동제, 합성수지제 등의 재질이 사용되고 있다. 플랜지의 모양은 대부분 원형이며, 지름이 작은 관에는 타원형(oval type)이나 각형(square type)이 사용되기도 한다.

청동이나 황동제 플랜지는 호칭압력 1.6MPa{16kgf/cm^2}까지, 주철제 플랜지는 2.0MPa{20kgf/cm^2}까지 사용된다. 2.9MPa{30kgf/cm^2} 이상이 되면 몰리브덴강 또는 크롬-몰리브덴강 등의 합금강이 사용된다.

(3) 관과 이음하는 방법

관과 플랜지를 이음하는 방법은 그림 3-21과 같이 나사이음형, 삽입용접형, 소켓용접형, 맞대기용접형, 랩조인트, 블라인드 등이 있다.

1) 나사이음형(thread type)

나사조립으로 이음하기 때문에 압력이 높은 배관에 사용할 때는 제한을 받는다. 그러나 고압이 요구되거나 유체의 기밀을 극히 필요로 하는 경우에는 나사조립 후 전둘레용접으로 완전히 밀봉하는 경우도 있다(그림 a).

2) 삽입용접형(slip-on type)

관을 플랜지에 완전히 삽입하여 관 끝부분과 플랜지 목부분을 전둘레용접으로 이음한다. 일반적으로 작업이 쉽고 저렴하여 많이 사용되고 있다(그림 b). 이 형식 중 줄임플랜지(reducing flange)는 바깥지름 및 볼트간격 등이 같으나 관의 지름만 줄어 있다.

3) 소켓용접형(socket type)

플랜지의 내부로 관을 일부 삽입하고 플랜지의 목을 용접하여 이음한다. 일반적으로 압력이 높지 않은 곳에 사용한다(그림 c).

4) 맞대기용접형(welding neck type)

긴 테이퍼의 목(hub)을 가진 형태로서, 관과 맞대기용접으로 이음한다. 목부분에 두께가 변화되어 있는 것은 관의 팽창과 충격으로부터 보호해주는 역할을 한다. 일반적으로 2.0MPa{20kgf/cm^2} 이상의 고온·고압배관에 사용한다(그림 d).

5) 랩 조인트(lap joint)

맞대기용접형 플랜지와 마찬가지로 고압배관에 사용한다. 이 방식은 관의 끝을 완전히 젖히고 판 플랜지와 조합하여 이음하는 경우도 있다(그림 e).

6) 블라인드(blind)

관 끝을 막을 때 사용하는 플랜지로서, 한쪽의 플랜지는 볼트구멍만 있고 막혀 있다(그림 f).

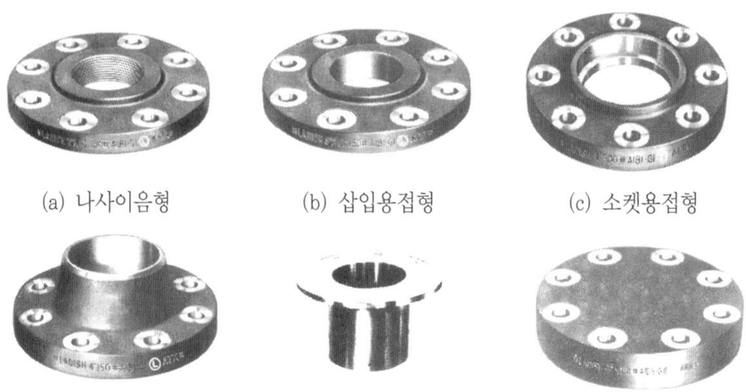

(a) 나사이음형 (b) 삽입용접형 (c) 소켓용접형

(d) 맞대기용접형 (e) 랩조인트 (f) 막힘플랜지

그림 3-21 관과 이음하는 방법에 따른 플랜지의 종류

(4) 관 플랜지의 개스킷 자리의 모양

관 플랜지의 개스킷 자리(seat)의 모양은 그림 3-22와 같이 온면자리, 대평면자리, 소평면자리, 끼움형, 홈형, 링 조인트 등이 있다. KS B 1519(관 플랜지의 개스킷 자리 치수)에 개스킷 자리의 종류 및 모양·치수에 대하여 규정하고 있다.

개스킷 자리는 플랜지의 재료, 압력, 온도, 관의 접속상태, 유체의 성질과 상태, 사용하는 개스킷의 종류 등의 조건을 고려하여 선택한다.

1) 온면자리(flat face seat)

플랜지면이 평면으로 호칭압력 1.6MPa{16kgf/cm^2} 이하의 저압용 플랜지로 사용되는 경우가 많다. 주철제 및 동합금제의 플랜지에는 이것이 적당하다.

2) 대평면자리(raised face seat)

접합면의 내측에 한 단계 높은 자리를 설치하여 개스킷 체결의 면압과 기밀성을 높인 형식이다. 호칭압력 6.2MPa{63kgf/cm^2} 이하의 플랜지에 적당하다.

3) 소평면자리(raised face seat)

대평면자리와 마찬가지로 접합면의 내측에 한 단계 높은 자리를 설치한 형식으로서, 자리의 폭이 대평면자리에 비하여 좁다. 호칭압력 1.6MPa{16kgf/cm^2} 이상에서 비교적 경질의 개스킷을 사용하는 플랜지에 적당하다.

4) 끼움형(male and female seat)

플랜지 접합면의 한쪽은 볼록(凸)한 면으로 되고, 다른 한쪽은 오목(凹)한 면으로 되어 있어서 개스킷을 이 사이에 넣고 삽입하여 체결한다. 호칭압력 1.6MPa{16kgf/cm^2} 이상으로서 소평면자리보다 더욱 기밀을 요하는 경우에 적당하다.

5) 홈형(tongue and groove seat)

플랜지면에 각각 오목한 홈(凹과)과 볼록한 테(凸)를 만들고, 홈 안으로 개스킷을 넣어 체결하는 방식이다. 호칭압력 1.6MPa{16kgf/cm^2} 이상으로서 위험성이 있는 유체의 관계통 또는 극히 기밀을 요하는 경우에 적당하다.

6) 링 조인트(ring joint seat)

플랜지 양쪽의 접합면에 V형의 홈을 만들고, 이 홈에 단면이 타원형 또는 팔각형의 금속제 링을 끼워서 체결하는 형식으로 고온 · 고압에 적당하다.

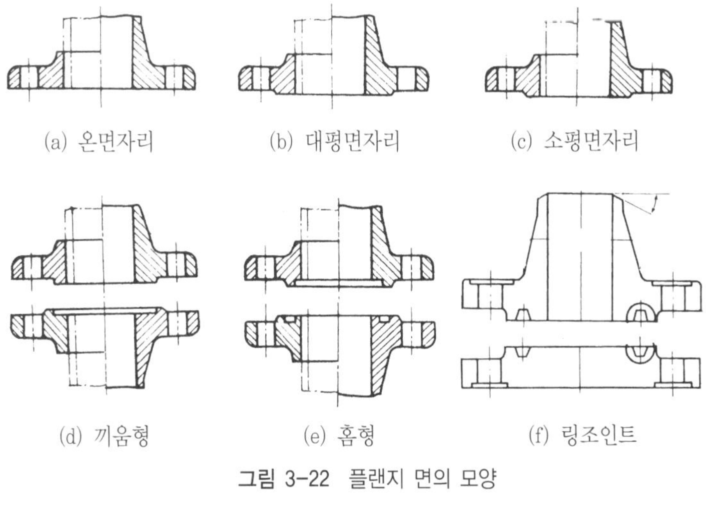

(a) 온면자리　(b) 대평면자리　(c) 소평면자리

(d) 끼움형　(e) 홈형　(f) 링조인트

그림 3-22 플랜지 면의 모양

(5) 철강제 플랜지의 사용압력과 기본치수

1) 유체의 상태와 최고 사용압력과의 관계

철강제 플랜지의 각 호칭압력에 따른 재료 및 유체의 상태와 최고 사용압력과의 관계는 표 3-13과 같으며, KS B 1501(철강제 관 플랜지의 압력단계)에 규정하고 있다. 다만, 호칭압력 5K 및 10K는 다음의 사항을 따른다.

표 3-13 유체의 상태와 최대사용압력(1)(KS B 1501) 단위 : MPa{kgf/cm²}

호칭압력(기호)	재료	유체의 상태와 최고 사용압력						수압시험 압력
		W	G_1	G_2	G_3	H_1	H_2	
		120℃ 이하	220℃ 이하	300℃	350℃	400℃	425℃	
2K	GC 20	0.29(3)	0.20(2)	-	-	-	-	0.39(4)
	SS 41, SF 40, SM 20 C, SC 42	0.29(3)	0.20(2)	-	-	-	-	
5K	GC 20	0.69(7)	0.49(5)	-	-	-	-	0.98(10)
	BMC 35, GCD 37, GCD 40, BMC-S 35, GCD-S	0.69(7)	0.59(6)	0.49(5)	-	-	-	
	SS 41, SF 40, SFVC 1, SM 20 C, SC 42, SCPH 1	0.69(7)	0.59(6)	0.49(5)	-	-	-	
10K	GC 20	1.37(14)	0.98(10)	-	-	-	-	1.96(20)
	BMC 35, GCD 37, GCD 40, BMC-S 35, GCD-S	1.37(14)	1.18(12)	0.98(10)	-	-	-	
	SS 41, SF 40, SFVC 1, SM 20 C, SC 42, SCPH 1	1.37(14)	1.18(12)	0.98(10)	-	-	-	
16K	GC 20	2.16(22)	1.57(16)	-	-	-	-	3.14(32)
	BMC 35, GCD 37, GCD 40, BMC-S 35, GCD-S	2.16(22)	1.96(20)	1.77(18)	1.57(16)	-	-	3.43(35)
	SF 45, SFVC 2A, SM 25C, SC 49, SCPH 2	2.65(27)	2.45(25)	2.26(23)	2.06(21)	1.77(18)	1.57(16)	3.92(40)
20K	GC 25	2.75(28)	1.96(20)	-	-	-	-	3.92(40)
	BMC 35, GCD 37, GCD 40, BMC-S 35, GCD-S	2.75(28)	2.45(25)	2.26(23)	1.96(20)	-	-	4.32(44)
	SF 45, SFVC 2A, SC 49, SFVC2A, SCPH 2	3.33(34)	3.04(31)	2.84(29)	2.55(26)	2.26(23)	1.96(20)	4.90(50)

① 호칭압력이 5K이고, 호칭지름이 10mm 및 15mm, 볼트구멍의 수가 2개인 플랜지에서 플랜지의 바깥지름이 A×B로 표시될 때는 표 3-14를 따른다.

② 호칭압력 10K의 얇은형 플랜지는 최고 사용압력 0.7MPa{7kgf/cm²}, 최고 사용온도 120℃의 정류수에 사용한다.

표 3-14 유체의 상태와 최고 사용압력(2)(KS B 1501)

유 체 의 상 태	최고용압력 MPa(kgf/cm²)
300℃ 이하의 증기·공기 및 가스(주철제 플랜지 이외의 경우)	0.2(2)
250℃ 이하의 증기·공기 및 가스(주철제 플랜지의 경우)	
120℃ 이하의 맥동수 또는 기름	
120℃ 이하의 정류수	0.29(3)

2) 기본치수

철강제 플랜지의 기본치수는 호칭압력에 따라 KS B 1511(철강제 관 플랜지의 기본치수)에 규정하고 있다. 부록 2를 참조하기 바란다.

(6) 플랜지이음

플랜지이음은 나사이음에서의 유니언과 같이 배관의 점검이나 보수를 위해 관을 해체할 필요가 있는 장소에 사용한다. 일반적으로 관 지름이 큰 경우에 적용한다. 플랜지와 관의 이음에는 나사이음과 용접이음이 있으나 주로 용접용 플랜지가 사용되고 있다.

공사현장에서 작업하는 경우는 볼트를 조이기 쉬운 곳으로 플랜지의 위치를 정하며, 관을 여러 줄로 나란히 배관할 때는 플랜지의 위치가 서로 어긋나도록 배관한다.

삽입용접형 관 플랜지를 관에 용접하는 순서와 방법은 다음과 같다.

① 관을 그림 3-23과 같이 롤러 받침대 또는 V블록 위에 올려놓는다.

② 플랜지를 그림 3-24와 같이 관끝과 플랜지면과의 사이가 관두께 t만큼 되도록 끼운다. 관과 플랜지의 간격이 넓으면 편심이 되기 쉽다.

③ 그림 3-24(a)와 같이 직각자를 대고 A, B 두 곳을 측정하여 그 값 l이 차이가 없으면 플랜지면은 관축에 직각으로 끼워진 것이다. 이와 같은 측정을 관 주위의 4등분점에서 되풀이하여 어디서나 차이가 없으면 정확하게 제대로 된 것이다.

④ 플랜지 게이지가 있으면 그림 (b)와 같이 플랜지면의 직각을 확인한 후 3~4개소에 가용

접을 한 다음 본용접을 실시한다.

플랜지이음은 두 개의 플랜지 사이에 개스킷을 넣고 볼트로 체결한다. 볼트를 조일 때는 먼저 손으로 적절하게 조이고, 다음에 렌치 등의 공구를 사용하여 3회 이상 나누어 균등하게 체결한다. 볼트조임은 그림 3-25(b)와 같이 대각선방향으로 조여간다.

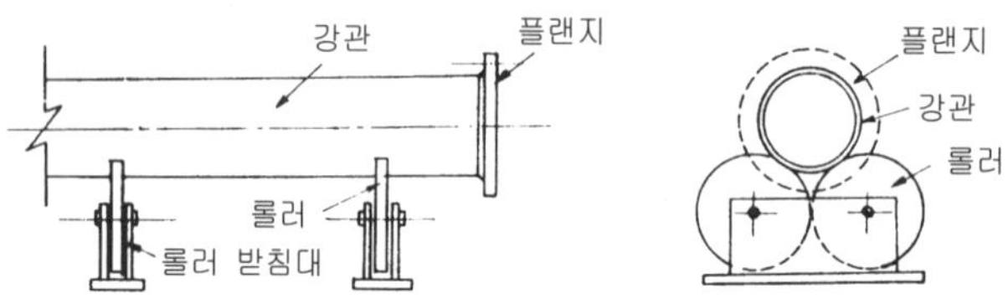

그림 3-23 플랜지이음의 롤러 받침대

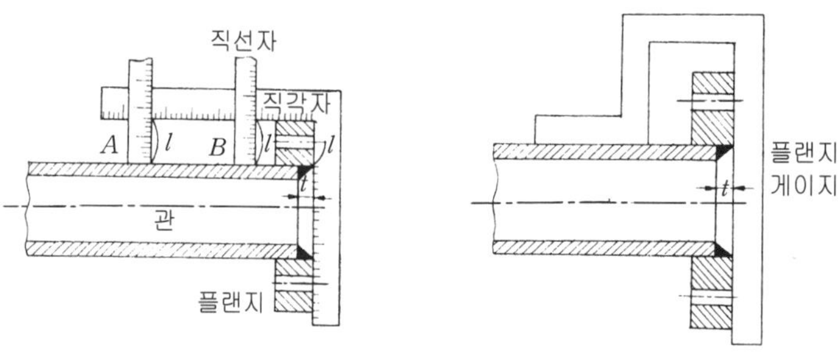

(a) 직각자 사용 (b) 플랜지 게이지 사용

그림 3-24 플랜지를 관축에 직각으로 맞추기

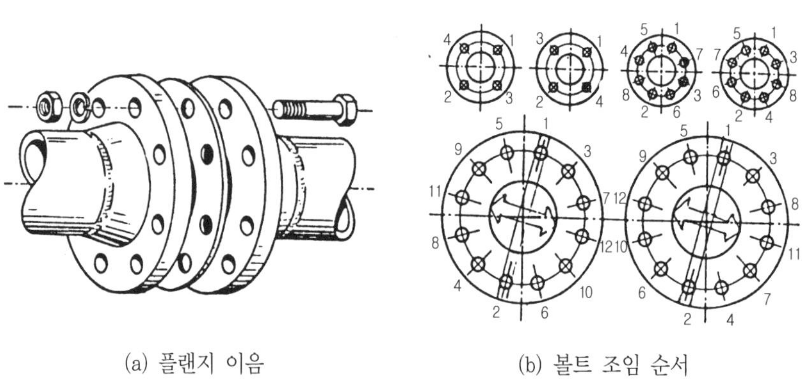

(a) 플랜지 이음 (b) 볼트 조임 순서

그림 3-25 플랜지이음 방법

3.1.4 기타 강관 이음쇠

(1) 그루브이음

그루브이음(groove joint)은 홈이 만들어진 관 또는 이음쇠(그림 3-26의 그루브 조인트용 이음쇠)에 특수 제작된 고무 개스킷(고무링)을 삽입하고, 그 위에 하우징(housing)을 덮어 볼트와 너트로 조임으로써 이음하는 방식이다. 굴곡에 대한 어느 정도의 유연성과 신축성이 있는 이음방식으로, 작업이 간편하고 수중에서도 시공이 가능하여 최근에 탄소강관이나 스테인리스강관, 동관 등에 많이 적용되고 있다.

이 이음은 하우징이음(housing joint)의 한 방식으로 스테인리스강 이음에서는 홈 조인트 또는 빅토릭 조인트(victaulic joint)라고도 한다. KS B 1507에 수도용 강관 및 이들의 관이음쇠에 사용하는 강관용 플렉시블 그루브 조인트(flexible grooved joint for steel pipe)가 규정되어 있다.

하우징(조인트 커버)은 일반적으로 호칭지름 25～300mm는 2등분, 350～450mm는 3등분, 500mm 이상은 4등분으로 분할되어 있다. 그림 3-27에 그루브 커플링과 이음의 예를 나타냈다.

(a) 엘보 (b) 티 (c) 지름이 다른 소켓

그림 3-26 그루브 조인트용 이음쇠

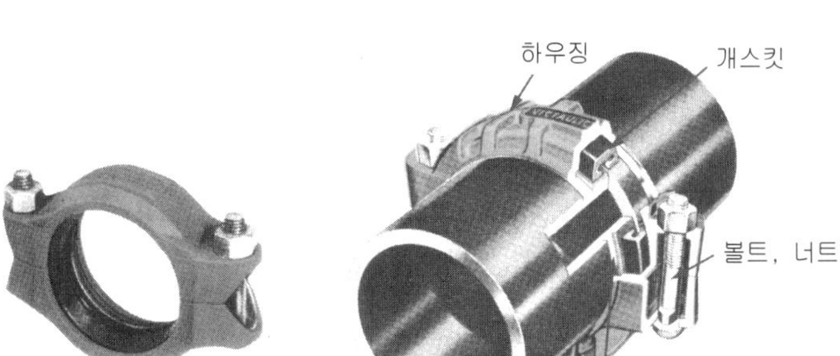

(a) 그루브 커플링 (b) 그루브이음

그림 3-27 그루브 커플링과 이음의 예

그루브 조인트의 사용압력은 1.0MPa{10.2kgf/cm^2} 이하와 2.0MPa{20.4kgf/cm^2}의 2가지가 일반적으로 사용되며, 고무링의 사용온도는 −30∼110℃이다.

표 3-15 그루브 조인트의 사용압력 및 구성부품

호칭	사용압력 MPa(kgf/cm^2)	허용압력 MPa(kgf/cm^2)	구성부품		
			하우징(조인트 커버)	고무링	볼트, 너트
10K	1.0(10.2)	2.0(20.4)	재료 : 구상흑연주철품(덕타일)	최고사용온도 : -30∼110℃ 사용재료 : EPDM	재료 : 일반구조용 압연강재(SS 400)
20K	2.0(20.4)	4.0(40.8)			

그루브이음의 특징은 다음과 같다.

① 팽창과 수축, 굽힘 등에 유연성이 있다.
② 소음과 진동을 흡수한다.
③ 특수기술이 없어도 이음이 가능하다.
④ 좁은 공간에서도 신속하게 이음이 된다.
⑤ 이음부위의 분해 · 조립이 간편하며 모든 이음부위가 유니언과 같은 역할을 한다.

이음순서와 방법은 다음과 같다.

① 관끝의 거스러미를 제거하고, 홈 주위를 깨끗이 청소한다.
② 개스킷의 손상여부와 용도에 맞는 개스킷인지를 확인한다.
③ 개스킷의 안쪽과 바깥쪽을 손을 사용하여 윤활제를 고르게 바른다.
④ 개스킷을 한쪽 관에 끼운다. 이때 개스킷 자락이 관끝의 밖으로 나오지 않도록 한다.
⑤ 다른 관의 끝을 맞댄 다음 개스킷을 당겨 양쪽 관의 중앙이 되도록 한다.
⑥ 조각나 있는 하우징을 볼트와 너트로 가조립한다.
⑦ 하우징을 관의 양쪽 홈 사이에 들어맞도록 설치하고, 볼트와 너트를 균등히 체결한다.

표 3-16에 강관용 그루브 조인트의 치수를 나타냈다. 홈(grooving)을 가공하는 방법에는 롤(roll)가공방식과 절삭(cutting)가공방식이 있다. 롤가공은 금속을 깎아내지 않고 냉간성형하는 방식으로 그림 3-28(a)와 같이 상부의 롤이 관벽을 누르면서 회전하고 하부의 구동 롤이 회전함에 따라 돌아가면서 홈을 만드는 방식이다. 절삭가공은 관벽을 절삭공구로 깎아내는 방식으로서, 나사가공보다 깊이가 얕기 때문에 강도에는 무리가 없다.

표 3-16 강관용 그루브 조인트의 치수 (단위 : mm)

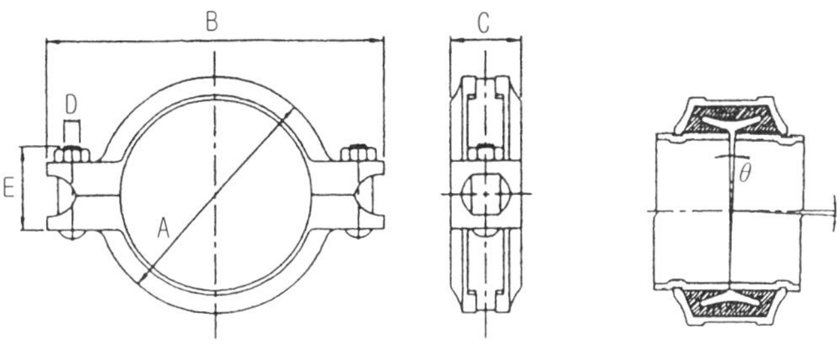

(치수단위 : mm)

관 호칭 지름	관 바깥지름	정격압력 (MPa)	조인트 치수			볼트 및 너트		허용 편심각[1]
			A	B	C	D	E	θ°
32	42.7	1.21	69.9	104	45	M10	50	4
40	48.6	1.21	75.4	114.3	45	M10	55	4
50	60.5	1.21	87	131	45	M10	55	4
65	76.3	1.21	104	152	45	M10	65	3
80	89.1	1.21	118	160	45	M12	65	3
100	114.3	1.21	147	194	50	M12	80	3
125	139.8	1.21	175	250	50	M14	100	2
150	165.2	1.21	204	270	50	M14	115	2
200	216.3	1.21	260	325	60	M16	140	1
250	267.4	1.21	316	380	60	M16	150	1
300	318.5	1.21	370	453	63	M20	165	1

주[1] 허용 편심각은 조인트 조립 후 관의 중심선(CL)과의 편심각이다.

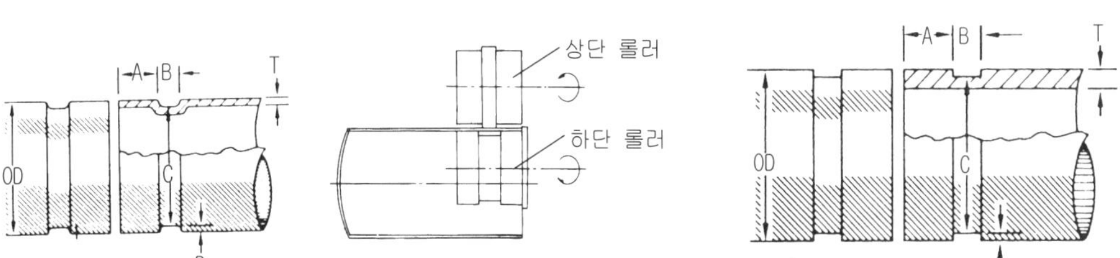

(a) 롤가공 (b) 절삭가공

그림 3-28 홈가공방식

(2) 랩 조인트

랩 플랜지 이음과 랩 유니언 이음이 있으며, P.179에 언급한 스테인리스강관의 랩 조인트 방법과 동일하다.

(3) DR 조인트

관끝의 이음부위에 돌기부를 만들어 DR이음쇠에 삽입한 다음 고정용 볼트를 조임으로써 이음이 완성된다. 돌기부를 만드는 전용공구가 필요하지만 이음이 간편한 방법으로, 호칭지름 15~300A까지 사용이 가능하다. 이음방법은 먼저 전용공구(휴대용 유압기)로 관의 끝부분에 돌기부를 만든다. 다음에 돌기부를 DR조인트에 끼우고 관을 회전시켜서 고정시킨 다음, 외부의 이탈방지 볼트를 조이면 된다. 이음쇠 내부에 삽입 고정된 고무패킹에 의해 배관의 이음부분이 밀폐된다. 이음이 단순하기 때문에 쉽게 조립이 가능한 방법이다.

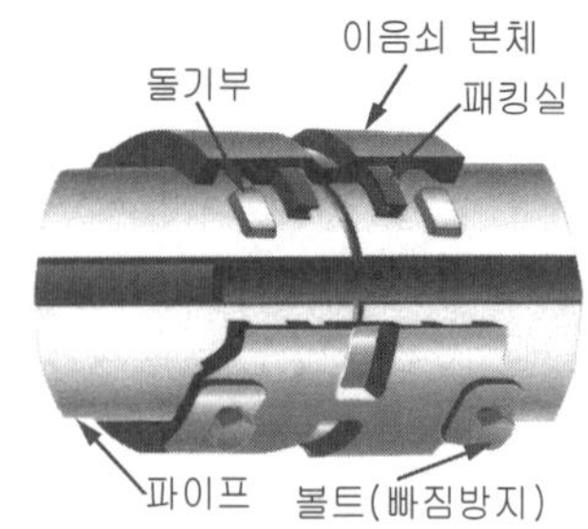

그림 3-29 DR 조인트

3.2 스테인리스강관 이음쇠

스테인리스강관의 이음은 일반적으로 두께가 두꺼운 배관용 스테인리스강관(STS-TP)의 경우 용접방식이 주로 사용되고 있다. 그러나 두께가 얇은 일반배관용 스테인리스강관(STS-TPD)의 이음에는 프레스식 · 그립식 · 압축식 · 고무링 이음식 등 각종 기계식 이음은 물론 납땜이나 용접이음 등 다양한 이음방법이 있다. 따라서 각종 이음방법에 적합한 이음쇠의 종류도 다양하게 개발되고 있다.

(1) 프레스식 이음쇠

일반배관용 스테인리스강관 프레스식 관이음쇠(KS B 1547, light gauge stainless steel pipe press fittings for ordinary piping)는 급수 · 배수 · 냉온수 등의 배관에 사용하는 일반배관용 스테인리스강관(STS 304 TPD 및 STS 316 TPD)을 프레스식으로 이음할 때 사용하는 이음쇠이다.

1) 이음쇠의 종류

표 3-17에 이음쇠의 종류와 기호를 그림 3-30에 이음쇠의 모양을 나타냈으며, 호칭지름 13~50mm까지 제조된다. 이음쇠의 접합부 내부 끝 부분에는 특수 합성고무링이 들어 있으며, 이음쇠에 관을 끼우고 전용압축공구로 누르면 접합된다.

이음쇠는 제조 후 2.5MPa{25kgf/cm^2} 이상의 수압으로 2분간 이상 또는 0.6MPa{6kgf/

cm²} 이상의 공기압을 가하여 5초간 유지시킨 상태에서 누설 등 결함이 없어야 한다. 또한 이음쇠에 길이 500mm 이상의 관을 접합시키고, 수압을 천천히 가하여 1.75MPa{17.5kgf/cm²}의 압력까지 상승시켜 2분간 유지하고 누설이나 뽑힘, 기타 결함이 없어야 한다. 프레스식 이음에 사용하는 고무링은 1종과 2종이 있으며, 1종은 호칭지름 25mm 이하에서 2종은 30mm 이상에서 사용한다.

표 3-17 프레스식 이음쇠의 종류(KS B 1547)

모양에 따른 종류		기 호	이음부 기호
소 켓	소 켓	S	P×P
	베어 소켓	BS	P×P
	지름이 다른 소켓	R	P×P
엘 보	엘 보	90 E	P×P
	45° 엘보	45 E	P×P
티	티	T	P×P×P
	지름이 다른 티	TR	P×P×P
캡		C	P
급수전용	급수전용 소켓	SW	P×F
	급수전용 엘보 Ⅰ형	EW-Ⅰ	P×F
	급수전용 엘보 Ⅱ형	EW-Ⅱ	P×F
	급수전용 티	TW	P×P×F
어댑터	어댑터 엘보 F	AE-F	P×F
	어댑터 엘보 M	AE-N	P×M
	어댑터 소켓 F	AS-F	P×F
	어댑터 소켓 M	AS-M	P×M

2) 프레스이음

프레스이음(press joint)은 특수 합성고무링이 들어 있는 프레스식 이음쇠에 관을 끼워넣고, 전용의 압축공구(press tool)로 누르면 그림 3-31과 같이 축소되어 이음되는 방법이다.

상품명인 **몰코 조인트**, **SR 조인트**, **EQ 조인트** 등으로 알려져 있다. 사용범위는 호칭지름 13~60Su로서, 이음시간이 빠르고 고도의 기술을 필요로 하지 않는다. 이음순서와 방법은 다음과 같다.

① 치수에 맞추어 관을 절단하고 거스러미를 제거한 다음, 이음부위를 깨끗이 닦아낸다.

② 라인 게이지(line gauge)로서 관의 삽입길이 위치를 정하여 2개의 선으로 표시한다.

③ 관을 이음쇠에 완전히 삽입한다.

④ 전용 압축공구 선단의 조임부(clamp jaw)를 관지름에 맞추어 장착한 다음, 클램프 조의 홈 부위를 이음쇠의 컬 부위(curl ; 고무링이 내장되어 볼록한 부분)에 대고 관과 직각으로 프레스공구를 유지하면서 스위치를 넣는다.

⑤ 클램프 조가 전동유압에 의해 천천히 이음쇠를 조이고 손에 가벼운 진동을 받을 때 스위치를 끄면 이음이 완료된다.

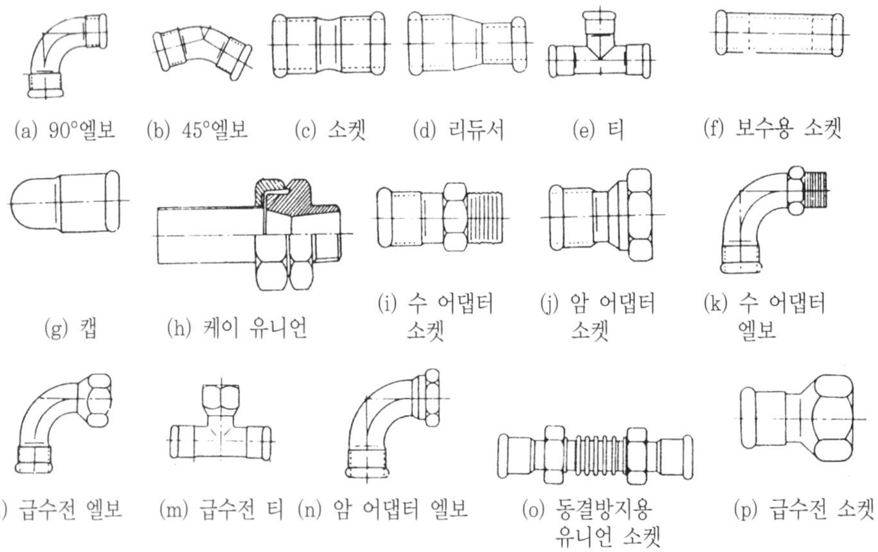

그림 3-30 프레스식 이음쇠

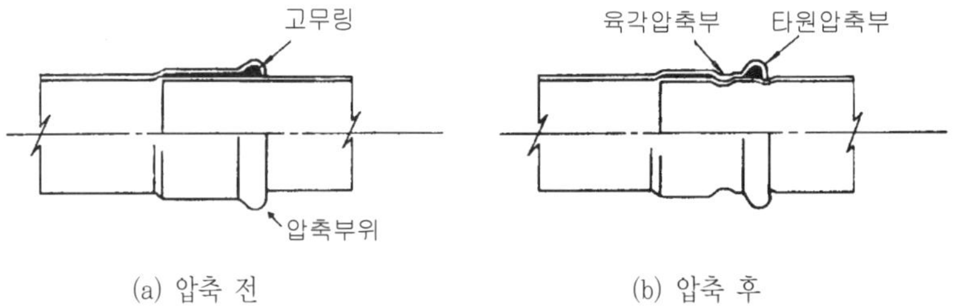

그림 3-31 프레스이음

(2) 그립식 이음쇠

일반배관용 스테인리스강관 그립식 관이음쇠(KS B 1549, grip type fittings for light gauge stainless steel pipe for ordinary piping)는 일반배관용 스테인리스강관(STS 304 TPD 및 STS 316 TPD)을 그립식으로 이음할 때 사용하는 이음쇠로서, 호칭지름 13~50 Su까지 제조된다. 표 3-18에 그립식 이음쇠 접합부의 치수를 나타냈다.

표 3-18 그립식 이음쇠 접합부의 치수 (단위 : mm)

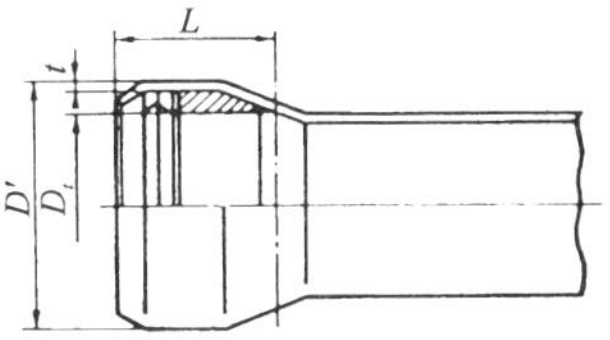

호칭방법 \ 기호	t	D_1		D'	L
	최소	최대	최소	최대	최소
13 Su	0.6	16.18	15.89	24.80	17
20 Su	0.8	22.52	22.23	31.90	17
25 Su	0.8	28.88	28.59	39.70	19
30 Su	1.0	34.94	34.34	46.52	19
40 Su	1.0	43.73	43.13	55.32	19
50 Su	1.0	49.69	49.09	61.32	19

그립식 이음(grip type joint)은 고무링과 물림링이 장착되어 있는 그립식 이음쇠의 수구부(受口部)에 관을 끼워넣고 전용의 그립공구로 죄어 붙여서 이음하는 방법이다. 관을 삽입할 때는 미리 삽입길이를 표시한 다음, 표시점을 확인하면서 끼워넣는 것이 바람직하다. 그림 3-32에 그립식 이음의 예를 나타냈다.

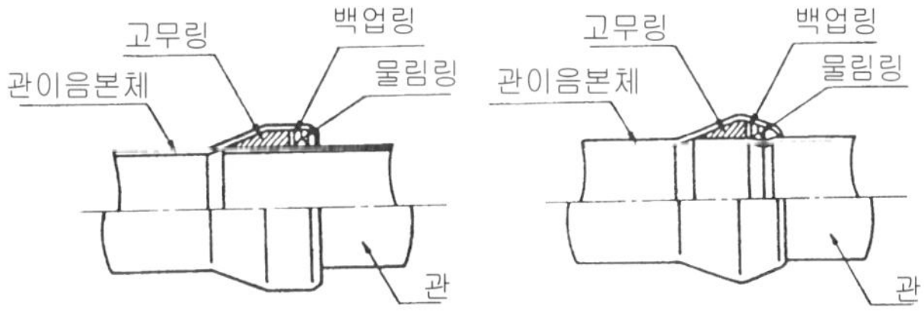

그림 3-32 그립식 이음의 예

(3) 용접식 이음쇠

맞대기용접식 이음쇠(KS B 1541/1543, butt weld type stainless steel pipe fittings for ordinary piping)가 사용되며, 용도에 따라 일반배관용 스테인리스강관(STS-TPD, Su pipe라고도 한다)과 배관용 스테인리스강관(STS-TP, Sch No pipe라고도 한다)에 사용하는 스테인리스강제 이음쇠로 나누어진다. 그림 3-33에 이음쇠의 종류를 나타냈다.

일반배관용 스테인리스강관에 사용하는 용접식 이음쇠는 호칭지름 30 Su부터 사용이 가능하며, 그 부속의 개선각은 그림 3-33(a)와 같이 안쪽으로 되어 있다. 또한 개선 가공한 이음쇠의 끝부분 두께는 일반배관용 스테인리스강관의 두께와 동일하다.

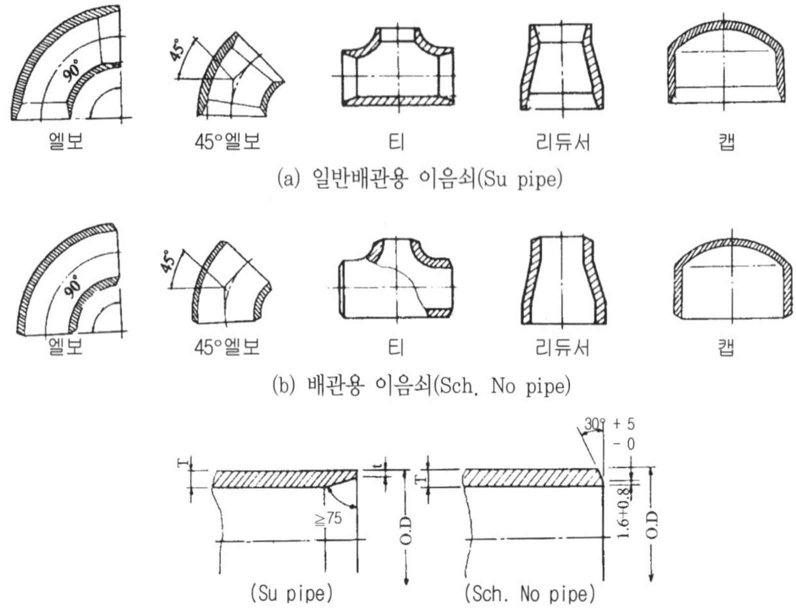

그림 3-33 용접식 이음쇠의 종류와 단면의 베벨가공 형상

용접이음은 이음부의 강도가 높은 확실한 접합으로 신뢰도가 높다. 수동으로 하는 경우는 기술과 숙련을 필요로 한다. 용접에는 피복아크용접법과 TIG용접법이 있으나 스테인리스강관의 경우 두께가 얇기 때문에 작은 전류로도 아크가 안정되어 열집중이 좋은 TIG용접이 많이 이용되고 있다.

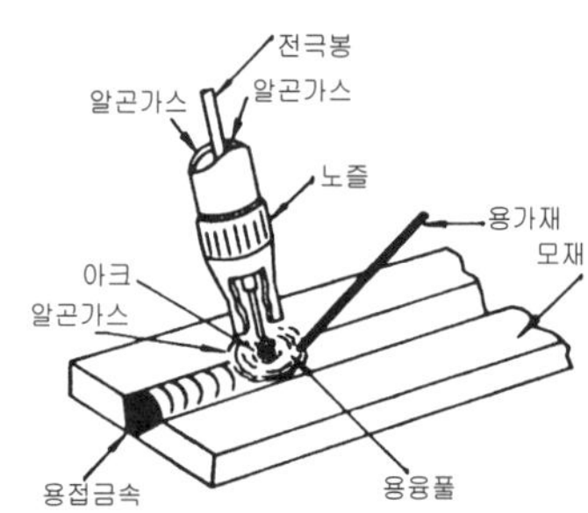

그림 3-34 TIG 용접의 예

TIG용접시 주의사항은 다음과 같다.

① 용접부위의 기름, 페인트, 먼지, 수분 등 이물질의 부착물은 반드시 제거한다.

② 가용접은 용접면의 간격이 일정하도록 한 다음 필요한 최소한의 입열로 용접한다. 가용접의 간격은 관두께의 20~25배가 좋으며, 가용접 후 와이어브러시 등으로 깨끗이 닦아낸다.

③ 용접전류는 가능한 한 낮추고 용접속도를 느리게 하는 것이 바람직하다. 1층 용접인 경우는 관 내측까지 충분히 용융시키고, 불활성가스를 관내에 공급 · 충진시키면서 용접한다.

④ 관의 두께가 3mm 이상의 경우는 다층용접을 한다. 이때 1층 용접은 양호한 내면 비드(백 비드)를 얻기 위함이고, 2층째부터는 용가재를 이용해서 용접부위를 육성하기 위함이다.

⑤ 다층용접의 경우 각 층마다 와이어브러시로 표면의 스케일 · 이물질 등을 완전히 제거한

후, 다음 층을 용접한다.

⑥ 용융금속의 산화방지를 위하여 불활성가스로 충분히 밀폐시키는(대기를 차단) 용접방법을 취한다.

⑦ 용접 종료시는 아크를 끊기 전에 반드시 크레이터(crater) 처리를 행한다. 크레이터 처리가 제대로 이루어지지 않은 경우 핀홀(pin hole)이 깊어져 누수의 원인이 된다.

(4) 압축이음쇠

압축식 이음쇠는 그림 3-35와 같이 소켓 본체와 슬리브 및 너트로 구성되어 있으며, 사용범위는 호칭지름 13~40 Su이다. 이음쇠 본체의 접합부에 슬리브를 끼운 관을 삽입하고, 너트로 조여서 이음한다. 압축이음의 장점은 스패너 2개로 간단히 이음할 수 있고, 분해 및 조립이 쉬워서 보수·수리시 유리하다.

이음순서는 다음과 같다.

① 관을 이음쇠(소켓 본체)에 완전히 끼워 넣는다.

② 너트를 손으로 돌려넣어 더 이상 체결이 안 되는 위치에서 이음쇠 본체와 너트에 매직잉크 등으로 표시한다.

③ 이음쇠를 스페너로 조인다. 너트의 표시를 보면서 호칭지름 13~25 Su의 관은 표시위치로부터 1과 1/6회전, 30~40 Su는 약 1회전 조여서 접합한다.

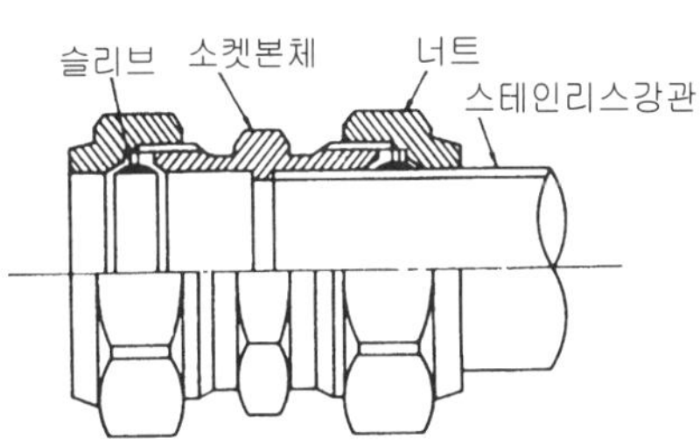

그림 3-35 압축이음

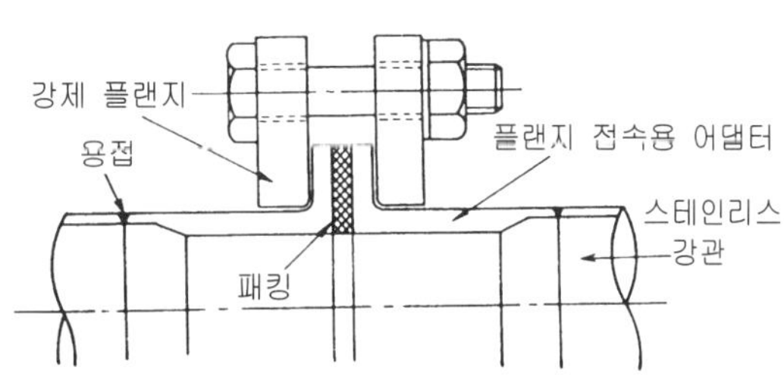

그림 3-36 플랜지이음(일반 배관용)

(5) 플랜지

스테인리스강 재질의 플랜지로서 전술한 3.1.3항의 강제 용접식 플랜지(KS B 1503)와 동일하다. 호칭압력 5K, 10K, 16K, 20K, 30K가 사용되고 있다.

일반배관용 스테인리스강관(KS D 3595)을 플랜지로 이음하는 경우는 두께가 얇기 때문에 그림 3-36과 같이 플랜지 이음부를 두껍게 하기 위해서 스테인리스강제의 플랜지 이음용 어댑터(lap joint ; stud end)를 용접하여 이음한다. 플랜지용 패킹은 가용성 염소분, 마그네슘, 수분 등을 함유하지 않은 것으로 한다.

(6) 하우징이음(빅토릭 조인트)

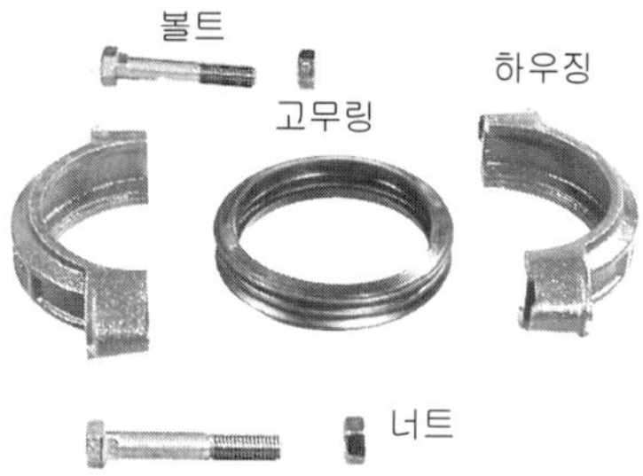

그림 3-37 하우징 커플링의 구성

하우징이음(housing joint)은 3.1.4 (1)항의 그루브이음과 동일한 방식이다. 커플링의 구성은 그림 3-37과 같이 고무링, 하우징(housing), 볼트·너트로 구성되어 있으며, 호칭지름 25~60 Su에 적용한다. 관끝의 모양을 변형시키는 방식에 따라 3가지 형식이 사용되고 있다. 그루브형(groove type)은 전용공구로 관끝에 홈을 만든 형식이고, 링형(ring type)은 관끝에 강제품의 링을 용접한 형식이며, 숄더형(shoulder type)은 관끝에 철띠(collar)를 용접한 형식이다.

하우징이음법은 스테인리스강관뿐만 아니라 배관용 탄소강관, 동관 등에도 적용되며, 사용범위가 증대되어 가고 있다. 그루브형은 강관의 그루브이음과 동일한 형식이다. 숄더형과 링형은 그림 3-38과 같이 철띠 또는 링을 용접한 STS 316제 단관에 스테인리스강관을 용접하고, 고무링을 단관의 양 끝에 걸리도록 끼워넣은 다음 그 위에 하우징을 씌워 볼트와 너트로 조여서 접합한다.

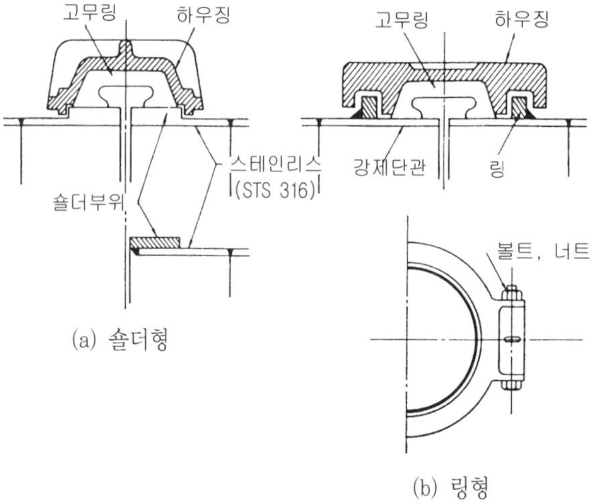

그림 3-38 하우징(빅토릭)이음

(7) 나사식 이음쇠

일반배관용 스테인리스강관을 나사이음용 어댑터를 사용하여 나사이음하는 경우, 스테인리스강 제품의 나사식 이음쇠 또는 청동제 이음쇠가 사용된다. 이음쇠의 모양은 KS B 1531(나사식 가단주철제 관이음쇠)에 규정한 이음쇠와 유사하며, 재질만 스테인리스강 또는 청동제로 제조한 것이다. 나사이음은 관용 테이퍼나사(KS B 0222)로 가공한 스테인리스강제 어댑터와 나사식 이음쇠를 사용하여 이음하는 방식이다. 어댑터는 관과 이음하는 방식에 따라 용접식과 확관방식이 있다.

그림 3-39(a)는 어댑터와 관을 용접으로 이음한 다음, 나사식 이음쇠와 결합한 상태를 나타낸 것이다. 그림 (b)는 확관나사식 어댑터와 관과의 접합상태를 나타낸 것으로서, 상품명인 E 조인트(E joint)로 불리고 있다. 나사가공과 내부에 홈가공한 어댑터를 관에 삽입하고 전용의 확관공구를 사용하여 안쪽에서 확관시킴으로써 어댑터와 관을 밀착시킨 상태이다. 관의 이음방법은 강관의 나사이음과 동일하며, 이음쇠의 재질은 스테인리스강제 또는 청동제(BC 6)로서 지름이 작은 관에 사용한다.

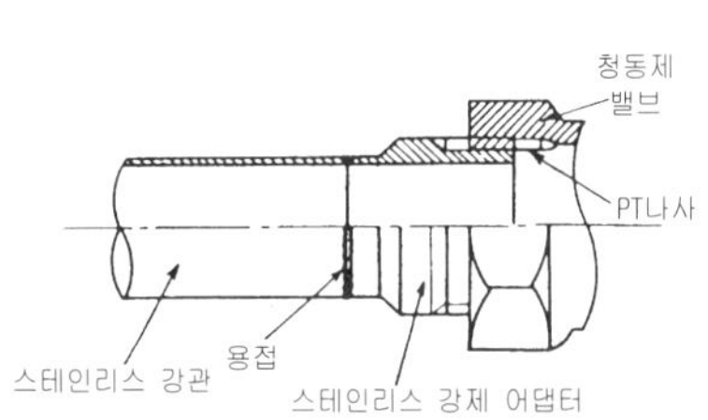

(a) 용접식 어댑터 사용

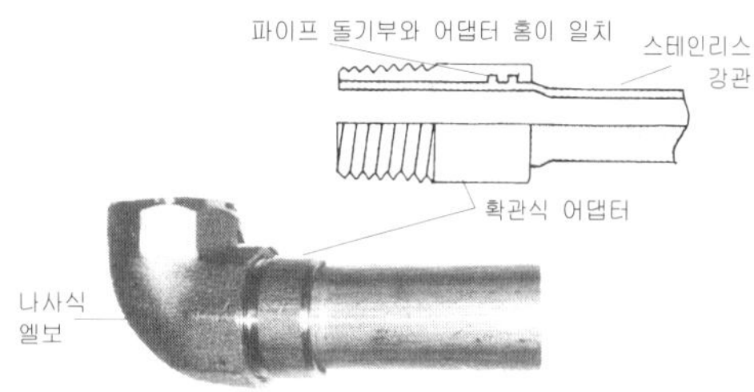

(b) 확관식 어댑터 사용

그림 3-39 나사식 이음

(8) 납땜식 이음쇠

일반배관용 스테인리스강관의 납땝이음에 사용되며, 호칭지름 13∼25 Su의 작은 관에 적용된다. 납땜이음은 용제에 의한 스테인리스강의 부식으로 인하여 과기에는 사용되지 않았으나 현재에는 용제가 개량되어 폭넓게 적용할 수 있게 되었다. 사용공구가 작고, 간단하며, 가격이 저렴한 이점이 있다.

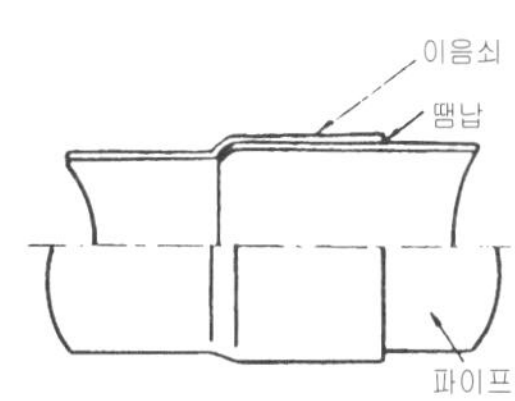

그림 3-40 납땜이음

납땜이음에 사용하는 열원으로는 토치램프와 전기히터가 있으나 스테인리스강은 열전도율이 나쁘기 때문에 토치램프를 사용하는 경우 균일한 가열이 어렵고, 접합불량이 되기 쉬우므로 충분한 주위가 필요하다. 반면 전기히터는 균일하게 가열할 수 있어서 양호한 이음을 할 수 있다.

1) 토치램프(torch lamp)를 사용하여 납땜이음을 하는 순서와 방법

① 관의 이음부위를 표면이 빛날 때까지 샌드페이퍼(# 180) 등으로 닦는다.

② 비부식성 용제(flux)를 관과 이음쇠의 접합면에 충분히 바른다.

③ 토치램프로 도포한 용제의 표면을 약한 불꽃으로 천천히 가열한다.

④ 거품이 생기면서 은빛으로 변하면 가열을 멈추고 마른 천으로 찌꺼기를 닦아내고, 물이

나 젖은 천으로 냉각시킨다.

⑤ 관을 이음쇠에 끼우기 전에 다시 한번 관 및 이음쇠의 접합부위에 용제를 충분히 바르고, 관이 이음쇠의 스토퍼(stopper)에 닿을 때까지 끼워넣는다.

⑥ 이음부위 전체를 약한 불꽃으로 천천히 균일하게 가열한다. 이음부위에서 용제가 부풀기 시작하면(83℃) 가열을 멈추고 땜납을 불꽃에 녹여서 관과 이음쇠의 경계에 작은 덩어리로 둔다.

⑦ 다시 이음부위 주위를 천천히 균일하게 가열(183～235℃)한다. 이음쇠 입구의 주위가 은색으로 빛나서 땜납 덩어리가 용해되어 이음쇠에 흡입되는 시점에서 가열을 멈춘다.

⑧ 땜납을 불꽃에 다시 녹여 이음부 외부에 충분히 채워준다. 이때 이음부위를 가열해서는 안 된다.

⑨ 이음부를 젖은 헝겊 등으로 냉각시켜준다.

2) 전기히터를 사용하는 경우의 작업순서

① 관의 지름에 맞추어 팁(tip)을 전기히터에 장착시키고, 전기 온도를 높인다.

② 관과 이음쇠의 접합부위에 용제를 바른 후 관을 이음쇠에 끼워넣는다.

③ 미리 가열한 전기히터에 이음쇠의 접합부를 끼우고 거품이 나올 때까지 가열한다.

④ 가열된 전기납땜인두로 관 바깥지름의 약 1.5배 정도 길이의 납을 녹이면서 접합부를 채운다.

⑤ 전기히터를 떼어내고 전기납땜인두로 약간의 납을 접합부에 녹여 넣으면서 균일하게 부착되도록 한다.

⑥ 이음부위를 물 또는 젖은 헝겊으로 냉각시킨다.

(9) 기타 이음쇠

일반배관용 스테인리스강관(KS D 3595)의 이음은 최근에 기존의 이음방식을 조금씩 변형시켜 다양하게 개발하고 있으며, 이에 따른 각종 이음쇠가 여러 가지 상품명으로 시판되어 활용되고 있다. 각종 이음쇠가 모두 조임공구 하나로 간단히 이음할 수 있도록 되어있다.

1) 스냅링 이음쇠

스냅링(snap ring) 이음쇠는 제조회사의 상품명인 P.L 조인트(P.L joints)라는 이름으로 사용되고 있다. 그림 3-41과 같이 본체, 커플링, 록와셔, 평와셔 및 패킹으로 구성되어 있으며, 용도에 따라 다양한 이음쇠가 제조되고 있다. 관을 이음쇠에 삽입하고 커플링을 조이면, 고정와셔가 퍼지면서 관에 강하게 압착되어 이탈방지 홈을 만들며 홈에 삽입되어 관의 이탈을 방지한다. 또한 평와셔가 패킹의 과도한 압착을 방지함으로써 패킹의 탄성을 유지할 수 있는 구조로 되어 있다. 이음의 특징으로는 별도로 관을 확관하거나 홈가공을 하지 않고도 작업이 가능하다. 이음쇠의 재질은 스테인리스강(STS 304) 주조품으로 호칭지름 13~50 Su가 제조된다.

그림 3-41 스냅링 이음의 예

2) 베카 조인트(beca joint)

전용공구에 의해 관끝을 90°로 젖혀서 이음쇠 본체에 끼워진 링(o-ring) 사이에 물리게 하고 너트를 조여서 이음하는 구조이다.

가공면이 링과 너트 사이에 물리게 되어 있어서 누수와 배관의 이탈을 방지할 수 있도록 하였다. 이음쇠의 접합상태는 그림 3-42와 같으며, 이음쇠의 재질은 청동제(BC 6)로서 호칭지름 13~125 Su가 제조된다.

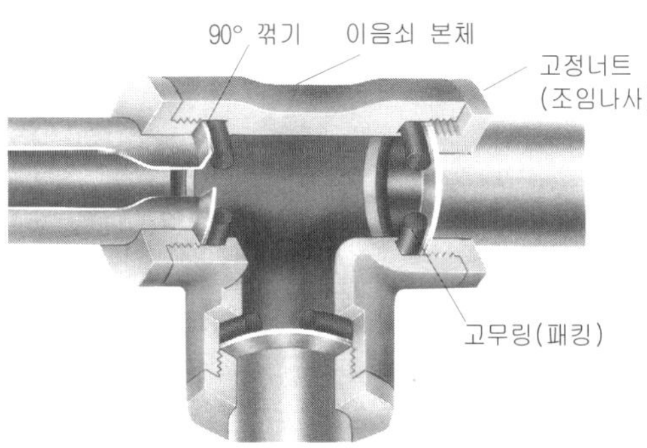

그림 3-42 베카 조인트의 예

3) 원 조인트(won joints)

베카 조인트와 유사한 방식이나 관끝을 90°로 젖히는 대신 소켓모양으로 확관하여 이음쇠 본체에 끼우고, 너트를 조여서 체결하는 방식이다. 관의 확관은 공장제작 또는 현장제작에 의한다. 배관시 수격작용 등으로 인한 급격한 압력변화에도 누수를 방지하기 위하여 이음쇠 내부에 별도의 링(o-ring)을 장착하여 확관식 관의 패킹과 함께 이중구조로 하였다. 이음쇠의 접합상태는 그림 3-43과 같으며, 이음쇠의 재질은 스테인리스강(STS 304)으로 호칭지름 13~60 Su가 제조된다.

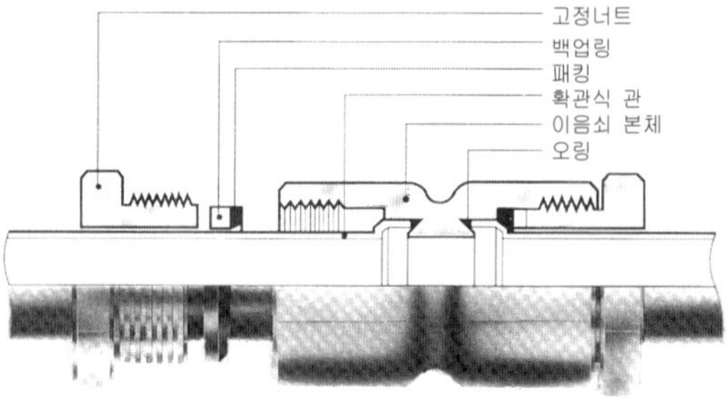

그림 3-43 원 조인트의 예

4) 메카톱 조인트(mechatop joint)

전용공구로 관 끝부분에 돌출부를 만들어 이음쇠 본체에 너트를 조여서 체결하는 방식이다. 그림 3-44와 같이 이음쇠 본체와 너트 사이에서 관의 돌출부(Ω형)가 걸림으로써 수격작용 발생시의 고압력이나 온도변화, 진동 등에서도 관의 이탈을 방지하도록 하였다. 또한 특수구조로 된 고무패킹이 패킹 하우징 속에 들어가 있으므로 패킹의 이동 없이도 유체가 밀폐되도록 한 구조이다. 소구경에서 대구경까지 사용할 수 있으며, 이음쇠의 재질은 청동제(BC 6)로 호칭지름 20~125 Su가 제조된다.

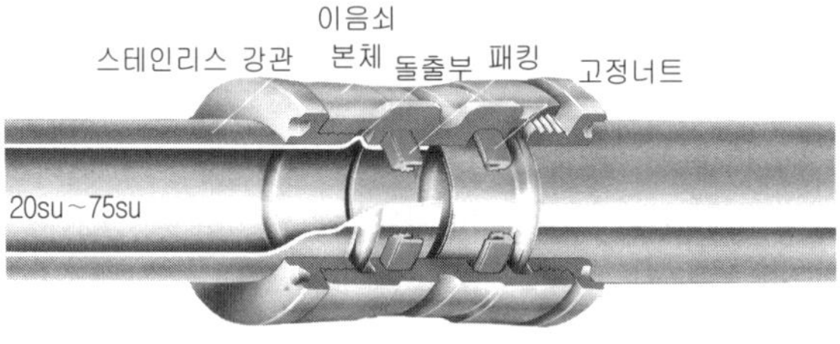

그림 3-44 메카톱 조인트의 예

5) 링 조인트

패킹과 링이 조립되어 있는 이음쇠에 관을 삽입하고, 고정너트를 조이면 이음이 끝난다. 그림 3-45와 같이 삽입관에 조임나사를 먼저 끼우고, 다음에 관의 조임링을 끼운 다음 패킹(실리콘 또는 테플론 패킹) 속으로 관을 끝가지 밀어넣고 결합한다. 이때 절개된 조임링은 원형으로 되면서 관을 강하게 밀착시키고 패킹을 압착하여 누수와 기밀이 유지된다.

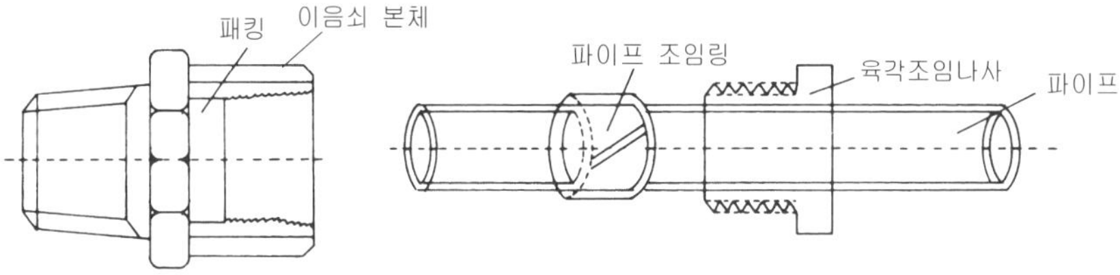

그림 3-45 링 조인트의 조립방법

6) 랩 조인트

관끝을 넓혀 그림 3-46과 같이 직각으로 꺾어서 여기에 플랜지 또는 유니언을 사용하여 이음한다. 이 방식은 스테인리스강관뿐만 아니라 동관이나 강관 등에도 적용할 수 있다. 그러나 재질이나 작업방법에 따라서는 꺾이는 부분이 약해져 강도가 떨어질 우려가 있으므로 주의할 필요가 있다. 일반적으로 랩 유니언은 관의 호칭지름 50mm 이하에 사용하며, 랩 플랜지는 65mm 이상에 적용한다.

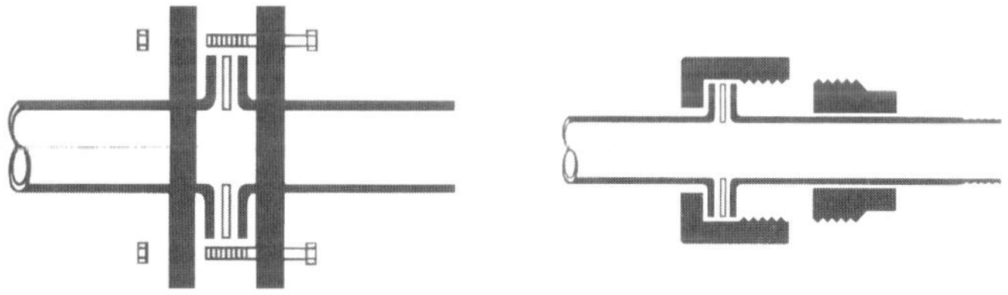

(a) 랩 플랜지　　(b) 랩 유니언

그림 3-46 랩 조인트

3.3 주철 이형관

주철관을 배관할 때 사용하는 이음재로서, 강관의 이음쇠에 해당되며 주철관에서는 이형관(異形管)으로 부른다. 용도에 따라 수도용과 배수용이 있으며, 이음형태에 따라서는 소켓식(허브형), 메커니컬식, KP 메커니컬식, 타이튼식, 플랜지식 등이 있다.

3.3.1 주철 이형관의 종류

(1) 덕타일주철 이형관

덕타일주철 이형관(KS D 4308, ductile iron fittings)은 덕타일 주철관을 배관할 때 사용하는 이형관으로서, 이음방식에 따라 메커니컬 조인트 이형관(mechanical joint type), 케이피 메커니컬 조인트 이형관(KP mechanical joint type), 타이튼 조인트 이형관(tyton joint type), 플랜지 조인트 이형관(flange type) 등이 있다. 또한 각 이음방식의 이형관마다 표 3-19와 같이 플랜지 소켓관, 플랜지관, 이음관, 편락관, 곡관(90°, 45°, $22\frac{1}{2}$°, $11\frac{1}{2}$°), T형관 등이 있다. 그림 3-47에 덕타일 주철 이형관의 종류를 나타냈다.

표 3-19 덕타일주철 이형관의 종류(KS D 4308)

이음방식	종류
메커니컬 조인트	플랜지 소켓관, 이음관, 90° 소켓곡관(A, B형), 45° 소켓곡관(A, B형), $22\frac{1}{2}$° 소켓곡관(A, B형), $11\frac{1}{4}$° 소켓곡관(A, B형), 소켓플랜지 T형관(A, B형), 소켓 T형관(A, B형), 소켓 편락관
KP 메커니컬 조인트	플랜지 소켓관, 이음관, 90° 소켓곡관(A, B형), 45° 소켓곡관(A, B형), $22\frac{1}{2}$° 소켓곡관(A, B형), $11\frac{1}{4}$° 소켓곡관(A, B형), 소켓플랜지 T형관(A, B형), 소켓 T형관(A, B형), 소켓 편락관(A, B, C형)
타이튼 조인트	플랜지 소켓관, 90° 소켓곡관(A, B형), 45° 소켓곡관(A, B형), $22\frac{1}{2}$° 소켓곡관(A, B형), $11\frac{1}{4}$° 소켓곡관(A, B형), 소켓플랜지 T형관(A, B형), 소켓 T형관(A, B형), 소켓 편락관
플랜지	플랜지관, 플랜지 편락관, 마개플랜지, 90° 곡관(A, B형), 소화전 곡관, 45° 곡관(A, B형), T형관

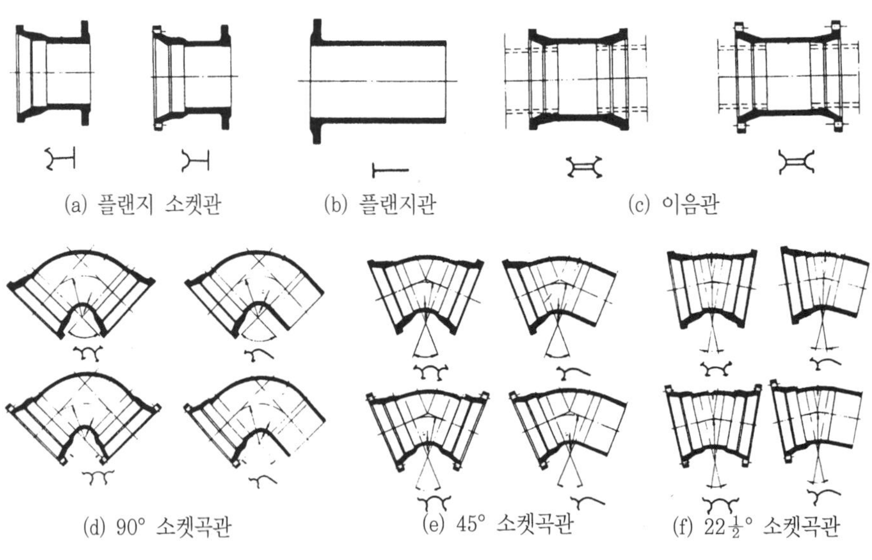

(a) 플랜지 소켓관 (b) 플랜지관 (c) 이음관

(d) 90° 소켓곡관 (e) 45° 소켓곡관 (f) $22\frac{1}{2}$° 소켓곡관

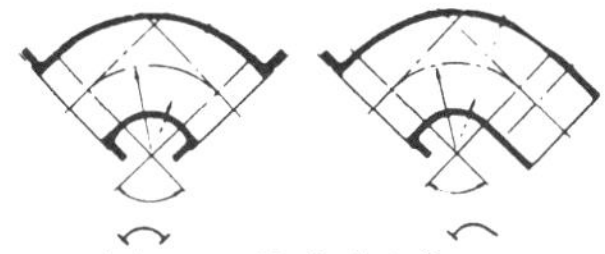
(h) 90° 플랜지곡관

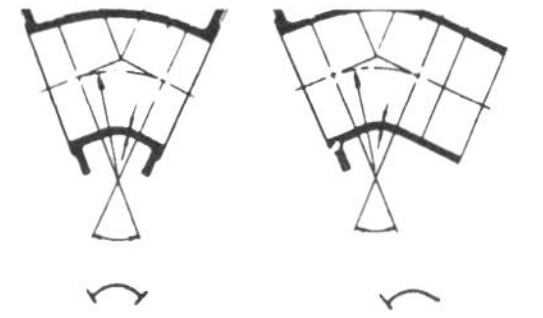
(i) 45° 플랜지곡관

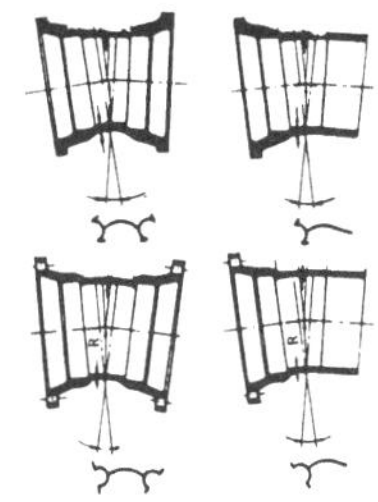
(h) $11\frac{1}{4}$° 소켓곡관

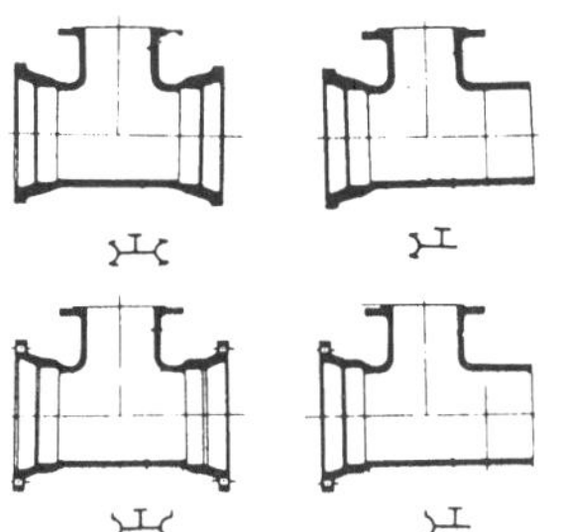
(j) 소켓플랜지 T형관

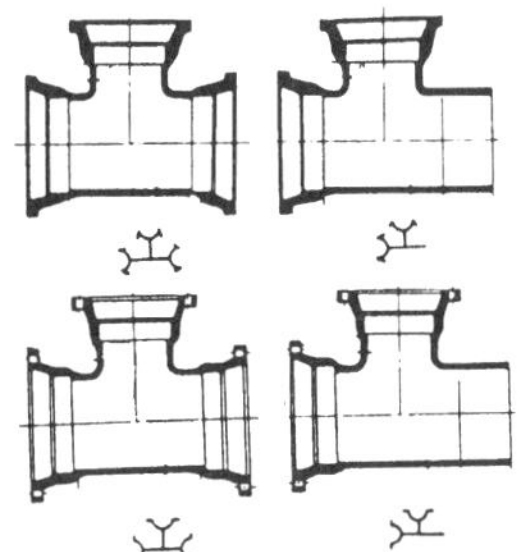
(k) 소켓 T형관

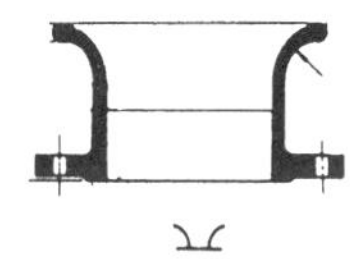
(l) 나팔관

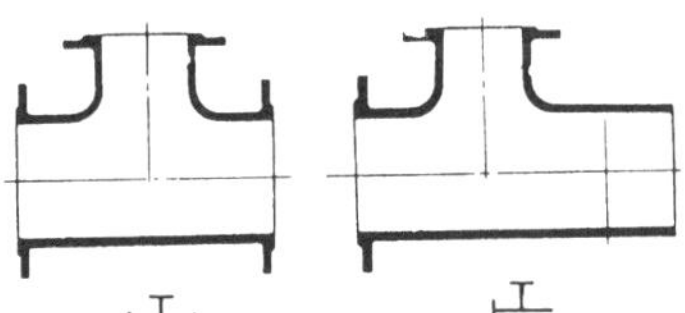
(m) 플랜지 T형관

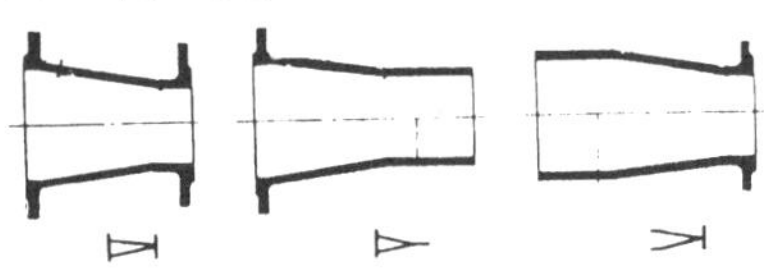
(n) 플랜지 편락관

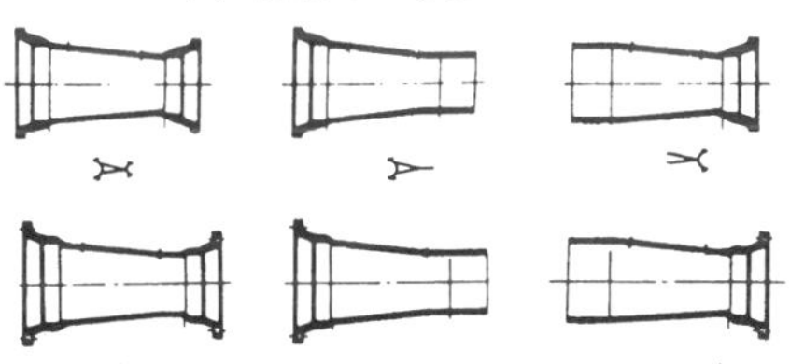
(o) 소켓 편락관

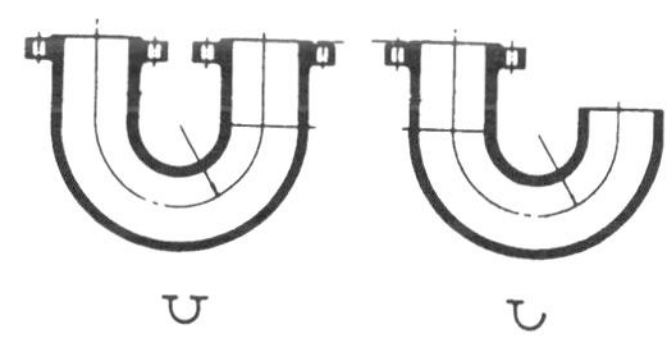
(p) U형관

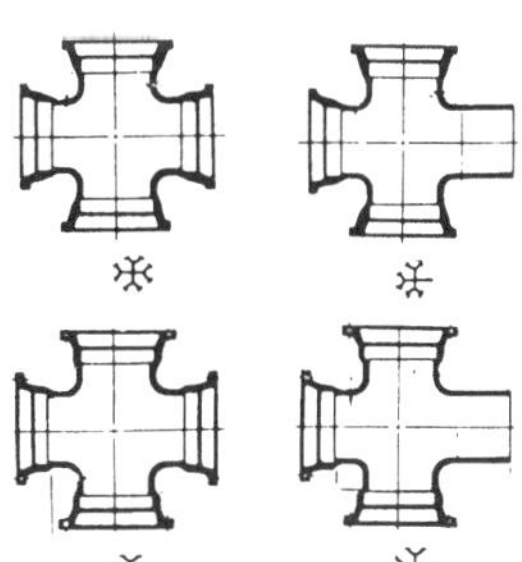
(q) 소켓 십자관

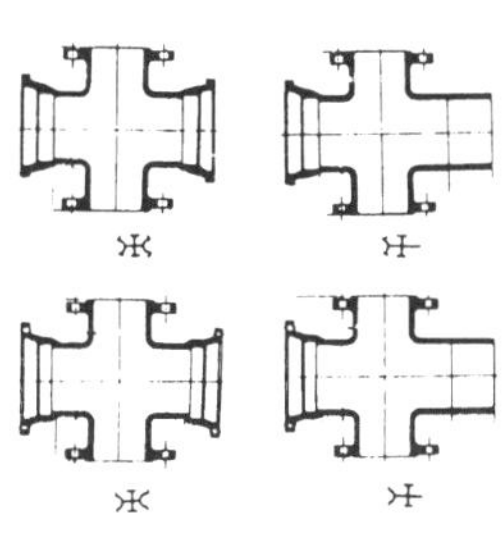
(r) 소켓 플랜지 십자관

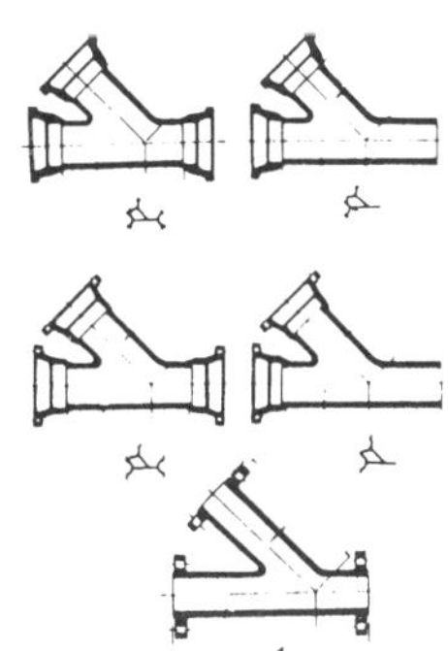
(s) Y형관

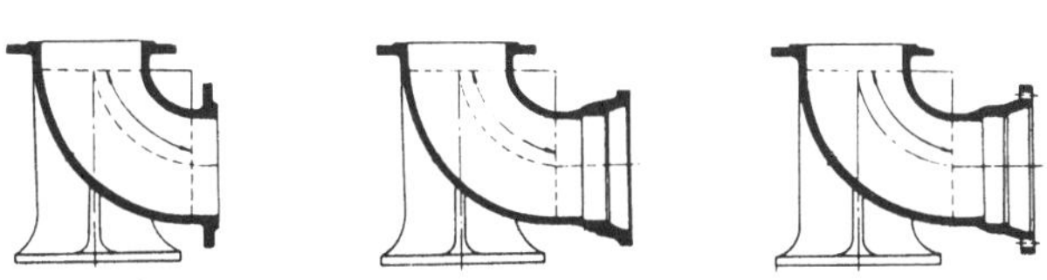
(t) 90° 소화전용 곡관

(u) 마개 플랜지

그림 3-47 덕타일주철 이형관

(2) 수도용 주철 이형관

수도용 주철 이형관(KS D 4309, cast-iron pressure fittings for water works)은 수도용 주철관을 배관할 때 사용하는 이형관으로 이음부의 모양에 따라 레드 조인트 이형관(lead joint type), 메커니컬 조인트 이형관, 플랜지 조인트 이형관으로 나누어진다. 각 이음관은 사용개소에 따라 다음과 같은 종류가 있다.

① 분기점인 경우 : T형관, 십자관, Y관
② 배관이 굴곡할 때 : 90°곡관, 45°곡관, $22\frac{1}{2}$°곡관, $11\frac{1}{4}$°곡관
③ 지름이 다른 경우 : 편락관(테이퍼관)
④ 기설 배관에서 분기관을 낼 때 : 이음관, 플랜지 소켓관, 플랜지관
⑤ 소화전을 장치하는 곳 : 소화전관
⑥ 배관의 끝 : 캡, 플러그, 마개 플랜지

이형관의 최대사용 정수두는 75m 이하이지만 호칭지름 500mm 이하의 관은 100m까지 사용할 수 있다. 수압시험은 호칭지름 300mm 이하는 2.45MPa{25kgf/cm^2}, 300~600mm는 1.96MPa{20kgf/cm^2}, 700~1200mm는 1.47MPa{15kgf/cm^2}로 실시한다.

(3) 배수용 주철관 이형관

배수용 주철관 이형관(KS D 4307, cast-iron soil pipe fittings)은 배수용 주철관을 배관할 때 사용하는 이형관으로서, 허브형(소켓관), 노허브형, 패스트 조인트형, 메커니컬 조인트형(플랜지이음형)이 있다. 메커니컬형 이형관의 볼트구멍수는 호칭지름 50mm까지는 2개소, 75~150mm는 3개소, 200mm는 4개소이다.

배수용 이형관의 특징은 배수가 원활하게 흐르고 이음부분에서 오물이 막히는 것을 방지하기 위한 구조로 되어 있다. 표 3-20에 각종 이형관의 종류를, 그림 3-48에 이형관의 모양을 나타냈다.

표 3-20 배수용 주철관 이형관(허브형)의 종류(KS D 4307)

구 분	종 류
곡 관	90° 단곡관, 90° 장곡관, 45° 곡관, 22½° 곡관
Y 관	Y관 · 양 Y관, 이형 Y관 · 이형 양 Y관, 90° Y관 · 90° 양Y관, 이형 90° Y관 · 이형 90° 양 Y관
T 관	배수 T관, 이형 배수 T관, 통기 T관, 이형 통기 T관
기 타	확대관, U트랩, 이음관
연관 이음용	이형관 플랜지, Y관, 이형 Y관, 배수T관, 이형 배수T관 밴드 및 고무링(노허브형의 경우)

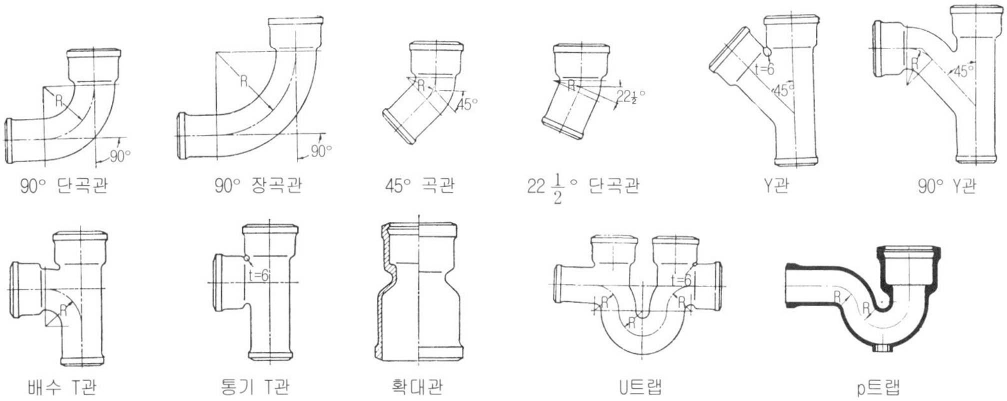

(a) 허브형

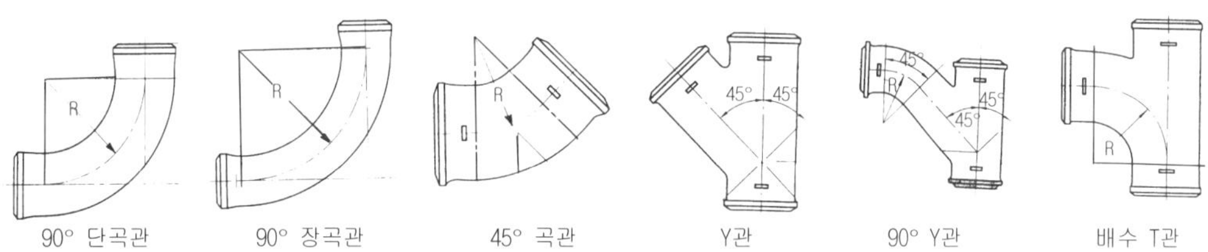

(b) 노허브형

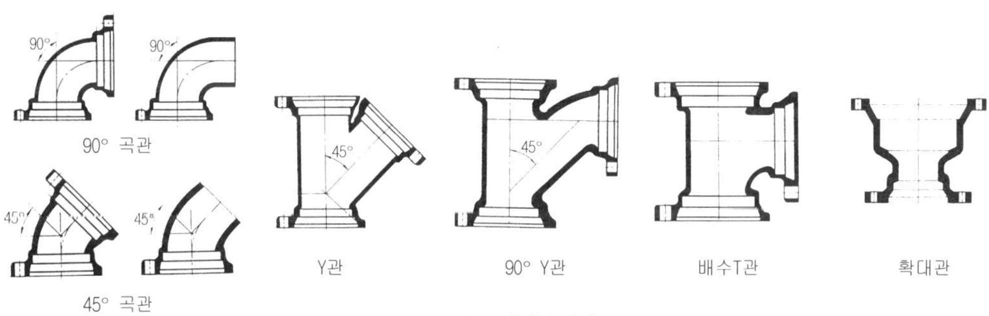

(c) 메커니컬형

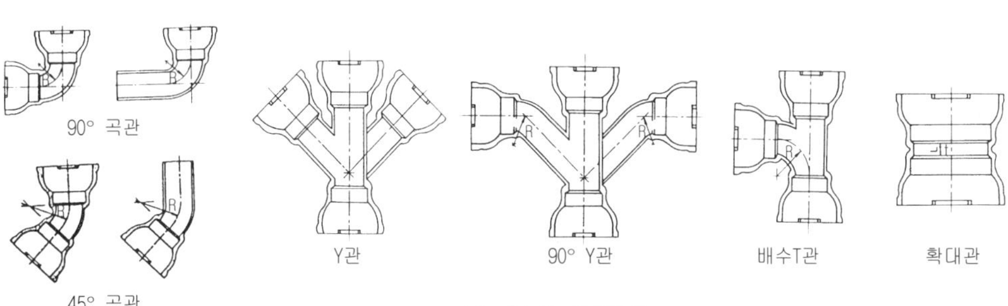

(d) 패스트 조인트형

그림 3-48 배수용 주철관 이형관

3.3.2 주철관의 이음방법

주철관의 이음에는 수도용으로 메커니컬이음 · 타이튼이음 · 플랜지이음이, 배수용으로는 소켓이음 · 노허브이음 · 플랜지이음 · 패스트 조인트 등이 이용되고 있다.

(1) 메커니컬이음

메커니컬이음(mechanical joint)은 소켓에 고무링을 삽입하고, 압륜(押輪)으로 죄어서 볼트로 체결하는 이음으로, 흔히 메커니컬 조인트라고 부른다. 소켓이음과 플랜지이음의 특징을 이용한 것으로 기밀성이 우수하고, 탄력성이 있어서 현재 많이 사용되고 있는 이음방식이다.

메커니컬이음의 특징은 다음과 같다.

① 기밀성이 좋으며, 고압에 대한 저항이 크다.
② 충격과 진동을 흡수하며 지진, 기타 외압에 대하여 굽힘성이 풍부하다.
③ 간단한 공구로 신속하게 이음이 되며, 특별한 숙련이 필요하지는 않다.
④ 강관, PVC관 등 다른 재질의 관과 연결이 가능하다.
⑤ 물 속에서도 작업이 가능하다.

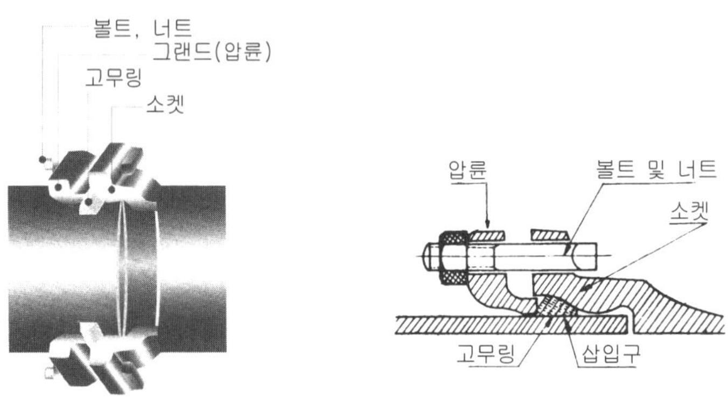

그림 3-49 메커니컬이음

이음순서와 방법은 다음과 같다.

① 삽입구의 외부와 소켓의 내부 및 볼트구멍을 깨끗이 청소한다.
② 삽입구에 압륜을 넣는다.
   - 압륜을 깨끗이 닦은 후 가볍게 돌리면서 넣는다.
③ 삽입구에 고무링을 넣는다. 고무링은 삽입구 끝면에서 12~15cm 위치에 두며 특히 압륜과 고무링방향이 다르지 않도록 주의한다.

- 삽입구의 외면과 소켓의 내면, 고무링에 비눗물을 바르고 삽입하면 고무링이 비틀어지지 않고 미끄러지므로 작업이 쉽다.

④ 삽입구를 소켓에 끼워 넣는다. 이때 관의 신축이나 굽힘 등을 고려하여 양쪽 관 끝면 사이를 5~7mm 정도의 간격을 둔다.

- 삽입구 끝면에서 일정길이에 백색 페인트로 표시해두면 들어간 길이를 정확히 알 수 있다.

⑤ 고무링과 압륜을 맞춘다.

- 압륜과 삽입구 외면 사이에 쐐기를 넣으면 간격과 볼트구멍을 맞추기가 쉽다.

⑥ 볼트를 끼우고 가볍게 죈다.

- 먼저 4조의 볼트를 끼우고 가볍게 죈 다음 나머지 볼트를 끼운다.

⑦ 너트를 죈다.

- 먼저 상하 너트를 죈 다음에 양쪽의 너트를 조이는 순서로 대칭되도록 해서 너트를 조금씩 죈다. 이때 한번에 조이지 말고, 5~6회에 걸쳐 전체를 서서히 죄어간다. 표준 체결토르크는 호칭지름 75mm관은 600kgf-cm, 호칭지름 100~300mm관은 1,000kgf-cm이다.

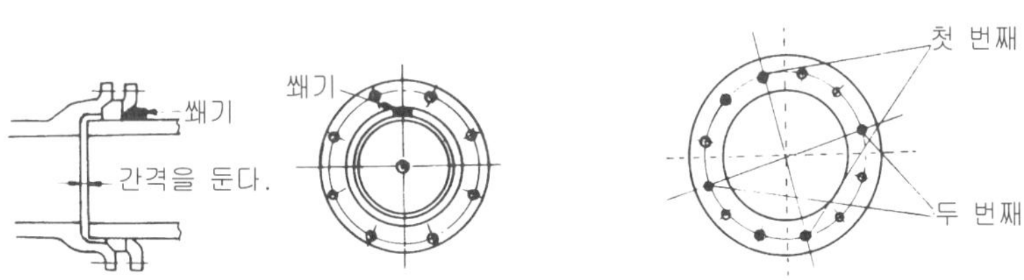

(a) 쐐기 박기　　(b) 볼트조임 순서

그림 3-50 메커니컬이음의 쐐기 박기와 볼트조임 순서

(2) KP 메커니컬이음

앞에서 기술한 메커니컬이음은 소켓 플랜지의 볼트구멍과 압륜의 볼트구멍이 반드시 일치해야만 하는 작업방법이다. 이에 비하여 KP 메커니컬이음은 소켓부에 볼트구멍이 없이 외곽턱이 형성되어 있어서 삽입구를 소켓에 끼워넣은 후 위에서 압륜에 볼트를 끼워 자유로이 아래로 돌릴 수 있으므로 작업이 간편하고, 능률적인 이음방법이다. 국내에서 많이 사용되고 있는 방법이다.

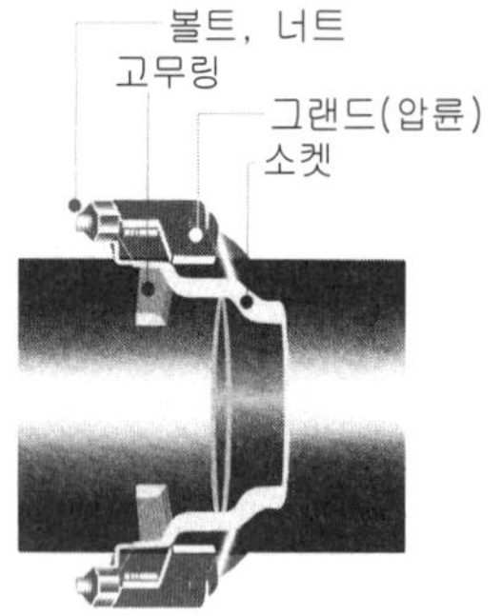

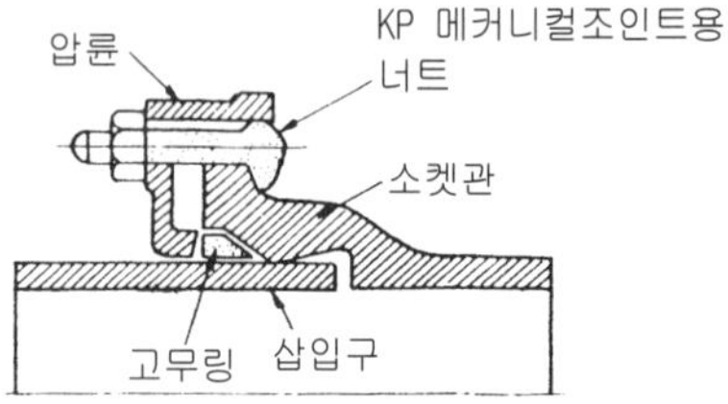

그림 3-51 KP 메커니컬이음

(3) 타이튼이음

타이튼이음(tyton joint)은 고무링 하나로만 이음하기 때문에 작업이 간단하여 많이 사용되고 있으며, 고무링이음이라고도 부른다. 소켓 내부의 홈은 고무링을 고정시키고, 돌기부는 고무링이 있는 홈 속에 들어맞게 되어 있으며, 삽입구의 끝은 쉽게 끼울 수 있도록 테이퍼 처리되어 있다.

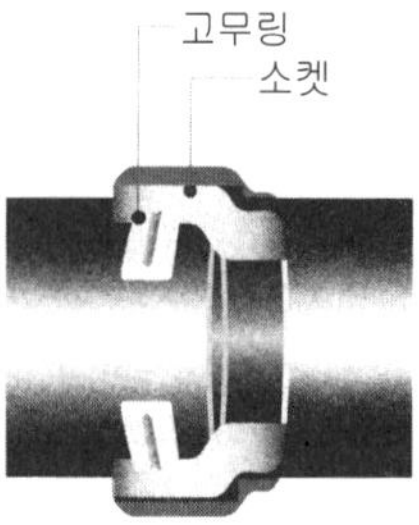

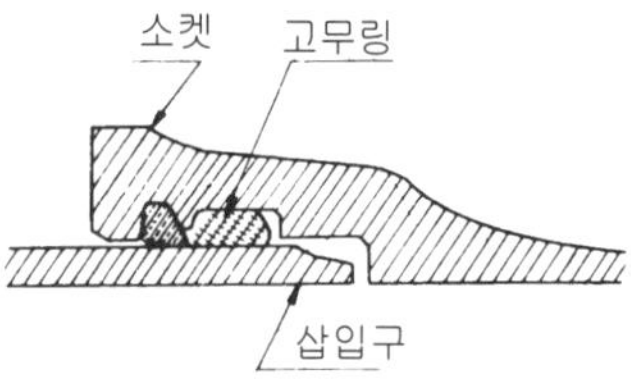

그림 3-52 타이튼이음

타이튼이음의 특징은 다음과 같다.

① 고무링 하나로만 이음하므로 작업이 간단하다.
② 비가 오거나 물기가 있는 곳에서도 이음이 가능하다.
③ 온도변화에 따른 신축이 자유롭다.
④ 이음부의 굽힘 허용도가 크다.
⑤ 매설할 경우 이음부위를 넓게 할 필요가 없다.

이음순서와 방법은 다음과 같다.

① 소켓 내부를 깨끗이 청소한다. 고무링이 삽입되는 부분에 이물질이 있으면 누수의 원인

이 된다.

② 고무링을 헝겊 등으로 닦은 다음, 넓은 원형 부분이 먼저 들어가도록 소켓에 삽입한다.

③ 삽입관이 접촉되는 고무링의 안쪽에 윤활유를 바른다.

④ 삽입관 외부를 닦는다(경우에 따라 끝에서 약 1″ 정도 윤활유를 바른다).

⑤ 삽입관 끝을 소켓 속으로 고무링과 알맞게 접촉되도록 주의하면서 밀어 넣는다. 이때 삽입관에 페인트로 표시한 첫 번째 줄띠가 소켓 속으로 들어가고, 두 번째 줄띠의 앞부분이 소켓 끝부분에 도달하면 삽입을 멈추고 확인한다.

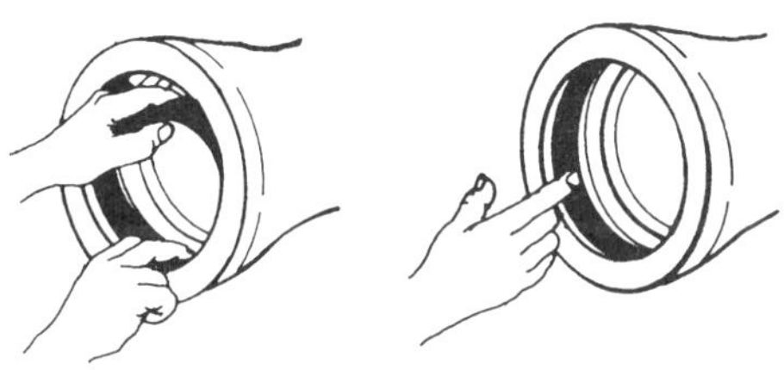

(a) 고무링 넣기 (b) 윤활유 바르기

그림 3-53 고무링 넣기와 윤활유 바르기

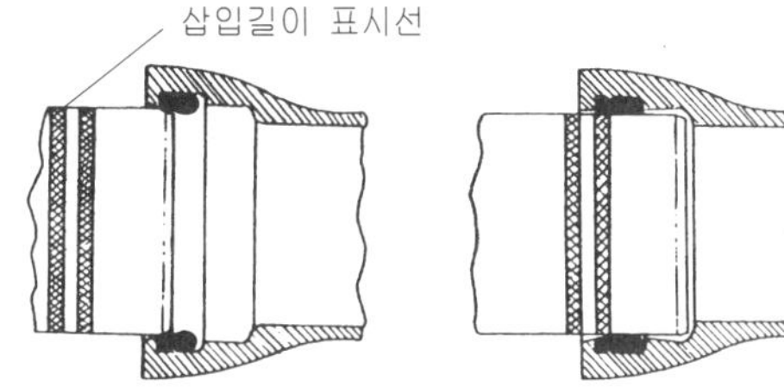

(a) 삽입 전 (b) 삽입 후

그림 3-54 삽입관 넣기

(4) 소켓이음

소켓이음(socket joint)은 관의 소켓부에 납과 얀(yarn)을 넣어 이음하는 방법으로, 코킹이음(caulking joint) 또는 레드 조인트(lead joint)라고도 한다. 배수용 주철관 또는 지름이 작은 수도용 주철관에 주로 사용되어 왔으나 현재는 수도용으로 사용되는 경우는 거의 없다. 얀의 재료는 마(麻)가 주로 사용되고 있다.

얀과 납을 사용함으로써 이음부분의 처짐이나 굽힘을 흡수할 수 있으며, 시공 후 수명이 반영구적이다.

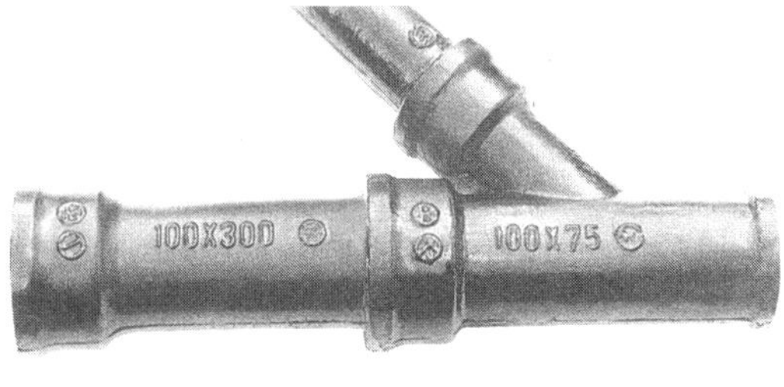

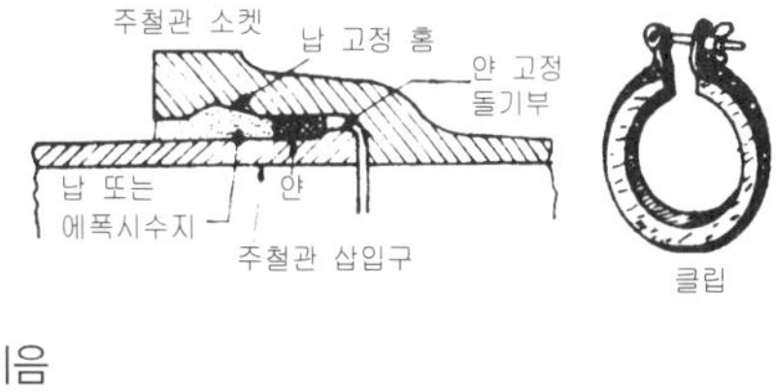

그림 3-55 소켓이음

소켓이음의 순서와 방법은 다음과 같다.

① 삽입구(spigot)의 외부와 소켓(socket ; hub)의 내부를 청소한다.
  - 특히 물기를 제거한다.

② 삽입구를 소켓에 끼워 넣는다.
  - 지름이 큰 관의 경우 백색페인트 등으로 표시하면 삽입길이를 정확히 알 수 있다.

③ 삽입구와 소켓의 틈새에 얀을 다져 넣는다.
  - 가는 줄의 얀을 여러 가닥 합쳐서 단단히 꼬아 삽입구에 감고 얀 다지개로 박아 넣는다. 얀의 사용목적은 물이 납에 직접 접촉하지 않게 하기 위한 동시에 굽힘성을 지니게 하기 위함이다. 얀의 양은 급수관의 경우 틈새의 1/3, 배수관의 경우 2/3 정도로 한다.

④ 납물을 부어넣기 위한 클립을 소켓 측면에 밀착시켜 설치한다.

⑤ 용해된 납물을 부어 넣는다.
  - 납이 충분히 용융된 후 표면에 떠 있는 산화물을 제거하고, 이음부에 필요한 양을 국자로 떠서 단번에 부어 넣는다. 2～3회에 부어 넣으면 공동이 생겨 누수의 원인이 된다.

⑥ 납이 굳으면 클립을 제거하고 코킹한다. 코킹은 먼저 평정으로 표면을 다듬고 다음에 코킹정의 얇은 날부터 순차적으로 두꺼운 날로 한다. 코킹이 끝났을 때의 납 표면은 소켓의 끝면에서 3mm 이상 깊어지지 않아야 한다.

⑦ 코킹이 끝난 후 콜타르로 납의 표면을 칠한다.

소켓이음에서 납 대용으로 에폭시수지를 사용하기도 한다. 에폭시수지를 삽입시켜 코킹만 하면 그대로 경화되기 때문에 접합이 간편하다.

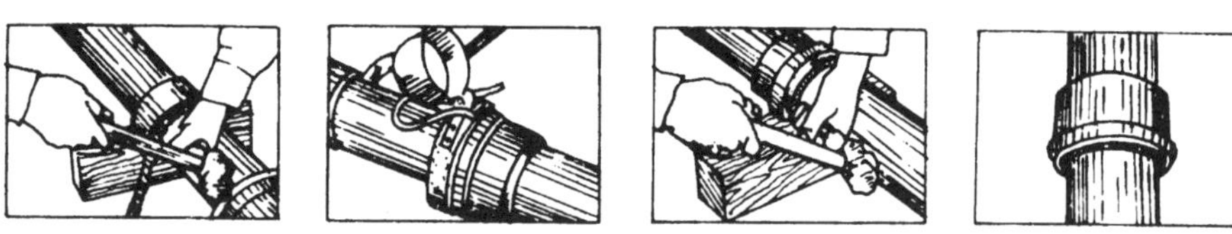

(a) 얀을 채워 넣는다. (b) 납물을 부어 넣는다. (c) 코킹한다. (d) 완성된 이음

그림 3-56 소켓이음 방법

(5) 노허브이음

노허브이음(no-hub joint)은 커플링과 조임밴드에 의해 쉽게 이음할 수 있는 방법으로서, 소켓(허브)형보다 시공이 간편하고, 경제성이 있으며, 경량으로 배관되어 고층건물의 배수관에 채택되고 있다. 슬리브 커플링은 네오프렌 등의 합성고무가 사용되며, 스테인리스강제 커플링(몸체)과 2～4개의 밴드로 체결되므로 인장강도와 압축강도가 유지된다. 노허브이음의

특징은 다음과 같다.

① 토크렌치(드라이버) 하나만으로 이음이 가능하다.
② 커플링 나사만 조이면 되므로 시공시간이 단축되고 공수가 적다.
③ 직관을 임의의 길이로 절단하여 사용할 수 있으므로 견적 및 시공이 편리하다.
④ 누수발생시 조임밴드를 조여주거나 고무 커플링만 교환해주면 되므로 보수 및 관리가 용이하다.
⑤ 다른 재질의 관과 이음이 가능하다.

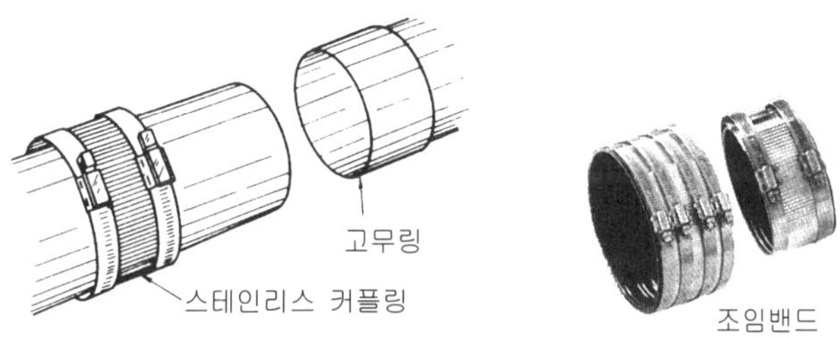

그림 3-57 노허브이음

이음순서와 방법은 다음과 같다.

① 관의 이음부위와 커플링을 청소한다. 절단한 관의 경우는 거스러미를 제거한다. 슬리브 커플링(고무 커플링)과 관이음부 사이에 이물질이 들어가면 누수의 원인이 된다.
② 한쪽 주철관에 슬리브 커플링을 가볍게 돌리면서 중심까지 끼운다.
③ 이음할 다른 주철관 끝을 슬리브 커플링에 끼워맞추고, 미리 관에 끼워놓은 스테인리스 강제 커플링을 결합시킨다.
④ 조임밴드를 양쪽으로 맞추고 번갈아가며 균일하게 조인다.

(6) 기타 주철관 이음

1) 빅토릭이음

빅토릭이음(victaulic joint)은 특수 모양으로 된 빅토릭형 주철관의 관끝에 고무 개스킷(고무링)을 삽입하고, 그 위에 하우징(조인트 커버)을 덮어 볼트와 너트로 조임으로써 이음하는 방식이다. 강관이나 스테인리스강관의 하우징이음(그루브이음)과 동일한 방식이다.

2) 플랜지이음

플랜지가 달린 주철관을 서로 맞대고 사이에 패킹을 넣어서 볼트와 너트로 죄어 이음한다.

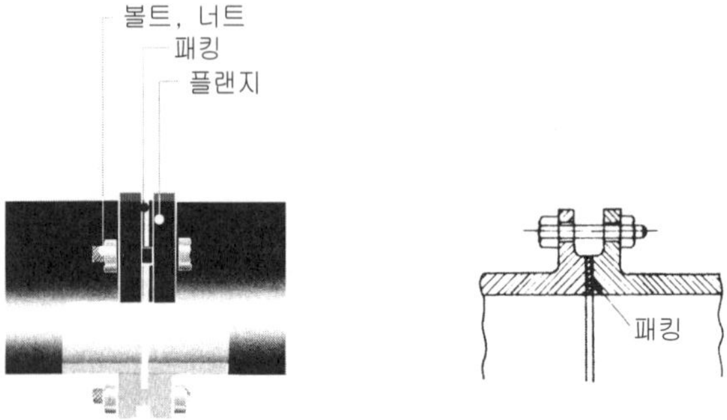

그림 3-58 플랜지이음

3) 배수용 메커니컬이음

배수용 주철관의 메커니컬이음(플랜지이음)은, 플랜지 수구에 노허브 직관을 삽입하고, 고무링과 압착플랜지를 끼워 볼트와 너트로 조여줌으로써 이음이 완료된다.

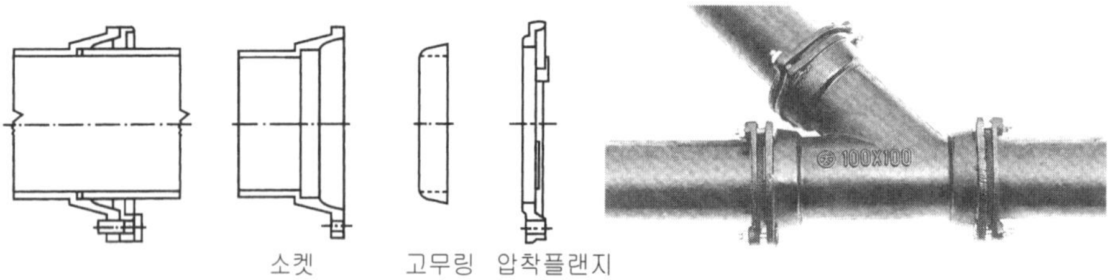

그림 3-59 배수용 주철관의 메커니컬이음(플랜지이음)

4) 패스트 조인트

배수용 주철관의 이음방식으로 이형관의 수구(socket)에 고무링과 압착링(pressure ring)을 넣고 압착플랜지와 관을 삽입한다. 다음에 압착플랜지의 몸통 양쪽에 있는 두 개의 경사진 턱을 수구턱과 일치되도록 한 다음 전용렌치로 압착플랜지 홈에 끼워 시계방향으로 조여 이음한다. 노허브 직관의 이음방식으로 이음이 간단하고, 고무링을 사용하므로 충격과 신축을 흡수할 수 있다.

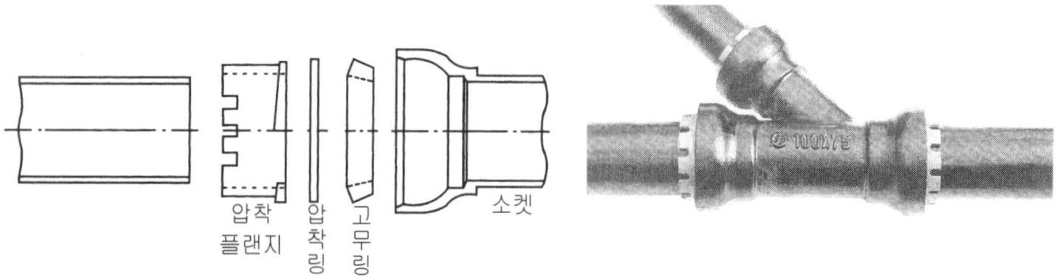

그림 3-60 패스트 조인트

3.4 동관 이음쇠

동관의 이음쇠는 재질에 따라 순동 이음쇠와 동합금 이음쇠로 나누어지고, 이음방식에 따라 납땜 이음쇠와 플레어 이음쇠로 구분한다. 순동 이음쇠는 주로 납땜이음에 사용된다. 그러나 동합금 이음쇠에는 플레어 이음에 사용하는 것과 한쪽은 나사이음 다른 한쪽은 납땜이음을 하는 청동주물제품이 있다. 이음쇠의 크기를 나타내는 호칭은 적용되는 관의 호칭지름 또는 호칭번호로 한다.

3.4.1 동 및 동합금 이음쇠

(1) 순동 이음쇠

순동 이음쇠(copper wrought fittings)는 동관을 성형 · 가공시킨 이음쇠로서, 배관용 동관(KS D 5301의 이음매 없는 동 및 동합금관)을 납땜하여 접합할 때 사용한다. 이음쇠의 종류, 치수, 품질 등에 관하여 KS D 5578(동 및 동합금관 이음쇠)에 규정되어 있다. 급수 · 급탕 · 냉온수 배관은 물론 도시가스, 의료용 산소 등 배관설비에 다양하게 사용되고 있다.

동합금 이음쇠에 비하여 순동 이음쇠의 특징을 열거하면 다음과 같다.

① 납땜할 때 가열시간이 짧아서 공정이 절감된다.
② 두께가 균일하므로 취약부분이 적다.
③ 재질이 동관과 동일한 순동이므로 내식성이 높아 부식에 의한 누수가 없다.
④ 내면이 동관과 같이 매끄러워 마찰저항이 적다.
⑤ 외형의 크기가 작고 가벼워서 배관공간이 작아지고 경량화할 수 있다.

이음쇠의 모양과 접합부의 상태에 따라 표 3-21과 같은 종류가 있으며, 그림 3-61에 이음쇠의 모양을 나타냈다. 이음쇠의 누수시험은 상온의 수중에서 0.49~0.79MPa{5~8kgf/cm^2}의 공기압을 가하여 1분간 유지한 후 누수가 없어야 하고, 또한 2.45MPa{25kgf/cm^2}의 수압을 가했을 때 누설이 없어야 한다.

순동 이음쇠에 대한 납땜이음은 모세관현상에 의한 야금적 접합이므로 이음부위의 겹치는 틈새를 일정하게 유지하는 것이 무엇보다 중요하다. 따라서 바깥지름과 안지름의 기준치수는 규격상으로도 엄격한 공차를 규정하고 있다.

표 3-21 이음쇠의 종류와 기호(KS D 5578)

종 류	기 호	접 합 부
티	T	암관
90° 엘보 A	90 EA	암관
90° 엘보 B	90 EB	암관, 수관
90° 엘보 C	90 EC	수관
45° 엘보 A	45 EA	암관
45° 엘보 B	45 EB	암관, 수관
45° 엘보 C	45 EC	수관
리 듀 서	R	암관
소 켓	S	암관
캡	C	암관

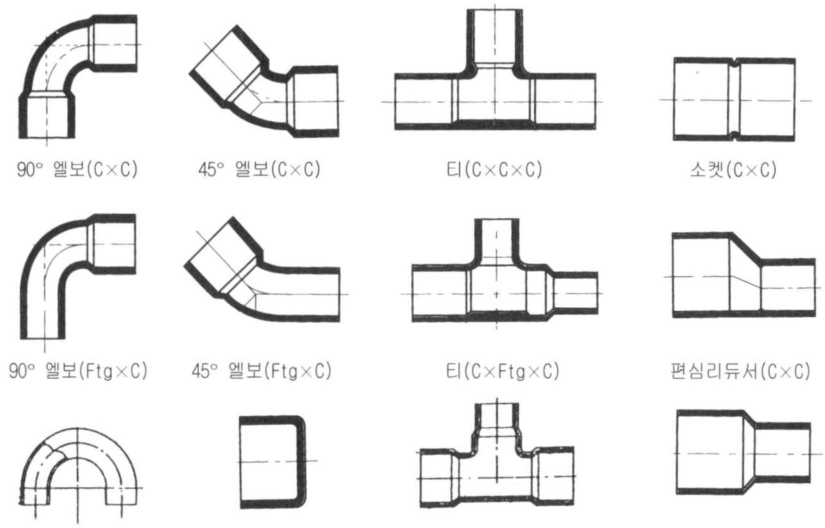

그림 3-61 동관의 순동 이음쇠

이음쇠의 기호는 이음쇠 끝 부분의 접합상태를 표시하며, 다음의 사항을 따른다.

① C : 이음쇠 안으로 관이 들어가 납땜되는 형태(female, 이음쇠 안지름≥동관 바깥지름)

② Ftg : 이음쇠 밖으로 관이 들어가 납땜되는 형태(male, 이음쇠 바깥지름=동관 바깥지름)

③ F : 이음쇠 안쪽에 ANSI 관용테이퍼 암나사가 나 있는 형태(female, NPTI)

④ M : 이음쇠 밖으로 ANSI 관용테이퍼 수나사가 나 있는 형태(male, NTPE)

(2) 동합금 이음쇠

동합금 납땜 관이음쇠(KS B 1544, copper alloy solder-joint fittings)는 한쪽은 납땜이음 다른 한쪽은 나사이음을 하는 이음쇠로서, 배관용 동관(KS D 5301)의 접합에 사용한다. 이음쇠 본체는 청동주물로 만들고, 관과의 접합부분을 기계가공으로 다듬질하였다. 그러나 순동 이음쇠를 사용하여 납땜할 때 비하여 다음의 사항을 고려할 필요가 있다.

① 동합금 주물 이음쇠와 땜납과의 친화력은, 순동 이음쇠와 땜납과의 친화력과 비교하여 많은 차이가 있다.
② 따라서 순동 이음쇠를 사용할 때에 비하여 모세관현상에 의한 용융납의 확산이 잘 안 된다.
③ 이음쇠와 동관의 두께가 다르기 때문에 열용량의 차이로 양자간의 온도분포가 불균일하게 되어 냉벽, 즉 납땜재의 용융점 이하 부분이 생기기 쉽다.
④ 이음쇠와 동관의 열팽창이 달라서 불균일한 틈새를 만들 수 있다.

이음쇠의 종류는 티, 90° 엘보, 어댑터 및 유니언의 4종이고, 접합부의 형식은 암 · 수의 2종이 있다. 표 3-22에 이음쇠의 종류와 접합부의 기호를 나타냈다.

표 3-22 이음쇠의 종류와 기호(KS B 1544)

종 류	기 호	접합부 기호
티	T	C×C×C
90° 엘 보	90E	C×F
		C×M
		F×F
어 댑 터	AD	C×F
		C×M
유 니 언	U	C×F
		C×M

이음쇠의 누설 및 내압시험은 KS B 1531(가단주철제 관이음쇠) 및 KS D 5578(동 및 동합금 관이음쇠)과 동일하다. 즉 0.49MPa{5kgf/cm^2}의 공기압을 가하여 1분간 유지했을 경우 누설이 없어야 하고, 2.45MPa{25kgf/cm^2}의 수압을 가하고 10분간 유지한 후 누수, 기타 결함이 없어야 한다. 이음쇠의 호칭방법은 규격번호 또는 규격명칭, 종류(또는 기호), 크기의 호칭 및 접합부의 기호에 따른다.

보기 호칭지름 20A인 티의 경우
KS B 1544 T 20 C×C×F
동합금 납땜 관이음쇠 티 20 C×C×F

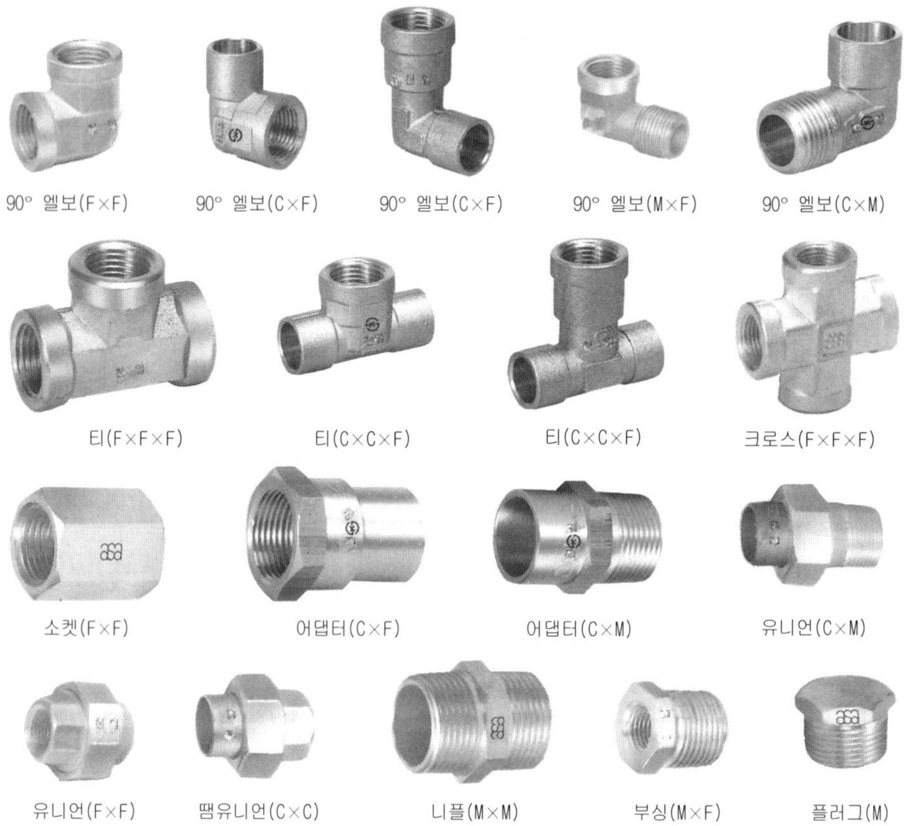

그림 3-62 동합금 이음쇠

(3) 플레어이음쇠

동 및 동합금 플레어 관이음쇠(KS B 1545, copper and copper alloy fittihgs for flared copper tubes)는 배관용 동관(KS D 5301의 이음매없는 동 및 동합금관)을 어닐링하고 플레어가공하여 압축이음(플레어이음)할 때 사용하는 이음쇠이다. 압축이음쇠(compressed fittings)라고도 부르며, 황동주물로 제작하여 나사부분 등을 기계로 가공한 것이다.

그림 3-63에 이음쇠 모양의 치수를 나타냈다. 이음쇠의 누수시험은 상온의 수중에서 0.49MPa {5kgf/cm^2}의 공기압을 가하여 1분간 유지한 후 누수가 없어야 하고, 또한 2.45MP{25kgf/cm^2}의 수압을 가했을 때 누설이 없어야 한다.

플레어이음(flare joint)은 그림 3-64와 같이 동관의 끝을 플레어링 툴(flaring tool)에 의

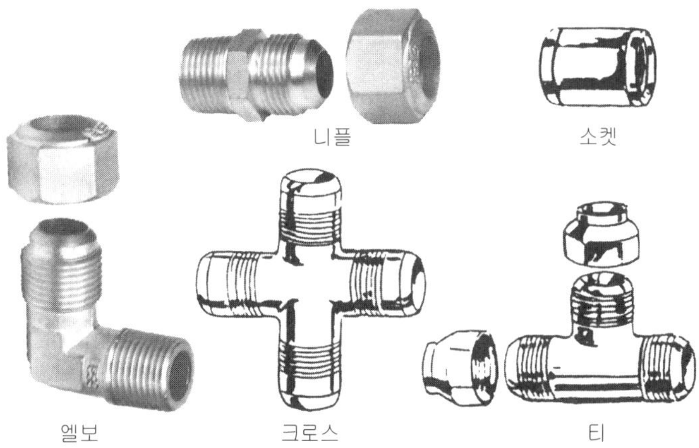

그림 3-63 플레어 이음쇠

해 나팔모양으로 넓히고, 이음쇠(어댑터 : flare adapter)의 테이퍼면에 밀착시켜 너트(슬리브 너트와 더블너트)로 체결하는 이음이다. 압축이음(compressed joint)이라고도 한다. 더블너트의 사용은 진동 등으로 인한 나사의 풀림을 방지하기 위함이다.

플레어이음은 나사에 의한 이음으로 배관의 분해 · 결합이 필요한 곳, 습기가 많거나 물기를 제거할 수 없는 경우 또는 화재의 위험 등으로 용접이 어려운 곳에 사용된다. 20mm 이하의 지름이 작은 배관에 많이 쓰이며, 밸브 · 순환펌프 · 방열기 등을 설치할 때 주로 사용된다.

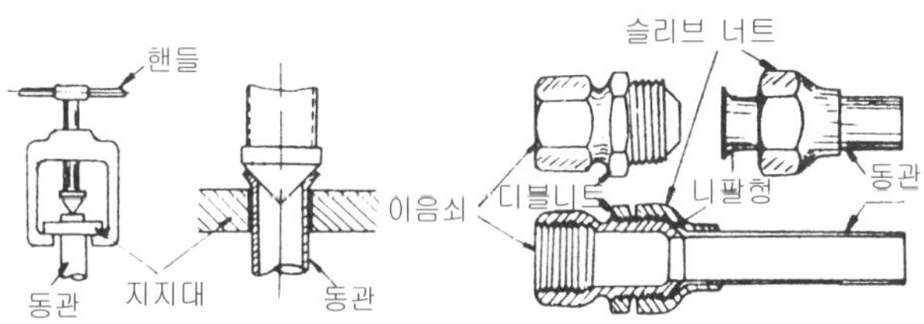

(a) 관끝 넓히기 (b) 조립

그림 3-64 플레어이음

3.4.2 플랜지

(1) 동합금제 플랜지

일반용 배관에 사용하는 동합금제 플랜지는 호칭압력에 따라 5K, 10K, 16K의 3종류가 있으며, 재질에 따라 청동제와 황동제가, 관과의 이음방법에 따라 삽입 플랜지(slip-on type), 일체 플랜지(welding neck type)가 있다. KS B 1510에 동합금제 플랜지의 기본치수를 나타냈다.

(2) 절연유니언과 절연플랜지

동관과 강관을 직접 연결하여 사용하는 배관계와 같이 재질이 다른 두 가지 이상의 금속이 서로 연결되어 있으면 각각의 전극전위차(electrode potential)에 의하여 한쪽 금속은 양극이 되고, 다른 쪽 금속은 음극이 되어 전지(galvanic cell)가 형성됨으로써 양극이 되는 금속이 부식된다. 이와 같은 현상을 접촉부식(galvanic corrosion)이라 한다. 또한 외부의 직류전원으로부터 흘러나온 전류가 배관계통이나 금속구조물을 통하여 다시 전원으로 되돌아가는 회로를 형성함으로써 전류가 흘러나가는 쪽의 금속이 부식되는 현상을 전식(電蝕 ; stray current corrosion)이라고 한다.

전식과 접촉부식은 특성이 유사하지만 발생원인이 다르다. 전식은 외부로부터 유입되는 직류에 의한 것이며, 접촉부식은 접촉된 두 금속간의 전기적 에너지 차이에서 발생된 유기기류에 의한 것이다.

이러한 배관계의 부식을 조절하거나 방지하기 위하여 여러 가지 방법이 사용되고 있으나 이중에서 간단하며, 경제적이고, 확실한 효과를 얻을 수 있는 방법이 이종(異種)금속간을 전기적으로 절연시키는 것이다. 즉 절연유니언이나 절연플랜지는 배관계에서 전기가 원인이 되어 발생하는 부식을 방지하기 위하여 사용되는 특수한 관이음쇠로서 그림 3-65에 구조를 나타냈다.

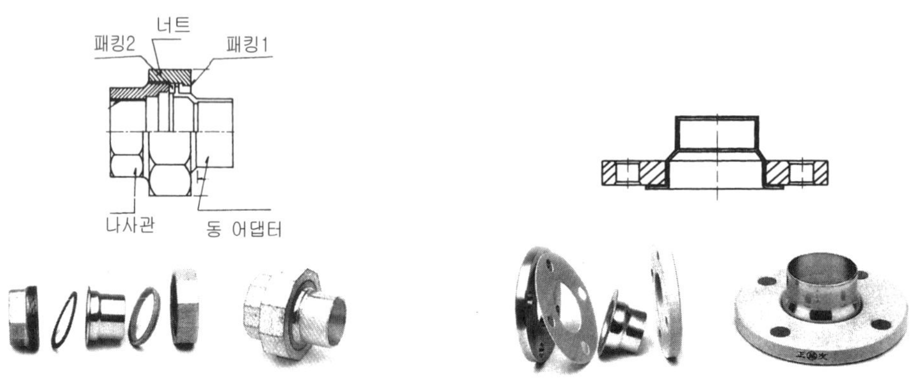

(a) 절연유니언 (b) 절연플랜지

그림 3-65 절연이음쇠

3.4.3 납 땜

납땜은 연납땜(soldering)과 경납땜(brazing)으로 나누어지며, 모두 모세관현상을 이용한 겹침용접으로 건축배관용 동관이음에 대부분 이용되고 있다. 450℃ 이하에서 용융되는 용접재(solder metals)를 사용하는 방법을 연납땜(솔더링)이라 하고, 450℃ 이상에서 용융되는 용접재(filler metals)를 사용하는 방법을 경납땜(브레이징)이라 한다.

모세관현상은 이음부의 표면상황과 관과 이음쇠간의 틈새 간격이 큰 영향을 주므로 납땜 전에 연마작업을 철저히 하고, 관과 이음쇠의 간격을 정확히 맞추는 것이 중요하다. 일반적으로 틈새의 간격은 0.04~0.2mm 정도가 가장 적당하다. 표 3-23에 납땜이음쇠의 접합부 형태와 각부의 치수를 나타냈다.

표 3-23 납땜이음쇠 접합부의 형태

수 관	암 관

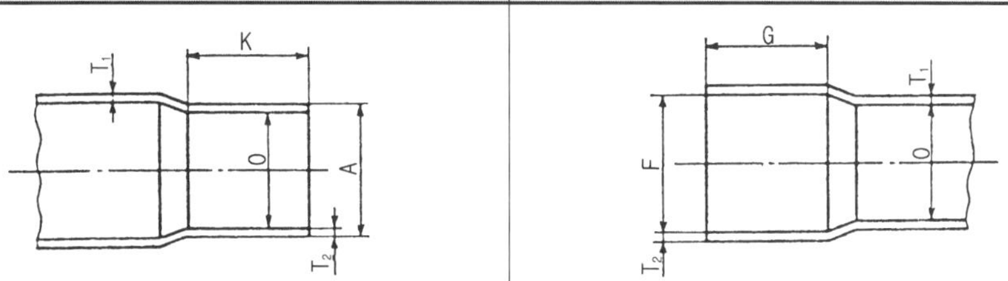

호칭지름 (B)	접합부				최소의 두께 (T_1 또는 T_2) (mm)	최소 인지름(O) (mm)
	수 관		암 관			
	기준바깥지름(A) (허용차)(mm)	최소길이(K) (mm)	기준안지름(F) (허용차)(mm)	최소길이(G) (mm)		
1/4	9.52(±0.03)	9	9.62(±0.03)	8	0.6	6
3/8	12.7(±0.03)	10	12.81(±0.03)	9	0.7	9
1/2	15.8(±0.03)	12	16.00(±0.03)	11	0.8	12
5/8	19.05(±0.03)	16	19.19(±0.03)	15	0.8	14
3/4	22.22(±0.03)	18	22.36(±0.03)	17	0.9	17
1	28.58(±0.04)	22	28.75(±0.04)	21	1.0	23
1·1/4	34.92(±0.04)	25	35.11(±0.04)	24	1.2	28
1·1/2	41.28(±0.05)	28	41.50(±0.05)	27	1.3	34
2	53.98(±0.05)	34	54.22(±0.05)	33	1.5	45
2·1/2	66.68(±0.05)	38	66.96(±0.05)	37	1.7	55
3	79.38(±0.05)	43	79.66(±0.05)	42	2.0	67
4	104.78(±0.05)	55	105.12(±0.05)	54	2.4	90

(1) 연납땜

일반적으로 지름 40mm 이하의 관이나 사용온도 120℃ 이하의 배관 또는 980Pa{1.0kgf/cm^2} 이하의 저압증기 배관에 적용한다. 연납땜의 이음순서와 방법은 다음과 같다.

① 측정 - 관끝이 이음쇠 소켓부의 끝까지 들어가도록 절단길이를 정확히 측정한다.

② 절단 - 측정된 길이 만큼 관축에 직각으로 절단한다.

③ 거스러미 제거 - 절단면의 거스러미(burr)를 리머 등으로 제거한다.

④ 진원 수정 - 관 단면의 진원도가 불량인 경우는 납땜시 접합부의 틈새가 고르지 않아 접합부가 불완전하므로 진원(眞圓)으로 교정한다.

⑤ 연마 - 연납의 확산을 좋게 하기 위하여 접합부의 표면(관의 외면과 이음쇠의 내면)을 연마하여 기름기, 산화물 등을 제거한다.

⑥ 용제 바르기 - 연마 직후 접합부의 표면에 용제(flux)를 칠한다. 용제는 가열시 접합부 표면에 넓게 퍼지므로 관 끝에서 2～3mm는 칠할 필요가 없다. 관 끝까지 칠할 경우 용접시 내부가스의 도피장소가 없어져 용접부에 기포를 형성하는 원인이 된다.

⑦ 조립 - 관을 약간 돌리면서 끼워, 이음부 표면에 용제가 고루 묻게 한다.

⑧ 가열 및 용접 - 가열 토치(torch ; 프로판 토치, 부탄 토치, 산소-아세틸렌 토치, 공기-아세틸렌 토치)로 불꽃이 이음부위 내면으로 들어가지 않도록 고르게 가열한다. 충분히 가열되면(용제가 거품상태로 된 다음에 관이 쥐색으로 변할 때가 적당한 가열온도임) 불꽃을 옆으로 비끼고 연납을 이음부위에 접촉시켜 녹인다. 용융된 연납은 접합부로 빨려 들어가 순간적으로 접합부 틈새를 채우고 표면에 용융된 연납의 테가 형성된다.

⑨ 과잉 용제와 연납 제거 - 접합부의 온도가 식지 않은 상태에서 헝겊 등으로 과잉의 용제와 연납을 제거한다.

⑩ 냉각 - 연납이 응고될 때까지 움직이거나 물로 냉각시키지 않는다.

⑪ 시험 - 작업이 끝나면 통수시험을 해서 누수여부를 확인한다.

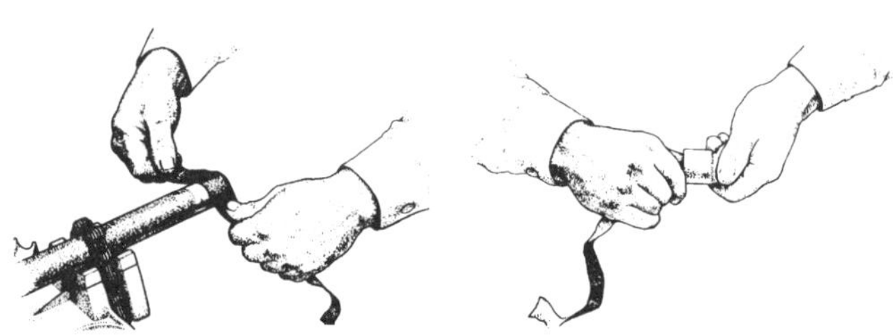

(a) 이음부위 외면 연마 (b) 이음부위 내면 연마

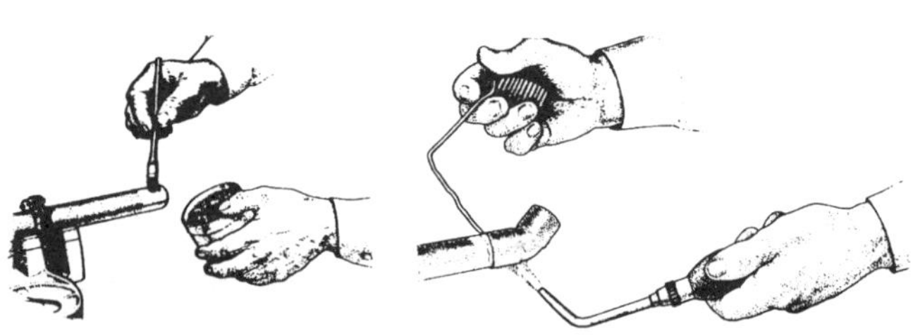

(c) 용제 바르기 (d) 기열 및 용접

그림 3-66 연납땜하기

(2) 경납땜

지름이 큰 관이나 압력 및 온도가 높은 배관에 적용한다. 이음순서와 방법은 다음과 같다. 측정, 절단, 리밍, 진원 수정, 연마, 조립은 연납땜과 동일하다.

① 가열 – 산소–아세틸렌 토치로 가열하고(지름이 작은 관은 프로판 등의 토치 사용) 불꽃은 환원염을 사용하여 과열되지 않도록 균일하게 한다.

② 납재의 접합 – 관지름에 따른 납재의 굵기와 소모량을 정하고, 와이어형의 경우 납재를 이음쇠 원주길이와 거의 같게 구부린다. 이음할 관지름이 작은 경우는 원둘레의 1/2 정도가 좋다. 충분히 가열된 이음부에 납재를 붙일 때는 불꽃을 납재로부터 멀리하여 납재가 흡입되는 동안 관과 이음쇠를 번갈아가며 가열한다. 적당한 온도가 되면 납재는 모세관 현상에 의해 틈새로 흡입되어 들어간다.

접합부가 수평일 경우는 순차로 조금씩 겹쳐가면서 납재를 붙여 나간다. 이음쇠의 소켓부가 하향일 경우는 불꽃을 멀리 하여 납재가 굳기를 기다렸다가 이음부위를 재 가열하여 납을 흡입시킨다.

- 납이 흘러 물방울처럼 되는 경우는 표면에 산화물이 있다든지 접합부분의 가열이 충분하지 않은 경우이다. 또한 납재가 이음부에 흘러들어가지 않고 바깥으로 흘러나오는 경우는 한쪽이 과열되고, 다른 한쪽은 덜 가열된 경우이거나 양쪽 모두 과열된 경우이다.

③ 남은 잉여물의 제거와 냉각

- 납재가 굳은 후 헝겊 등으로 잉여물을 제거한다.

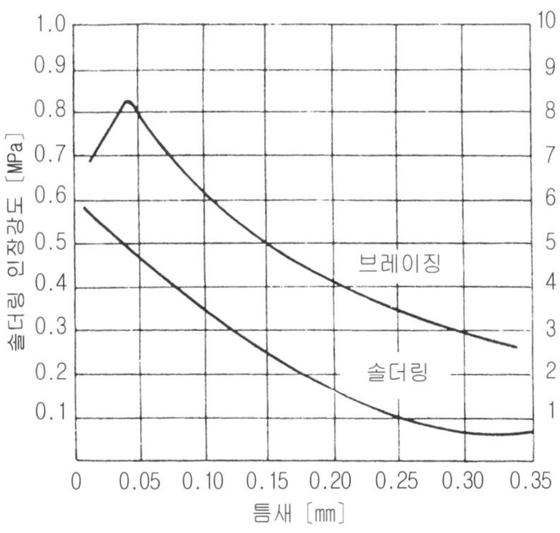

(a) 접합부의 틈새와 인장강도

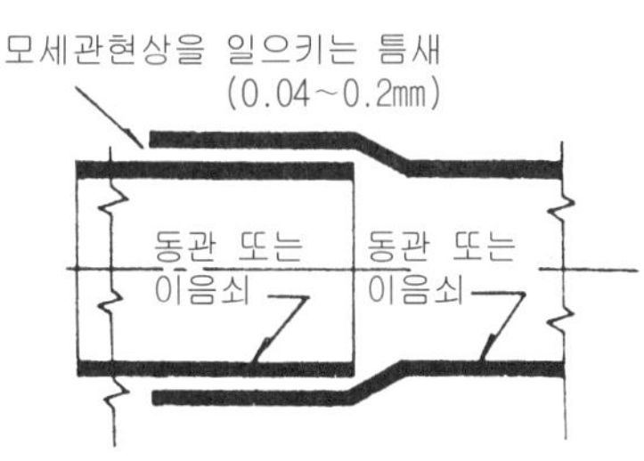

(b) 접합부의 틈새범위

그림 3–67 납땜 접합부의 틈새범위와 인장강도

3.5 합성수지관 이음재

3.5.1 경질염화비닐(PVC) 이음관

(1) 수도용 PVC 이음관

수도용 경질염화비닐 이음관(KS M 3402, rigid polyvinyl chloride pipe fittings for water works service)은 수도용 경질염화비닐관(KS M 3401)을 이음할 때 사용하며, 표 3-24와 같이 경질염화비닐 이음관(TS)과 내충격성 경질염화비닐 이음관(HITS)의 2종류가 있다. 이음관의 종류와 모양을 표 3-25와 그림 3-68에 각각 나타냈다.

표 3-24 수도용 경질염화비닐 이음관의 종류(KS M 3402)

<table>
<tr><th colspan="2">종 류</th><th>비 고</th></tr>
<tr><td rowspan="2">TS</td><td>A형</td><td>사출성형기에 의해 제조된 경질염화비닐 이음관</td></tr>
<tr><td>B형</td><td>원관을 가공한 경질염화비닐 이음관</td></tr>
<tr><td rowspan="2">HITS</td><td>A형</td><td>사출성형기에 의해 제조된 내충격성 경질염화비닐 이음관</td></tr>
<tr><td>B형</td><td>원관을 가공한 경질염화비닐 이음관</td></tr>
</table>

표 3-25 모양에 따른 이음관의 종류(KS M 3402)

<table>
<tr><th>형 식</th><th colspan="2">모양에 따른 종류</th></tr>
<tr><td rowspan="4">A형</td><td>소 켓</td><td>소켓, 지름이 다른 소켓, 유니언 소켓, 급수전용 소켓, 밸브용 소켓, 금속 수나사부착 밸브용 소켓,</td></tr>
<tr><td>엘 보</td><td>엘보, 45° 엘보, 급수전용 엘보</td></tr>
<tr><td>티</td><td>티, 지름이 다른 티, 급수전용 티</td></tr>
<tr><td colspan="2">캡</td></tr>
<tr><td rowspan="4">B형</td><td>소 켓</td><td>VA형 소켓, VC형 소켓</td></tr>
<tr><td>벤드</td><td>90° 벤드, 45° 벤드, $22\frac{1}{2}$° 밴드 $11\frac{1}{4}$° 벤드, $5\frac{8}{5}$° 벤드, S벤드</td></tr>
<tr><td>칼라이음관</td><td>양쪽 소켓 칼라이음관, 한쪽 소켓 칼라이음관</td></tr>
<tr><td colspan="2">심플 조인트</td></tr>
</table>

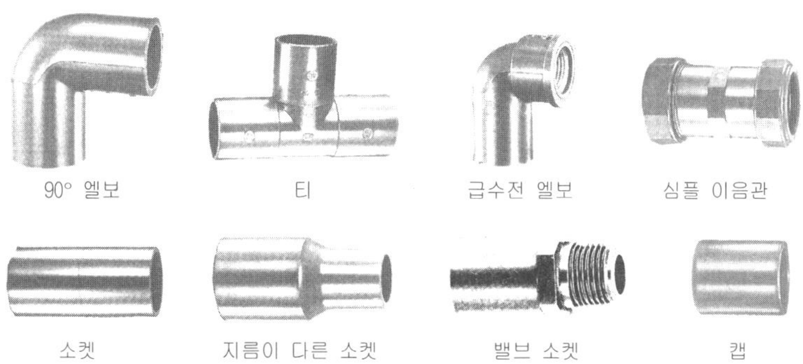

(a) 이음관의 외형

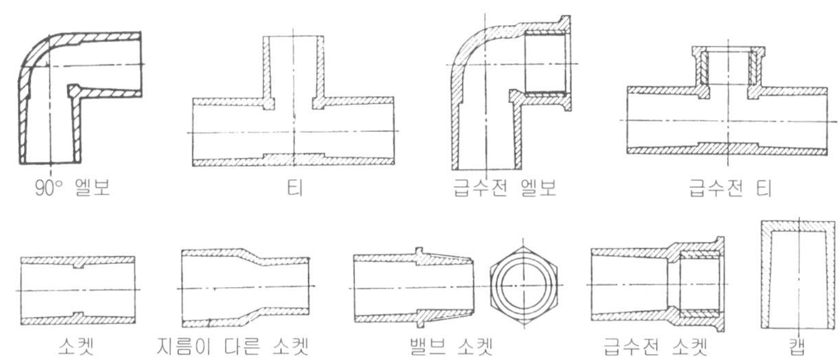

(b) 이음관의 단면도

그림 3-68 TS식 이음관

이음관의 치수와 두께는 표 3-26과 같으며, 표 3-27에 접합부의 치수를 나타냈다.

이음관은 상온의 물로 4.0MPa{40.8kgf/cm^2}의 수압을 가하여 1분간 유지했을 때 결함이 없어야 한다. 이음관의 색은 TS는 회색, HITS는 어두운 회청색으로 하며, 이음관에 직접 나사가공은 하지 않는다. 급수전용 엘보와 티 및 소켓은 급수전(수도꼭지)과 접속되는 전용 이음관이다. 따라서 급수전용 이음관과 급수전의 접합에는 수밀성을 확보하기 위하여 반드시 이음부에 개스킷을 넣어서 접합해야 한다.

표 3-26 이음관의 치수와 두께(KS M 3402) (단위 : mm)

호칭지름	A형 이음관		B형 이음관의 원관	
	바깥지름	두 께	바깥지름	두 께
13	24	3.0	-	-
16	29	3.5	-	-
20	33	3.5	-	-
25	40	4.0	-	-
30	46	4.0	-	-
40	57	4.5	-	-

호칭지름	A형 이음관		B형 이음관의 원관	
	바깥지름	두 께	바깥지름	두 께
50	70	5.0	60.0	5.0
65	87	5.5	76.0	5.8
75	101	6.0	89.0	6.6
100	129	7.5	114.0	8.1
125	158	9.0	140.0	9.6
150	185	10.0	165.0	11.2
200	-	-	216.0	12.8
250	-	-	267.0	15.5
300	-	-	318.0	18.6

표 3-27 접합부의 치수

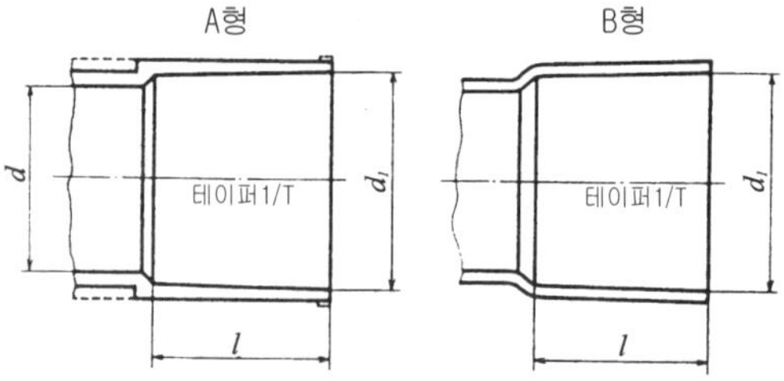

(단위 : mm)

기호 / 호칭지름	d_1	d_1의 허용오차	l/T	l	d(최소값)
13	18.40	±0.20	1/30	26	13
16	22.40	±0.20	1/34	30	16
20	26.45	±0.20	1/34	35	20
25	32.55	±0.25	1/34	40	25
30	38.60	±0.25	1/34	44	31
40	48.70	±0.30	1/37	55	40
50	60.80	±0.30	1/37	63	51
65	76.80	±0.30	1/41	69	66
75	89.80	±0.30	1/43	72	77
100	115.00	±0.35	1/44	92	100
125	141.20	±0.40	1/45	112	123
150	165.50	±0.50	1/45	140	146
200	218.30	±0.50	1/50	200	194
250	269.80	±0.60	1/50	250	240
300	321.30	±0.70	1/50	300	286

비고 1. l의 허용차는 +4, −0.5mm로 한다.
2. 그림 중 점선으로 표시한 모양으로도 할 수 있다.

(2) 배수용 PVC 이음관

배수용 경질염화비닐 이음관(KS M 3410, unplasticized polyvinyl chloride pipe fittings for drain)은 KS M 3404(일반용 경질염화비닐관)의 관을 배수용 배관의 냉간 삽입접합에 사용하는 경질염화비닐 이음관이다. 배수용 이음관이므로 배수가 잘 흐르고 오물이 막히지 않도록 구부림 반지름을 크게 하고 분기나 합류부분에 Y관이나 90° Y관을 사용하여 배수가 잘 되도록 되어 있다. 또한 접합했을 때 관 안쪽에 턱이 생기지 않게 함으로써 배수의 흐름이 원활하게 흐르도록 하였다. 표 3-28에 접합부의 치수를, 그림 3-69에 배수용 이음관의 종류를 나타냈다.

표 3-28 접합부의 치수

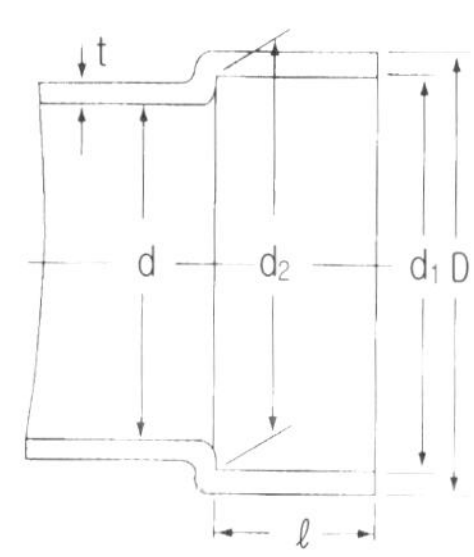

(단위 : mm)

호칭지름	d_1		d_2		l		t	d	D
	기본치수	허용차	기본치수	허용차	기본치수	허용차	최소치	최소치	최소치
30	38.25	±0.25	37.85	±0.25	18	±1	2.7	30.2	44
35	42.25	±0.25	41.85	±0.25	20	±1	2.7	4.2	48
40	48.30	±0.30	47.80	±0.30	22	±1	2.7	39.1	54
50	60.35	±0.30	59.75	±0.30	25	±1	3.1	50.1	67
65	76.40	±0.30	75.70	±0.30	35	±1	3.1	66.1	83
75	89.45	±0.30	88.65	±0.30	40	±2	3.6	76.3	97
100	114.55	±0.35	113.55	±0.35	50	±2	4.5	97.8	124
125	140.70	±0.40	139.40	±0.40	65	±2	5.4	123.8	151
150	165.85	±0.45	164.25	±0.45	80	±2	6.3	144.5	178
*200	217.30	±0.55	214.70	±0.55	110	±10	5.5	202	227
*250	267.85	±0.60	265.45	±0.60	130	±10	6.0	246	282
*300	319.45	±0.65	316.25	±0.65	150	±20	7.2	295	335
*350	356.80	±0.70	353.20	±0.70	170	±20	9.3	346	392
*400	402.10	±0.75	397.70	±0.75	200	±20	10.0	390	444

주) *표시는 KS M 3410에 준함.

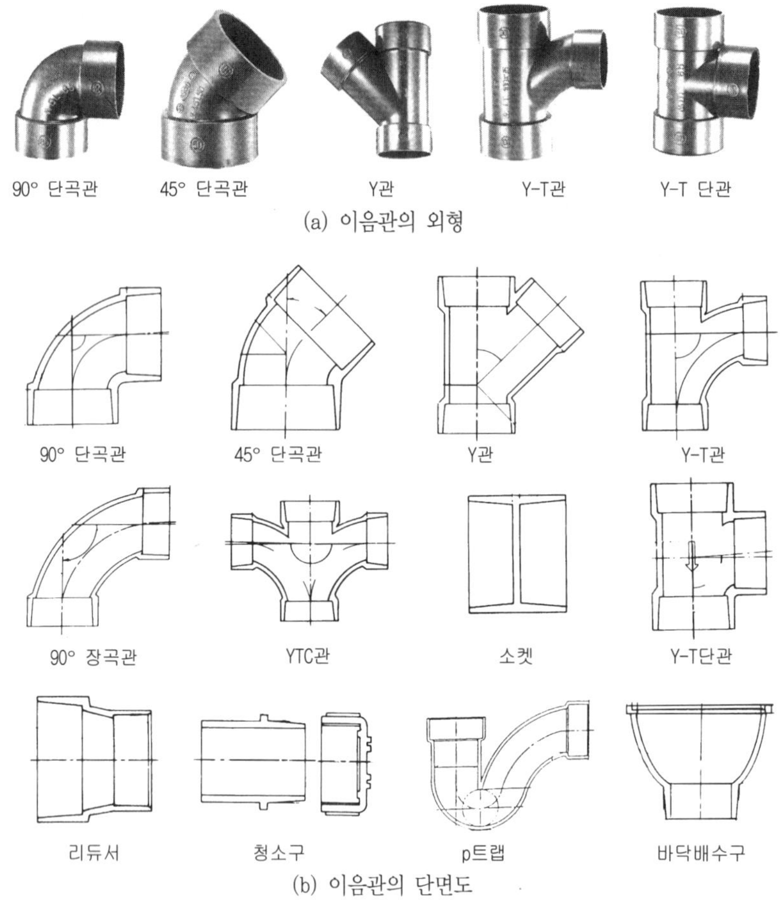

그림 3-69 배수용 TS식 이음관

(3) 내열성 PVC(CPVC) 이음관

내열성 경질염화비닐 이음관(KS M 3415, chlorinated polyvinyl chloride(CPVC) pipe fittings for hot and cold water supply)은 사용온도 90℃ 이하의 물배관 접합에 사용하는 내열성 경질염화비닐제 이음관으로서, A형(사출성형기로 성형한 것)과 B형(관을 가공한 것)이 있다.

관의 인장강도 및 수압은 내열성 경질염화비닐관(KS M 3414)과 동일하고, 표면의 색도 미색(ivory)으로 동일하다. 접합부의 치수는 수도용 경질염화비닐 이음관(KS M 3402)과 동일하다.

(4) 경질염화비닐 고무링 이음관

고무링 이음관(rubber fitting)은 이음관의 끝 부분에 고무링을 넣고 관을 삽입하면 고무의 탄성에 의한 실(seal)효과에 의해 이음되는 방식이다. TS식 이음에 비하여 신속, 간편하여 공기가 단축된다.

수도용에는 칼라이음관과 크립설치 이음관(DF이음관)이 사용되고 있다. 배수용에는 제조회사의 상품명으로 RF · NRF · SRF · URF · JRF · DRF 등 많은 종류가 개발되어 활용되고 있다. 이중에서 SRF · URF · JRF · DRG는 구조원리가 모두 유사한 방식으로, 관을 이음관에 삽입하고 캡을 조여줌으로써 완료되는 간편한 방식으로 많이 사용되어지고 있다.

그림 3-70에 각종 고무링 이음관의 모양을 일부 나타냈다.

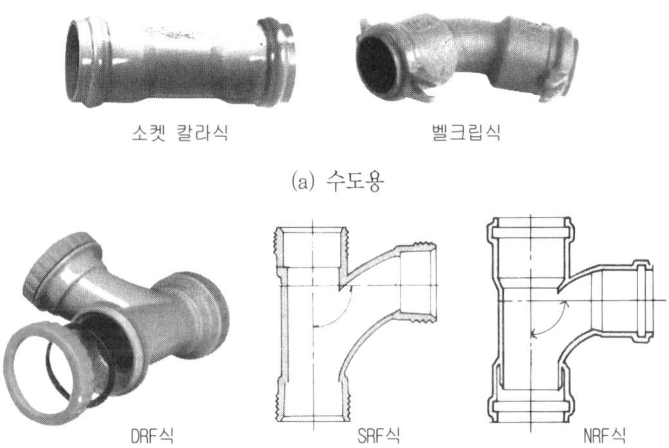

(a) 수도용

(b) 배수용

그림 3-70 PVC 고무링 이음관의 예

3.5.2 경질염화비닐관의 이음방법

PVC관의 이음방법에는 냉간이음, 열간이음, 플랜지이음, 용접이음, 나사이음 등이 있다. 냉간이음에는 TS식 이음과 고무링 이음이 있으며, 열간이음은 지름이 작은 관에서 보수 할 때 일부 사용되고 있다.

(1) TS식 이음

일정한 테이퍼로 만들어진 이음관에 접착제를 바른 관을 삽입하여 이음하는 방법이다. 이음강도가 크고, 특별한 숙련이 필요하지 않으며, 간편하고, 경제적이어서 많이 사용되고 있는 방식이다. 이음순서와 방법은 다음과 같다.

① 관의 절단면이 고르지 않은 경우는 줄로 다듬고, 관 단면의 바깥 모서리 부분은 모따기 가공을 하지 않는 것이 원칙이다.

② 이음관의 안쪽과 삽입관의 바깥쪽을 헝겊으로 깨끗이 닦아내고 접착제를 고르게 바른다. 접착제의 양은 삽입관의 끝에 약간 많이 바르고 삽입했을 때 접착제가 약간 밀려나오는 정도로 한다.

③ 관을 $\frac{1}{4}$~$\frac{1}{2}$회전시키면서 한번에 끝까지 삽입한다.

④ 삽입 후 손을 바로 떼면 이음관이 테이퍼로 되어 있기 때문에 관이 밀려나오므로 20초 정도 그대로 밀고 있어야 한다.

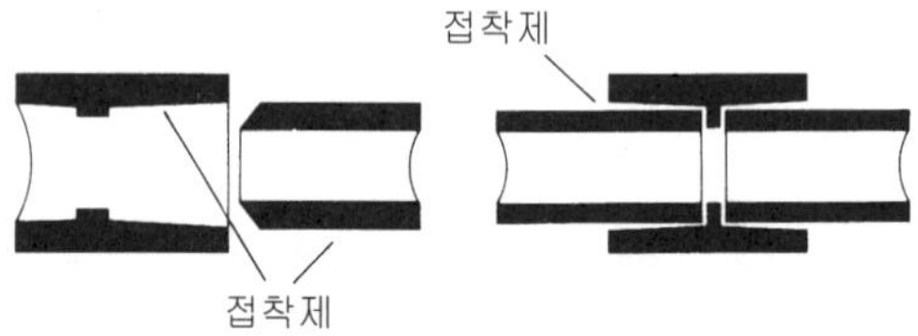

그림 3-71 TS식 이음

TS이음의 원리 : TS이음관(taper sized fittings)은 관의 지름에 따라 1/25~1/37의 테이퍼로 되어 있다. 관의 바깥쪽과 이음관의 안쪽에 접착제를 바르면 접착면에 약 0.1mm의 팽윤층(膨潤層)이 생기므로 바르기 전과 비교하면 관의 바깥지름은 0.1mm 작아지고 이음관의 안지름은 0.1mm 커진 것과 다를 바 없으므로 접착제를 바르지 않고 삽입할 때보다 더 깊이 들어간다. 이것을 유동삽입이라 한다.
더욱 힘을 주어 삽입하면 염화비닐수지의 탄성에 의해 관은 다소 오므라들고 이음관은 다소 넓혀지므로 더욱 깊숙이 삽입된다. 이것을 변형삽입이라 한다.
다음에 이음관 입구부는 관과 이음관의 틈새 위로 넘쳐나온 접착제에 의해 접착효과를 더욱 발휘할 수 있다. 이것을 일출접착이라 한다. 이상의 세 가지 접촉효과에 의해 이음강도가 유지된다.

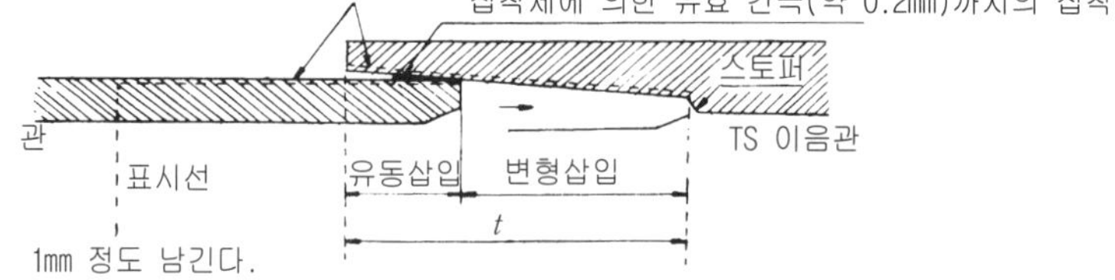

그림 3-72 TS이음의 원리

(2) 고무링(RR)이음

고무링의 탄성을 이용한 실(seal)효과에 의해 누설을 방지하는 이음방법으로 접착제나 가열할 필요가 없다. 편수칼라관의 고무링이음, 유니언식 고무링이음, 벨크립 설치 고무링이음 등이 활용되고 있다. 고무링은 KS M 6613의 수도용 고무 1종에 준한다.

1) 편수칼라관의 고무링이음

고무링에 윤활제만 발라 직관을 그대로 삽입하여 접속시키는 간단한 방법이다. 편수칼라관뿐만 아니라 각종 고무링이음관이 제조되고 있으며, 이음순서와 방법은 다음과 같다.

① 삽입을 쉽게 하기 위하여 수관(삽입관)을 모따기 가공한다.
② 수관의 삽입부와 칼라 속의 고무링이 들어갈 자리를 닦아낸다.
③ 편수칼라 이음부 안쪽에 고무링의 앞뒤를 확인한 후 정확하게 끼운다.
④ 고무링의 접착면과 수관의 삽입부 끝에서 삽입길이의 반 정도에 비눗물(5%)이나 세제 등의 윤활제를 바른다.
⑤ 편수칼라 이음부에 맞추어 수관을 삽입 표시선까지 끼운다. 호칭지름 100mm 이하의 관은 손으로만 삽입할 수 있으나 그 이상의 관은 지렛대 및 삽입기로 삽입하면 접속이 편리하다.

표 3-29 편수칼라관의 표준 삽입길이

호칭지름(mm)	50	65	75	100	125	150	200	250	300
삽입길이(mm)	102	103	104	115	137	160	210	260	320

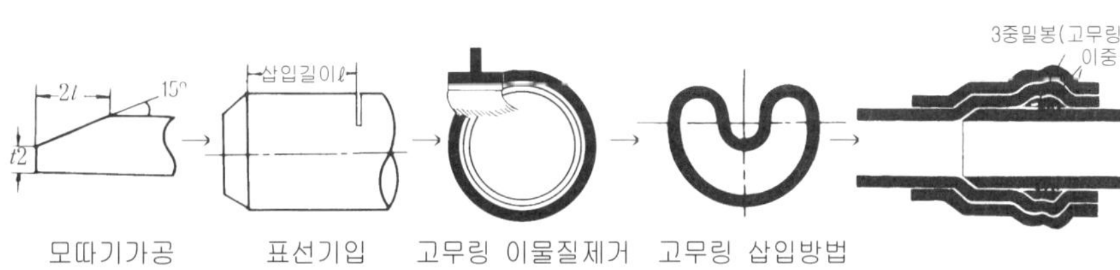

그림 3-73 편수칼라관 고무링이음

2) 유니언식 고무링이음

이음관의 캡에 의해 관과 고무링이 완전 밀착되어 누수를 방지하는 구조로 배수관이음에 주로 사용된다. 제조회사에 따라 약간의 차이가 있으나 이음방법은 거의 비슷하다. DRF이음의 경우 캡을 약간 풀거나 완전히 푼 상태에서 수관을 모따기 없이 그대로 밀어 넣어 캡을 알맞게 조여주면 이음이 완성된다. 호칭지름 100mm 이상의 관을 조일 때는 조임공구를 사용한다. 특히 캡을 풀거나 조이는 것으로 이음부의 분해 · 결합이 자유롭기 때문에 하자발생시 보수공사가 편리하고 자재를 재활용할 수 있다.

그림 3-74에 고무링이음의 일 예(SRF 이음)를 나타냈다. 먼저 관에 캡과 고무링을 끼운 다음, 관을 이음관에 완전히 삽입하고 캡을 조여주면 이음이 완료된다.

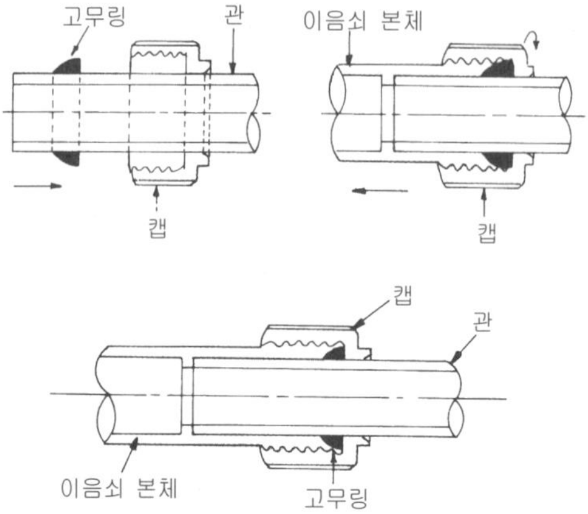

그림 3-74 유니언식 고무링이음의 예

3) 벨크립 설치 고무링이음

HIVP(내충격성 PVC관)의 편수칼라관 이음이나 수도용의 고무링이음에서 이음관의 이탈을 방지하기 위하여 그림 3-75와 같이 벨크립 하우징을 설치하는 방식이다. 벨크립을 설치함으로써 이음부의 이탈은 물론 진동이나 온도변화에 의한 신축을 흡수하고, 약간의 부등침하 및 굽힘 등의 변위도 흡수한다.

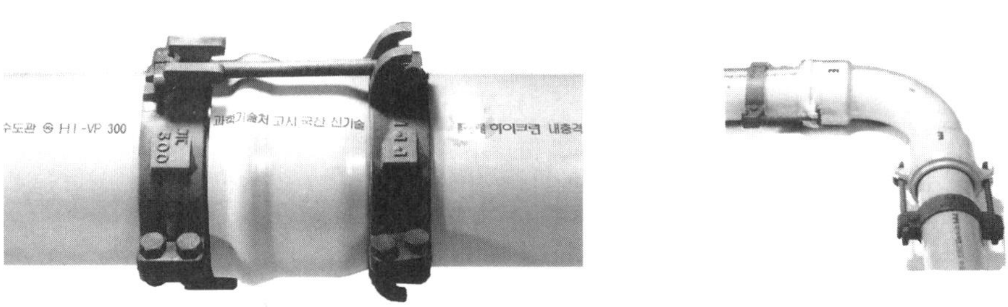

그림 3-75 벨크립 설치 고무링이음

(3) 열간이음

PVC관은 가열하면 75℃ 정도에서 연화하여 변형하기 시작한다. 이것을 열가소성이라 한다. 연화 · 변형된 것을 냉각시키면 그대로 경화한다. 이 상태를 다시 연화온도까지 가열하면 본래의 모양으로 돌아간다. 이것을 복원성이라 한다. 복원성은 온도가 낮을수록 크므로 이 성질을 이용하여 관을 이음하는 경우에는 가능한 한 낮은 온도에서 작업하는 것이 바람직하다.

관을 계속 가열하면 180℃에서 용융된다. 200℃ 이상이 되면 열 때문에 분해되어 염산가스가 발생하며, 더욱 가열하면 다갈색으로 변하고, 300℃ 이상으로 가열하면 탄화하여 흑색으로 변한다. 그러나 불꽃을 내면서 연소하지 않는 난연성을 갖는다.

이상의 열가소성, 복원성, 융착성을 이용하여 열간이음을 한다. 그러나 열간이음은 관의 수리 · 보수 등 특수한 경우에 사용된다.

1) 1단 슬리브이음

일반적으로 호칭지름 50A 이하의 지름이 작은 관에 적용한다.

① 수관의 바깥쪽과 암관의 안쪽을 모따기 가공한다. 모따기는 그림 3-76과 같이 관 두께를 1mm 정도 남기고 30° 경사지게 가공한다.

② 암관의 이음부를 고르게 가열한다. 가열길이는 삽입길이의 1.5배 정도로 하며, 가열온도는 120~130℃ 정도로서 손가락으로 가볍게 눌러서 움푹 들어갈 정도가 좋다.

③ 수관의 이음부에 바깥지름의 1.5배 정도 길이로 접착제를 바른다.

④ 연화된 암관에 접착제를 바른 다음 수관을 단번에 삽입한다.

⑤ 관이 연화된 상태에서 이음부를 일직선이 되도록 중심선을 맞추고 젖은 걸레로 냉각시킨다.

슬리브이음의 삽입길이는 관 바깥지름의 1.5배 정도로 하며, 표준은 표 3-30과 같다.

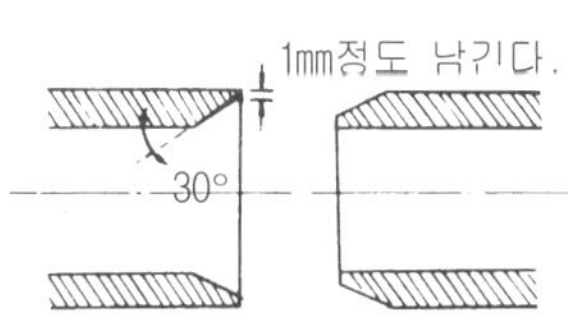

그림 3-76 모따기 가공

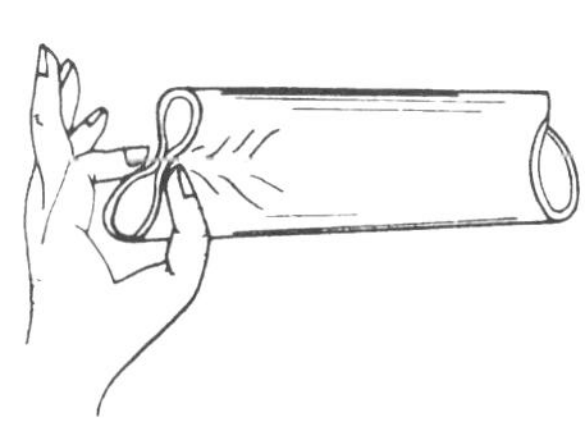

그림 3-77 적당한 가열온도

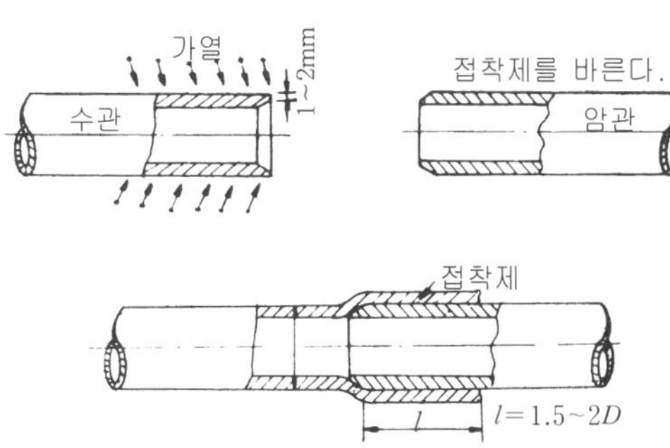

그림 3-78 PVC관의 슬리브 이음

표 3-30 PVC관의 슬리브이음 삽입길이

관지름 / 용도	호칭지름(mm)	10	13	16	20	25	30	40	50	65	75	100
	바깥지름(mm)	15	18	22	26	32	38	48	60	76	89	114
수 도 용	삽입길이(mm)	20	25	30	35	40	45	60	70	-	-	-
일 반 용	삽입길이(mm)	-	25	30	35	40	50	65	75	85	95	120
	곡률반지름(mm)	-	40	60	85	110	170	190	250	300	350	450

2) 2단 슬리브이음

호칭지름 65mm 이상의 지름이 큰 관에 적용하는 방법이지만 현재는 별로 사용되지 않는다. 이 방법은 가열이나 모따기는 1단 슬리브이음과 동일하다. 암관을 130℃ 정도로 가열하여 충분히 연화되면 수관 또는 수관모양의 금형을 삽입하여 슬리브를 미리 만든다. 다음에 1단과 같은 방법으로 이음하고, 냉각된 다음 접합부 외면을 다시 130℃ 정도 가열하면 복원력에 의해 접합제가 어울려서 밀착된다.

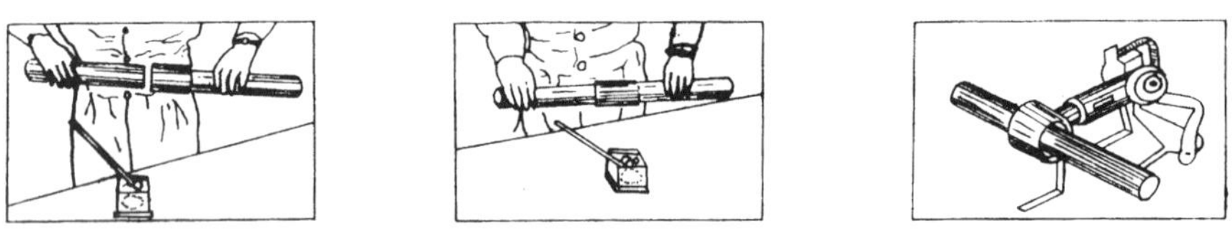

슬리브를 만들고, 맞춤표시를 한다.　　접착제를 바르고 삽입한다.　　이음부를 재가열하여 밀착시킨다.

그림 3-79 2단 슬리브이음법

(4) 플랜지이음

호칭지름 65mm 이상의 지름이 큰 관의 이음에 유효한 방법으로서, 관을 해체할 필요가 있는 경우 또는 재질이 다른 관(異種管)과의 이음에 적용한다.

1) 랩 플랜지(lap flange)이음

관의 해체가 용이한 방법으로, 관 끝을 그림 3-80과 같이 직각으로 꺾어서 여기에 금속제 플랜지를 사용하여 이음하는 방법이다. 그러나 꺾이는 부분이 약해져 강도가 작아지기 때문에 특별한 경우 이외에는 사용에 주의할 필요가 있다.

① 플랜지 반전(관 끝을 90°로 젖히기)을 쉽게 하기 위하여 관 끝의 안쪽에 모따기를 하고 플랜지를 끼운다.

② 관끝 부분을 가열한다. 가열방법은 열풍기(熱風器) 또는 전열기 등으로 직접 가열하는 방법이 있으나 이보다는 가열한 기름을 사용하는 것이 바람직하다. 일반적으로 130～

140℃로 가열한 유동파라핀(증발온도 140℃) 기름 속에 관을 세워서 끝을 넣어 가열한다.

③ 금형도 동시에 70~100℃로 가열한다.

④ 가열된 염화비닐관을 암금형 속에 편심이 되지 않도록 끼운다.

⑤ 수금형을 관 속에 넣어 관끝을 90°로 꺾은 다음 물로 냉각시키고 금형을 떼어낸다.

⑥ 완성된 두 관을 맞대어 사이에 패킹을 끼운 다음, 미리 넣은 플랜지를 맞대어 볼트로 체결한다.

표 3-31 랩 플랜지의 표준치수 (단위 : mm)

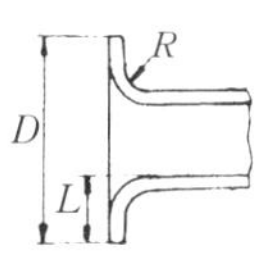

치수 \ 호칭지름	13	16	20	25	30	40	50	65	75	100
D	38	46	54	64	72	80	96	112	130	155
R	3	3	3	4	4	4	4	4	4	5
L	10	12	14	15	15	16	18	18	20	20

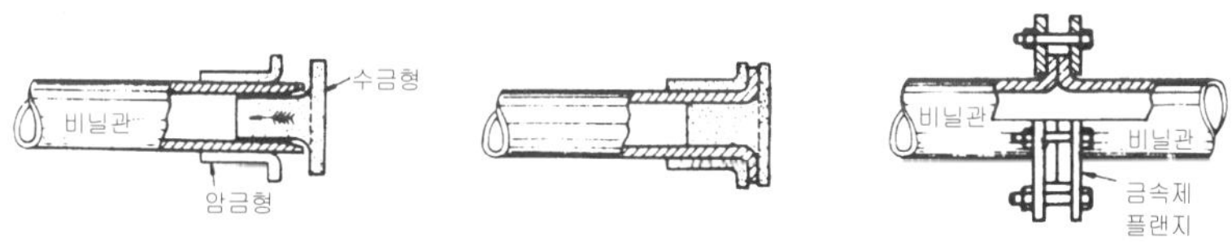

(a) (b) (c)

그림 3-80 랩 플랜지 이음법

2) 테이퍼 코어 플랜지(taper core flange)이음

지름이 큰 관의 이음에 유효한 방법으로 강도가 크고, 이음 가공이 쉬우며, 이종관의 이음에도 널리 이용되고 있다.

① 관 끝의 안쪽을 약간 모따기하고 테이퍼 플랜지를 관에 끼운다.

② 랩 플랜지 이음법과 동일하게 관끝을 120~130℃로 가열한다.

③ 관을 가열하는 동안 비닐제 테이퍼 코어의 겉면에 접착제를 바른다.

④ 가열된 관의 이음부를 재빨리 닦아내고, 관의 내면에 접착제를 바른다.

⑤ 관 축에 평행하도록 테이퍼 코어를 삽입한다.

⑥ 물로 냉각시키고, 양 관의 끝을 맞춘 다음 테이퍼 플랜지로 체결한다.

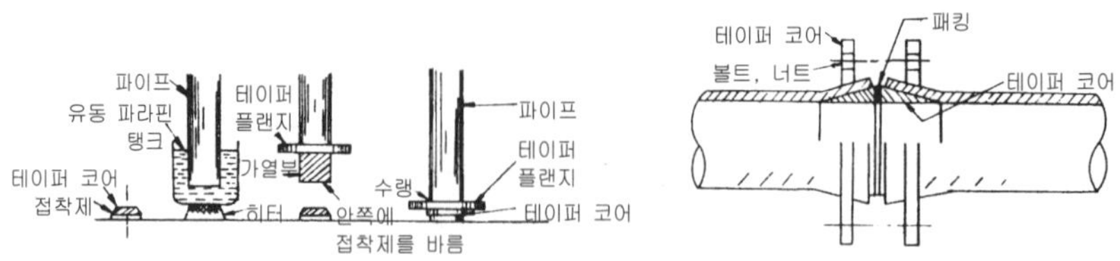

(a) 테이퍼 코어 삽입방법　　　(b) 테이퍼 코어 플랜지 체결

그림 3-81 테이퍼 코어 플랜지 이음법

(5) 용접이음

지름이 큰 관을 분기(分岐)하거나 조각내어 구부리기(turn) 또는 부분적으로 수리할 경우 사용되며, 주로 열풍용접기가 이용된다. 열풍용접(熱風鎔接)은 용접봉과 모재이음부가 완전히 용융되는 것이 아니고, 용접봉의 표면층과 이음부의 극히 얇은 표면층만 용융상태가 되어 용접봉에 압력을 가하면 양 표면의 유동체가 일체되어 압접이 된다.

용접된 이음의 강도는 용접봉과 모재의 용접온도, 가압력 등에 따라 다르며, 특히 가압력은 이음강도에 큰 영향을 주고 있다. 손으로 용접봉을 미는 것만으로는 가압력이 균일하지 않으므로 그림 3-82(b)와 같은 가압롤러를 사용하면 균일하게 가압되어 이음효율이 좋다.

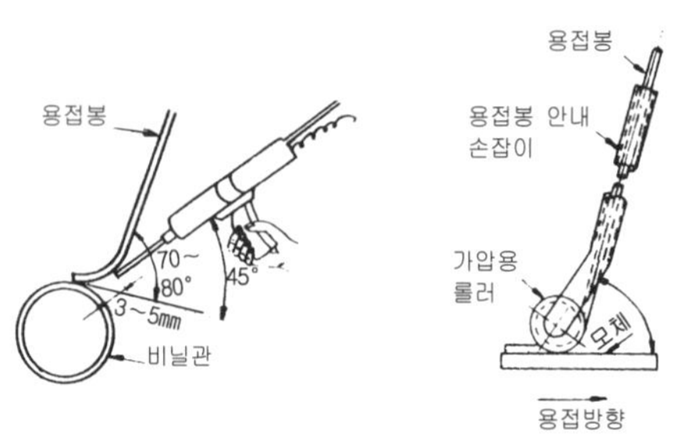

(a) 용접방법　　　(b) 가압 롤러

그림 3-82 PVC관의 열풍용접법

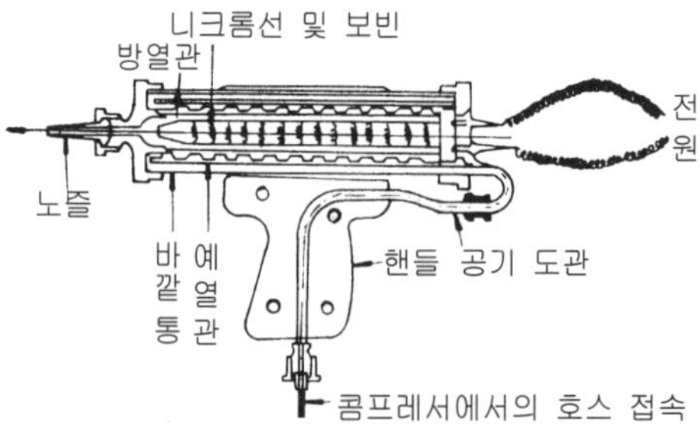

그림 3-83 열풍용접기(hot jet gun)

용접봉은 지름 2~5mm의 염화비닐수지로 된 가는 봉이며, 용접방법은 토치의 노즐 끝을 모재의 용접면에서 3~5mm 정도 거리를 두고서 열풍을 분사하고 노즐을 나선형으로 돌리면서 용접한다.

용접봉의 용융온도는 180℃ 정도이고, 열분해온도가 200℃부터이므로 가열조작의 온도범위는 20℃ 정도로서 세심한 주의를 요한다.

3.5.3 폴리에틸렌관 이음관

(1) 수도용 이음관

수도용 폴리에틸렌관 이음관(KS M 3411, polyethylene pipe fitting for water works service)은 수도용 폴리에틸렌관(KS M 3408)을 배관할 때 사용하는 이음관으로서, 융착식 이음관과 죔식 이음관이 있다. 융착식 이음관은 접합부의 모양, 치수 및 이음관의 모양에 따라 다시 커플링접합 이음관과 맞대기접합 이음관으로 구분한다. 표 3-32에 이음관의 종류를 나타냈다.

이음관의 인장강도는 16.7N/mm^2{170kgf/cm^2} 이상이고, 수압 2.5MPa{25.5kgf/cm^2}에서 물이 새거나 다른 결점이 없어야 한다. 접합부의 공통치수는 표 3-33과 같다.

제조방법은 융착식 이음관의 경우 폴리에틸렌을 주체로, 죔식 이음관은 에틸렌-프로필렌 공중합체를 하여 사출성형기에 의해 제조 · 가공한다.

(a) 융착식 이음관

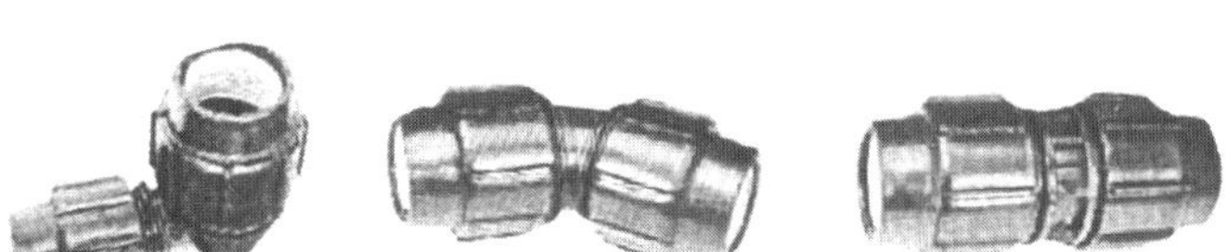

(b) 죔식 이음관

그림 3-84 폴리에틸렌관 이음관의 예

표 3-32 수도용 폴리에틸렌관 이음관의 종류

융착식 이음관		죔식 이음관
커플링접합 이음관	맞대기접합 이음관	
(1) 소 켓 (2) 지름이 다른 소켓 (3) 엘 보 (4) 티 (5) 캡 (6) 수도꼭지용 소켓(가형) (7) 수도꼭지용 소켓(나형) (8) 수도꼭지용 엘보 (9) 유니언 소켓	(1) 지름이 다른 소켓 (2) 엘 보 (3) 티 (4) 캡 (5) 새 들	(1) 소 켓 (2) 지름이 다른 소켓 (3) 엘 보 (4) 45° 벤드 (5) 티 (6) 플랜지관 (7) 밸브 소켓

표 3-33 수도용 폴리에틸렌관 이음관의 접합부 치수

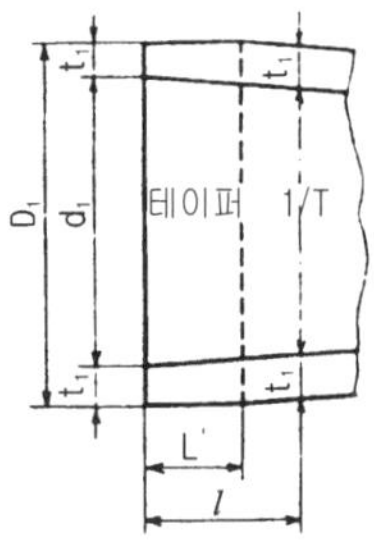

(단위 : mm)

기호 호칭지름	d_1	D_1	$1/T$	t_1	l	참고 치수	
						t_1'	L'
16	21.7	29.5	1/16	4.0	16	3.90	3.2
20	27.3	36.5	1/15	5.0	18	4.60	12.0
25	34.4	44.5	1/13.5	5.5	19	5.05	12.1
30	42.4	54.5	1/13.5	6.5	22	6.05	12.2
40	48.5	61.0	1/12.5	7.0	24	6.25	18.8
50	60.7	75.0	1/12	8.0	27	7.15	20.4
65	76.8	92.8	1/12	10.0	30	8.0	22

비고 1. d_1의 허용 범위는 0, −2.5%로 한다.

2. l은 테이퍼 부분($1/T$)을 나타내며, 필요한 최소 길이이다.

3. L'는 바깥면의 평행 부분을 나타낸다.

4. D_1의 허용 범위는 ±2.0%로 한다.

5. t_1의 허용 범위는 ±10%로 한다.

(2) 가스용 이음관

가스용 폴레에틸렌관 이음관(KS M 3515, polyethylene pipe fitting for the supply of gaseous fuels)은 가스용 폴리에틸렌관(KS M 3514)의 융착접합에 사용하는 이음관으로서, 사용재료의 멜트플로레이트, 이음관의 접합부 모양 및 성형방법에 따라 분류하면 표 3-34와 같다.

표 3-34 이음관의 접합부 모양과 접합방법

종 류	접합부의 모양	접합방법	접합하는 관의 종류
커플링(coupling) 접합 이음관	테이퍼 모양의 안쪽 둘레에 면을 가진 접합부 모양	이음관 접합부와 관의 끝부분 바깥면을 가열·용융한 후, 이음관과 관을 삽입하여 접합한다.	1 호
전열선이 들어 있는 커플링접합 이음관	원통모양의 안쪽 원둘레 면을 가진 접합부 모양으로, 접합부에 미리 전열선 등의 발열체를 조립한 것.	이음관에 관을 삽입 후, 이음관 접합부에 조립된 발열체에 따라서 접합부와 관의 끝 부분 바깥면을 가열· 용융하여 접합한다.	1 호
삽입구(spigot)형 커플링접합 이음관	이음관 끝 부분이 관과 동일한 바깥지름 치수를 가진 접합부 모양으로, 전열선이 들어 있는 커플링접합 이음관과 조합하여 사용하는 것.	이음관을 전열선이 들어 있는 커플링 접합 이음관에 삽입 후, 접합 이음관의 접합부에 조립된 발열체에 따라서 그 접합부와 이음관의 끝 부분 바깥면을 가열·용융하여 접합한다.	1 호
맞대기(butt)식 접합 이음관	이음관 끝 부분이 관과 동일한 바깥지름 및 두께의 치수를 가진 접합부 모양	이음관 접합부와 관의 끝 부분을 가열·용융한 후 압착 접합한다.	1호, 1호U, 2호, 3호
새들(saddle)형 접합 이음관	관의 바깥지름 기본치수와 동일한 곡률의 말안장 모양 접합면을 가진 접합부 모양	이음관 접합부와 관의 표면을 가열·용융한 후 압착 접합한다.	1 호
전열선이 들어 있는 새들형 접합 이음관	관의 바깥지름 기본치수와 동일한 곡률의 말안장 모양 접합면을 가진 접합부 모양이고, 접합부에 미리 전열선 등의 발열체를 조립한 것.	이음관의 접합부와 관의 표면을 누른 후 이음관 접합부에 조립된 발열체에 따라서 접합부와 관의 표면을 가열·용융하여 접합한다.	1 호

1) 이음관 재료의 멜트플로레이트에 따른 분류

종 류	멜트플로레이트
A 종	0.15 이상, 0.4 미만
B 종	0.4 이상, 1.0 미만
C 종	1.0 이상, 2.5 미만

2) 이음관의 성형방법에 따른 분류

종 류	맞대기식 접합 이음관의 성형방법
갑 형	사출성형기 등으로 일체를 성형한 것.
을 형	몸체는 사출성형기로 성형하고, 맞대기 접합부는 관을 융착한 것.

(3) 폴리에틸렌관 이음쇠

폴리에틸렌관용 이음쇠(KS B 1546, metal compression fittihgs for polyethylene pipes)는 냉온수배관에서 가교화 폴리에틸렌관(KS M 3357)을 이음할 때 사용하는 금속제 압축형 이음쇠로서, 소켓 · 유니언 · 티 · 엘보의 4종류가 있다. 호칭지름은 15~40mm까지 있다. 이음쇠의 나사는 관용나사로 하고, 연결너트(관 삽입부)는 미터 가는나사로 한다. 내압은 가교화 폴리에틸렌관의 규정에 준한다.

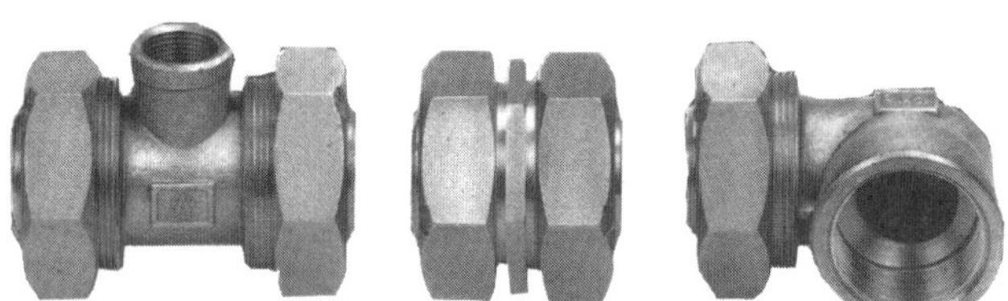

티(F) 유니언 엘보(F)

그림 3-85 폴리에틸렌관용 이음쇠의 예

3.5.4 폴리에틸렌관의 이음방법

폴리에틸렌관은 용제에 잘 녹지 않으므로 비닐관에서와 같은 접착제로서 이음할 수 없다. 일반적으로 관 외부와 이음관 내부를 용융시켜 융착이음하는 방법과 나사를 조여서 이음하는 방식이 사용된다. 이 외에 테이퍼 이음, 인서트 이음 등 압축하여 이음하는 방법도 있다.

(1) 융착이음

관 끝의 바깥쪽과 이음관의 안쪽을 동시에 가열하여 이음하는 방법으로, 이음부의 가열온도에 충분히 주의하면서 작업해야 한다. 폴리에틸렌관의 이음에 열을 이용하는 융착이음방법은 폴리에틸렌관을 개발하면서부터 사용되어온 기술이다. 현재 열융착(heat fusion)과 전기융착(electro fusion)방식이 이용되고 있다. 열융착은 융착의 형태에 따라 맞대기융착(butt fusion), 소켓융착(socket fusion), 새들융착(saddle fusion)이 있으며, 전기융착은 전기소켓 융착과 전기새들융착이 있다.

1) 열융착 이음

열융착 이음은 외부의 열원(heater)을 이용하여 연결하고자 하는 부위를 용융시킨 후 압착하여 연결하는 방법이다.

① 맞대기융착(butt fusion) : 호칭지름 50mm 이상의 직관과 100mm 이상의 이음관 연결에 적용된다.
② 소켓융착(socket fusion) : 소켓부 내면과 관 끝의 외면을 일정시간 용융시켜 삽입 압착하는 방법이다. 이음부위가 견고하고 확실하지만 관의 두께에 따라 사용범위가 제한되는 단점이 있으므로 호칭지름 75mm 이하의 지름이 작은 관에 적용한다.
③ 새들융착(saddle fusion) : 관의 외면과 새들 안장부분을 용융시켜 접합하는 방법이다. 서비스티의 접합에도 사용한다.

융착기의 종류에 따라 이음방법이 다소 차이가 있으나 과거부터 사용되어 온 소켓융착 이음방법에 대해서 설명한다. 이 방법은 관 끝의 바깥쪽과 이음관의 안쪽을 가열 지그(jig)를 사용하여 동시에 가열 · 용융시켜(220℃) 이음하는 방법이다. 용융 · 가열에 사용하는 지그는 이음관 및 관의 치수에 맞는 것을 사용하고, 가열온도가 240℃ 이상으로 가열되지 않도록 주의한다(고밀도 폴리에틸렌관, 즉 PEM 파이프의 경우는 260℃로 가열하여 이음한다).

소켓융착 이음의 순서와 방법은 다음과 같다.

① 관의 안쪽을 모따기한다. 관을 이음관에 끼웠을 때 이음관에 생기는 응력을 분산하기 위하여 모따기를 한다.
② 이음부위를 아세톤을 사용하여 헝겊으로 깨끗이 닦는다.
③ 이음관과 관 끝을 동시에 가열할 수 있는 지그(zig)를 히터, 토치램프 등의 가열기로 약 210±10℃ 정도 가열한다. 융착가능 온도범위는 180~240℃이므로 과열되지 않도록 주의한다.
④ 이음관과 관을 지그에 삽입하여 균일하게 용융시킨다. 관지름에 따라 일정시간 가압 용융한다. 용융에 필요한 가열 표준시간은 대략 표 3-35와 같다.
⑤ 용융상태가 균일하게 되어 있으면 지그에서 빨리 빼내어 그림 3-86과 같이 일직선이 되도록 끼워 융착이음을 한다. 이때 약간 비트는 기분으로 끼우면 융착면이 잘 어울려 융착효과가 좋다.
⑥ 충분히 냉각시킨 후 융착상태를 확인한다. 용착면이 냉각하여 굳기까지는 1~3분이 걸린다. 빨리 냉각시키기 위해서는 물 또는 젖은 걸레로 냉각시킨다.

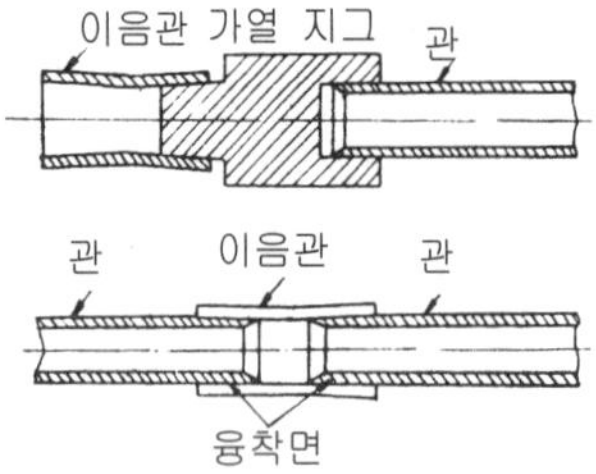

그림 3-86 열융착 슬리브이음

표 3-35 용융 가열 표준시간

호칭지름 (mm)	가열시간(sec)	
	이음관 및 경질관	연질관
10~13	5~20	5~10
20~25	10~25	10~25
30 이상	25~45	15~30

열융착 이음시는 다음 사항에 주의한다.

① 용융 · 가열에 사용하는 지그는 이음관 및 관의 치수에 맞는 것을 사용한다. 지그의 재료는 열전도율이 큰 알루미늄합금 등이 사용되며, 용융한 폴리에틸렌이 지그에 달라붙지 않도록 테플론 가공한 것이 좋다. 철이나 구리로 만든 지그는 산화되기 쉬우므로 사용하지 않는 것이 바람직하다.

② 지그의 가열은 전열기나 토치램프 등 어떤 것이라도 좋지만 240℃ 이상 과열되지 않도록 주의한다.

③ 경질관과 이음관은 동질 재료이고, 용융속도도 같아서 동시에 지그에 삽입해도 되지만 연질관은 용융이 잘되므로 이음관보다 다소 늦게 삽입하여 가열하는 것이 좋다.

④ 이음관과 관을 가열하는 지그의 치수는 허용차를 ±5 정도로 한다. 관과 지그 사이의 간격이 넓으면 균일한 상태로 가열하기 어려우며, 반대로 너무 좁아 무리하게 끼우면 모따기한 것이 변형된다. 지그의 가열부분 규격치수는 표 3-36과 같다.

⑤ 이음관과 관을 지그에 끼울 때는 지그의 l 또는 l_1길이까지 완전히 끼울 필요가 없고, 2/3 정도 끼우면 충분하다.

표 3-36 지그의 가열과 치수

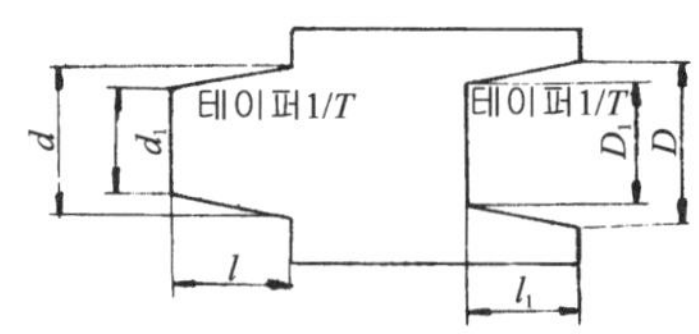

(단위 : mm)

호칭지름 \ 기호	D	D_1	d	d_1	l	l_1	1/T
10	17.4	16.7	17.3	16.5	13	12	1/16
13	22.0	21.1	21.9	20.9	16	15	1/16
20	27.7	26.6	27.5	26.3	18	17	1/15
25	34.7	33.4	34.5	33.1	19	18	1/13.5
30	42.8	41.2	42.6	41.0	22	21	1/13.5
40	48.9	27.1	48.7	46.8	24	23	1/12.5
50	61.1	58.9	60.9	60.9	27	26	1/12

2) 전기융착이음

전기융착은 이음관 내부에 전열선(heating coil)을 넣고 제작한 전기융착 이음관(E/F sleeve)에 관을 삽입한 후, 융착기(electro-fusion machine)의 전원을 이음관의 열선에 연결함으로써 발생하는 저항열을 이용하여 이음하려는 부위를 용융시켜 접합하는 방법이다.

열융착에 비해 사용장비가 작고 가벼워서 좁은 공간에서도 작업이 가능하며, SDR(standard dimension ratio : 바깥지름/두께)에 관계 없이 이용할 수 있다. 또한 접합면이 넓고, 견고하며, 융착부의 기밀성능이 우수하다. 그러나 전열선이 내장된 이음관의 비용이 추가되는 단점이 있다. 완전한 융착이 되기 위해서는 스크래핑(산화막 제거), 파이프와 이음관 사이의 적절한 압력, 열량(융착전압과 시간)의 기본 3요소가 충족되어야 한다.

전기융착이음의 순서와 방법은 다음과 같다.

① 커터를 이용하여 관을 직각으로 절단한다.
② 삽입될 깊이만큼 관에 융착깊이를 표시한다.
③ 융착면의 산화피막을 제거하기 위하여 스크래퍼(scraper)를 이용하여 관의 바깥면을 긁어낸다(기본 3요소 중 가장 중요하다).
④ 이음관 내면과 관의 접합부 외부를 알코올이나 아세톤 등으로 닦아낸다.
⑤ 관을 이음관에 삽입한 후 수평이 되도록 하여 지지대로 고정한다. 지름이 큰 경우는 이음부위를 완전히 밀착시키기 위하여 밴드로 조인다.
⑥ 이음관 단자에 컨트롤러를 연결하여 전원을 넣는다(다만, 습기나 물기가 있는 곳에서는 절대로 융착작업을 금한다).
⑦ 융착이 완료된 후 지지대를 고정시켜 놓은 채로 30분 정도 냉각시킨다.
⑧ 이음관의 인디게이터로 융착을 확인한다.

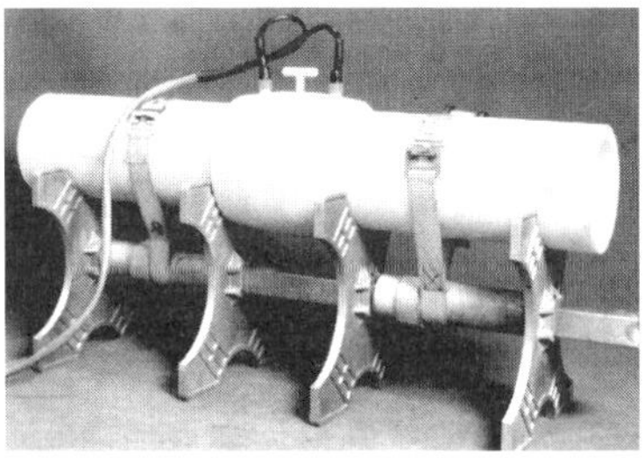

그림 3-87 전기융착 가열의 예

(2) 나사이음

수도용 폴리에틸렌관의 죔식 이음관(KS M 3411)이나 폴리에틸렌관용 이음쇠(KS B 1546)를 사용하여 나사이음을 한다.

(3) 테이퍼이음

테이퍼이음(taper joint)은 폴리에틸렌관 전용의 청동제(포금제) 테이퍼 이음쇠를 사용하여 이음하는 방법으로서, 호칭지름 50A 이하의 관에 사용된다. 그림 3-88과 같이 테이퍼관, 슬리브너트, 캡너트로 구성되어 있다.

이음방법은 먼저 양쪽 관의 안쪽을 모따기하고, 80~90℃로 가열한다. 다음에 슬리브너트와 캡너트를 각각 양쪽 관에 끼워놓고, 가열된 양쪽관 끝에 테이퍼관을 끼운 후 슬리브너트와 캡너트를 조이면 된다.

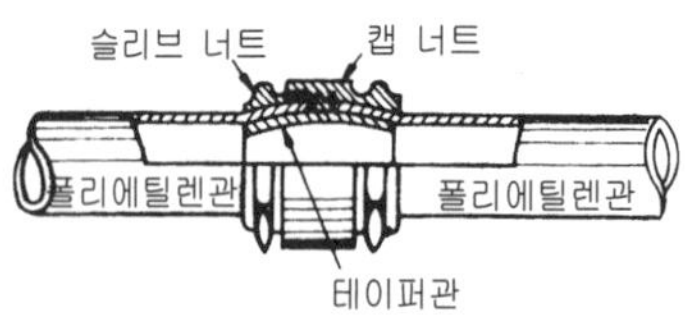

그림 3-88 테이퍼이음

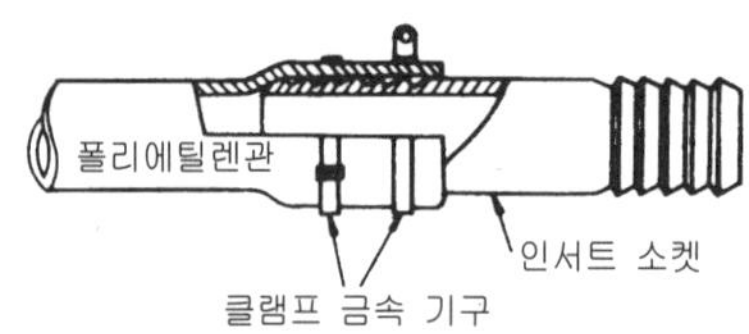

그림 3-89 인서트이음

(3) 인서트 이음

인서트이음(insert joint)은 그림 3-89와 같이 이음쇠와 클립을 사용하여 이음하는 방법으로 호칭지름 50A 이하의 관에 사용된다.

이음방법은 관끝을 가열하여 연화시킨 다음, 경질염화비닐제 또는 경질폴리에틸렌제의 인서트 이음관을 끼운 다음 냉각되면 스테인리스강제 클램프로 조인다.

(4) 기타 이음법

호칭지름 65mm 이상의 관에서 주로 사용하는 테이퍼 코어 플랜지 이음과 열풍용접기에 의한 용접이음이 있다.

3.5.5 기타 합성수지 이음관

(1) 폴리부틸렌관용 이음관

폴리부틸렌관의 이음방식에는 융착이음과 고무링이음이 있다. 융착이음에는 폴리부텐이음관(KS M 3364, polybutene(PB) pipe-fittings)이 사용된다. 그러나 지름이 작은 PB관의 이음에는 융착용 이음관보다는 고무링이음관이 실용되고 있다.

그림 3-90은 고무링이음관의 구조로서 본체, 그랩링(grab ring), 와셔(washer), O-링(O ring), 캡(cap)으로 이루어졌다. 고무링이음관은 폴리부틸렌관뿐만 아니라 동관이나 스테인리스강관의 이음에도 사용이 가능하다.

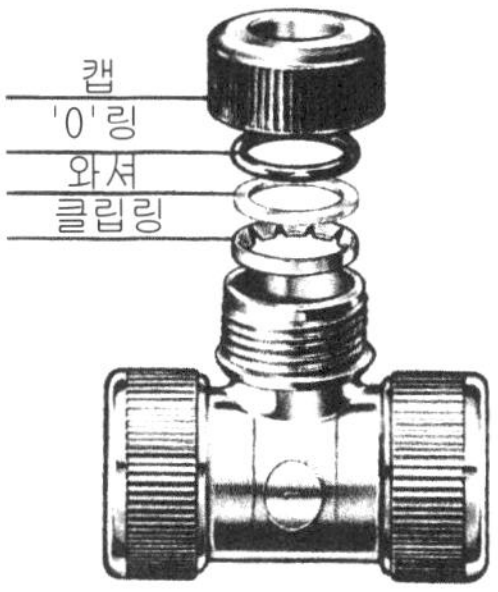

그림 3-90 고무링이음관(에이콘이음관)의 구조

그림 3-91 폴리부틸렌관용 고무링이음관의 예

고무링 이음방법은 전용의 이음관(에이콘 이음관)에 관을 그대로 삽입시킴으로써 이음이 완료되는 방식이다. 고무링 이음시 주의할 사항은 다음과 같다.

① 관을 축에 직각으로 절단한다. 전용 커터로 절단하는 경우 커터를 적당한 힘으로 조임과 동시에 다른 손으로는 관을 돌려준다.
② 절단된 부위의 거스러미를 제거하고, 서포트 슬리브(support sleeve)를 관 속으로 밀어 넣는다.
③ 삽입할 관 끝에 실리콘 윤활유를 바른다. 이는 관을 이음쇠에 삽입할 때 부드럽게 삽입되도록 하기 위함이다.
④ 이음관에 관을 그대로 밀어넣는다. 이때 관을 돌려서는 안 되며, 밀어넣을 때 2단에 걸쳐 삽입되는 것을 느끼도록 한다.

이음관의 부속 중 그랩링은 재사용이 절대 불가능하므로 이음관을 재조립할 때는 그랩링을 교체해야 한다. 조립할 때는 캡을 반드시 손으로 조여야 하며, 공구로 조여서는 안 된다. 또한 이음관에 관을 삽입할 때는 캡이 완전히 조여진 상태에서 이루어져야 하며, 캡을 풀어서 관을 삽입하고 캡을 다시 잠그는 방법은 이음에 불량을 초래한다.

폴리부틸렌관의 고무링이음관에 동관이나 스테인리스강관을 삽입할 때에도 절단된 단면의 거스러미를 완전히 제거해야 한다. 특히 절단면 바깥쪽 거스러미를 제거하지 않으면 이음쇠 내부의 O-링이 손상될 우려가 있으므로 주의해야 한다.

(2) 폴리프로필렌관용 이음관

그림 3-92와 같은 융착식 이음관이 사용되고 있다. 또한 폴리프로필렌 공중합체관(KS M 3362)의 이음에는 폴리프로필렌 공중합체 이음관(KS M 3369, polypropylene copolymer pipe fittings)이 사용된다.

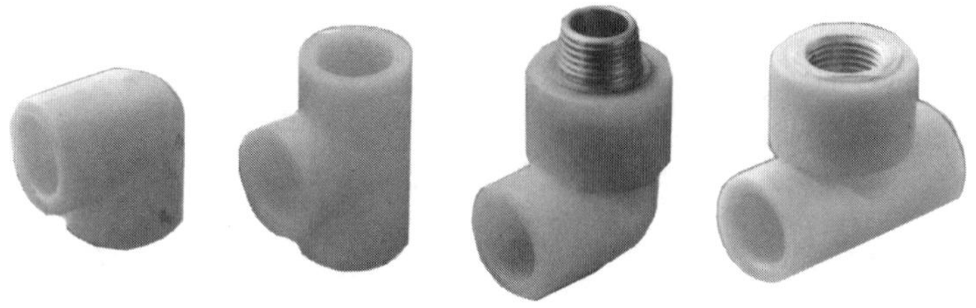

엘보 티 어댑터 엘보 어댑터 티

그림 3-92 폴리프로필렌관용 융착식 이음관

3.6 콘크리트관의 이음

3.6.1 원심력 철근콘크리트관(흄관)의 이음

(1) 칼라이음(콤포이음)

칼라이음(collar joint)은 철근콘크리트로 만든 칼라와 특수 모르타르의 일종인 콤포로 이음하는 방법이다. 작업방법은 먼저 한쪽 관에 칼라달기를 함으로써 소켓을 만든 후, 48시간 경과 후 다른 관을 삽입하여 이음한다. 호칭지름 75~1,800mm의 관에 적용되며, 간단하게 이음할 수 있는 방식으로 수밀성이 좋다. 그러나 탄성과 신축성이 작기 때문에 20~30m마다 1개의 신축이음을 삽입하는 것이 바람직하다. 콤포(compo)란 시멘트와 모래비율을 1 : 1로 하고, 수분이 17% 정도로 반죽된 모르타르이다.

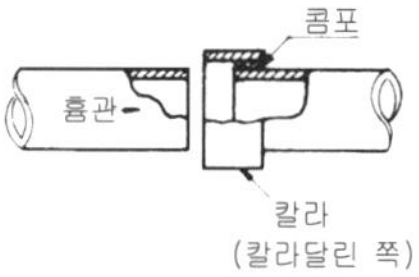

그림 3-93 칼라이음

(2) 심플렉스 이음(simplex joint)

칼라 속에 2개의 고무링을 넣고 이음하는 방법으로서, 칼라가 석면시멘트일 경우는 석면시멘트관 이음에, 철근콘크리트일 경우는 흄관이음에 사용된다. 호칭지름 75~500mm의 관에 적용되며, 수밀성과 가요성이 좋은 것이 특징이다. 이음방법은 양쪽 관의 끝을 5~10mm 정도 떼어놓고, 프릭션 풀러(friction puller)로 칼라를 잡아당기면 고무링은 회전하면서 관과 칼라의 틈새에 들어간다. 칼라가 정지선 위치까지 오면 게이지에 의해 고무링의 위치를 확인하고 이음을 끝낸다.

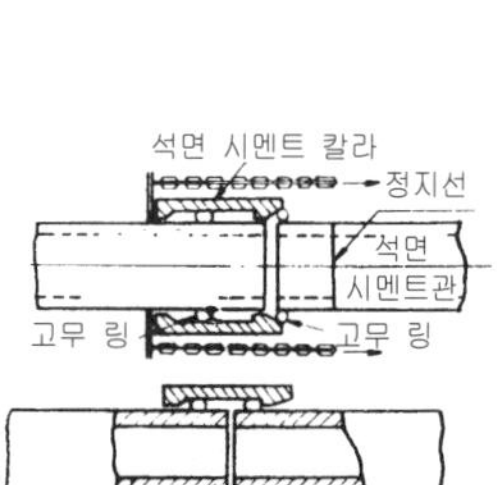

그림 3-94 심플렉스 이음

(3) 칼라 신축이음

땅의 부등침하, 지진, 기타 하중에 따른 진동에 대비하여 칼라이음 20～30m마다 1개씩 신축이음을 한다. 이음방법은 먼저 관 끝에 고무통을 끼우고 그 위에 칼라달기를 한 다음, 다른 관 끝에는 미리 고무링을 끼워놓고 먼저 끼워놓은 칼라 속으로 고무링과 함께 삽입한 후 콤포를 다져 넣는다.

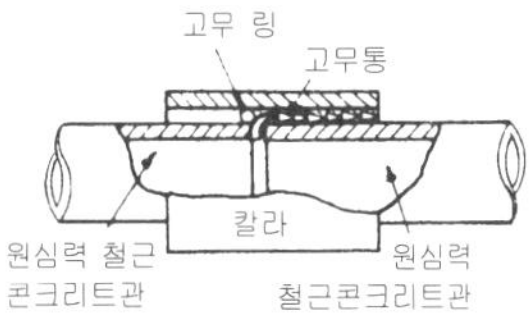

그림 3-95 칼라 신축이음

(4) 기타 흄관의 이음

1) 턴 앤 그루브이음(T & G joint)

관끝이 특수 형상으로 제작되었으며, 그림 3-96과 같이 고무링을 넣고 이음하는 방법이다. 호칭지름 750～1,800mm 정도의 지름이 큰 관에 한하며, 고압관의 이음에 적합하다. 그림에서의 칼라는 상수도의 경우에 사용하지만 하수도에서는 사용하지 않는다.

2) 칼라 신축이음(W식)

그림 3-97과 같이 관과 칼라 사이에 콤포와 얀을 채워넣고, 칼라와 철제 바퀴를 볼트로 죄어 고무링이 빠져 나오지 않게 한 이음이다. 관로에서 20～40개에 1개씩 삽입하여 신축성을 준다.

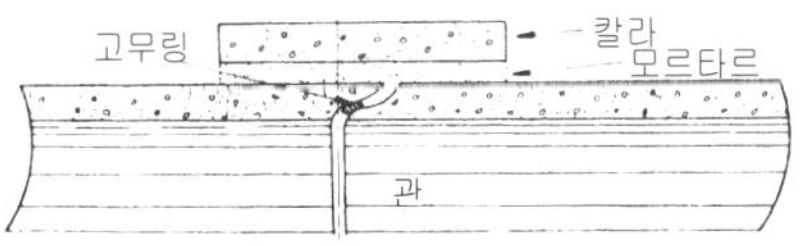

그림 3-96 턴 앤 그루브이음

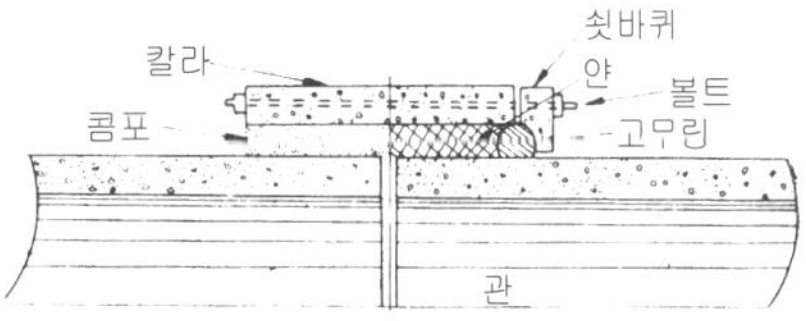

그림 3-97 칼라 신축이음(W식)

3.6.2 도관의 이음

관과 소켓 사이에 모르타르를 채워서 이음하는 방법이 주로 사용되며, 경우에 따라서는 얀을 약 10mm 정도 다져넣고 이음하는 방법도 있다.

도관의 이음방법은 소켓쪽을 상류로 향하게 하여 고정시키고, 소켓 안쪽의 밑 부분에 모래를 넣어 삽입관을 지지한 다음 모르타르를 채운다. 특히 소켓의 아래 부분이 잘 채워지도록 주의해야 한다.

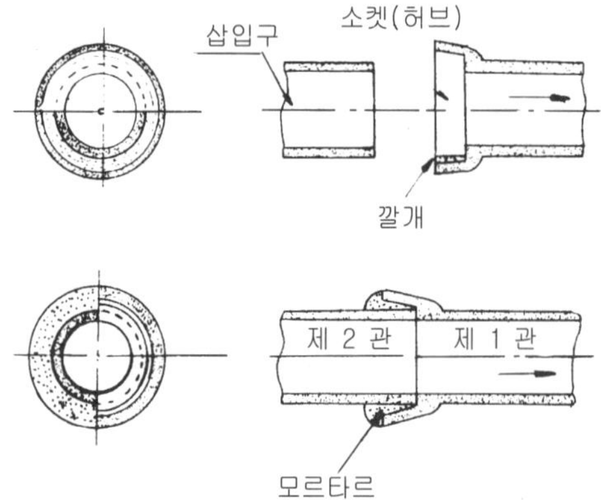

그림 3-98 도관의 이음

chapter 04

배관부속

04

배관부속

4.1 신축 및 변위흡수 이음쇠

4.1.1 신축이음쇠

(1) 재료의 열팽창

관 속을 흐르는 유체의 온도와 관 외벽에 접하는 외기(外氣)의 변화에 따라 관은 팽창과 수축을 한다. 이때 신축(伸縮)의 크기는 관의 길이와 온도의 변화에 직접 관계가 있다. 한번 팽창한 관은 영구변형을 일으킬 정도의 강도로 압축되거나 크리프(creep)가 생길 정도로 나타나지 않는 한 냉각되면 본래의 길이로 되돌아간다. 따라서 온도변화에 따른 관의 신축작용에 의해 직선거리가 긴 배관에서는 관 이음부위 및 기기의 이음부위가 파손될 우려가 있다.

그러므로 이러한 사고를 미연에 방지하기 위하여 증기 및 온수 등 신축이 일어나는 배관에는 배관 도중에 신축이음쇠를 설치해야 한다. 신축이음쇠를 설치할 경우는 반드시 고정 지지 철물로 관을 견고히 고정해 두어야만 효과가 있다.

(2) 선팽창계수

관의 팽창은 일반적으로 관지름의 크기에는 관계 없이 길이에만 관계가 있다. 선팽창계수란 길이방향의 팽창 정도를 나타내는 값으로, 온도가 1℃ 상승 또는 하강하는 데 따라 단위길이의 관이 팽창 또는 수축하는 크기를 말한다. 이 계수는 재료의 종류에 따라 다른 것은 물론이고, 가열온도의 범위에 따라서도 다르다. 그러므로 이 계수는 사용온도 범위 내의 평균값으로 나타내고 있다. 지금 어떤 온도범위에서의 평균 팽창계수를 α, 변화전 배관길이를 l_0, 온도차를 $t_1 - t_0$라고 하면 온도변화에 의해 팽창한 길이 δ는 식 (4.1)로 나타낼 수 있다.

식 (4.1)과 (4.2)에 의해 직선배관의 신축량을 구한다.

예를 들어 강의 선팽창계수가 0.000012라고 하면, 강관의 경우 온도 1℃ 변화에 대해 길이 1m마다 0.012mm만큼 신축을 하게 된다.

$$\delta = \alpha \cdot l_0(t_1 - t_0) \tag{4.1}$$

$$l_1 = l_0(1 + \alpha(t_1 - t_0)) \tag{4.2}$$

여기서, l_0 : 배관의 원래길이(m)

l_1 : 변화 후의 배관길이(m)

t_0 : 배관의 원래 온도(℃)

t_1 : 변화 후의 배관온도(℃)

δ : 온도변화에 의해 팽창한 길이(m)

α : 관 재질의 선팽창계수(m/m · ℃)

주요 재료의 선팽창계수는 1장의 표 1-3에 나타냈다. 그리고 그림 4-1의 선도는 이에 따른 배관길이 1m마다의 팽창 정도를 나타낸 것이다.

그러나 더욱 정밀히 측정해보면 열팽창의 크기는 정확히 온도차에 비례하지는 않는다. 표 4-1은 각 온도범위에서의 선팽창계수 α의 값으로, Holborn & Day에 의한 실험식으로부터 각종 재료의 관길이 1m에 대한 팽창 정도를 표 4-2에 나타냈다.

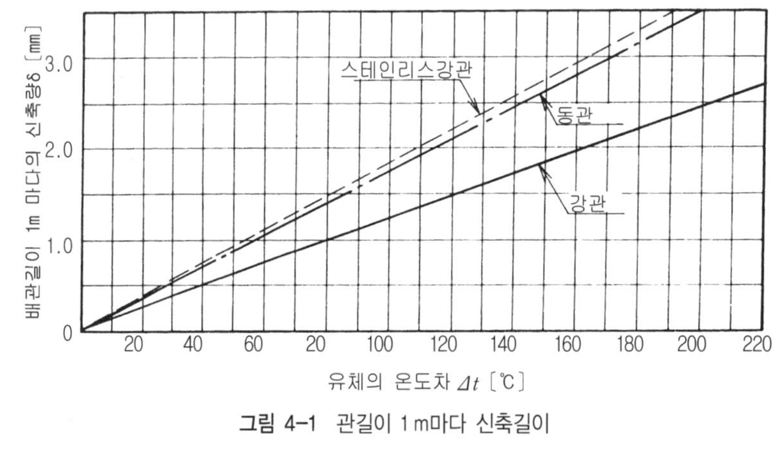

그림 4-1 관길이 1m마다 신축길이

표 4-1 각 온도 범위에서의 선팽창계수 $\alpha(\times 10^{-6})$

재료 \ 온도범위(℃)	−100~0	0~100	~200	~300	~400	~500	~600	~700
알루미늄	21.0	24.0	24.7	25.0	26.1	26.6	27.9	28.0
동	15.7	16.6	16.9	17.3	17.8	18.3	18.5	18.9
황동	16.6	17.5	18.0	18.5	18.9	19.3	20.0	20.6
청동	16.6	17.5	17.7	18.5	18.9	19.3	20.0	20.6
주철	8.3	10.4	11.0	11.7	12.4	-	-	-
가단주철	7.8	9.0	9.9	10.8	11.9	-	-	-
두랄루민	-	7.2	-	-	-	-	-	-
모넬메탈	13.8	14.5	14.8	15.3	15.5	15.7	15.9	16.0
순니켈	11.3	13.0	13.5	14.0	14.8	15.0	15.3	15.5
탄소강(0.3~0.4C)	10.4	11.5	11.9	12.6	13.3	14.0	14.3	14.5
Cr-Mo강(1Cr-0.5Mo)	11.5	-	12.1	12.1	13.2	13.8	14.3	14.6
스테인리스강(12Cr)	9.7	11.0	11.5	17.6	12.3	12.9	13.2	13.3
〃 (18-8)	16.2	16.7	17.2	10.7	18.1	18.5	18.8	19.1

표 4-2 관길이 1 m마다의 신축길이 (단위 : mm)

온도 (℃)	주 철	탄소강	12 Cr강	18-8 스테인리스강	동	황 동
102	−0.649	−0.793	−0.786	−1.254	−1.188	−1.272
−56	−0.229	−0.279	0.241	−0.349	−0.393	−0.432
0	0.000	0.000	0.000	0.000	0.000	0.000
49	0.845	0.956	0.951	1.739	1.757	1.483
100	1.395	1.57	1.536	2.279	2.347	2.383
149	1.945	2.18	2.14	3.13	3.21	3.29
205	2.600	2.90	2.82	4.12	4.23	4.36
253	3.540	3.99	3.84	5.60	5.69	5.89
303	4.34	4.80	4.55	6.70	6.76	7.00
353	5.12	5.64	5.37	7.80	7.86	8.14
405	5.92	6.50	6.14	8.94	9.02	9.28
453	6.78	7.41	7.04	10.05	10.13	10.46
539	7.21	7.97	7.54	10.73	10.84	11.29

(3) 신축이음쇠의 종류

1) 슬리브형 신축이음쇠

슬리브형 신축이음쇠(sleeve type ; slip type)는 물 또는 압력 1.0MPa{10kgf/cm^2} 이하의 포화증기, 공기, 가스, 기름 등의 배관에 사용된다. 이음쇠의 주요구조는 그림 4-2(a)와 같이 본체와 슬리브관으로 되어 있으며, 관의 팽창과 수축은 본체 속에서 미끄럼하는 슬리브관에 의해 흡수한다. 따라서 슬리브와 본체 사이에는 유체의 누설을 방지하도록 패킹을 넣었다. 패킹은 주로 석면을 흑연 또는 기름으로 처리한 것이 사용된다.

이음쇠의 형식은 그림 4-3과 같이 청동제 나사이음형, 주철제 단식 플랜지형, 주철제 복식 플랜지형이 있다. 슬리브 및 주요부는 청동주물 또는 초경합금 주물의 내식성 재료이고, 플랜지형의 본체는 주철제이다.

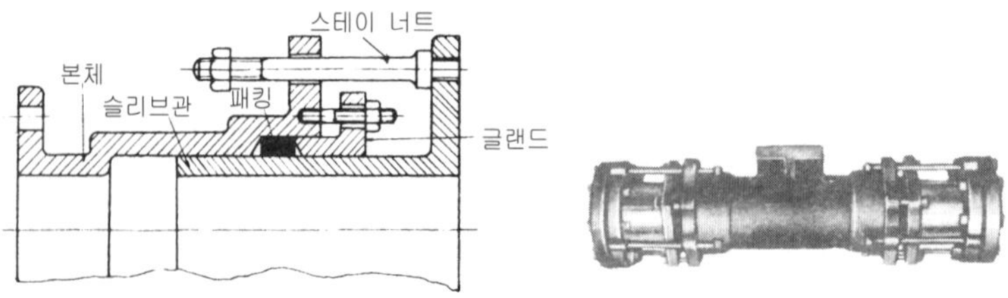

(a) 주요부 구조　　(b) 외형(복식 플랜지형)

그림 4-2 슬리브형 신축이음쇠의 구조

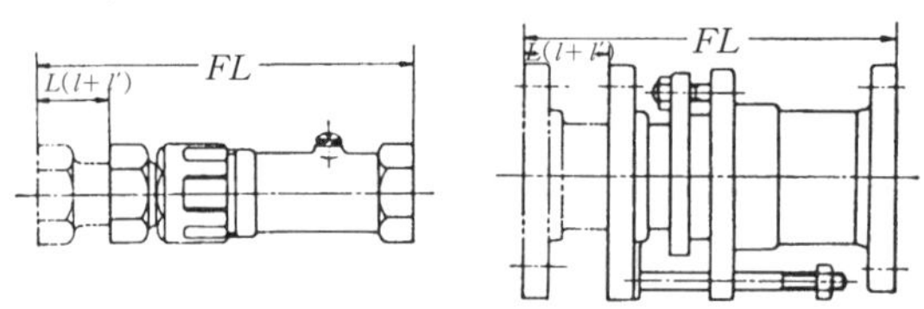

(a) 단식 청동제 나사이음형　(b) 단식 주철제 플랜지형

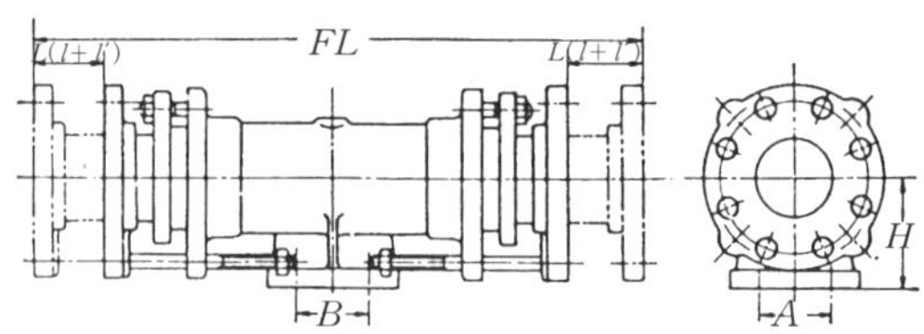

(c) 복식 주철제 플랜지형

그림 4-3 슬리브형 신축이음쇠의 종류

슬리브형 신축이음쇠 1개가 흡수할 수 있는 최대 신축량은 관의 치수에 따라 차이가 있으나 보통 50~125mm(복식의 경우는 2배) 정도로 매우 크기 때문에 대부분의 경우 거의 압축력을 수반하지 않고 팽창을 흡수할 수 있다.

이음쇠를 설치할 때 고정대가 있는 것은 이것을 고정하고, 고정대가 부착되어 있지 않은 것은 관의 양 끝을 고정시키고, 이음쇠를 관의 중앙에 설치한다.

슬리브형 신축이음쇠의 특징은 다음과 같다.

① 신축량이 크며, 신축으로 인한 응력은 따르지 않는다.
② 설치공간이 루프형에 비해 적다.
③ 곡선배관 부분이 있는 경우 비틀림이 생겨 파손의 원인이 된다.
④ 장기간 사용시 패킹의 마모로 인해 누설될 우려가 있다.

2) 벨로즈형 신축이음쇠

벨로즈형 신축관이음쇠(KS B 1536, bellows type expansion pipe joints)는 220℃ 이하의 포화증기, 공기, 가스, 물, 기름 등의 배관에서 온도변화에 의해 생기는 관의 축방향 신축을 벨로즈(bellows)의 변형에 의해 흡수시킨다. 작동원리는 그림 4-4(a)와 같이 미끄럼 내관(sleeve)을 벨로즈로 싸고 내관의 미끄럼에 따라 벨로즈가 신축한다. 따라서 패킹이 없어도 미끄럼면에서 유체가 새는 것을 방지한다. 벨로즈형은 후술하는 플렉시블 이음쇠처럼 축방향의 신축만이 아니라 축에 직각방향의 변위, 각도변위를 흡수하는 형식도 있다.

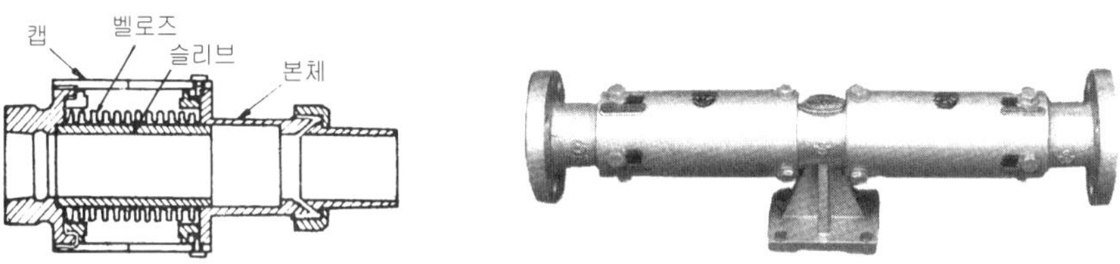

(a) 구조(단식) (b) 외형(복식)

그림 4-4 벨로즈형 이음쇠의 구조와 외형도

이음쇠의 형식은 신축량에 따라 단식과 복식이 있으며, 복식인 경우는 중간부에 고정대가 장치된다. 관과의 이음방법은 용접이음형과 플랜지이음형이 있다. 벨로즈의 재질은 보통 스테인리스강 또는 청동으로 한다.

최고사용압력 0.2MPa{2kgf/cm^2}, 0.5MPa{5kgf/cm^2}, 0.98MPa{10kgf/cm^2}, 1.96MPa{20kgf/cm^2} 등이 있으며, 용도에 따라 A(주로 냉난방, 공기조화 및 위생용)형과 B(주로 공업배관용)형이 있다.

벨로즈형 신축이음쇠의 특징은 다음과 같다.

① 신축량은 벨로즈의 산수와 피치의 구조에 따라 다르다.
② 응력이 생기지 않고, 누설의 우려가 없다.
③ 설치시 슬리브형과 마찬가지로 공간을 많이 차지하지 않는다.
④ 곡선배관 부분에서 각도변위를 흡수한다.

호칭압력, 관의 이음형식, 구조, 용도 및 접속하는 관의 크기에 따른 이음쇠의 종류를 표 4-3에 나타냈다. 다만, 용도 B의 크기는 호칭지름 50mm 이상으로 하며, 이음쇠의 크기는 접속하는 관의 호칭으로 한다.

표 4-3 벨로즈형 신축이음쇠의 종류(KS B 1536)

호칭압력 (kgf/cm²)	최고사용압력 (MPa)(kgf/cm²)	이음형식	구 조	용 도	이음의 크기 (접속관의 호칭번호)
2	0.2(2)	용 접 형 플랜지형	단식 복식	A(주로 냉난방, 공조 및 위생용) B(주로 공업배관용)	15~80 100(50)~500
5	0.5(5)				
10	0.98(10)				
20	1.96(20)				

이음쇠의 종류에 따른 구조를 그림 4-5에 나타냈다. 신축길이는 벨로즈의 산수, 피치 등에 따라 다르지만 단식의 경우 보통 6~30mm 정도의 것이 많이 사용되며, 최대 35mm 이상도 흡수가 가능한 것이 있다.

이음쇠의 내압은 자유길이로 유지한 상태에서 최고 사용압력의 1.5배 수압 또는 공기압을 가해서 5분간 유지하여 파괴, 누설 및 영구변형이 없어야 한다. 또한 자유길이를 유지한 상태에서 표 4-3의 최고 사용압력에 상당하는 공기압을 가한 상태에서 5분간 유지하여 누설이 없어야 한다.

진공배관 또는 온도가 80℃ 이하이고, 압력이 매우 적은 경우에는 고무를 이용한 벨로즈형 신축이음쇠를 사용하는 경우도 있다. 이때는 신축의 크기를 12~25mm 이내로 하며, 고무가 기름에 침식되므로 기름배관에는 사용할 수 없다.

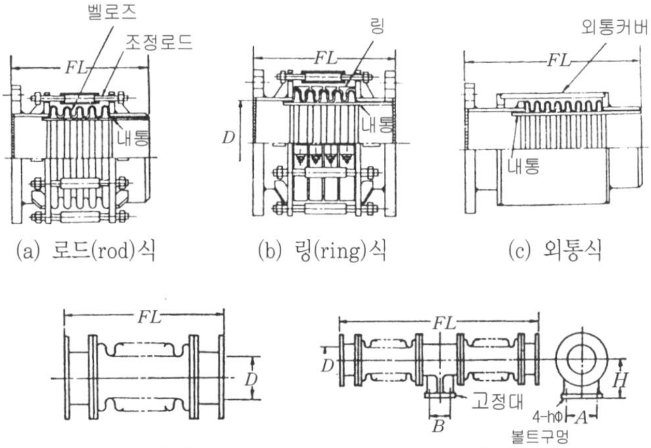

(a) 로드(rod)식 (b) 링(ring)식 (c) 외통식

(d) 단식 (e) 복식

그림 4-5 벨로즈형 신축이음쇠의 종류

3) 신축곡관

고온 · 고압의 배관계에서는, 배관의 도중에서 방향을 바꿈으로써 관의 팽창을 흡수시킨다.

즉 관을 직선으로 설치하지 않고 도중에서 90°(수평 또는 수직으로) 굽혀서 방향을 바꾸는 것이다. 그림 4-6(a)는 일직선 배관이고, 그림 (b)는 90°곡관(또는 엘보)을 2개 사용하여 배관 도중에서의 굽힘을 나타낸 것이다. 그러나 그림 (c)와 같이 3개의 엘보를 사용하는 것이 보다 가요성이 풍부하다. 관과 엘보를 연결할 때는 그림과 같이 플랜지를 사용하지 않고 직접 용접하는 경우도 많다.

관의 방향을 바꿀 수 없을 경우에는 관계통 중에 신축곡관을 사용한다. 신축곡관이란 관을 그림 4-7과 같이 각종 형태로 구부려 관의 탄성을 이용하여 신축을 흡수하는 것으로, 대표적인 것이 그림 (i)의 루프형 신축이음쇠(loop type)이다.

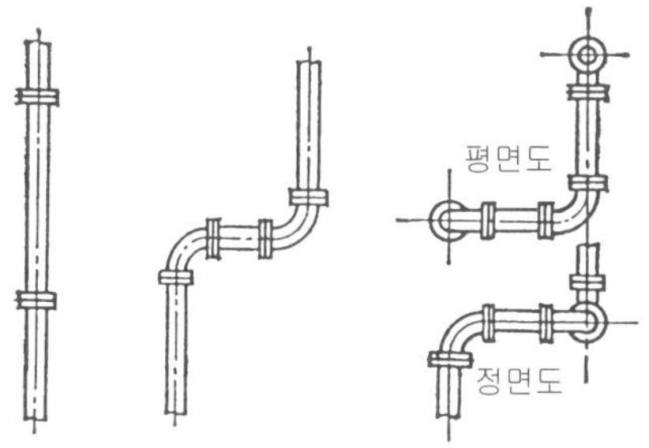

(a) 직선배관 (b) 엘보 2개 사용 (c) 엘보 3개 사용

그림 4-6 엘보를 사용한 신축이음

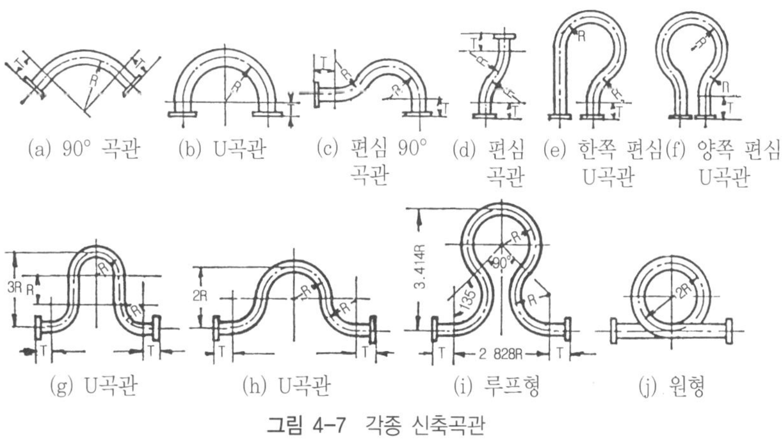

(a) 90° 곡관 (b) U곡관 (c) 편심 90° 곡관 (d) 편심 곡관 (e) 한쪽 편심 U곡관 (f) 양쪽 편심 U곡관

(g) U곡관 (h) U곡관 (i) 루프형 (j) 원형

그림 4-7 각종 신축곡관

이음쇠의 곡률 반지름은 보통 관지름의 4～5배로 하며, 필요에 따라서는 더 작은 반지름으로 굽히는 일도 있으나 6배 이상으로 하는 것이 바람직하다. 표 4-4에 적당하다고 생각되는 곡율반지름 R의 크기를 나타냈다. 어떤 경우라도

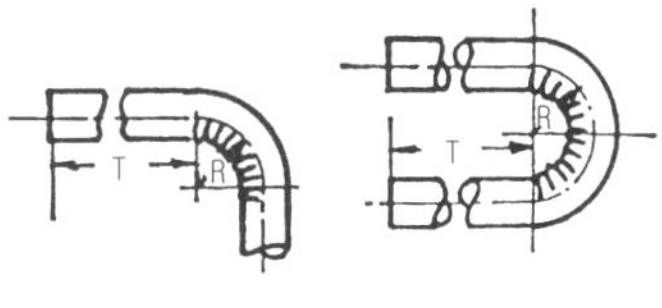

그림 4-8 주름이 있는 곡관

이 표의 극소보다도 작은 반지름으로 구부려 사용하는 것은 좋지 않다. 그림 4-8과 같이 관을 주름잡아 구부릴 경우는 관지름의 2~3배로 하지만 경우에 따라서는 1.5배 정도로 하는 경우도 있다.

표 4-4 곡관의 곡률반지름 (단위 : mm)

호칭지름(A)	직선부분의 길이(T)	곡률반지름(R)			호칭지름(A)	직선부분의 길이(T)	곡률반지름(R)		
		권 장	최 소	극 소			권 장	최 소	극 소
25	58	180	68	50	125	150	760	460	380
32	58	200	70	65	150	180	920	610	460
40	70	250	80	76	200	230	1,400	810	610
50	75	300	110	100	250	300	1,700	1,200	760
65	100	350	150	125	300	355	2,100	1,500	920
80	100	450	180	150	350	400	2,400	1,800	1,500
100	125	610	300	250	400	460	3,000	2,100	1,700

신축곡관의 특징은 다음과 같다.

① 주로 고온·고압배관에 사용된다.
② 구조가 간단하고 고장이 적다.
③ 설치시 공간을 많이 차지하며, 신축에 따른 응력을 수반한다.

강관으로 루프형 신축이음쇠를 만들 때 곡관에 필요한 길이는 식 (4.3)으로 구한다.

$$L = 0.073\sqrt{d \cdot \Delta l} \qquad (4.3)$$

여기서, L : 곡관의 전체길이(m)
d : 곡관에 사용하는 관의 바깥지름(mm)
Δl : 흡수해야 할 배관의 늘어난 길이(mm)

4) 스위블형 신축이음

스위블형 신축이음(swivel joint)은 그림 4-9와 같이 2~4개의 엘보를 사용하여 이음부위의 나사회전과 탄성을 이용함으로써 신축을 흡수한다. 그러나 실제에 있어서는 나사부가 회전되지 않아도 관 자체가 탄성적으로 구부러지기 때문에 신축을 흡수할 수 있다. 주로 저압증기나 온수배관에서 호칭지름이 작은 분기관에 이용된다.

스위블이음으로 흡수할 수 있는 신축의 크기는 회전관의 길이에 따라 정해지며, 직관의 길이 30m에 대하여 회전관 1.5m 정도로 조립하면 된다.

특징은 다음과 같다.

① 설치비가 싸고 현장에서 쉽게 조립할 수 있다.
② 굴곡부에서 압력강하를 가져온다.
③ 신축량이 큰 배관은 나사부가 헐거워져 누설의 우려가 있다.

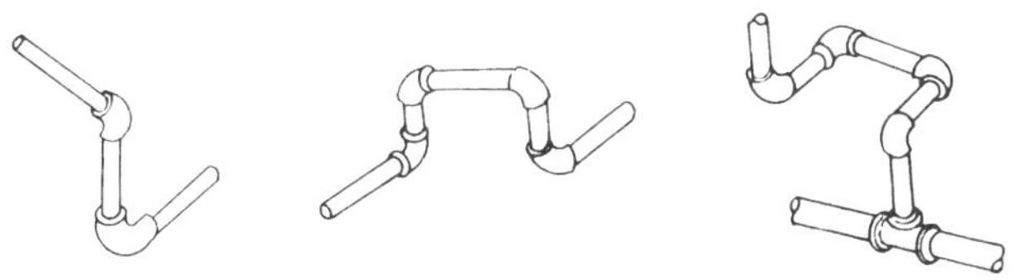

(a) (b) (c)

그림 4-9 스위블형 신축이음

(4) 신축이음의 고정

신축이음시 관의 열팽창을 흡수할 수 있도록 단식은 직관의 양끝을 고정하며, 복식의 경우는 동시에 신축이음쇠도 고정한다. 이 경우 지지철물은 롤러밴드 등 적당한 방법을 고려한다.

신축이음의 선택과 이음쇠의 설치개수는 설계도와 시방서에 따르지만 슬리브형과 벨로즈형 신축이음은 후일 점검 · 유지 · 보수가 곤란한 장소(피트, 파이프샤프트, 천장 속)에는 사용하지 않는 편이 바람직하다. 관과의 이음시 반드시 축심을 일치시키도록 주의하고, 신축에 대응하기 위한 고정철물 이외에 관 자체에도 압력이 가해져 좌굴을 일으키는 경우가 있으므로 진동방지기구도 설치해야 한다.

4.1.2 변위흡수 이음쇠

배관계의 온도변화, 펌프 및 컴프레서 등 각종 구동장치에서 발생하는 진동, 지반침하, 지진 등에 의하여 배관의 팽창과 수축 · 중심의 이동 · 구부러짐 · 비틀림 등 복잡한 움직임이 일어난다. 이러한 배관의 변위량을 충분히 흡수하여 배관이나 설비장치의 파손을 보호하기 위해 변위흡수의 이음쇠가 사용된다. 변위량을 흡수하는데는 온도변화에 의한 신축을 흡수하는 신축이음쇠, 진동방지용 이음쇠, 축방향과 축에 직각방향의 변위를 흡수하는 금속제 · 고무제 · 기계식 등의 이음쇠가 사용된다.

변위흡수 이음쇠는 내압, 진동하중, 운전하중 등의 합성하중 등에 견딜 수 있는 강도가 있어야 하고, 반력이 작으며, 내식성 · 내열성 · 내구성을 가져야 한다.

(1) 플렉시블이음쇠

플렉시블이음쇠(flexible joint)는 사용압력 0.98MPa{10kgf/cm^2}, 1.96MPa{20kgf/cm^2}

사용온도 220℃ 이하에 사용되며, 벨로즈와 브레이드(braid)는 스테인리스강이 사용된다. 플렉시블의 변위에는 축변위, 축과 직각방향의 변위, 각변위가 있다.

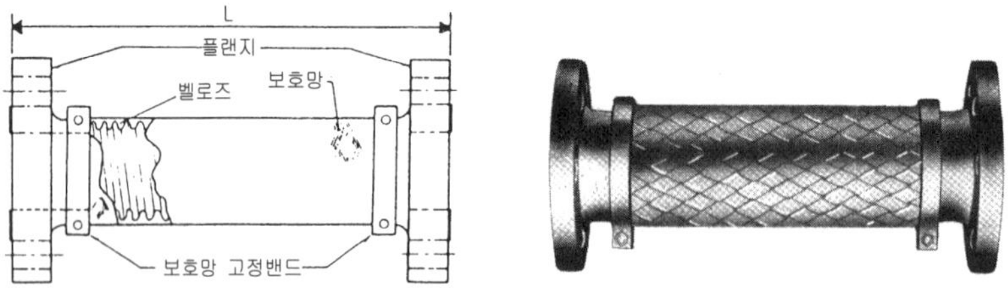

(a) 구조 (b) 외형

그림 4-10 플렉시블이음쇠의 구조

① 축변위 : 배관의 축선방향으로 팽창과 수축이 되는 변위이다. 축변위가 서서히 일어나는 곳에는 주로 신축이음쇠를 사용하지만 변위량이 작고 변위가 급격히 자주 일어나는 곳에는 플렉시블이음쇠가 사용된다.

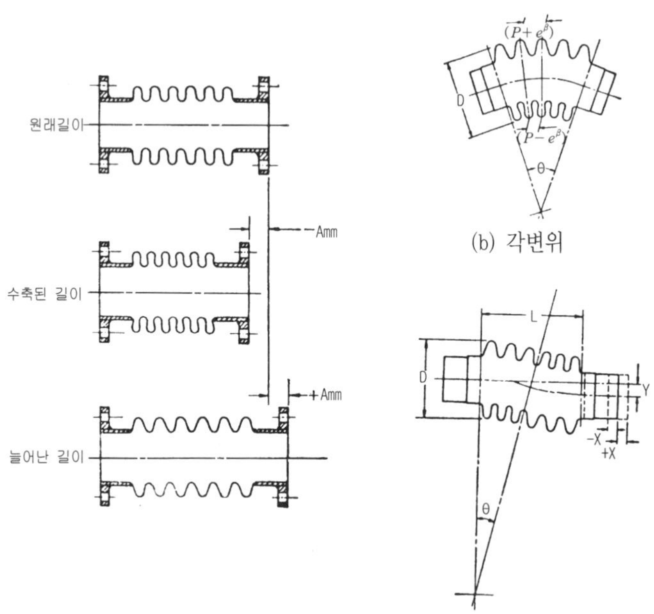

(b) 각변위

(a) 축변위 (c) 축과 직각방향의 변위

그림 4-11 벨로즈의 신축과 변위

② 축과 직각방향의 변위 : 배관에 진동이 생길 경우는 배관의 축선과 수직방향으로 변위가 일어난다. 대형 배관 및 플랜지이음 배관에서 거리를 일정한 상태로 유지하면서 축과 직

각방향의 변위를 흡수하려면, 자유상태에서의 면간 거리보다 약간 압축한 상태로 설치하여 벨로즈 나사산이 무리한 신축을 받지 않도록 해야 한다. 최대변위 흡수량은 이음쇠의 길이에 따라 결정된다.

편각(굽힘각도) θ는 벨로즈의 강도에 따라 결정되며, 단식 벨로즈의 경우 축 직각 변위량을 환산 축변위량으로 계산하면 식 (4.4)와 같다.

$$\varDelta_1 = \frac{3 \times D_m \times Y}{L} \tag{4.4}$$

여기서, $\varDelta_1$: 환산 축변위량(mm)

D_m : 벨로즈의 평균지름(mm)

Y : 상대변위량(축과 직각방향의 변위량)(mm)

L : 이음쇠의 전체길이(mm)

③ 각변위 : 플렉시블을 직선으로 설치했을 때 축선 중심을 기준으로 하여 동일 축선길이를 그대로 원형으로 구부린 변위로서, 양쪽 플랜지가 평행이 안 되는 상태의 변위이다. 양쪽 플랜지의 각도로 변위량을 표시하며, 축과 직각방향의 변위흡수와 마찬가지로 약간 압축된 상태로 설치하는 것이 바람직하다. 각변위의 환산 축변위량은 식 (4.5)와 같다.

$$\varDelta_2 = \frac{D_m \times \theta}{2} \tag{4.5}$$

여기서, $\varDelta_2$: 환산 축변위량(mm)

θ : 각변위량(rad)

(2) 기계식 이음쇠

1) 볼 조인트(유니버설 조인트)

2개 이상의 볼 조인트(ball joint)를 사용하면 회전과 기울임이 동시에 가능하다. 배관계의 축방향 힘과 굽힘부분에 작용하는 회전력을 동시에 처리할 수 있다. 따라서 볼 조인트는 평면상의 변위뿐만 아니라 입체적인 변위까지도 안전하게 흡수하므로 어떠한 형상의 신축이나 변위에도 배관계를 안전하게 한다. 관과의 이음방식은 일반적으로 호칭지름 50A까지는 나사이음이, 65A 이상은 용접 또는 플랜지이음이 사용된다.

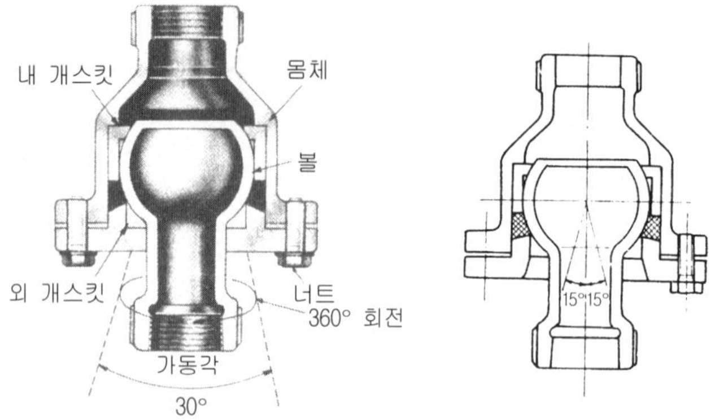

그림 4-12 볼 조인트의 구조

볼 조인트의 변위량 δ는 그림 4-13과 같이 2개의 볼 이음쇠간의 길이 l과 편각 θ에 의하여 식 (4-6)에서 구한다.

$$\delta = l \sin \theta \tag{4.6}$$

변위량(δ)이 일정한 경우 편각(θ)을 크게 하는 만큼 이음쇠 사이의 길이(l)는 작아지지만 편각은 반드시 허용편각 이내로 해야 한다. 최대 상대변위량을 흡수하려면 원칙적으로 3개 이상을 사용해야 한다. 이음쇠의 작동에 따른 반력은 볼과 패킹 접촉면의 마찰력에 의한다.

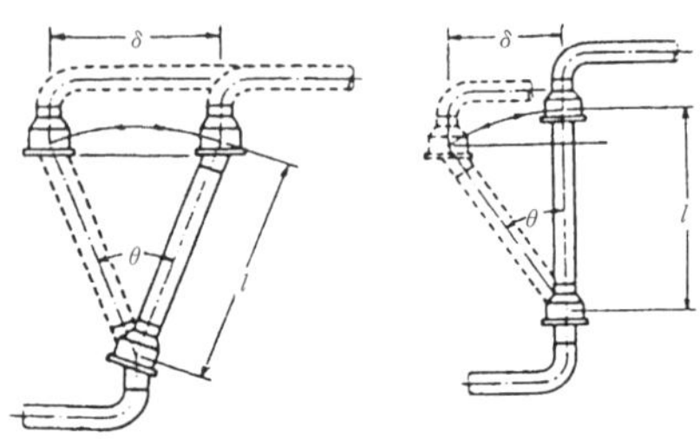

그림 4-13 볼 조인트의 변위 예

2) 빅토릭 조인트

빅토릭형 이음쇠(victaulic joint)는 그림 4-14와 같이 2개소에 빅토릭 이음(그루브 이음)을 한 형태로, 변위량은 축방향의 경우 6~15mm 정도이고, 축과 직각방향의 변위량은 이음쇠 사이의 길이에 따라 다르다. 변위흡수에는 보통 4개를 사용하는 것을 원칙으로 한다. 이음쇠의 작동에 의한 반력은 고무링의 접촉면적, 하우징의 압력 및 마찰계수에 의해 결정한다.

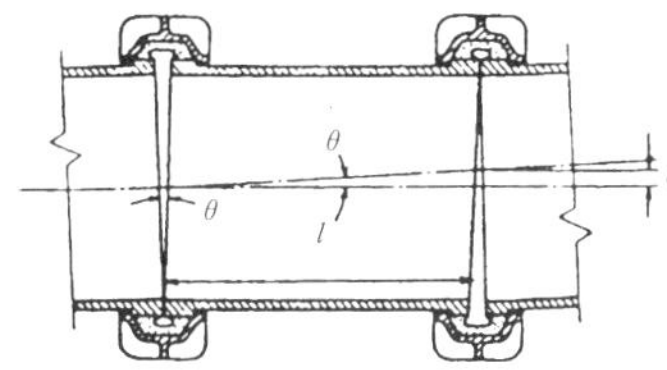

그림 4-14 빅토릭 조인트의 변위 예

3) 클로저 조인트

클로저형 이음쇠(closer joint)는 빅토릭 이음쇠와 유사한 형식으로서, 변위량은 그림 4-15와 같이 축방향의 경우 형식과 지름에 따라 차이가 있으나 보통 80~130mm 정도이다. 축과 직각방향의 변위는 하우징 사이의 길이에 따라 다르다. 반력은 빅토릭 이음쇠와 동일하다.

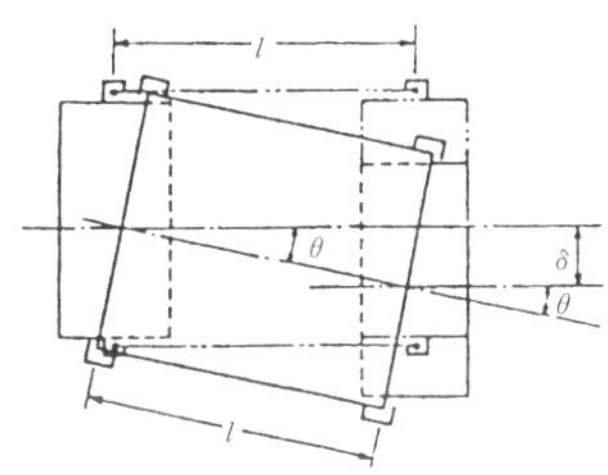

그림 4-15 클로저 조인트의 변위 예

(3) 고무제 변위흡수 조인트(플렉시블 커넥터)

고무제의 변위흡수 조인트에는 모양과 형식에 따라 구(球)형, 원통형, 벨로즈형, 엘보형(L형)이 있다. 변위흡수량은 사용재료의 특성, 사용방법 및 몸체와 접속부와의 조합방법에 따라 많은 차이가 있으므로 계산으로 결정하기가 어렵다. 반력은 스프링상수에 의하지만 고무재료의 물성값이 고무의 배합에 따라 다르기 때문에 계산으로 구하는 것은 불가능하다. 일반적으로 제조업자가 제시한 값을 사용한다.

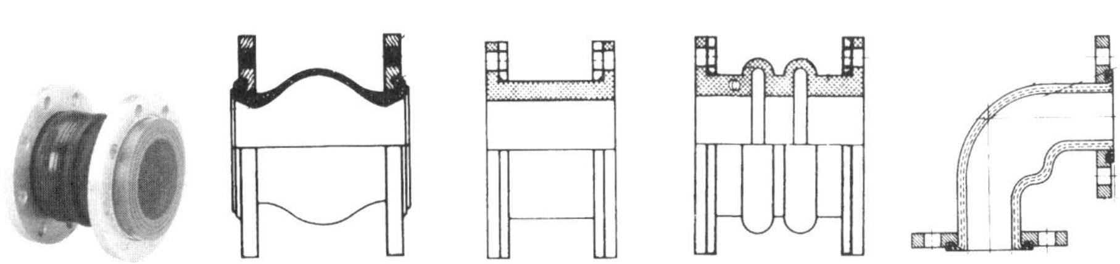

(a) 외형도 (b) 구형 (c) 원통형 (d) 벨로즈형 (e) 엘보(L)형

그림 4-16 고무제 신축조인트의 예

4.2 밸 브

밸브(valve)는 관 속을 흐르는 유체의 흐름을 열고 막거나(on-off) 유량을 조절(flow throttling)하는 데 주로 사용한다. 또한 유체의 흐름방향을 바꾸거나 역류의 방지로도 사용되며, 유량조절에 의하여 압력·온도 등을 제어하기도 한다.

밸브의 구조는 밸브디스크(valve disk)와 밸브시트(valve seat) 및 이들이 들어 있는 몸체(body), 그리고 밸브를 작동시키는 손잡이(handle)로 이루어져 있다.

작동방법에 따라 수동식·자동식·동력식 등의 밸브가 있고, 사용압력에 따라 0.5MPa {5kgf/cm^2}, 1.0MPa{10kgf/cm^2}, 2.0MPa{20kgf/cm^2}급 밸브가 있다. 호칭지름 50A 이하는 주로 청동제의 나사이음식 밸브가, 65A 이상은 주철제의 플랜지이음식 밸브가 사용된다. 표 4-5에 밸브의 종류를 나타냈다.

표 4-5 밸브의 분류

구 분	종 류
사용목적에 따라	스톱밸브, 체크밸브, 조절밸브, 안전밸브, 비상밸브
작동방법에 따라	수동밸브, 자동밸브, 동력밸브
사용압력에 따라	0.2MPa(2kgf/cm^2), 0.5MPa(5kgf/cm^2), 1.0MPa(10kgf/cm^2), 1.6MPa(16kgf/cm^2), 2.0MPa(20kgf/cm^2)급
재질에 따라	청동제, 주철제, 주강제, 단조강제, 스테인리스강제, 합성수지제
운동상태에 따라	리프트형 밸브, 슬라이드형 밸브, 회전운동형 밸브
관과의 이음방법에 따라	나사식, 플랜지식, 용접식, 납땜식, 웨이퍼식

밸브를 선택할 때는 일반적으로 다음의 사항을 고려한다.

① 사용유체의 유량 - 설계유량이 흐르는 크기의 호칭지름 선정
② 제어목적 - 밸브의 종류를 제어의 목적에 따라 선택
③ 유체의 사용압력 - 호칭압력규격(2K, 5K, 10K, 16K, 20K급 등)의 선택
④ 유체의 물리·화학적 성질 - 유체의 특성에 맞는 재료(주철, 주강, 단조강, 청동 등)의 선택
⑤ 배관과의 이음방법 - 플랜지형, 나사형, 용접형, 웨이퍼형 등의 선택
⑥ 공정상의 조건 - 조절범위와 정도, 안정성, 밀폐성 고려
⑦ 경제성 - 밸브의 가격, 수리 및 교환의 용이성 고려

4.2.1 밸브 재료

(1) 밸브 몸체

밸브에 사용되는 재료는 제어하는 유체의 종류, 온도, 압력 등에 따라 여러 가지 재료가 사용된다. 밸브 몸체와 덮개에는 주철, 강, 저합금강, 스테인리스강 등의 철금속 및 청동과 같은 동합금재료가 주로 사용되고 있다. 최근에는 내식용으로 플라스틱 등 비금속재료의 사용도 증가되어가고 있으나 강도 · 경도 · 내열 등에 문제가 있어서 사용이 한정되어 있다.

일반적으로 몸체와 덮개가 동일한 재질로 제작되며, 압력이 1.0MPa{10kg/cm^2}, 온도 120℃ 이하에서는 청동과 주철이 주로 사용되고, 압력 1.6MPa{16kg/cm^2}, 180℃ 이상에서는 단강, 주강, 스테인리스강이 사용된다.

1) 주철제

회주철과 가단주철이 저압의 상온영역에서 광범위하게 사용된다. 그러나 부식으로 인하여 녹이 발생하는 단점이 있으므로 최근에는 내면에 비닐수지 또는 폴리에틸렌분체 등으로 피복한 밸브도 사용되고 있다.

2) 강

단련강과 주강이 사용된다. 단련강에는 단조강이나 압연강 등이 이에 속하며, 주강에 비해 기계적 성질은 좋지만 모양이 복잡하거나 큰 제품의 제조가 곤란하다. 주강은 기계적 성질이 단련강에 비해 떨어지지만 복잡한 모양의 제품을 만들기에는 적당하다. 일반적으로 호칭지름 50mm 이하의 밸브에는 단련강이, 그 이상에서는 주강이 사용되고 있다.

3) 동합금

청동이 주로 사용되고 있으나 황동제품도 단조용으로 널리 이용되고 있다. 온수계통의 배관 등 철강제품의 부식이 문제되는 경우에 사용되며, 특히 지름이 작은 밸브에 광범위하게 사용되고 있다.

4) 스테인리스강

크롬을 주체로 한 페라이트계 강과 18 Cr-8 Ni강을 주체로 한 오스테나이트계 강이 사용된다. 스테인리스강은 내식성뿐만 아니라 고온용 및 초저온도에서도 우수한 특성을 지니고 있으므로 건축설비에서는 물론 식품 및 석유화학공업 등 광범위한 분야에서도 사용되고 있다.

5) 비금속

경질염화비닐(PVC), 폴리에틸렌(PE), 폴리에스터, 테플론 등의 플라스틱 밸브가 사용되고 있다. 그러나 내열성과 기계적 성질이 나빠서 150℃ 이상 고온이나 고압에서의 사용은 제한된다. 최근에는 밸브 내면을 세라믹, 테플론, 나일론, 고무 등으로 피복시켜 부식방지를 꾀하고 있다.

(2) 밸브의 주요부

밸브의 주요부는 밸브 내부에서 유체와 접촉하는 부품으로서 밸브시트, 디스크, 밸브봉 등이며, 기타 체크밸브에 사용되는 부품들이 있다. 기본적으로 이들 주요부의 재료는 밸브의 몸통과 동일 계통 또는 그 이상의 재료로 한다. 그러나 주철제, 강제 등 철강제품의 밸브는 금속면에서 부식발생이 있으므로 내식성의 재료를 선정하는 것이 좋다. 표 4-6에 많이 사용되고 있는 밸브 주요부의 재질을 나타냈다.

표 4-6 밸브 주요부의 재질

밸브 몸체	밸브 시트	밸브 디스크	밸브 봉
청 동	BC6	BC6, C3771B, teflon	C3771B
주 철	BC6, STS304, STS403	BC6, STS304, STS403	C3771B, STS304, STS403
가단주철, 연철	BC6, STS304, STS403, STL	BC6, STS304, STS403, STL, teflon	C3771B, STS304, STS403
단강, 주강	STS304, STS403, STL, monel metal	STS304, STS403, STL, monel metal	STS304, STS403, monel metal
스테인리스강	STS304, STL	STS304, STL, teflon	STS304

4.2.2 이음방식

밸브를 관과 이음하는 방식에는 나사이음형, 플랜지형, 용접형 등이 있으므로 사용조건에 따라 적합한 이음방식을 선택해야 한다.

1) 나사이음형

저압용으로 호칭지름 50mm 이하의 밸브가 광범위하게 사용되고 있다. 사용되는 나사는 관용 평행나사(KS B 0221)와 암나사에 적용하는 관용 테이퍼나사(KS B 0222)가 있다.

2) 플랜지형

가장 광범위하게 사용되고 있는 이음방식으로서, 저압에서 고압까지 또한 지름의 굵기에 관계 없이 사용된다. 개스킷 자리의 모양에 따라 3.1.3의 4항과 같이 여러 가지가 있으며, 유체의 온도, 압력 등의 조건에 따라 사용이 구분된다. 사용하는 개스킷의 재질도 유체의 종류, 온도, 압력 등에 따라 선정해야 한다.

3) 용접형

밸브와 관을 직접 용접하는 방식으로서, 유체의 누설을 완전히 방지하는 것이 가능하지만 배관의 수리 · 보수 등으로 인하여 교체가 어려운 단점이 있다. 맞대기용접형과 소켓용접형이 있으며, 소켓용접형은 일반적으로 호칭지름 50mm 이하의 배관에 사용하지만 맞대기용접형은 광범위하게 적용되고 있다.

4) 납땜 이음형

청동제 및 황동제 밸브와 동관을 이음할 때 납땜이음이 사용된다. 일반적으로 저압, 소구경 배관의 기름 및 냉난방장치배관 등에 사용되고 있다.

5) 유니언 니플형

팬코일 · 방열기밸브 등에 사용되는 이음방식으로 한 쪽이 관용 암나사이고, 다른 쪽은 유니언 니플로 구성되어 있어 기구의 설치가 용이하다.

6) 웨이퍼형

웨이퍼형(wafer type)은 밸브 자체에 플랜지 등 이음형태가 없는 구조로서, 양 플랜지 사이에 밸브를 끼워넣고 볼트와 너트로 체결하는 방식이다.

7) 기타

두께가 얇아서 나사를 낼 수 없는 동관이나 스테인리스강관 등에 기계적 이음을 하기 위한 구조의 형식, 관 끝에 방식구조를 가진 형식 등 배관재료의 다양화와 함께 여러 종류가 제조되고 있다.

4.2.3 일반 밸브

(1) 글로브밸브

글로브밸브(globe valve)는 구조상 유량조절과 흐름의 개폐용으로 사용되며, 흔히 스톱밸브(stop valve)라고 부른다. 유량제어의 목적으로 가장 많이 채택되고 있는 밸브이다. 유체는 밸브의 아래로부터 유입하여 밸브시트 사이를 통해 흐르므로 유체의 흐름방향이 갑자기 바뀌기 때문에 저항이 커진다. 특히 관지름이 커질수록 저항이 심하기 때문에 호칭지름 150A (6B) 이하에 많이 사용된다. 그림 4-17에 청동제 글로브밸브의 구조를 나타냈다.

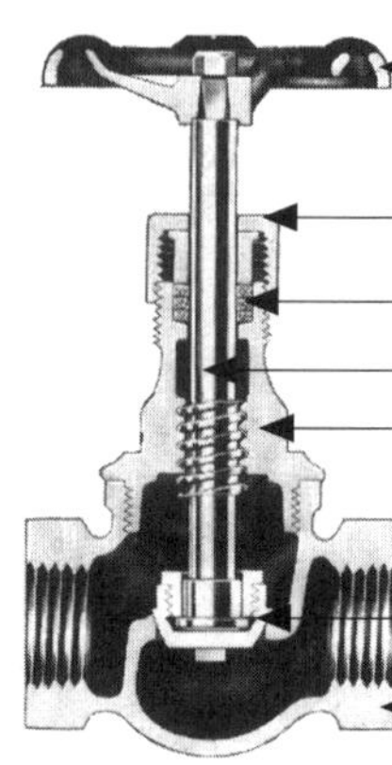

그림 4-17 글로브밸브의 구조

글로브밸브는 슬루스밸브에 비해 양정(lift)이 작아 개폐시간이 짧고, 누설이 적으며, 제작이 비교적 쉬운 장점이 있다. 그러나 유체의 저항손실이 크고, 관내의 유체를 완전히 배출시키는 경우에도 유체가 잔류하는 단점이 있다. 또한 밸브를 설치할 때는 반드시 유체의 흐름방향(몸체에 →표로 표시)에 주의해야 한다.

호칭치수 50A(2B) 이하는 청동제 나사 이음형이, 65A($2\frac{1}{2}$B) 이상은 밸브디스크 및 시트는 청동제, 본체는 주철제의 플랜지 이음형이 많이 사용된다.

표 4-7 글로브밸브에 사용하는 유체의 상태와 최고 허용압력

유체의 상태	최고 허용압력(MPa)			
	호칭압력 5K인 밸브		호칭압력 10K인 밸브	
	청동밸브	주철밸브	청동밸브	주철밸브
120℃ 이하의 기름, 맥동수 및 공기	0.5	0.5	1.0 0.85[2]	1.0
포화증기[1]	0.3	0.2	1.0	0.7[3]
120℃ 이하의 정류수	0.7	0.7	1.4 1.2[2]	1.4

주 1) 납땜 이음에는 적용하지 않는다.
2) 호칭지름 32A 이상인 납땜 이음에 적용한다.
3) 나사조임식 디스크 시트

밸브의 구조에는 단일시트(single seat), 이중시트(double seat), 케이지밸브(cage valve)가 있다. 단일시트형 밸브는 가장 기본적인 형식의 밸브로서, 유체의 차단능력이 우수하며 주로 지름이 작은 배관에 많이 사용된다. 이중시트형은 2개의 포트를 가지는 조절밸브로서 단일시트에 비해 차단능력이 떨어진다. 중간크기의 밸브가 많이 사용된다. 케이지밸브는 기능면에서 게이트밸브와 글로브밸브의 복합형으로 불순물을 포함하는 유체에는 부적합하다.

1) 글로브밸브의 형식

글로브밸브의 형식은 몸체와 디스크의 모양에 따라 위에서 기술한 일반적인 글로브밸브 이외에 앵글밸브, 니들밸브, Y형 밸브 등이 있다.

① 앵글밸브(angle valve) : 유체의 입구와 출구방향이 직각으로 되어 있는 밸브이다. 슬러리 유체 및 점성유체가 쉽게 흐르도록 하는 용도에 사용하거나 출구쪽에 드레인이 허용되지 않는 경우에 사용된다. 내부구조는 글로브밸브와 거의 같으며, 단일시트형과 케이지형이 있다. 글로브밸브에 비해 와류현상과 압력손실이 적어서 유체의 압력차가 적은 곳에 적합하다.

② 니들밸브(needle valve) : 디스크의 모양이 원뿔모양으로 유량이 적거나 고압일 때 유량을 엄밀하게 조절할 목적으로 사용된다.

③ Y형 밸브(Y-type valve) : 글로브밸브의 단점인 유체저항을 감소시키기 위하여 밸브몸체의 모양을 Y형으로 함으로써 유체의 흐름이 원활하도록 한 구조이다.

(a) 청동제 나사이음형 (b) 주철제 플랜지형 (c) 청동제 앵글밸브 (d) 청동제 니들밸브

그림 4-18 글로브밸브의 종류

2) 밸브디스크 모양

글로브밸브의 디스크 모양은 그림 4-19와 같이 평면형, 원뿔형, 둥근형, 스터드형 등이 있으며, 일반적으로 원뿔형과 평면형이 많이 사용되고 있다.

① 평면형 : 밸브시트와 디스크와의 짝맞춤이 용이하고 면압도 안정된 형식이다. 그러나 유체의 흐름을 차단하기 위한 필요 압착력을 얻는 것이 원추형에 비하여 어려우므로 저압

용에 주로 사용되고 있다.

② 원뿔형 : 밸브시트의 가공이 용이하고, 디스크와의 압착력도 크게 할 수 있어서 많이 사용되는 형식이다. 그러나 밸브시트에 면압이 크게 작용하여 사용조건에 따라서는 시트면이 손상을 받기 쉽다.

③ 둥근형 : 밸브시트와 디스크가 서로 둥글게 되어 있어서 짝맞춤에 약간 어긋남이 생겨도 스스로 중심을 맞추는 기능이 있으므로 밀봉기능이 우수한 구조이다. 그러나 제작시 가공이 어려운 단점도 있다.

④ 스터드형 : 탄성이 좋은 고무, 테플론 등의 연질판을 디스크에 설치한 형식이다. 밀봉력이 우수하고 마모가 되면 교환이 쉬우므로 상온에서 저압용으로 널리 사용되고 있다.

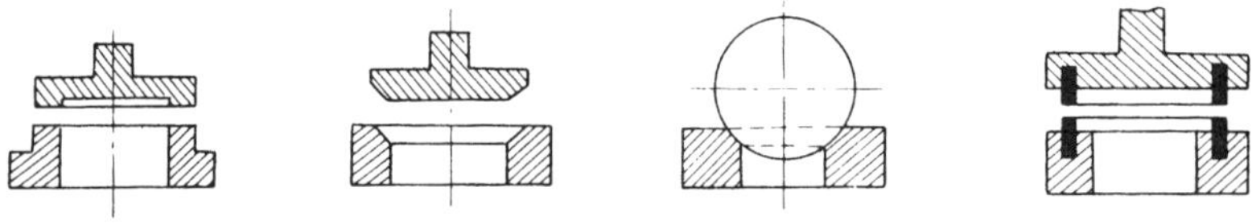

(a) 평면형 (b) 원뿔형 (c) 둥근형 (d) 스터드형

그림 4-19 글로브밸브의 디스크 모양

(2) 슬루스밸브

슬루스밸브(sluice valve)는 게이트밸브(gate valve)라고도 하며, 유체 흐름의 개폐용(on-off제어)으로 사용하는 대표적인 밸브이다.

밸브를 완전히 열고 사용할 경우 유체흐름의 단면적 변화가 없으므로 유체저항은 적으나 밸브를 반정도 열고 사용하면 와류현상이 생겨 유체저항이 커지기 때문에 유량조절에는 적합하지 않다.

따라서 완전히 열고 사용하거나 완전히 닫고 사용하는 곳 또는 밸브를 자주 개폐할 필요가 없는 곳에 사용한다. 또한 이 밸브는 양정(lift)이 커서 개폐에 약간의 시간이 걸리지만 배관 내 유체를 배출시킬 때는 밸브 내에 유체의 잔류가 없다.

밸브 디스크의 모양은 쐐기형(wedge type) · 평행 미끄럼형(parallel slide type) · 평행 이중 디스크형(parallel double disk type) · 슬래브형(slab gate) · 나이프형(knife gate) 등이 있으며, 이중에서 쐐기형과 평행 미끄럼형이 주로 사용되고 있다. 쐐기형은 다시 일체형(solid), 플렉시블형(flexible), 분리형(split)으로 나누어진다.

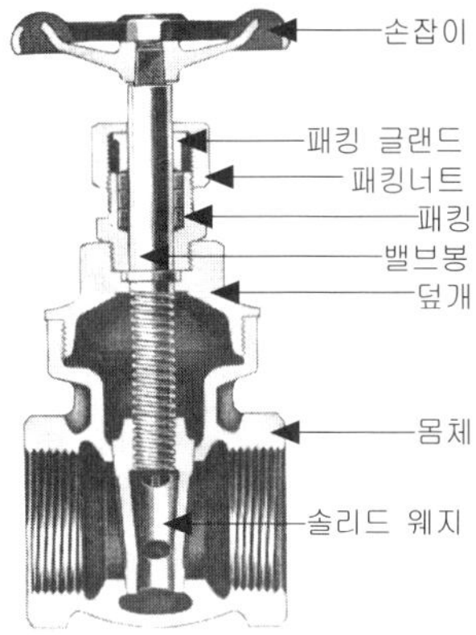

(a) 구조

(b) 청동제 나사이음형 (c) 주철제 플랜지형

그림 4-20 슬루스밸브의 구조와 외형

표 4-8 슬루스밸브에 사용하는 유체의 상태와 최고 허용압력

유체의 상태	최 고 허 용 압 력(MPa)	
	호칭압력 5K인 밸브	호칭압력 10K인 밸브
120℃ 이하의 기름, 맥동수 및 공기	0.5	10 0.85[2]
포화증기[1]	0.2	0.7[3] 0.2[4]
120℃ 이하의 정류수	0.7	1.4 1.2[2]

주 1) 납땜 이음에는 적용하지 않는다.
2) 호칭지름 32A($1\frac{1}{4}$B) 이상인 납땜 이음에 적용한다.
3) 주철밸브로서 나사조임식 디스크시트의 호칭압력 10K, 플랜지형 내부나사 게이트밸브에서는 0.20MPa로 한다.
4) 주철밸브에 한한다.

밸브의 덮개(bonnet)는 지름이 크거나 고압유체일 때는 볼트이음을, 지름이 작은 것에는 유니언이음을 한다.

밸브봉(valve stem)은 상승식과 비상승식이 있다. 상승식은 바깥나사식으로 밸브가 개폐될 때 밸브봉이 위·아래로 움직이며, 비상승식은 속나사식으로 밸브봉이 움직이지 않고 회전만 한다. 따라서 비상승식은 배관장치가 특히 좁은 장소에서 조작할 수 있는 이점이 있다.

1) 솔리드 웨지 게이트밸브(solid wedge gate valve)

밸브의 시팅(seating) 구조상 가장 튼튼하고 간단한 쐐기 모양의 디스크를 가진 밸브이다.

그러나 밸브의 열팽창이나 배관의 작용력에 대한 디스크에서의 흡수 여유가 없기 때문에 상온 이외에서 사용하는 경우 누설 가능성이 높아진다. 일반적으로 호칭지름 100mm 이하, 사용온도 100℃ 이하의 밸브에 적용하고 있으나 통상 50mm 이하의 소형 밸브에 주로 사용되고 있다. 쐐기의 각도는 보통 6~8°이나 청동제 소형 밸브는 8°로 한다.

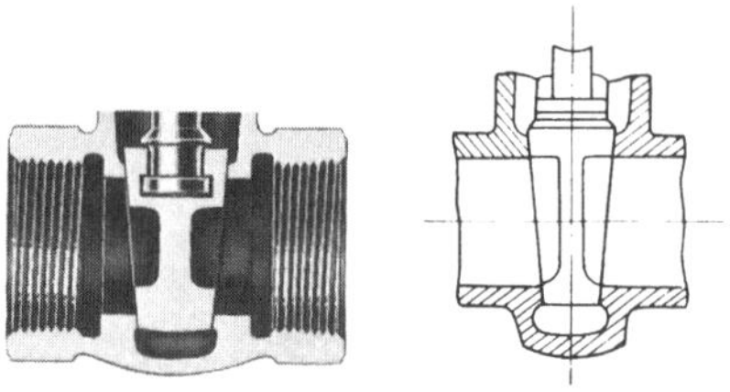

그림 4-21 솔리드 웨지 게이트밸브

2) 플렉시블 웨지 게이트밸브(flexible wedge gate valve)

디스크의 중앙에 홈이 파져 있는 구조로 시팅면에서 어느 정도 유연성을 가지고 있으며, 열팽창과 배관의 작용력에 대응할 수 있어서 누설의 우려가 없는 쐐기형 밸브이다. 사용온도 100℃ 이하에서 호칭지름 100mm 이상의 중대형 밸브에 적용된다. 시팅 구조상 호칭지름 300mm 이상의 대형일 경우는 동력에 의한 밸브개폐장치(power actuator)가 바람직하다.

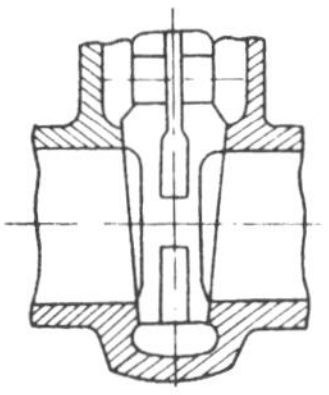

그림 4-22 플렉시블 웨지 게이트밸브

3) 스플릿 웨지 게이트밸브(split wedge gate valve)

플렉시블 웨지형과 유사하지만 디스크가 완전히 분리되는 구조이다. 배관의 굽힘 등의 작용력에 보다 신축성 있게 대응할 수 있어서 비교적 높은 온도에서 사용되었으나 더블 디스크 게이트밸브의 개발로 현재는 별로 사용되지 않는다.

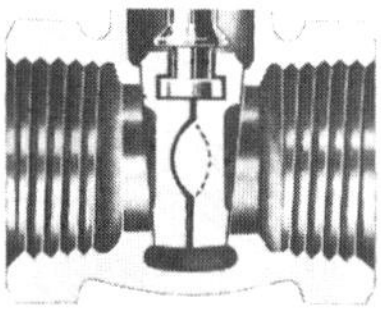

그림 4-23 스플릿 웨지 게이트밸브

4) 패러럴 슬라이드 게이트밸브(parallel slide gate valve)

평행한 두 개의 디스크면 또는 세그먼트(segment) 사이에 스프링을 넣어 유체의 압력에 의해 시트에 압착하도록 되어 있다. 밸브봉의 추력이 증가할수록 양측의 디스크가 동시에 양 시트면에 충분한 시팅력을 주어서, 누설이 없는 차단성능이 매우 우수한 밸브이다. 그러나 디스크 구조가 복잡하여 가격이 비싸고 과도한 시팅력이 작용하므로 디스크나 시트의 손상확률이 높다.

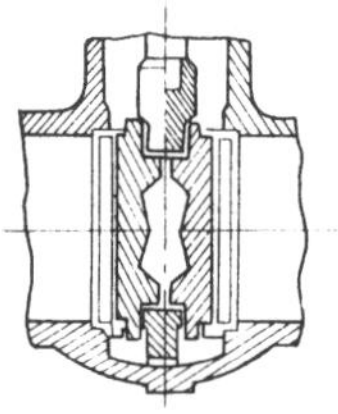

그림 4-24 패러럴 슬라이드 게이트밸브

5) 패러럴 슬라이드 더블 디스크 게이트밸브(parallel slide double gate valve)

쐐기형 밸브는 열팽창 등으로 인한 밸브시트의 변형으로 완전한 기밀이 어렵다. 이를 보완하기 위해 밸브몸체를 둘로 나누어서 밸브봉의 추력에 의하여 밸브디스크를 넓혀 밸브시트에 압착하는 형식이다. 온도나 압력에 의한 변형의 영향을 적게 받아 주로 대형 밸브에서 사용온도가 100℃를 넘는 경우에 많이 사용된다.

이 밸브는 시팅 구조상 계통압력이 밸브의 한쪽 면을 가압함으로써 이 가압력에 의하여 기밀이 유지되는 구조로, 계통압력이 낮은 경우에는 상대적으로 시팅효과가 떨어진다. 따라서 이의 보완책으로 평행한 두 디스크 사이에 스프링을 넣어 가압력을 보완하는 경우가 많다.

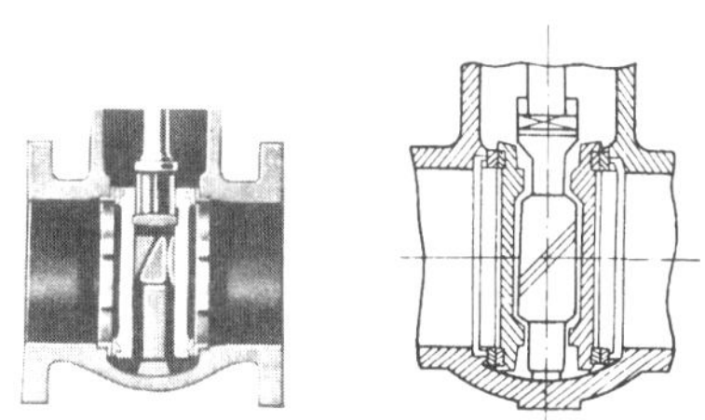

그림 4-25 더블 디스크 게이트밸브

6) 슬래브 게이트밸브(slab gate valve)

구조가 매우 간단한 공간 절약형의 게이트밸브로서, 밸브 출입구 방향으로 움직일 수 있는 시트와 접촉하면서 기밀을 유지한다. 즉 다른 구조의 게이트밸브들이 모두 디스크에서의 가압력에 의한 시팅구조인 반면에, 이 밸브는 시트가 일정한 가압력을 가지고 있는 구조이다. 특수한 경우를 제외하고는 현새 거의 사용되지 않는다.

7) 나이프 게이트밸브(knife gate valve)

디스크의 끝이 칼날과 같이 얇고 디스크가 밸브의 덮개를 통과하여 외부로 노출되는 구조이다. 따라서 밸브봉은 계통의 유체에 접촉되지 않는다. 슬러리(slurry)나 고형물질이 포함되어 있는 유체 및 고점도 유체의 차단용으로 사용된다.

(3) 체크밸브

체크밸브(check valve)는 유체를 일정한 방향으로만 흐르게 하고 역류를 방지할 목적으로 사용하는 밸브로서 펌프의 토출구 등에 많이 사용한다. 구조에 따라 리프트형(lift type)과 스윙형(swing type)·듀얼 플레이트(dual plate) 등이 있으며, 리프트형은 호칭지름 40A 이하의 지름이 작은 관에, 스윙형은 50A 이상의 지름이 큰 관에 사용하는 것이 보통이다. 체크밸브는 배압이 감소되면 기구적으로 밸브디스크와 시트의 접촉면에서 누출(leak)되므로 주의해야 한다.

표 4-9 체크밸브에 사용하는 유체의 상태와 최고 허용압력

유체의 상태	최 고 허 용 압 력(MPa)	
	청동밸브	주철밸브
120℃ 이하의 기름, 맥동수 및 공기	1.0 0.85[2)]	1.0
포화증기[1)]	1.0	0.7[3)] 2[4)]
120℃ 이하의 정류수	1.4 1.2[2)]	1.4

주 1) 납땜 이음에는 적용하지 않는다.
2) 호칭지름 32A($1\frac{1}{4}$B) 이상인 납땜 이음에 적용한다.
3) 나사조임식 디스크시트
4) 압입식 디스크시트

1) 스윙형 체크밸브(swing type check valve)

그림 4-26(a)와 같이 디스크가 밸브 몸체 내부의 핀을 축으로 원호작동을 하며 개폐하는 구조로서, 가장 보편적으로 사용되고 있는 밸브이다. 밸브디스크는 유체의 유동압에 의하여 밀어올려지고, 흐름이 정지되거나 배압이 가해진 경우에는 자중에 의해 밸브시트에 접촉하여 역류를 막는 형식이다.

디스크가 완전히 열렸을 때 유체의 흐름은 거의 직선적이어서 다음에 언급하는 리프트형에 비해 저항손실이 적으므로 대구경까지 사용된다. 밸브의 설치는 구조상 수평·수직의 어느 배관에도 사용할 수 있다.

그러나 밸브의 구경이 커지면 디스크의 이동거리도 크게 되고 전개(全開)에서 완전 밀폐시까지 밸브의 닫힘이 지연된다. 따라서 수격작용 발생시 흡수가 불가능하게 되므로 디스크에 주는 충격이 크게 되어 충격음이 발생한다. 이를 방지하기 위해서 디스크가 연결된 핀에 균형추나 대시포트 등의 완충장치를 설치하여 충격력을 완충시키기도 한다.

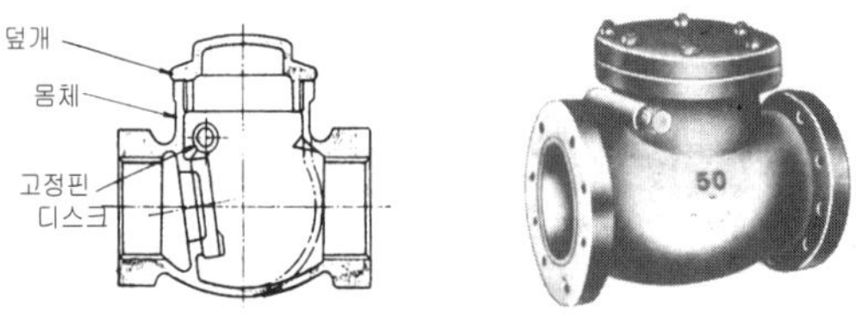

(a) 구 조 (b) 외형(플랜지 이음형)

그림 4-26 스윙형 체크밸브

2) 리프트형 체크밸브(lift type check valve)

디스크가 밸브 몸체 또는 덮개에 설치된 가이드를 따라서 시트면에 수직으로 작동하는 구조로서, 주로 호칭지름 50mm 이하의 소구경에 사용된다. 밸브 몸체는 글로브밸브와 같은 구조이므로 제작할 때 공용하는 경우가 많다. 대구경이 되면 디스크의 중량이 크게 될 뿐만 아니라 글로브밸브 구조상 유체의 저항 손실이 크게 되므로 사용할 수가 없다.

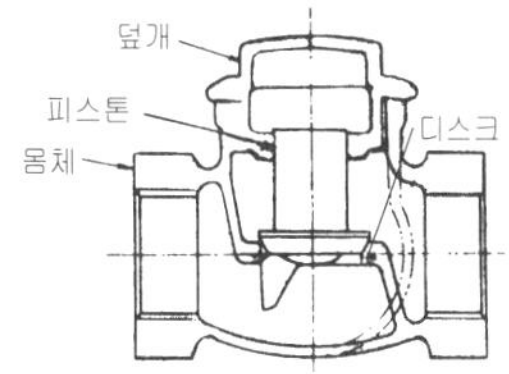

그림 4-27 리프트형 체크밸브

유체의 흐름방향은 밸브의 아래에서 위로 흐르며, 이때 유체의 압력에 의해 피스톤을 밀어올려 유체를 통과시킨다. 그러나 유체의 흐름이 정지되어 있거나 배압이 높아질 경우는 디스크가 자중으로 하강하여 시트에 밀착되어 역류를 방지한다. 피스톤 대신 그림 3-28(a)와 같이 볼을 사용한 경우는 볼 체크밸브(ball check valve)로 부른다. 볼 체크밸브는 디스크가 둥글기 때문에 시트와의 접촉을 항상 일치하려는 이점이 있어 유압용에 많이 사용되고 있다.

이 리프트형은 디스크가 자중에 의하여 상하로 작동하기 때문에 수평배관에만 사용할 수 있다. 수직배관에 설치할 경우는 그림 3-28(b)의 수직 리프트형을 사용한다. 수직 리프트형 체크밸브의 디스크면에 스프링을 조합한 것은 수평배관에도 사용할 수 있다. 또한 수직 리프트형 체크밸브의 용도 중에는 펌프배관에 설치하는 풋밸브(foot valve)가 있다. 풋밸브는 개방식 펌프배관의 흡입관 끝에 조립하여 펌프가 정지중에 배관 내의 물이 역류하는 경우가 없도록 한 밸브이다. 일반적으로 모래와 같은 이물질이 흡상되지 않도록 스트레이너와 조합하여 사용한다. 풋밸브의 형식도 리프트형 이외에 볼형, 스윙형이 사용되고 있다.

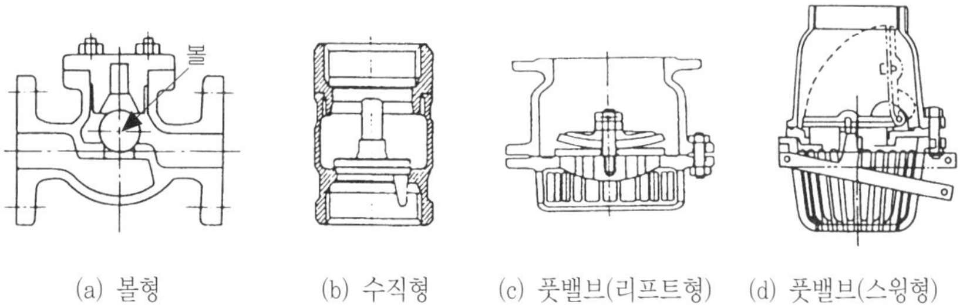

(a) 볼형 (b) 수직형 (c) 풋밸브(리프트형) (d) 풋밸브(스윙형)

그림 4-28 리프트형식 체크밸브

3) 경사 디스크 체크밸브(tilting disc check valve)

기본적인 구조는 스윙형 체크밸브와 동일하지만 디스크와 핀의 위치가 스윙형에 비하여 중심에 가깝고 작은 힘으로도 디스크가 작동하는 구조이다. 스윙형과 리프트형으로는 만족시키기 어려운 문제, 즉 역류로 인하여 급격히 닫히는 슬램현상(slamming)을 감소시키는 밸브이다. 리프트형 체크밸브의 작은 동작범위 때문에 디스크의 닫힘이 빨라져 순간적인 유체 천이력이 크게 되는 경우, 이를 어느 정도 감소시킬 수 있도록 고안되었다. 압력과 온도가 높고 유속이 빠른 유체계통에서 지름이 큰 관에 사용한다.

4) 듀얼 플레이트 체크밸브(dual plate check valve)

여닫이 창문모양의 플레이트(디스크) 2매가 스프링의 힘으로 유지되어 있는 구조로서, 스프링상수를 조절하면 디스크의 열림 최소요구 속도를 조절할 수 있는 밸브이다. 유체는 이 디스크를 밀고 열어서 흐르며, 흐름이 정지되면 스프링의 힘으로 급속히 닫힌다. 밸브시트에는 고무 등의 탄성체를 사용하여 밀봉성을 높이고 있다. 또한 매우 미세한 차압상태에서도 개폐가 가능하기 때문에 계통의 요구사항대로 설계가 가능하다. 가장 큰 장점은 동일 배관의 크기에서 경량 · 소형으로 설계제작이 가능한 것이다. 그러나 스프링의 파손에 의한 기능장애가 일어나지 않는 재질의 선정에 주의가 필요하다.

스윙형 체크밸브에 비하여 면간치수를 작게 할 수 있는 웨이퍼형이 많이 사용된다. 또 펌프의 토출측 수직배관 등에서의 충격흡수용 또는 낙수방지용으로 사용된다. 폴딩 디스크 체크밸브 · 듀오 또는 플래퍼 체크밸브 · 웨이퍼 디스크 체크밸브(wafer disc check valve) 등으로 불리어진다.

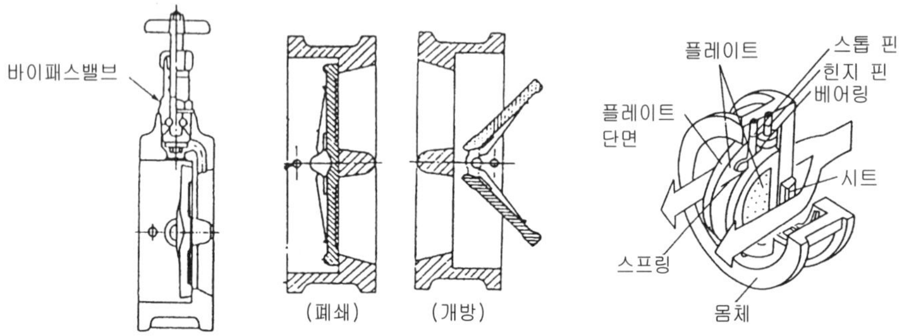

(a) 외형　(b) 작동상태　(c) 구조

그림 4-29 듀얼 플레이트 체크밸브

5) 인-라인 디스크 체크밸브(in-line disc check valve)

일종의 리프트형 체크밸브의 형태로서, 볼이나 풀 가이드 디스크(full guide disk)를 스프링으로 유지하는 구조의 밸브이다. 관과의 이음방법이 웨이퍼형이기 때문에 소형 경량이고 스윙형 체크밸브에 비하여 면간 길이가 절반 이하의 컴팩트한 구조이다. 각종 체크밸브는 밸브의 외부에서 조정이나 분해가 부분적으로 가능하지만 이 체크밸브는 한번 설치된 다음에는 조정이나 분해가 불가능한 구조로 되어 있다. 따라서 밸브의 스트로크가 안정하게 운전되는 구조이어야 한다. 판 체크밸브, 웨이퍼 체크밸브로 불려지기도 한다.

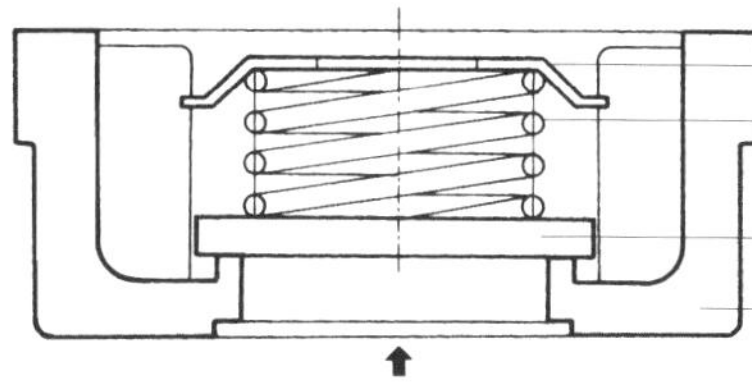

그림 4-30 인-라인 디스크 체크밸브

6) 스톱 체크밸브(stop check valve)

정상운전시에는 리프트형 체크밸브로서의 역할을 수행하다가 계통운전의 필요성 또는 운전 절차에 따라 스톱밸브(글로브밸브)의 차단기능을 수행할 수 있는 두 가지 기능을 동시에 갖고 있는 밸브이다.

7) 충격흡수식 체크밸브

충격흡수식으로 사용하는 스몰렌스키 체크밸브(smolensky check valve)는 리프트형 체크밸브에 스프링과 안내깃을 내장한 완충식 체크밸브로서, 펌프 토출측의 수직배관 등 수격작용의 우려가 있는 경우 그 충격압을 완화하기 위해 많이 사용된다. 펌프에서 유체압력에 의하여 디스크를 밀고 열어서 통수시키며, 펌프의 정지와 동시에 스프링의 힘에 의하여 디스크를 강제적으로 닫히게 하는 구조를 가졌다. 해머리스 체크밸브(hammerless check valve)라고도 부르며, 바이패스 부착형이 많다.

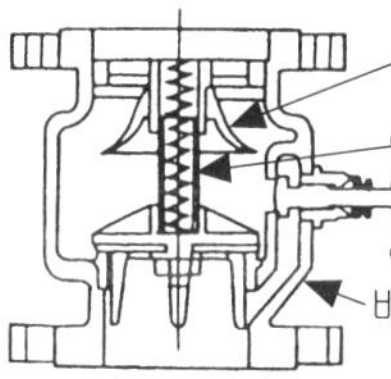

그림 4-31 충격흡수식 체크밸브

(4) 콕

콕(cocks)은 원통 또는 원뿔에 구멍을 뚫고 축(밸브봉)을 중심으로 90° 회전함에 따라 개폐하는 밸브로서 플러그밸브(plug valve)라고도 한다. 특히 구(球)에 구멍을 뚫어 같은 원리로 사용하는 볼밸브(ball valve)도 콕의 한 종류로 볼 수 있다.

콕의 특징은 축이 0~90° 사이에서 임의의 각도로 회전함으로써 유량조절이 가능하고 개폐가 빠르다. 또한 전개시(全開時)에 유체의 저항이 작고 구조도 간단하다. 그러나 기밀성이 나빠서 고압 대유량에는 부적당하다.

콕의 종류에는 대표적으로 그림 4-33과 같은 글랜드 콕(gland cock)과 메인 콕(main cock)이 있으며, 청동제 나사이음형과 주철제 플랜지이음형이 많이 사용된다. 메인콕은 플러그 밑을 너트로 죄고, 글랜드 콕은 패킹으로 플러그를 눌러 빠지지 않도록 하였다. 어

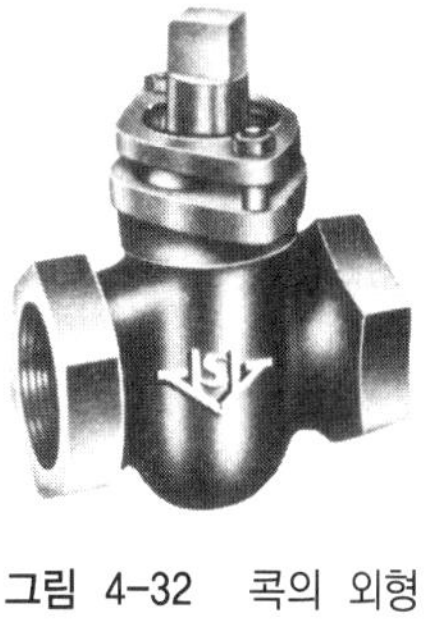
그림 4-32 콕의 외형 (글랜드콕)

는 것이나 원추상의 디스크가 축을 중심으로 회전하여 개폐되며, 호칭지름 10~50mm 정도의 크기가 사용된다. 유체의 상태와 최고압력과의 관계를 표 4-10에 나타냈다.

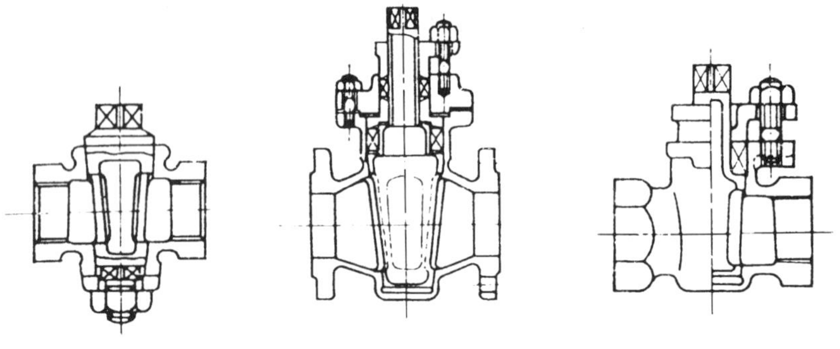

(a) 청동제 나사형 글랜드 콕 (b) 주철제 플랜지형 글랜드 콕 (c) 청동제 나사형 메인 콕

그림 4-33 콕의 종류

표 4-10 콕에 사용하는 유체의 상태와 최고 허용압력

유체의 상태	최 고 허 용 압 력(MPa)	
	메인 콕	글랜드 콕
120℃ 이하의 기름, 맥동수 및 공기	0.5	0.7
포화증기	-	0.2
120℃ 이하의 정류수	1.0	1.0

메인 콕과 글랜드 콕 이외에 본체와 디스크가 합치는 면에 슬리브를 넣은 슬리브 콕(sleeve cock), 디스크를 회전시킬 때에 디스크를 들어올려 합치는 면에 간극을 만들어 토크(tork)의 감소를 꾀한 리프트 콕(lift cock), 본체와 디스크가 합치는 면을 윤활구조로 하여 마찰을 감소시키는 윤활 플러그밸브 등이 있다. 또한 콕은 그림 4-34와 같이 유체의 흐르는 방향을 2방향, 3방향, 4방향 등으로 바꿀 수 있는 분배밸브로도 사용되고 있다.

(a) 3방향 2출구 (b) 3방향 3출구 (c) 4방향 4출구

그림 4-34 분배밸브(콕)

1) 가스용 콕

가스용 콕은 가스연소기구 근처의 가스관에서 허용압력 15KPa 이하의 일반가정용 저압관에 주로 사용된다. 그림 4-35의 (a)는 출구측에 가스용 고무호스를 직접 또는 접속기구로 접속하는 호스용 가스콕, (b)는 출구측에 가스용 플렉시블 호스 등을 나사에 의해 접속하는 플렉시블관 가스콕, (c)는 가스 연소기기의 가스관 출구측을 나사에 의해 직접 접속하는 기기접속 가스콕, (d)는 계량기 입구에 사용되는 콕으로 출구측에 금속관 또는 호스류를 나사에 의하여 접속하는 콕이다.

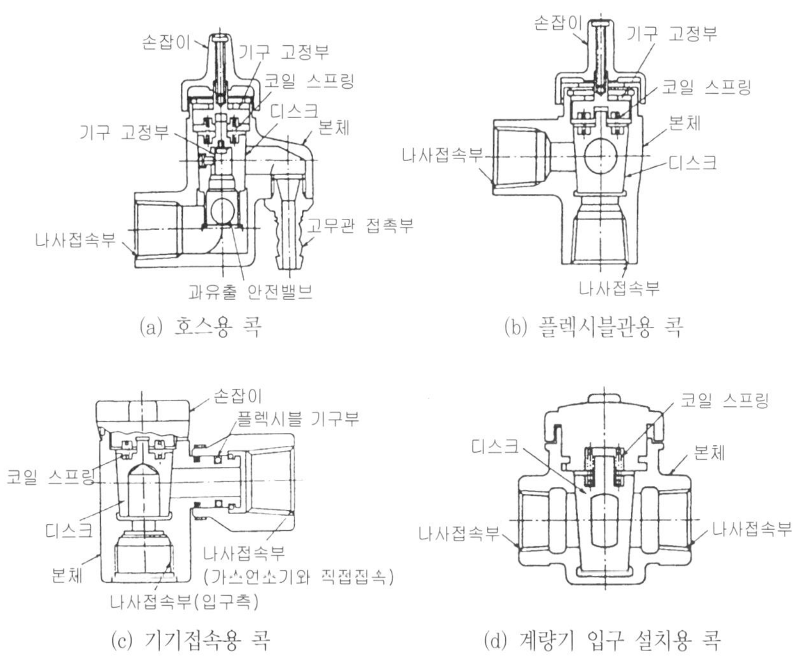

(a) 호스용 콕 (b) 플렉시블관용 콕

(c) 기기접속용 콕 (d) 계량기 입구 설치용 콕

그림 4-35 가스용 콕

2) 수도용 콕

최고사용압력 0.75MPa, 호칭지름 13～25mm의 급수관에 사용된다.

(5) 볼밸브

볼밸브(ball valve)는 플러그밸브와 마찬가지로 90° 회전으로 완전 개폐되는 콕의 일종으로, 볼을 감싸고 있는 시트는 우수한 기밀유지 특성을 갖고 있다. 또한 볼의 유로형상이 원형으로 밸브 입출구의 원형과 동일 모양이기 때문에 유로저항이 매우 적다.

구조가 간단하고 보수가 용이하며, 제작이 편리하여 경제적인 측면이 많고 특히 저압의 상온유체를 차단 · 제어하는 특성을 갖고 있다. 그러나 시트구조의 치밀성이나 시트재료의 제한을 받는 등 단점이 있다. 볼밸브는 각종 밸브 가운데 역사는 짧지만 다음과 같은 특징이 있어서 건축설비 분야는 물론 공업 분야에서도 수요가 확대되고 있다.

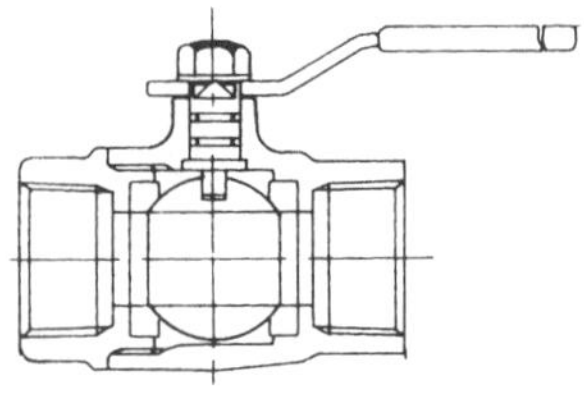

그림 4-36 볼 밸브

① 전개시의 유로가 배관과 같은 형상이므로 유체에 저항을 주는 요소가 없어서 압력손실이 적다.
② 조작이 쉬워서 간단히 자동조작 밸브로도 사용할 수 있다.
③ 밸브시트가 연질로 되어 있으므로 기밀성이 우수하다.
④ 게이트밸브와 글로브밸브처럼 이음 부위(yoke)가 없으므로 설치공간이 작다.
⑤ 시트가 손상되더라도 쉽게 교환할 수 있어서 보수가 용이하다.

볼밸브의 종류는 사용압력에 따라 표 4-11과 같으며, 관과의 이음방식에 따라 나사식과 플랜지식, 용도에 따라 냉온수용과 석유공업용(가스, 액체 및 화학약품)이 있다.

표 4-11 볼밸브의 사용압력 단위 : MPa{kgf/cm^2}

유체상태	사용압력	최고사용압력
80℃ 이하의 가스 및 액체	1(10)	1.4(14)
	2(20)	2.4(24)
	2.9(30)	3.3(34)

(6) 버터플라이 밸브

버터플라이 밸브(butterfly valve)는 원통형 몸체 속에서 밸브봉을 축으로 원형판이 회전함으로써 개폐되는 밸브로 나비밸브라고도 한다. 볼밸브나 플러그밸브와 마찬가지로 90° 회전으로 개폐되며, 주로 저압유체의 유량조절 밸브로 사용되고 있다.

버터플라이 밸브는 호칭지름 대비 밸브 노즐면간의 길이(몸통길이)가 짧아 배관장치를 소형화 · 감량화할 수 있는 장점이 있다. 동일 지름에서 게이트밸브에 비하여 60~70% 정도, 볼밸브나 플러그밸브에 비해서도 20% 이상 가볍다. 그리고 밸브의 무게중심이 볼밸브와 같이 배관 중심선상과 거의 일치하므로 배관계의 구조를 안정되게 한다. 또한 와류나 저항이 비교적 적고 밸브

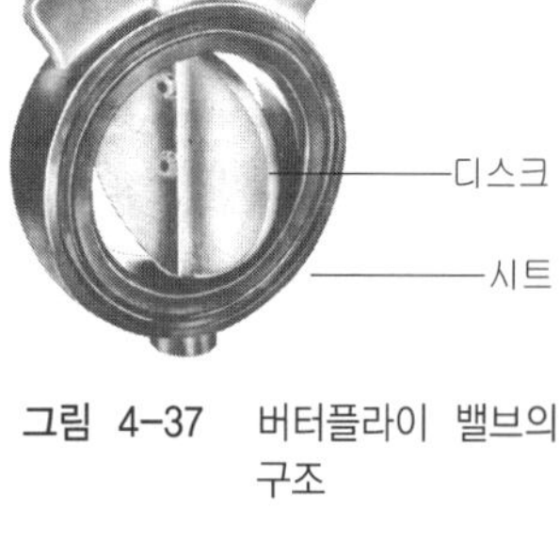

그림 4-37 버터플라이 밸브의 구조

의 구성부품수가 적으므로 제작이 용이한 장점이 있다. 그러나 완전폐쇄가 곤란한 단점이 있다. 최근에 재료의 기술향상으로 밀폐도가 양호하여 자동유량조절밸브의 본체로 많이 사용된다.

웨이퍼형(wafer type)의 버터플라이 밸브는 밸브의 크기, 콤팩트성, 제작의 용이성, 설치의 편이성, 배관계 구조의 안전성, 밸브의 유지보수, 가격 등의 측면에서 가장 합리적인 밸브 형식이다. 따라서 지름이 커질수록 더욱 장점이 돋보이며, 호칭지름 500mm 이상의 대형 밸브로는 거의 모두 버터플라이 밸브이다. 유량조절용으로 사용할 때는 60° 이내의 회전으로 사용하는 것이 바람직하다. 이 이상이 되면 유체증가가 급격히 변하고 많은 힘이 필요하게 되므로 70° 이상으로는 유량조절이 부적합하다.

버터플라이 밸브의 작동방식은 수동식 · 전동식 · 전자식 등이 있으며, 배관과의 이음방식은 일반 설비용에서는 웨이퍼형과 러그형이, 수도용으로는 플랜지이음형이 주로 사용된다. 핸들은 레버식과 기어식이 있으며, 구조상 개폐조작이 작아도 된다. 러그형(rug type)은 웨이퍼형과 같은 형상으로 플랜지 사이에 끼워넣어 체결하지만, 밸브 몸통의 외주부에 돌기상의 플랜지를 가진 구조이다.

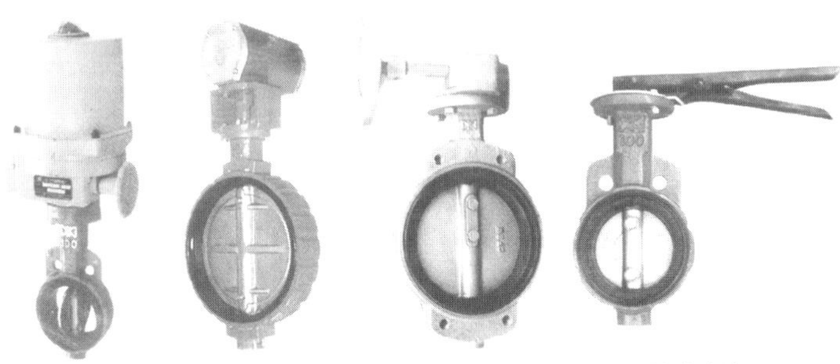

모디구동식 공압식 웜기어식 록레버식

(a) 작동방식에 따른 종류

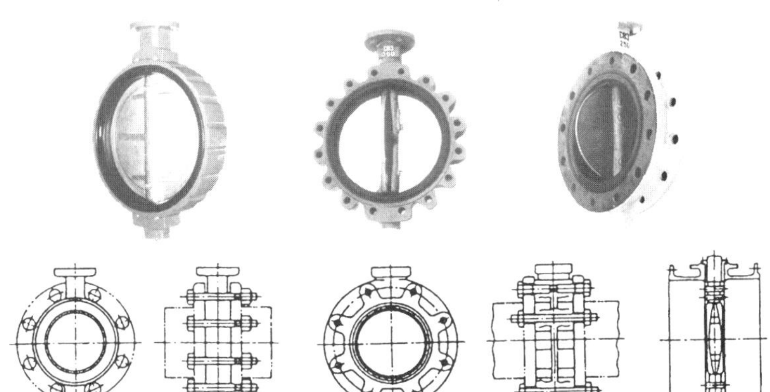

웨이퍼형 러그형 플랜지형

(b) 관과의 이음형식

그림 4-38 버터플라이 밸브의 형식

4.2.4 조정밸브

자동제어 밸브는 작동방식에 따라 자력식 자동밸브와 타력식 자동밸브로 구분한다. 조정밸브(regulating valve)는 밸브의 작동이 자력(self actuating)에 의하여 이루어지는 자력식 자동밸브이다.

계통 내의 압력이나 온도를 전달받아 밸브 내의 스프링이나 다이어프램에서 발생하는 힘에 의하여 작동한다. 감압밸브, 온도조절밸브, 안전밸브, 압력도피밸브, 1차압력 조절밸브, 정수위 조정밸브, 정유량밸브, 가스조정기 등이 조정밸브에 속한다.

조정밸브는 타력식 자동밸브인 조절밸브(control valve)에 비하여 설정값을 임의로 변경하기가 어렵고, 정밀도가 떨어질 뿐만 아니라 고압이나 고온 또는 압력이나 온도변화가 심한 경우 사용하기가 곤란하다.

(1) 감압밸브

감압밸브(pressure reducing valve)는 고압배관과 저압배관 사이에 설치하고 고압측(1차측)의 압력변동에 관계없이 또한 저압측(2차측)의 사용량에 관계없이, 자동으로 유량을 조절하여 저압측의 압력을 일정하게 유지하는 밸브이다. 급수 · 급탕 · 냉온수 · 증기 · 공기배관에 사용되어진다.

자력식 감압밸브와 타력식 감압밸브가 있으며, 밸브의 작동방식에 따라 벨로즈형(bellows type), 다이어프램형(diaphragm type), 피스톤형(piston type)이 있다.

1) 감압밸브의 구조

감압밸브의 구조는 압력조절부(스프링), 구동부(벨로즈, 다이어프램), 메인밸브(유량조절)로 구성되며, 자력식의 경우 저압측의 압력이 전달되어 밸브를 제어하는 방식에는 파일럿 작동식(pilot operate type)과 직동식(direct acting type)이 있다.

① 파일럿식 감압밸브 : 그림 4-39는 파일럿식 벨로즈형 감압밸브의 구조로서 저압측의 압력을 벨로즈 B의 바깥쪽에 전달한다. 이 압력이 커지면 스프링 S의 힘을 이기고 밸브봉을 아래로 눌러서 밸브디스크 V를 밀어내려 고압측의 유량을 감소시킨다. 저압측의 압력이 일정한 값보다 작아지면 스프링 S의 힘을 이기고 밸브디스크 V를 위로 밀어올려 고압측의 유량을 증가시킨다. 원하는 일정압력은 핸들 H에 의해 스프링의 힘을 조정함으로써 조절할 수 있다.

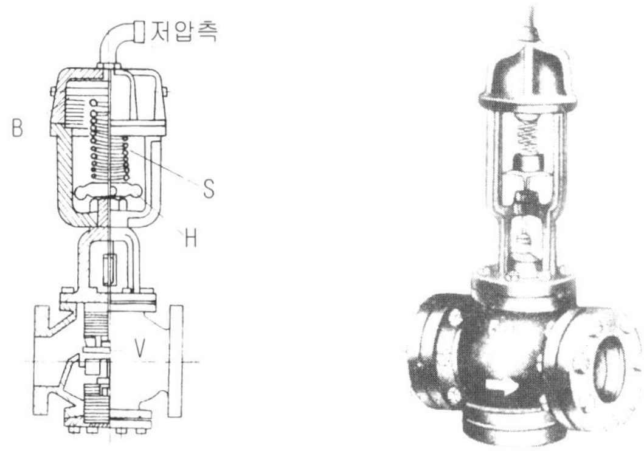

그림 4-39 파일럿식 감압밸브의 예

② 직동식 감압밸브 : 직동식 감압밸브는 그림 4-40과 같이 스프링에 연결된 다이어프램 또는 벨로즈에 의해 메인밸브가 직접 구동되도록 되어 있다. 감압된 2차압력은 다이어프램 하부에 힘을 전달하며, 압력조정스프링의 장력과 비교되어 그 차이에 의해 메인밸브가 직접 구동된다.

만일 메인밸브가 열려져 있는 상태에서 닫히려고 하면 다이어프램 하부에 충분한 압력이 있어야 하며, 2차측 압력이 변동되어야 한다. 2차측의 압력은 메인밸브가 닫히는 순간 거의 최고로 상승하게 되며, 이때의 압력변동을 "드룹현상"이라 한다. 또한 다이어프램의 지름이 매우 작을 경우에는 다이어프램의 상승폭은 제한을 받게 되므로 밸브의 용량은 작아지게 된다.

항상 1차측 압력이 메인밸브를 닫으려고 작용하고 있기 때문에 2차압력이 설정압력보다

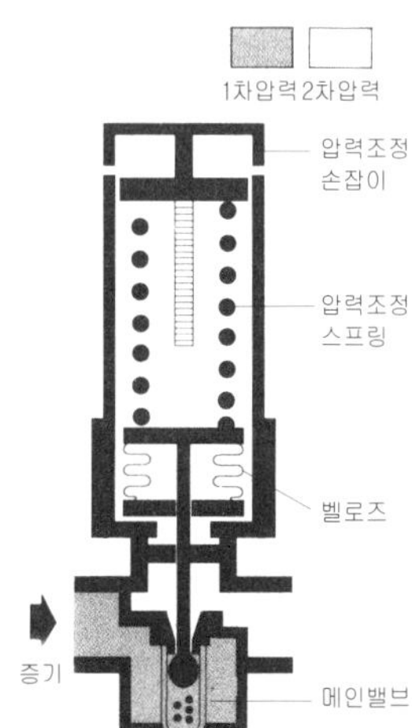

그림 4-40 직동식 감압밸브의 예

강하되는 것을 방지하기 위해서, 스프링의 장력은 1차압력이 메인밸브에 전달하는 힘까지 극복해야 하며, 1차압력이 변동되면 2차압력도 영향을 받게 된다.

직동식 감압밸브는 이와 같은 드룹현상에 의해 정상운전 중에도 2차압력측이 어느 정도 흔들릴 수 있으며, 드룹현상은 다이어프램의 크기가 커질수록 증가하기 때문에 지름이 작은 배관 용량에 국한되어 사용하는 것이 보통이다. 그러나 정밀감압이 요구되지 않고, 증기부하의 변동이 비교적 적을 경우에 저렴한 가격으로 매우 효과적으로 응용될 수 있다.

2) 감압밸브 선정시 주의사항

감압비(p_1/p_2)가 10～20% 이상인 경우는 제어성 면에서, 또한 액체용의 경우 캐비테이션 방지를 위해서 감압밸브 2대를 직렬로 설치하는 2단 감압으로 하는 것이 좋다. 그러나 증기인 경우는 2단 감압시 진동과 맥동 등 불량작동이 발생하는 경우가 있으므로 감압밸브 사이의 배관체적을 충분히 하는 등 주의가 필요하다.

감압밸브 유입측에는 스트레이너를 설치하고 증기용 감압밸브는 1, 2차측에 증기트랩을 설치하고 응축수의 혼입에 의한 이상작동을 방지해야 한다. 감압밸브 전후의 배관지름은 관내 유속이 증기의 경우 30m/s, 물인 경우 2m/s를 초과하지 않는 크기로 하고 직관부를 호칭지름의 10배 이상으로 한다. 특히 물용 감압밸브는 물의 온도가 높을수록, 또한 감압비가 클수록 물 속의 용존공기가 쉽게 분리된다. 이 공기는 설비장치에 여러 가지 장애요인이 되므로 자동공기밸브를 설치하여 완전히 제거시켜야 한다.

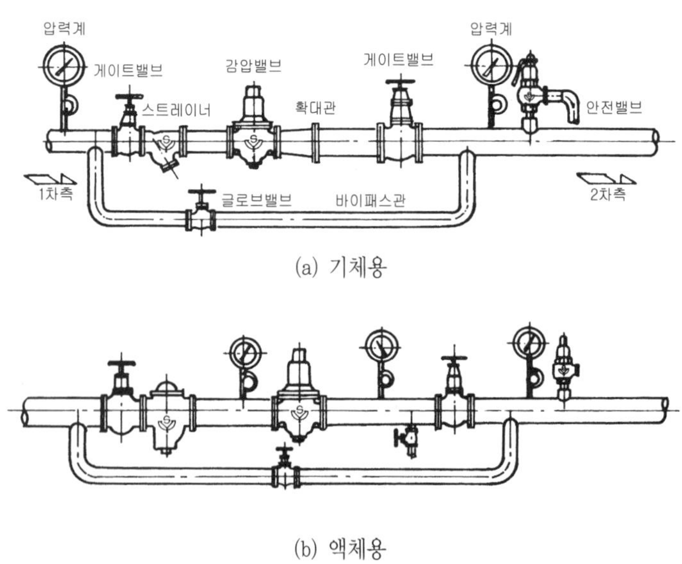

(a) 기체용

(b) 액체용

그림 4-41 감압밸브 주위의 배관도 예

※ 감압밸브를 설치할 때의 주의사항

① 감압밸브는 본체에 표시된 화살표에 따라 수평 또는 수직으로 설치하고, 충분한 공간을 취해 분해 · 수리가 편리하도록 한다.
② 바이패스 배관은 1차측(고압측) 배관의 관지름보다 1치수 적은 것으로 한다.
③ 리듀서는 편심의 것을 사용한다.
④ 2차측 압력이 980Pa{1kgf/cm^2} 이하인 경우는 2차측 밸브를 게이트밸브로 한다.
⑤ 2차측 압력을 1차측 압력의 15% 이하로 감압할 경우는 2단감압을 한다. 이때 감압밸브 사이의 간격을 6m 이상으로 한다.

(2) 온도조절밸브

온도조절밸브(thermostatic regulating valve)는 열교환기나 가열기 등에 사용하여 기구 속의 유체온도를 자동적으로 조절하는 밸브로서, 유량조절장치인 감압밸브에 온도를 감지하는 감열통(센서)을 부착한 밸브이다. 감열통은 열교환기 등에 직접 설치하며, 기기 속의 온도에 따라 감열통 내의 유체가 팽창 · 수축하고, 이 압력을 받아 벨로즈나 다이어프램이 작동하여 밸브를 개폐함으로써 유량을 조절한다. 메인밸브의 구동방식에는 자력식과 타력식(공압식 · 전기식 · 전자식 등)이 있으나 여기서는 자력식 온도조절밸브의 작동원리에 대하여 설명하기로 한다.

자력식(self actuating)에는 왁스, 바이메탈, 액체팽창식, 증기압력식 등이 사용되며, 이들은 봉입된 유체가 감지부에서의 온도변화에 따라 팽창 또는 휘발되어 직접 구동부를 움직여 주는 힘으로 작용한다. 별도의 외부전원이 필요 없이 설치가 간편하지만 봉입된 유체의 특성에 따라 정밀도 등에서 차이가 나므로 응용할 때는 주의가 필요하다.

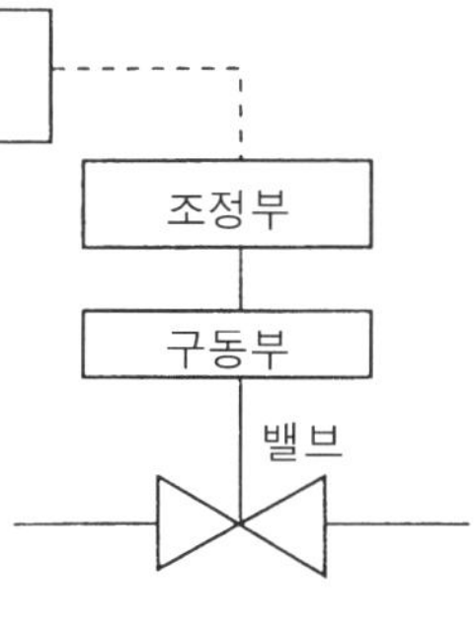

(a) 구성요소

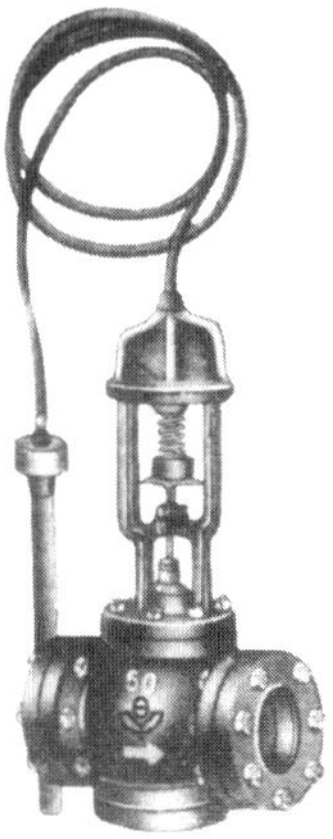
(b) 외형

그림 4-42 온도조절 밸브의 구성과 외형

1) 온도조절밸브의 구성

온도조절밸브는 기본적으로 감지부(감열통 ; sensor) · 조정부(온도설정부 ; controller) · 구동부(조정부에서 공급된 지시에 따라 밸브의 열림 정도를 변화시키는 부분) · 메인밸브의 4가지 요소로 구성되어 있다. 감지부에서는 조절되는 유체의 변화를 감지하며, 조정부는 미리 설정된 값과 감지부의 값을 비교하여 구동부를 움직이고, 메인밸브의 열림 정도를 변환시킴으로써 조절유체의 유량이 조절되어 온도 등이 일정하게 유지된다.

2) 작동원리

그림 4-43은 벨로즈형 자율식 온도조절밸브의 구조를 나타낸 것이다. 밸브의 작동은 온도의 변화를 압력으로 변환하여 이루어진다. 검출부에 삽입된 감열통 ② 속에는 증발(휘발)되는 약품이 봉입되어 있다. 검출부의 유체온도가 상승하면 감열통 내의 약액 ⑥은 증발하기 시작하며, 그 증발압력 ③은 온도에 비례하여 상승한다. 이 증발압력은 밸브본체의 위에 있는 벨로즈 ①에 전달하는 연결동관 ⑨의 끝부분 ⑦을 항상 감열통 내의 약액 속에 담가두기 때문에 압력을 확실하게 액체만으로 전달할 수 있도록 되어 있다. 만일 증기가 벨로즈 쪽으로 들어가면 외기온도의 영향을 받게 되어 응축되기 때문에 작동은 불안정하게 된다.

벨로즈는 증기압이 높아지면 늘어나고 낮아지면 수축한다. 이 신축에 의해 밸브디스크 ⑧이 개폐된다. 온도의 조절은 벨로즈의 작동에 대항하여 반대로 움직이는 스프링 ④에 의해 증기압의 힘과 균형을 유지하고 있다. 스프링의 장력은 조정핸들 ⑤를 좌우로 돌리면 변화된다.

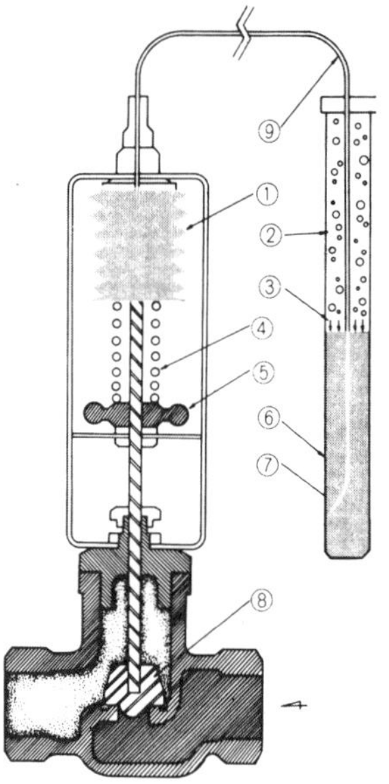

그림 4-43 온도조절 밸브의 구조(벨로즈형)

(3) 안전밸브

안전밸브(safety valve)는 고압의 유체를 취급하는 배관이나 보일러 · 압력용기 등에서 규정압력 이상이 되면 자동적으로 열려 용기 또는 관 속의 압력을 항상 일정한 수준으로 유지하는 밸브이다. 따라서 압력을 일정하게 유지시킴과 동시에 경보의 목적에도 사용되는 안전장치이다.

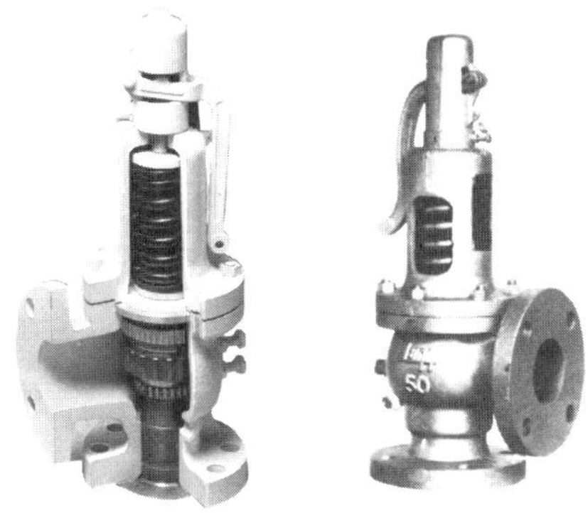

그림 4-44 안전밸브의 구조(스프링식)

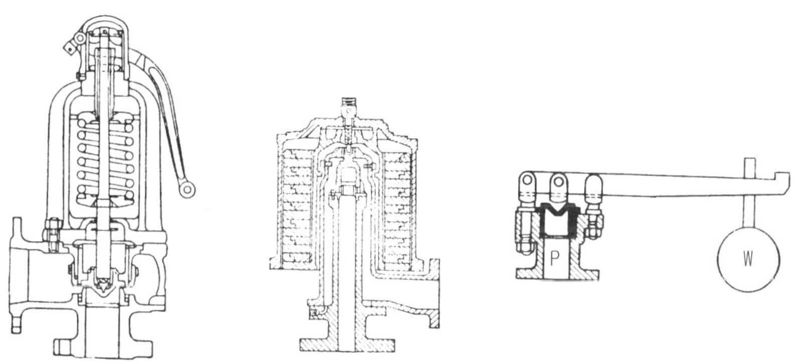

(a) 스프링식 (b) 추식 (c) 지렛대식

그림 4-45 안전밸브의 종류

1) 안전밸브의 형식

작동방식에 따라 스프링식 · 추식 · 지렛대식 · 스프링 평형식 · 전자식 등이 있으며, 이중에서 스프링식이 주로 사용되고 있다.

스프링식 안전밸브(spring type)는 동작이 확실하여 많이 사용되고 있다. 그림 4-45(a)와 같이 스프링을 밸브봉에 있는 나사로 죄어 붙여 스프링이 누르는 압력으로 밸브시트에 밀착시켜 내부압력에 대응시키는 것으로 나사의 죔 조절로 분출을 조정한다. 밸브의 양정에 따라 저양정식, 고양정식, 전양정식 등이 있다.

추식 안전밸브(weight type)는 그림 (b)와 같은 구조로서 주철로 만든 원반모양의 추를 밸브시트에 직접 작용시켜 분출압력에 대응되며, 원반을 가감함으로써 조정된다.

지렛대식 안전밸브(lever type)는 그림 (c)와 같이 밸브에 작용하는 분출압력을 레버에 달린 추를 좌우로 움직임으로서 쉽게 조절할 수 있다.

안전밸브의 형식은 양정(lift), 즉 유량을 제한하는 기구에 따라 표 4-12와 같이 양정식과 전유량식으로 구분한다. 용도에 따라서는 안전밸브(증기 또는 가스장치에 주로 사용), 도피밸브(주로 액체에 사용), 안전도피밸브(주로 배관계통에 설치하며 기체 또는 액체에 사용)로 구분한다.

표 4-12 양정에 따른 안전밸브의 형식

형 식	양 정 (유량 제한기구)
저양정식	안전밸브의 양정이 밸브자리(valve seat) 구멍지름의 1/40 이상, 1/15 미만일 것.
고양정식	안전밸브의 양정이 밸브자리 구멍지름의 1/15 이상, 1/7 미만일 것.
온양정식	안전밸브의 양정이 밸브자리 구멍지름의 1/7 이상일 것. 이 경우 밸브자리 구멍지름의 1/7을 열었을 때의 유체통로 면적보다도, 기타 부분 유체의 최소 통로면적은 10% 이상 커야 한다.
전유량식 (전량식)	밸브자리 구멍지름이 목부 지름의 1.5배 이상인 것. 밸브몸체가 열렸을 때의 밸브자리 구멍의 유체통로 면적이 목부 면적의 1.05배 이상으로, 안전밸브 입구 및 배관내 유체통로의 면적은 목부 면적의 1.7배 이상이어야 한다.

2) 안전밸브의 작동

안전밸브의 자리(seat)는 평면자리(90°)와 V형(45°)자리가 있으나 제작상, 밀폐성 등에서 평면자리가 유리하여 도피밸브를 제외하고는 많이 사용되고 있다. 안전밸브는 미리 설정되어 있는 토출 개시 압력에서 3% 정도 압력상승으로 토출을 시작한다. 일반적으로 안전밸브의 설정압력은 용기의 허용 최고 사용압력에 맞추고, 토출압력 강하는 증기용의 경우 설정압력의 10% 이하, 물이나 가스용은 10~25% 이하로 한다.

4.2.5 자동제어밸브(control valve)

(1) 작동방식

조절밸브(control valve)는 설비자동시스템에서 제어장치(controller)의 신호를 받아서 처리(process)량을 자동으로 조절하는 타력식 자동제어밸브로서, 구동방식에 따라 전자밸브 · 전동밸브 · 공기식 등이 있다.

1) 공압식(pneumatic type)

압축공기의 압력 19.6~98Pa{0.2~1.0kgf/cm^2}을 이용하여 작동하는 방식이다. 주로 스프링과 다이어프램에 의해 구동된다.

2) 전기식(electric type)

전기에 의해 구동되는 모터 또는 전자밸브에 의해 밸브의 열림 정도를 조정하는 방식이다. 전기모터의 경우 모터의 회전력을 기어에 의해 밸브봉을 직선운동으로 변화시켜 주는 링케이지가 필요하다.

3) 전자식(electronic type)

전기식과 유사하지만 감지부에서의 신호를 전자식으로 전달하여 전기모터를 구동하는 방식이다.

(2) 제어방식

조절밸브의 제어방식에는 밸브를 완전히 열었다가 순간적으로 다시 완전히 닫아버리는 ON-OFF제어(2위치 제어)와, 밸브가 완전개방과 폐쇄 중간부분의 열린상태에서 연속적으로 움직이는 비례 제어가 있다.

1) ON-OFF제어(2위치 제어)

밸브의 개폐만을 목적으로 하는 가장 기본적이고 단순한 제어이다. 2위치 제어동작이란 조작량 또는 조작량을 지배하는 신호가 입력의 크기에 의해 2개의 정해진 값 중 어느 쪽인가를 취하는 동작으로 ON-OFF동작이라고도 한다. ON-OFF는 밸브의 완전열림 · 완전닫힘을 의미하지만 절대적으로 완전열림 · 완전닫힘이 아닌 경우에도 ON-OFF동작이라고 한다.

2) 비례제어(proportional control)

연속제어에서 가장 기본적인 동작으로서 보통 P동작(P control action)으로 표기되며, 공정상 변화 또는 편차가 발생하면 밸브가 이를 수정하려고 움직이는 제어이다. 즉 비례 제어밸브는 설비의 공정에서 요구되는 액추에이터(actuator)의 동작 특성에 따라 밸브로의 입력신호가 계속 변하게 되는데, 이 입력신호에 대한 출력신호도 비례적으로 변하게 되는 밸브이다.

(3) 밸브의 형식

조절밸브는 본체의 형식에 따라 크게 2방향 밸브와 3방향 밸브의 2가지 형태로 구분된다. 2방향 밸브는 밸브를 통과하는 유체의 양을 제어하며, 3방향 밸브는 유체를 혼합하거나 유체의 흐름방향을 변경시킬 때 사용한다.

1) 2방향 밸브(2way valve)

2방향 밸브는 형식에 따라 플러그형(plug type)과 로터리형(rotary type)이 있다. 로터리형 2방향 밸브에는 볼밸브와 버터플라이 밸브가 있으며, 두 가지 밸브 모두 디스크가 회전하여 밸브를 개폐시킨다.

플러그형 2방향 밸브는 글로브밸브로서, 구조에 따라 단일시트, 이중시트, 압력평형식 단일시트가 있으며, 작동방식에 따라 순방향 작동식(직동식)과 역방향 작동식으로 나누어진다.

① 단일시트 2방향 밸브 : 그림 4-46(a)와 같이 밸브시트와 디스크가 각 1개씩인 전형적인 글로브밸브의 구조를 갖는 밸브이다. 유체의 압력에 의해 디스크를 밀어 밸브를 열려는 힘이 작용하고 있으며, 조정부에서 구동부를 통해 공급된 힘은 열려는 힘을 이겨야만 밸브가 닫히게 된다. 이 힘은 밸브디스크의 면적과 유체압력의 곱으로 나타낼 수 있다. 이들 2개의 힘, 즉 닫으려고 하는 힘과 열려고 하는 힘의 압력차가 차압(differential pressure)으로 표시되며, 그 최대값은 밸브의 지름과 형식에 따라 결정된다.

② 2중시트 2방향 밸브 : 그림 (b)와 같이 2개의 밸브디스크가 하나의 축에 연결되어 있으며 동시에 2개의 밸브시트를 갖는 구조이다. 밸브시트가 2개이므로 시트 구멍지름이 작아도 되며, 또한 힘의 균형이 유지되는 특징을 갖는다. 즉 밸브를 닫으려고 하는 차압이 한쪽의 밸브디스크를 닫으려고 하면 동시에 다른 하나의 밸브디스크에는 열려고 하는 힘으로 작용하게 되므로 힘의 균형이 유지될 수 있다. 대용량의 유체통과 및 차압이 큰 경우에도 비교적 적은 힘으로 조절이 가능하다.

③ 압력평형식 단일시트 2방향 밸브 : 그림 (c)와 같이 밸브디스크를 움직여주는 축의 중앙에 구멍이 뚫려 있으며, 벨로즈에 의해 밀폐된 공간을 갖고 있다. 유체가 밸브디스크를 열려는 힘이 작용하면 일부의 유체는 축 중앙의 구멍을 통해 벨로즈의 주변공간으로 유입된다. 이 유입된 압력은 제어시스템의 폐쇄력을 도와서 밸브를 닫는 방향으로 이용된다. 이 때문에 단일시트 밸브이지만 대용량과 높은 차압조건에서도 완전밀폐가 가능하다.

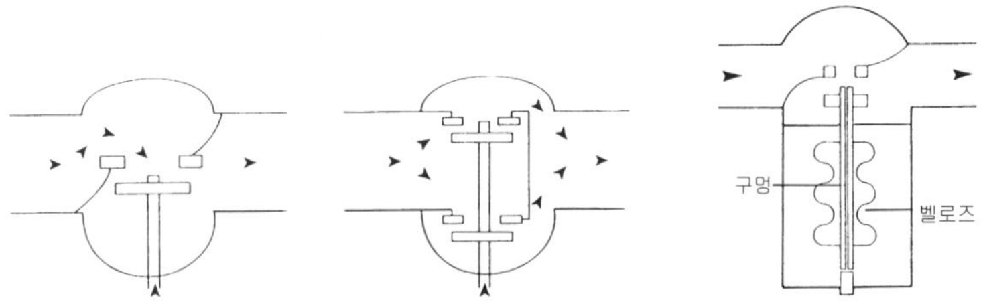

(a) 단일시트 (b) 이중시트 (c) 압력평형 단일시트

그림 4-46 조절밸브의 밸브시트

순방향 작동식(직동식 ; direct acting) 밸브는 온도가 올라가면 밸브가 닫히는 구조로서 과열되는 것을 방지하는 밸브로 가열시스템에 이용되고 있다. 역방향 작동식(reverse acting) 밸브는 온도가 상승되면 밸브가 열리는 구조로 냉각 시스템에 이용된다. 그림 4-47에 순방향 및 역방향 밸브의 구조를 나타냈다.

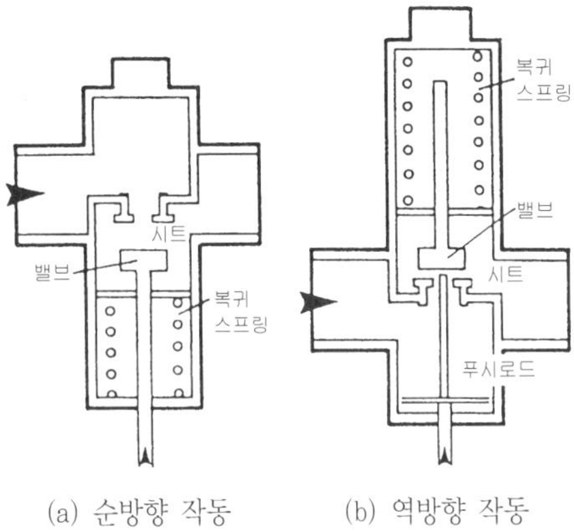

그림 4-47 조절밸브의 작동방식

2) 3방향 밸브(3way valve)

3방향 밸브는 그림 4-48과 같이 배관의 연결방향이 3개이며, 배관연결방식에 따라 유체의 혼합(mixing) 또는 분배(diversion)의 용도로 사용된다. 혼합밸브로 사용되는 경우는 2개의 입구와 1개의 출구로 구성되며, 분배밸브로 사용되는 경우는 1개의 입구와 2개의 출구로 구성되며, 입구는 항상 열려 있게 된다.

그림 4-49는 온도조절용 3방향 밸브를 사용한 예로서, 시스템 계통이 항상 순환되므로 펌프의 캐비테이션도 방지할 수 있다. 혼합과 분배의 구분은 시스템의 요구조건에 따라 결정되며, 순환펌프의 설치위치도 결정된다.

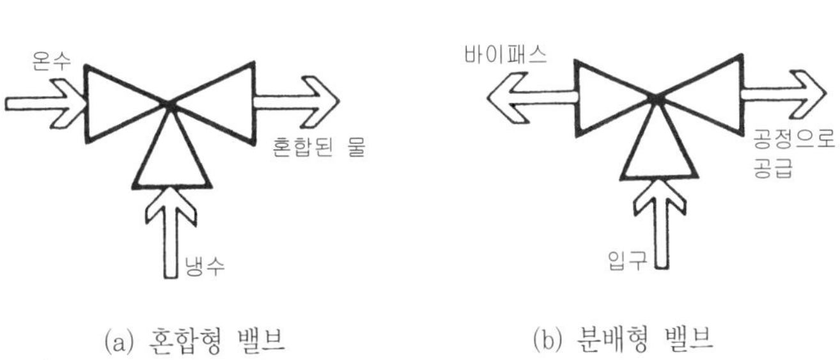

그림 4-48 3방향 밸브의 기본형태

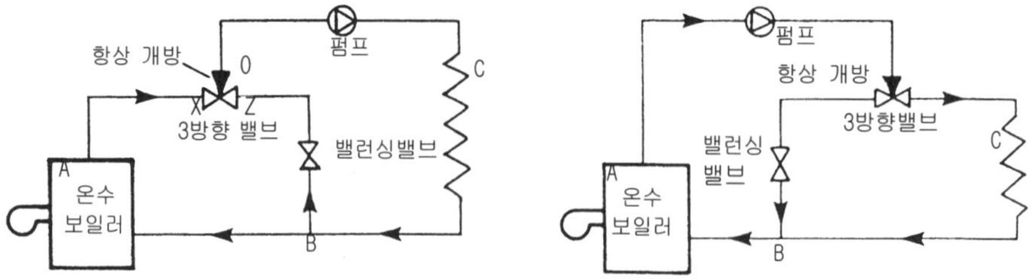

(a) 혼합 시스템 (b) 분배 시스템

그림 4-49 3방향 밸브의 사용 예

3방향 밸브는 기본적으로 피스톤형, 리프트형, 로터리형, 플러그형의 4가지 종류의 형태로 크게 나누어진다.

① 피스톤형(piston type) : 구동기에 의하여 가운데 구멍이 뚫린 피스톤이 상하로 움직이면서 작동된다. 포트 A, B의 열린 면적과 닫힌 면적은 상호 상관관계를 갖게 된다. 주로 자력식 제어밸브에 사용된다.

② 리프트형(lift type) : 밸브 플러그가 2개의 시트 사이를 상하로 왕복운동을 하면서 작동한다. 분배형으로는 응용할 수 없다.

③ 로터리형(rotary type) : 원통형 몸체 내의 회전판이 회전운동을 하면서 작동한다. 분배용으로 사용하면 누수율이 높아서 혼합용으로만 사용한다.

④ 플러그형(plug type) : 2중시트 사이에 플러그가 구동기에 의하여 상하운동을 하면서 포트 A, B의 유량을 상호 증감시킨다.

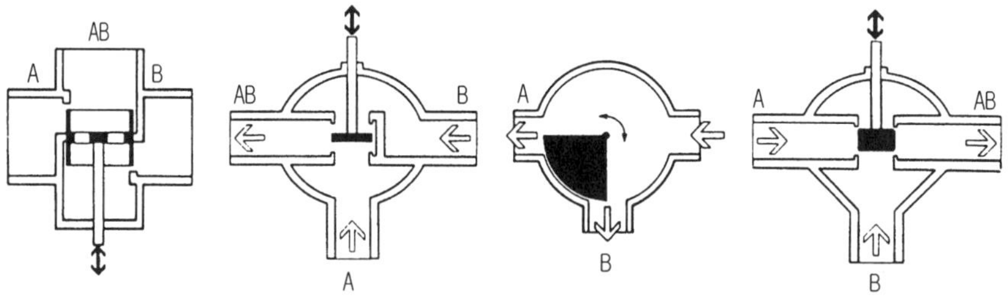

(a) 피스톤형 (b) 리프트형 (c) 로터리형 (d) 플러그형

그림 4-50 3방향 밸브의 기본형태

(4) 제어밸브의 종류

1) 전동밸브

전동밸브(moter valve)는 콘덴서 모터를 구동(驅動)하여 감속된 회전운동을, 링크기구에 의해 왕복운동으로 바꾸어 밸브를 개폐한다. 밸브의 작동은 컨트롤러에 의해 온도, 압력, 습도 등의 조절감지를 받아 변압기를 통해 들어오는 전원으로 모터가 회전되고, 피니온과 랙기

어에 의해 상하 왕복운동으로 바뀐다. 그리고 랙에 연결된 밸브봉과 밸브봉에 부착된 디스크가 동시에 운동하여 개폐된다.

유체의 온도 · 압력 · 유량 등의 자동제어 및 원격조작 등에 사용되며, 2방향 밸브와 3방향 밸브가 있다. 3방향 밸브에는 다시 혼합형과 분리형으로 나누어진다. 혼합형은 주로 온수와 냉수를 혼합하여 일정한 온도를 유지하는데 사용하며, 분리형은 주로 액체의 방향을 바꾸어 주는 목적에 사용한다.

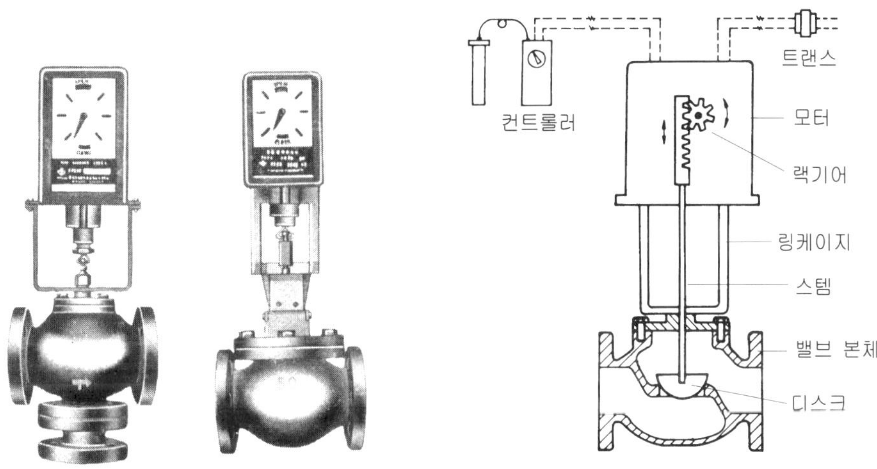

(a) 외형 (b) 구조

그림 4-51 전동밸브

2) 전자밸브

전자밸브(solenoid valve)는 전자코일의 여자(勵磁 : 전자력)에 의해 밸브가 개폐되며, 유체의 온도, 압력, 수위, 계량 등의 자동제어 및 원격제어에 사용된다.

작동원리는 전자코일이 여자되면 파일럿 밸브의 작용으로 밸브 디스크 속의 유체는 밸브출구쪽의 바이패스로 유출되어, 밸브 디스크 속의 압력이 낮아져서 디스크가 떠올라 밸브가 열린다. 전자코일의 여자가 끊어지고 파일럿 밸브가 폐쇄되면 밸브시트 속의 압력은 상승하고, 부력을 잃지 않은 밸브시트는 내려와 밸브가 닫힌다. 밸브 디스크 및 실린더에는 작은 구멍이 있어서 유체가 출입하도록 되어 있고, 밸브의 급격한 운동을 저지하고 밸브의 작동에 따른 파동의 발생을 완화시킨다.

전자밸브에 관한 규정은 물용의 경우 KS B 6501(물용 전자밸브), 증기용은 KS B 6502(증기용 솔레노이드 밸브), 기름용은 KS B 6503(연료유용 전자밸브)에 규격화되어 있다.

(a) 외형

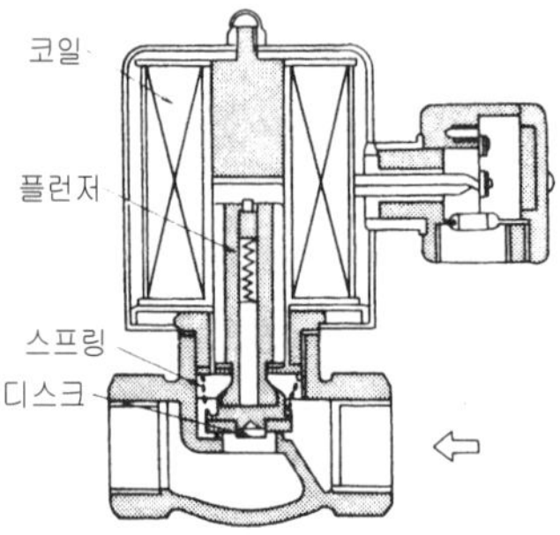

(b) 직동식의 구조

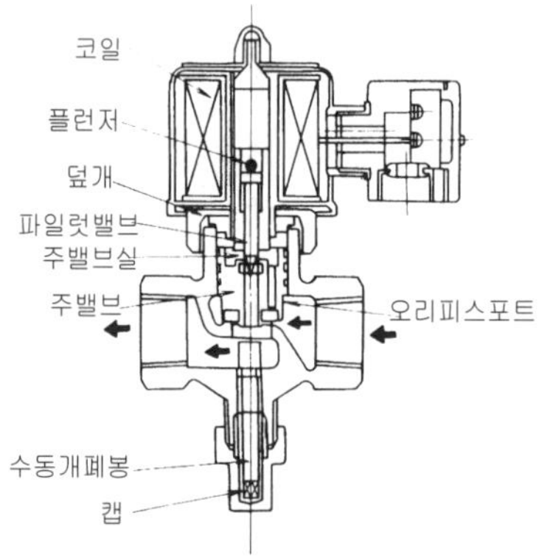

(c) 파일럿식의 구조

그림 4-52 전자밸브

(5) 유량특성

자동제어밸브는 일정한 차압조건에서 밸브의 양정과 유량과의 관계를 가지고 있는데 이것을 밸브의 유량특성이라 한다. 이 유량특성은 밸브의 열림 정도에 따라 흐를 수 있는 유체의 통과량과의 관계를 나타낸 것이다. 로터리형 밸브는 단 하나의 유량특성을 가지고 있으나 글로브밸브는 플러그의 형태에 따라 각기 다른 유량특성을 갖는다.

글로브밸브의 기본형태는 그림 4-53과 같이 급속개방형(quick opening), 선형비례형(linear), 등가개방형(equal percentage)으로 구분된다. 그림 4-54에 글로브밸브와 로터리밸브의 유량특성을 나타냈다.

선형 비례특성을 가진 밸브는 밸브 양정에 비례하여 유량도 변화하도록 설계되었다. 즉 밸브의 양정이 25%이면 개도가 25%가 되며, 최대용량의 25% 유량이 통과한다.

등가개방형 밸브의 경우는 밸브의 개도에 따라 유량이 선형 비례하는 것은 아니고, 밸브양정이 증가하면 바로 앞의 유량에 대해 일정한 비율로 유량이 증가한다. 즉 밸브양정이 20%인 상태에서 전체유량의 4%가 통과하고 있을 때, 밸브양정이 30%로 정도 증가하면 통과유량

그림 4-53 글로브밸브의 기본형태

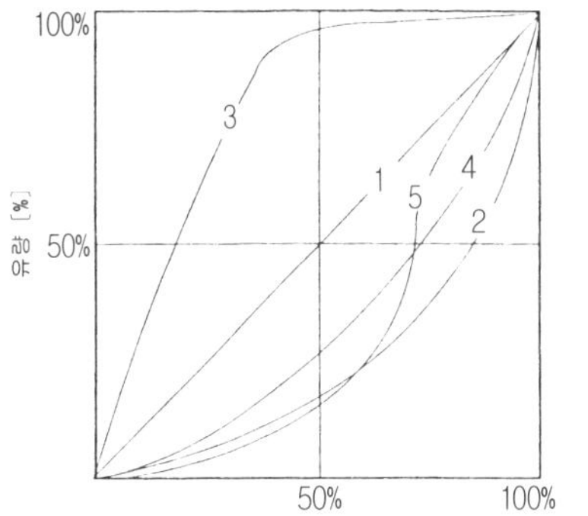

그림 4-54 유량특성 곡선

은 4%의 50%인 2%가 증가된 6%가 통과할 것이다. 만일 밸브양정이 40%가 되면 6%의 50%인 3%가 증가하여 전체 유량의 9%가 흐르게 된다.

급속개방형은 등가개방형과 거의 반대로 밸브를 조금만 개방해도 다량의 유체가 통과한다. 즉 밸브의 개도가 50% 열리면 전체 유량의 50%에서 90%가 통과한다. 급속개방형은 선형 비례식이나 등가개방형 밸브와는 달리 유량특성 곡선을 정확히 정할 수 없다. 따라서 50%의 양정에서 60%의 유량이 흐르는 것이나 60%의 양정에서 90%의 유량이 흐르는 것은 모두 양정에서의 특징을 가지고 있는 것이다.

(6) 밸브유량계수

밸브의 크기를 결정하는 데는 밸브용량 선정표에 의하거나 밸브유량계수(밸브용량계수)라는 수치가 사용된다. 밸브유량계수는 압력강하와 유량과의 관계를 나타내는 값으로 C_v값, K_v값, A_v값이 있으며, 현재 국내에서는 C_v이 주로 사용되고 있다. 모든 조절밸브에는 C_v 또는 K_v값이 얼마라는 정격 사양이 있고, 이 값은 조절밸브의 크기와 유체가 흐를 수 있는 양이 얼마인지를 나타낸다.

1) 조절밸브의 크기를 나타내는 단위

① C_v(coefficient value) : 미국과 영국에서 사용하는 수치로서, 60°F(15.6℃)의 맑은 물을 밸브의 입구와 출구의 압력차 1psi{0.07kgf/cm^2}로 하여 흘렸을 때 1분마다의 유량을 US 1gallon(3.785 l)으로 표시한 값이다. 즉 C_v=80이라면 차압이 1psi일 때 1분간에 80gal의 물을 통과시킬 수 있는 밸브를 말한다.

② K_v : 독일 등 유럽에서 사용하는 MKS단위계 밸브용량 계산식으로서, 5~30℃의 물이

밸브 입구와 출구 압력차가 1kgf/cm^2(1bar)일 때의 유량을 m^3/hr로 표시한 단위이다.

③ A_v : 국제단위계(SI units)로 표시한 것으로서, 밸브에서의 압력차가 1Pa(Pascal)일 때 물의 유량을 m^3/hr로 표시한 단위이다.

2) C_v 계산식

① 액체유량의 C_v값

체적유량의 경우 $C_v = 1.167 \times Q_1 \times \frac{G_1}{\Delta P}$ (4.7)

중량유량의 경우 $C_v = 1.167 \times \frac{W_1}{G_1 \times \Delta P}$ (4.8)

여기서, C_v : 밸브용량계수

Q_1 : 액체의 체적유량(m^3/hr)

W_1 : 액체의 중량유량(kg/hr)

G_1 : 액체의 비중(물=1)

ΔP : 밸브의 차압(kgf/cm^2)

② 기체유량의 C_v값

$\Delta P < \frac{p_1}{2}$ 의 경우 $C_v = \frac{Q_g}{287} \times \frac{G_g(273+t)}{\Delta P(p_1+p_2)}$ (4.9)

$\Delta P \geq \frac{p_1}{2}$ 의 경우 $C_v = \frac{Q_g \times G_g(273+t)}{249+p_1}$ (4.10)

여기서, Q_g : 기체의 체적유량(m^3/hr)

G_g : 기체의 비중(공기=1)

$p_1 + p_2$: 밸브 입구와 출구의 절대압력(kgf/cm^2 abs)

t : 유체의 온도(℃)

③ 증기의 C_v값

$\Delta P < \frac{p_1}{2}$ 의 경우 $C_v = \frac{W \times (1 + 0.0013 \times T_{sh})}{13.6\ \Delta P(p_1 + p_2)}$ (4.11)

$\Delta P < \frac{p_1}{2}$ 의 경우 $C_v = \frac{W \times (1 + 0.0013 \times T_{sh})}{11.9 \times p_1}$ (4.12)

여기서, W : 증기의 중량유량(kg/hr)

T_{sh} : 과열도(℃)

p_1+p_2 : 밸브 입구와 출구의 절대압력(kgf/cm^2 abs)

밸브를 선정할 때 유체에 대한 조건이 정확하게 주어지지 않는 경우나 간이계산식으로 계산한 경우에는 밸브의 C_v값보다 최대 80% 이내로 선정하는 것이 좋다.

참고로 각 단위별 환산표는 다음과 같다. 미국에서의 C_v와 영국에서의 C_v는 갤론(gallon)의 차이로 인하여 값이 서로 다르므로 주의가 필요하다.

- 1C_v(U · S) = 0.833 C_v(영국)
- 1 C_v(US) = 1.167 K_v
- 1 C_v(영국) = 0.97 K_v
- 1 K_v = 0.983 C_v(영국)
- 1 A_v = 2.88 × 10^5 C_v(영국)

④ 선도에 의해 C_v값을 구하는 방법

그러나 벨브용량 신징표(C_v나 K_v표)가 주어지는 경우 위와 같은 수식을 도입하지 않더라도 도표에 의해 간단히 구할 수 있다.

4.2.6 기타 밸브

(1) 공기밸브

공기밸브(air vent valve, air eliminator)는 배관장치 내의 유체 속에 섞인 공기를 빼기 위한 밸브로서, 공기빼기밸브라고도 하며, 액체용과 증기용이 있다. 액체용 공기밸브(KS B 2340 ; 수도용 공기밸브)는 배관라인 중 공기가 체류하기 쉬운 산형(山形) 배관 등에 설치하여 분리된 공기 및 그밖의 기체를 자동으로 배출하는 데 사용한다.

증기용 공기빼기밸브는 증기와 공기의 온도차이를 이용한 것으로, 그림 4-55(a)에서 밸브 속에 응축수가 들어오면 플로트 F가 떠올라서 밸브를 닫고, 증기가 들어오면 벨로즈 B의 작용으로 밸브 V를 닫아 공기만 통과시켜 A로 배출한다.

액체용은 액체와 공기의 밀도차에 의한 부력을 이용한 것으로, 그림 (b)에서 배관 속에 물이 꽉 찬 경우는 부력으로 인하여 플로트밸브가 떠올라 원뿔모양의 와서 입구를 막고, 공기가 모이면 물이 내려가며 동시에 플로트도 내려와 입구가 열려 모인 공기를 배출시킨다. 따라서 증기용과 액체용 에어벤트는 작동원리에 따라 구조가 다르므로 상호 교환사용은 불가능하다.

공기밸브는 배관공사 후 처음으로 배관 내에 유체를 유입시킬 경우 관 속에 가득 차 있는 공기를 배출하는 데도 필요하며, 반대로 관 속의 유체를 전부 배출하고자 하는 경우 공기 유입구의 역할도 한다.

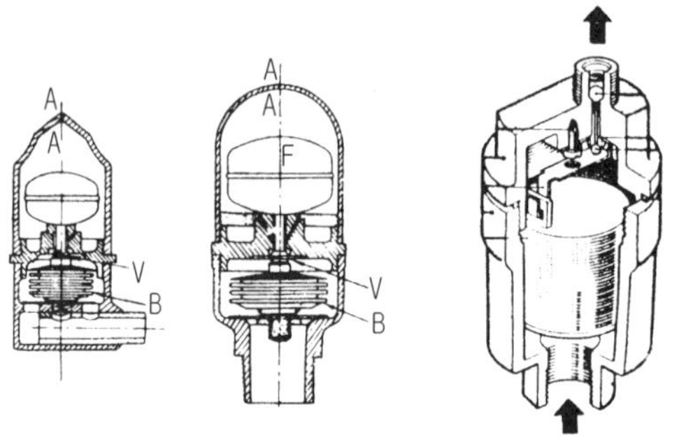

(a) 증기용 (b) 액체용

그림 4-55 공기밸브

(2) 정수위 밸브

정수위(定水位) 밸브는 물탱크에 급수하고, 또한 탱크 내의 제어밸브와 연동하여 일정 수위가 되면 자동으로 급수를 정지시키는 수위제어용 밸브이다. 부력에 의해 물탱크의 수위를 제어하는 부력식 정수위 밸브와 차압의 원리로 수위를 조절하는 워터링 밸브가 있다.

1) 부력식 정수위 밸브(볼탭)

볼탭(ball tab)은 물탱크의 급수구에 설치하여 탱크 속의 수위상승과 하강에 따른 볼(플로트)의 부력에 의해, 자동적으로 밸브를 개폐하는 기구로서 일종의 자동개폐밸브이다. 급수구 지름이 큰 경우는 흐름이 멈출 때 생기는 수격작용을 방지하기 위하여 주밸브와 보조밸브의 혼합에 의해 완만하게 폐쇄할 수 있는 구조로 되어 있다.

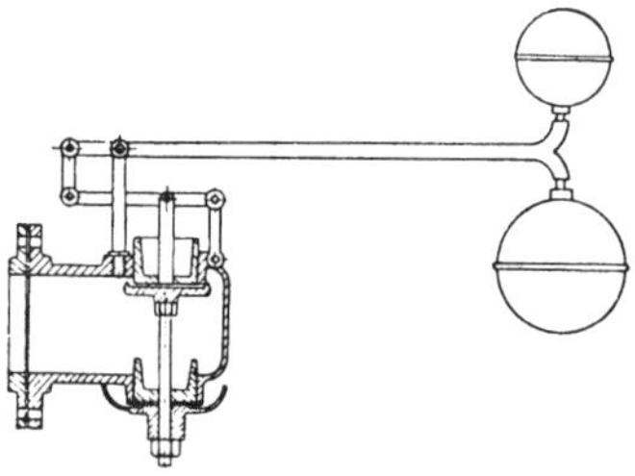

그림 4-56 볼탭

2) 워터링 밸브

워터링 밸브(watering valve)는 냉온수·기름 등의 액체용 제어밸브로서, 유체를 통과시키고 차단시키는 메인밸브 부분과 응용설비의 운전조건 및 용도에 따라 적절한 제어기능을 제공하는 파일럿 제어시스템의 조합으로 이루어 져 있다. 파일럿 시스템을 어떻게 구성하느

냐에 따라 감압밸브, 릴리프밸브, 전자밸브, 유량조절밸브, 수위조절밸브, 체크밸브, 차압밸브 등 그 기능을 다양하게 사용할 수 있다.

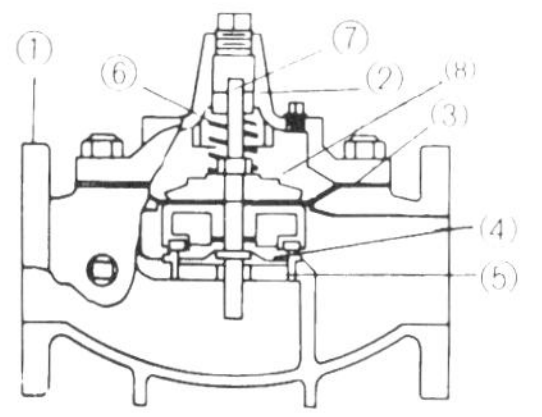

그림 4-57 워터링 밸브

(3) 밸런싱 밸브

밸런싱(balancing)이란 액체순환계통의 각 배관 내에 흐르는 유량을 일정하게 하여 계통 내의 유량이 전체적으로 균형을 이루도록 하는 것이다.

냉온수 순환계통의 경우 배관이나 각종 이음쇠의 압력손실에 의해 유량의 불균형이 초래된다. 또한 설비에서 요구하는 부하변동에 따라 제어밸브나 펌프 등이 작동하기 때문에 배관계통은 항상 압력변동이 광범위하게 발생된다. 이러한 압력변화에 의해 배관계통의 유량은 전체적으로 불균형을 초래한다. 이와 같은 유량의 불균형은 각 부하설비에 적정유량의 공급이 불가능하며, 설비의 불합리한 운전과 에너지의 낭비 요소가 된다.

밸런싱 밸브(balancing valve)는 배관계통 내에 흐르는 유량을 조절하여 냉온수의 양을 정해진 장소에 필요한 양만큼 원활하게 공급해 주기 위하여 사용하는 밸브이다. 작동원리에 따라 수동 밸런싱(가변유량식)과 자동 밸런싱(정유량식) 밸브로 나누어진다.

가변유량식 밸런싱 밸브는 현장에서 순환배관계통의 각 부하에 밸브를 일일이 수동으로 압력을 조절하여 적정한 유량이 흐르도록 조정하는 수동 밸런싱 밸브이다.

정유량식 밸런싱 밸브는 배관 내의 압력변화에 관계없이 어떤 경우라도 공급되는 액체가 항상 설정된 유량으로만 흐르도록 하는 자동 밸런싱 밸브이다.

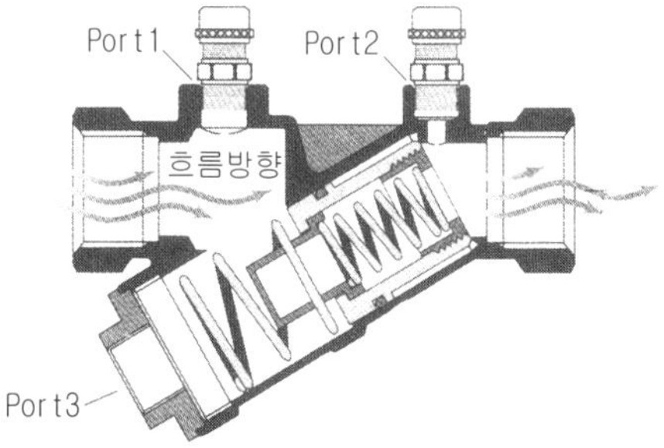

그림 4-58 자동 밸런싱 밸브의 예

(4) 지수전

지수전(止水栓 ; shut-off valve, stop valve)은 급수관의 중간에 설치하여 급수를 제한 또는 제지하는 밸브로서 A형과 B형이 있다. A형(甲지수전)은 글로브밸브의 일종으로 세척탱크, 세면기의 수도꼭지, 온수기 등의 앞에 설치하여 사용자가 자유로이 개폐할 수 있도록 핸들이 달려 있다. B형(乙지수전)은 콕(cock)의 일종으로 수도인입관의 공공도로와 사유지와의 경계에 설치하며, 사용자가 자유로이 개폐할 수 없도록 핸들이 달려 있지 않다.

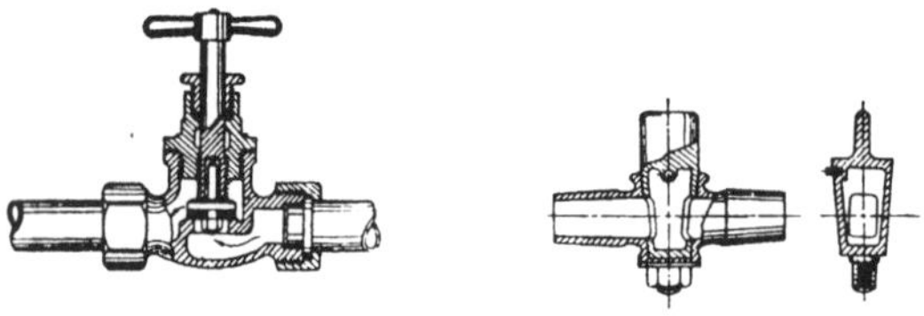

(a) A형 (b) B형

그림 4-59 지수전

(5) 분수전(分水栓)

분수전(corporation cock)은 콕의 일종으로 수도본관에서 관지름 50mm 이하의 급수관(인입관)을 분기할 때 사용하는 밸브이다. 분수전을 장치할 때는 수도본관의 통수가 멈추지 않고, 천공기(穿孔機)를 사용하여 수도관의 관벽에 구멍을 뚫어 나사를 낸 다음 여기에 분수전을 나사이음으로 설치한다.

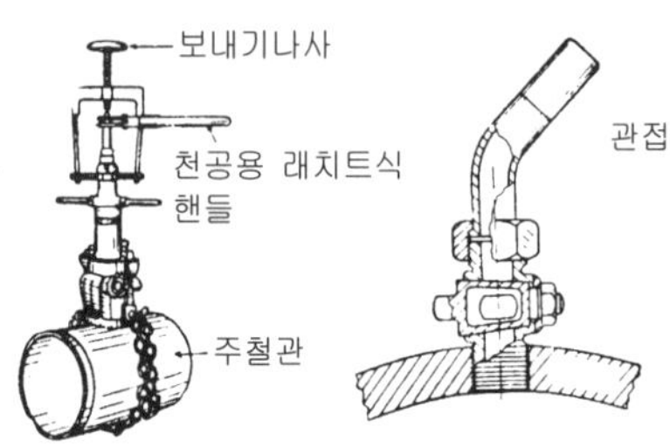

(a) 천공기 (b) 분수전

그림 4-60 분수전

4.3 증기트랩

증기트랩(steam trap)은 증기시스템 내에서 발생되는 응축수나 공기를 증기와 분리하여 자동적으로 환수관에 배출하고 증기의 누출은 없도록 한 기구로서 자동밸브의 한 종류이다.

만일 증기트랩의 불량으로 시스템에서 응축수를 환수관으로 원활히 배출시키지 못하거나 생증기가 환수관으로 누출되면 표 4-13과 같은 현상이 일어난다.

표 4-13 증기트랩의 불량으로 인한 영향

응축수를 환수관으로 배출시키지 못할 때	생증기가 환수관으로 누출될 때
① 증기공간 내에 응축수가 차 오르게 되어 결국 유효한 가열면적이 감소하게 되므로 효율이 떨어진다. ② 수격작용(water hammer)의 발생 가능성이 높아져 배관의 손상이 우려된다. ③ 증기를 이용하는 산업설비에서는 가열온도가 불균일하게 되므로 제품의 불량을 초래한다. ④ 증기관 및 설비 내부의 부식과 재질의 노화를 촉진시키므로 설비수명이 단축된다.	① 증기의 잠열을 이용하지 못하므로 에너지가 손실된다. ② 환수관 내에 압력이 상승되고 이 압력이 다른 증기트랩의 배압으로 작용되어 증기 이용의 효율이 떨어질 수 있다. ③ 환수관 내에서 수격작용이 발생하는 원인이 되므로 밸브나 이음쇠 등의 수명이 단축될 수 있다.

응축수의 배출원리는 증기트랩 입구의 압력(증기압력)과 뒤의 압력(배압)과의 차이, 즉 차압에 의해서 배출된다.

$$P_1 \quad \Delta P \quad P_2$$
$$\text{———}\varnothing\text{———}\Rightarrow$$

$$\Delta P = P_1 - P_2 > 0$$

즉 입구압력 P_1은 뒤의 압력 P_2보다 항상 크게 유지되어야 응축수 배출이 보장된다. 그러므로 ΔP는 증기트랩의 구경을 선정하는 기준이 된다.

증기사용설비에서 응축수가 발생되는 형태는 설비의 운전조건과 부하조건에 따라 모두 다르며, 응축수가 배출되는 형태도 설비의 종류에 따라 다르다. 그러므로 증기설비의 요구조건을 충족시킬 수 있도록 트랩을 선정하는 것이 필요하다.

증기트랩을 기능에 따라 구분하면 다음과 같다.

① 온도조절식 트랩 : 압력평형식(벨로즈식, 다이어프램식), 바이메탈식

② 기계식 트랩 : 버킷트랩, 플로트트랩

③ 열역학식 트랩 : 디스크트랩

4.3.1 온도조절식 트랩

온도조절식 트랩(thermostatic type)은 증기와 응축수의 온도 차이를 이용하여 응축수를 배출하는 열동식(熱動式) 트랩이다. 응축수가 냉각되어 증기의 포화온도보다 낮은 온도에서 응축수를 배출하게 되므로 응축수의 현열까지 이용할 수 있어서 에너지를 절약할 수 있는 장점이 있다. 그러나 설비 내에 항상 응축수가 정체하므로 워터로킹(water locking)이 일어난다. 온도조절식 트랩의 종류에는 압력평형식(벨로즈식, 다이어프램식)과 바이메탈식이 있다.

(1) 벨로즈트랩

벨로즈트랩(bellows trap)은 저압증기(0.1MPa 이하)에 주로 사용하는 열동식 트랩으로서, 소형이며 가볍고 공기 배출능력이 양호하다. 방열기에 많이 사용되므로 방열기트랩(radiator trap)이라고도 부른다.

이 트랩은 그림 4-61과 같이 본체 속에 인청동 또는 스테인리스강의 얇은 판으로 만든 원통형의 벨로즈를 넣고 그 내부에 증발성이 큰 액체(에테르)를 봉입한 것으로, 상부는 고정되고 하부의 밸브는 상하로 움직이게 되어 있다. 벨로즈 주위에 증기가 들어 오면 에테르의 증발에 의해 벨로즈가 팽창하므로 밸브가 닫혀져 증기의 유출을 막는다. 그러나 응축수나 공기가 들어 오면 온도가 내려가 벨로즈가 수축하여 밸브가 열리며, 응축수나 공기를 자동적으로 환수관에 배출한다.

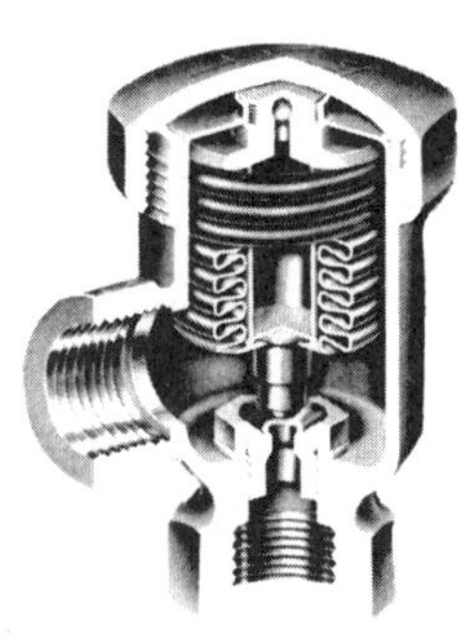

그림 4-61 벨로즈트랩의 구조

1) 작동원리

① 가동 초기에 트랩 내의 엘리멘트는 식어 있어서 수축되어 있으므로 밸브는 완전히 열려 있다. 따라서 공기와 식어 있는 응축수를 자유롭게 배출시킨다(그림 4-62의 a). 이때 엘리멘트 내의 충전물은 액체상태를 유지하고 있다.

② 응축수의 온도가 포화증기온도에 접근하게 되면 엘리멘트는 열을 받아 가열된다. 따라서 엘리멘트 내부의 액체가 증발하기 시작하면서 증기압도 증가하므로 엘리멘트가 팽창하게 된다(그림 b).

③ 팽창된 엘리멘트는 밸브를 차단하게 된다. 그런 다음 트랩 몸체에서의 방열과 엘리멘트 주변의 응축수 냉각에 따라 엘리멘트 내의 증기가 응축하게 된다.(그림 c)

④ 엘리멘트 내의 충전물이 응축되면 엘리멘트가 수축하면서 밸브를 다시 열게 되며 응축수를 배출시킨다(그림 d).

이러한 사이클이 반복되면서 트랩이 작동하게 된다.

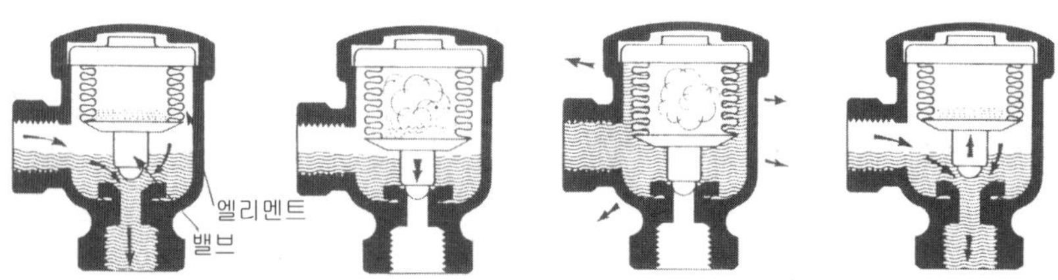

그림 4-62 벨로즈트랩의 작동원리

2) 장 점

① 소형이며, 가볍고, 접속지름에 비하여 다량의 응축수를 배출하는 능력이 있다.
② 공기의 배출능력이 우수하다.
③ 트랩의 최고 사용압력 범위 내에서는 증기압이 변해도 별도로 조정할 필요 없이 자동적으로 작동한다.
④ 고장이 났을 때 정비가 쉽다.

3) 단 점

① 수격작용에 약하며, 부식성 응축수에 쉽게 손상을 입는다. 그러나 엘리멘트의 재질이 스테인리스강인 경우는 견고하다.
② 과열증기에는 사용이 어렵다.
③ 응축수가 포화증기온도보다 낮은 온도에서 배출되므로 워터로킹이 발생한다.

(2) 다이어프램트랩

다이어프램트랩(diaphragm trap)은 벨로즈트랩과 마찬가지로 압력평형식 온도조절 증기트랩이다. 벨로즈트랩이 수격작용에 약하고 과열증기에 사용할 수 없는 결점을 보완하여 벨로즈 대신에 스테인리스강으로 된 다이어프램을 설치했으며, 원리는 벨로즈트랩과 동일하다.

이 트랩의 장점은 벨로즈트랩과 마찬가지로 소형이며, 가볍고, 공기 배출능력이 양호함은 물론, 접속지름에 비해 다량의 응축수 배출능력이 있다. 또한 과열증기에도 사용할 수 있으며, 수격작용에도 잘 견디고, 고장시 수리가 용이하다. 그러나 응축수가 증기의 포화온도보다 낮은 온도에서 배출되므로 응축수가 정체되어 문제가 발생되는 시스템에는 사용할 수 없다.

(3) 바이메탈트랩

바이메탈은 열팽창계수가 다른 두 금속을 합쳐놓은 것으로, 열을 받으면 한쪽으로 휘어진다. 바이메탈트랩(bi-metal trap)은 그림 4-63(b)와 같이 설비의 가동 초기에는 온도가 낮은 관계로 트랩의 밸브가 열려 있어 공기와 식어진 응축수를 배출한다. 그러나 점점 뜨거운 응축수가 유입되면 바이메탈은 서로 구부러져 밸브가 닫히게 된다. 다시 응축수가 조절온도까지 냉각되면 바이메탈이 수축하여 밸브가 다시 열리게 된다.

이 트랩의 장점은 소형이며, 공기 배출능력이 양호하고, 수격작용에 강하며 수리가 용이하다. 그러나 온도변화에 반응이 늦어 갑작스런 부하변동이나 압력변화에 대처하기 힘든 단점도 있다.

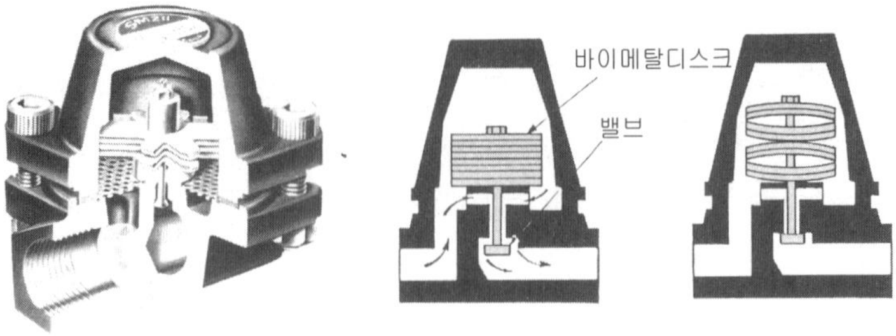

(a) 구조 (b) 작동원리

그림 4-63 바이메탈트랩의 작동원리

4.3.2 기계식 트랩

기계식 트랩(mechanical type)은 증기와 응축수 사이의 밀도차, 즉 부력 차이에 의해 작동되는 형식으로서, 응축수가 생성되는 것과 거의 동시에 배출된다.

(1) 버킷트랩

버킷트랩(bucket trap)은 버킷의 부력을 이용하여 밸브를 개폐하면서 간헐적으로 응축수를 배출하는 구조로, 고압증기의 관말트랩에 많이 사용한다. 버킷의 형식에 따라 상향식과 하향식이 있다.

그림 4-64 버킷트랩

그림 4-65(a)는 상향식 트랩의 구조로서 입구 P에서 들어오는 응축수는 버킷 B의 바깥쪽에 고이며, 버킷은 물의 부력에 의해서 밀어올려져 밸브 V를 닫는다. 응축수가 고여서 수면이 버킷의 높이까지 오면 응축수는 버킷 속으로 흘러들어가 B안에 고이고 마침내 버킷은 가라앉아 밸브 V가 열린다. 그러면 응축수는 버킷 속의 수면에 작용하는 증기의 압력에 의해 Q로 배출된다. 버킷의 응축수 양이 감소하면 부력에 의해 다시 떠올라 밸브 V를 닫는다.

그림 4-65(b)는 하향식 트랩의 구조로서 입구 P에서 응축수가 들어오면 버킷의 속과 겉은 같은 수위로 상승한다. 버킷의 윗 부분에는 공기구멍 S가 있으므로 안의 공기는 이 구멍을 통해 순차적으로 빠져나간다. 따라서 응축수가 고임에 따라 버킷은 자중에 의해 내려가기 때문에 밸브 V가 열리며, 공기와 응축수가 V에서 밀어내려져 Q에서 배출된다. 그러나 P에서 증기가 들어오면 버킷 B에 부력이 생겨 떠올라가 밸브 V를 닫는다.

버킷트랩의 장점은 고압에서도 사용이 가능하며, 견고하고 수격작용에도 강하다. 또한 응축수 입구에 체크밸브를 설치하면 과열증기에서도 사용이 가능하다.

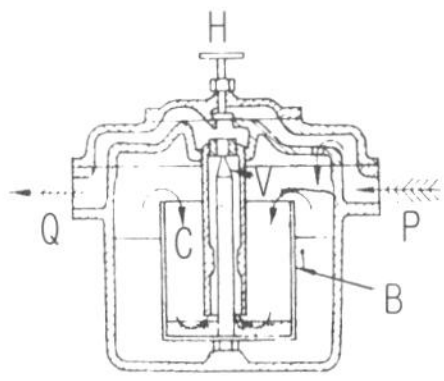

(a) 상향식

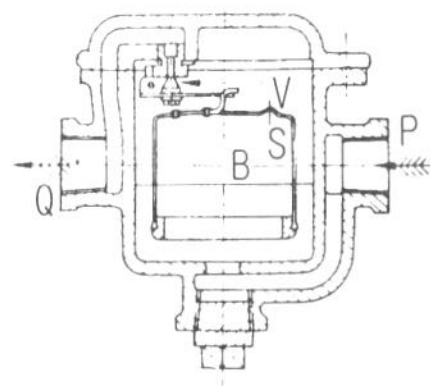

(b) 하향식

그림 4-65 버킷트랩의 구조

(2) 플로트트랩

플로트트랩(float trap)은 그림 4-67과 같이 트랩 속에 응축수가 고이면 플로트가 떠올라 밸브를 열고 응축수가 환수구로 배출된다. 응축수가 배출되면 플로트가 다시 내려가고 밸브가 닫혀 증기의 배출을 막는다. 이 트랩은 저압증기에 사용되며, 특히 다량의 응축수를 배출시키는 경우에 사용된다. 상향식의 버킷트랩과 마찬가지로 공기의 배출능력이 없으므로 벨로즈형 열동식 트랩을 병용하여 사용한다.

그림 4-66 플로트트랩의 구조

1) 장점

① 항상 응축수가 생기는 대로 배출되므로 최대의 열효율을 요구하는 곳에 적합하다.
② 급격한 부하변동이나 압력변동에도 쉽게 대처하여 응축수를 원활하게 배출시킬 수 있다.
③ 자동 에어벤트가 내장되어 있으므로 공기배출능력이 뛰어나다.

2) 단점

① 수격작용이 일어나는 경우 내부가 손상을 입을 수도 있다.

② 동파의 위험이 있으므로 외부에 설치할 때는 보온해야 한다.

③ 증기의 압력에 따라 밸브의 오리피스 지름을 바꾸어 주어야 한다.

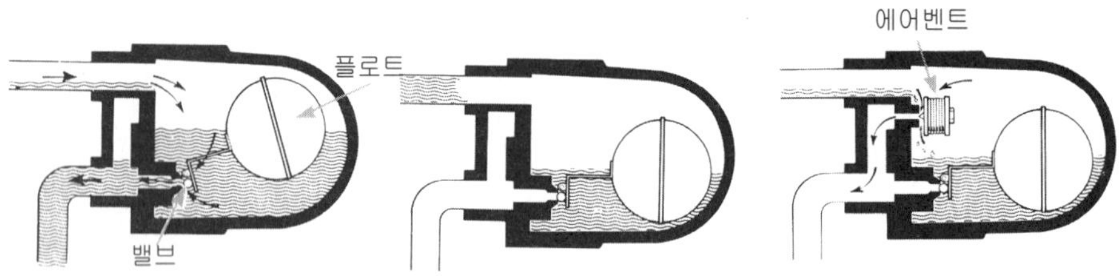

(a) (b) (c)

그림 4-67 플로트트랩의 작동원리

4.3.3 열역학식 트랩

열역학식 트랩(thermodynamic trap)은 증기와 응축수의 속도차, 즉 운동에너지의 차이에 의해 응축수의 재증발로 인한 부피의 증가로 디스크가 작동되어 응축수가 배출된다.

(1) 디스크트랩

열역학식 트랩은 작동부분이 디스크 하나 뿐이므로 디스크트랩(disk trap)이라 부르고 있다. 구조가 간단하며, 소형으로 가볍고, 접속관의 지름에 비해 응축수 배출능력이 크다. 저압, 고압, 과열증기에도 사용할 수 있으며, 워터해머나 진동에 영향을 받지 않는다. 그러나 입구압력이 낮거나 배압이 높을 경우에는 원활하게 작동되지 않는다. 또한 디스크의 마모로 수명이 단축되어 증기의 손실이 생길 수 있으며, 작동중에 소음이 발생하는 단점도 있다.

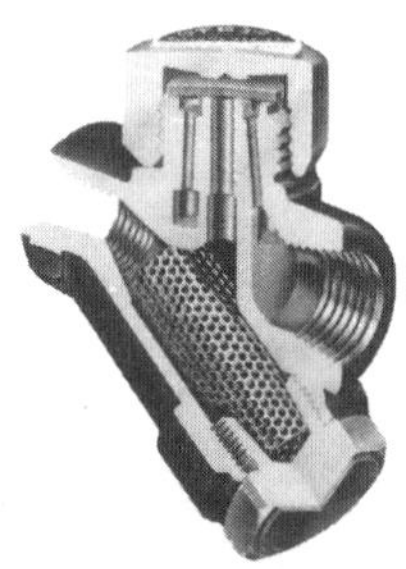

그림 4-68 디스크트랩의 구조

그림 4-69 유체의 흐름 실험

디스크트랩의 작동원리는 “유체의 흐름에서 모든 점에서의 총 압력(동압+정압)은 일정하다. 따라서 유체의 속도가 빨라지면(동압이 증가하면) 상대적으로 정압이 감소하게 된다.”라는 베르누이의 정리에 바탕을 두고 있다.

실험을 간단히 해보면, 그림 4-69와 같이 종이 위쪽에서 입으로 불면 종이가 수평으로 떠오른다. 이는 a점에서는 동압이 증가하고 정압은 감소하기 때문이다. 즉 b점에서는 흐름이 없어서 정압상태로 존재하고, a점의 정압은 b점의 정압보다 낮으므로 종이가 위로 떠오르게 된다.

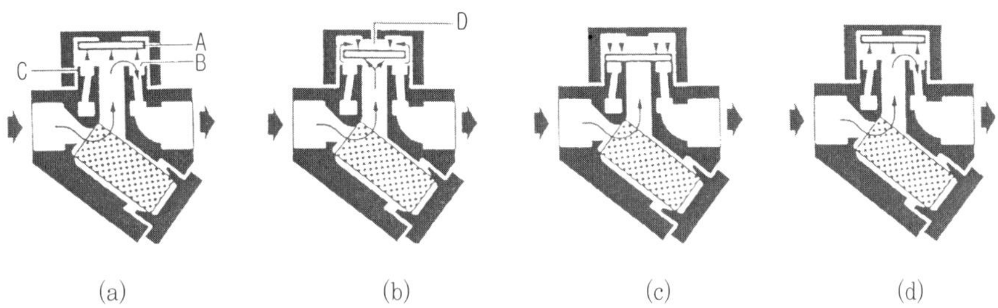

그림 4-70 디스크트랩의 작동원리

① 설비시스템에 증기가 공급되면 증기 공간 내의 공기와 식어진 응축수는 증기에 의해 밀려 트랩에 도달하여 디스크 A를 밀어올리고, 출구 B를 통해 빠져나간다.(그림 4-70(a))

② 증기시스템이 가열됨에 따라 응축수 온도가 상승하게 되고 초기의 낮았던 증기압력도 정상이 되면서 응축수가 빠르게 배출된다. 뜨거운 응축수가 트랩을 빠른 속도로 통과하면서 압력이 떨어지며, 이때 일부 응축수가 증발되어 재증발 증기로 된다.

재증발된 증기는 부피가 크므로 더욱 빠른 속도로 트랩을 통과하게 되며, 이때 일부 재증발 증기는 디스크 상부의 공간 D로 유입된다(그림 b).

응축수의 온도가 상승할수록 재증발 증기의 발생량이 증가하며, 따라서 배출속도는 더욱 빨라지므로 디스크 하부의 압력은 더욱 감소하면서 디스크를 시트링 C로 잡아당기게 된다. 이때 디스크 상부의 재증발 증기의 압력이 부가되어 디스크는 시트링에 완전히 내려앉아 배출이 중단된다.

③ 디스크 상부 챔버 내의 재증발 증기의 압력은 디스크 표면 전체에 힘을 가하게 된다. 그리고 이 가해진 힘은 좁은 오리피스 면적을 통해 디스크를 밀어올리려는 증기압력에 대항하여 디스크를 완전히 차단하고 있다. 따라서 동시에 챔버 내의 증기 누출도 차단하게 된다(그림 c).

④ 챔버 D내의 재증발 증기가 상부 캡에서의 방열에 의해 응축되면 압력이 감소되고, 결국 디스크 하부에서의 압력에 굴복하게 되어 디스크가 밀어 올려지면서 응축수를 배출한다(그림 d).

4.4 스트레이너

스트레이너(strainer ; 여과기)는 조절밸브 · 증기트랩 · 유량계 · 터빈류나 열교환기 등의 기기 앞에 설치하여 배관 속의 유체에 섞여 있는 오물 · 녹 · 쇠부스러기 등의 이물질을 여과시켜줌으로써 기기의 성능을 보호하는 기구이다.

모양에 따라 Y형, U형, V형, T형 등이 있다. 몸체 속에는 유체 속에 섞여 있는 이물질을 거르기 위한 여과망이 있으며, 이 여과망은 자주 꺼내어 청소하지 않으면 눈이 막혀 저항이 커진다. 스트레이너를 설치할 때는 반드시 유체의 흐름방향에 주의할 필요가 있다.

몸체의 재질은 청동, 주철, 주강, 스테인리스주강 등의 주조품이 사용되며, 지름이 큰 스트레이너는 강판제로 용접하여 만든 것도 있다. 여과망은 스테인리스강 또는 황동제품이 주로 사용된다. 관과의 이음방법에는 지름이 작은 관(50mm 이하)에는 나사이음이, 지름이 큰 관(65mm 이상)에는 플랜지이음이 사용되고 있다.

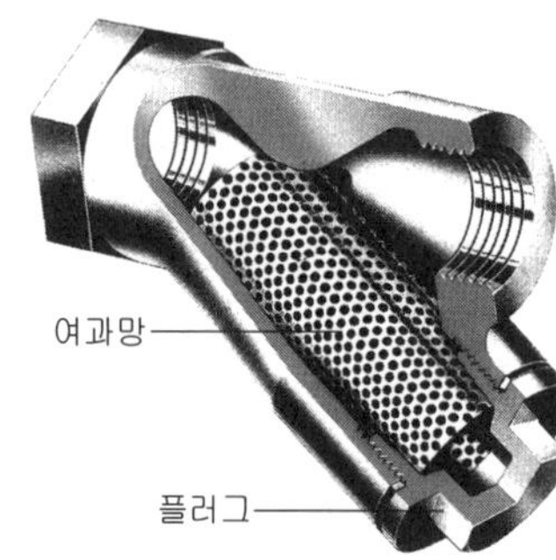

그림 4-71 스트레이너의 구조(Y형)

(1) 스트레이너의 종류

1) Y형 스트레이너

45° 경사진 Y형의 몸체에 원통형의 여과망을 넣은 구조로 가장 많이 사용되고 있는 형식이다. 유체는 망의 안쪽에서 바깥쪽으로 흐르며, 밑에는 플러그를 달아 여과망을 꺼내어 청소할 수 있도록 되어 있다.

호칭지름 50A 이하는 주로 청동제 나사이음형, 65A 이상은 주철제 플랜지이음형이다. 일반적으로 사용압력 1MPa {10kgf/cm^2} 이하, 사용온도 220℃ 이하의 스트레이너가 많이 사용된다. 고압용 스트레이너는 몸체를 덕타일 또는 주강제로 만들며, 최고 사용압력 2MPa{20kgf/cm^2}, 최고 사용온도 350℃의 것이 사용된다.

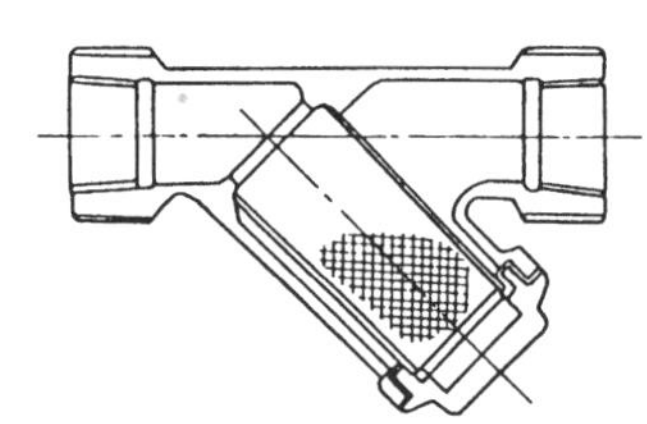
그림 4-72 Y형 스트레이너

2) U형 스트레이너

몸체 속에 둥근 통(바스켓)의 여과망을 수직으로 넣은 것으로서, 유체는 바스켓의 안쪽에서 바깥쪽으로 흐르는 형식의 버킷(bucket)형 스트레이너이다. 수평배관에 설치되며, 소구경에서 대구경까지 있다. 기름이나 원료액 등과 같은 점성이 높은 유체에 적합하며, 또한 이물질의 양이 많아서 충분한 여과면적이 요구되는 경우 등에 사용된다. 구조상 유체의 흐름방향이 직각으로 바뀌기 때문에 Y형에 비해 유체저항이 크지만 보수나 점검 등이 편리하다. 주로 기름 배관에 많이 사용되기 때문에 오일스트레이너(oil strainer)라고도 부른다.

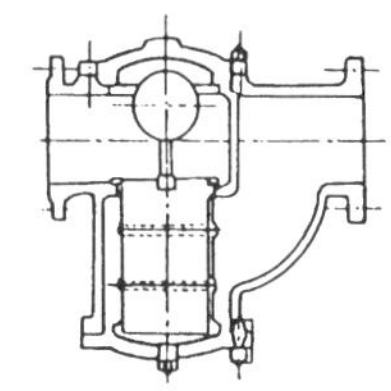

그림 4-73 U형 스트레이너

3) V형 스트레이너

주철제 몸체에 V형 여과망을 넣은 것으로 유체가 일직선으로 흐르게 되어 있어서 Y형이나 U형에 비해 유체저항이 작다. 여과망은 2개의 틀로 나누어져 있으며, 교환이나 점검 · 보수 등이 편리하다. 크기 및 중량은 Y형과 U형의 중간으로 65mm 이상의 대구경에 사용하는 것이 일반적이다. 여과망은 청소를 자주 해야 하며, 설치할 때는 반드시 흐름방향에 주의를 해야 한다.

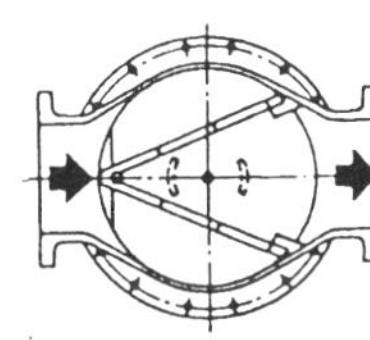

그림 4-74 V형 스트레이너

4) T형 스트레이너

T자형을 하고 있는 스트레이너로 공장이나 석유화학 분야에서 펌프 흡입관에 많이 사용되고 있다. 배관라인중에 설치하는 스트레이트형과 코너부에 설치하는 앵글형이 있다. T형은 Y형에 비하여 여과망의 유효면적 및 압력손실이 유리하지만 T형과 Y형 모두 접속하는 배관의 안지름과 동일한 여과망을 본체 내에 가진 구조로 되어 있어서 여과면적을 크게 하는 것에는 제약이 따른다.

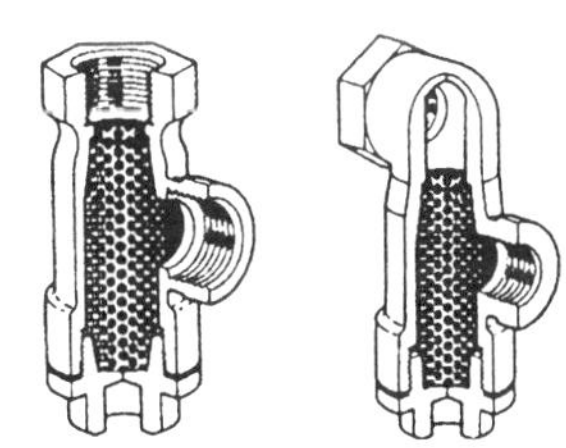

(a) 앵글형 (b) 스트레이트형

그림 4-75 T형 스트레이너

5) 복식 스트레이너

예비 기기를 갖지 않은 배관계에 설치하는 스트레이너로서, 여과망의 통과면적 또는 이물질이 쌓이는 용적을 고려하여 복식으로 한다. 일반적으로 복식 스트레이너는 출입구에 설치하는 차압계 또는 압력계에 의하여 규정압력 이하로 되었을 때, 여과망을 교체하여 청소하는 구조로 되어 있다.

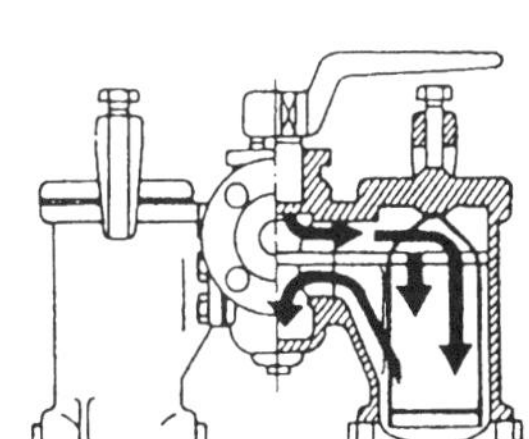

그림 4-76 복식 스트레이너

(2) 여과망

여과망(screen)은 배관계의 이물질을 제거하는 스트레이너의 주요 부품이다. 스크린의 구멍지름, 피치, 1 in^2마다의 구멍수 등은 접속하는 배관의 지름, 여과의 목적, 용도 등에 따라 선정해야 한다. 형태에 따라 그림 4-77과 같이 다공판(多孔板)형과 철망(金網)형이 있다.

다공판(perforation screen)은 황동판 또는 스테인리스강판에 그림 (a)와 같이 적정 크기의 구멍을 배열하여 뚫은 것으로서, 일반적으로 60°각 천공판이 사용되고 있다. 구멍의 크기와 밀집도에 따라 유효면적이 결정된다. 유효면적(free area, 총 개구면적)은 전체 스크린 표면적에 대하여 실제 유체가 흐를 수 있는 면적을 %로 나타낸 것으로서, 보통 배관 단면적의 2~3배로 한다. 이 유효면적은 제작회사마다 다르며, 다소 크게 하면 스크린이 부분적으로 막히더라도 압력강하를 적게 할 수 있는 이점이 있다.

철망형(mesh screen)은 가는 금속선으로 격자무늬의 망을 엮은 것으로, 크기는 메시(mesh)가 사용되며, 1 inch(25.4 mm) 사이의 구멍수로 나타낸다. 그림 (b)의 경우는 5메시를 나타내고 있다. 표 4-14는 관지름에 따른 여과망의 지름을, 표 4-15는 특정 회사의 제품에 대한 여과망의 유효면적을 나타낸 예이다.

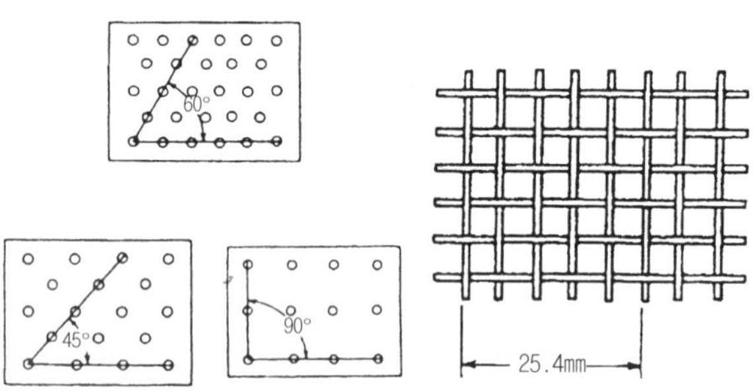

(a) 다공판형 (b) 철망형

그림 4-77 여과망(스크린)

표 4-14 여과망(스크린)의 구멍지름

호칭지름	여과망 구멍지름
25 이하	0.8 이하
32~50	1.0 이하
65~100	1.2 이하
125 이상	1.5 이하

(단위 : mm)

표 4-15 여과망(스크린)의 유효면적

철망형 여과망				다공판형 여과망			
메시	개도 (mm)	마이크론 (micron)	유효면적 (%)	구멍지름		1 in^2마다의 구멍수	유효면적 (%)
				inch	mm		
40	0.401	400	39.8	1/64	0.4	718	21
60	0.246	246	35	1/32	0.8	400	32
100	0.156	156	36	1/16	1.6	94	30
200	0.076	76	30	1/8	3.17	33	40

4.5 계기류

4.5.1 압력계

압력계는 유체의 압력을 측정하는 계기로서 대기압을 측정하는 기압계, 각종 유체의 압력을 측정하는 압력계, 진공압을 측정하는 진공계, 압력차를 검출하는 차압계, 미압을 측정하는 미압계 등이 있다.

초기의 압력계로는 U자관형 압력계(액주형 압력계)가 이용되었으며, 지금도 압력의 절대기준으로 수은주형 액주계가 많이 사용되고 있다. 그러나 액주형 압력계는 압력의 변화에 민감하지만 측정값의 원격지시, 원거리간의 전송, 취급상 등의 문제점이 있다. 현재는 19세기 중엽 「부르돈」과 「샤퍼」에 의해 고안된 압력계를 기본형식으로 하여 각종 압력계가 개발되었다. 부르돈 압력계는 금속관의 굴곡을 이용하였고, 샤퍼 압력계는 금속박판의 변형을 이용한 것이다. 측정방식에 따라 사용되는 압력계를 구분하면 표 4-16과 같다.

표 4-16 압력계의 분류

측정방식		측정범위	정확도	특징
액주식	U자관형	5~2,000 mmH_2O	±0.1 mmH_2O	·1차 표준용으로 사용된다. ·게이지압, 지시용, 정압 ·간단, 정확하다.
	단관형	300~2,000 mmH_2O		
	경사관형	10~300 mmH_2O	±0.01 mmH_2O	
탄성식	부르돈관	0.1~500 kgf/cm^2	±0.5~2%	·일반 프로세스 측정용에 사용되는 2차 압력계 ·정기적인 계기교정이 필요 ·게이지압, 부압, 전송, 기록용
	멤브레인형	10~500 mmH_2O	±1~2%	
	벨로즈형	0.01~10 kgf/cm^2	±1~2%	
	다이어프램형	0.01~500 kgf/cm^2	±0.25~2%	
분동식	중추형	2~3,000 kgf/cm^2	±0.1%	·표준기로 사용 ·게이지압, 지시용, 정압
	차동형	1,000 kgf/cm^2	±0.2~0.5%	
스트레인 게이지	금속저항체	수천 mmH_2O 수천 kgf/cm^2	±0.5%	·빠른 응답성을 가지고 직선성 및 전압출력이 크다.
	반도체			
압전형 압력변환기		7×10^4~700kgf/cm^2	±0.5~4%	·동적 교정이 필요 ·고주파 응답성이 좋다.
전위차계 압력변환기		사양에 따라 결정	±0.25%	·직류 교류 모두 사용
반도체형 압력계	스트레인형	수천 mmH_2O 수천 kgf/cm^2	±1.0%	·히스테리시스가 없다. ·감도가 좋다.
	용량형			

(1) 액주식 압력계

액체가 들어 있는 투명한 유리관에 일정한 압력이 가해질 때, 관 내부의 액체 높이(level)가 변화하고 이 변화된 액체의 높이를 측정하여 압력을 구하는 압력계로서, 보통 액주계 또는 마노미터(manometer)라고 한다. 일반적으로 저압측정에 사용하며, 실용되고 있는 액주계의 종류에는 U자관형, 단관형, 경사관형이 있다.

다른 압력계에 비해 구조가 간단하고, 고장이 적으며, 오차발생이 적어 정확성이 높은 장점이 있다. 그러나 온도의 영향을 민감하게 받고 액체와 유리관 벽의 오염에 따른 오차발생의 우려와 측정범위의 제약이 있다.

액주의 높이를 측정할 때 수은은 액면이 위로 볼록하고, 물이나 기름은 액면의 경계선 아래로 오목한 상태가 된다. 따라서 수은을 읽을 때는 위로 읽고, 물이나 기름은 아래 오목한 부분을 읽어야 오차를 줄일 수 있다.

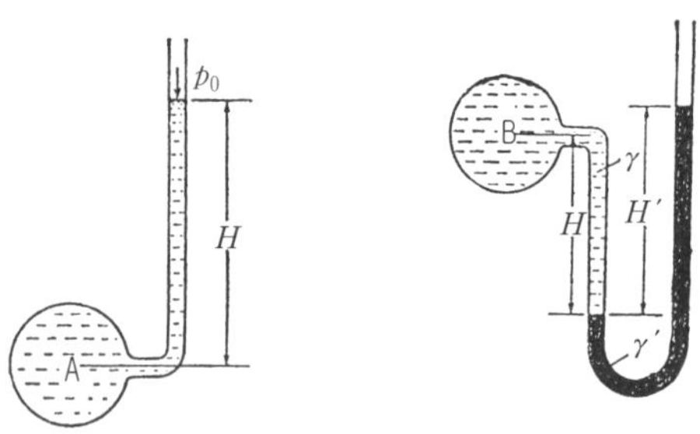

(a) 단관형 (b) U자관형

그림 4-78 마노미터

(2) 탄성식 압력계

재료의 탄성변형을 압력계에 이용한 것으로서, 부르돈관식 · 다이어프램식 · 벨로즈식 등이 있다. 압력변화에 따른 극히 미세한 탄성변형을 링크기구, 레버, 피니언 등의 기계적 구조로 확대하여 지시 · 기록 · 전송 · 전기적 변환 등을 행한다. 이러한 의미에서 탄성식 압력계는 기계적인 2차 압력계이다.

1) 부르돈관 압력계(bourdon tube pressure gauge)

부르돈관은 타원형 및 평원형을 갖는 금속제 튜브를 한쪽에 고정시킨 다음, 밀폐된 다른 쪽을 개방시켜 압력을 가하면 압력에 따라 자유단에 변위를 발생시키도록 한 것이다. 형식에는 그림 4-80과 같이 C형, 나선형, 헬리컬형, 비틀림형이 있다.

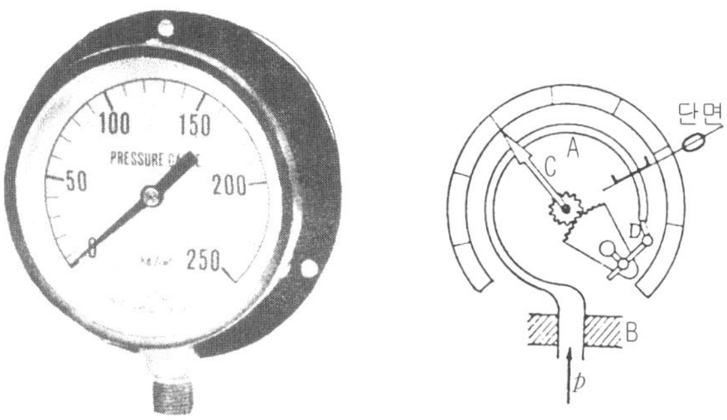

(a) 외형　　　　　　(b) 내부 구조

그림 4-79 부르돈관 압력계의 구조

C형 부르돈관은 180~270°의 곡률각을 갖고 있으며, C형을 변형한 것으로 U과 J형이 있다. 나선형(spiral type)은 튜브를 보통 4~8회 감은 것으로 곡률반지름은 감은 수에 따라 증가하며, 관의 중심선은 한 평면상에 있고, 관 끝의 이동을 크게 한 것이다. 헬리컬형(helical type)은 C형을 여러 번 감은 모양으로, 변형된 모양은 C형과 비슷하지만 관 끝의 이동은 C형보다 크게 나타난다. 중심선은 한 평면상에 있지 않지만 곡률반지름은 일정하다. 비틀림형(twisted tube type)은 부르돈관을 길이방향으로 2~6회 비튼 것으로 관의 중심선은 길이방향으로 직선이다.

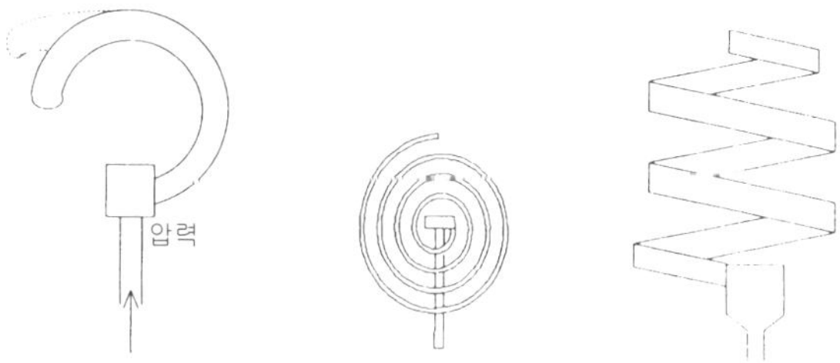

(a) C형　　　　(b) 스파이럴형　　　　(c) 헬리컬형

그림 4-80 부르돈관의 형식

2) 다이어프램 압력계(diaphragm pressure gauge)

금속 또는 비금속의 탄성체 막(diaphragm)에 압력이 가해질 때 막에 변형이 생기며, 이 변형의 크기로 압력을 측정하는 계기이다. 압력에 의한 막의 변위를 링크 · 레버 · 기어 등의 기계적 확대기구에 의해 눈금판에 지침으로 지시하거나 전기량으로 변환, 지시한다.

막의 재료로는 인청동 등의 얇은 평판이 많이 사용되며, 고압용에는 강판이, 저압용에는 고무나 플라스틱 등이 사용된다. 막의 형태

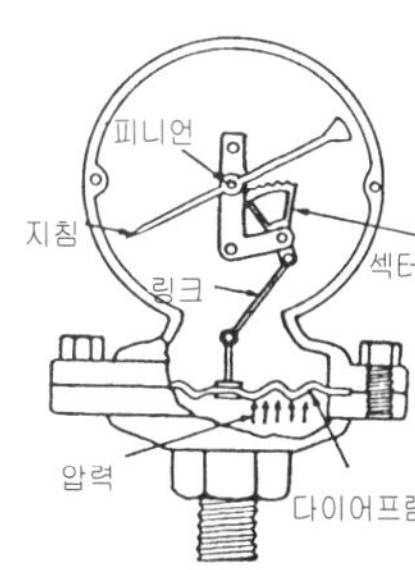

그림 4-81 다이어프램 압력계의 구조

는 평판형, 파형(물결무늬형), 캡슐(capsule)형이 있다. 평판형은 비교적 저압용에 사용되며, 파형은 막의 강도를 높이기 위한 것이다.

3) 벨로즈식 압력계(bellows pressure gauge)

벨로즈는 금속박판으로 된 원통형의 주름관으로 그 내부 또는 외부에 압력을 받으면 축방향으로 팽창 · 수축한다. 압력의 변화에 따른 길이의 변화가 부르돈관이나 다이어프램보다 크기 때문에 저압측정에 많이 사용된다.

벨로즈의 재질로는 황동이 주로 사용되며, 이 외에 인청동, 베릴륨, 스테인리스강, 모넬, 니켈 등이 사용된다. 인청동은 양호한 기계적 특성이 요구될 때, 모넬은 부식성 유체를 취급하는 곳에 사용한다. 벨로즈의 모양은 주름깊이 · 끝 모양 등이 다른 다양한 종류가 있으며, 이중에서 S형과 C형은 주로 고압에, U형은 저압에 사용된다. 벨로즈의 안지름과 바깥지름의 비는 1.3~1.5 정도이지만 1.6~1.9 정도의 깊은 주름도 있다.

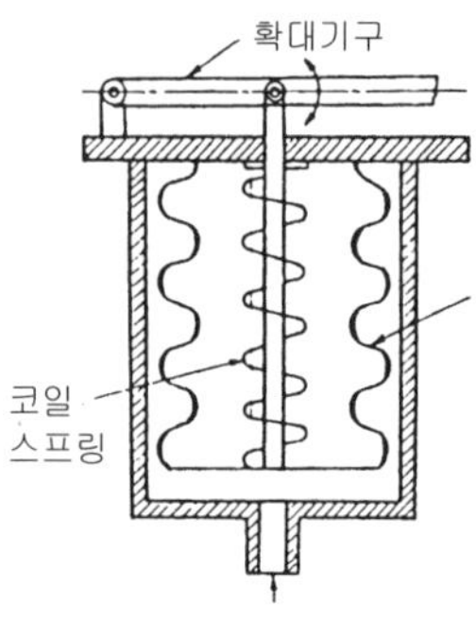

그림 4-82 벨로즈식 압력계의 구조

(3) 압력계의 선정

설비공사의 장치물에 설치하는 압력계, 진공계, 복합압력계(연성계)는 KS B 5305(부르돈관 압력계)에 따르며, 측정하는 유체의 종류와 설치장소에 적합한 것으로 한다. 눈금판의 바깥지름은 100mm의 것이 주로 사용되며, 증기관에 설치할 때는 그림 4-83과 같이 콕(볼밸브)과 사이펀관을 설치한다.

압력계와 복합압력계의 압력측 눈금판의 최대 눈금은 최고 압력의 1.5~3배로 하고, 진공계 및 복합압력계의 진공측 눈금판의 표시는 760mmHg로 한다.

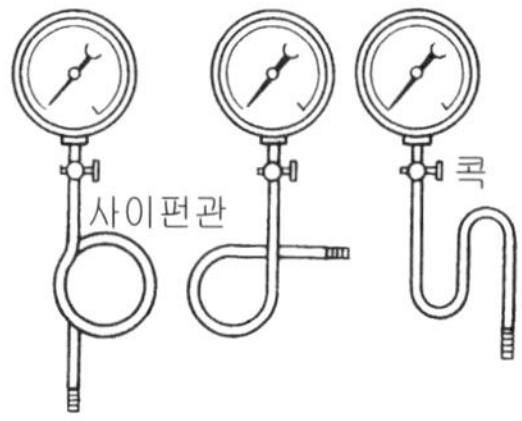

그림 4-83 압력계의 설치(증기관의 경우)

4.5.2 유량계

유량계(flow meter)는 액체나 기체의 유량을 측정하는 계기로서 측정방법에 따라 많은 종류가 있으나 비교적 널리 사용되고 있는 것으로는 용적식 유량계 · 차압식 유량계 · 면적식 유량계가 있다.

유량계(流量計) 중에서 물의 유량을 측정하는 것을 수량계(水量計 : water meter), 기름의 유량을 측정하는 것을 유량계(油量計 : oil meter), 가스를 계량하는 것을 가스계량기(gas meter)라 하며, 특히 수돗물의 유량을 측정하는 것을 수도미터(수도계량기)라고 한다.

- 유량계
  - 체적 유량계
    - 용적식 - 회전자식(오벌기어, 루트기어), 피스톤식
    - 추측식 - 차압식, 면적식, 터빈식, 와류식, 전자식, 초음파식
  - 질량 유량계
    - 직접식 - 코리오리스식, 열선식
    - 간접식 - 유량계와 밀도계의 조합형

표 4-17 각종 유량계의 원리 및 특성

형 식	원리(구조)	눈금	측정 정밀도(%)	측정 범위	압력 손실	직 관 부	비 고
용적식	회전자(roter)의 회전	선 형	±2	100 : 1	크다	필요 없음	상업용
차압식	조리계(restrictor) 전후의 차압	평방근	±1~2	3 : 1	크다	상류측 10~40D 하류측 5D	긴 직관부가 필요(난류, 변동류는 오차가 크다)
터빈식	회전자의 회전	선 형	±0.25	20 : 1	크다	상류측 15D 하류측 6D	슬러리 유체는 사용이 불가
와류식	소용돌이의 발생 주파수	선 형	±0.75	20 : 1	적다	상류측 15D 하류측 5D	빠른 유속이 필요
전자식	자계 안에서 이동하는 도전성 물체가 일으키는 기전력	선 형	±0.5~2	20 : 1	없다	상류측 10D 하류측 없음	도전성 액체만 가능
초음파식	유체에 음파를 투과시켜서 반사파 측정		±2	제한 무	없다	상류측 10~20D 하류측 5D	

(1) 유량계의 종류

1) 용적식 유량계(volumetric flow meter)

계량부 유입구와 유출구의 유체 차압에 따라 회전자(rotor)가 회전하면서 회전자와 본체 사이의 일정 공간에 가득 찬 유체를 출구쪽으로 통과시켜 회전자의 회전수를 측정함으로써 통과량을 계측할 수 있는 유량계이다. 회전자의 회전속도에 의해 유량의 순간값도 알 수 있다. 회전자의 형상이나 작동원리에 따라 루트기어(roots gear)형, 오벌기어(oval gear)형, 날개차(익차 ; impeller)형, 오실레이팅 피스톤(oscillating piston)형, 누테이팅 디스크(nutating disk)형 등이 있다.

오벌기어식은 타원형인 2개의 기어가 회전자로 사용되며, 유입측과 유출측의 압력차에 의

하여 회전하도록 되어 있다. 루트식은 오벌기어 대신 호리병형의 회전자를 사용하는 것으로서, 계량원리는 같다. 주변에서 흔히 볼 수 있는 수도미터는 대부분 용적식 유량계이다.

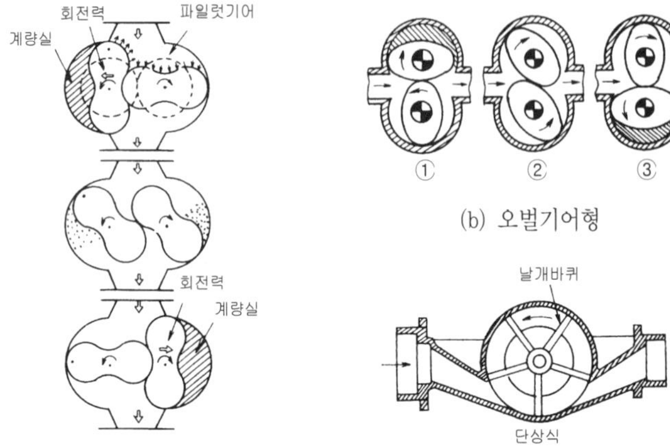

(a) 루트형 (b) 오벌기어형 (c) 임펠러형

그림 4-84 용적식 유량계

2) 차압식 유량계(head flow meter)

유체가 관로를 연속적으로 흐를 때 관로 안에 벤투리관 · 오리피스 · 노즐 등의 조리개를 넣어, 그 전후의 압력차를 측정하여 유량을 구한다. 이 압력차는 일반적으로 유량과 일정한 관계가 있으므로 압력차를 측정함으로써 유량을 알 수 있다.

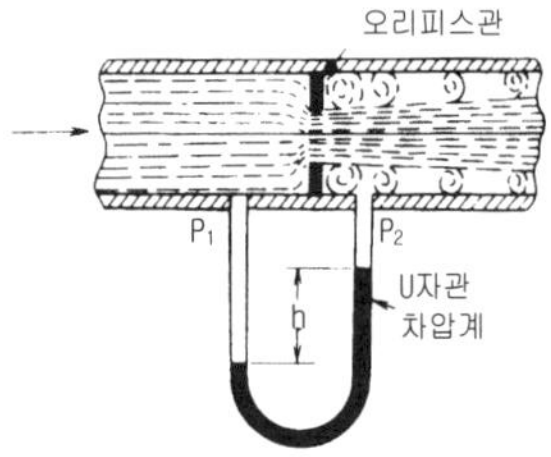

그림 4-85 차압식 유량계의 개념도

3) 면적식 유량계(variable area flow meter)

위쪽으로 올라갈수록 넓어진 수직관 속에 플로트(float)를 넣고 유체를 아래에서 위로 흘려보내면, 유체의 흐름에 의해 밀어올려진 플로트의 전후에 차압이 생기고, 부력과 플로트의 무게가 평형이 되며, 이때 플로트의 위치로부터 유량을 구한다.

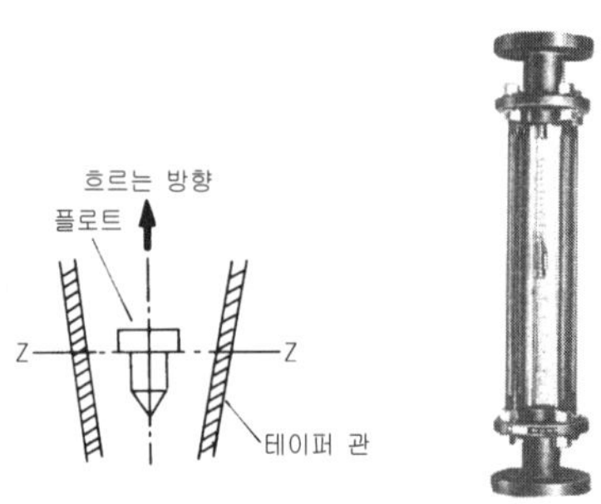

그림 4-86 면적식 유량계와 개념도

4) 와류 유량계(vortex flow meter)

유체의 유속변화에 따른 소용돌이 발생수를 직접 주파수 변화로 감지하는 유속변화형과 소용돌이 발생에 의해 소용돌이 발생체(shedder bhluff body)가 작용하는 힘의 변화를 주파수 변화로 감지하는 압력변화형이 있다.

5) 전자 유량계(electro magetic flow meter)

"도체가 자기(磁氣) 속을 횡단할 때 기전력이 발생된다"라는 패러데이의 전자유도법칙을 측정원리로 하고 있다. 즉 감지영역에 자장을 형성하고 유체(도체)가 자기장을 지날 때 유도되는 전압을 측정하여 유속과 유량을 측정한다.

6) 초음파 유량계(ultrasonic flow meter)

유체와 접촉하지 않고 관 외벽에 설치한 센서에 의해 유체로 초음파를 전파시켜 관 속의 유속을 측정하여 여기에 관의 단면적을 곱하고, 다시 유속분포에 대응하는 보정연산을 함으로써 유량을 산출한다. 전파속도차법과 도플러(doppler)법이 주로 사용된다.

7) 코리오리스 질량유량계(coriolis mass flow meter)

지구의 자력(코리오리스의 힘)을 이용하여 유량을 측정하는 원리로, 액체의 점도에 영향을 받지 않고 정확도가 우수하여 산업 분야에서 사용되고 있다.

(2) 수도미터(수도계량기)

1) 수도미터의 분류

수도미터는 측정방식, 분류구의 수, 물의 통과방식, 지시방식에 따라 표 4-18과 같이 분류한다.

그림 4-87 수도미터(건식)

표 4-18 수도미터의 분류

구 분	분 류	비 고
측정방식	실 측 식	물을 일정한 체적에 담아서 측정하는 방식으로 주로 시험용에 사용한다.
	추 측 식	유속 또는 회전자의 회전속도에 따라 실제 유량을 간접적으로 측정한다.
분류구(分流口)의 수	단 갑 식	물이 하나의 분류구를 통해 임펠러에 회전을 주는 방식
	복 갑 식	물이 하부 외갑의 유입구를 통하여 하부 내갑의 여러 분류구를 통하여 임펠러에 회전을 주는 방식
물의 통과방식	습 식	통과하는 물이 눈금판까지 잠기는 방식
	건 식	통과하는 물이 눈금판에 스며들지 않는 방식
지시방식	액봉 직독식	숫자로 지시량을 표시하는 방식
	원 격 식	양수기의 지시량을 전기적 신호로 바꾸어 전송선을 따라 멀리 떨어져 있는 지시부에 전달함으로써 실량을 적산·기록하는 방식

2) 수도미터의 종류

① 접선류 익차형 : 계량기 내에 장착된 익차(翼車, 날개차 : impeller)가 접선방향으로 흐르는 유수에 의하여 회전하고, 익차축상에 있는 기어를 통해 계량된다. 주로 지름 13~50mm의 소형 계량기로 사용한다.

② 터빈형 : 익차가 물 흐름방향과 수직으로 회전하며, 익차의 회전을 자석을 이용하여 지시기구에 전달, 계량하는 건식 계량기이다. 지름 75~350mm의 대유량·고압력에 적합하며, 감도가 좋다.

③ 월트만형 : 유속에 의한 익차의 회전을 웜기어를 거쳐서 지시기구를 연동하여 계량하며, 설치가 용이하다. 연속적으로 다량의 물(지름 75mm 이상)을 사용하는 곳에 적합하다(소화전, 급수탑).

④ 축류 익차형 : 익차가 물흐름 방향과 수직으로 된 구조로 미소유량에서 대유량까지 계측범위가 넓으며, 계량기 설치상태에서 스트레이너의 청소가 가능하다.

⑤ 부관(副管)붙임 연결식 : 대·소 2개의 계량기를 병렬로 부착하여 대유량이 흐를 경우는 큰 쪽의 계량기로 측정하고, 유량이 적어지면 자동으로 큰 계량기의 흐름은 정지되고, 작은 계량기로 물이 흐르도록 하여 유량을 계측하는 계량기로서 유량의 변화가 심한 곳에 설치한다.

⑥ 벤투리형 : 벤투리관의 원리를 이용하여 계량기내 압력차에 의하여 본관을 통과하는 전체 유량을 비례 계량하는 것으로서, 압력손실이 적고, 대유량의 물을 사용하는 곳에 적합하다.

⑦ 접선류 익차형 원격식 온수미터(난방용 유량계) : 유량의 흐름에 의하여 계량기에 내장된 자석으로 리드스위치(lead switch)를 작동시키면 전기적인 펄스를 발생시키며, 매 펄스 발생시마다 통과한 유량을 지시부에 전달한다.

3) 익차형 수도미터

가정의 수도계량에 널리 사용되는 형식으로 계량기 몸체 속에 임펠러가 있고, 여기에 유입하는 물의 유속에 의해 임펠러를 회전시킨다. 통과한 수량과 임펠러 회전수와의 비가 일정하게 되어 있으므로 임펠러의 회전을 기어에 의해 지침에 전달하여 통과한 적산 수량을 알 수 있도록 하였다. 통과하는 물의 수역(水域)에 따라 습식과 건식이 있다.

전자는 눈금판까지 모두 침수된 것이고, 후자는 눈금판과 기어부분은 침수가 안 되도록 한 구조이다. 그림 4-88에 소형 건식 수도미터를 나타냈다.

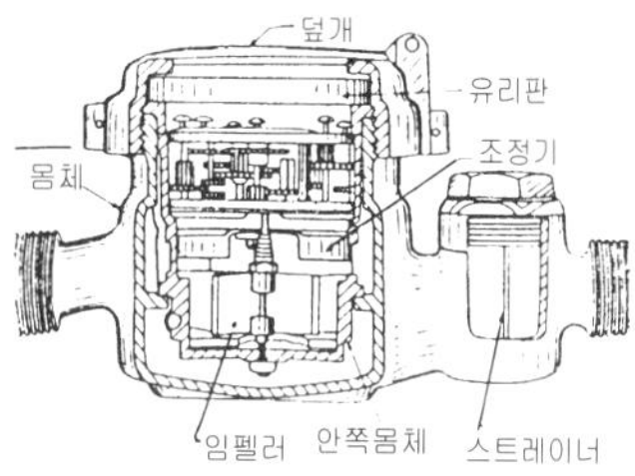

그림 4-88 익차형 소형 건식 수도미터의 구조

4) 수도미터의 선정

계량법에 정해진 검정합격품으로 하고, 실제의 사용상태와 설치장소에 따라 적합한 것을 선정한다. 양수기의 구경이 크게 되면 용량은 늘어나지만 감도가 떨어진다. 반대로 구경이 작아지면 감도 및 정도는 양호하지만 많은 양의 물이 통과할 경우 과부하가 발생하여 양수기의 내구력이 떨어진다.

① 수도미터는 KS B 5301(접선류 익차형 수도미터), 온수미터는 KS B 5330(접선류 익차형 온수미터)의 기준에 따른다.
② 월트만(waltman) 형식은 압력손실이 적고, 항상 통과수량이 많은 곳에 적합하다.
③ 부관붙임형은 유량부 변화가 심한 곳이나 공동주택 등의 주배관에 적합하다.
④ 벤투리형은 차압분류식으로 통과수량이 많은 곳에 적합하다.

(3) 가스계량기

가스미터(gas meter)는 측정원리에 따라 크게 실측식과 추측식으로 나누어진다. 실측식은 수용가에서 사용하는 건식과 실험실 등에서 기준기로 사용하는 습식이 있다. 용도에 따라 분류하면 가정용(내기일체형, 독립내기형), 산업용(대용량), 원격식 등이 있다.

- 가스미터
  - 실측식
    - 건 식
      - 막식(다이어프램식) : 가정용
      - 회전식(루트식) : 산업용
    - 습 식 — 드럼형 : 기준기
  - 추측식 : 터빈식, 델타식, 오리피스식, 와류식 : 산업용

1) 막식 가스미터

대표적인 건식 가스미터로서 가정용, 산업용 등의 저압에 사용한다. 가스를 일정한 체적의 주머니 속에 넣어 충만시킨 후 배출하고, 그 횟수를 체적단위로 환산하여 외부로 표시한다. 계량실의 유입이나 배출은 막과 밸브의 연동작용에 의하여 이루어지고, 운동의 원동력은 입구와 출구에서의 가스 압력차로 얻어진다. 값이 싸고 설치 후 유지관리가 편리하다. 일반 가정용으로 널리 사용되며, 사용유량 범위는 1.5～200m^3/hr이다.

2) 회전자형 가스미터

두 개의 회전자(로터 ; rotor)가 맞물려 돌면서 일정 체적의 가스가 배출되는 구조로, 회전자의 회전수를 계측하면 통과유량을 알 수 있다. 회전자는 오벌기어(oval gear)식과 루트(roots, lobe)식이 있으며, 전술한 용적식 유량계와 동일하며, 그림 4-84와 같다.

회전자형은 고속회전이 가능하고, 측정정밀도가 매우 높기 때문에 공기조화, 보일러 등 대량의 가스를 소비하는 수요자에게 사용된다. 사용유량 범위는 100～5,000m^3/hr이다.

3) 습식 가스미터

그림 4-89와 같이 고정된 수평 원통 내에 절반 이상이 물에 잠긴 회전드럼이 있으며, 가스는 축을 중심으로 화살표 방향의 액봉입실로 들어가면 부력에 의해 드럼을 회전시켜 상부로 유출되는 구조이다. 계량이 정확하고, 사용중에 오차변동이 작은 이점이 있으나 수위조정이 필요하며, 설치면적이 크고, 가격이 비싸다. 주로 건식 가스미터의 검사 및 실험실용에 사용되며, 사용유량의 범위는 0.2～3,000m^3/hr이다.

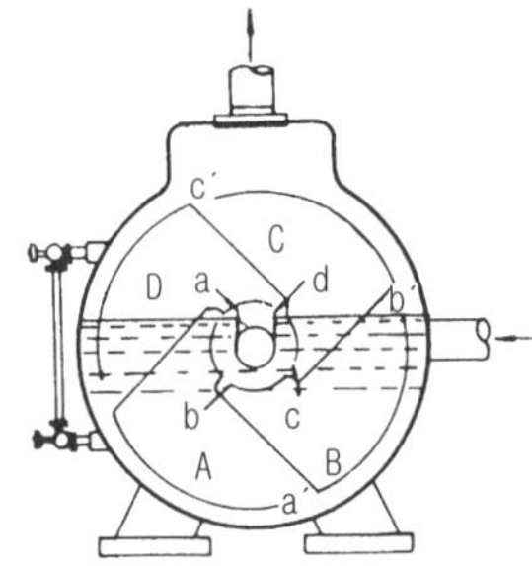

그림 4-89 습식 가스미터

4.5.3 온도계

온도의 측정은 물체의 열팽창, 전기저항의 변화, 열전퇴(thermopile)의 기전력(起電力) 등을 이용한다. 가장 많이 사용되는 온도계는 수은온도계이다. 수은은 동결온도가 −38.9℃이

므로 이 이하를 측정하기 위해서는 알코올을 사용한다. 일반온도계는 그때마다의 온도에 대응한 값을 표시하지만 최고 온도계나 최저 온도계는 특별히 구성되어 있으므로 어느 기간 내의 최고 온도나 최저 온도의 값을 표시하게 되어 있다.

온도계에는 액체온도계, 기체온도계, 금속온도계, 전기저항온도계, 서미스터온도계, 열전접점 온도계 등 여러 종류가 있으며, 각각의 측정 목적에 따라 사용되고 있다. 온도의 단위에는 섭씨(℃ ; celsius)와 화씨(°F ; fahrenheit)가 사용되어 왔으나 국제적으로는 섭씨를 사용하도록 통일되어 있다.

(1) 액체온도계(liquid thermometer)

액체의 온도변화에 따른 체적의 팽창 · 수축을 이용한 온도계로서 수은온도계, 알코올 온도계, 부르돈관 원격온도계 등이 있다.

1) 수은온도계(mercury thermometer)

수은을 사용한 유리온도계로서 가장 많이 사용되고 있다. 수은은 팽창계수가 광범위한 온도에 걸쳐서 별로 차이가 없으므로 정밀도가 높다.

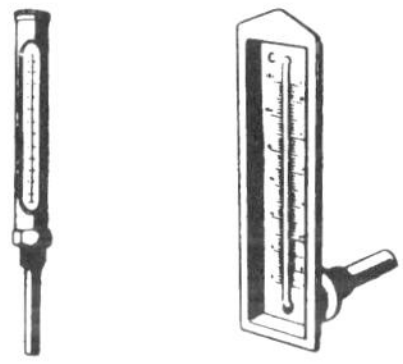

(a) I형 (b) L형

그림 4-90 유리온도계

2) 알코올온도계(alcohol thermometer)

알코올을 사용한 유리제 온도계이다. 알코올의 응고점이 극히 낮으므로(동결온도 : −114.4℃) 저온측정에 많이 사용된다. 알코올은 무색 · 투명하므로 눈금을 읽는데 편리하도록 착색제를 넣어 사용한다.

3) 부르돈관 원격온도계(remote-measuring bourdon tube thermometer)

부르돈관의 탄성을 이용한 온도계로서 주로 지중온도를 측정하는데 사용한다. 부르돈관에 가늘고 긴 금속관을 연결하여 부르돈관의 변위를 지침이나 기록펜의 변위로 바꾸게 하는 구조로서, 온도의 원격측정이 가능하도록 되어 있다.

부르돈관(bourdon tube) : 타원형의 단면을 가진 속이 비어 있는 곡관의 내부에 알코올 등을 넣고 밀봉한 관이다. 온도가 변화할 때 내부의 액체가 팽창 · 수축하여 관의 곡률을 변화시킨다. 이러한 성질을 이용하여 관의 한쪽 끝을 고정했을 때 다른 쪽 끝의 변위량과 온도와는 일정한 관계가 있으므로 이 변위량으로부터 온도를 측정할 수 있다.

(2) 기체온도계(gas thermometer)

공기, 헬륨, 질소가스 등 기체의 팽창을 이용한 온도계이다. 온도계의 역사 중에서 가장 오래된 것으로 「갈릴레이(G. Galilei)」가 고안한 것도 공기를 이용한 기체온도계이다. 기체의 온도에 대한 압력과 체적과의 관계를 이론적으로 구할 수 있기 때문에 현재는 표준온도계(실용적으로는 백금저항온도계)로 사용된다.

(3) 금속온도계(metal thermometer)

온도에 의하여 금속부분이 변형되는 것을 이용한 온도계로서 바이메탈 온도계, 부르돈관 온도계 등이 있다. 금속의 변형에 의하여 지침 또는 기록펜이 움직이게 되어 있으나 열용량이 커서 정밀도가 떨어진다. 그러나 구조가 간단하고, 튼튼하므로 공업용 및 가정용으로 적합하다. 직접 전기접점을 개폐하는 온도조절기로도 이용되고 있다.

그림 4-91 바이메탈 온도계

1) 저항온도계(resistance thermometer)

백금, 니켈, 구리 등의 금속 또는 서미스터 등 반도체의 전기저항이 온도에 따라 변화되는 것을 이용하여 온도를 구한다.

2) 열전접점 온도계(thermo-junction thermometer)

서로 다른 두 종류의 금속을 접촉시키면 양 금속 사이에 접촉전위가 발생하는데, 이 전위차에 의하여 온도를 측정한다. 두 종류의 다른 금속의 양 끝을 용접 또는 납땜하여 양 접점을 서로 다른 온도하에 두면 양 접점 사이에 전위차가 생긴다. 열전접점의 기전력은 검류계 또는 전기회로를 사용하여 측정한다.

(4) 온도계의 선정

보일러 및 온수저장탱크 등에 사용하는 온도계는 KS B 5215(수은충만 압력식 지시온도계) 또는 KS B 5235(증기압식 지시온도계)에 의한 부르돈관 팽창식 원형 지시계, KS B 5302(유리온도계-전체 담금), KS B 5315(유리제 이중관 온도계)에 준한 재료 · 구조 및 성능을 가진 보호통붙이 L형 또는 I형 온도계로 선정한다. 온도계의 눈금은 최고 사용온도의 1.5배 정도로 한다.

4.5.4 적산열량계

적산열량계는 중앙난방 및 지역난방 등의 공동주택에 설치하여 열량소비량을 세대별로 측정하는 난방비 검침용 계량기이다.

(1) 열량의 측정원리

열부하에 열을 공급하는 방법으로는 복사열과 열매체에 의한 방법이 있다. 열매체에 의한 경우 온수 등의 액체, 증기 또는 공기 등의 기체에 의한 방법이 가능하지만 KS B 5304(적산열량계)의 규정은 액체 열매체에 국한한다. 즉 적산열량계란 온수를 열매체로 하여 열부하에 열을 공급하는 시스템에 공급된 열량을 재는 계량기이다. 열량은 다음과 같은 식이 성립된다.

$$Q = K \cdot P \cdot I \cdot \Delta T = K \cdot V \cdot \Delta T \tag{4.14}$$

여기서, Q : 열량(MWh, Gcal, GJ)

V : 통과된 열매체의 양(m^3)

P : Pulse

I : 1 Pulse의 값(m^3)

ΔT : 공급측과 환류측의 온도차(℃)

K : 열량환산계수($KWh/m^3 \cdot$ ℃)=비열/비체적(표 4-19)

(2) 적산열량계의 종류

1) 직접식

공급되는 열량에 대응하여 어떠한 물질이 물리적 또는 화학적으로 변화하는 양에 의하여 공급열량을 계량하는 방법으로 액체증발식과 열전대식이 있다.

① 액체증발식은 액체증발기를 방열기에 부착시켜 방열된 열량에 따라 증발된 액체의 양을 보고 열량을 측정한다. 그러나 방열기마다 특성이 다르고, 모든 방열기마다 부착해야 하므로 사용이 점차 지양되고 있다.

② 열전대식은 열전대의 2극을 방열기와 실온을 대표할 수 있는 곳에 부착하여, 온도차에 의하여 발생되는 미소전류로 특수한 물질을 화학적으로 변화하는 양을 계량하는 방법이나, 별로 실용화되어 있지 않다.

표 4-19 적산열량계를 환류측에 설치할 경우 K값

		환 류 측 온 도(℃)								
		10	20	30	40	50	60	70	80	90
공급측온도(℃)	20	1,162								
	30	1,160	1,157							
	40	1.160	1,157	1,154						
	50	1,160	1,157	1,154	1,150					
	60	1,159	1,157	1,154	1,150	1,145				
	70	1,160	1,158	1,156	1,152	1,148	1,145			
	80	1,161	1,159	1,156	1,153	1,149	1,145	1,139		
	90	1,161	1,160	1,157	1,153	1,149	1,145	1,139	1,132	
	100	1,162	1,1561	1,158	1,155	1,151	1,146	1,140	1,134	1,129

2) 간접식

공급되는 열매체의 체적과 온도손실로 열량을 환산하여 계량하는 방법이다. 일반적으로 적산열량계라 하면 간접식을 말하며, KS B 5304(적산 열량계)에 따른 종류를 구분하면 구조, 용도, 유량부의 형식에 따라 다음과 같이 구분한다.

① 구조에 따른 종류

표 4-20 구조에 따른 적산열량계의 종류(KS B 5304)

종 류	구 조	기 호
일체형	유량부, 연산부 및 감온부가 항상 일체로 되어 기능을 발휘할 수 있는 구조	A
분리형	유량부와 연산부 또는 그 이상의 부분으로 분리할 수 있는 구조의 것으로, 일정한 조건에서 그 결합과 관계 없이 기능을 발휘할 수 있는 것.	B

② 용도에 따른 종류

표 4-21 용도에 따른 적산열량계의 종류(KS B 5304)

종 류		사용온도 범위	기 호
냉방용		0℃초과 15 ℃ 이하	C
난방용	중온용	120℃ 이하	W
	고온용	220℃ 이하	H
냉난방 겸용		유량부와 연산부 또는 그 이상의 부분으로 분리할 수 있는 구조	CW

③ 유량부의 형식에 따른 종류

온수용 수도미터와 동일한 구조의 연산부로 체적 데이터를 발신할 수 있는 기능이 추가되어 있으며, 실측식과 추측식으로 크게 구분된다. 추측식에는 접선류 임펠러식, 수직 월트만식, 터빈식, 와류식, 전자식 및 초음파식 등이 있으며, 정밀도는 대략 1.0~3.0%로 형식에 따라 차이가 있다.

(3) 구 성

적산열량계는 난방수의 통과체적을 측정하는 유량부와 공급 및 환류측의 온도차를 측정하는 온도검출부, 유량 및 온도검출부의 측정량에 따라 열량을 산출하는 연산부로 구성되어 있다.

1) 유량부

온수용 수도미터와 유사한 구조로 연산부에 일정 체적 데이터를 발신할 수 있는 기능이 부착되어 있다.

2) 감온부

감온부는 기계식과 전기식으로 구분된다. 기계식은 감온부에 팽창하는 특수액(수은, 파라핀)을 봉입하여 온도의 변화에 따른 체적팽창을 기계적인 변위로 변화시켜 연산부에 기계적인 회전수를 가감한다. 전기식은 감온부로 열전대와 측온저항체가 있으며, 니켈(Ni)과 백금(Pt)이 주로 사용된다. 특히 백금 측온저항체(100, 500Ω)는 전기적인 저항이 적고, 저항과 온도에 따른 온도계수가 크고, 정확하여 공급측과 환류측 온도를 측정하는데 널리 사용된다.

3) 연산부(지시부 포함)

연산부는 감온부 및 유량부로부터 신호를 받아들여 변화된 열량을 지시하는 장치이다.

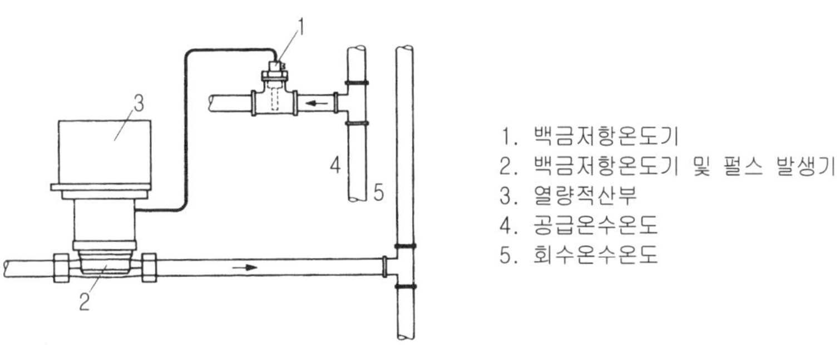

그림 4-92 적산열량계 설치 개략도

(4) 작동원리

① 유량부 펄스 발생장치 : 유량에 비례하여 일정 체적이 통과할 때마다 펄스신호가 발생되어 연산부에 입력된다.

② ΔT/V변환회로 : 감지부에서 검출된 온도차를 연산 증폭기를 통한 전압차로 비교·증폭한다.

③ A/D변환기 : 비교전압이 같아질 때 비교차에 해당하는 디지털 펄스를 발생시켜 출력부로 전달한다.

④ 적산지시부 : 유량펄스 신호와 연산회로 출력에 따른 논리회로 동작으로 일정량을 계수(計數)한다.

4.5.5 액면계

액면계(level gauge)는 액체용기 속의 액면 위치를 지시하는 장치로서, 여러 종류가 있으나 주로 게이지 글라스(직독식), 플로트식 액면계, 차압식 액면계 등이 비교적 널리 사용되고 있다. 이 외에 전자식, 초음파식, 방사선식 등이 산업 분야에서 사용되고 있다. 보일러 및 탱크 등의 수면을 표시하는 경우 액면계(液面計)와 수면계(水面計)는 같은 뜻으로 사용된다.

(1) 게이지 글라스

게이지 글라스(gauge glass)는 대기에 개방되어 있는 액체용 탱크에 가장 널리 이용되는 직독식 액면계로서, 그림 4-93과 같이 똑바로 세운 유리관의 상·하단을 용기에 연통(連通)시켜서 액면을 밖에서 직접 볼 수 있게 한 것이다. 액면 표시에는 투사형(transparent)과 반사형(reflex)이 있으며, 반사형은 투명한 액체의 액면을 분별하기 위하여 분광판(prism)을 설치한다.

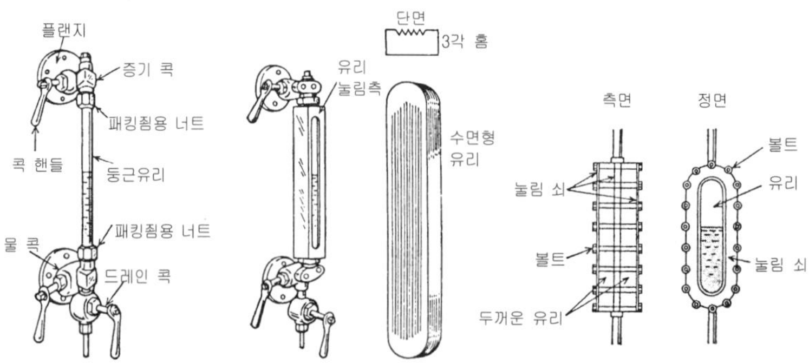

그림 4-93 게이지 글라스

(2) 플로트식

플로트식(float type)은 액면에 띄운 플로트의 위치를 눈금판에 표시하는 형식으로서, 개방형 탱크에 많이 사용된다. 액위가 비중의 영향을 받지 않으나 액체의 맥동에는 주의가 필요하다. 암 플로트식(arm float type), 변위식(displacement type) 등이 있다. 그림 4-94에 플로트식 액면계의 원리도를 나타냈다.

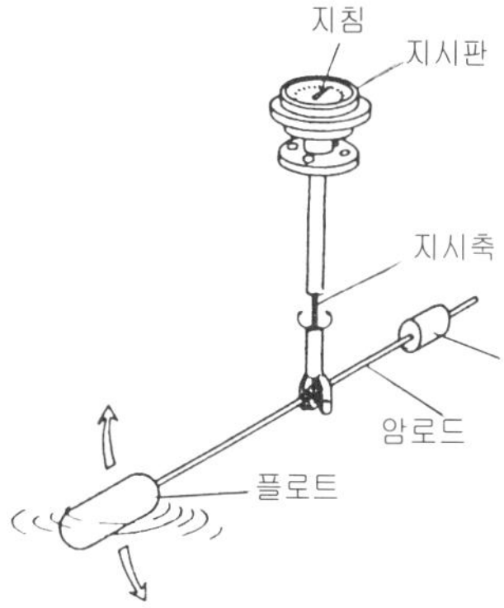

그림 4-94 플로트식의 원리도

(3) 차압식

널리 이용되는 방식으로 탱크 밑면에서의 압력과 대기압 또는 탱크 상부의 압력차에 의해 액위를 측정한다. 개방형 탱크와 밀폐형 탱크에 모두 이용될 수 있으며, 구조에 따라 U자관식, 역평형식, 변위평형식 등이 있다.

4.6 수도꼭지 및 위생철물

4.6.1 급수철물

(1) 수도꼭지(급수전)

수도꼭지(KS B 2331, faucets)는 사용압력 0.74 MPa{7.5kgf/cm^2} 이하의 급수 · 급탕용에 사용하며, 몸체는 황동 또는 청동주물에 니켈과 크롬으로 도금한 것이 주로 사용된다.

작동(개폐)방식에는 수동형 · 반자동형 · 자동형이 있고, 용도에 따라 일반용 · 주방용 · 세면기용 · 목욕탕용 · 실험실용 등으로 구분한다. 그림 4-96에 각종 수도꼭지의 모양을 나타냈고, 표 4-22에 수도꼭지의 종류와 호칭지름을 나타냈다.

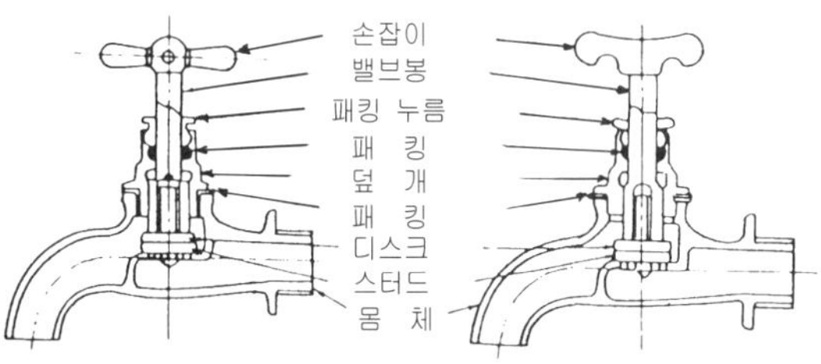

그림 4-95 수도꼭지의 구조

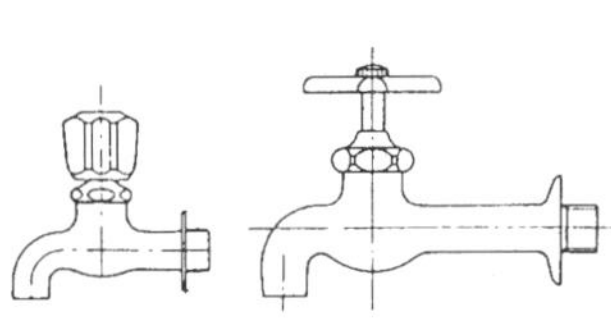

가로꼭지

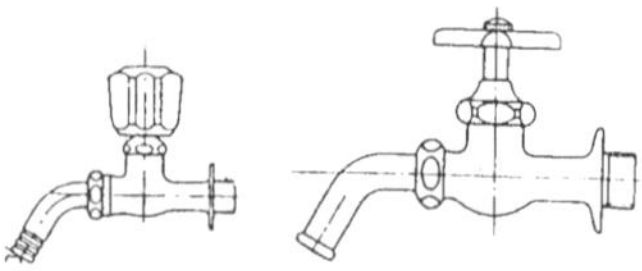

가로꼭지(토수구회전형)

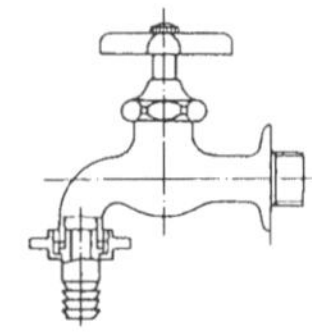

가로꼭지
(커플링붙이형)

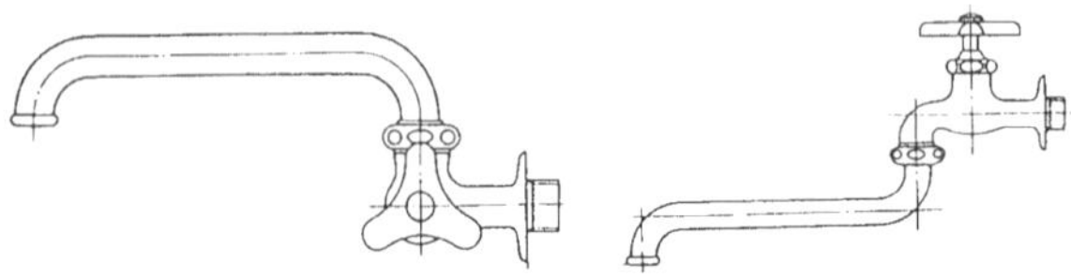

가로꼭지(목돌림형)

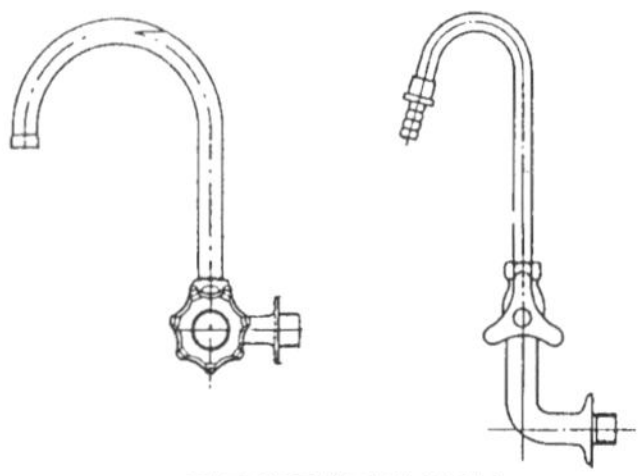

가로꼭지(거위목형)

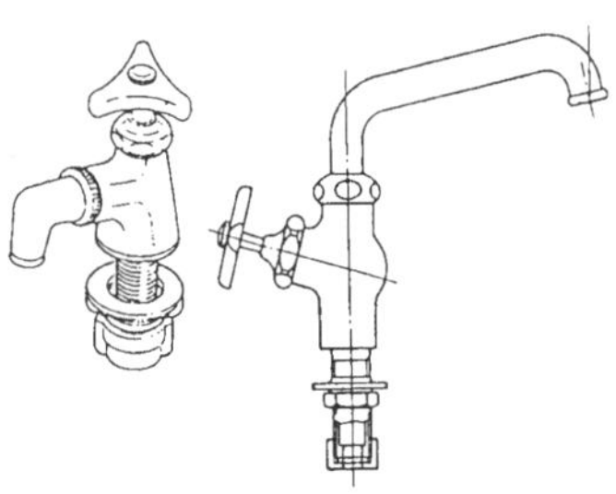

세로꼭지(토수구회전형)

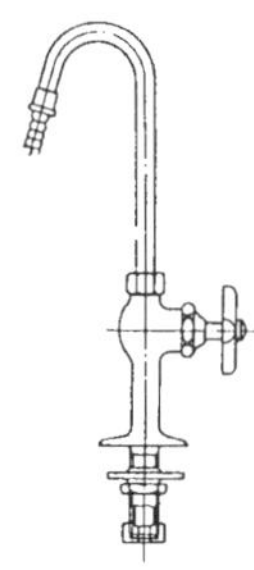

세로꼭지(거위목형)

세로꼭지(자폐형)

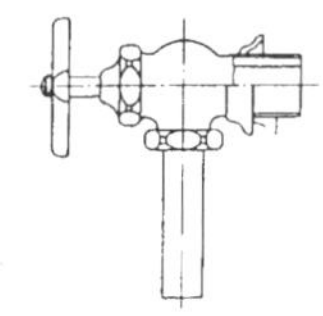

소변기세척꼭지

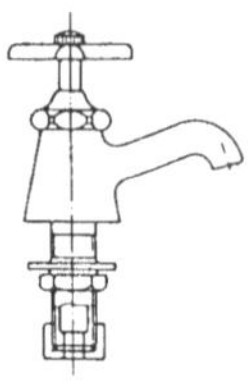

세로꼭지

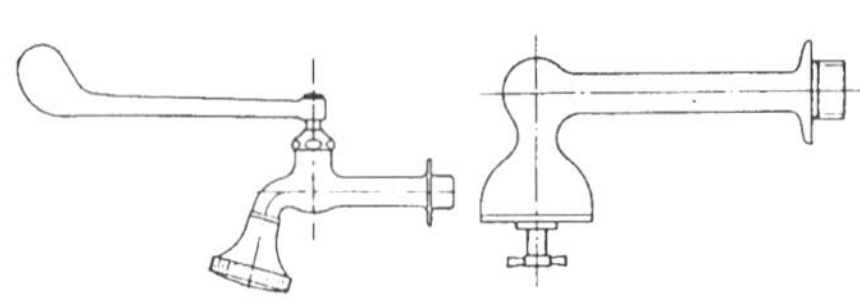

위생꼭지

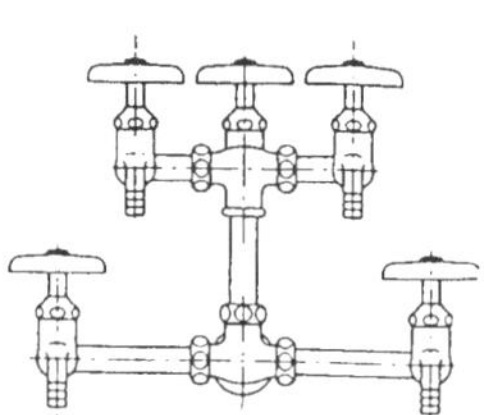

대붙이 화학꼭지(4구)

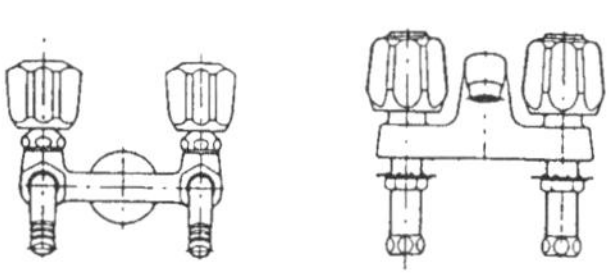

가로꼭지(2구)

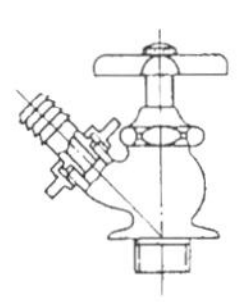

살수꼭지

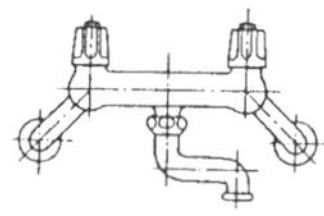

벽붙이 두 개 핸들식
온냉수 혼합꼭지

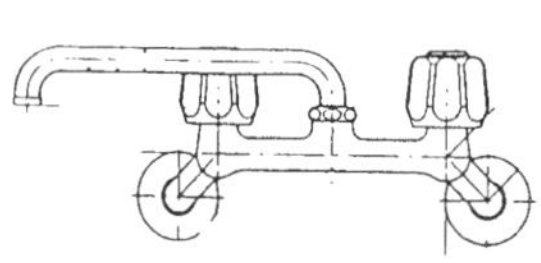

벽붙이 두 개 핸들식
온냉수 혼합꼭지

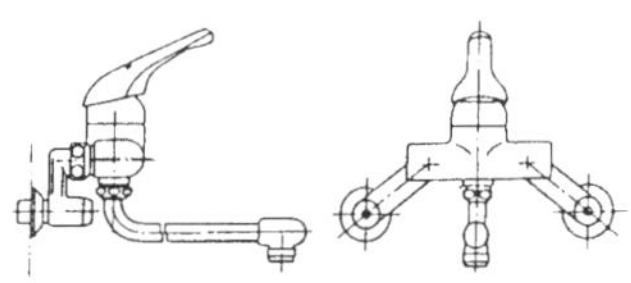

벽붙이 한 개 레버식
온냉수 혼합꼭지

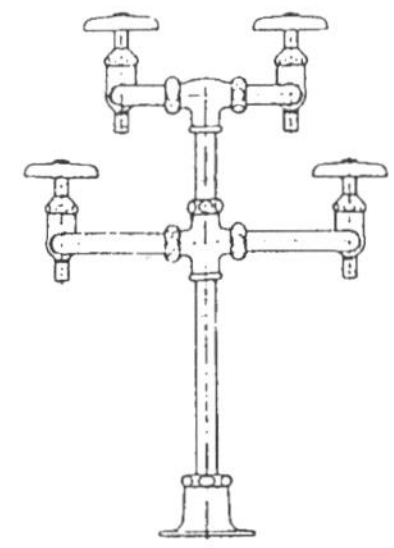

벽붙이 화학꼭지(4구)

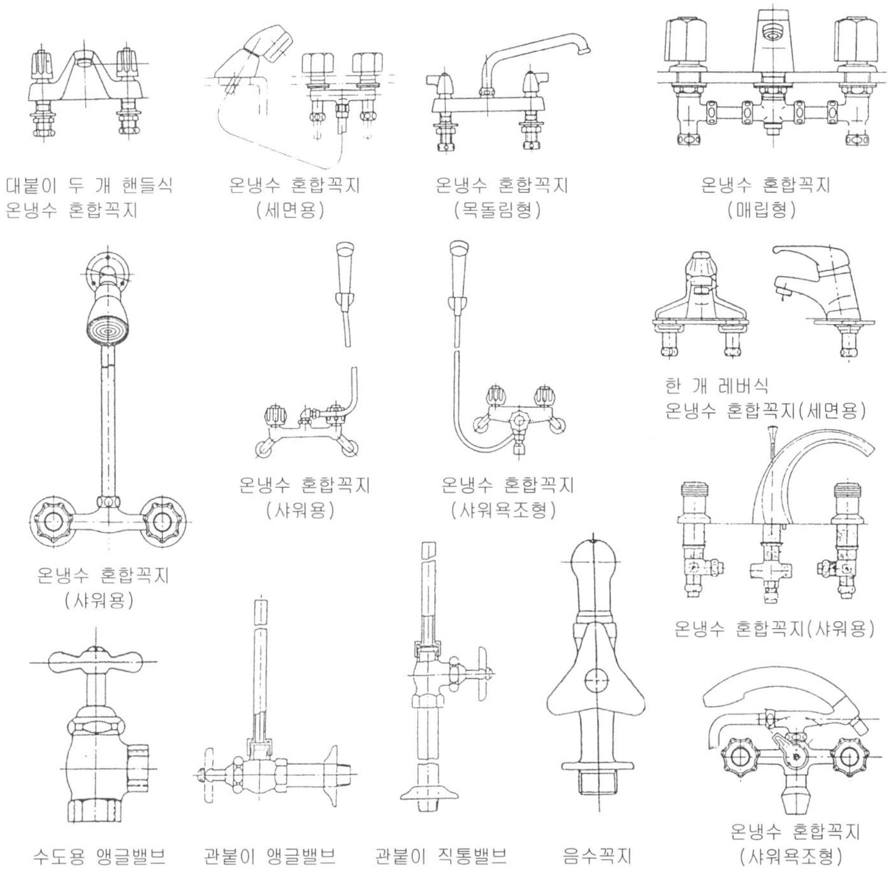

그림 4-96 각종 수도꼭지

표 4-22 수도꼭지의 종류, 호칭지름 및 구분(KS B 2331)

구 분	종 류	호칭지름			구 분
단독꼭지	가로꼭지	15	20	25	토수구 회전형, 목돌림형, 거위목형, 커플링붙이형, 공중용, 자폐형, 2구
	세로꼭지	15	-	-	토수구 회전형, 목돌림형, 거위목형, 공중용, 자폐형
	벽붙이 화학꼭지	15	-	-	1구, 2구, 3구, 4구
	대붙이 화학꼭지	15	-	-	1구, 2구, 3구, 4구 분리 2구, 분리 4구
	소변기 세척꼭지	15	-	-	
	위생꼭지	15	-	-	
	살수꼭지	15	20	25	

구 분	종 류	호칭지름			구 분
온냉수 혼합꼭지	벽붙이 1개 레버식 온냉수 혼합꼭지	15	-	-	샤워용, 샤워 욕조용, 주방용, 세면용, 욕조용, 매립형, 세면샤워용, 공중용
	대붙이 1개 레버식 온냉수 혼합꼭지	15	-	-	
	벽붙이 2개 핸들식 온냉수 혼합꼭지	15	-	-	
	대붙이 2개 핸들식 온냉수 혼합꼭지	15	-	-	
지수꼭지 (지수전)	관붙이 앵글밸브	15	-	-	
	관붙이 직통밸브	15	-	-	
	긴허리 직통밸브	15	20	25	
기 타	부동밸브	15	20	25	
	분수밸브(분수전)	15	20	25	
	수도용 앵글밸브	15	-	-	
	다용도꼭지	15	-	-	
	음수꼭지	15	-	-	

(2) 세척밸브

세척밸브(KS B 2369, flush valve)는 수세식 대변기나 소변기의 세척에 사용하는 밸브로서, 핸들이나 누름단추 또는 페달로 조작하여 일정시간(12초 이하) 토수한 다음 자동적으로 정지하는 구조로 되어 있다. 밸브의 몸통은 동합금(청동 또는 황동)주물로 제작하여 니켈-크롬도금을 한다. 세척밸브의 종류에는 대변기용 세척밸브와 소변기용 세척밸브로 나누어지며, 용도에 따라 표 4-23과 같이 구분한다. 또한 세척밸브의 토수량 및 토수시간은 표 4-24에 적합해야 한다.

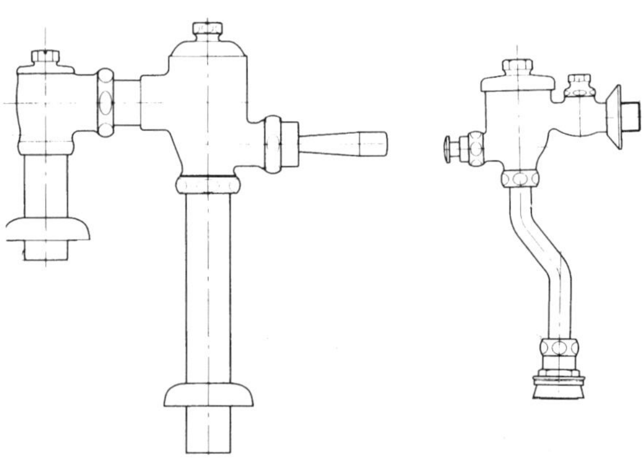

(a) 대변기용　　(b) 소변기용

그림 4-97 세척밸브

표 4-23 세척밸브의 종류와 용도

종 류	호칭지름(mm)	구 분 (용도)
소변기 세척밸브	15	일반형, 절수형
대변기 세척밸브	25	일반형, 절수형, 대·소변 구별형(일반형, 절수형)

표 4-24 세척밸브의 종류와 용도(KS B 2369)

종 류	구 분		토수량(l)	토수시간(sec)(참고)	순간유량(l/sec)(참고)
소변기 세척밸브	일 반 형		4±1	9 이하	0.25 이상
	절 수 형		3±1	6 이하	
대변기 세척밸브	일 반 형		15±2	12 이하	1.0 이상
	절 수 형		8±1	7 이하	
	대·소변 구별형	일반형	대변용 15±2	12 이하	
			소변용 8±1	7 이하	
		절수형	대변용 8±1	7 이하	
			소변용 4.5 ±1	5 이하	

4.6.2 배수철물

(1) 배수구 철물

위생도기 또는 다른 기구와 배수관을 접속하는 철물로서 양변기 플랜지, 소변기 플랜지 및 세면기·욕조·청소싱크 등의 배수금구가 있다.

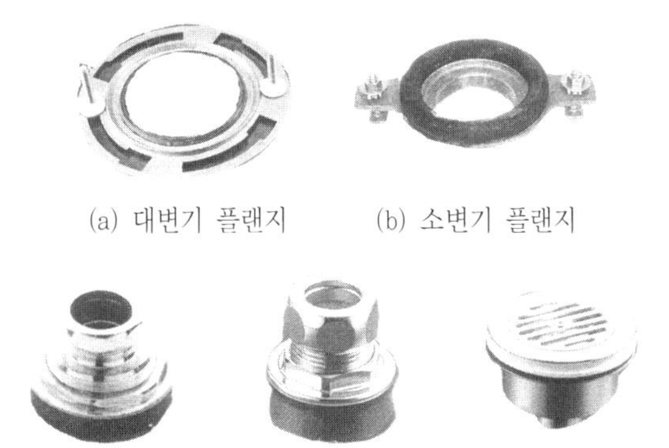

(a) 대변기 플랜지 (b) 소변기 플랜지

(c) 대변기 스퍼드 (c) 소변기 스퍼드 (c) 소변기 배수구

그림 4-98 배수구 철물(배수금구)

(2) 배수트랩

배수트랩이란 하수관 및 건물 내의 배수관에서 발생하는 가스 · 냄새(臭氣) 등이 실내로 침입하는 것을 방지하기 위한 수봉식 기구이다. P트랩, S트랩, U트랩 등의 관트랩(pipe trap)과 드럼트랩(drum trap), 벨트랩(bell trap) 등이 있다.

P트랩은 벽체 내의 배수수직관에, S트랩은 바닥에 설치된 배수수평지관에, 그리고 U트랩은 배수수평주관 도중에 설치한다. 또한 드럼트랩은 요리장의 개수물 배수 등에, 벨트랩은 바닥배수에 주로 사용된다.

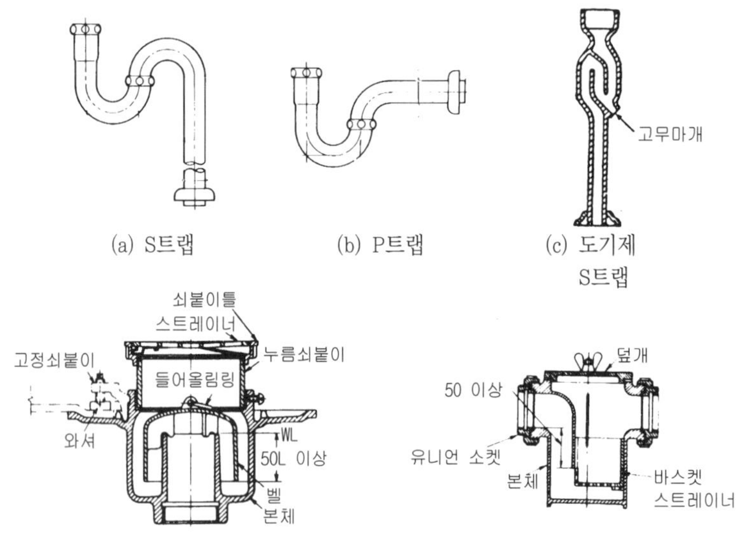

그림 4-99 배수트랩

(3) 기구부속품

위생기구에 부속하는 액세서리(accessary)류는 대변기용의 시트(便座), 변기뚜껑, 화장캐비닛, 거울, 수건걸이, 화장지걸이, 핸드드라이어, 물비누통, 비누받이, 손잡이 등이 있다.

(4) 기타 배수철물

1) 바닥배수철물(floor drains)

배수관으로 찌꺼기가 유입되는 것을 막기 위한 스트레이너와 배수관 입구에 접속하는 철물로 구성되어 있다.

2) 청소구(CO ; clean-outs)

배수관의 끝이나 도중에 장착하여 배수관이 막혔을 경우 마개를 열고, 청소하기 위한 철물이다. 바닥면에 맞추어 장착하는 바닥 위 청소구와 바닥 밑의 배수관 끝에 장착하는 바닥 밑 청소구(관끝 청소구)가 있다.

3) 루프 드레인(roof drains)

옥상이나 베란다 등의 우수배관 최고 부위에 장착하는 철물로서 주철제가 많이 사용된다. 배수구의 방향에 따라 수직형, 수평형, 앵글형이 있다. 대부분이 방수층을 통과하므로 방수받이 칼라가 부착되어 있으며, 스트레이너는 떼었다 붙였다 할 수 있게 되어 있다.

4) 통기 철물

통기관의 말단 개구부에 장착하는 철물로서, 벽 매입형(갤러리)과 벤드캡이 있다. 벽 매입형은 외형이 갤러리구조로 되어 있고, 벤드캡은 T형과 머시룸형이 있다.

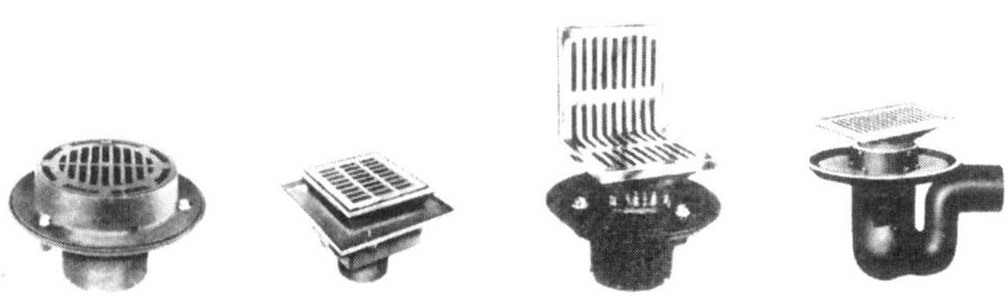

원형 각형 앵글형 각형(측면출구)

(a) 바닥배수구

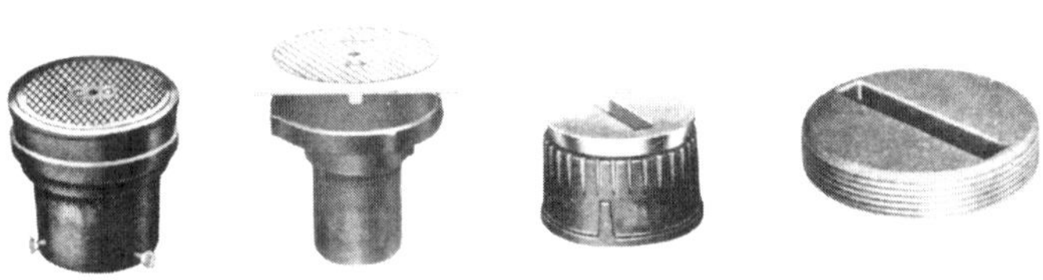

원형 각형 소켓이음형 플러그

(b) 청소구

평면격자형 돔형 돔형(측면출구) 앵글형(측면출구)

(c) 루프 드레인

그림 4-100 배수구 철물

4.7 지지철물

지지철물은 배관이나 덕트계통의 안전성을 유지시켜 주기 위하여 자체의 중량 · 열팽창에 의한 변형 · 유체의 진동, 지진, 기타 외부 충격으로부터 지지 및 보호가 되도록 건물의 천장 · 벽 · 바닥 등에 설치하는 장치이다. 최근에는 건물이 대형화되어감에 따라 설비 장치물도 규모가 커지고 복잡해지면서 지지물에 대한 중요성이 강조되고 있다. 여기서는 주로 배관계의 지지물에 대하여 설명하기로 한다.

지지물로서 갖추어야 할 조건은 다음과 같다.

① 배관이나 덕트의 자체 중량과 내부의 유체 및 단열재의 합계중량에 견딜 것.
② 외부에서의 진동이나 충격에 견딜 것.
③ 온도변화에 따른 신축에 대응할 수 있을 것.
④ 배관진동이 건물 구조체에 전달되지 않을 것.
⑤ 구배조정이 용이한 구조일 것.

4.7.1 지지장치

(1) 행거와 서포트

배관이나 덕트의 자체 중량을 지지하는 장치로서, 위에서 걸어 매달아 지지하는 기구를 행거(hanger)라 하고, 아래에서 위로 떠받쳐 지지하는 기구를 서포트(support)라 한다.

행거에는 그 특성에 따라 크게 고정식 행거, 스프링 행거, 콘스탄트 행거로 나누어지며, 특성으로서의 중요한 점은 배관의 수직변위 전후에서의 지지력 변화이고, 이것을 하중변동률(variation)이라고 하며, 식 (4.15)와 같다. 하중변동률은 배관의 치수 · 재질 · 온도 · 압력 및 접속점의 조건 등에 따라 다르지만 보통 20～25%로 하고 있다. 그림 4-102에 각종 행거의 하중변동률을 나타냈다.

$$\beta = \frac{W_h - W_c}{W_h} \times 100 = \frac{K \cdot \delta}{W_h} \times 100 \qquad (4.15)$$

여기서, β : 하중변동률(%)
W_h : 운전시의 하중
W_c : 정지시의 하중
K : 스프링 상수
δ : 배관 지지점의 이동량

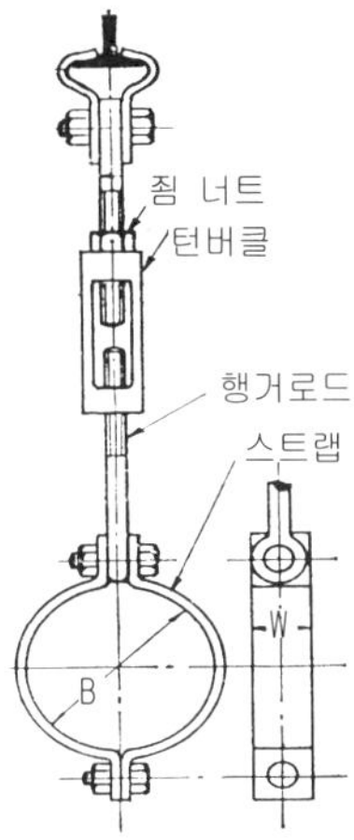

그림 4-101 파이프 행거

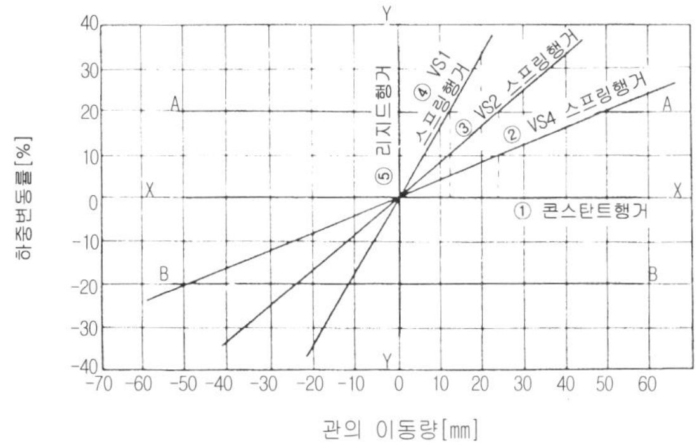

그림 4-102 각종 행거의 하중변동률

1) 고정식 행거 및 서포트(rigid hanger & support)

수평변위는 다소 발생해도 수직변위는 거의 발생하지 않는 위치에 설치하며, 주로 로드(rod)를 사용한다. 이 행거를 설치할 때는 수평변위가 큰 배관의 길이방향으로 회전이 가능하도록 로드의 상단은 핀 조인트로 한다.

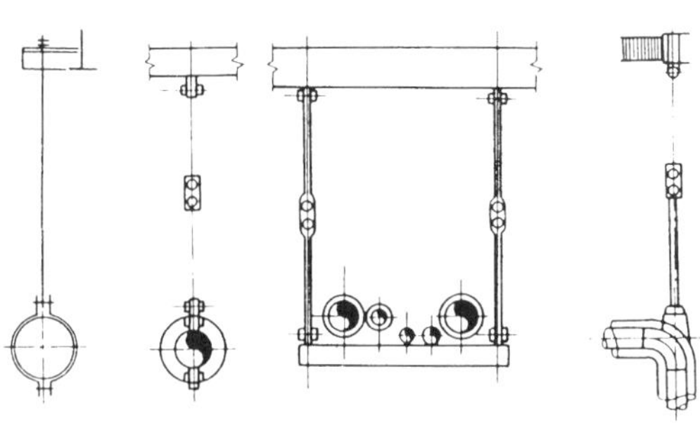

(a) 행거

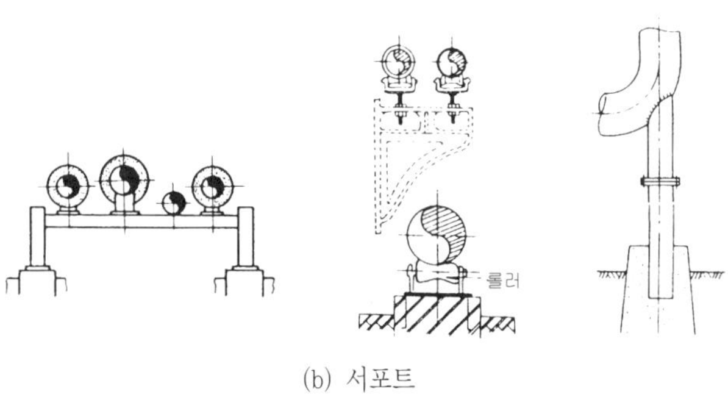

(b) 서포트

그림 4-103 고정식 행거

2) 스프링 행거(또는 서포트)

배관의 수직변위가 적은 곳에 사용하며, 그림 4-104와 같이 스프링이 내장된 것이 많이 사용된다. 하중의 변동률에 따라 가변식과 불변식이 있다.

① 가변 스프링 행거/서포트(variable spring hanger & support) : 정지시와 운전시의 하중변동률이 25% 이내의 범위에서 사용되는 지지물이다.

② 불변 스프링 행거/서포트(constant spring hanger & support)
배관의 수직변위가 커지면 하중변동률이 25%를 초과하여 가변식을 사용할 수 없게 된다. 이때 상하 수직변위에 관계없이 항상 일정한 하중으로 지지할 때 불변식이 사용된다.

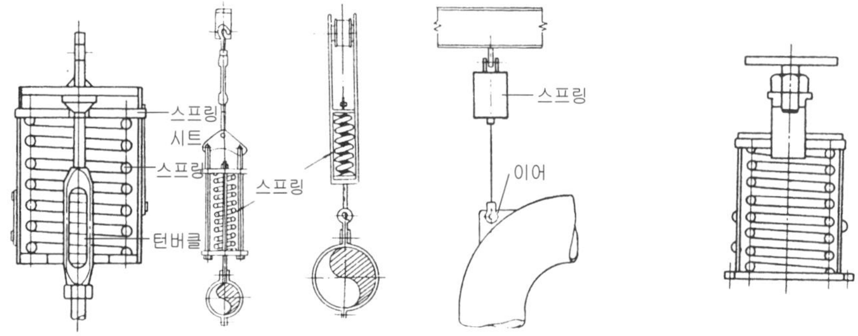

(a) 행거 (b) 서포트

그림 4-104 스프링 행거

3) 콘스탄트 행거(constant hanger)

일반적으로 수직방향의 변위가 큰 개소에 사용하는 불변식 행거이다. 하중변동률과 스프링 정수가 0인 것으로서, 지정된 이동범위 내에서 지지점의 상하이동에 관계없이 항상 일정한 하중으로 관을 지지할 수 있다. 많이 사용되고 있는 것에는 코일 스프링과 카운터 웨이트를 이용한 행거이다.

(a) 스프링식(수직형) (b) 스프링식(수평형) (c) 추식(수직형)

그림 4-105 콘스탄트 행거

콘스탄트 행거는 열팽창에 의한 배관 이동량이 많은 곳, 즉 하중변동률이 25% 이상인 곳, 또는 그다지 이동량이 크지 않더라도 기기의 접속조건에 따라 변동률을 작게 할 필요가 있는 개소에 사용한다.

(2) 배관의 구속(리스트레인트)

리스트레인트(restraint)는 열팽창에 의한 관의 신축으로 배관의 이동을 구속 또는 제한하기 위한 장치로서, 그림 4-106과 같이 앵커, 스토퍼, 가이드가 있다.

1) 앵커(anchor)

배관의 이동 및 회전을 방지하기 위하여 지지점의 위치에 완전히 고정하는 장치이다. 배관계의 요동 및 진동 억제효과가 있으나 이로 인하여 과대한 열응력이 생기기 쉽다.

2) 스토퍼(stopper)

배관이 일정한 방향으로 이동하거나 회전하는 것은 구속하고, 다른 방향은 자유롭게 이동할 수 있도록 한 장치이다. 안전밸브의 토출압력을 받는 곳이나 기기 노즐부의 열팽창으로부터의 보호 등에 사용하며, 배관계의 과도한 응력발생을 방지하는데 있다.

3) 가이드(guide)

관의 회전을 방지하고, 축과 직각방향으로 이동하는 것을 구속하는 장치이다. 그러나 지지점에서 축방향으로는 이동할 수 있도록 안내면을 설치하였다.

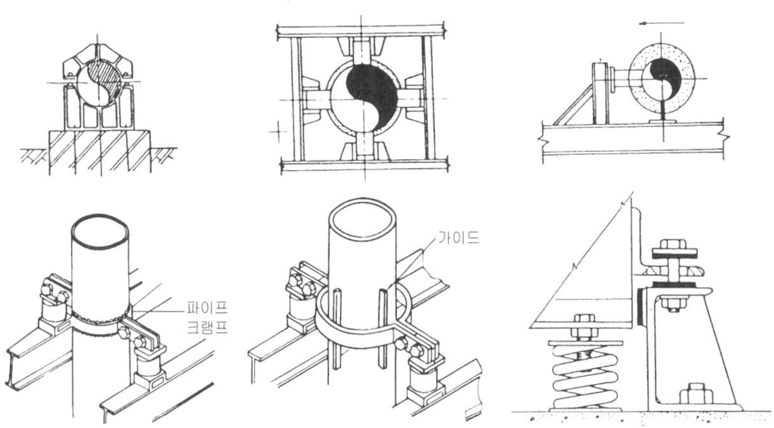

(a) 앵커　　(b) 가이드　　(c) 스토퍼

그림 4-106 리스트레인트

(3) 방진기(vibration eliminator 또는 brace)

배관의 자중이나 열팽창에 의한 힘 이외에 기계의 진동, 수격작용, 지진 등 다른 하중에 의해 발생하는 변위 또는 진동을 억제시키기 위한 장치이다. 배관이나 기기에서 발생하는 진동의 원인은 다음과 같은 것이 있다.

① 유체의 불규칙한 흐름 또는 흐름의 방향이 바뀌거나 유로의 단면적이 바뀔 때의 운동량 변화에 의한 진동
② 펌프 등 회전운동에 의한 기계진동
③ 옥외배관이나 장치에서의 풍압에 의한 것
④ 수격작용
⑤ 지진

상기의 원인에 의해 상당한 진동이나 충격이 발생할 가능성이 있으며, 이들의 진동수가 시스템의 고유진동수에 가까운 경우는 공진현상(共振現象)이 일어난다. 따라서 이러한 진동이 일어나지 않도록 여러 가지 방법을 강구해야 한다. 방진의 형식으로는 크게 나누어 리스트레인트식, 스프링식, 유압식이 있다.

1) 리스트레인트 고정식 진동방지

배관계통의 방진대책으로서 가장 간단하고 확실한 방법으로 여러 개소에 고정시킬 수 있다. 그러나 완전히 고정(3차원 방향)하면 열팽창에 의한 열응력 · 반력 등의 문제가 생기므로, 보통 1방향 또는 2방향으로 배관의 이동을 도피시키는 가이드 방식이 많이 사용된다.

2) 스프링식 방진기

코일 스프링을 사용한 방진기는 이론적으로 배관계의 스프링 정수에 방진기의 스프링 정수

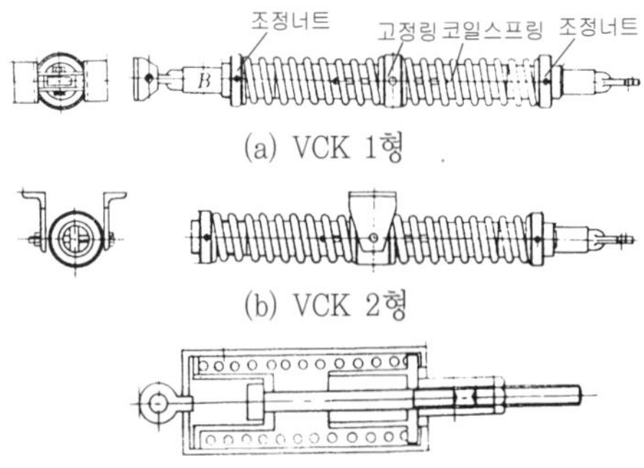

주) 명칭은 제조회사의 고유한 형식임.

그림 4-107 스프링식 방진기의 예

를 부가함으로써 배관계 전체의 고유진동수를 높여서 외력에 의한 강제진동수와 분리시켜 공진을 피한다.

3) 유압식 방진기

공진을 피하는데 있어서 효과가 매우 크고 또한 배관의 열팽창에 대해서도 구속하지 않고 자유로울 수 있으므로 대용량의 변위가 큰 경우에 적합하다. 설치장소의 온도범위는 −30～60℃이다.

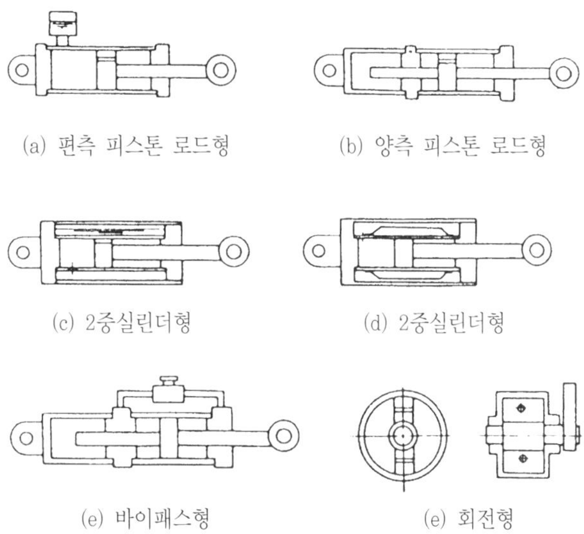

그림 4-108 유압방진기의 구조

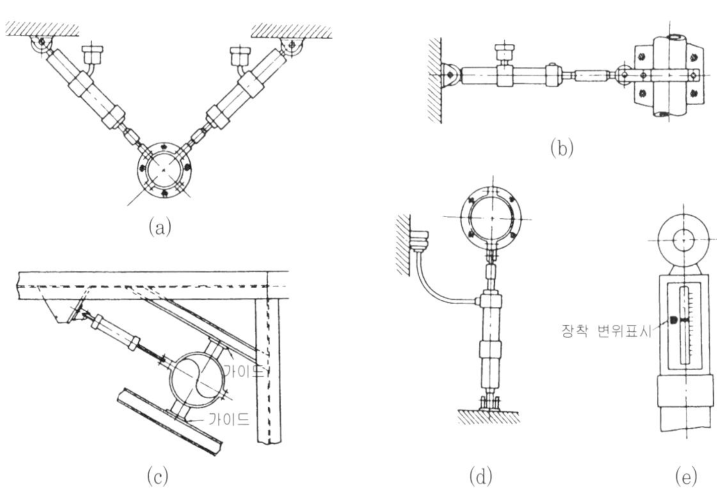

그림 4-109 유압방진기의 장착형식

4.7.2 지지철물

(1) 강 재

형강(ㄱ형강, I형강, ㄷ형강), 평강, 봉강(원형, 각형, 6각형), 강판, 볼트와 너트, 작은 나사 등이 사용된다.

(2) 부속철물

지지장치를 관에 접속하는 데는 지지재료나 배관재의 종류에 따라 방법을 달리 한다. 재료가 탄소강일 경우는 관의 고정장치를 관에 직접 용접할 수도 있으며, 그렇지 않는 경우도 있다. 그러나 배관재료가 비철금속 또는 비금속인 경우 직접 용접하는 것은 바람직하지 않다. 그림 4-110은 관에 직접 용접하는 경우의 예로서 사용상태에 따라 이어(ears), 슈(shoes), 러그(lugs), 스커트(skirts) 등이 있다. 그림 4-111~113은 직접 용접을 하지 않는 경우의 예를 나타낸 것으로서, 행거 · 클램프 · 새들 · 롤러 · 크레비스 등의 부속철물을 이용한다.

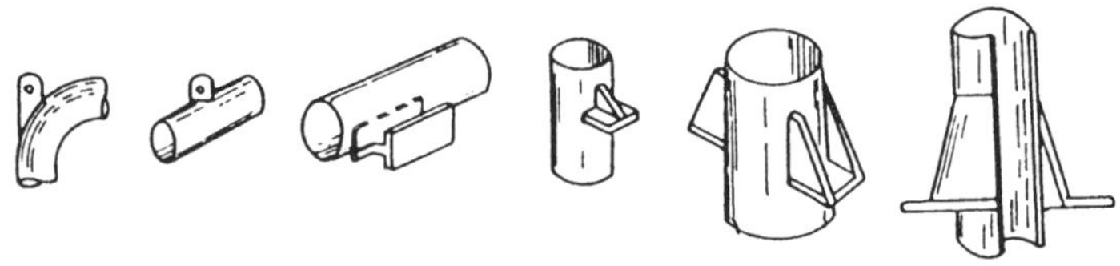

(a) 이어 (b) 슈 (c) 러그 (d) 스커트

그림 4-110 용접에 의한 고정

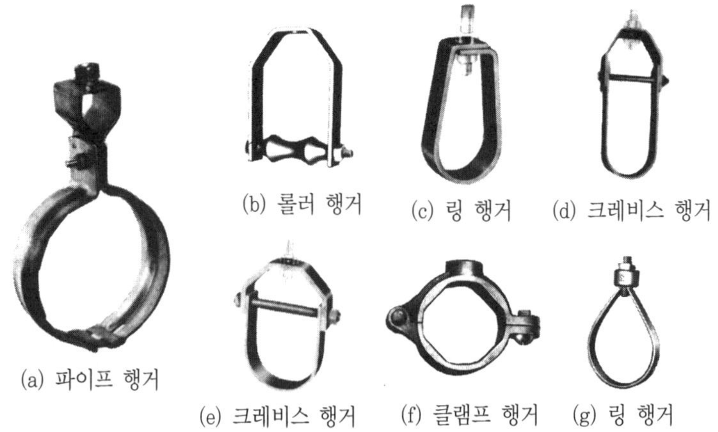

(a) 파이프 행거 (b) 롤러 행거 (c) 링 행거 (d) 크레비스 행거 (e) 크레비스 행거 (f) 클램프 행거 (g) 링 행거

그림 4-111 파이프 행거

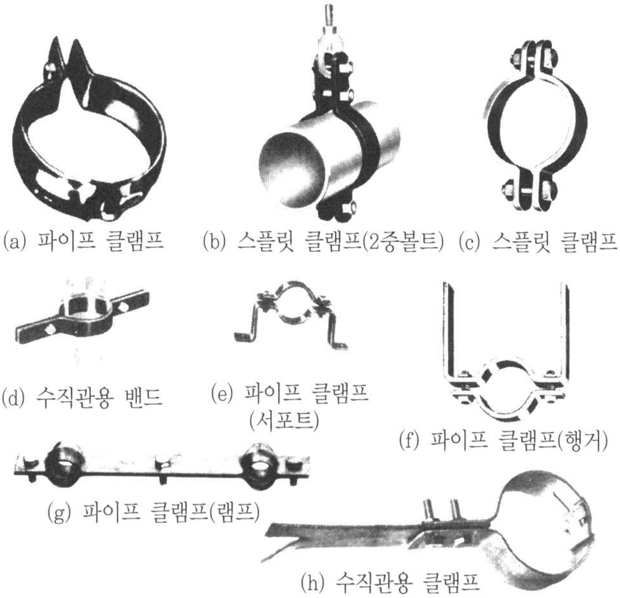

(a) 파이프 클램프 (b) 스플릿 클램프(2중볼트) (c) 스플릿 클램프

(d) 수직관용 밴드 (e) 파이프 클램프 (서포트) (f) 파이프 클램프(행거)

(g) 파이프 클램프(램프) (h) 수직관용 클램프

그림 4-112 파이프 클램프

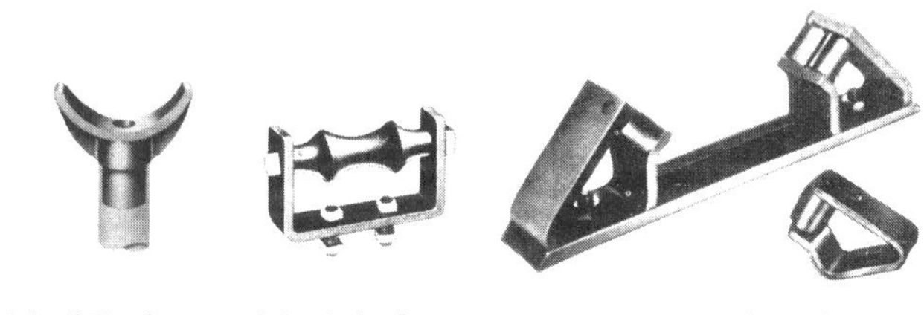

(a) 새들 서포트 (b) 롤러 서포트 (c) 롤러 스탠드

그림 4-113 파이프 서포트

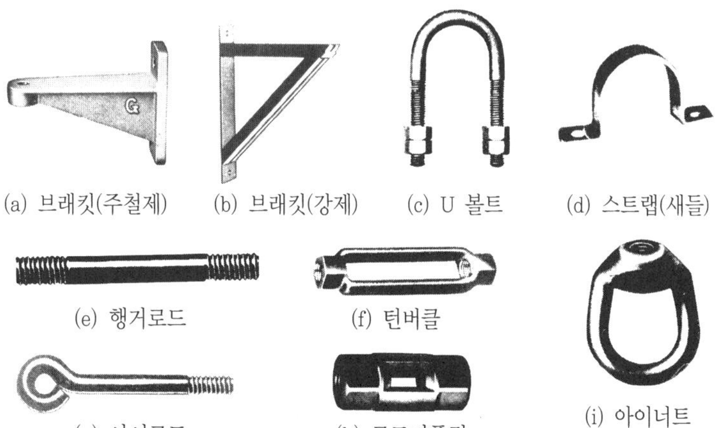

(a) 브래킷(주철제) (b) 브래킷(강제) (c) U 볼트 (d) 스트랩(새들)

(e) 행거로드 (f) 턴버클 (i) 아이너트

(g) 아이로드 (h) 로드커플링

그림 4-114 기타 지지용 철물

4.7.3 인서트 및 매입철물

천장 아래의 수평배관이나 덕트를 달아매기 위하여 슬래브 콘크리트를 치기 전에 미리 천장에 매입하는 철물에는 많은 종류가 있으며, 그림 4-115에 일례를 나타냈다.

1) 인서트(insert)

행거용 지지철물을 달아매기 위해 천장에 매입하는 철물로서 고정식과 이동식이 있으며, 재질은 주철제 · 연강제 · 합성수지제 등이 있다(그림 a, b).

2) 앵커볼트(anchor bolt)

지지물의 중량이 큰 경우 또는 건축물 바닥을 덱플레이트(deck plate)로 할 경우 사용한다. 앵커볼트를 구부리기 위해 가열한 경우에는 물로 급랭하지 않는다(그림 j).

(a) 인서트(고정식) (b) 인서트(이동식)

(c) I빔클램프(1) (d) I빔클램프(2) (e) 빔클램프

(f) 빔 어태치먼트(용접용) (g) 파이프 행거 플랜지 (h) 빔 어태치먼트

(i) 홀인앵커 (j) 앵커볼트

그림 4-115 천장 매입철물

3) 천공앵커(홀인앵커 ; hole in anchor)

인서트를 설치하지 않은 개소에서의 지지 또는 콘크리트를 친 후 변경해야 할 경우 등에서는 (그림 i)와 같은 천공(穿孔)앵커를 사용한다. 드릴로 콘크리트 구조체 등에 구멍을 뚫고 앵커를 박아 넣으면 선단이 넓어지면서 콘크리트와 압착되어 강도를 갖게 된다. 구멍 속에 경화제가 포함된 골재를 넣은 다음 볼트를 박아 넣어서 굳게 하는 수지(樹脂)앵커도 있다.

천공앵커로 지지할 경우 다음 사항에 주의한다.

① 박아 넣을 개소에 매설관의 유무를 조사할 것.
② 콘크리트 강도가 충분하게 양생된 다음 박아 넣을 것(양생기간 4주 이상).
③ 가능한 한 직각하중이 걸리도록 사용할 것.
④ 구멍을 필요 이상 넓게 하거나 깊게 하지 말 것.

4) 코일앵커(coil anchor)

덱플레이트의 바닥에 구멍을 뚫어 부착시키는 철물이다.

5) 용접앵커(welding anchor)

천장의 덱플레이트에 용접하여 부착시키는 철물이다.

6) 클램프(clamp)

철골구조의 경우 보 등에 달아매는 철물로 여러 형태의 것이 있다(그림 c, d, e).

7) 코킹볼트(coalking bolt)

천장에 구멍을 뚫고 납으로 볼트를 견고하게 체결하는 철물이다.

chapter 05

덕트(duct)

05

덕트(duct)

건축물의 공기조화 및 환기설비에 사용되는 덕트는 최근 공기(工期)의 단축화 · 노동력 절감 · 제품의 정밀화 등의 추진으로, 덕트의 제작은 전문공장에서 컴퓨터를 이용한 자동절단 · 가공에 의해 이루어진다. 이렇게 미리 제작된(pre-fabrication) 덕트는 건설현장으로 반입되어 조립만 함으로써 시공이 이루어진다.

덕트는 내부풍속이 15m/s 이하 또는 내부정압이 ±490Pa{+50mmAq} 이내의 것을 저속덕트, 이 이상을 고속덕트라고 부른다. 저속덕트로는 일반적으로 각형 덕트(장방형 덕트)가 많이 사용되며, 고속덕트에는 원형 덕트가 주로 사용된다. 원형 덕트는 현재 스파이럴 덕트가 주로 사용되고 있다.

덕트를 분류하면 다음과 같다.

① 사용목적에 따라 - 공기조화용, 환기용, 배연용
② 풍속에 따라 - 고속덕트, 저속덕트
③ 형상에 따라 - 각형 덕트, 원형 덕트, 스파이럴 덕트

5.1 덕트재료

5.1.1 덕트용 판재

(1) 아연도철판

아연도철판이란 강판에 아연도금을 실시하여 내식성을 증가시킨 아연도강판(KS D 3506 ; 용융 아연도금강판 및 강대)으로서 흔히 함석판이라고 부른다. 가공이 쉽고, 강도가 크며, 가

격이 다른 재료에 비해 저렴하기 때문에 덕트제작에 가장 많이 이용되고 있다. 건물의 외부나 부식의 우려가 있는 장소에 사용할 경우에는 도장을 실시한다. 판두께는 0.5[#26], 0.6[#24], 0.8[#22], 1.0[#20], 1.2[#18]mm의 것이 사용된다.

제품의 종류는 모양에 따라 평판과 코일판이 있으며, 최근에는 덕트를 주로 공장에서 기계로 제작(pre-fab.)하기 때문에 코일판이 많이 사용된다. 평판의 크기(폭×길이)는 3×6′ (914×1,829mm)이 주로 사용된다. 표 5-1과 5-2에 각각 평판과 코일판의 치수 및 표준중량을 나타냈다.

표 5-1 아연도철판의 치수와 표준중량

크기의 호칭			3′ × 6′		4′ × 8′		5′ × 10′	
폭(mm)			914		1,219		1,524	
길이(mm)			1,829		2,439		3,048	
면적(m^2)			1,672		2,972		4,645	
표준두께			W	N	W	N	W	N
호칭번호	상당두께(mm)	아연부착량(g/m^2)						
#26	0.5	180	6.97	143	12.4	80	19.4	51
#24	0.6	220	8.39	119	14.9	67	23.3	42
#22	0.8	220	11	90	19.6	51	30.6	32
#20	1.0	220	13.6	73	24.2	41	37.8	26
#18	1.2	275	16.4	60	29.1	34	45.5	21

주) W-1매의 중량(kg), N-1톤마다의 매수

표 5-2 코일의 치수와 표준중량

표준두께(mm)	폭(mm)	개략길이(m)	1롤의 표준중량(kg)
0.5	1,829	260	2,000
0.6	〃	220	〃
0.8	〃	170	〃
1.0	〃	140	〃
1.2	〃	120	〃
1.6	〃	85	〃

아연도철판의 사용개소는 다음과 같다.

① 부식성이 적은 일반 공기조화용 및 환기용 덕트
② 공기조화기의 케이싱, 팬 박스
③ 풍량조절 댐퍼

④ 소음박스 및 소음엘보
⑤ 급 · 배기용 루버
⑥ 기타 - 덕트 행거, 각종 후드, 스프레이 부스 등

(2) 강 판

덕트제작에 사용되는 강판은 강괴(鋼塊)를 열간압연 또는 냉간압연방식에 의해 두께를 3mm 이하로 압연한 강판으로서, 열간압연 박강판(KS D 3501 ; 열간압연강판 및 강대)과 냉간압연 박강판(KS D 3512 ; 냉간압연강판 및 강대)이 있다. 주로 높은 온도의 공기 및 가스가 접하는 곳에 사용되고 있다. 표 5-3에 열간압연강판(열연강판)의 치수와 중량을 나타냈다.

강판의 사용개소는 다음과 같다.

① 고온의 공기 또는 가스에 접하는 덕트 및 덮개
② 방화댐퍼
③ 아연도강판을 필요로 하지 않는 각종 후드
④ 보일러용 연도
⑤ 벨트덮개(대형의 경우)

표 5-3 열연강판의 치수와 중량 (단위 : kg)

폭×길이 ft(mm) / 두께(mm)	3′ × 6′ (914×1,829)	4′ × 8′ (1,219×2,438)	5′ × 10′ (1,524×3,048)	5′ × 20′ (1,524×6,096)	6′ × 10′ (1,829×3,048)	6′ × 20′ (1,829×6,096)
1.6	21.0	37.3	58.3	117	70.0	140
1.8	23.6	42.0	65.6	131	78.8	158
2.0	26.3	46.7	72.9	146	87.5	175
2.3	30.2	53.7	83.0	168	101	202
3.0	39.4	70.0	109	219	132	219
3.2	42.0	74.7	117	233	140	280
4.0	52.6	93.3	146	292	175	350
4.5	59.1	105	164	328	197	394
5.0	65.6	117	182	365	219	438
6.0	78.8	140	219	438	263	525
7.0	91.9	163	255	511	306	613
8.0	105	187	292	583	350	700
9.0	118	210	328	656	394	788
10.0	131	233	365	729	438	875
11.0	144	257	401	802	481	963
12.0	158	280	438	875	525	1,050

(3) 스테인리스강판

스테인리스강판(KS D 3698 ; 냉간압연 스테인리스강판 및 강대, KS D 3705 ; 열간압연 스테인리스강판 및 강대)은 특히 높은 내식성을 요구하는 곳에 사용된다. 오스테나이트계(18 Cr−8 Ni), 마르텐사이트계(13 Cr), 페라이트계(18 Cr) 등 재료의 성질에 따라 여러 종류가 제조되므로 용도에 맞는 재질을 선택해야 한다. 판두께는 아연도철판보다 게이지번호를 2단위의 얇은 것을 사용해도 강도상 충분하다.

스테인리스강판의 사용개소는 다음과 같다.

① 부식성 가스를 발생시키는 장소의 덕트 및 댐퍼
② 도장을 하지 않고도 광택을 필요로 하는 노출덕트
③ 습기가 특히 높은 욕실, 샤워실, 수영장 등의 배기덕트
④ 주방의 레인지용 후드
⑤ 외기 도입 및 배기용 루버

표 5-4 스테인리스강판의 치수와 중량 (단위 : kg)

규격 / 강종 / 두께(mm)	1,000×2,000 (3.3′×6.6′)			1,219×2,438 (4′×8′)			1,524×3,048 (5′×10′)	
	STS 304	STS 316, 310 S	STS 430	STS 3 04	STS 316, 310 S	STS 430	STS 3 04	STS 316, 310 S
0.3	4..76	4.79	4.62					
0.4	6.35	6.38	6.16	9.43	9.49	9.15		
0.5	7.93	7.98	7.70	11.78	11.9	11.4		
0.6	9.53	9.58	9.24	14.14	14.2	13.7		
0.7	11.10	11.2	10.8	16.49	16.6	16.0		
0.8	12.69	12.8	12.3	18.85	19.0	18.3		
0.9	14.28	14.4	13.8	21.21	21.3	20.6		
1.0	15.86	16.0	15.4	23.56	23.7	22.9	36.84	37.1
1.2	19.03	19.2	18.5	28.27	28.5	27.5	44.20	44.5
1.5	23.79	23.9	23.1	35.34	35.6	34.3	55.25	55.6
2.0	31.72	31.9	30.8	47.12	47.4	45.8	73.67	74.1
2.5	39.65	39.9	38.5	58.90	59.3	57.2	92.09	92.7
3.0	47.58	47.9	46.2	70.68	71,1	68.6	110.51	111
4.0	63.44	63.8	61.6	94.24	94.9	91.5	147.34	148
5.0	79.30	79.8	77.0	117.80	119	114	184.18	185
6.0	95.16	95.8	92.4	141.36	142	137	221.02	222

(4) 동 판

동판(KS D 5201 ; 동 및 동합금의 판 및 조)은 내식성이 요구되는 곳에 사용한다. 그러나

다른 금속과 접촉할 경우 전해(電解)부식을 일으킬 우려가 있으므로 사용시 주의할 필요가 있다.

압연된 동 및 동합금은 판재의 경우 큰판(1,000×1,200mm)과 작은판(365×1,200mm)이 있으며, 조는 고객 지정의 치수폭으로 절단되어 코일상으로 제공된다.

동판의 사용개소는 다음과 같다.

① 내구성이 요구되는 덕트
② 습도가 특히 높은 욕실이나 샤워실 등의 덕트
③ 다른 금속성 덕트로는 부식성 문제로 유해한 가스가 누설될 우려가 있는 배기덕트
④ 건축 디자인상 도장을 하지 않고도 광택을 필요로 하는 노출덕트

(5) 알루미늄판

알루미늄판(KS D 6701 ; 알루미늄 및 알루미늄합금의 판 및 조)은 아연도철판의 사용개소와 동일하지만 아연도철판보다 판두께를 두껍게 하여 보강해야 한다. 온풍에 이용하는 경우는 신축량이 철판보다 크므로 주의가 필요하다.

최근에는 평판으로 사용되는 경우보다는 골판으로 성형하여 플렉시블 덕트(flexible duct)로 많이 사용된다.

알루미늄판의 사용개소는 다음과 같다.

① 기름에 의해 연소되어 사용되는 주방 배기덕트
② 고온의 공기가 통하는 덕트(420℃ 이하)
③ 방화댐퍼
④ 항상 습기가 있으므로 벽 내의 석회가 부식의 원인이 되는 경우

(6) 플라스틱판

많은 종류의 플라스틱판 중 경질염화비닐판(KS M 3501)이 주로 사용되고 있다. 내식성·내약품성이 우수하고, 전기절연성이 좋으며, 가공이 편리한 장점이 있으나 강도가 적고 내열도가 낮다. 일반적으로 부식성 가스를 함유하는 배기덕트를 상온에서 사용하는 경우에 주로 이용된다.

표 5-5 경질염화비닐판의 치수와 중량 (단위 : kg)

두께(mm) \ 폭×길이(mm)	1,000×2,000	1,200×2,400
2.0	5.72	8.24
3.0	8.58	12.35
4.0	11.44	16.47
5.0	14.30	20.59
6.0	17.16	24.71
8.0	22.88	32.94
9.0	25.74	37.06
10.0	28.60	41.18
12.0	34.32	49.41
15.0	42.90	61.77
20.0	57.20	82.36
25.0	71.20	102.95

(7) 염화비닐 라이닝강판

일반적으로 폴리염화비닐(염화비닐수지) 금속 적층판(KS M 3343)이 사용된다.

(8) 유리섬유

단열 및 흡음재로 많이 사용되는 재료로서, 덕트용으로는 고밀도(60kg/m^3) 유리섬유에 알루미늄 박지나 염화비닐을 접착하여 각형 · 원형 · 플렉시블 덕트로 제작된다. 기계적 강도가 적으므로 주로 소구경의 저압용에 사용한다. 특히 흡음성이 있는 재료이기 때문에 말단의 소구경 덕트에 사용할 때는 송풍기로부터의 흡음효과가 크다. 취출 및 흡입구 챔버, 소음챔버 등에 많이 사용된다.

그러나 유리섬유 덕트는 흡습성이 있으므로 습기가 많은 장소에서는 사용이 불가능하다. 또한 알루미늄박지(80㎛ 정도)를 외피로 한 경우는 시공중 파손에 따른 공기누설과 소음투과에 대한 주의가 요구된다.

(9) 콘크리트

건축 구조체를 직접 공기통로로 이용한 것으로 외기도입, 배기덕트, 극장 등의 바닥환기덕트에 주로 사용되고 있다. 그러나 완전한 기밀이 어려우므로 시공할 때는 열손실, 누설, 압력손실이 없도록 주의해야 한다.

5.1.2 덕트용 보조재

(1) 강 재

1) 일반강재

덕트제작시 보조용으로 사용하는 각종 강재는 일반구조용 압연강재(KS D 3503) 2종(SS400) 이상으로 한다.

2) 접합용 및 보강용 강재

코너피스(corner plate), C-클리트(cleat bar), 행거레일(hanger rail) 및 보강용 강재는 아연도강판(KS D 3506) 1종(SGCC 1)으로 한다.

3) 형 강

열간압연 형강(KS D 3502) 중에서 ㄱ형강(앵글강), I형강, ㄷ형강(채널) 등이 주로 사용된다. ㄱ형강은 덕트의 플랜지 이음이나 보강 또는 지지철물로 많이 사용된다. I형강, ㄷ형강은 대형 덕트의 지지철물에 사용된다.

4) 볼트·너트

6각 볼트(KS B 1002), 6각 너트(KS B1012), 평와셔(KS B 1326) 등이 사용된다.

5) 리 벳

냉간성형 리벳(KS B 1101) 중에서 아연도금한 동 리벳 또는 알루미늄합금제 리벳이 사용된다. 덕트재료가 스테인리스강판의 경우는 스테인리스강제 리벳 또는 동 리벳을 사용한다.

(2) 기타 재료

1) 플랜지용 개스킷

개스킷은 공기중에 비산되어 인체에 피해를 주지 않는 재료로 한다. 일반적으로 유리섬유, 암면, 탄소섬유 등의 난연성 재료가 사용되며, 이 외에 부틸(Butyl), EPDM 고무, 공중합체(copolymer) 등도 사용되고 있다. 개스킷의 두께는 기밀성, 접착성 등을 고려하여 앵글플랜지 이음의 경우 3mm 이상을 하고, 코너볼트플랜지 이음은 개스킷의 탄력성이 요구되므로 5mm 이상을 표준으로 한다.

2) 밀봉(seal)재

덕트는 공기의 누설이나 외기의 침입을 방지하기 위하여 밀봉한다. 밀봉재로서의 조건은 접착력이 우수하고, 경화하지 않아야 하며 또한 덕트재료를 부식시키지 않으며, 내구성이 있어야 한다. 원칙적으로 비초산계통의 제품으로 하며, 합성고무 · 합성수지제품 등이 사용된다.

3) 흡음재

흡음재료는 다음의 조건을 만족하는 것으로 한다.

① 불연성 또는 난연성일 것.
② 흡수성이 적을 것.
③ 부패 또는 곰팡이가 생기지 않을 것.
④ 기류에 의해 소재에서 먼지가 나거나 소재가 떨어지지 않을 것.

5.2 덕트제작

5.2.1 공통사항

(1) 일반기준

덕트는 내부의 공기압력에 의해 변형이 없어야 하고, 공기의 압력손실이 적으며, 누설이 없고, 기류에 의한 소음 발생이 작도록 제작해야 한다.

(2) 덕트의 단면치수

덕트의 치수는 임의의 크기로 제작해도 지장은 없으나 공장제작 또는 현장관리상 표준치수를 선정하는 것이 바람직하다. 표 5-6은 장방형 덕트의 치수를 나타낸 것으로서, 표준치수는 덕트치수가 500mm 이하의 것은 50mm 간격, 600mm 이상은 100mm 간격으로 한다. 덕트의 단면은 강도와 압력손실 및 가공성 등에 따라 종횡비(aspect ratio)를 4 이하로 하며, 이보다 큰 경우에는 반드시 보강재로 보강해야 한다.

원형 덕트의 표준치수 간격은 덕트지름 300mm까지는 25mm, 500mm 이하는 50mm, 500mm를 초과하는 경우는 100mm로 한다. 스파이럴 덕트는 덕트지름 400mm까지는 25mm, 400~1,000mm는 50mm 간격을 표준치수로 한다.

표 5-6 장방형 덕트의 치수 (단위 : mm)

	100	125	150	175	200	225	250	275	300	350	400	450	500	550	600	650	700	750	800	900	1,000	1,100	1,200	1,300	1,400	1,500	1,600	1,700	1,800
100	○		○		○		○		○																				
125																													
150			○		○		○		○		○	○																	
175																													
200					○		○		○		○		○		○														
225																													
250							○		○	○	○	○	○		○		○												
275																													
300									○		○	○	○		○				○	○									
350										○			○				○				○								
400											○				○				○				○						
450												○					○			○				○					
500													○		○				○		○					○			
550																													
600															○					○			○		○				
650																													
700																	○				○				○				
750																													
800																			○				○						
900																				○									
1,000																					○								
1,100																													
1,200																													
1,300																													
1,400																													
1,500																													
1,600																													
1,700																													
1,800																													

주 : 검정 실선 내는 권장치수, ○은 표준치수

(3) 덕트의 압력등급

덕트의 압력등급은 덕트 내를 통과하는 풍속을 기준으로 한 호칭으로서, 덕트내 풍속이 15m/s 이하의 저속덕트(덕트내 정압이 ±490Pa 이하의 것)와 덕트내 풍속이 15m/s를 초과하는 고속덕트(덕트내 정압이 ±490Pa 이상의 것)로 구분한다. 각 덕트는 치수마다 덕트판 두께와 보강 등을 다르게 한 구조로 해야 한다.

표 5-7 덕트의 호칭과 유속 · 압력 범위

덕트의 분류		유속범위 (m/s)	압 력 범 위	
풍속에 따라	압력에 따라		상용압력 Pa(mmAq)	제한압력 Pa(mmAq)
저속덕트	저압덕트	15 이하	±490(±50) 이하	+980(+100) 이하 −735(−75) 이하
고속덕트	고압 1 덕트	20 이하	±490(±50) ~ ±980(±100) 이하	+1,470(+150) 이하 −2,450(−150) 이하
	고압 2 덕트	20 이하	+980(+100) ~ +2,450(+250) 이하 −980(−100) ~ −1,960(−200) 이하	+2,940(+300) 이하 −2,450(−250) 이하

주 1) 상용압력 - 정상운전상태에서 덕트 내의 최대정압
2) 제한압력 - 덕트내 댐퍼를 급격히 폐쇄함으로써 압력이 일시적으로 상승하는 경우의 압력을 말한다. 제한압력 이내라하면 덕트의 인장강도와 공기의 누설량 등은 유지되고 있는 것으로 한다.
3) 고압 1 덕트, 고압 2 덕트를 배연용 덕트에 사용하는 경우의 유속상한값은 15m/s 정도로 한다.

5.2.2 강판제 장방형 덕트

(1) 덕트이음의 종류

장방형 덕트의 이음에는 플랜지이음과 스탠딩심(세로심 ; standing seam)이 있으나 일반적으로 플랜지이음이 사용되고 있다. 플랜지이음은 과거에 앵글플랜지 방식이 주로 사용되어 왔으나 현재는 대부분 코너볼트플랜지 방식이 이용되고 있다. 코너볼트플랜지 방식은 다시 플랜지를 미리 덕트와 일체로 가공하는 트랜버스 방식(공판플랜지 방식)과 철판으로 별도 제작된 플랜지를 덕트에 끼워 스포트용접하는 슬라이드 방식(프로파일플랜지 방식)으로 나누어진다. 표 5-8에 강판제 장방형 덕트의 플랜지이음 방식에 대한 개략적인 내용을 기술하였다.

표 5-8 강판제 장방형 덕트의 플랜지이음

	앵글플랜지 이음	코너볼트플랜지 방식	
		슬라이드플랜지 이음	공판플랜지 이음
구성도	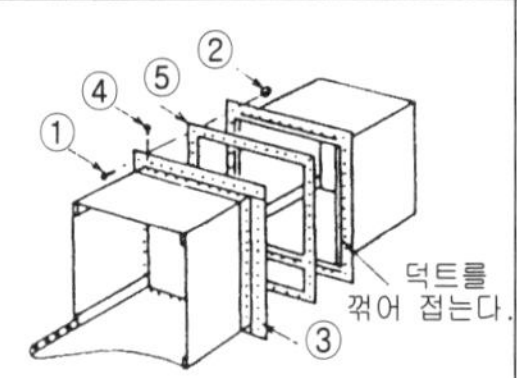	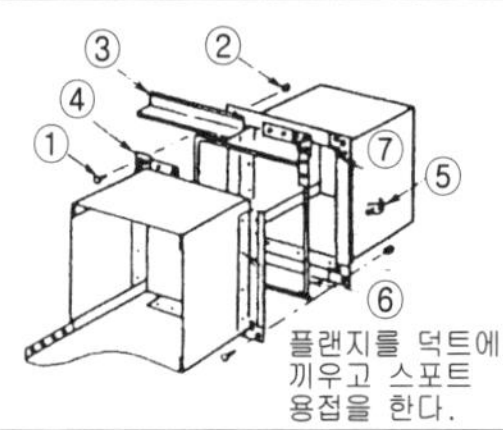	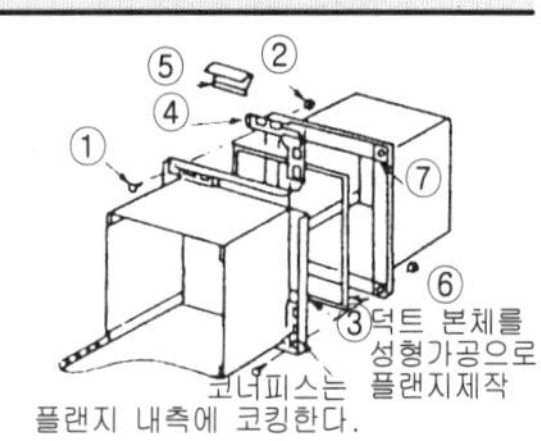
플랜지 접속방법	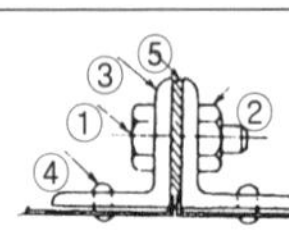	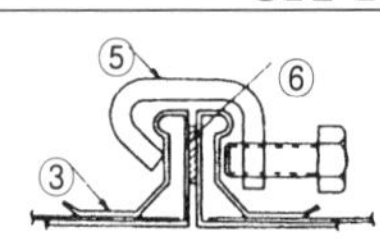	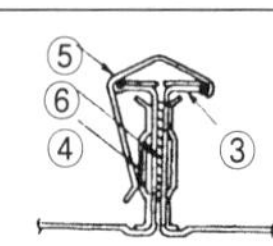
구성부분 재료	① 볼트(플랜지 전 주위) ② 너트(플랜지 전 주위) ③ 앵글 플랜지 ④ 리벳(전 주위) ⑤ 개스킷	① 볼트(4개소 모서리만) ② 너트(4개소 모서리만) ③ 슬라이드 플랜지 ④ 코너피스 ⑤ 플랜지 누르개(클립, 스냅) ⑥ 개스킷 ⑦ 밀봉재(4개소 모서리부)	① 볼트(4개소 모서리만) ② 너트(4개소 모서리만) ③ 공판플랜지 ④ 코너피스 ⑤ 플랜지 누르개(클립, 클리트) ⑥ 개스킷 ⑦ 밀봉재(4개소 모서리부)
플랜지 제작	등변 ㄱ형강으로 플랜지를 제작	강판을 성형가공하여 플랜지 제작	덕트 본체와 일체로 성형가공한 플랜지 사용
플랜지 설치방법	덕트 본체에 리벳 또는 스포트 용접으로 설치	플랜지를 덕트에 끼워넣고, 스포트용접 및 코너피스 설치	플랜지가 덕트와 일체이기 때문에 코너피스만 설치

(2) 이음매

장방형 덕트의 모서리 이음매는 철판 2매를 접속하는 2점접속법과 철판을 각면 4개소에 접속하는 4점접속법이 있다. 일반적으로 직관부는 2점접속법이, 곡관이나 이형관 또는 대형 덕트에서는 4점접속법이 이용된다.

덕트의 이음매(심 ; seam)에는 그림 5-1과 같이 과거부터 오랫 동안 사용해온 피츠버그 이음매(pittsburgh lock), 조립이 편리하여 최근에 주로 사용되고 있는 버튼펀치스냅 이음매(button punch snap lock), 모서리 그루브 이음매(conner grooved seam), 평판부의 이음에는 그림 (d)의 플랫심(flat seam)(평판 그루브 이음매) 등이 있다. 이 중에서 그림 (c)의 모서리 그루브 이음매는 최근에 거의 사용되지 않고 있다.

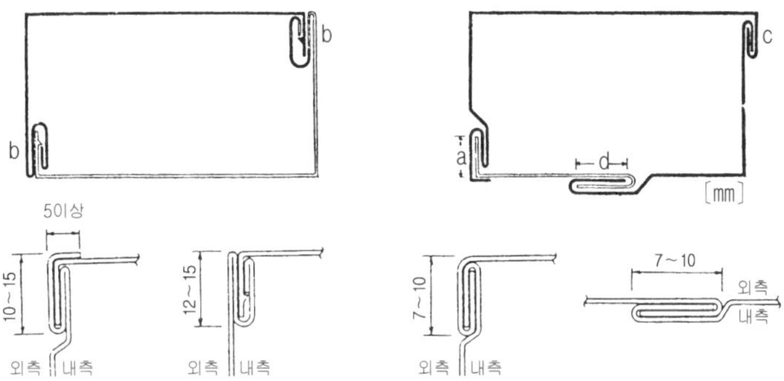

(a) 피츠버그 이음매 (b) 버튼펀치스냅 이음매 (c) 모서리 그루브 이음매 (d) 평판 그루브 이음매

그림 5-1 이음매(seam)의 종류

이음매에 대한 덕트 시공상의 표준적인 사항은 다음과 같다.

① 덕트의 모서리 이음매는 2개소 이상으로 하며, 피츠버그 이음 또는 버튼펀치스냅 이음으로 한다. 다만 배연덕트는 피츠버그 이음이 바람직하다.

② 기류의 흐름과 직각방향의 이음매는 흐름 방향에 안쪽 플랫심으로 하고, 동일면에서는 피치 900mm 이상으로, 측면 이음매는 300mm 이상 거리를 두어야 한다

③ 흐름 방향의 이음매는 표준판에서 마름(블랭킹)을 할 수 없는 것에 한하여 안쪽 플랫심으로 한다.

내부에 응축수가 발생하는 덕트는 납땜을 하거나 합성수지계의 도료를 바르고, 필요에 따라서는 배수구를 마련한다. 심이 되지 않는 판두께의 덕트는 리벳이음으로 한다. 이때 리벳이음의 간격(피치)은 덕트의 판두께가 1.0~1.6mm에서는 90mm로, 판두께가 2.9~2.8mm는 100mm로 한다.

(3) 판두께

덕트의 판두께는 그 속을 통과하는 공기속도가 저속이냐 고속이냐에 따라 다르므로 풍속을 기초로 변의 길이에 의해 결정한다. 덕트의 양 끝 치수가 다른 경우의 판두께는 최대 치수쪽의 판두께를 적용한다. 표 5-9에 장방형 덕트의 두께를 나타냈다.

표 5-9 강판제 장방형덕트의 판두께 (단위 : mm)

판두께 / 덕트의 장변	0.5	0.6	0.8	1.0	1.2
아연도 철판, 염화비닐강판제 저속덕트	450 이하	451~750	751~1,500	1,501~2,250	2,251 이상
〃 〃 고속덕트	-	-	450 이하	451~1,200	1,201 이상
스테인리스강판제 저속덕트	750 이하	751~1,500	1,501~2,200	2,201 이상	-

(4) 제작 및 이음방식

1) 앵글플랜지(angle flange) 방식

등변 ㄱ형강을 덕트의 치수에 알맞게 플랜지로 가공한 다음, 리벳이나 스포트용접으로 덕트의 끝에 고정한다. 다음에 플랜지가 달린 덕트를 그림 5-2와 같이 플랜지끼리 맞대어 볼트·너트로 조이는 방식이다. 장방형 덕트와 직경 760mm 이상의 원형 덕트의 이음에 적용된다.

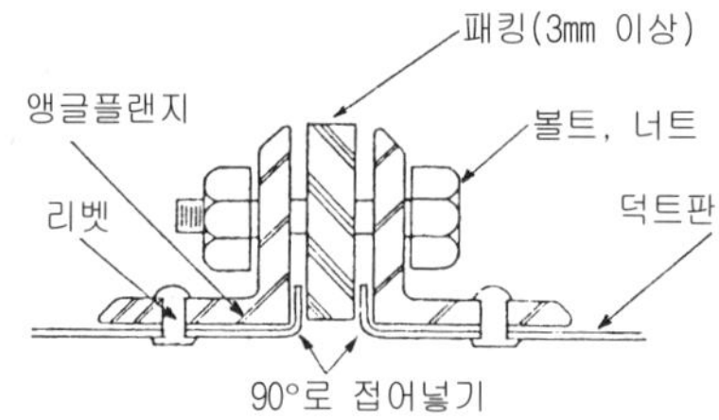

그림 5-2 앵글플랜지 이음

덕트설치용 리벳의 간격과 플랜지간의 접합볼트 간격은 각각 65mm, 100mm를 표준으로하고 있으나 최근에는 접합강도와 공기누설의 성능을 고려하고, 재료 절약을 목적으로 각각 100mm, 200mm로 하는 경향이 있다. 접속플랜지의 표준간격 1,820mm는 주로 사용되고 있는 강판코일의 폭 1,829mm를 기준으로 했기 때문이다. 플랜지부의 개스킷은 두께 3mm 이상으로 하고 폭은 플랜지와 같은 치수로 한다.

그러나 이 앵글플랜지 방식은 현장 제작으로 이루어지고, 숙련도에 따라 정밀도의 차이가 크기 때문에 현재 공조·환기용 덕트공사에는 거의 사용되지 않고, 배연덕트 등 특수한 경우에만 사용되고 있다.

저속 장방형 덕트의 앵글플랜지 치수를 표 5-10에 나타낸다.

표 5-10 강판제 장방형 덕트의 앵글플랜지 치수

① 아연도철판, 염화비닐 라이닝강판제 덕트 (단위 : mm)

덕트의 장변	접합용플랜지						이음간격	
	형강치수	플랜지 설치용 리벳		접합용 볼트			표준간격	최대간격
		호칭지름	리벳간격	볼트의 호칭지름	볼트의 간격			
					코너부	중앙부		
750 이하	25×25×3	4.5	65	M8	공칭 125 이하 (50~100)	200(100)	1,820	3,640
751 ~ 1,500	30×30×3	4.5	65	M8		200(100)	1,820	2,730
1,501 ~ 2,200	40×40×3	4.5	65	M8		200(100)	1,820	1,820
2,201 이상	40×40×5	4.5	65	M8		200(100)	1,820	1,820

주) 볼트의 간격에서 코너부의 125mm는 실제 볼트의 최대 간격으로 125+2.5+A×3/5로 한다. A의 치수는 형강의 폭으로 한다. ( )내는 고압덕트의 경우이다.

② 스테인리스강판제 덕트 (단위 : mm)

덕트의 장변	접합용플랜지						이음 최대간격
	형강치수	플랜지 설치용 리벳			접합용 볼트		
		호칭지름		간격	호칭지름	간격	
		스테인리스강	강				
750 이하	25×25×3	4.0	4.5	65	M8	100	4,000
751 ~ 1,500	30×30×3	4.0	4.5	65	M8	100	4,000
1,501 ~ 2,200	40×40×3	4.0	4.5	65	M8	100	2,000
2,201 이상	40×40×5	4.0	4.5	65	M8	100	2,000

앵글플랜지 공법의 시공순서는 다음과 같다.

① 덕트치수에 맞추어 ㄱ형강으로 플랜지를 제작한다. 플랜지의 볼트구멍은 그림 5-3과 같이 피치간격 100mm 이하로 하며, 반드시 네 귀에 볼트구멍이 나 있어야 한다. 또한 그림 5-5와 같이 플랜지 용접부의 군살을 갈아내어 접속면이 평평하게 해야 한다.

② 제작된 앵글플랜지를 덕트에 리벳이음한다. 플랜지부의 덕트철판을 90°로 접어 꺾어서 넣는 길이는 5mm 이상으로 하고, 리벳이음의 간격은 65mm 이하로 한다. 리벳이음 이외에 간격 100mm 이내로 스포트용접을 해도 된다. 이때 그림 5-6과 같이 모서리는 틈새가 생겨 공기가 새는 원인이 되므로 밀봉재로 틈새를 막아야 한다.

③ 플랜지가 조립된 덕트간의 접속은 플랜지 사이에 플랜지와 같은 폭의 패킹재를 넣고, 볼트구멍을 맞추어 볼트 · 너트로 기밀성 있게 조인다(그림 5-2 참조).

④ 접속시 많은 볼트가 체결되므로 조임시 균일한 힘이 가해지도록 체결한다.

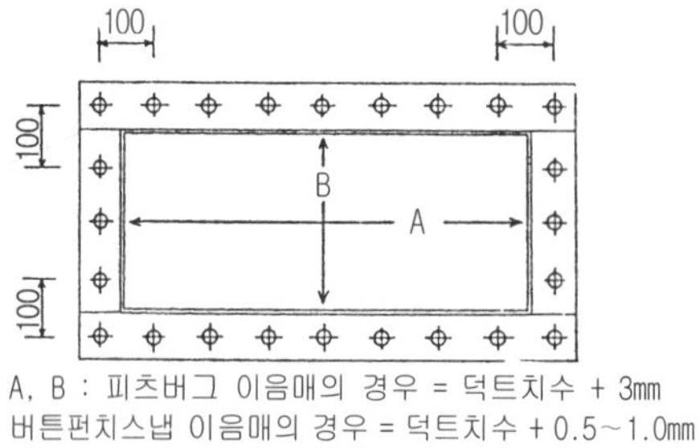

그림 5-3 플랜지 볼트간격

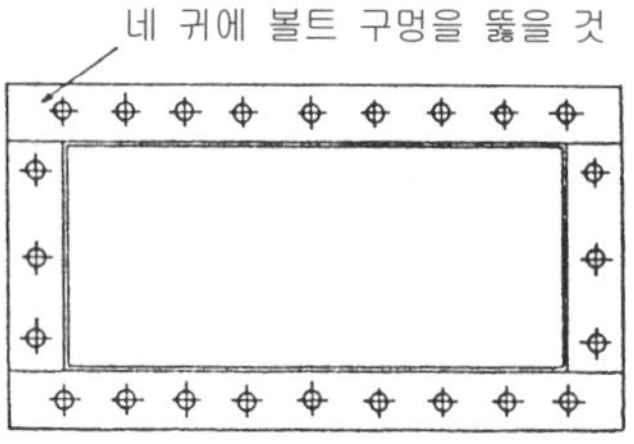

그림 5-4 볼트구멍의 나쁜 예

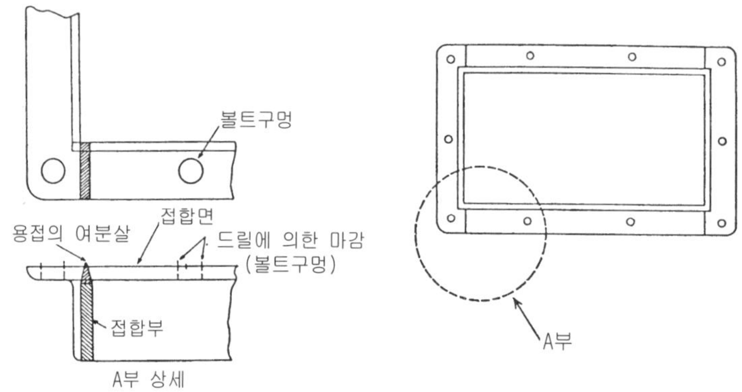

그림 5-5 플랜지 용접부의 군살제거

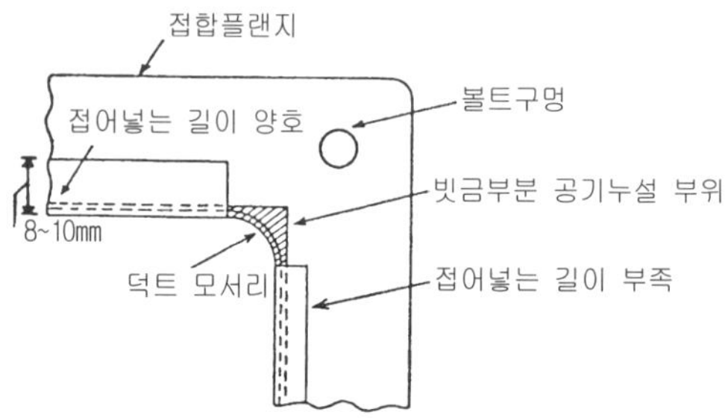

그림 5-6 플랜지 모서리부의 틈새

2) 스마크나 방식

앵글플랜지 이음을 대신하여 사용되어온 스마크나(SMACNA : sheet metal and air conditioning contractors national association) 방식에 의한 이음에는 포켓록이음과 슬립이음이 있다. 그림 5-7은 포켓록(pocket lock)이음 방식으로 덕트의 변길이 1m까지 사용되며, 그림 5-8은 슬립(slip)이음 방식으로 장변길이 500mm 이하의 소형 덕트에 이용된다.

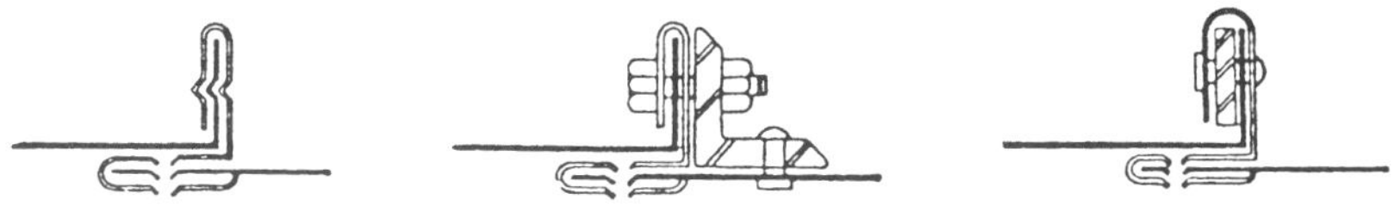

그림 5-7 포켓록이음

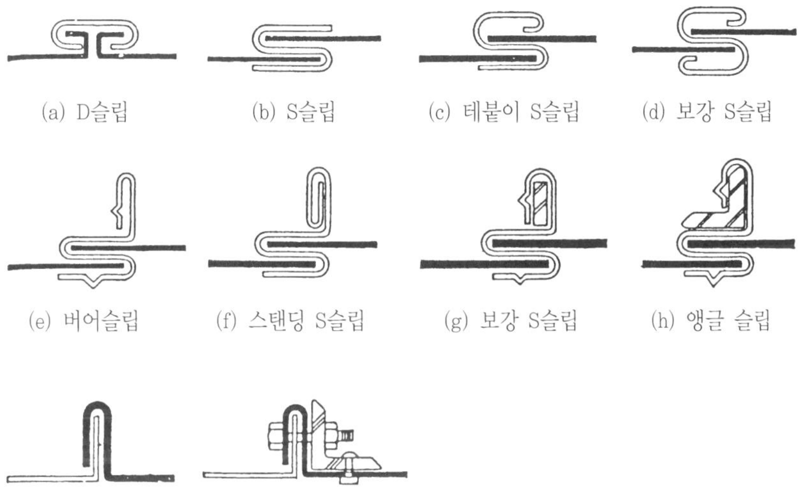

그림 5-8 슬립이음

3) 슬라이드플랜지 방식

슬라이드플랜시(slide flange) 방식은 미끄럼플랜지 방식 또는 프로파일플랜지(profile flange) 방식이라고도 한다. 유럽에서 개발되어 보급된 방식으로, 그림 5-9에 접합부의 구조를 나타냈다. 프로파일플랜지의 치수는 표 5-11과 같다.

표 5-11 강판제 장방형 덕트의 프로파일플랜지 치수 (단위 : mm)

덕트의 장변	접합 플랜지의 치수						이음 간격	
	저속덕트			고속덕트			표준간격	최대간격
	A	B	t	A	B	t		
450 이하	19	23	0.6	20	35	1.0	1,840	3,680
451~750	20	35	1.0	20	35	1.0	1,840	3,680
751~1,500	20	35	1.0	30	38	1.2	1,840	2,760
1501~2,200	30	38	1.2	40	50	1.6	1,840	1,840

주 1) 플랜지는 2중굽힘 성형강판으로 하며, 판두께(t)는 0.6mm · 1.0mm · 1.2mm, 플랜지 폭(B)은 23mm · 35mm · 38mm, 플랜지 높이(A)는 19mm · 20mm · 30mm로 한다.

2) 코너피스의 판두께는 1.2~1.6mm로 한다.
3) 플랜지 설치는 스포트용접으로 하며 간격은 100mm 이내로 한다.
4) 볼트체결 외에 클램프 등 플랜지 누르개철물로 플랜지를 체결한다.
5) 플랜지 접합용 개스킷의 폭은 15mm를 표준으로 한다.

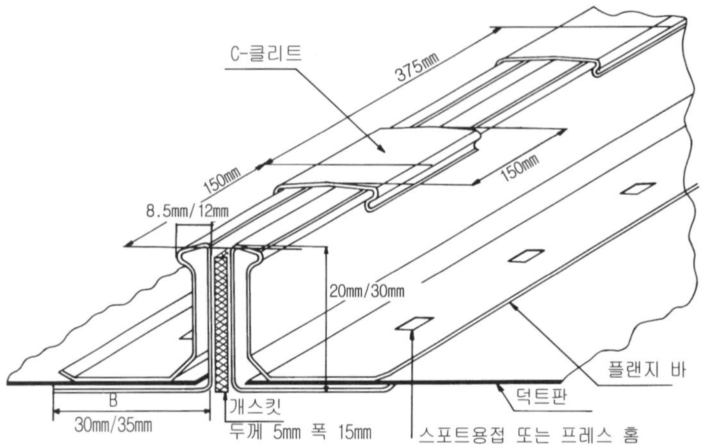

그림 5-9 프로파일 플랜지 이음의 상세

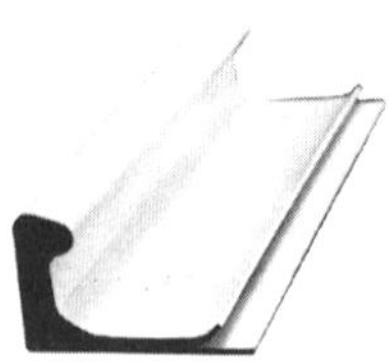
(a) 플랜지 바

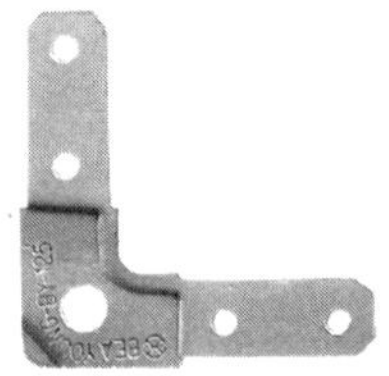
(b) 코너피스(코너 플레이트)

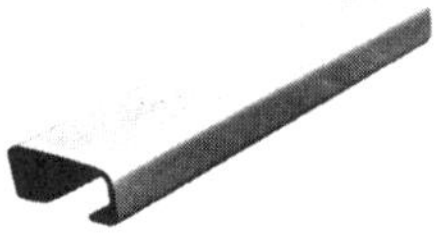
(c) 행거레일

(d) C- 클리트

(e) 클램프

그림 5-10 프로파일 플랜지 이음용 부속

앵글플랜지 방식의 ㄱ형강 플랜지 대신에 철판을 2중으로 성형하여 플랜지를 만들고, 끝부분 모서리에 전용의 코너피스를 끼워 덕트용 플랜지를 만든다. 다음에 플랜지부의 2중으로 맞댄 부분에 덕트 본체의 끝을 끼워 스포트용접 또는 프레스로 눌러 덕트 본체와 플랜지부를 고정한다. 덕트와 덕트의 이음은 4개소 모서리부에 코너피스를 삽입한 다음, 양 플랜지를 맞대고 볼트·너트와 전용의 플랜지 누르개철물(드라이브 클리트 ; drive cleat)로 체결한다.

플랜지 접속부의 기밀성은 개스킷의 탄성을 이용하기 때문에 두께 5mm 이상의 개스킷을 사용한다.

슬라이드플랜지 방식(프로파일플랜지 공법)의 시공순서는 다음과 같다.

① 전용기계로 철판을 2중으로 성형하여 플랜지를 제작한다. 플랜지 높이는 19mm 이상, 폭은 6mm 이상, 판두께는 0.6mm 이상으로 하고, 덕트 고정폭은 23mm 이상으로 한다.
② 그림 5-11(a)와 같이 제작된 플랜지 ①의 끝부분 모서리에, 전용의 L자형 코너피스 ②를 끼워 덕트용 플랜지를 만든다. 코너피스의 판두께는 1.2~1.6mm로 한다.
③ 플랜지부의 2중으로 맞댄 부분 ⓐ, ⓑ 사이에 덕트 본체의 끝을 끼우고, 리벳 또는 스포트용접으로 덕트 본체와 플랜지부를 고정한다. 스포트용접의 간격은 100mm 이내로 한다. 코너부는 그림 (b)와 같이 코너피스 주위와 덕트 4개소 모서리 안쪽에 밀봉을 확실히 한다.
④ 플랜지 한 쪽 면에 개스킷을 부착시킨 다음, 네 귀의 코너피스를 그림 (c)와 같이 볼트·너트로 조인다. 다음에 전용의 플랜지 누르개철물로 체결하여 완성한다.

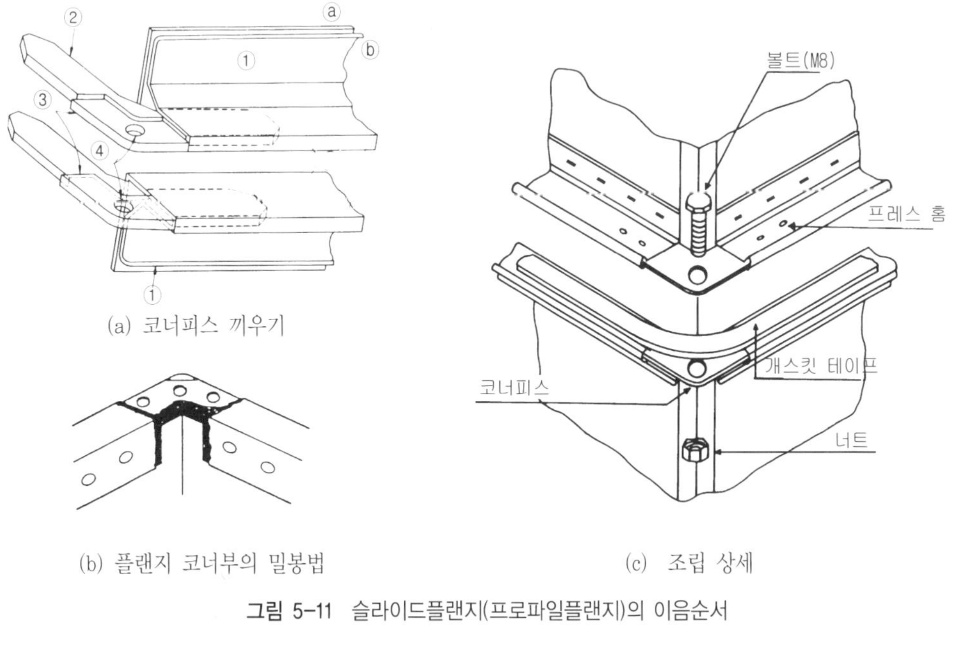

그림 5-11 슬라이드플랜지(프로파일플랜지)의 이음순서

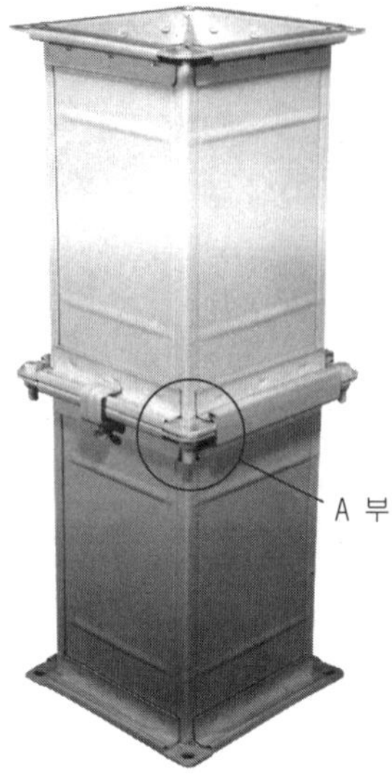

A 부 상세

그림 5-12 프로파일 플랜지 이음의 완성도

4) 공판(共板)플랜지 방식

제살접기 방식 또는 TDC공법(transverse duct connector system)이라고도 부른다. 미국에서 개발되어 보급된 방식으로 현재 강판제 덕트제작에는 프로파일플랜지 방식과 함께 이 방식이 주류를 차지하고 있다. 공판플랜지는 덕트 본체 끝 부분의 철판을 전용의 성형기계로 구부려 가공해서 플랜지를 만든다. 덕트와 덕트의 이음은 플랜지 모서리에 L형의 코너피스를 끼우고, 코너피스 모서리를 4개의 볼트 · 너트로 조여 접합한다. 접합된 플랜지부는 클립 등 플랜지 누르개철물로 고정한다.

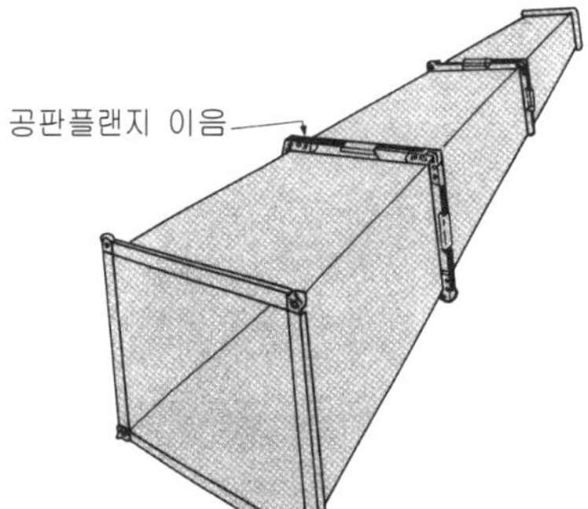

(a) 완성도

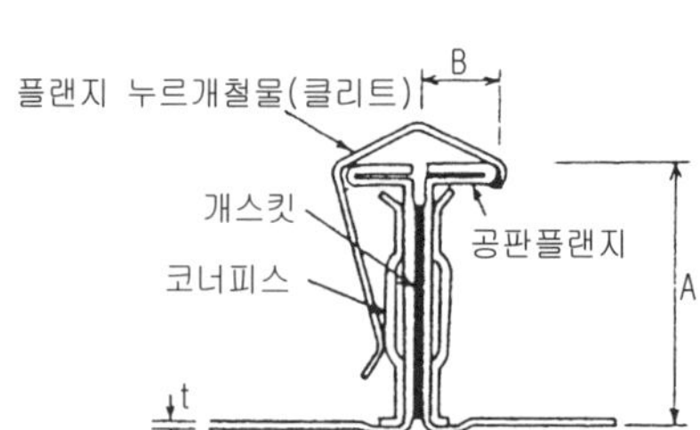

(b) 정면도

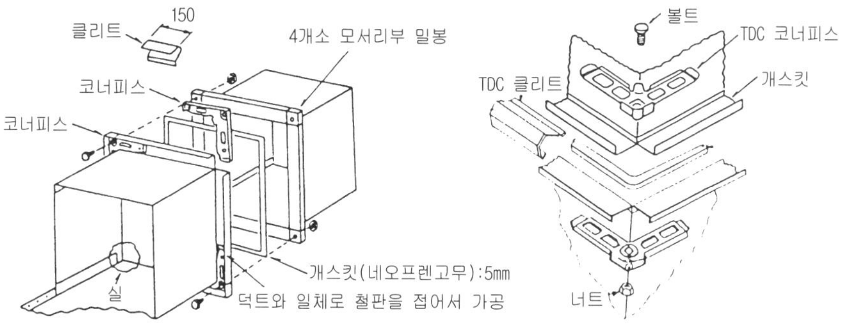

(c) 조립상세

그림 5-13 공판플랜지 이음의 조립도

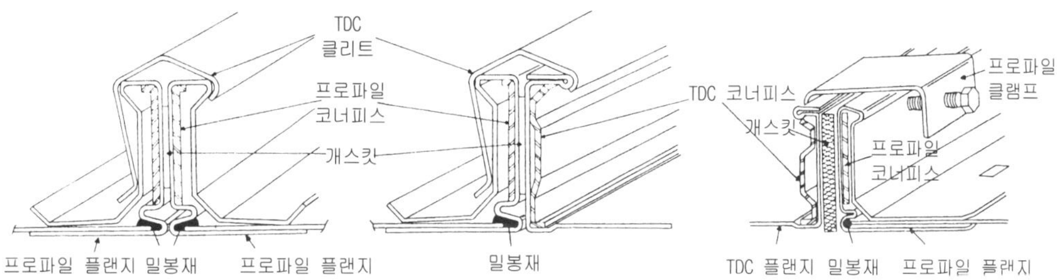

(클리트 사용) (클램프 사용)

(a) 프로파일플랜지 이음 (b) 공판플랜지와 프로파일플랜지의 이음

그림 5-14 코너볼트플랜지 이음

표 5-12 강판제 장방형 덕트의 공판플랜지 (단위 : mm)

덕트의 장변	접합플랜지						이음간격	
	공판플랜지 치수			코너피스		플랜지 클램프		
	A	B	덕트두께	판두께	접합볼트 호칭지름	판두께	표준간격	최대간격
450 이하	30	10	0.5(0.8)	1.2(1.6)	M8	1.0(1.2)	1,740	3,480(2,610)
451 ~ 750	30	10	0.6(1.0)	1.2(1.6)	M8	1.0(1.2)	1,740	3,480(1,740)
751 ~ 1,200	30	10	0.8(1.0)	1.2(1.6)	M8	1.0(1.2)	1,740	2,610(1,740)
1,201 ~ 1,500	30	10	0.8(1.2)	1.2(1.6)	M8	1.0(1.2)	1,740	2,610(1,740)
1,501 ~ 2,200	30	10	1.0(1.2)	1.2(1.6)	M8	1.0(1.2)	1,740	1,740(1,740)

주 : ( )은 고속덕트의 경우를 나타냈다.

공판플랜지 공법의 이음방식은 다음과 같다.

① 덕트 본체 끝 부분의 철판을 전용 성형기계로 굽힘가공하여 플랜지를 만든다. 플랜지의 높이는 30mm 이상, 폭은 10mm 이상으로 하며, 판두께는 덕트의 판두께와 같다. 공판 플랜지의 구조 및 규격은 제작사에 따라 다르다.
② 플랜지 모서리에 L형의 코너피스를 끼워 고정시킨다.
③ 코너부는 그림 5-15와 같이 코너피스 주위와 4개소 모서리의 덕트 안쪽에 밀봉을 확실하게 한다.
④ 덕트간의 접속시 개스킷을 한 쪽 덕트의 플랜지면에 부착시키고, 4개의 코너피스 모서리를 볼트·너트로 조여 접합한다. 개스킷의 폭은 15mm 이상으로 한다.
⑤ 접합된 플랜지부는 클립 등 전용의 플랜지 누르개철물(TDC cleat)로 고정한다. 한번 사용한 클립은 재사용해서는 안 되며, 반드시 전용의 것을 사용한다.
⑥ 클립의 폭은 150mm 이상, 판두께는 1.0mm 이상으로 한다. 또한 클립은 덕트의 끝 부분에서 150mm 이내, 클립 사이의 거리 200mm 이내로 설치한다(그림 5-16).

그림 5-15 플랜지 모서리부의 밀봉

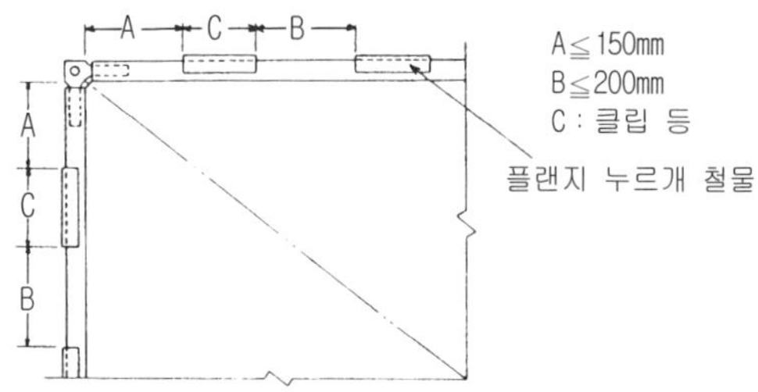

그림 5-16 공판 플랜지 누르개철물 주위의 치수

전용의 플랜지 누르개철물 표준길이는 75~150mm, 수량은 덕트치수에 따라 결정되며, 최대길이를 150mm로 제한한다. 덕트치수가 450mm 이하일 때는 누르개철물 1개로 조립한다.

공판플랜지는 플랜지 자체가 덕트판 두께와 같이 얇으므로 다른 플랜지에 비하여 외부의 하중에 약하다. 플랜지용 개스킷은 과거에 석면이 사용되어 왔으나 환경문제 때문에 현재는 암면이나 유리섬유 등의 불연재료 또는 합성수지계통이 사용되고 있다. 실험실 등의 공기누설을 방지하는 부분은 고무계의 개스킷이 사용되는 경우도 있다. 개스킷의 두께는 5mm로 하고, 폭은 플랜지 높이에 맞춘다.

5) 용접이음

용접이음은 두께가 두꺼운 강판제 덕트 또는 연도 등의 이음에 적용한다. 일반적으로 판두께 2.3mm 이상은 가스 또는 전기용접을, 그 이하는 스포트용접을 한다. 아연도철판으로 제작된 덕트는 용접이음을 하지 않는다.

(5) 덕트의 보강

덕트는 그 속을 흐르는 공기에 의해 진동 · 소음이 발생하지 않도록, 또한 공기압에 의해 변형(정압에 의한 덕트의 팽창이나 부압에 의한 덕트의 변형 등)이 생기지 않도록 적절히 보강해야 한다. 보강방법에는 형강에 의한 보강, 리브보강, 타이로드에 의한 보강 등이 사용되며 다이아몬드 브레이크, 스탠딩심에 의한 보강은 최근에는 거의 사용되지 않는다.

1) 형강 보강

형강 보강은 대형 덕트에서 많이 사용되고 있는 중간 보강법으로서, 접속플랜지의 중간에 ㄱ형강을 리벳이나 스포트용접으로 설치한다. 가로방향과 길이방향의 보강방법을 그림 5-17에, 보강치수를 표 5-13, 14에 나타냈다. 길이방향의 보강은 덕트의 안쪽에 설치하는 것을 원칙으로 한다.

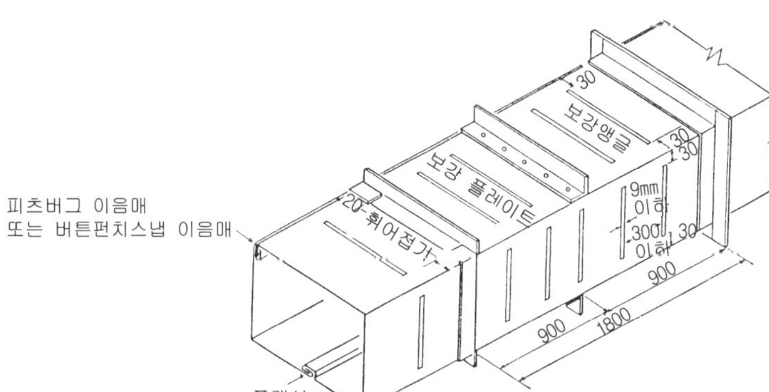

(a) 가로방향

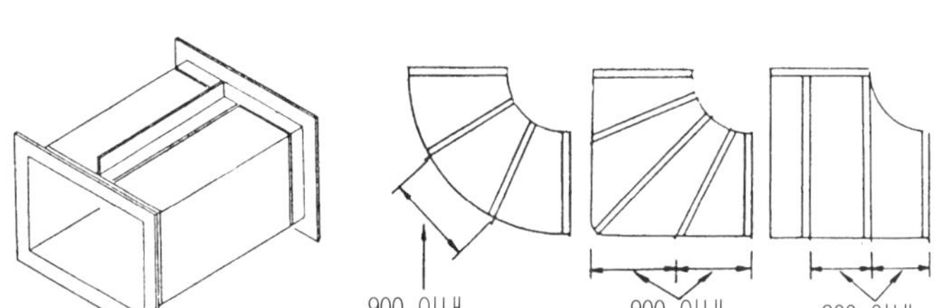

(b) 길이방향 (c) 곡관

그림 5-17 장방형 덕트의 형강 보강

표 5-13 강판제 장방형 덕트의 가로방향 보강

① 아연도철판 · 염화비닐라이닝 강판제 덕트 (단위 : mm)

덕트의 장변	ㄱ형강 보강재의 치수	보강 최대 간격					
		저속덕트			고속덕트		
		앵글 방식	슬라이드 방식	공판방식	앵글 방식	슬라이드 방식	공판방식
250 ~ 750	25×25×3	1,840	1,840	1,840	925	925	925
751 ~ 1,500	30×30×3	925	925	925	925	925	925
1,501 ~ 2,000	40×40×3	925	925	925+타이로드	925	925+타이로드	925+타이로드
2,001 이상	40×40×5	925	925+타이로드	-	925	925+타이로드	-

주 1) 타이로드와 병용인 경우 ㄱ형강 치수 40×40×5mm 대신 40×40×3mm로 한다.
2) 형강의 설치는 호칭지름 4.5mm의 리벳과 스포트용접으로 하며, 그 간격은 100mm로 한다.

② 스테인리스강판제 덕트(저압) (단위 : mm)

덕트의 장변	형강에 의한 보강		형강용 리벳	
	형강 치수	최대 간격	스테인리스강 호칭지름	피 치
750 이하	25×25×3	2,000	4.0	100
751 ~ 1,500	30×30×3	1,000	4.0	100
1,501 ~ 2,200	40×40×3	1,000	4.0	100
2,201 이상	40×40×5	1,000	4.0	100

주) 형강이나 리벳은 스테인리스강제로 하며, 설치는 리벳 또는 스포트용접으로 하고, 그 간격은 100mm로 한다.

표 5-14 강판제 장방형 덕트의 길이방향 보강 (단위 : mm)

덕트의 장변	아연도철판, 염화비닐 라이닝 강판제 덕트의 형강치수		스테인리스강판 덕트의 형강치수	보강 위치	비고
	저속덕트	고속덕트			
1,201 ~ 2,200	-	40×40×3	40×40×3	중앙에 1개소 이상	내측에 설치
1,501 ~ 2,200	40×40×3	-	-	중앙에 1개소 이상	
2,201 이상	40×40×5(3)	40×40×5(3)	40×40×5	중앙에 2개소 이상	

주 1) 공판플랜지 방식은 장변이 2,200mm를 초과하는 것은 제외한다.
2) ( )내의 경우는 타이로드 병용을 나타냈다.
3) 스테인리스강판제 덕트의 경우 형강 · 볼트 · 리벳은 스테인리스강제로 하고, 리벳의 호칭지름은 4.0mm 피치는 100mm로 한다.

2) 리브 보강

리브 보강은 덕트판의 진동에 의한 소음을 방지할 목적으로 설치하며, 장변이 450mm를

넘어 보온하지 않는 덕트에 그림 5-18(a)와 같이 간격 300mm 이하마다 보강리브를 넣는다. 그림 (b)와 같이 철판을 꺾어 보강하는 다이아몬드 브레이크는 바람직하지 않다.

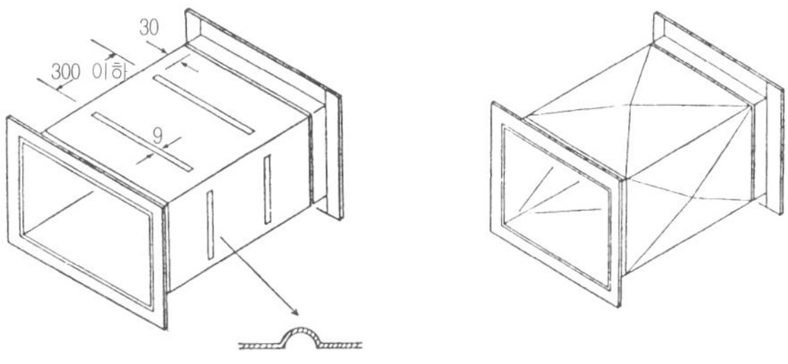

(a) 리브형 (b) 다이아몬드형

그림 5-18 리브 보강

3) 타이로드 보강

타이로드 보강은 종횡비가 6 : 1 이상인 대형 덕트의 경우 찌그러짐과 팽창을 방지하기 위하여 실시한다. 단변 450mm 이하, 장변 2,250mm 이상일 때 중간 보강법으로 형강 보강과는 별개로 사용되고 있다. 형강 보강에 비하여 설치시간과 덕트 중량의 증가가 적기 때문에 고너볼드플랜지 방식의 덕트 중산 보상방법으로 널리 이용되고 있다.

덕트 내의 청소를 고려하여 타이로드에 의한 보강을 제한해야 한다는 견해도 있으나 타이로드가 장애물이 되지 않는 청소방법도 있다. 그림 5-19에 단독으로 타이로드 보강을 하는 경우의 예를, 그림 5-20에 형강과 타이로드에 의한 보강방법을 나타냈다. 표 5-15는 타이로드 보강의 치수를 나타낸 것이다.

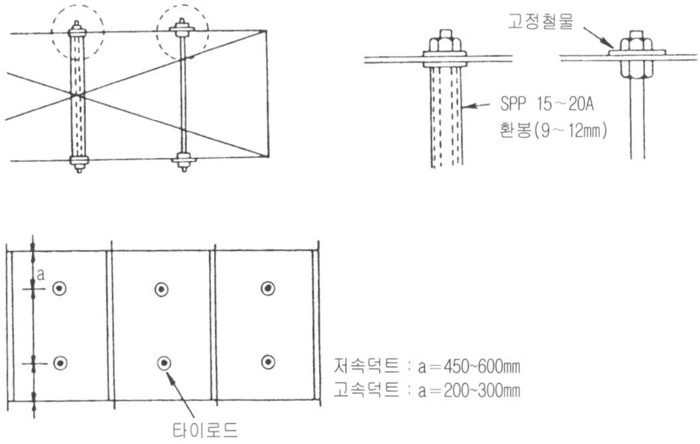

그림 5-19 타이로드에 의한 보강

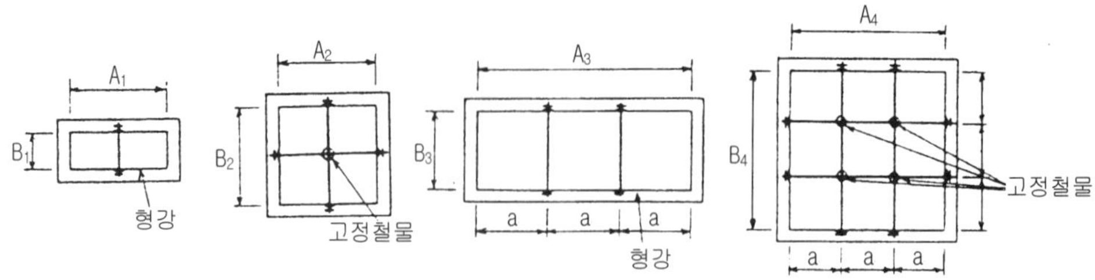

(a) 보강치수

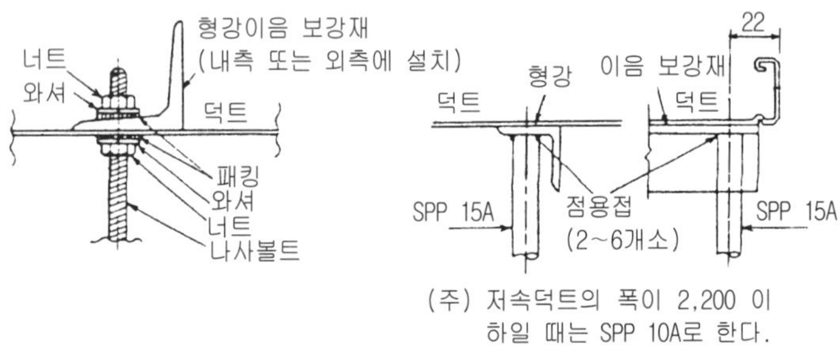

(b) 보강상세

그림 5-20 형강과 타이로드 조합에 의한 보강

표 5-15 형강과 타이로드 조합에 의한 보강치수 (단위 : mm)

저 속 덕 트			고 속 덕 트		
덕트 치수	타이로드의 설치간격	타이로드의 호칭지름	덕트의 치수	타이로드의 설치간격	볼트의 호칭지름
1,500<A, B≤2,200 2,200<A, B	변의 중앙에 1개 a, b≤1,100	9 13	1,200<A, B≤1,800 1,800<A, B	변의 중앙에 1개 a, b≤1,100	

4) 포켓록이음에 의한 보강

스마크나방식에 의한 이음이면서도 보강효과가 있다. 그러나 대형의 덕트에는 사용하지 않는다.

아연도철판을 사용하여 각형 덕트를 앵글플랜지 방식으로 시공할 때 사용되는 재료의 예를 정리하여 표 5-16에 참고로 나타냈다.

표 5-16 앵글플랜지 방식으로 각형 덕트를 시공할 때 사용되는 재료 (단위 : mm)

판 두 께		0.8	1.0		1.2		
덕트의 변길이		~450	451~750	751~1,200	1,201~1,500	1,501~2,200	2,201~
접합용 플랜지	ㄱ형강 치수	25×25×3		30×30×3		40×40×3	40×40×5
	표준간격	1,820					
플랜지 고정용 리벳	호칭지름	4.5					
	리벳간격	65					
접합용 볼트	나사의 호칭	M 8					
	볼트간격	100					
덕트의 가로방향 보강	ㄱ형강 치수			30×30×3		40×40×3	40×40×5
	최대간격			910			
	보강리브간격		350 이하(보온을 하지 않은 경우)				
가로방향 보강 고정용 리벳	호칭지름			4.5			
	리벳간격			100			
덕트의 길이방향 보강	ㄱ형강 치수					40×40×3	40×40×5
	고정개소					중앙에 1개소	중앙에 1개소
길이방향보강 고정용 리벳	호칭지름					4.5	
	리벳간격					100	
행 거	ㄱ형강 치수	25×25×3		30×30×3		40×40×3	40×40×5
	봉 강	호칭지름 9					
	최대간격	3,640					
지 지 재	ㄱ형강 치수	25×25×3		30×30×3		40×40×3	40×40×5
	최대간격	3,640					

5.2.3 강판제 원형 덕트

(1) 원형 덕트

원형으로 된 덕트에는 강판을 원통형으로 말아 제작하는 원형 덕트와 코일강판을 기계로서 나선상의 그루브 이음매로 감은 나선형 덕트(스파이럴 덕트 ; spiral duct)가 있다. 스파이럴 덕트는 강도가 크고 시공이 간편하며, 덕트공사의 효율화·합리화의 목적에 알맞기 때문에 취출구 설치용 덕트를 제외하고 현재 사용되고 있는 원형 덕트는 거의가 스파이럴 덕트이다.

1) 판두께

스파이럴 덕트에 사용하는 판두께는 표 5-17과 같다.

표 5-17 스파이럴 덕트의 판두께 (단위 : mm)

덕트의 장변 \ 판두께	0.5	0.6	0.8	1.0	1.2
아연도철판, 염화비닐강판제 저속덕트	450 이하	451～750	751～1,000	-	-
〃 〃 고속덕트	200 이하	201～600	601～800	801～1,00	-
〃 〃 이음	-	200 이하	201～600	601～800	801～1,000
스테인리스강판제 저속덕트	600 이하	601～800	801～1,000	-	-
〃 이음	-	600 이하	601～800	801～1,000	-

2) 이음매와 이음방법

이음매는 원형 덕트와 스파이럴 덕트 모두 보강을 겸한 플랫심(그루브 이음매)으로 하며, 덕트와 덕트의 이음은 삽입이음(커플링) 또는 프랜지이음을 한다. 일반적으로 소구경은 삽입이음을, 600mm 이상의 대구경은 플랜지이음으로 한다.

삽입이음은 그림 5-21과 같이 커플링의 외면에 접착제를 바른 다음 덕트를 삽입하고, 탭핑나사로 고정시킨 후 알루미늄제 점착테이프를 이중으로 감는다. 고압의 경우는 이음부에 밀봉을 한다. 고정용 나사의 간격은 300mm 이하가 바람직하며, 커플링의 재질은 아연철판(KS D 3506 ; 용융아연도금강판 및 강대)으로 한다. 이음의 호칭치수는 바깥지름을 기준으로 하며, 표 5-18에 공차, 판두께, 삽입길이를 나타냈다.

그림 5-22에 스파이럴 덕트의 플랫심 이음방법을, 그림 5-23에 각종 이음부속(이형관)을 나타냈다. 플랜지이음 방식은 장방형 덕트의 앵글플랜지 방식과 동일하다.

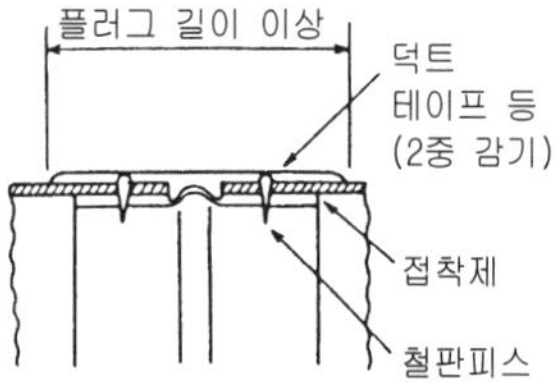

그림 5-21 원형 덕트의 삽입이음

표 5-18 스파이럴 덕트의 삽입이음 치수 (단위 : mm)

호칭치수	공 차	호칭치수	판두께	호칭치수	삽입길이
75～600 601～1,000	−1.5～−2.5 −2.0～−4.0	200 이하 201～600 601～800 801～1,000	0.6 0.8 1.0 1.2	125 이하 126～300 301～1,000	60 이상 80 이상 100 이상

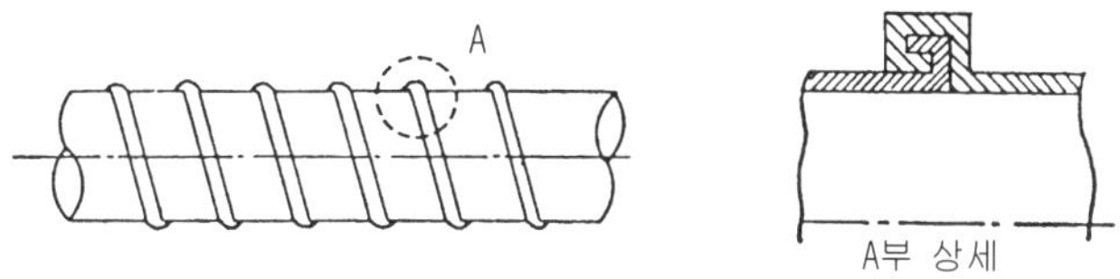

그림 5-22 스파이럴 덕트의 이음

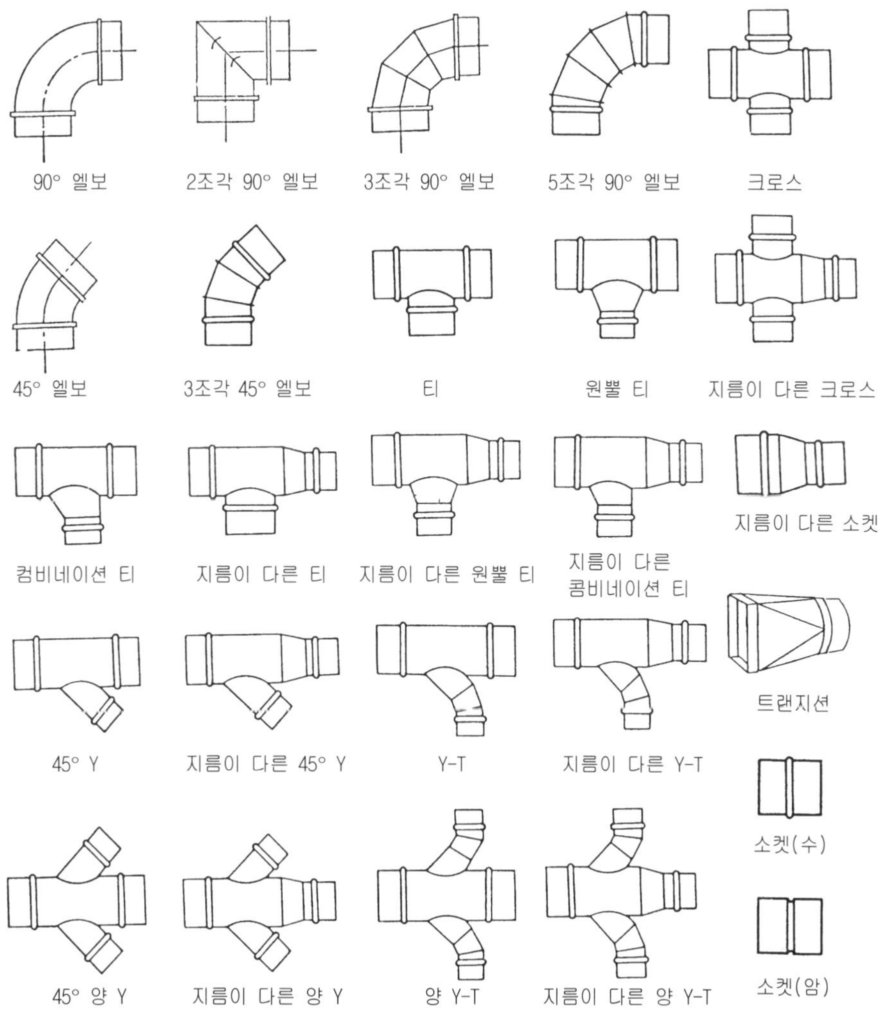

그림 5-23 스파이럴 덕트의 이음부속(이형관)

(2) 타원형 덕트

타원형 덕트는 원형 덕트와 장방형 덕트의 장점을 가진 덕트로서, 원형 덕트로는 통과할 수 없는 공간에도 적용이 용이하다. 이음방법은 원형 덕트와 동일하지만 특별한 경우 이외에는 많이 사용하지 않는다.

5.2.4 경질염화비닐제 덕트

염화비닐제 덕트는 풍속 15m/s 이하, 덕트내 정압 ±2,940Pa{±300mmAq} 이하, 사용온도 40℃ 이하에서 사용한다. 특히 부식성이 강한 곳에 적용하며, 플랜지의 보강도 염화비닐제로 한다. 사용하는 볼트는 스테인리스강제 또는 염화비닐제로 한다.

(1) 판재의 두께

표 5-19에 염화비닐제 덕트의 판재 두께를 나타냈다.

표 5-19 염화비닐제 덕트의 판두께

	덕트의 장변 (mm)	호칭치수 (안지름 기준) (mm)	정 압 Pa(mmAq)		
			1,470(150) 이하	1,470(150) 이상 1,960(200) 이하	1,960(200) 이상 2,940(300) 이하
장방형 덕트	500 이하	-	3	3	4
	501~1,000	-	4	5	5
	1,001~1,500	-	5	5	5
	1,501~2,000	-	5	5	5
	2,001~3,000	-	6	6	6
원형 덕트	-	300 이하	3	3	3
	-	301~500	3	4	4

(2) 장방형 덕트의 제작

직관부는 4변을 굽힘가공하고, 굽힘부분을 피한 위치에서 열풍용접으로 맞대기용접한다. 그러나 이형관의 이음매는 모서리부분을 맞대기용접한다. 용접하는 판의 끝 부분은 줄, 글라인더 등으로 60~90°의 모따기가공을 한다. 이음매의 보강은 염화비닐제 평판과 앵글을 직접 용접하여 보강한다. 그림 5-24에 용접 부위와 장방형 덕트의 제작형태를 나타냈다.

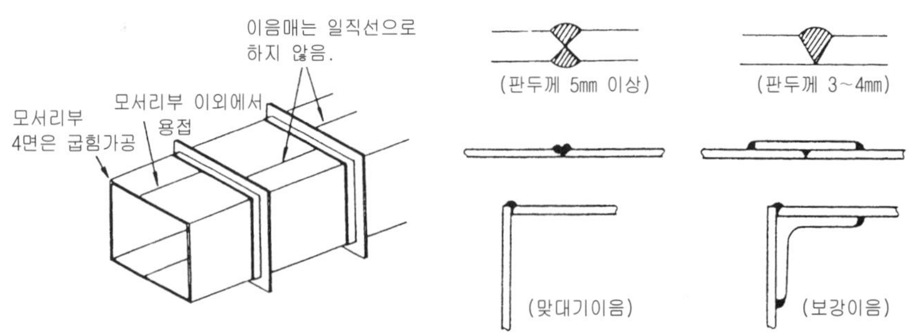

(a) 이음매 위치 (b) 이음매와 보강

그림 5-24 장방형 덕트의 제작

(3) 덕트의 이음

장방형 덕트의 이음은 경질염화비닐제 앵글에 의한 플랜지이음이 사용되며, 이음부위는 열풍용접기에 의해 용접한다. 접합용 볼트와 너트는 스테인리스강제로 하며, 경질염화비닐제는 특별한 경우에 한하여 사용하다. 플랜지에 사용하는 패킹은 발포연질의 염화비닐제 또는 네오프렌고무로 두께 3mm 이상의 것을 사용하며, 볼트로 기밀이 유지되도록 체결한다.

원형 덕트의 이음에는 그림 5-25와 같이 수도용 경질염화비닐 이음관(KS M 3402)에 의한 소켓이음이 사용되며, 기타 삽입이음 · 앵글보강이음 등이 있다. 이음방법은 냉간이음(TS이음)을 하던가 열풍용접에 의한다. 필요한 경우 표 5-20에 따른 플랜지이음으로 한다.

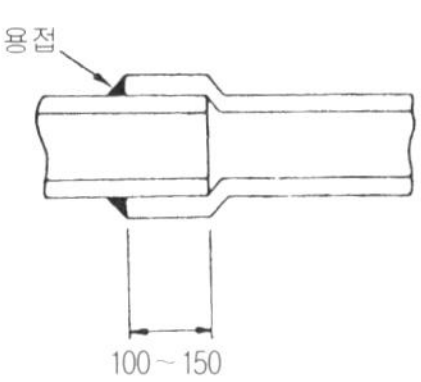

(a) 원형 덕트 350 φ 이하의 이음

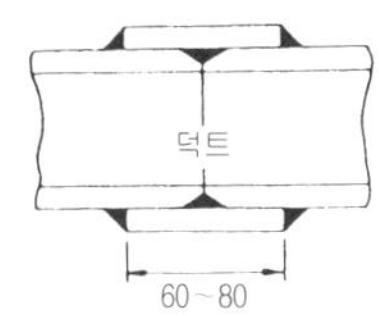

(b) 원형 덕트 400 φ 이상, 장방형 덕트 300 이하의 이음

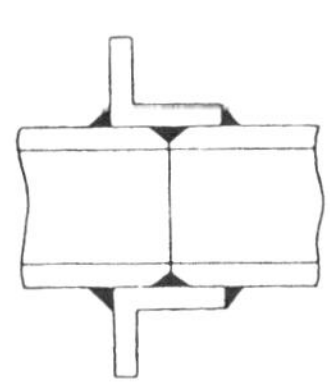

(c) 장방형 덕트 350mm 이상의 이음

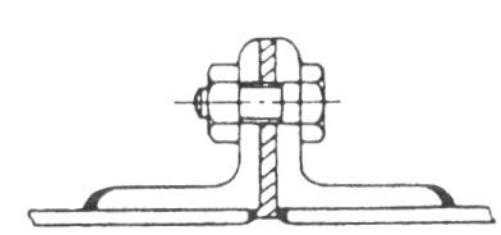

(d) 플랜지 이음

그림 5-25 염화비닐제 덕트의 이음 종류

표 5-20 경질염화비닐제 덕트의 접합치수 (단위 : mm)

치수 / 덕트종류	덕트의 장변	호칭치수	접합용 플랜지		접합용 볼트	
			경질염화 비닐제 앵글	최대간격	호칭지름	피 치
장방형 덕트	500 이하	-	50×50×6	4,000	M8(10)	100(75)
	501 ~ 1,000	-	60×60×7	4,000	M8(12)	100(75)
	1,001 ~ 1,500	-	60×60×7	3,000	M8(12)	100(75)
	1,501 ~ 2,000	-	60×60×7	3,000	M8	100
	2,001 ~ 3,000	-	60×60×7	2,000	M8	100
원형 덕트	-	400 이하	40×40×5	-	M8(10)	100(75)
	-	401 ~500	50×50×6	-	M8(10)	100(75)

주) 접합용 볼트의 ( )에는 경질염화비닐제 볼트의 경우이다.

(4) 덕트의 보강

보강은 경질염화비닐제 앵글을 열풍용접으로 덕트에 설치하고, 보강용 평강(강제)을 경질염화비닐제 앵글에 스테인리스강제 볼트로 설치한다. 볼트 및 너트는 경질염화비닐제를 사용해서는 안 된다. 표 5-21에 장방형 덕트의 보강내용을, 그림 5-26에 외부보강 및 타이로드에 의한 내부보강 예를 나타냈다.

표 5-21 경질염화비닐제 덕트의 이음 (단위 : mm)

치수 / 보강방향	덕트의 장변	덕트의 폭	외 부 보 강			부착용 볼트		타이로드에 의한 내부보강
			경질염화비닐제 앵글	평 강	최대간격	호칭지름	피 치	
가로방향	500 이하	-	50×50×6	-	1,000 (500)	-	-	-
	501 ~ 1,000	-	60×60×7	(50×4))		(M8)	(150)	-
	1,001 ~ 1,500	-	60×60×7	50×4		M8	150	1개소
	1,501 ~ 2,000	-	60×60×7	50×4		M8	150	1개소
	2,001 ~ 3,000	-	60×60×7	50×4		M8	150	2개소
길이방향	-	2,001~3,000	60×60×7	50×4	-	M8	150	-

주 1) ( )내는 정압이 1.47kPa{150mAq}~2.94kPa{300mAq}의 경우
2) 길이방향 보강은 중앙의 1개소에 설치한다.

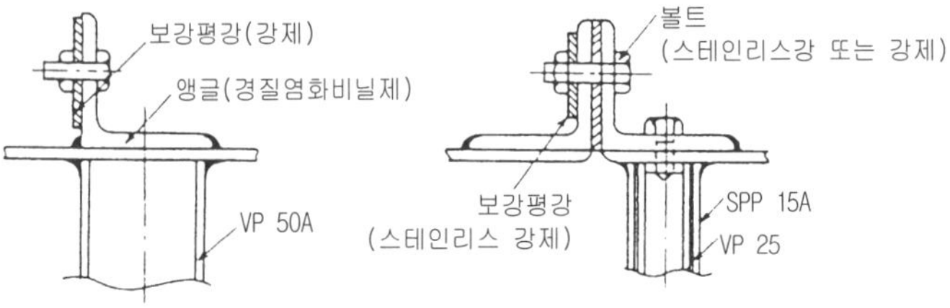

그림 5-26 경질염화비닐제 덕트의 보강

5.2.5 유리섬유 덕트

유리섬유(glass wool) 덕트는 가볍고, 불연성이며, 별도로 단열할 필요가 없다. 또한 가공이나 제작 · 시공이 용이하고, 흡음성이 있다. 그러나 강도가 작기 때문에 고속덕트에는 사용할 수 없으며, 시공시 또는 시공 후 부주의로 인한 손상의 우려가 많으므로 주의가 필요하다.

덕트의 내부정압은 ±490Pa{±50mmAq} 이내로 하고, 풍속은 15m/s 이하로 한다. 또한 덕트 내의 온도는 75℃ 이하로 하고, 덕트의 주변 온도는 −30~70℃의 범위로 한다. 다만

배연덕트, 주방 등 화기를 사용하는 방의 배기덕트, 수직덕트 및 다습한 장소에는 사용하지 않는다.

(1) 덕트의 소재

덕트용 유리섬유는 그림 5-27과 같이 두께 25mm, 밀도 60kg/m^3 이상의 평탄하고 견고한 적층판(각형 덕트용) 또는 원통형(원형 덕트)으로서, 표면을 알루미늄박으로 피복한 것이다.

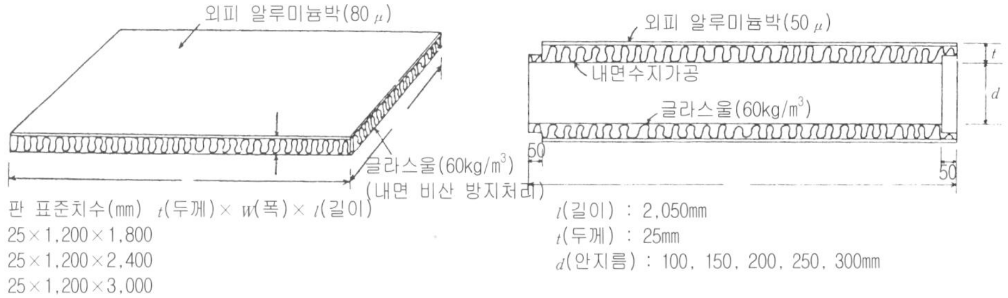

(a) 판재 (b) 원통형(원형 덕트)

그림 5-27 유리섬유 덕트의 소재

(2) 덕트제작

1) 각형 덕트제작

각형 덕트는 그림 5-28과 같이 덕트용 판을 V형 또는 L형으로 절단(홈가공)하고, 절단면에 전용접착제를 바른 다음 접어서 붙인다. L형의 경우는 스테이플러(stapler)를 사용하여 50~60mm의 간격으로 꿰맨다. 다음에 모서리의 이음면에 접착제를 바른 후 70~100mm폭의 알루미늄 테이프를 붙인다. 판재의 절단은 그림(b)와 같이 1~4 조각내어 성형한다.

원형 덕트는 성형품으로 공급되며, 엘보 등 이형관은 장방형 덕트와 같은 방법으로 제작한다.

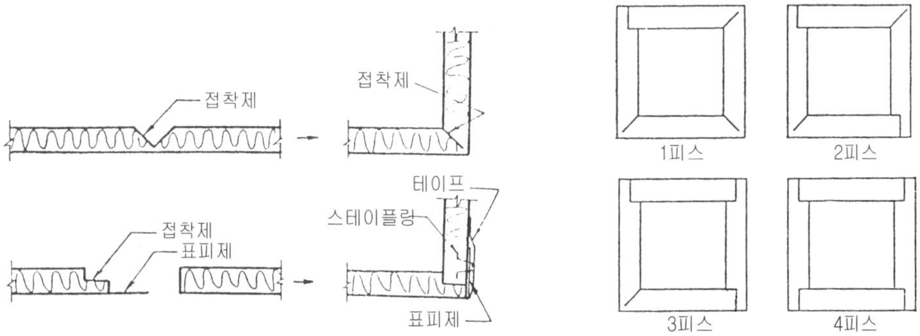

(a) 판재의 조립 (b) 조각내어 성형하기

그림 5-28 각형 덕트의 제작

2) 덕트의 이음

직관부의 이음은 슬리브이음(슬립이음)으로 하며, 이음부속을 사용하지 않고 이음하는 방법과 이음부속을 사용하는 방법이 있다. 이음부속을 사용하지 않고 이음하는 방법은 다음과 같다.

① L홈 절삭공구로 이음부를 절삭한다.
② 슬리브 이음면 내외면에 접착제를 바르고 끼워 맞춘다. 이때 소켓부(암관)가 흐름의 하류쪽에 있도록 한다.
③ 다음에 이음부에 접착제를 바른 다음 알루미늄 테이프를 감고 히터가 달린 롤러 등으로 눌러준다.

그림 5-29에 글라스울 덕트의 이음 예를 나타냈다.

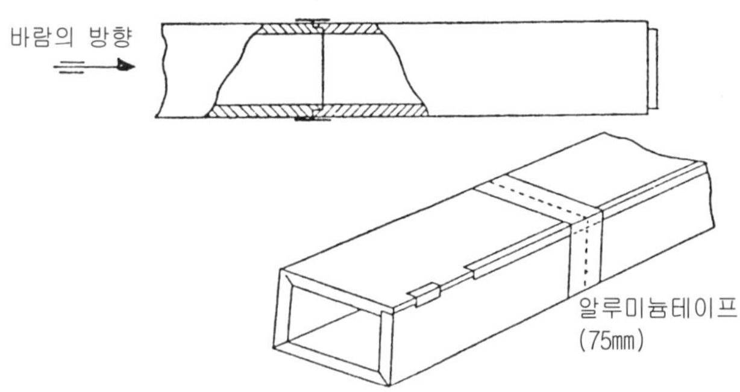

(a) 각형 덕트의 이음

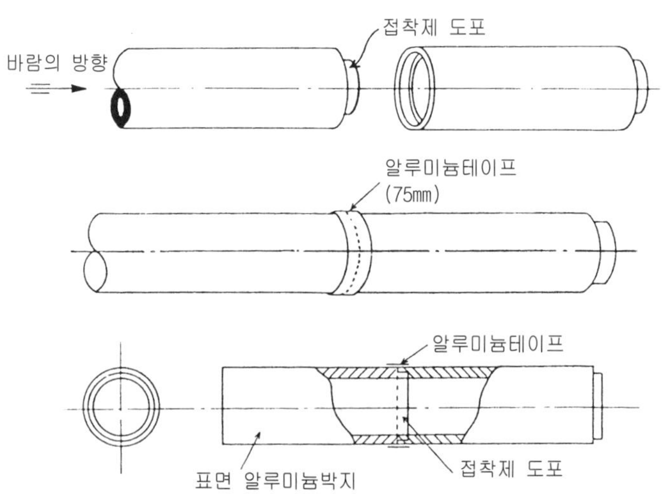

(b) 원형 덕트의 이음

그림 5-29 유리섬유 덕트의 이음

5.3 덕트 부속기구

5.3.1 취출구

취출구(디퓨저 ; diffuser)는 덕트의 말단에 설치하여 실내로 공기를 불어내는 개구부로서, 실내공기를 유인 · 혼합하면서 확산시켜 거주공간의 온도가 고르게 분포될 수 있는 구조로 되어 있다. 취출기류의 유인특성이나 도달거리 등은 취출구의 모양에 따라 다르다.

설치위치에 따라 천장형과 벽면형이 있으며, 기류방향에 따라 축류형과 복류형으로 나누어진다. 표 5-22에 기류방향과 형상에 따른 취출구의 분류를 나타냈다.

표 5-22 취출구의 종류

분 류	형 식	풍 향 조 정	비 고
복류형 취출구 (천장취출구)	아네모형	베인 가동 베인 고정	천장 취출구
	팬형	팬 가동 팬 고정	
축류형 취출구 (분사형)	노즐형	고 정	
	펑커형(스폿형)	요 동	요동형 노즐
	격자형	고정 펀칭메탈 고정 베인 가동베인	레지스터(개폐셔터가 있는 것). 만능형 등
라인형 취출구	라인 디퓨저	베인 가동 베인 고정	
패널형 취출구	다공판형	고정(펀칭메탈) 베인 가동	펀칭메탈 등 다공판의 안쪽에 가동베인이 있는 것.
	천정판형		천장판을 취출구 패널로 한 것.

(1) 복류형 취출구

취출구의 전 둘레에서 복사(輻射)상태로 기류를 취출하며, 일반적으로 천장에 설치되기 때문에 천장 취출구라고도 한다.

1) 아네모스탯 디퓨저(annemostat diffuser)

여러 개의 원형 또는 각형의 콘(cone)을 개구단(開口端)에 붙여서 천장 부근의 실내공기를 유인하여 취출기류를 충분히 확산시킨다. 우수한 유인성능을 가지고 있기 때문에 다른 취출구에 비하여 풍속을 빨리 하거나 취출온도차를 크게 해도 통풍감을 느끼지 않는다.

모양에 따라 원형 디퓨저(round diffuser)와 각형 디퓨저(square diffuser)가 있으며, 콘을 고정시킨 것과 상하로 이동할 수 있는 것이 있다. 크기는 원형의 경우 목(neck)의 지름을 기준으로 125mm, 150mm, 200mm, 250mm 등이, 각형의 경우 전면 설치규격이 300×300mm, 450×450mm의 크기가 주로 사용된다.

천장 높이가 3m 이상일 때는 난방시에 취출된 온풍이 부력에 의해 천장면으로 올라가고 거주영역까지 도달하지 못한다. 따라서 콘 가동형의 경우 콘을 올려서 수직방향으로 취출하도록 하고 냉방시는 콘을 내려서 취출기류가 확산되도록 한다.

급기용 디퓨저의 경우는 취출풍량을 조절하기 위하여 그림 5-31과 같은 나비날개 또는 부채꼴 모양의 댐퍼를 부착한다. 또한 취출기류나 유인된 실내공기중의 먼지에 의한 취출구 주변의 오염(smudging)을 방지하기 위한 링(anti-smude ring)이 부착되어 있다.

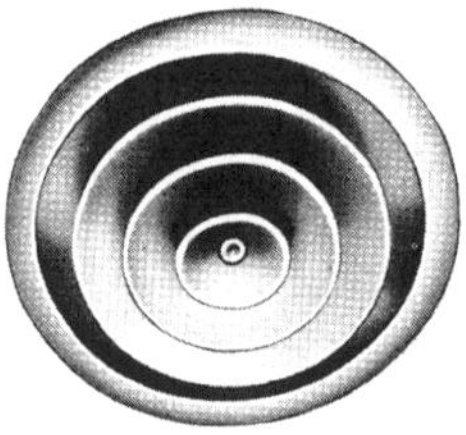

(a) 원형 디퓨저

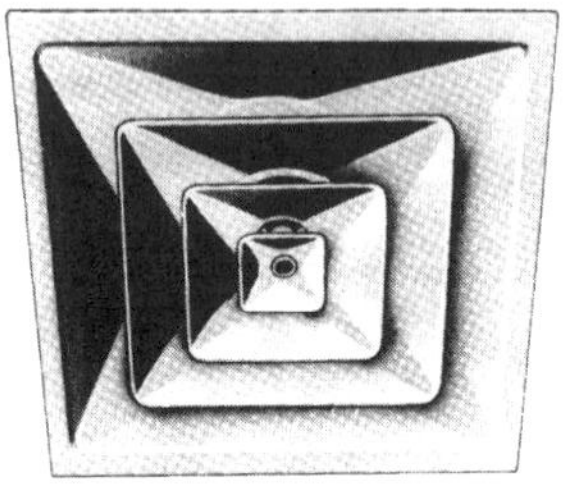

(b) 각형 디퓨저

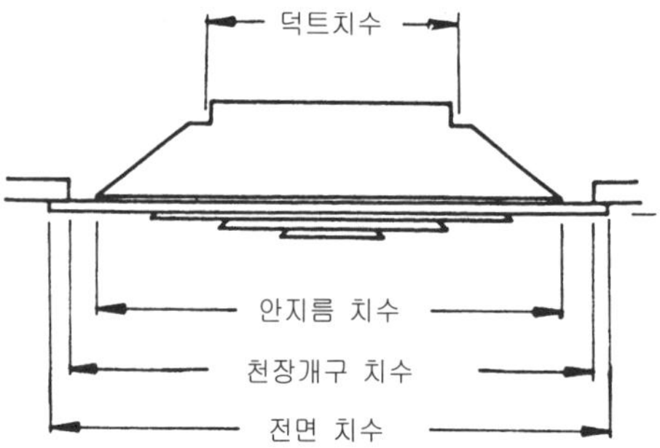

(c) 단면치수

그림 5-30 아네모스탯 디퓨저

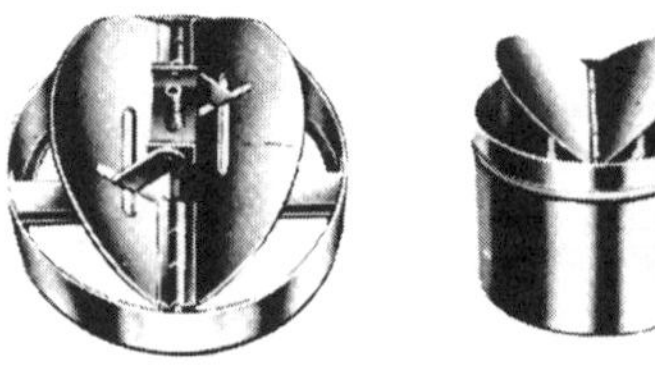

(a) 풍량조절용 댐퍼

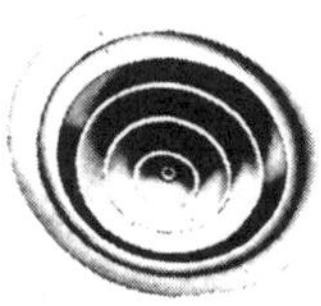

(b) 오염방지 링

그림 5-31 풍량조절용 댐퍼와 오염방지 링

2) 팬형 디퓨저(pan diffuser)

아네모스탯형의 콘 대신 중앙에 원판 모양의 팬을 붙인 것으로 취출기류가 팬의 상면에 부딪쳐 천장면의 수평 방사상(放射狀)으로 확산된다. 구조가 간단하고, 소음이 적은 장점이 있으나 기류방향의 균등성을 얻기는 어렵다. 모양에 따라 원형과 각형이 있고, 풍향조절방식에 따라 팬 고정형과 팬 가동형이 있다.

팬 가동형은 난방시에 팬을 위로 이동시킴으로써 취출기류가 축류형식으로 변화하여 천장 가까이에 온풍이 체류하는 것을 방지하고, 냉방시에는 팬을 내려서 취출기류가 천장면을 따라 확산되어 콜드 드래프트(cold draft)가 생기지 않도록 하였다. 다른 형의 디퓨저에 비하여 내부의 노출을 최소화한 형태로 시각적 효과가 크며, 특히 천장고가 낮은 백화점, 전시장, 고급 화장실의 배기에 많이 사용된다. 천장의 오염을 방지하기 위하여 취출면을 천장높이로부터 5cm 이상 띄운다.

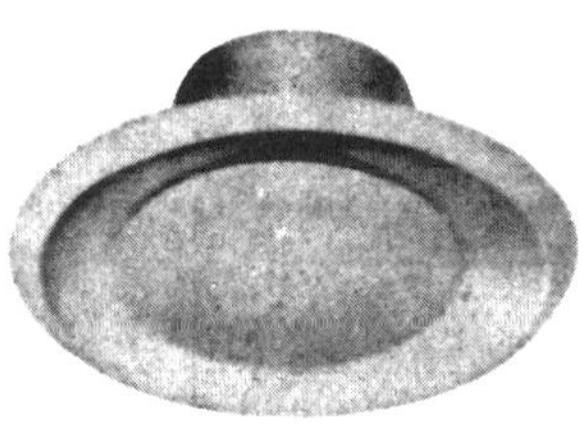

(a) 원형 디퓨저

(b) 각형 디퓨저

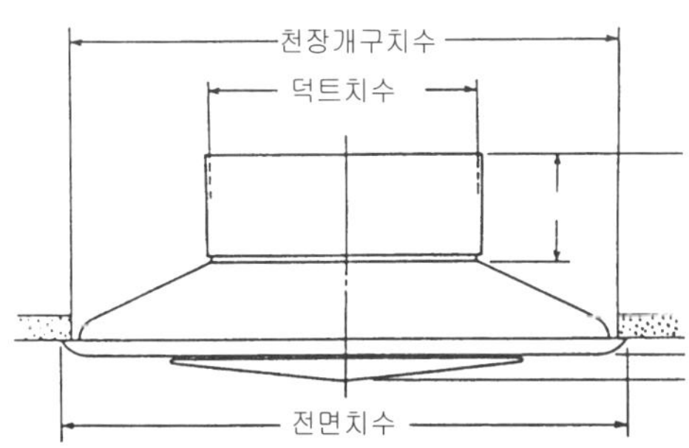

(c) 단면치수

그림 5-32 팬형 디퓨저

3) 웨이형 디퓨저(way diffuser)

날개의 모양(core pattern) 변경으로 1방향(1-way) 기류분포에서부터 4방향(4-way)으로 다양한 기류를 얻을 수 있기 때문에 불규칙적인 공간에서 기류를 특정방향으로 취출해야 할 경우 등 시스템 천장용 디퓨저로 알맞은 형이다. 풍량과 풍속에 의해 규격이 결정되지만 이외에도 조명기구, 천장 마감재와도 잘 조화되도록 제작이 가능하다. 외관이 미려하여 인테리어의 고급화 추세에 적합한 형식으로 냉방용에 주로 사용된다.

(a) 외형 (b) 단면치수

그림 5-33 웨이형 디퓨저

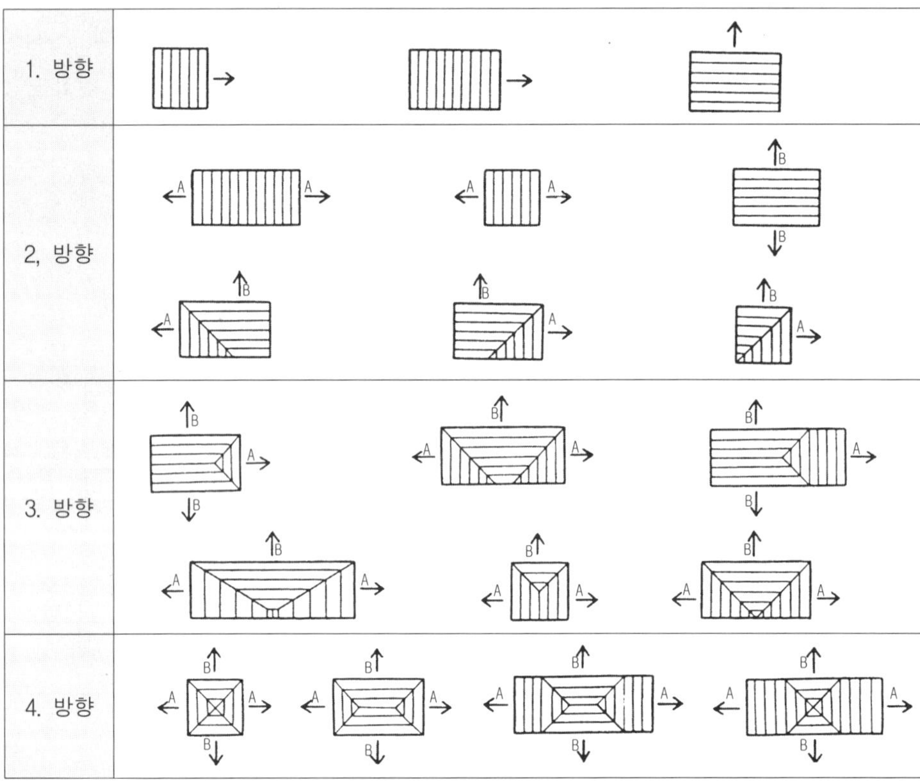

그림 5-34 웨이형 디퓨저의 기류방향

(2) 라인형 취출구

라인형 취출구(line diffuser)는 그림 5-35와 같이 폭이 좁고 길이가 긴 홈(slot)이 있어서 선의 개념을 통한 건축 의장상 미적인 감각을 살린 취출구이다. 선형 취출구(linear diffusers) 또는 슬롯 취출구(slot type)라고도 한다. 천장의 조명기구와 병행하여 설치하거나 창가의 외주(外周) 부하용에 사용된다. 외관이 아름다워서 최근에 많이 사용하고 있다. 그러나 기류를 균일하게 분류(噴流)하기는 어려우므로 덕트와의 연결부를 주의해서 설치해야 한다.

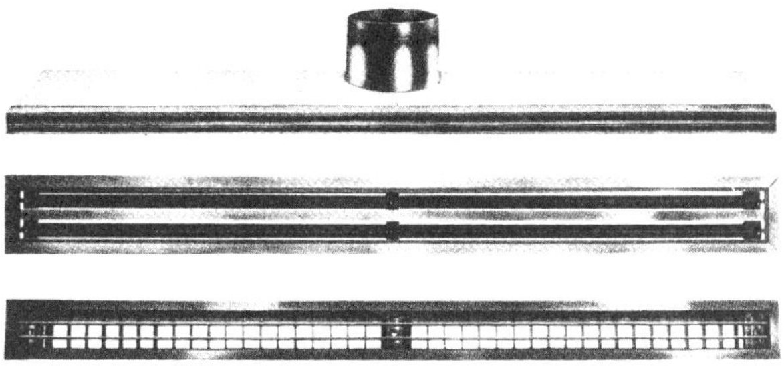

그림 5-35 라인형 취출구

1) 브리즈 라인 디퓨저(breeze line diffuser)

취출구의 날개(brade)로 기류방향을 180° 범위에서 조정이 가능하며, 부분적으로 풍량도 조절할 수 있으므로 인테리어 부분의 냉·난방용으로 적당하다. 취출 도달거리가 길기 때문에 천장고가 높은 로비, 영업장, 교회강당 등의 취출용으로 적합하다. 또한 에어 커튼(air curtain)역할도 하므로 엘리베이터 홀이나 창틀 위 또는 외부쪽 천장에 설치하여 외부 존(perimeter zone)의 냉난방부하를 처리한다.

취출기류가 나오는 부분인 슬롯은 취출풍량에 따라 1~4개가 있으며, 환기 및 배기를 위한 흡입용으로 사용할 경우는 브레이드를 제거하면 된다.

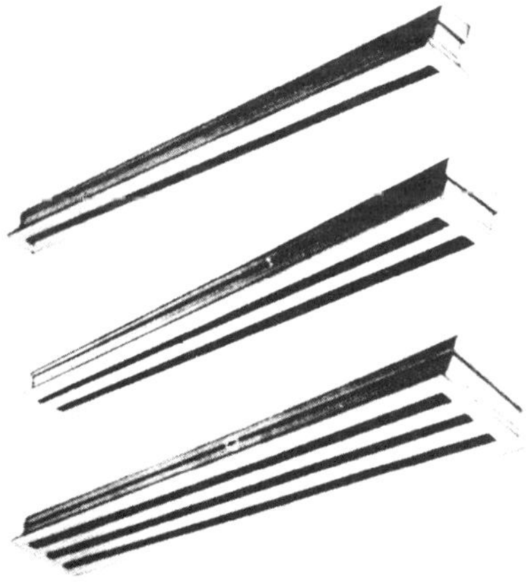

그림 5-36 브리즈 라인 디퓨저

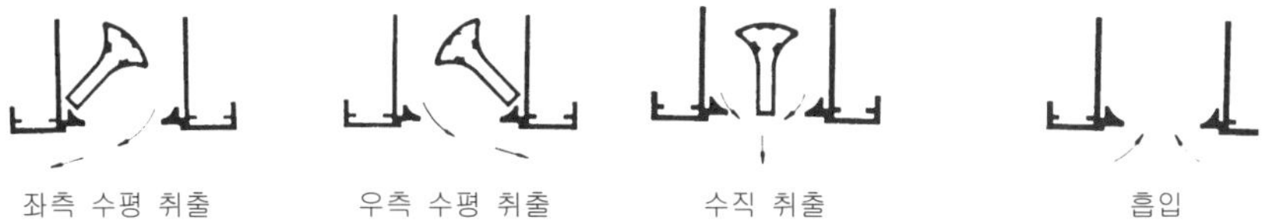

(a) 1슬롯의 경우

(b) 2슬롯의 경우

그림 5-37 기류 조절방법

2) 캄 라인 디퓨저(calm line diffuser)

외부 존이나 내부 존에 모두 적용되며, 에어커튼용으로도 적합하고, 인테리어 디자인의 일환으로도 적당하다. 취출구의 뒤쪽에는 디플렉터(deflector)가 있으므로 정류작용(整流作用)을 하며, 바람막이 판을 붙여서 취출기류를 차단하므로 매우 안정된 정상기류를 얻는다. 흡입용으로 사용하는 경우는 디플렉터가 필요 없다.

급·배기풍량이 비교적 많이 요구될 때 사용되며, 기류의 도달거리가 길어서 바닥·천장·벽 등에 다양하게 설치할 수 있다.

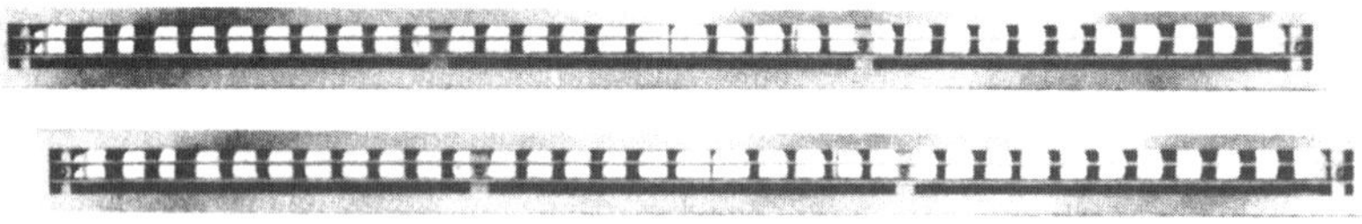

그림 5-38 캄 라인 디퓨저

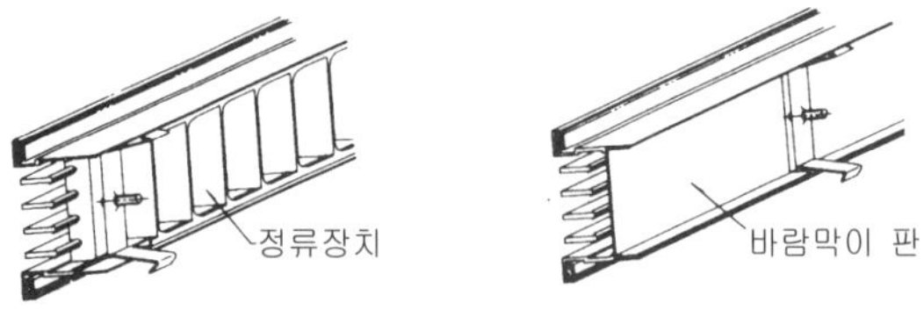

(a) 정류장치 (b) 바람막이 판

그림 5-39 정류장치와 바람막이 판

3) 티-라인 디퓨저(T-line diffuser)

건축물의 천장 보강재인 티-바(T-bar) 사이에 둘로 갈라진 원통형 날개를 가진 취출구를 설치한 방식이다. 취출구는 에어챔버가 부착된 슬롯형으로 취출풍량에 따라 1~3개의 슬롯이 있으며, 슬롯 내에는 베인과 댐퍼가 있어서 180°의 범위 내에서 기류의 방향조정 및 풍량을 조절한다. 일반적으로 천장이나 창틀 위에 설치하며, 건축 모듈링이 편리하고, 외관이 미려하여 고급 건물에 많이 이용된다.

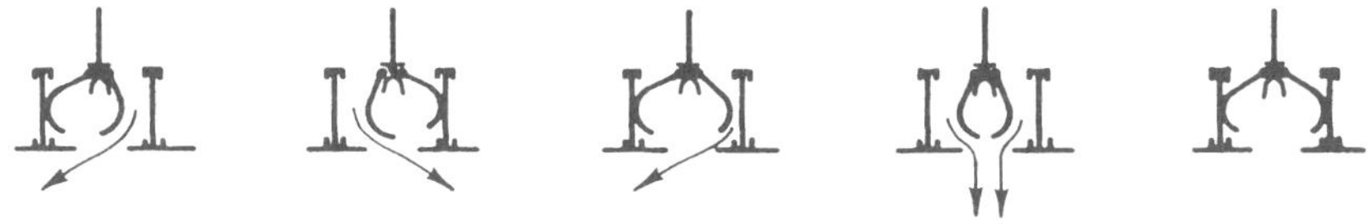

그림 5-40 기류방향의 조절방법

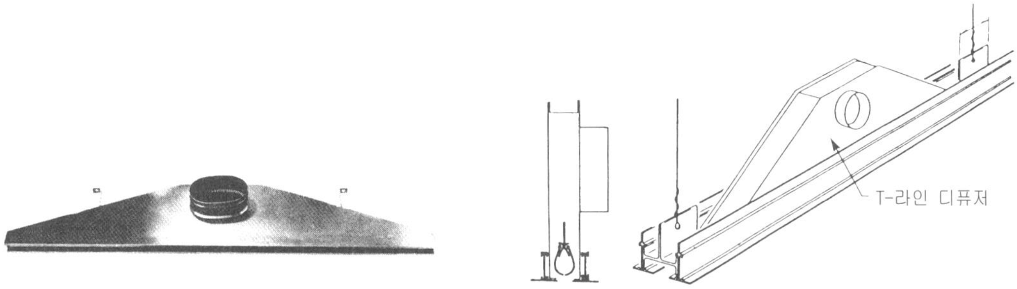

(a) 외형 (b) 설치도

그림 5-41 티-라인 디퓨저

4) 슬롯 라인 취출구(slot line diffuser)

기능과 모양이 티-라인 취출구와 동일한 형식으로서, 둘로 갈라진 원통형 날개를 가진 취출구를 실내에서 천장면에 설치할 수 있도록 프레임(frame)을 가진 기구이다. 풍량에 따라 슬롯의 수는 1~8개까지 가능하며, 슬롯 내의 베인에 의해 기류방향을 180° 범위 내에서 조정할 수 있으며, 풍량조절도 가능하다.

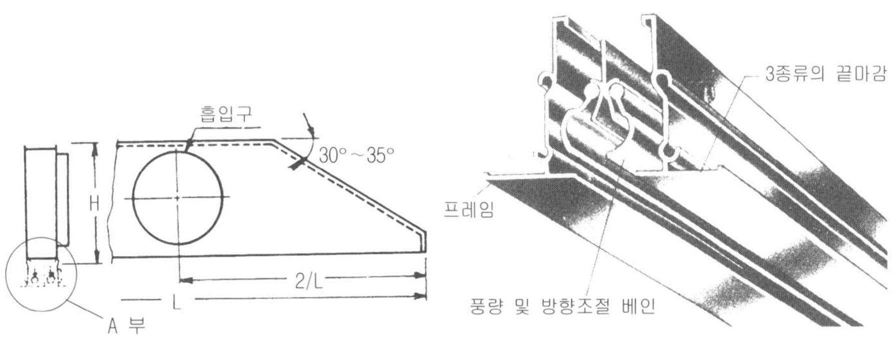

(a) 외형도 (b) A부 상세

그림 5-42 슬롯 라인 취출구

5) 라이트 트로퍼 디퓨저(light troffer diffuser)

건축물의 대형화 및 고급화의 추세에 따른 건축, 전기 등의 마감공사와 연계성을 살리고 건축 모듈바에 직접 부착하는 취출구로, 조용하고 쾌적한 실내분포를 얻을 수 있다. 엠-라인 디퓨저(M-line diffuser)의 변형으로 라이트 트로퍼의 양쪽에 취출구가 있으며, 중앙에는 조명등을 갖추고 있다. 전등과 공조시스템을 별개의 방법으로 처리하여 천장면의 오염 및 전등에 의한 결로를 방지하고, 전등의 실내조도를 손상시키지 않도록 한다. 디퓨저가 노출되지 않은 구조의 저소음 고급 디퓨저이다.

취출구 내에는 풍량조절 댐퍼가 부착되어 있어서 풍량조절이 가능하고, 풍향조절 댐퍼에 의해 난방시에는 수직취출을, 냉방시에는 수평취출을 할 수 있도록 되어 있다. 또한 댐퍼를 제거하면 흡입구로도 사용할 수 있다.

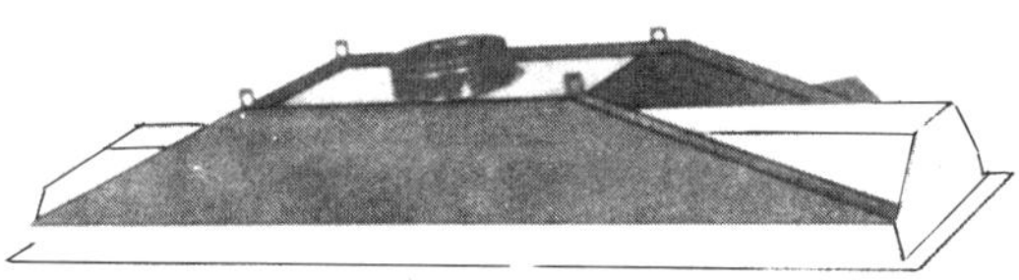

(a) 외형

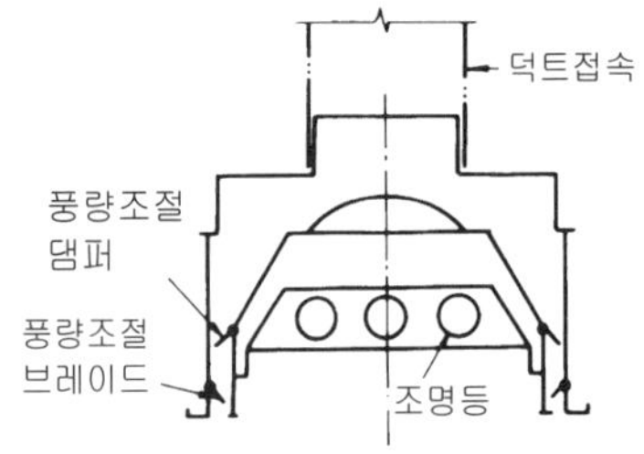

(b) 단면도

그림 5-43 라이트 트로퍼 디퓨저

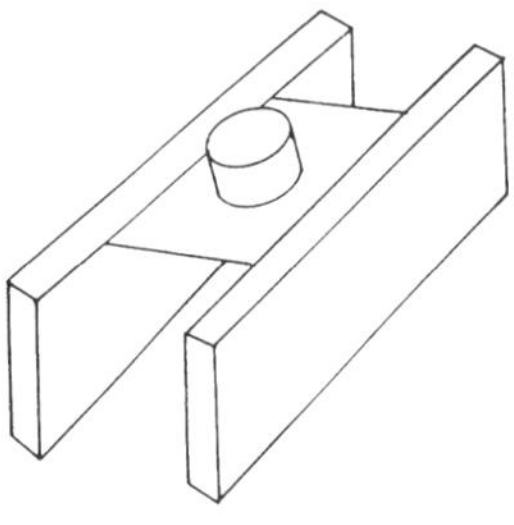

(a) 외형

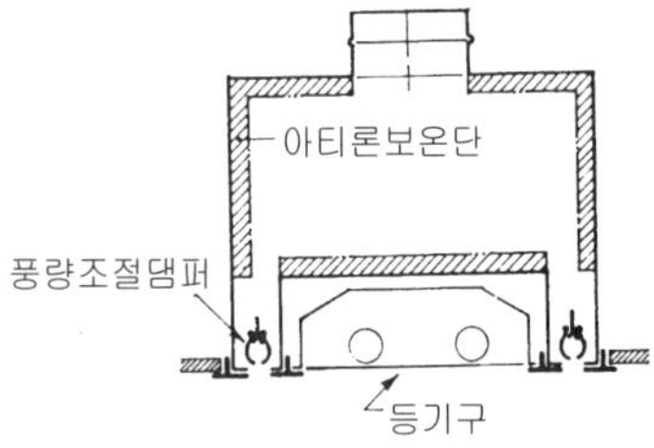

(b) 단면도

그림 5-44 엠 라인 디퓨저

6) 티-바 디퓨저(T-bar diffuser)

챔버 하단에 슬롯형의 취출구가 접속되어 있으며, 풍량에 따라 1슬롯형과 2슬롯형을 선택할 수 있다. 일반적으로 천장취출 및 창틀 취출용으로 사용된다. 슬롯 내에는 베인이나 댐퍼가 있으므로 취출기류의 방향 및 풍량조절이 가능하다. 베인이나 댐퍼를 제거할 경우 흡입구로도 사용할 수 있다.

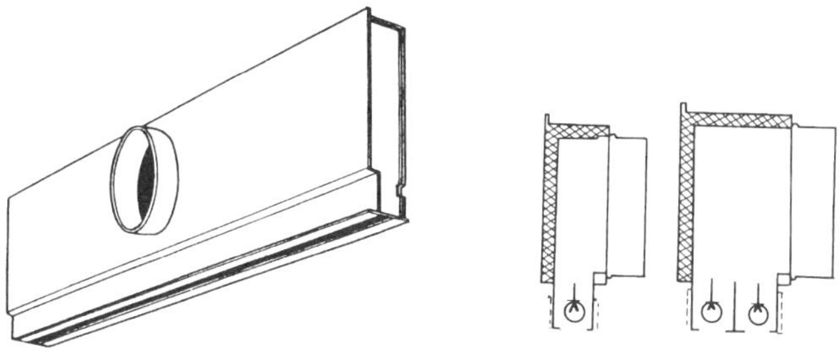

(a) 외형 (b) 단면도

그림 5-45 티-바 취출구

7) 에어 바 디퓨저(air bar diffuser)

풍량변화에 관계없이 기류방향이 안정되어 있어서 변풍량의 공조시스템에 적합한 라인 디퓨저이다. 바 내부에 디플렉터를 부착해서 광범위한 범위로 취출해도 풍량의 분포가 일정하다. 천장형식에 따라서 어떠한 실내장식과도 잘 어울린다.

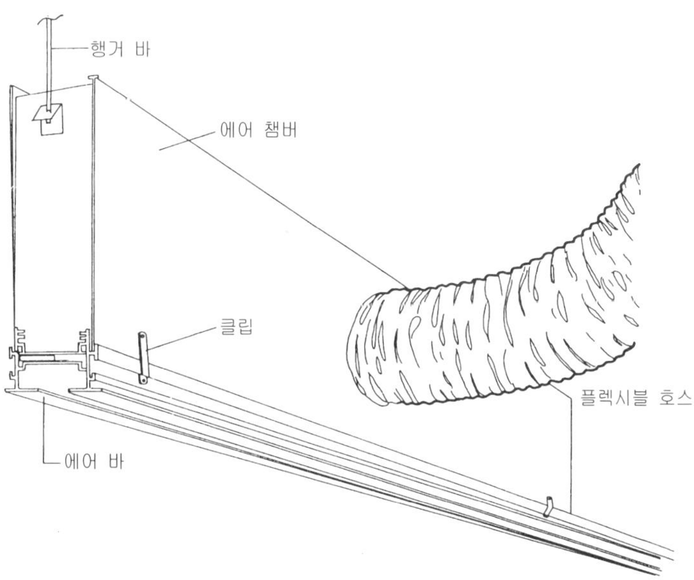

그림 5-46 에어 바 취출구

그림 5-47 기류방향의 조절

(3) 축류형 취출구

축방향으로 일정한 기류를 불어내는 취출구로서 원통 모양의 노즐, 장방형의 개구면 격자(格子)를 갖는 격자형, 종횡비가 큰 가늘고 긴 모양의 슬롯형 등이 있다.

1) 노즐형 디퓨저(nozzle diffuser)

구조가 간단하고, 도달거리가 길며, 다른 취출구에 비해 소음발생이 적어서 극장, 로비, 홀, 공장, 방송국 스튜디오 등에 널리 사용된다. 원형 덕트에 직각으로 설치하며, 노즐의 길이를 지름의 2배 이상으로 하는 것이 좋다. 내부 날개의 방향조절로 경사각 20~25°까지 상·하·좌·우의 기류방향을 조절할 수 있다. 허용풍속은 50m/s 정도이며, 설치위치는 천장이나 벽면 모두 가능하다.

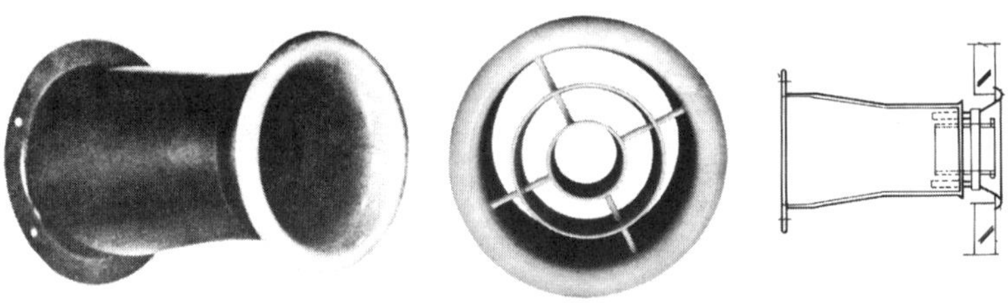

(a) 외형 (b) 구조

그림 5-48 노즐형 디퓨저

2) 펑커형 디퓨저(punkah diffuser)

취출구의 목을 움직여서 취출기류의 방향을 바꿀 수 있으며, 부착되어 있는 댐퍼로서 풍량조절도 용이하다. 그러나 취출풍량에 비해 공기저항이 크고, 제한된 영역만을 대상으로 하는 단점이 있다. 소형의 것은 미용실, 주방, 버스, 선박 등에 사용되며, 대형은 열기가 다량으로 발산되는 공장에서 작업자가 오랜 시간 체류하는 곳을 대상으로 한다.

취출각도를 상하좌우 40° 범위 내에서 자유로이 조절할 수 있으며, 작업장의 위치에 따라 전면을 조정하여 분사할 수 있다.

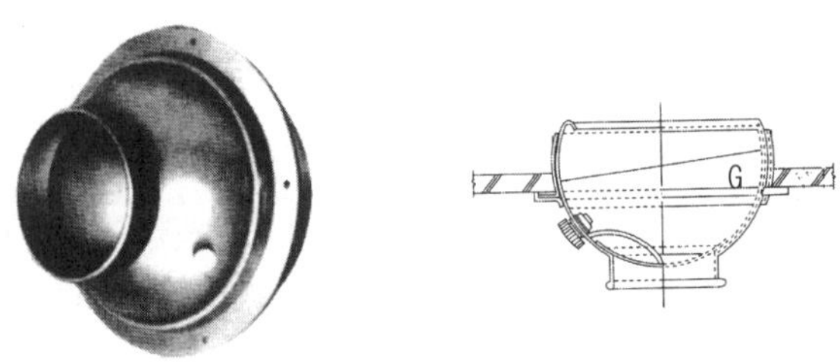

(a) 외형 (b) 구조

그림 5-49 펑커 디퓨저

3) 격자형 디퓨저

각형의 프레임에 폭 20~25mm 정도의 얇은 베인(vane)을 여러 개 취출면에 수평 또는 수직으로 혹은 양자를 앞뒤에 설치한 것으로서, 고정 베인형과 가동 베인형(유니버설형)이 있다. 급기량이나 배기량을 많이 필요로 하는 주차장, 창고, 기계실, 화장실 등의 환기 또는 배기덕트의 취출구용으로 많이 사용된다. 가동 베인형은 공기의 취출방향을 자유롭게 조절할 수 있으며, 풍량조절은 날개 뒷면에 댐퍼(셔터)를 설치하여 이용한다. 댐퍼 없이 베인만 설치된 것을 그릴(grill)이라 하고, 댐퍼를 설치하여 풍량조절이 가능한 것을 레지스터(register)라고 한다. 주로 벽면에 설치하지만 천장면이나 창 밑에 설치하는 경우도 있으며, 미관을 별로 중요시하지 않은 곳에 적합하다.

베인의 조립형식에 따라 그림 5-50과 같이 수평베인만 있는 H형, 수직베인의 V형, 수평베인은 앞쪽에 있고, 수직베인은 뒤쪽에 있는 HV형, 수직베인이 앞쪽에 있고 수평베인이 뒤쪽에 있는 VH이 있다.

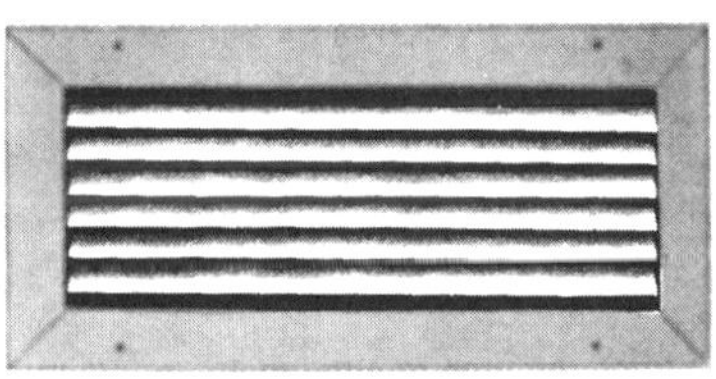
(a) H형

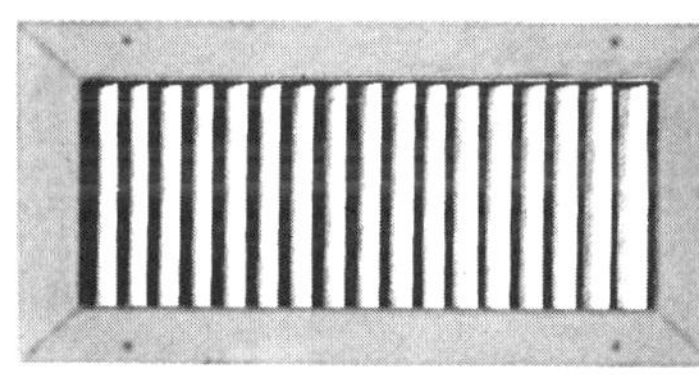
(b) V형

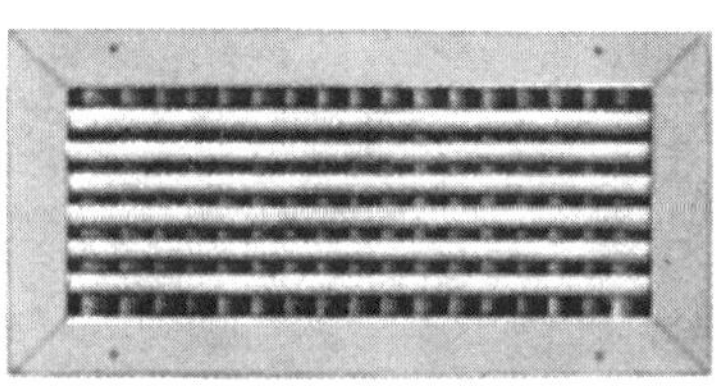
(c) HV형

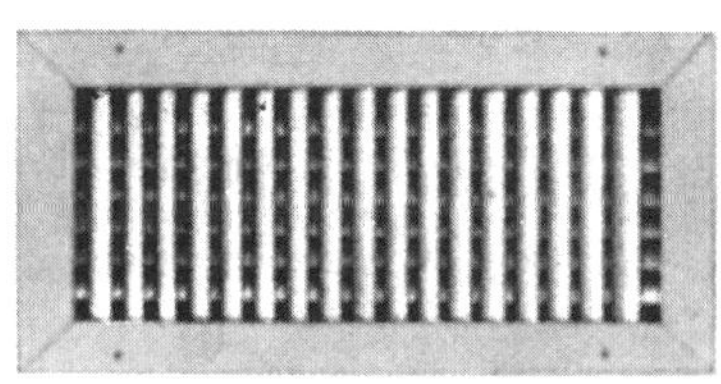
(d) VH형

그림 5-50 격자형 디퓨저

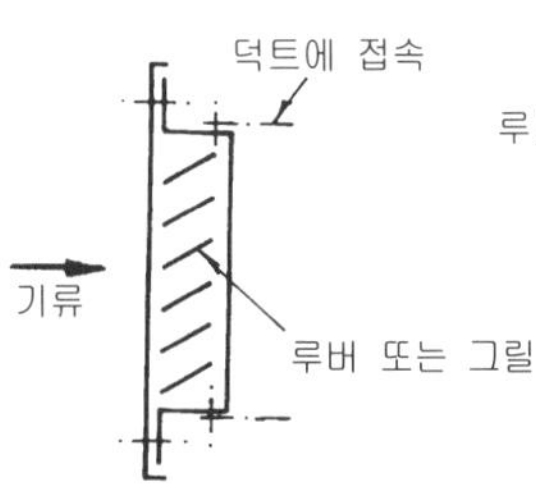

(a) 그릴

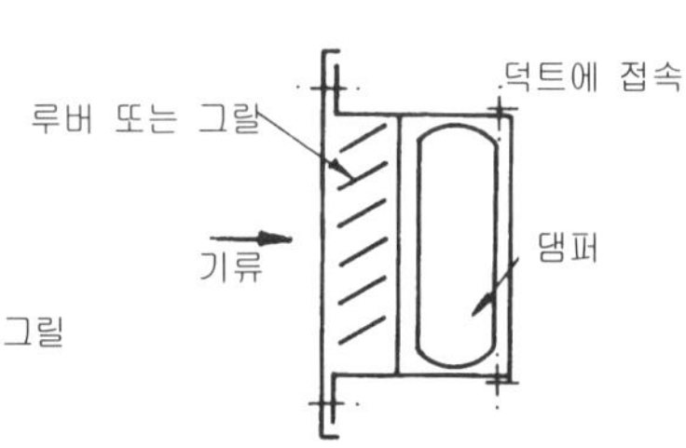

(b) 레지스터

그림 5-51 그릴과 레지스터의 구분(단면도)

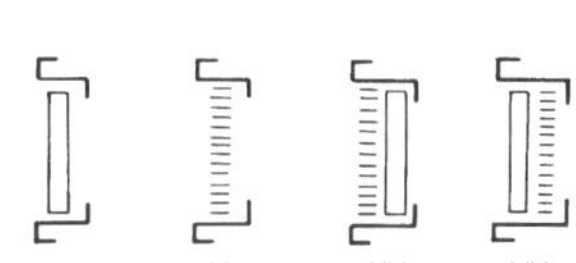

(a) 그릴

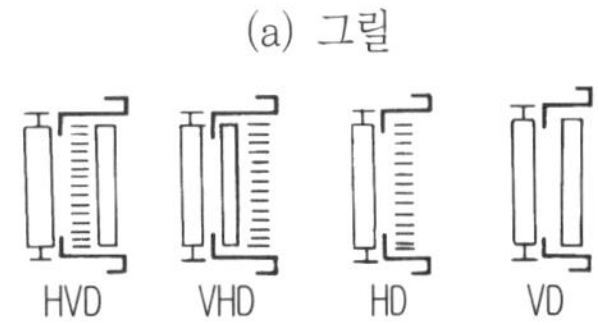

(b) 레지스터

그림 5-52 그릴과 레지스터의 베인조립

(4) 패널(pannel)형 취출구

펀칭메탈과 같은 다공판(多孔板)을 사용하는 것과 미네랄보드와 같은 천장판으로 다수의 통기공이 있는 통기천장이 사용되며, 천장 내의 덕트 설치공간이 작은 경우에 적합하다.

기류의 확산효과가 크고 도달거리는 짧으나 소음이 커서(허용풍속 3m/s) 최근에는 사용빈도가 낮다. 다공판 취출구(perforated diffusers)는 안쪽에 풍향조정 엘리멘트(element)가 있으므로 방의 모양이나 기류의 방향 또는 냉난방부하의 크기에 따라 여러 가지 조합방식으로 변화시킬 수 있다. 기류 취출형태의 중요성보다는 미관과 정숙성을 중요시하는 디퓨저로서, 천장고가 높은 원거리 및 취출풍속이 빠른 경우에는 바람직하지 않다. 취출풍속이 적은 온풍난방이나 환기설비에 적합하며, 국내에서는 전산실에 많이 사용되고 있다. 연구실, 병원의 수술실, 입원실 또는 회의실 등 기류의 흐름이 정숙하게 요구되는 곳에 설치하는 것이 바람직하다.

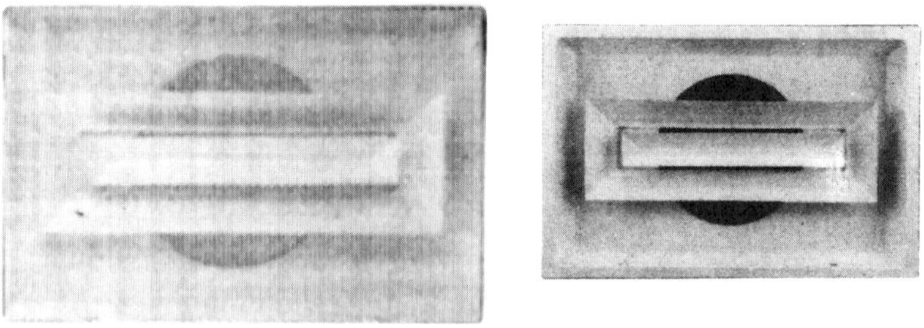

(a) 외형 (b) 다공판을 벗긴 상태

그림 5-53 다공판 디퓨저

5.3.2 흡입구

흡입구에는 공기조화설비에서 실내공기를 환기시키기 위한 환기용 흡입구, 공장이나 주방 등에서 오염된 공기를 부분적으로 배출시키기 위한 후드(hood), 화재시에 연기를 배출시키기 위한 배출구 등이 있다. 공기조화설비용 흡입구는 설치위치에 따라 천장설치용 · 벽설치용 · 바닥설치용으로 구분되며, 일반적으로 취출구와 겸용으로 사용하는 경우가 많다.

1) 격자형(slit, grid type) 흡입구

그림 5-54와 같이 4각 프레임에 슬릿(slit)형의 루버(louver) 또는 그리드(grid)형의 그릴을 부착시킨 흡입구로서, 벽 또는 천장에 설치하여 사용한다.

루버형 흡입구는 큰 가로날개가 바깥쪽 아래로 경사지게 고정되어 있으므로 정면에서는 날개에 가려져 안이 들여다보이지 않는다. 바깥 끝에는 눈 · 비의 침입을 방지하기 위하여 물막이가 붙여져 있기도 하고, 벌레나 곤충 등이 침입하지 못하도록 철망을 붙이기도 한다. 외기의 도입구나 각층 유닛방식에서 공조기실로의 환기구 등에 사용된다.

공조기로 흡입하는 경우는 흡입구 내에 설치한 필터를 정기적으로 청소할 필요가 있으나 배기용은 필터가 없다.

(a) 루버

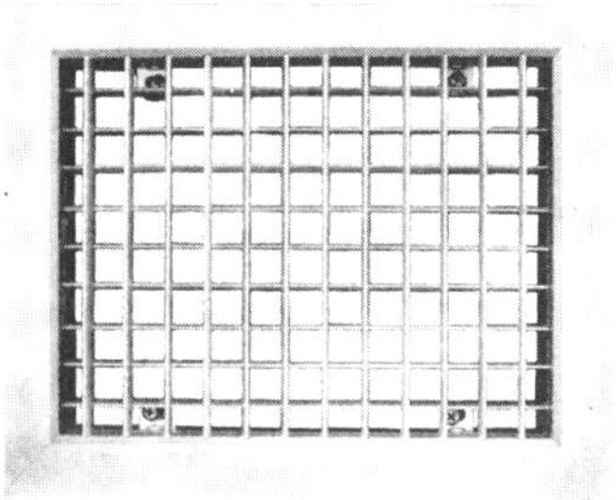

(b) 그릴

그림 5-54 격자형 흡입구

2) 도어 그릴형(louver type) 취출구

문짝의 하부에 부착되는 고정식 격자형 그릴이다. 그릴을 통해 환기(return air)를 복도로 뽑아내고, 이 복도를 가로방향의 환기덕트로 삼아 각 실의 환기를 모아서 공조기로 돌아가게 함으로써 환기덕트를 절약할 수 있다.

3) 머시룸형(mushroom type)

바닥면에 돌출시켜 설치하는 흡입구로서 극장 · 공연장 등의 객석 좌석 밑에 사용된다. 바닥의 먼지 등과 함께 흡입되므로 흡입공기를 재순환시켜 사용하는 경우는 바람직하지 않다.

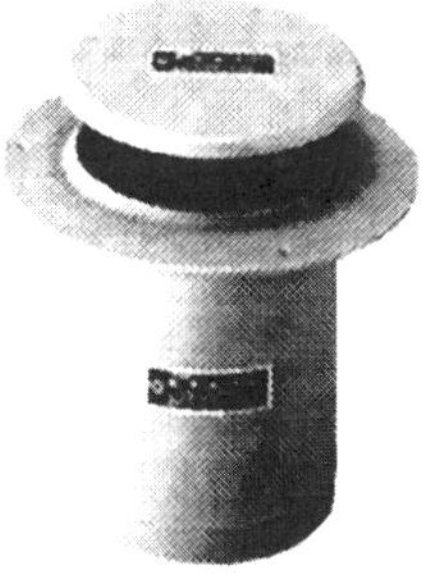

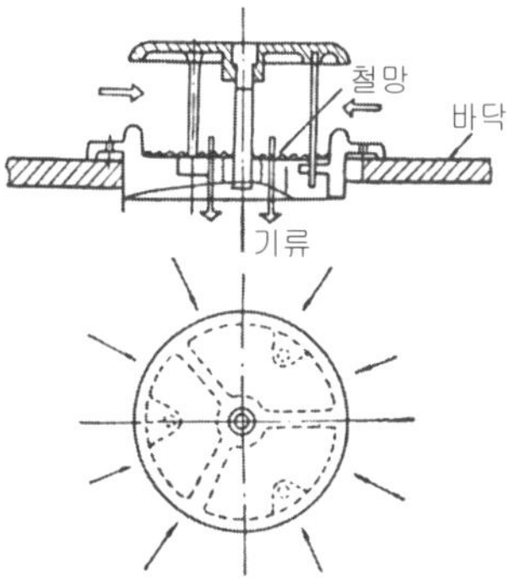

그림 5-55 머시룸형 흡입구

표 5-23 설치장소에 따른 취출구와 흡입구의 종류

설 치 장 소	취 출 구	흡 입 구
천 장	아네모스탯, 팬형, 슬롯형, 노즐형, 라인 디퓨저,	팬형, 격자형, 슬롯형, 다공 패널, 라인형
벽 면	유니버설형, 격자형, 슬롯형, 노즐형, 라인 디퓨저, 다공 패널	격자형, 슬롯형, 다공 패널
바 닥 면	슬롯형	슬롯형, 격자형, 다공 패널, 머시룸형
창 틀	슬롯형, 유니버설형	-
실내에 노출하는 덕트에 고정	아네모스탯, 팬형, 격자형, 유니버설형, 노즐형	격자형, 팬형

5.3.3 댐퍼

댐퍼는 덕트 또는 공기조화기 내에 설치하여 날개의 열림 정도에 따라 풍량을 조절하거나 폐쇄의 역할을 하는 기구로, 유체의 흐름을 바꿔주는 부가적인 기능을 가진 것도 있다.

(1) 댐퍼의 구조

댐퍼의 구조는 그림 5-56과 같이 ㄷ자 형상의 프레임으로 된 케이싱과 유로의 면적을 조절하는 날개로 이루어져 있다. 댐퍼의 날개는 판두께 1.2mm 이상의 아연도강판 또는 압연강판으로 제작하며, 날개의 폭은 250mm 이하로 하고, 케이싱의 두께는 접속하는 덕트의 두께와 동일하게 함으로써 적절히 보강한다. 날개의 매수는 원칙적으로 덕트높이 200mm 이내마다 1매로 하고, 깃이 겹치는 부분은 15mm로 한다.

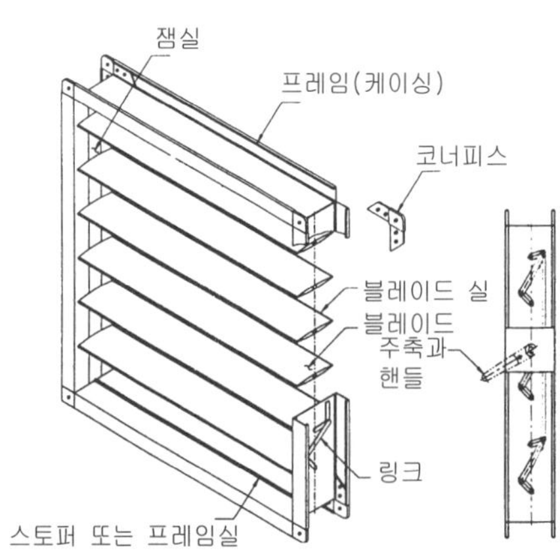

그림 5-56 댐퍼의 구조(air tight damper의 예)

(2) 댐퍼의 분류

댐퍼는 재질 · 사용압력 · 기능 · 구조 · 용도 · 형태 등에 따라 많은 종류가 있으며, 이를 분류하면 표 5-24와 같다.

표 5-24 댐퍼의 분류

분 류	종 류
사용목적에 따라	풍량조절댐퍼(VD), 방화댐퍼(FD), 방연댐퍼(SD), 방화방연댐퍼(SFD), 역풍방지댐퍼(back draft damper), 셧오프 댐퍼(shut-off damper)
재질에 따라	강판제 댐퍼, 알루미늄제 댐퍼, 스테인리스강제 댐퍼
사용압력 및 구조에 따라	일반용도의 댐퍼(light weight damper ; 보건용 공조), 중구조 댐퍼(heavy duty damper ; 지하철용, 터널용, 원자력 발전소용)
날개의 회전방향에 따라	평행익형 댐퍼, 대향익형 댐퍼, 혼합형 댐퍼, 슬라이드형 댐퍼
유로의 형상에 따라	사각형 댐퍼, 원형 댐퍼, 타원형 댐퍼
자동제어의 유무에 따라	수동댐퍼(manual operating damper), 자동댐퍼(automatic control damper)
구동방법에 따라	링크구동 댐퍼(link drive damper), 기어구동 댐퍼(gear drive damper)
설치방법에 따라	수평 설치형, 수직 설치형
날개의 모양에 따라	Airfoil형 날개 댐퍼, Vee형 날개 댐퍼, 평판형 날개 댐퍼, 삼각형 날개 댐퍼
사용장소에 따라	일반 공조용 덕트, 지하철용 댐퍼, 터널용 댐퍼, 원자력발전소용 댐퍼

(3) 조절형 댐퍼

조절형 댐퍼(modulation damper)는 덕트의 급기, 배기 또는 순환되는 공기의 양을 조절하는 덕트이다. 폐쇄의 개념보다는 조절의 개념이 중요하므로 댐퍼 날개의 통과누설량이나 비상시의 개폐기능보다는 편리하게 조작할 수 있어야 하며, 작동이 원활해야 한다. 또한 자주 움직이게 되므로 반복적인 조작에 대한 견고성도 중요하다.

1) 풍량조절댐퍼(VD ; volume damper)

덕트 내에 설치하여 날개의 열림 정도에 따라 풍량을 조절하거나 폐쇄의 역할을 하는 기구이다. 날개의 작동은 댐퍼의 축과 연결된 레버 또는 웜기어 핸들을 사용하여 수동으로 조절하거나 전동모터와 연결시켜 자동으로 제어한다.

① 버터플라이 댐퍼(butterfly damper) : 주로 소형 덕트에서 개폐용으로 사용한다. 구조가 간단하고 완전 폐쇄시 공기의 누설은 적으나 운전중에는 개폐조작에 큰 힘이 필요하며, 날개가 중간 정도 열렸을 때 댐퍼의 하류측에 와류가 생기므로 유량조절용으로는 부적

당하다.

② 루버 댐퍼(louver damper) : 여러 장의 날개가 서로 링케이지(linkage)로 되어 있으므로 1개의 댐퍼축으로 동시에 작동되는 다익형(多翼形) 댐퍼로서, 평행익형(平行翼形)과 대향익형(對向翼形)이 있다. 대형 덕트의 풍량조절용에 적합하지만 완전히 폐쇄시켜도 누설이 많은 단점이 있다.

③ 스플릿 댐퍼(split damper) : 덕트의 분기부에 설치하여 풍량조절용으로 사용되며, 구조가 간단하고, 값이 싸며, 메인덕트의 압력강하도 적으나 정밀한 풍량조절이 어렵고 누설이 많아 폐쇄용으로는 부적당하다.

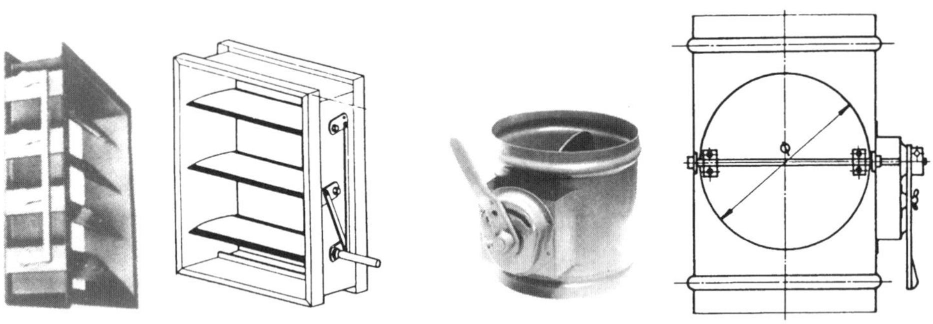

(a) 장방형 댐퍼(루버형) (b) 원형 댐퍼(버터플라이형)

그림 5-57 풍량조절댐퍼

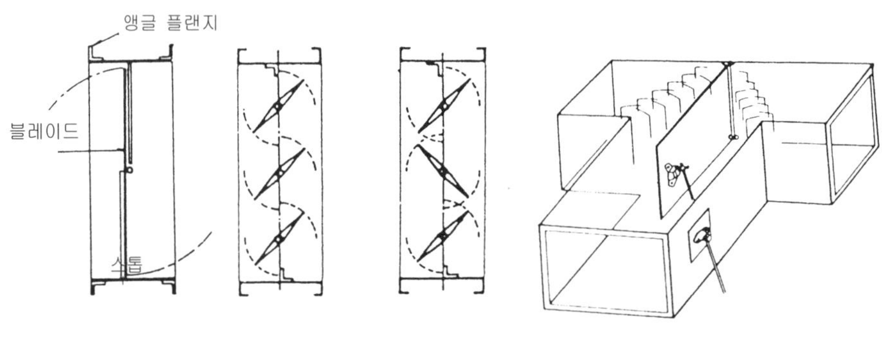

(a) 버터플라이형 (b) 다익형 평행익 (c)다익형 대향익 (d)스윙형(스플릿 댐퍼)

그림 5-58 댐퍼의 날개형태

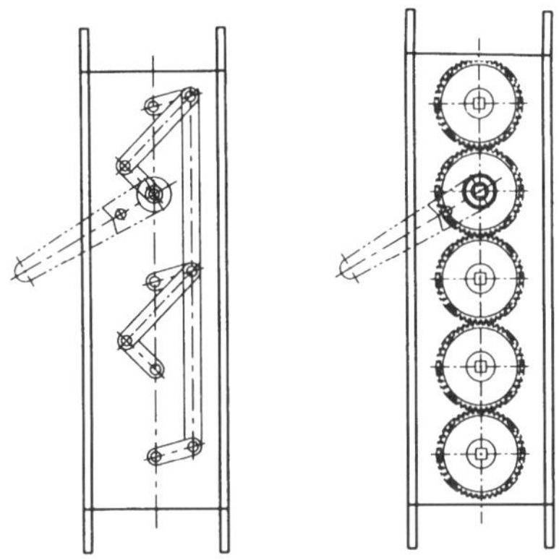

그림 5-59 댐퍼의 구동

2) 방화·풍량조절댐퍼(FVD ; volume damper)

평상시는 풍량조절용으로 사용하다가 화재발생시에는 열에 의한 단락으로 폐쇄되는 형식의 댐퍼이다.

(4) 폐쇄형 댐퍼

폐쇄형 댐퍼(isolation damper)에는 방연댐퍼와 방화댐퍼가 가장 대표적으로 사용되고 있다.

또한 급·배기 시스템에서 기류의 통제에 사용되는 댐퍼도 폐쇄형이다. 닫히고 열리는 두 가지 기능만을 가지고 있으므로 2포지션 댐퍼(2 position damper)라고도 한다.

따라서 각도조절이 필요하지 않고 차단용으로만 사용되기 때문에 날개의 설치형태가 정렬형(parallel blade)으로 설치되며, 가장 중요한 기능은 닫혔을 때 통과기류의 기밀성이다.

1) 방연댐퍼(SD ; smoke damper)

화재시 비상구를 통해 탈출하는 사람들의 질식사를 막기 위해 급기 또는 배기덕트에 설치하여 다른 구역으로 연기가 침투하는 것을 방지하는 댐퍼로서 제연댐퍼라고도 한다. 실내에 설치된 연기감지기에 의해 화재 초기에 발생된 연기를 탐지하여 덕트를 폐쇄시킨다.

연기감지기와 함께 감연퓨즈를 갖추어 방화댐퍼의 기능을 겸하게 되는 방연·방화댐퍼(SFD)와 풍량조절기능까지 겸한 방연·방화·풍량조절댐퍼(SFVD)도 있다.

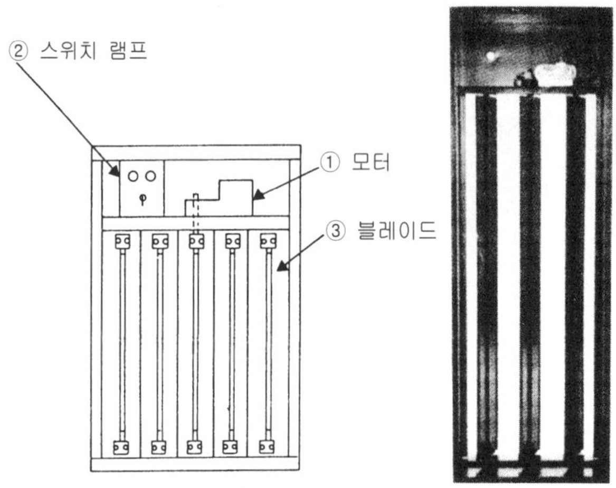

그림 5-60 방연댐퍼

2) 방화댐퍼(FD ; fire damper)

화재발생시 덕트를 통해 다른 곳으로 화재가 번지는 것을 방지하기 위하여 방화구역을 관통하는 덕트 내에 설치된 기류 차단장치이다.

따라서 방화댐퍼의 구조는 열에 견딜 수 있어야 하고, 진화작업시 진화용 수압에 의해 열리지 않는 구조적 특징이 필요하다. 케이싱 및 안내깃은 두께 1.6mm 이상의 강판제로 한다.

댐퍼의 작동은 온도퓨즈 또는 전기신호에 의하여 스프링, 자중 또는 전기의 힘에 의하여 차단된다. 풍량조절댐퍼와 같이 날개가 회전하거나 슬라이딩 또는 셔터(curtain)처럼 닫히는 형태가 일반적이다.

① 루버형(louver type) : 여러 개의 날개가 링케이지로 되어 있어서 화재발생시 퓨즈가 녹으면(퓨즈의 용융온도 : 72℃) 여러 개의 루버가 동시에 닫힌다.

② 피벗형(pivot type) : 1개의 날개가 피벗(회전축)에 고정되어 스프링의 힘으로 눌림을 받고 있다가 화재발생시 퓨즈가 용융되면 날개는 피벗을 중심으로 회전하여 덕트를 폐쇄한다. 기류의 방향에 따라 수평기류용, 하향 수직기류용, 상향 수직기류용으로 구분한다.

③ 슬라이드형(slide type) : 퓨즈가 용융되면 댐퍼가 자중으로 내려와 덕트를 차단한다.

④ 스윙형(swing type) : 퓨즈가 용융되면 댐퍼가 자중으로 스윙하며 내려와 덕트를 차단한다.

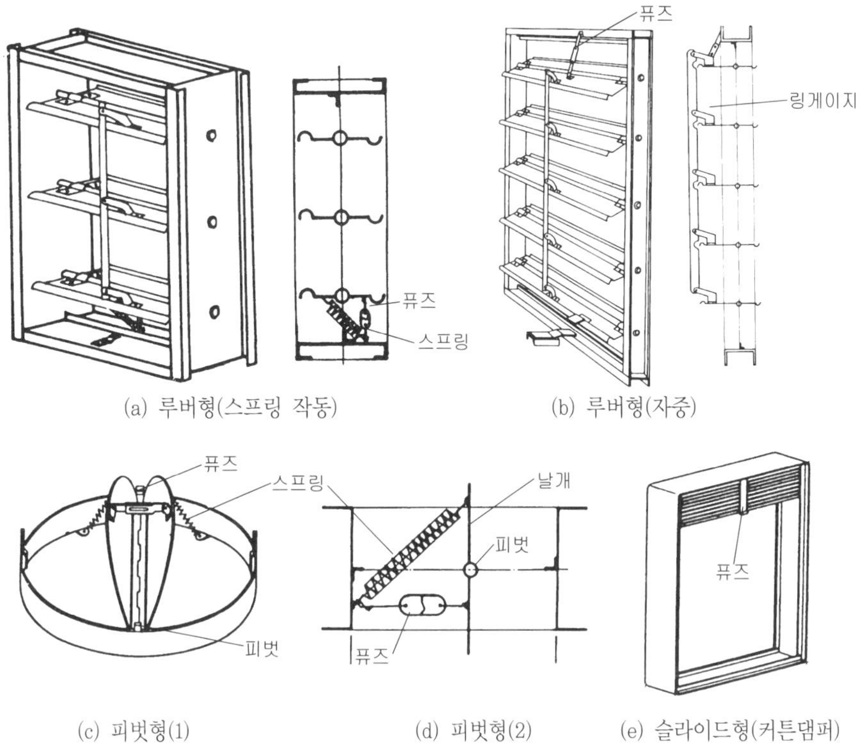

그림 5-61 방화댐퍼

3) 실린더형 댐퍼(cylinder damper)

최근에는 전산 · 정보기기 등 첨단장비를 이용한 사무형태가 이루어지고 있다. 따라서 화재 발생시 신속하고 기기에 피해를 주지 않는 가스진화방법이 채택되고 있다. 일반적으로 할론가스가 많이 사용되며, 화재발생시 방출되는 가스와 화재의 확산을 막기 위하여 설치되는 댐퍼가 실린더형 댐퍼이다. 특별한 장소에 선택적으로 설치되기 때문에 많이 사용되고 있지는 않다.

4) 체크 댐퍼(check damper)

공조기기를 설치할 때는 일반적으로 설비의 유지 · 보수, 기계의 노화방지를 위한 정기적인 교체운전, 운전중인 공조기기의 기계적 고장 등에 대비하여 팬(fan) 등을 예비로 동일 덕트 라인에 2중으로 설치한다. 지금 하나의 케이싱 안에서 여러 개의 팬이 병렬로 운전될 때 정지되어 있는 팬(stand-by fan)이 있는데, 이 경우 팬의 내부를 통하여 기류가 역류하게 된다. 기류의 역류가 발생되면 에너지 손실의 발생은 물론, 팬의 재기동시 기동토르크가 커져 축 또는 전기적 문제가 발생할 수 있다. 이와 같은 역류현상을 방지하기 위하여 기류의 중간에 설치하는 댐퍼를 체크댐퍼라 한다.

따라서 체크댐퍼는 공조기의 작동에 따라 자동으로 열리고 닫힘으로써 덕트라인에 급기 또는 차단을 수행한다. 작동원리는 운전중인 공조기 팬의 압력에 의하여 열리게 되며, 작동하지 않는 공조기로 기류의 흐름이 역류되지 않도록 한다. 공조기 운전의 교환이 이루어질 때는 그 반대로 기능이 바뀌게 된다.

5) 역풍방지 댐퍼(back draft damper)

압력이 많이 발생하는 방의 통풍구, 덕트의 벽면 종단, 실내 개구부 등에서 외기의 유입을 방지하고, 내부의 압력을 배출하는 곳에 사용하는 댐퍼이다. 일정압력 이상이 되면 유체가 도피될 수 있도록 열리는 구조로 되어 있는 릴리프 댐퍼(pressure relief damper)이다.

6) 셧오프 댐퍼(shut-off damper)

배기팬의 토출구에 부착되어 있는 댐퍼는 단순히 개방과 폐쇄의 기능만을 유지한다. 이와 같이 팬이 운전되면 열리고, 정지하면 닫히는 구조의 댐퍼를 셧오프 댐퍼라고 한다.

그림 5-62 역풍방지 댐퍼

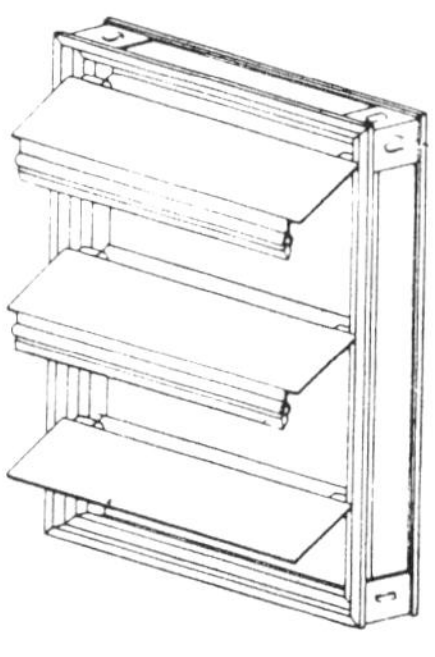

그림 5-63 셧오프 댐퍼

chapter 06

접합재료

6.1 패킹재료

6.2 용접재료

6.3 접착제

6.4 충전물

6.5 접합철물

06 접합재료

접합재료란 두 개 이상의 부품이나 재료를 상호 결합시키는 역할을 하는 것으로, 볼트·너트 등에 의한 기계적 접합, 열로 용해시켜 융착 또는 압접시키는 융접, 부재와 부재 사이를 다른 물질로 충전시키는 충전접합, 접착제 또는 용제를 사용하여 부재의 접착면을 결합시키는 화학적 방법 등의 접합에 사용되는 재료이다.

배관용으로 사용되는 접합재료에는 관을 나사이음이나 플랜지이음을 할 때 누설을 방지하기 위하여 사용하는 패킹재, 용접이음에 사용하는 용접봉, PVC관의 냉간이음에 사용하는 접착제, 플랜지이음에 사용하는 볼트, 주철관의 코킹이음에 사용하는 충전재 등이 있다. 표 6-1에 관이음의 종류에 따른 접합재료의 개요를 나타냈다.

표 6-1 관이음의 종류에 따른 접합재료

이음종류	재료명		적요
나사이음	합성수지 실 테이프		−100~260℃의 물·기름·증기·약품배관
	합성수지 액상 개스킷		−30~140℃의 물·기름·증기·약품배관
	광명단, 백 페인트		증기·공기배관
	연(鉛) 화합물		암모니아배관
용접이음	용접봉		가스 및 아크용접용 강관 : 연강용 피복아크용접봉(KS D 7004) 스테인리스 강관 : 용접용 스테인리스 강봉 및 강선(KS D 7026)
플랜지이음	패킹재	고무	급수·공기배관
		합성고무	물·공기·기름·가스배관
		합성수지	−260~280℃의 증기·약품배관
		금속	알루미늄, 납, 동, 강재료로 냉난방·증기배관

이음종류		재 료 명	적 요
납땜이음	연납이음	연납재	땜납(KS D 6704)의 Sn계
	경납이음	경납재	인동땜납(KS D 8050)의 BCuP계 및 은땜납(KS D 8319)의 BAg계 용접봉
코킹이음		납	연지금(KS D 2302) 5종
		마(삼)	마단사 130번을 지름 25mm의 굵기로 엮은 것.
기계식 이음 고무링 이음 타이톤 이음		고무링	수도용 고무(KS M 6613)
TS식 이음		접착제	PVC 전용의 배관용도
시멘트모르타르 이음		시멘트	포틀랜드시멘트(KS L 5201)

6.1 패킹재료

패킹은 물, 기름, 가스, 증기, 화학약품 등 각종 유체를 취급하는 설비 및 기기장치의 접합부에서 유체가 누설되는 것을 방지하기 위한 밀봉장치로서 실링(sealing)의 한 종류이다. 설비 분야에서 사용되고 있는 배관, 밸브, 펌프, 열교환기, 보일러, 용기 등에서 유체가 누설(leakage)되면 자원손실은 물론 화재, 폭발, 환경오염 등으로 물의를 가져올 뿐만 아니라 설비의 유지비 절감에도 직접 관련되므로 적절한 형상과 재질의 패킹재를 사용해야 한다.

사용상태에 따라 패킹을 엄격하게 구분하면, 정지개소에 장착되어 누설을 방지하는 것을 **개스킷**(gasket)이라 하고, 왕복운동 · 회전운동 · 나선운동 등의 운동개소에 장착되어 누설을 방지하는 것을 **패킹**(packing)이라 부른다. 그러나 개스킷과 패킹은 구별 없이 혼용하여 사용되고 있는 것이 일반적이다.

6.1.1 패킹재료의 종류와 조건

(1) 패킹재의 종류

패킹재의 종류는 재질에 따라 고무제품, 섬유제품, 합성수지제품, 금속제품 등이 있고, 용도에 따라 플랜지용 패킹, 나사용 패킹, 그랜드용 패킹 등으로 구분하기도 한다. 표 6-2에 패킹재의 분류와 재질을 나타냈다.

표 6-2 패킹재의 분류

구 분	분 류	재 질(종류)
재질에 따라	고무제품	천연고무(NR)
		합성고무 : SBR, BR, NBR, CR, EPDM
	섬유제품	식물성 : 오일시트, 발카나이즈드섬유, 코르크
		동물성 : 가죽, 펠트
		광물성 : 석면, 유리섬유
	합성수지 제품	테플론
	금속제품	납, 동, 알루미늄, 연강, 스테인리스강
용도에 따라	플랜지용	고무, 섬유, 석면, 합성수지, 금속제
	나사용	페인트, 일산화연, 액상합성수지, 실테이프
	그랜드용	석면각형, 석면얀, 아마존패킹, 몰드패킹
형태에 따라	각형, 판, 포, 링, 실, 액체형, 페이스트	

(2) 패킹재료의 조건

패킹재료로서 갖추어야 할 조건은 다음과 같다.

① 압력에 의한 변형이나 파손이 없어야 한다.
② 밀접한 상태에서 누수가 없어야 하며, 유연성과 탄력성이 있어야 한다.
③ 온도의 변화에 경화되지 않아야 한다.
④ 유체가 스며들지 않는 기밀성을 가져야 한다.
⑤ 계속 운동중일 때 마모성과 영구변형이 없어야 한다.
⑥ 금속면과 접착력이 좋아야 하며, 극률계수가 낮아 균열이 생기지 않아야 한다.

특히 플랜지에 사용하는 개스킷은 약간의 탄성을 보유하여야 한다. 그 이유는 플랜지면의 죔 볼트가 어떤 원인에 의해 헐거워졌을 때 개스킷에 탄성이 없으면 곧 누설이 생기기 때문이다.

(3) 패킹재료 선택시 검토사항

패킹으로서의 조건에 적합한 재료를 선택하기 위해서는 다음의 내용들을 하나하나 검토할 필요가 있다.

① 관속에 흐르는 유체의 물리적 성질 – 온도, 압력, 밀도, 점도 또는 액체인가 기체인가를

알아본다.

② 관속에 흐르는 유체의 화학적 성질 - 화학성분과 안정도, 부식성, 용해능력, 휘발성, 인화성 또는 폭발성 등을 알아본다.

③ 기계적인 조건 - 교체의 난이, 진동의 유무, 내압과 외압 등을 알아본다.

6.1.2 플랜지 패킹(개스킷)

(1) 고무제품

고무는 탄성이 크고 흡수성이 없으며, 약품에 침식이 잘 안 되므로 개스킷 재료로 널리 사용되고 있다. 강도를 필요로 하는 경우에는 고무 속에 포(布)나 철망이 들어간 개스킷을 사용한다.

1) 천연고무

천연고무(NR ; natural rubber)의 특징은 합성고무에 비해 탄성이 크고, 흡수성이 없으며, 내마모성을 갖는 장점이 있으며, 묽은 산이나 알칼리에도 침식은 안 된다. 그러나 열과 기름에 매우 약해서 100℃ 이상의 고온배관이나 기름배관에는 사용이 불가능하다. −55℃ 정도에서 경화·변질된다.

2) 합성고무

개스킷에 사용하는 합성고무에는 SBR, BR, NBR, CR, EPDM 등이 있으며, 이중에서 많이 사용되는 것은 네오프렌고무(neoprene rubber)이다. 일명 클로로프렌고무(CR ; chloroprene rubber)라고도 한다.

네오프렌은 내열성을 위주로 만들어진 알칼리성 고무로서, 내약품성이 뛰어나며, 내유성(耐油性)·내후성(耐候性)·내산화성이 크고 기계적 성질도 우수하다. 내열도는 −46~121℃에서 안정된다. 따라서 120℃ 이하의 배관 등 장치물에 거의 모두 사용할 수 있다.

주요 고무의 물리적 성질을 표 6-3에, KS M 6613에서 규정하고 있는 수도용 고무의 기계적 성질을 표 6-4에 나타냈다.

표 6-3 주요 고무의 물리적 성질

원료명	비중	인장강도 N/mm^2(kgf/cm^2)	신율 (%)	경도	사용온도 (℃)	내열성	내산성	내마모성
생고무(NR)	0.92	6.9~24.5(70~250)	200~700	40~85	40~75	변화	하	양호
합성고무(SBR)	0.93	90~24.5(100~250)	300~700	10~20	40~80	경화	양호	우수
내유고무(NBR)	0.96	2.9~29.4(30~300)	200~600	30~80	40~120	연화	우수	우수
내열고무(CR)	1.25	68.6~29.4(700~300)	~600	30~95	150	약변화	우수	우수
부틸고무	0.91	8.8~19.6(90~200)	300~700	30~90	150	연화	양호	양호
폴리우레탄고무	1.10	6.9~29.4(70~300)	700	50~100	-40~250	최우수	우수	최우수
아크릴고무	1.1	14.7(150)	500	30~90	-40~180	약경화	우수	우수
실리콘고무	1.2	3.9~7.8(40~80)	500	30~80	-60~250	최우수	최우수	양호

표 6-4 수도용고무의 기계적 성질(KS M 6613)

종 류		인장강도 N/cm^2(kgf/cm^2) 이상	신율(%) 이상	경도 (쇼어 A)	용 도(참 고)
1 종	1호	1,770(180)	300~400	50~70	관 종류의 이음부분에 쓰이는 고무링[주철관, 강관, PVC관, 석면시멘트관, 프리스트레스트 콘크리트관(압력관)], 버터플라이 밸브의 디스크 시트용 고무
	2호	1,770(180)	450	50~60	주철관 이음에 쓰이는 고무링
2 종		1,570(160)	300	50~70	게이트 밸브의 그랜드부분에 쓰이는 고무 및 버터플라이 밸브의 디스크 시트용 고무
3 종		1,180(120)	280~300	60~80	플랜지면에 쓰이는 판상고무, 공기밸브에 사용하는 둥근형 및 둥근 판상고무, 주철관 이음의 고무링, 소화전이나 수도꼭지의 디스크에 사용하는 판상고무, 볼탭 사이펀 등 디스크에 사용하는 원형 판상고무
4 종	1호	880(90)	300	50	콘크리트관 이음용 고무
	2호	1,470(150)	400	60	볼탭 사이펀 등의 연결받침에 사용하는 고무패킹, 관붙이 앵글밸브, 온수혼합꼭지, 하이탱크 사이펀 등의 너트 연결부에 사용하는 고무패킹
	호	980(100)	400	50	양변기 사이펀에 사용하는 고무덮개

(2) 섬유제품

섬유제품(fiber)의 개스킷은 식물성, 동물성, 광물성 섬유질로 나누어진다. 식물성 섬유제품은 식물의 껍질로 만든 섬유질과 나무로 만든 섬유질(펄프)이 있으며, 대표적인 것이 오일시트와 발카나이즈드 섬유이다. 동물성 섬유제품의 개스킷에는 가죽과 펠트가 사용되고, 광물성에는 석면, 유리섬유, 형석 또는 규산 알루미늄 등으로 만든 섬유가 있으며, 어느 것이나 내열도가 큰 특징이 있다.

특히 석면은 섬유의 질이 섬세하여 광물성 섬유제품의 개스킷으로 유일하게 많이 사용되고 있다.

1) 오일시트(oil sheet)

식물의 껍질로 만든 한지(韓紙)를 여러 겹으로 하여 젤라틴, 글리세린 등으로 내유가공(耐油加工)한 제품이다. 내유성은 있으나 내열도가 작아 용도에 제한을 받는다. 일반적으로 상온에서 사용하는 기름 · 윤활유 계통에 사용하며, 접촉면의 강도가 낮아 저압에 적당하다.

2) 발카나이즈드 섬유(vulcanized fiber)

면(綿) 또는 화학펄프를 원료로 만든 섬유로, 충전제에 따라 내유성이 있으므로 기름배관에 사용하며, 전기절연성이 크다.

3) 가죽

동물의 가죽을 화학처리하여 수분, 기타 불순물을 제거한 것으로 강인하기 때문에 장기간 사용에 적합하다. 그러나 다공질(多孔質)로서 관속의 유체가 투과됨으로써 새는 결점이 있으므로 동물성의 기름 · 합성수지 · 합성고무 · 납 등을 충전하여 압축가공한다. 기계적 성질이 우수하지만 내열도가 비교적 작고 알칼리에 용해되며 내약품성이 떨어지는 결점이 있다. 사용온도 범위는 −70～100℃로서 특히 저온성이 우수하며, 충전재의 선택에 따라 고압에서도 사용이 가능하다.

4) 펠트(felt)

우모(牛毛)나 양모(羊毛)를 가공 · 처리한 것으로 가죽에 비하면 섬유가 거친 제품이지만 강인하기 때문에 압축성이 풍부하다. 약한 산에는 견디지만 알칼리에 용해되며, 특히 내유성이 있어서 기름배관에 적합하다.

5) 코르크(cork)

천연코르크를 압축 · 성형한 것으로, 수분 등의 액체가 침투할 수 없고, 열이나 음향에 대한 절연성이 있다. 공기, 물, 기름 등의 배관에 사용되어진다. 사용온도 범위는 −70～100℃로서 특히 저온성이 우수하다.

(3) 석 면

석면(asbestos)은 섬유의 질이 섬세하고 질기기 때문에 광물성 천연섬유로 유일하게 개스킷에 사용되고 있으며, 내열도가 커서 450℃까지의 고온에도 잘 견딘다. 석면에 고무, 테플론, 금속 등을 혼합한 각종 개스킷이 사용되고 있다.

1) 석면 조인트 시트(asbestos joint sheet)

석면 60~80%에 고무(NR, SBR, NBR, CR 등)를 10~20% 혼합해서 가열 · 압축하여 시트로 성형한 것이다. 내열 · 내약품성이 우수하고, 고온 · 고압증기에도 적합하므로 온도는 450℃ 이하, 압력은 3.9MPa{40kgf/cm^2} 정도에도 사용이 가능하다.

2) 스파이럴 와운드 개스킷(spiral wound gasket)

얇은 강대와 석면 테이프를 서로 겹쳐붙인 것으로 복원성과 밀봉성이 양호하다. 내산 · 내약품성이 크며, 고온 · 고압의 증기에 적합하다.

3) 금속 재키드 개스킷(metal jacketed gasket)

석면판(또는 흑연, PTEF, 비석면판 등) 또는 석면사를 동 · 알루미늄 · 연강 등으로 감싼 제품이다. 금속개스킷에 비하여 사용압력은 다소 낮으나 플랜지의 표면거칠기가 조금 나빠도 밀봉은 가능하다. 사용온도는 500℃ 이하, 사용압력은 5.9MPa{60kgf/cm^2} 정도이다.

4) PTEF 재키드 개스킷(PTEF jacketed gasket)

석면 조인트 시트를 PTEF 박판으로 피복한 것으로 내열성, 내약품성, 내유성이 좋고 경도가 높다. 탄성이 적으나 석면조인트 시트와 조합하여 사용하면 탄성이 좋아진다. 사용온도 범위가 −150~150℃이고, 압력은 보통 1.96MPa{20kgf/cm^2} 이내이다.

5) 석면사입 금속파형 개스킷

금속파형 개스킷에 석면사를 삽입하여 접착한 것으로 특수한 용도에 사용되어지고 있다.

(4) 합성수지제품

합성수지제품의 패킹 중에서 가장 많이 사용되는 것은 테플론(teflon)이다. 일반 플라스틱에 비하여 내열성, 내약품성, 내유성, 내저온성, 전기절연성, 고주파 특성 등은 매우 뛰어나며, 특이한 비점착성과 저마찰특성도 갖추고 있다. 내열범위가 −260~260℃로 광범위하고 사용압력은 1.96MPa{20kgf/cm^2} 이내이다. 일반적으로 탄성이 부족하기 때문에 석면 · 고무 · 파형 금속판 등으로 감싸서 사용되고 있다.

테플론이란 폴리테트라플루우오르에틸렌(PTFE : polytetrafluoroethylene)으로 불소수지(弗素樹脂)라고도 하며, 미국의 듀폰사에서 상품명으로 붙인 이름이다.

(5) 금속제품

금속 개스킷에는 링 조인트(ring joint), 톱니판(serrated metal), 평판(flat metal), O-링(O-ring), 파형판(corrugated metal) 등의 제품이 있다. 유체의 종류 · 온도 · 압력에 따라 납, 동, 알루미늄, 연강, 스테인리스강 등의 재질이 사용된다. 고온 · 고압용으로 사용되지만 내열도는 금속에 따라 다르다.

그러나 고무와 같은 탄성이 없기 때문에 온도에 의한 팽창이나 진동시 조임이 헐거워지면 누설할 우려가 있다.

6.1.3 나사용 패킹

1) 실링 컴파운드(sealing compound)

페인트와 일산화연이 있다. 페인트는 광명단을 혼합하여 사용하며, 고온의 기름배관에는 사용이 불가능하다. 일산화연(一酸化鉛 ; litherge)은 페인트와 혼합하여 냉매배관에 주로 사용한다.

2) 액상 합성수지

테플론 액상형이 주로 사용되며, 내유성, 내약품성이 크고, 내열범위가 −50～150℃ 정도이다. 배관 후 12～18시간이 경과되어야 안전하다.

3) 실 테이프(seal tape)

면 테이프와 테플론 테이프가 있으나 주로 테플론 제품이 사용된다. 나사용 테플론 테이프는 두께 0.1mm, 폭 13mm, 길이는 5m, 10m, 15m로 제조되고 있다.

6.1.4 글랜드 패킹(gland packing)

(1) 석면계

1) 석면사(asbestos yarn)

석면 방직제품의 실로서 단사, 2합, 3합, 4합사가 있다. 저온 · 고온의 증기, 가스배관, 소형밸브의 패킹용으로 사용된다.

2) 석면얀 로프(asbestos yarn rope)

크리소타일(crysotile) 백 석면사를 규격에 따라 적당히 합쳐서 로프모양으로 만든 것이다. 증기기관이나 철도차량 등의 패킹, 보일러설치 충전물 등에 사용된다.

3) 테플론 배합 석면얀 로프

크리소타일 백 석면사에 테플론을 배합시키고 석면얀 로프와 마찬가지로 만든다. 부식성 유체, 물, 알칼리, 기름, 의약, 식품공업, 화학약품 등의 밸브용 패킹으로 사용된다.

4) 석면 각형 패킹

석면사를 각형(角形)으로 하여 흑연과 윤활유를 침투시킨 것으로 내열, 내산성이 좋아 대형 밸브의 그랜드에 사용한다.

(2) 비석면계

1) 테플론 섬유패킹

테플론 분사액이나 윤활제를 사용하지 않고 순수 테플론 섬유사를 각형 격자로 짠 패킹이다. 순수 테플론 섬유사이기 때문에 오염을 피해야 할 개소에 적합하다. 바이오 화학용의 밸브, 회전펌프 등에 사용되며, 내열도는 260℃이다.

2) 윤활유입 테플론 배합 탄소섬유 패킹

탄소섬유에 테플론과 특수 윤활제를 배합해서 격자로 만든 패킹이다. 내약품성과 내열성이 우수하여 빠른 회전시의 발열로 인한 패킹의 손상이 없으며, 우수한 밀봉성능이 장기간 유지된다. 강산, 강알칼리, 각종 기름용 회전펌프, 교반기 등에 사용된다.

3) 아마존 패킹

면포(綿布)와 내열 고무컴파운드를 가공하여 만든 것으로 압축기의 그랜드에 사용한다.

4) 몰드 패킹(mold packing)

석면 · 흑연 · 수지 등을 배합하여 만든 것으로 밸브나 펌프의 그랜드에 사용한다.

6.2 용접재료

6.2.1 용접봉

(1) 피복아크용접봉의 구조

피복아크용접봉의 구조는 강재(鋼材)의 가느다란 봉(steel round bars) 주위에 약제를 도포한 둥근 막대모양이다. 이 가느다란 강봉을 심선(心線 ; core wire), 주위에 도포된 약제를 피복제(flux)라고 한다. 용접기의 홀더(holder)에 물려서 통전되는 머리 노출부는 20~30mm 길이로 심선이 노출되어 있고, 그 반대편 끝의 노출부는 아크발생을 쉽게 하기 위하여 피복제의 일부가 깎여져 있다.

심선 주위에 아무런 약제를 입히지 않은 용접봉을 비피복용접봉(bare electrode)이라 하고, 피복제를 입힌 것을 피복용접봉(coated electrode)이라고 한다.

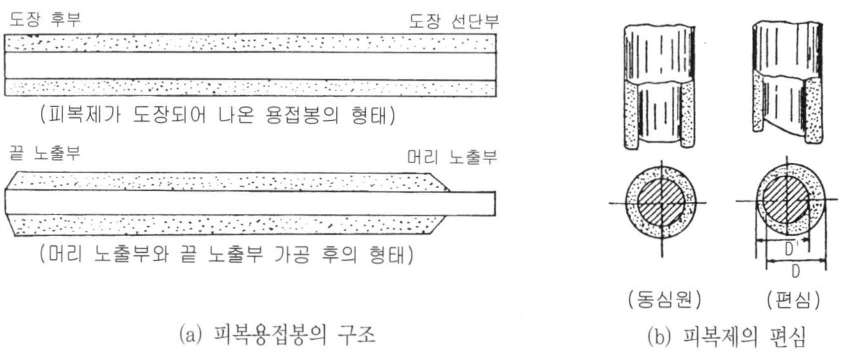

그림 6-1 피복아크용접봉의 구조와 피복제 편심

1) 심선

심선은 모재(parent metal 또는 base metal)를 접합할 때 용접금속의 보충재료로 사용되는 것이므로 성분은 모재와 동일한 재질이어야 하며, 불순물이 없고 또한 충분한 강도를 얻을 수 있는 것이어야 한다. KS D 3508에서 규정한 피복아크용접봉 심선재에, 심선의 규격과 화학성분 등을 규정하고 있다.

심선재는 강괴를 열간압연에 의해 제조하며, 특별히 지정이 없는 한 열처리를 하지 않는다. 연강 아크용접봉의 심선재 종류는 화학성분에 따라 4종류로 구분하며, 용착금속의 균열을 방지하기 위하여 저탄소로 황, 인, 구리 등의 불순물을 적게 하도록 규정하고 있다. 심선의 굵기는 지름 2.0, 2.6. 3.2, 4.0, 4.5, 5.0, 5.5, 6.0, 6.4, 7.0, 8.0mm의 11종이 있다.

2) 피복제의 역할

피복제는 용접봉 외부에 입힌 물질(SiO_2, TiO_2, Al_2O_3, CuO, Mn, Fe Na_2O)로서, 기능과 역할은 다음과 같다.

① 아크를 안정시킨다.
② 용융금속을 보호하여 정련(精鍊)된 용착금속을 만든다.
③ 용접금속의 흐름을 좋게 하고 급랭을 방지한다.
④ 용접금속에 필요한 원소를 보충한다.
⑤ 슬래그의 제거를 쉽게 하고, 파형이 고운 비드를 만든다.
⑥ 전기 절연작용을 한다.

(2) 연강용 피복아크용접봉

연강용 피복아크용접봉은 용접기술의 발달과 더불어 그 사용범위가 매우 광범위하게 많이 사용되고 있는 용접봉이다. 용접금속의 인장강도, 피복제의 계통, 용접자세 및 전류 등에 관하여 KS D 7004에 규정되어 있다. 표 6-5에 용접봉의 종류, 표 6-6에 용접봉의 치수를 나타냈다.

표 6-5 연강용 피복 아크용접봉(KS D 7004)

용접봉의 종류	피복제의 계통	용 접 자 세	전류의 종류
E 4301	일미나이트계	F, V, OH, H	AC 또는 DC (±)
E 4303	라임티탄계	F, V, OH, H	AC 또는 DC (±)
E 4311	고셀룰로오스계	F, V, OH, H	AC 또는 DC (±)
E 4313	고산화티탄계	F, V, OH, H	AC 또는 DC (−)
E 4316	저 수 소 계	F, V, OH, H	AC 또는 DC (+)
E 4324	철분 산화티탄계	F, H-Fil	AC 또는 DC (±)
E 4326	철분 저수소계	F, H-Fil	AC 또는 DC (+)
E 4327	철분 산화철계	F, H-Fil	F에서는 AC 또는 DC(±), H-Fi 에서는 AC 또는 DC(−)
E 4340	특 수 계	F, V, OH, H, H-Fil의 전부 또는 어느 한 자세	AC 또는 DC (±)

주 1) 용접자세에 쓰인 기호의 뜻
F : 아래보기, V : 수직, OH : 위보기, H : 수평, H-Fil : 수평자세의 필릿용접
용접자세는 용접봉 지름 5mm 이하의 것에 적용한다.
2) 전류의 종류에 쓰인 기호의 뜻
AC : 교류, DC(±) : 직류, 용접봉이 플러스 또는 마이너스
DC(−) : 직류, 용접봉이 마이너스, DC(+) : 직류, 용접봉이 플러스

표 6-6 용접봉의 치수(KS D 7004) (단위 : mm)

봉 지름	길이					
2.0	300	350	-	-	-	-
2.6	300	350	-	-	-	-
3.2	300	400	-	-	-	-
4.0	350	400	450	550	-	-
4.5	-	400	450	550	-	-
5.0	-	400	450	550	700	-
5.5	-	-	450	550	700	-
6.0	-	-	450	550	700	900
6.4	-	-	450	550	700	900
7.0	-	-	450	550	700	900
8.0	-	-	450	550	700	900

1) E 4301 : 일미나이트계

일미나이트($TiO_2 \cdot FeO$) 광석과 사철 30% 이상을 주성분으로 한 용접봉으로, 일반 구조물은 물론 압력용기 · 조선 등 주요기기의 용접에 광범위하게 이용되고 있다.

① 슬래그의 유동성이 풍부하고, 모든 자세의 용접에서 양호한 작업성을 갖는다.
② 아크가 강하여 용입이 깊고, 슬래그의 덮힘이 양호하며, 비드의 파형이 잘고 미려하다.
③ 저수소계 이외의 용접봉 중에서 내균열성이 가장 뛰어나서 X선 검사에 좋은 성적을 나타낸다.

표 6-7 일미나이트계 용접봉의 기계적 성질과 화학성분(KS D 7004)

인장강도 N/mm²(kgf/mm²)	항복점 N/mm²(kgf/mm²)	신 율 (%)	충격값 N/mm²(kgf/mm²)	화 학 성 분(%)				
				C	Mn	Si	P	S
471(48)	412(42)	28	137(14)	0.08	0.48	0.07	0.023	0.018

2) E 4303 : 라임티탄계

산화티탄(TiO_2) 30% 정도와 탄산석회($CaCO_3$) 등의 염기성 물질을 20% 정도 함유한 용접봉으로, 작업성이 우수하여 모든 용접자세에 사용된다.

① 비드가 평면적이고, 외관이 깨끗하며, 언더컷의 발생이 적다.
② 슬래그는 유동성이 풍부하고, 가벼운 다공질로 되어 있어서 제거가 용이하다.
③ 용입상태가 얕아 일반적으로 박판용접에 적합하다.
④ 용접중에 슬래그가 잘 떠오르므로 굵은 용접봉으로 아래보기 필릿용접을 한 경우 기계적 성질이 양호하다.

3) E 4311 : 고셀룰로오스계

피복제에 20% 이상의 유기물(셀룰로오스)을 함유한 용접봉으로, 용접할 때 이 유기물이 연소하여 다량의 환원성 가스(CO_2H_2)가 발생하기 때문에 공기와의 접촉으로 인한 용융금속의 산화 및 질화작용을 방지한다. 다른 용접봉에 비해 낮은 용접전류를 사용하며, 주로 건축·구조물·파이프용접에 적합하다.

① 피복의 두께가 얇아 슬래그의 생성량이 적으므로 수직자세와 위보기자세에 적합하다.
② 아크는 스프레이형으로 용입이 좋아 용접부위가 좁은 홈용접에 적합하다.
③ 스패터가 많이 발생하여 비드 표면이 거칠게 되고, 다량의 유기물을 함유함으로써 보관 중 습기가 흡수되는 결점이 있다.

4) E 4313 : 고산화티탄계

피복제에 35% 정도의 산화티탄을 함유한 용접봉으로서, 용입이 낮아 박판용접에 적합하다.

① 아크가 안정되어 스패터의 발생이 적고, 슬래그의 이탈성이 양호하다. 또한 비드의 외관이 고우며, 언더컷이 발생하지 않는다.
② 작업성이 양호하여 모든 용접자세에 사용된다.
③ 용착금속의 연성과 인성이 다른 용접봉에 비해 떨어지므로 주요부의 용접에는 부적당하다.

5) E 4316 : 저수소계

탄산칼슘($CaCO_3$), 불화칼슘(CaF)을 주성분으로 하는 피복제로서, 수소를 발생하는 성분의 유기물이 포함되어 있지 않다. 두꺼운 구조물의 1층 용접 또는 구속력이 큰 연강구조물, 고장력강 및 탄소 또는 유황이 많은 강의 용접에 사용된다.

다른 용접봉은 피복제에 함유된 주원료에 따라 호칭되고 있으나 이 용접봉은 용착금속 중의 수소량이 현저하게 적으므로 그 특징 그대로 저수소계라 부르고 있다.

① 용착금속 중에 수소함유량이 다른 용접봉에 비해 현저히 낮다(1/10). 또한 강력한 탈산 작용 때문에 산소량이 적어서 용착금속은 강인성이 풍부하고, 기계적 성질, 내균열성이 우수하다.
② 아크가 다소 불안정하여 작업성이 떨어지며, 비드 파형도 거칠어서 요철이 심하므로 운봉에 다소 숙련이 필요하다.
③ 비드 시발점과 이음부위에 기공이 발생되기 쉬우므로 시작할 때 보조철편을 사용하거나 또는 백스텝법 등의 용접조작에 의해 기공이 생기지 않도록 주의가 필요하다.
④ 습기의 영향이 다른 용접봉보다 크므로 필히 건조에 주의해야 한다.
⑤ 용착금속의 기계적 성질은 인장강도 417～530N/mm^2{48～54kgf/mm^2}, 항복점 382～342N/mm^2{39～44kgf/mm^2}, 신율 28～35% 정도이다.

6) E 4324 : 철분 산화티탄계

고산화티탄계 용접봉의 피복제 중에 약 50%의 철분을 함유시킨 용접봉이다. 따라서 고산화티탄계와 같이 아크가 안정되고, 스패터 발생이 적으며, 비드의 외관이 미려하고, 작업성이 양호하다.

7) E 4326 : 철분 저수소계

저수소계 용접봉의 피복제 중에 30～50%의 철분을 함유시킨 용접봉이다. 비드의 외관은 일반 저수소계 용접봉과 같으며, 용착금속의 기계적 성질은 일반 저수소계와 같이 매우 우수하지만 저온에서의 강인성은 약간 떨어진다.

8) E 4327 : 철분 산화철계

피복제는 산화철을 주성분으로 하고, 다량의 철분을 함유한 용접봉이다. 수평 필렛용접에서의 작업성이 우수하다.

연강용 피복용접봉의 호칭번호는 E 43△ㅁ와 같이 나타내며, 다음과 같은 의미를 가지고 있다.

E : 전극봉(electrode)의 첫 글자
43 : 용착금속의 최저 인장강도(kgf/mm^2)
△ : 용접자세(0, 1 - 전 자세 2 - 아래보기 및 수평 필렛용접
3 - 아래보기 4 - 전 자세 또는 특정 자세)
ㅁ : 피복제의 종류

(3) 기타 피복아크용접봉

1) 고장력용 피복아크용접봉

인장강도 490N/mm^2{50kgf/mm^2}급에서 780N/mm^2{80kgf/mm^2}급까지의 고장력강 용접에 사용한다. 피복제 계통은 연강용 용접봉과 유사하지만 높은 강도가 요구되므로 이에 대응하기 위해 피복제 중에 Si, Mn, Ni, Cr, Mo 등을 첨가한다. 일미나이트계와 라임티타니아계도 있으나 내균열성에 문제가 있어서 저수소계가 많이 사용되고 있다. KS D 7006에 고장력강의 용접에 사용하는 용접봉에 관해서 규정하고 있다.

2) 스테인리스강 피복아크용접봉

크롬 11% 이상 및 니켈 23% 이하의 용착금속을 얻은 용접봉으로 KS D 7014에 규정하고 있다. 용접봉의 지름은 1.6~6.0mm가 있으며, 지름에 따라 길이 200~500mm가 제조되고 있다. 피복제 계통은 라임티타니아계와 라임계가 있으나 라임티타니아계가 많이 사용된다.

3) 동 및 동합금 피복아크용접봉

동 및 동합금의 용착금속을 얻는 피복아크용접봉으로 KS D 7012에 규정하고 있다. 용접봉의 종류에는 Cu, Cu-Si계, Cu-Sn계, Cu-Al계, Cu-Al-Ni계, Cu-Ni계가 있으며, 지름 2.6~6.0mm, 길이 300~450mm가 제조되고 있다.

4) 주철용 피복아크용접봉

수철의 용접에 사용하는 피복아크용접봉으로 KS D 7008에 규정하고 있다. 용접봉 심선의 종류에는 순 Ni계, Ni-Fe계, Ni-Cu계, 주철심선, 연강심선이 있으며, 지름 2.6~8.0mm, 길이 250~500mm의 용접봉이 제조되고 있다.

(4) 가스용접봉

가스용접봉(gas welding rod)은 모재를 접합할 때 용접금속의 보충재료로 사용되는 것이므로 모재와 동일한 재질이어야 하며, 불순물이 없고 충분한 강도를 얻을 수 있는 것이어야 한다.

1) 연강용 산소-아세틸렌가스 용접봉

연강용 가스용접봉의 종류와 특성 등에 대하여 KS D 7005에 규정하고 있으며, 표 6-8에 연강용 가스용접봉의 규격을 나타냈다. 용접봉의 지름은 1.0, 1.6, 2.0, 2.6, 3.2, 4.0, 5.0,

6.0mm의 8종이 있으며 길이는 1,000mm로 제조된다.

단층용접에서 사용하는 용접봉의 지름은 대략 식 (6.1)로 구한다.

$$D = \frac{T}{2} + 1 \tag{6.1}$$

여기서, D : 용접봉의 지름(mm),

T : 판두께(mm)

표 6-8 연강용 가스용접봉의 규격(KS D 7005)

용접봉의 종류	시험편의 처리	인장강도 N/mm²(kgf/mm²)	신 율 (%)	화학성분(%)		
				P	S	Cu
GA 46	SR	451(46) 이상	20 이상	0.04 이하	0.04 이하	0.30 이하
	NSR	500(51) 이상	17 이상			
GA 43	SR	422(43) 이상	25 이상			
	NSR	431(44) 이상	20 이상			
GA 35	SR	343(35) 이상	28 이상			
	NSR	363(37) 이상	23 이상			
GB 46	SR	451(46) 이상	18 이상			
	NSR	500(51) 이상	15 이상			
GB 43	SR	422(43) 이상	20 이상			
	NSR	431(44) 이상	15 이상			
GB 35	SR	343(35) 이상	20 이상			
	NSR	363(37) 이상	15 이상			
GB 32	NSR	341(32) 이상	15 이상			

주) 1. 기호의 G는 가스용접봉을 의미하고, 다음의 A는 인장강도의 동일 계열에서 연신율이 약간 큰 것이고, B는 A에 비해 연신율이 약간 떨어지는 것을 의미한다. 최후의 46, 43 등의 숫자는 용착금속의 최소 인장강도를 나타낸 것이다.

2. SR은 625±25℃로 1시간 응력제거를 위한 풀림처리를 한 것이고, NSR은 풀림처리 없이 용접한 그대로이다.

2) 주철용 산소-아세틸렌가스 용접봉

주철의 가스용접에는 거의 주철제 용접봉이 쓰인다. 그러나 연강이나 구리합금 용접봉을 사용할 수도 있다. 용접봉의 단면 형상은 원형 또는 정방형이며, 원형의 경우는 지름 4~

8mm의 것이 많이 사용되고, 길이는 600~1,000mm의 것이 사용된다.

주철용접봉에 함유된 원소는 산소-아세틸렌 불꽃에 의해 용접봉이 용융되었다가 용착금속으로 소성될 때까지 감소한다. 따라서 용접봉의 화학조성은 용착주철의 목표조성보다 높게 하여 제조되고 있다.

3) 구리 및 구리합금용 산소-아세틸렌가스 용접봉

구리 및 구리합금 가스용접봉은 G Cu(99.5%의 인탈산동), G CuZnSn(주석황동 ; naval 황동), G CuZnNi(니켈청동 : 양은, 양백)의 3종류가 있으며, 구리의 가스용접 이외에 철강, 니켈, 니켈합금 또는 이종금속의 용접에 사용한다.

종류를 나타낸 기호 중 G 이후의 기호는 용접봉의 주요 성분을 나타낸다. 용접봉의 굵기는 지름 1.2~8mm까지 11종이 있으며, 길이는 지름 1.2mm의 용접봉만 500mm이고, 나머지는 모두 1,000mm로 제조된다.

6.2.2 납땜재(땜납)

납땜은 접합하려고 하는 금속을 용융시키지 않고 이들 금속 사이에 모재보다 용융점이 낮은 땜납을 용융·첨가하여 틈새를 메움으로써 접합하는 방법이다.

땜납의 대부분은 합금으로 되어 있으나 단일금속도 사용된다. 땜납은 모재보다 용융점이 낮아야 하고, 표면장력이 적어 모재표면에 잘 퍼지며, 유동성이 좋아서 틈새를 잘 메울 수 있는 것이어야 한다. 그 외에 사용목적에 따라 강인성, 내식성, 내마멸성, 전기전도도, 기타 화학적 성질이 요구된다.

금속이나 비금속 등 용접할 재료의 용융점은 저온에서부터 3,000℃ 이상의 고온에 이르기까지 여러 가지가 있으며, 땜납의 용융점은 50~1,400℃ 정도의 것이 사용되고 있다. 납땜은 땜납의 용융점이 450℃ 이하일 때를 연납땜(soldering)이라 하고, 450℃ 이상일 때를 경납땜(brazing)이라 한다. 미국에서는 427℃(800 °F)를 한계로 하고 있다.

납땜은 분자간의 흡인력에 의한 접합으로서 본드(bond)결합이라고도 한다. 접합을 만족시키기 위해서 용접할 재료의 접착표면을 깨끗이 하고, 산화방지와 불순물을 제거하기 위해서는 여러 가지 용제(flux)를 사용한다.

(1) 연 납

연납(soft solder)은 용융점이 450℃ 이하인 땜납으로 솔더메탈(solder metals)이라고 한다. 소재에 따라 주석(Sn), 주석-납(Sn-Pb)합금, 납(Pb)이 주로 사용되고, 필요에 따라 안티몬(Sb), 은(Ag), 비소(As), 카드뮴(Cd), 비스므스(Bi) 등이 함유된다. 연납 중에서 가장 많이 사용되는 것은 주석과 납의 합금으로서(주석-납합금을 주로 "땜납"이라 한다) 알루미늄, 특수강, 주철 등의 일부 금속을 제외한 철강, 구리, 니켈, 납, 주석 및 이들 합금의 납땜에 널리 사용된다.

연납은 경납에 비해 기계적 강도가 낮으므로 강도를 필요로 하는 부분에는 부적당하다. 그러나 용융점이 낮고 납땜작업이 용이하기 때문에 기밀, 수밀을 필요로 하는 곳에 널리 사용된다.

1) 제품의 형태

① 봉상, 괴상 땜납 : 자동납땜장치가 설비된 곳에서 주로 사용되며, 케이블작업용인 납관 작업시에도 많이 사용된다.

② 선상 땜납 : 납땜작업 후 용제의 잔유물이 없어야 하는 부분에 주로 사용되며, 소형 인두 작업시 별도의 용제를 첨가해서 사용할 수도 있다.

③ 수지입 땜납 : KS D 6704에서 규정하고 있는 땜납의 A급 성분을 주체로 땜납 중심부에 용제를 충전시킨 와이어형(flux core wire) 제품이다. 접합부 금속의 산화물 제거, 땜납 표면의 표면장력을 저하시켜 접합이 용이하도록 한 제품이다.

④ 산입 땜납 : 땜납 중심부에 강산(halogen 화합물)을 충전시켜 강한 금속피막 제거(산화력)를 필요로 하는 접합부에 사용된다. 일반 전기 · 전자용에는 절대금물이며, 주로 배관용에 사용된다.

⑤ 페이스트 : 연납의 분말과 용제를 섞은 반죽상의 땜납(paste type solder)이다.

2) 연납의 종류

일반적으로 연납은 주석과 납으로 조성된 합금이 많이 사용되며, 표 6-9에 대표적인 연납의 종류와 용도를 나타냈다.

① Sn-Pb계 : 연납땜 중 사용 분야가 가장 넓은 땜납으로서, 용융온도의 범위는 183～343℃이다. 많은 조성 중 62Sn-38Pb은 공정(共晶)조성으로 용융온도가 가장 낮은 183℃이다. 50Sn-50Pb과 60Pb-40Sn은 작업성이 뛰어나서 널리 사용된다.

② Sn계 : 95Sn-5Sb과 96Sn-4Ag은 온도와 압력이 Sn-Pb계보다 더 높고, 이음부위의 강도가 큰 곳에 사용한다.

③ Pb계 : Pb에 소량의 Ag, Sn, Cd 등을 첨가시킨 것으로 주로 고온용에 사용된다.

표 6-9 연납의 성분에 따른 용도

성 분 (%)		온 도 (℃)		용 도
Sn	Pb	고상선	액상선	
62	38	183	183	공정(共晶)납땜용
60	40	183	188	정밀작업용
50	50	183	215	황동판 납땜
40	60	183	238	전기용 일반용, 황동판용
30	70	183	260	일반용, 건축용
20	80	183	275	가스납땜용
15	85	183	288	두꺼운 재질 납땜용
5	95	300	313	고온용
3	92, Sb5	240	285	〃
1	97.5, Ag 1.5	310	310	〃
Ag 3.5	96.5	310	317	〃

(2) 경 납

경납(hardsolder)은 용융점이 450℃ 이상인 땜납으로 브레이징 필러메탈(brazing filler metals)이라고 한다. 경납은 연납에 비하여 용융점이 높고, 기계적 강도가 좋으므로 강도를 필요로 하는 곳이나 내열성, 내식성, 내마멸성이 요구되는 곳에 사용된다.

제품의 형태는 선상, 분말상, 반죽상(페이스트) 등이 있고, 종류로는 은납, 황동납, 인동납, 알루미늄납, 니켈납 등이 있다.

1) 은납(silver solder)

은납은 경납 중에서 대표적인 땜납으로, 주성분이 Ag-Cu-Zn의 합금이다. 용도에 따라 Cd, Ni, Sn, Mn 등이 첨가된다. 최근에는 Cd의 오염문제로 Cd이 없는 은납의 요구가 증대되고 있다. 은납은 경납 중에서 비교적 용융점이 낮아 작업이 용이하고, 유동성, 강도 및 연신율이 우수하다. 알루미늄 및 마그네슘을 제외한 비철합금과 철강, 동, 동합금 등의 납땜에 널리 사용된다.

2) 인동납(phosphorus solder)

인동납(KS D 8050 : 인동땜납)은 구리에 인을 첨가한 Cu-P의 동합금과 여기에 Ag, Sn 등을 첨가하여 가공성과 퍼짐성을 개선하고 용융점을 낮추며 유동성을 향상시킨 Cu-P-Ag, Cu-P-Sn의 동합금 등이 사용된다. 동이나 동합금의 납땜에 널리 사용된다.

전기전도도와 기계적 성질이 좋고, 황산 등에 대한 내식성도 우수하다. 그러나 철강 또는 니켈을 10% 이상 함유한 합금의 땜납에 사용하면 취약하므로 주의해야 한다. 구리와 구리를 납땜할 때는 용제가 필요 없으나(self fluxing효과) 동합금에는 용제가 필요하다. 용융점은 705~925℃ 정도이다.

3) 황동납(brass solder)

구리와 아연 60% 이하를 합금한 동합금으로 동 · 동합금 및 일부 철강 등에 널리 사용된다. 용융점은 850~1,050℃ 정도이다. 결점으로 전기전도도가 낮고 진동에 대한 저항이 적으며 전해작용을 받기 쉽다. 또한 아연은 납땜작업 중 과열하면 증발되어 이음부에 공동이 생기고 강도가 낮아진다. 따라서 1,000℃ 이상으로 가열하지 않도록 주의한다.

4) 양은납(german silver solder)

구리-아연-니켈의 합금으로 니켈함유량이 많을수록 용융점이 높고 희게 된다. 보통 47 Cu-11 Zn-42 Ni의 합금이 강도가 커서 동 · 황동 · 니켈합금 · 철강 등의 납땜에 많이 사용된다.

5) 알루미늄납(aluminum solder)

Al을 주성분으로 하고, 여기에 Si, Cu 등을 첨가한 알루미늄합금으로 용융점이 600℃ 정도이다. 모재와의 용융점 차이가 작으므로 납땜작업시 온도관리에 주의해야 한다. 고력알루미늄합금은 용융점이 낮으므로 납땜이 불가능하다. 따라서 이들 합금의 납땜은 아연계 알루미늄합금의 땜납이 사용된다.

6) 내열용 합금납

내열용에 사용하는 합금땜납은 Ni-Cr계, Ag-Mn계, Cu-Au계 등이 있으나 이 중에서 Ni-Cr계 땜납이 우수하여 많이 사용된다. 니켈 및 코발트계는 내열 · 내식 재료인 가스터빈, 스테인리스강 등의 납땜에 사용된다.

표 6-10 주요 납재의 성분과 납땜온도

종 류		기 호	주 성 분 (%)	납땜온도 (℃)	고상선온도 (℃)	액상선온도 (℃)
경납	인동납	BCuP-2	Ag P Cu (-), (6.8~7.5), (나머지 대부분)	735~840	약 705	약 805
		BCuP-3	Ag P Cu (4.7~6.3), (5.8~6.7), (나머지 대부분)	705~840	약 640	약 805
		BCuP-5	Ag P Cu (14.5~15.5), (4.8~5.3), (나머지 대부분)	705~815	약 640	약 815

종 류		기 호	주 성 분 (%)	납땜온도 (℃)	고상선온도 (℃)	액상선온도 (℃)
경납	은 납	BAg-1	Ag (44~46), Zn (14~18), Cd (23~25), Cu (14~16)	620~760	약 605	약 620
		BAg-2	Ag (34~36), Zn (19~23), Cd (17~19), Cu (25~27)	700~845	약 605	약 700
		BAg-7	Ag (55~57), Zn (15~19), Cd (4.5~5.5), Cu (21~23)	650~760	약 620	약 650
연납	석납땜	H solder	Ag(3.5), Sn(96.5)	300 전후	약 220	약 220
	납 땜	-	Pb(50), Sn(50)	260~270	약 183	약 215
	납 땜	-	Pb(60), Sn(40)	270~280	약 183	약 238

(3) 용 제

용제(flux)는 납땜작업 중 용가재와 모재 표면의 산화를 방지하고, 가열중에 생기는 금속산화물을 녹여서 액상화하며, 용융된 땜납을 이음면에 확산 · 침투시키는 역할을 한다. 따라서 융점이 땜납보다 낮아야 하고, 용제가 산화물로 되었을 때 땜납보다 가벼워야 하며, 슬래그의 유동성이 좋고 또한 모재 및 땜납을 부식시키지 않아야 한다.

용제를 사용할 때는 이음면을 깨끗하게 한 다음, 이음부위를 고르게 뿌리던가 또는 페이스트로 만들어서 칠한다. 또한 납땜 후 잔유용제나 슬래그를 깨끗이 닦아내지 않으면 이음부위의 부식을 촉진시킨다. 용제의 형태는 분말형태, 반죽형태(paste), 액체형태가 있다.

1) 연납용 용제

모재를 부식시키는지의 여부에 따라 부식성과 비부식성이 있다. 동납땜에는 약간 부식성이 있는 것이 효과적이다. 연납땜은 연납 자체의 강도가 약하므로 모세관 현상에 의한 강력한 접합이 요구되는데 이때 용접부위의 표면상황이 크게 좌우된다.

① 염화아연($ZnCl_2$) : 가장 많이 사용되는 용제이다. 염화아연액을 만들려면 염산을 사기그릇에 담고 그 속에 아연을 넣어서 포화용액으로 한다. 이 용액은 소량의 유리산을 함유하므로 경우에 따라서는 한층 강력하지만 납땜 후 그대로 방치해두면 모재가 부식하기 쉽다. 또한 염화아연은 습기를 흡수하는 성질이 있으므로 납땜 후 완전히 제거하지 않으면 공기중의 습기를 흡수하여 모재의 부식을 촉진시킨다.

② 염산(HCl) : 진한 염산을 물로 희석시켜 사용한다. 아연과 반응하면 염화아연이 되어 용제의 역할을 하므로 아연이나 아연도금강판의 납땜에 사용한다.

③ 염화암모늄 : 가열하면 염소가 생성되어 산화물을 염화물로 만들어 용해시키고, 분해 · 승화하기 때문에 청정용으로 쓰인다. 단독으로는 용제로 사용되지 않고 염화아연과 혼

합하여 사용한다.

④ 로진 : 용제의 작용이 약하지만 독성이나 부식성이 없다.

⑤ 인산 : 알코올 용액과 혼합한 것으로 구리와 구리합금의 납땜에 사용된다.

2) 경납용 용제

① 붕사($Na_2B_4O_7 \cdot 10H_2O$) : 융점이 비교적 낮은(760℃ 정도) 경납용 용제로 사용된다. 높은 온도로 가열하면 유리모양으로 되며, 이것은 금속산화물을 흡수하는 성질이 있다. 용해되면 점성이 비교적 높은 결점이 있으므로 식염·붕산·탄산나트륨 등과 혼합하여 사용된다. 알루미늄, 마그네슘, 크롬, 베릴륨을 제외한 각종 금속에 많이 사용되고 있다.

② 붕산(H_3BO_3) : 백색의 결정체로 융점이 875℃ 정도이며, 산화물의 제거능력이 약하기 때문에 일반적으로 붕산 70%에 붕사 30% 정도를 혼합하여 철강 납땜에 주로 사용한다.

③ $3NaF \cdot AlF_3$: 알루미늄, 나트륨의 불화물로 불순물의 용해능력이 크다.

④ Cu_2O : 붕사와 혼합하여 주철 납땜에 사용한다. 주로 탈산작용을 하기 때문에 주철면의 흑연을 산화시켜서 납땜을 쉽게 한다.

⑤ 식염(NaCl) : 융점이 낮으나 부식성이 강하므로 단독으로는 사용하지 않고 혼합제로 소량 사용한다.

3) 경금속용 용제

알루미늄, 마그네슘과 그 합금의 납땜은 모재 표면의 산화물이 매우 견고하기 때문에 산화물을 용해시켜 슬래그로 제거할 수 있는 강력한 용제가 필요하다. 대표적인 용제의 성분으로는 염화리듐, 염화나트륨, 염화칼슘, 불화리듐, 염화아연 등이 있으며, 이것을 적절히 배합하여 사용한다.

이 중에서 염화리듐의 효과는 매우 우수하여 그 함유량에 따라 용제의 성능을 좌우하며, 가격이 다른 성분에 비해 고가이다.

6.3 접착제

접착제란 2가지의 재료를 서로 견고하게 결합시킬 수 있는 능력을 가진 물질로서, 접합제와의 차이점은 습윤(wetting)현상이 발생하여 결합(bonding)되는 것이다. 습윤현상이란 접착제와 피착제가 서로간의 친화력(유사성)을 발휘하여 나타나는 현상으로서, 물과 기름이 섞이지 않는 것은 상호간에 유사성이 없기 때문이다. 어떠한 형태의 접착제라도 도포할 때는 액상인데, 이는 유동성을 부여함으로써 접착제가 피착제의 구석구석까지 침투하기 위해서이다.

6.3.1 접착제의 분류

(1) 접착제의 구성요소

접착제의 구성요소는 일반적으로 주결합제 · 용제 · 가소제 · 충전제 · 조제의 5가지 요소로 이루어진다. 주결합제란 접착제에 접착성을 부여하는 성분으로 합성수지, 고무, 역청질 등이 사용된다. 그리고 용제는 주결합제를 용해 또는 희석시키는 역할을 하며, 가소제는 주결합제에 유연성을 주며, 충전제는 외관상의 점도를 높이고, 접착제의 가격을 낮추게 하며, 조제는 충전제와 접착제의 성상을 보정하는 역할을 한다.

(2) 접착제의 분류

접착제는 주성분에 따라 유기접착제와 무기접착제로 나눌 수 있으며, 유기접착제는 천연접착제와 합성접착제로 분류된다. 또한 경화방법에 따라 상온경화형, 열경화형, 핫멜트(hot melt) 등이 있다. 기타 접착제의 형태, 특성, 기능성 등에 의해 분류되며, 표 6-11에 분류내용을 나타냈다.

표 6-11 접착제의 분류

구 분	분 류			종 류
주성분에 의한 분류	무기 접착제			시멘트류, 규산소다(물유리)류, 세라믹, 기타
	유기 접착제	합성계	수지계	1) 열경화성 : 요소계, 멜라민계, 페놀계, 불포화 폴리에스테르계, 에폭시계 2) 열가소성 : 초산비닐계, 염화비닐계, 폴리에틸렌계, 폴리비닐아세틸계, 아크릴계, 포화폴리에스테르계
			고무계	니트릴고무계, 부틸고무계, 부타디엔고무계, 실리콘고무계, 클로로프렌고무계
			혼합계	1) 페놀-비닐계, 페놀-클로로프렌고무계, 2) 에폭시-폴리아미드계, 니트릴고무-에폭시계
		천연계		녹말계, 단백질계(아교, 카세인) 수지계(송진), 고무계(라텍스, 고무풀), 아스팔트지
경화방법에 의한 분류	실온 경화형	용제건조형		1) 수용액형 : 아교, 초산비닐 2) 유기용제형 : 니트로셀룰로오스, 합성고무
		촉매첨가형		요소계, 페놀계, 에폭시계
	열경화형			에폭시계, 페놀계
	핫멜트형			에틸렌, 열가소성수지, 초산비닐 공중합체
형태에 의한 분류	수용액형			요소계, 페놀계
	용액(용제)형			초산비닐계, 니트릴고무계
	에멀션(라텍스)형			아크릴계, 네오프렌계
	페이스트상			에폭시수지계, 폴리우레탄계, 실리콘고무계
	고체형			주로 핫멜트

(3) 접착제의 용도

표 6-12에 주요 접착제의 용도를 나타냈다. 수성계 접착제는 인화성이 없고 안전성, 작업성이 우수하지만 경화시간이 길고 물에 닿으면 쉽게 떨어진다. 용제계는 수성계보다 내수성이 우수하나 사용할 때 화기 및 환기에 주의가 필요하다. 반응형은 주제와 경화제의 2액형을 혼합하여 사용하는 것이 일반적이며, 접착할 수 있는 영역이 광범위하고 내수성, 접착강도 등 많은 부분에서 우수한 것이 많다. 전분계는 천이나 종이류 접착에 이용되며, 곰팡이 방지제, 방부제 등을 배합하였다. 폴리머시멘트는 시멘트와 모르타르를 합성수지 에멀션 또는 고무라텍스를 배합하여 모르타르의 접착력을 강화한 것이다.

표 6-12 접착제의 용도

접착제의 종류			경질염화비닐	연질염화비닐	접착철물	매설철물	단열재	바닥마감	바닥초배	벽·천장	콘크리트·돌	논슬립	외벽보수	도자기타일
수성계	에멀션계	초산비닐계					○	○		○				
		아크릴수지계						○						○
		에틸초산비닐 공중합수지계						○						○
	라텍스계	고무라텍스계						○						○
용제계	합성고무계	클로로프렌고무계			○		○	○		○	○	○		
		니트릴고무계		○			○	○		○				
		스틸렌부타디엔고무계			○		○		○					
	요산비닐수지계				○		○	○		○	○	○		
	아크릴수지계							○						
	염화비닐수지계		○					○						
반응형	에폭시 수지계				○	○		○		○	○	○	○	○
	에폭시 변형 합성고무계 라텍스													○
	우레탄수지계							○						
	폴리에스테르수지계												○	
	제2세대 아크릴수지계											○		
	실리콘수지계											○		
전분계										○				
폴리머시멘트계			○											○

6.3.2 주요 접착제의 특징

(1) 합성고무 접착제

니트릴고무계(용제형), 클로로프렌고무계(용제형, 액상형) 등이 있으며, 내수성 · 내화학성 · 내노화성이 우수하다. 고무 · 합성수지 · 금속 · 콘크리트 등 다목적용으로 사용되며, 경화시간이 짧고 접착면이 유연하여 충격에 강하다. 그러나 독성이 강하고, 환각성이 있으며, 접착제가 묻은 곳이 지저분해진다.

(2) 에폭시수지 접착제

에폭시수지 접착제는 경화할 때 휘발성의 부산물을 생성하지 않는 열경화성 수지이다. 경화제 또는 다른 수지를 가하여 가열하면 분자간 중합반응을 일으켜서 가교하여 망상결합에 의한 3차원 구조의 경화수지가 된다. 수분, 열, 화학약품 등에서도 접착력이 강하고 내구성이 우수하다. 상온에서 경화되며 사용온도의 범위가 넓다. 그러나 두 가지 성분을 섞어서 사용하므로 일정 시간에서만 사용이 가능하고 내충격성이 약하다.

(3) 비닐수지 접착제

초산비닐수지 또는 초산비닐과 염화비닐의 공중합체를 기본성분으로 하며, 알코올이나 아세톤에 용해시킨 용제형과 물에 수지가 현탁되어 있는 에멀션형의 두 가지가 있다. 값이 싸고 작업성이 좋아 널리 사용되고 있다. 사용온도 범위는 0~60℃로서 저온영역이며, 고온에서는 접착력이 떨어지며 내수성도 작다.

(4) 용해성 접착제

용해성 접착제(solvent cement)는 모든 종류의 PVC, CPVC, ABS관 및 이음관의 표면을 상호 용해시켜 매우 강력하게 용착 · 접착시키는 접착제이다. 특히 제품에 관의 재질과 같은 수지가 일정비율 함유되어 있어서 융착 · 결합된 부분은 관의 재질과 같게 되므로 각종 화학약품에도 강한 저항력을 갖는다. 사용압력은 관의 치수에 따라 차이가 있으나 약 2MPa {20kgf/cm^2} 정도로 고압 및 고온(Sch. CPVC : 95℃)용 배관에 적합하다.

(5) 수성 접착제

수성계 접착제는 인화성과 독성이 없어서 안전하며 작업성이 우수하다. 그러나 경화시간이 길고 물에 닿으면 쉽게 떨어지는 단점이 있다. 목재, 종이, 직물 등의 접착에 적합하다.

(6) 순간접착제

순간접착제는 공기중의 수분과 화학반응을 일으켜 순간적으로 접착효과를 발휘하는 1액형 접착제이다. 사용이 간편하고, 실온에서 신속하게 굳어지며, 접착효과가 우수하다. 그러나 겨울철 날씨가 추울 때나 여름철 습기가 많을 때는 접착효과가 떨어진다. 또한 나무 등 다공질 재료를 접착할 때는 다공질재가 접착제를 흡수하기 때문에 강력한 접착은 어렵다. 독성이 있으므로 피부접촉이나 흡입하지 않도록 주의가 필요하고, 한꺼번에 많은 양을 사용하면 접착이 잘 안된다.

6.4 충전물

(1) 퍼티

퍼티(putty)는 탄산칼슘, 연백(鉛白), 아연화 등의 충전재를 각종 건성유로 반죽한 것이다. 건성유는 과거에는 아마인유가 사용되었으나 최근에는 합성수지를 이용한다. 퍼티의 종류에는 유리공사의 방수와 부착에 사용하는 유리퍼티, 도장공사시 바탕의 구멍 · 균열 등을 메우는 도장퍼티, 관의 이음부위에 사용하는 광명단퍼티가 있다.

(2) 코킹재

코킹(caulking)재는 실링재와 같은 의미로 사용되기도 하지만 좁은 의미로서의 코킹재는 창호 주위의 빗물막이, 각종 재료의 접합부, 줄눈, 익스팬션 조인트에 사용한다. 이에 비하여 실링재는 커튼월이나 프리패브재의 접합부, 새시부착 등의 충전재를 의미한다.

유성 코킹재는 접착성 · 가소성 · 유연성이 풍부하고, 아스팔트성 코킹재는 값이 저렴하지만 색이 검고, 고온에서 녹기 쉬운 결점이 있다.

(3) 실링재

실링(sealing)재는 피착재의 종류에 따라 금속용 · 콘크리트용 · 유리용 등이 있으며, 사용시의 온도에 따라 하절기용 · 춘추용 · 동절기용이 있다.

1) 2액형 실링재

주성분을 포함하고 있는 기제(基劑)와 경화제를 시공 직전에 배합하여 사용하는 것으로서,

보통 폴리설파이드(polysulphide) 액상 폴리머에 카본블랙(carbon black)을 기제로 만든다. 휘발성분이 거의 없어서 충전 후의 체적변화가 적고 온도변화에 따른 안정성도 우수하다. 고온다습할 때는 경화가 촉진되지만 저온저습한 경우에는 경화가 지연된다. 폴리설파이드계 이외에 실리콘계, 우레탄계가 사용된다.

2) 1액형 실링재

시공 전에 혼합조작이 필요 없이 건(gun)에 넣어 압출·충전시키는 간단한 사용법이 특징이다. 보통 실리콘수지가 널리 사용되고 여기에 실리카분말과 탄산칼슘 등이 안료로 사용된다. 내후성과 내구성은 유성코킹재 및 2액형 실링재보다 우수하며, 특히 온도범위가 −40~160℃로 광범위한 상태에서도 탄력성은 유지된다.

6.5 접합철물

6.5.1. 볼트와 너트

볼트(bolt)와 너트(nut)는 체결과 해체가 용이하기 때문에 여러 면에서 다량으로 사용된다. 재료는 강이 주가 되며, 특수한 경우 합금강, 황동 등이 사용되고 있다. 머리부분의 모양은 6각, 4각, 기타 특수한 형태가 있으나 대부분 6각이 사용된다.

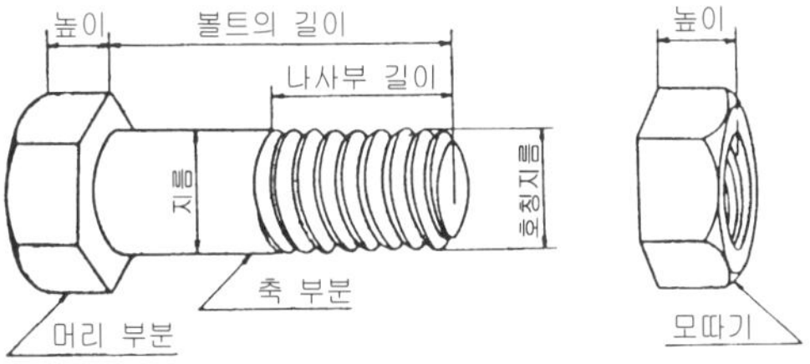

그림 6-2 볼트와 너트

(1) 볼트의 종류

1) 관통볼트(through bolt)

그림 6-3(a)와 같이 A, B 부재에 각각 볼트 바깥지름보다 약간 큰 구멍을 내고, 이 구멍에 볼트를 관통시켜 너트로 체결한다.

2) 탭볼트(tap bolt)

그림 (b)와 같이 한쪽 부재는 관통하고, 다른 부재는 암나사를 내어 이것을 너트 대신 사용하여 체결한다.

3) 스터드 볼트(stud bolt)

그림 (c)와 같이 볼트의 양끝에 나사를 내어 한쪽은 부재의 나사에 단단히 체결하고, 다른 쪽의 부재를 볼트에 끼워 너트로 고정한다. 너트의 선단은 박는 쪽과 구별하기 위하여 끝면이 둥글게 되어 있다. 일반적으로 상부의 부재를 떼었다 붙였다 할 경우가 많은 경우에 사용한다.

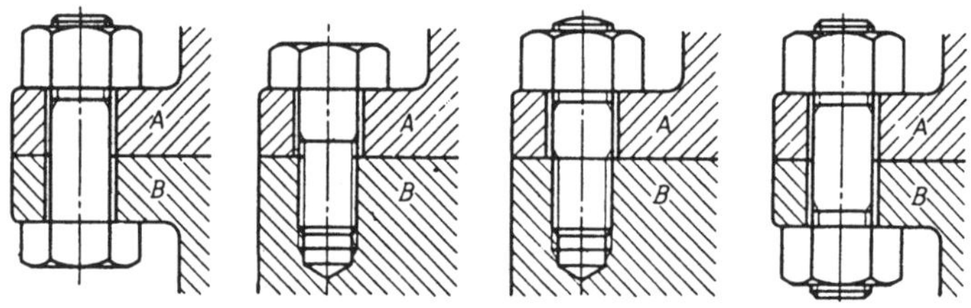

(a) 관통볼트 (b) 탭볼트 (c) 스터드볼트 (d) 양쪽너트볼트

그림 6-3 볼트의 종류

⑵ 특수볼트

1) 아이볼트(eye bolt)

머리부분에 거는 고리가 달린 볼트로서, 커버의 손잡이나 무거운 중량물을 올리는데 사용한다.

2) 기초볼트(foundation bolt)

기계구조물을 콘크리트에 설치할 때 기초용으로 사용하는 볼트로 앵커볼트(anchor bolt)라고도 한다.

3) 스테이볼트(stay bolt)

2개의 부품 사이에 거리를 일정하게 유지하는데 사용한다.

4) 충격볼트(impact bolt)

볼트의 인장방향에 충격하중이 걸릴 때 사용한다.

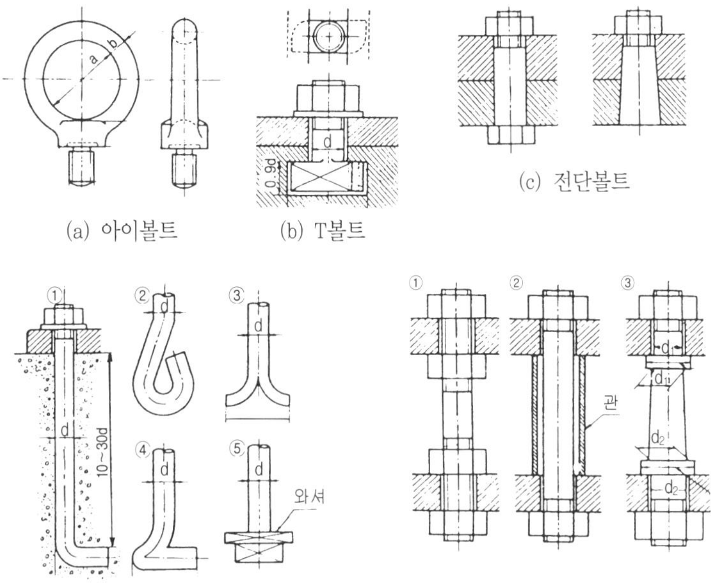

(a) 아이볼트 (b) T볼트 (c) 전단볼트 (d) 기초볼트 (e) 충격볼트

그림 6-4 각종 특수볼트

5) 고장력볼트(high tension bolt, friction bolt)

일반적으로 철골구조에 사용되고 있는 볼트로서 토크렌치(torque wrench)로 조임으로써 볼트에 강한 인장력이 생기고 접합면 상호간에 생기는 마찰력으로 힘을 전달한다. 접합부의 강성이 높아 변형이 거의 없고 볼트에는 전단력이 생기지 않는다.

조임방법은 표준 볼트장력의 80% 정도로 전체의 볼트를 고르게 조이고, 두 번째 조임으로 표준장력에 도달하도록 한다. 최근에는 표준장력에 도달하면 볼트 선단에 돌출된 덧판 부분이 파단되도록 가공한 볼트가 많이 사용되고 있다.

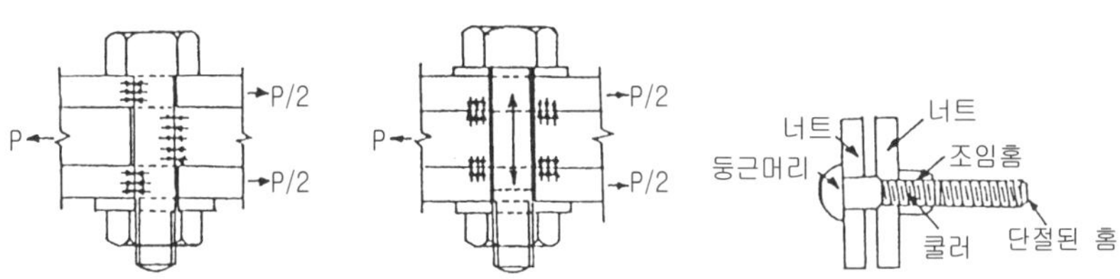

(a) 보통볼트 접합 (b) 고장력볼트 마찰접합 (c) 고장력 훅 볼트

그림 6-5 고장력 볼트의 형상과 원리

6) U볼트

U자형 볼트로서 관을 지지할 때 사용한다.

(3) 너트

너트(nut)는 수나사인 볼트에 끼워 기계부품의 체결고정에 사용하는 암나사로 그 평행면을 스패너로 돌려서 조인다. 일반용 너트의 모양은 4각형, 6각형, 8각형이 있으나 주로 6각형이 사용되며, 특수한 것으로 그림 6-6과 같은 여러 종류가 있다.

록 너트(lock nut)는 너트의 풀림을 방지하기 위하여 특수하게 만들어진 너트로서 그림 6-7과 같은 종류가 있다.

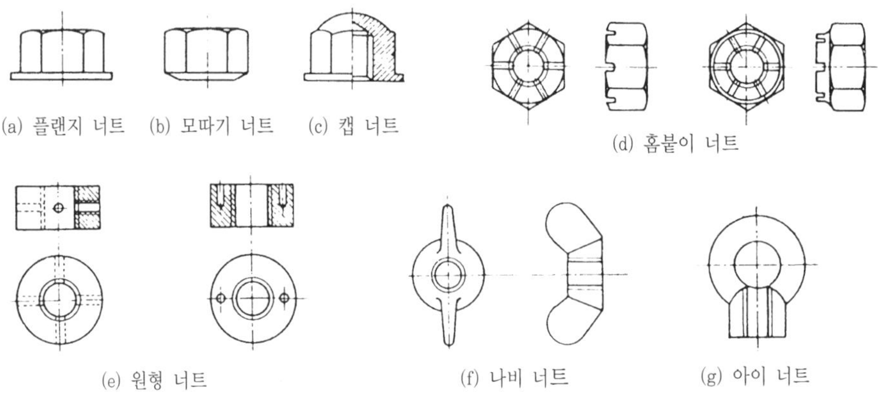

그림 6-6 각종 너트

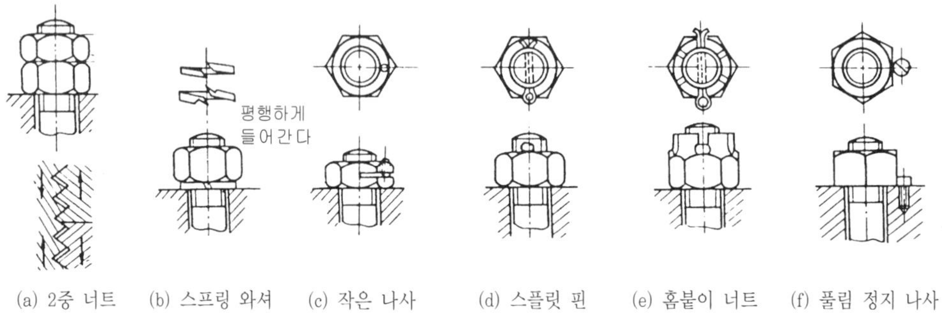

그림 6-7 록너트

6.5.2 기타 접합철물

(1) 와셔

와셔(washer)는 볼트나 너트의 접촉면이 고르지 못한 경우, 구멍이 너무 큰 경우, 너트의 풀림을 방지하려고 하는 경우 등에서 볼트와 너트 사이에 끼우는 부품이다. 사용목적에 따라 평와셔(KS B 1326), 스프링 와셔(KS B 1324), 접시스프링 와셔(KS B 1329), 이붙이와셔(KS B 1325) 등이 있다.

그림 6-8에 모양에 따른 와셔의 종류를 나타냈다.

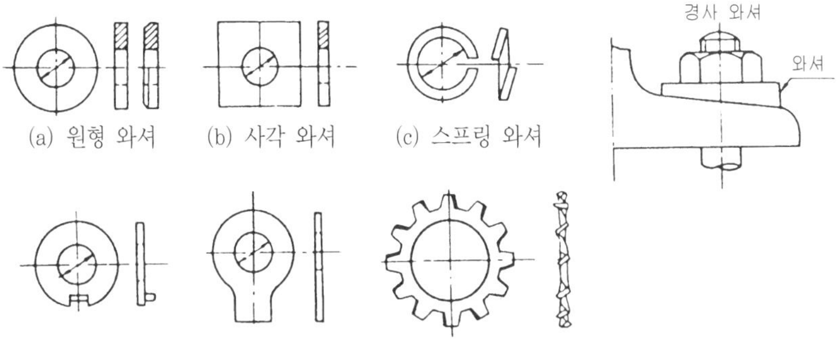

(a) 원형 와셔 (b) 사각 와셔 (c) 스프링 와셔
(d) 갈귀붙이 와셔 (e) 혀붙이 와셔 (f) 이붙이 와셔

그림 6-8 와셔의 종류

(2) 특수나사

1) 작은나사

작은나사(machine screw)는 축의 지름이 1~8mm로 작은 부품을 고정하는데 사용된다. 일반용과 정밀기기용이 있으며, 모두 머리부분에 드라이버로 조이기 위한 홈(- 또는 +자형)이 파져 있다.

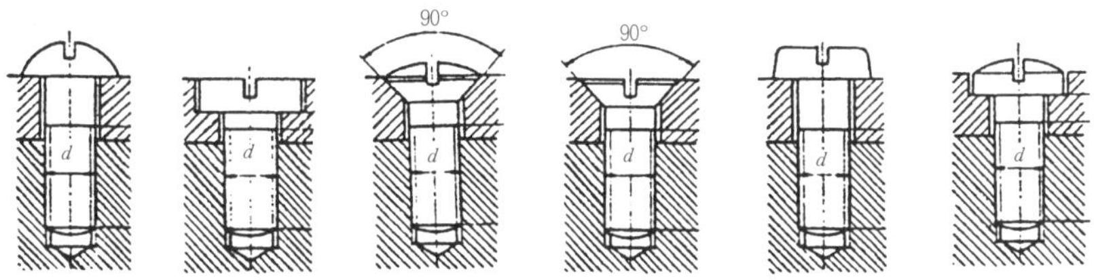

(a) 둥근머리 (b) 납작머리 (c) 둥근접시머리 (d) 접시머리 (e) 남비머리 (f) 둥근납작머리

그림 6-9 작은나사

2) 세트 스크루

세트 스크루(set screw)는 나사의 끝을 이용하여 기계부품 사이의 움직임을 방지하거나 나사부의 회전을 막는데 사용한다. 그림 6-10과 같이 머리와 끝의 모양이 다른 여러 종류가 사용된다.

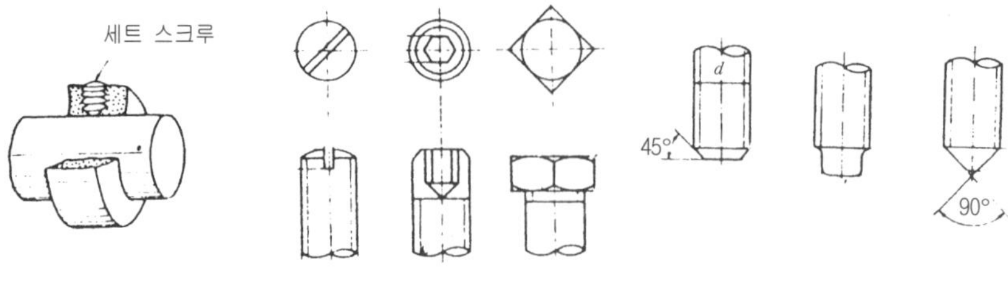

그림 6-10 세트 스크루

3) 나사못

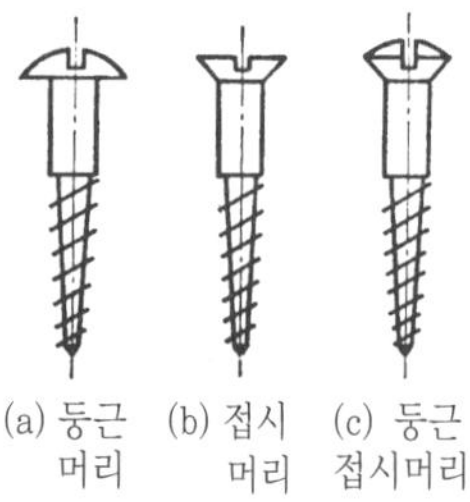

그림 6-11 나사못

기계부품을 나무에 붙일 때 사용한다. 머리모양에 따라 둥근꼴, 둥근접시꼴, 접시꼴 등이 있으며, 어느 것이나 머리부분에 드라이버로 조이기 위한 홈(− 또는 +자형)이 파져 있다.

(3) 드라이브 핀

드라이브 핀(drive pin)은 콘크리트나 강재 등에 드라이브 비트 건으로 쏴서 박는 특수못이다. 그림 6-12와 같이 콘크리트용과 강재용이 있으며, 머리가 달린 것을 H형, 나사로 된 것을 T형이라 한다. 영구적인 고정용에는 H형을 사용한다.

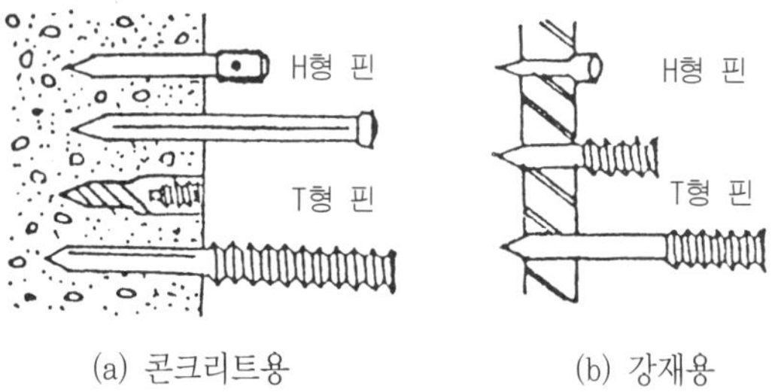

그림 6-12 드라이브 핀

chapter 07

단열 및 도장재료

07

단열 및 도장재료

7.1 단열재료

설비 장치물에서 배관이나 기기 · 밸브 등에서의 열이 외부로 방출되는 것을 방지하는 것은 에너지를 절약하는 차원에서 매우 중요하다. 그러므로 각종 냉 · 온설비에서는 열의 이동을 방지하기 위하여 단열재로 피복해야 한다. 피복을 하는 목적은 보온(保溫)과 보냉(保冷)이 주가 되지만 기타 방로(防露) · 방동(防凍) · 방습(防濕)을 위해서도 피복을 한다.

적당히 보온된 관으로부터 손실되는 열량과 보온되지 않은 관으로부터 손실되는 열량을 비교해보면, 그림 7-1과 같이 관의 보온처리가 얼마나 중요한 문제인가를 알 수 있다.

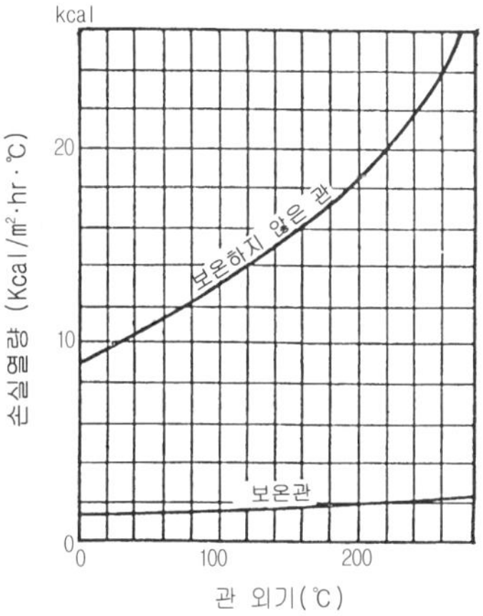

그림 7-1 보온관과 보온하지 않은 관의 표면 손실열량

단열재로서 갖추어야 할 조건을 열거하면 다음과 같다.

① 열전도율이 낮고 방수 · 방습성이 우수한 재질이어야 한다.

② 내식성과 내구성이 우수해야 한다.

③ 가볍고 시공성이 좋아야 한다.

④ 위생적으로 안전한 재질이어야 한다.

⑤ 불연성 또는 난연성 재질이어야 한다.

단열재는 미세한 공기층을 많이 만들어서 열전도가 잘 되지 않도록 하고 있으나 물이나 습기가 있으면 효과가 현저하게 감소한다. 따라서 재료를 보관할 때나 시공 후 설비를 관리할 때는 방수 · 방습에 특히 주의해야 한다.

단열재에는 많은 종류가 있으며, 재질 · 내열도 · 공기층의 형태에 따라 구분하면 표 7-1과 같다. 또한 각종 보온재의 사용온도 범위를 그림 7-1에 나타냈다.

표 7-1 단열재의 분류

분 류	구 분	종 류
재질에 따라	유기질 단열재	스티로폼 · 폴리에틸렌폼 · 경질우레탄폼 등의 기포성 수지, 펠트, 코르크
	무기질 단열재	암면, 유리면, 규조토, 펄라이트, 탄산마그네슘, 석면
내열도에 따라	저온용 단열재	100 ℃ 이하에서 사용하는 단열재
	고온용 단열재	100 ℃ 이상에서 사용하는 단열재
공기층의 형태에 따라	섬유재질(open cell) 단열재	유리섬유, 암면 등으로 고온용에 사용
	발포재질(closed cell) 단열재	실리카 · 펄라이트, 각종 기포성 수지

주) 내열도에 따른 분류는 상온에서 650℃까지의 범위에서 사용하는 일반 보온재, 650℃ 이상의 고온에서 사용하는 고온용 보온재, 상온 이하의 저온에 사용하는 보냉재의 3가지로 분류되기도 한다.

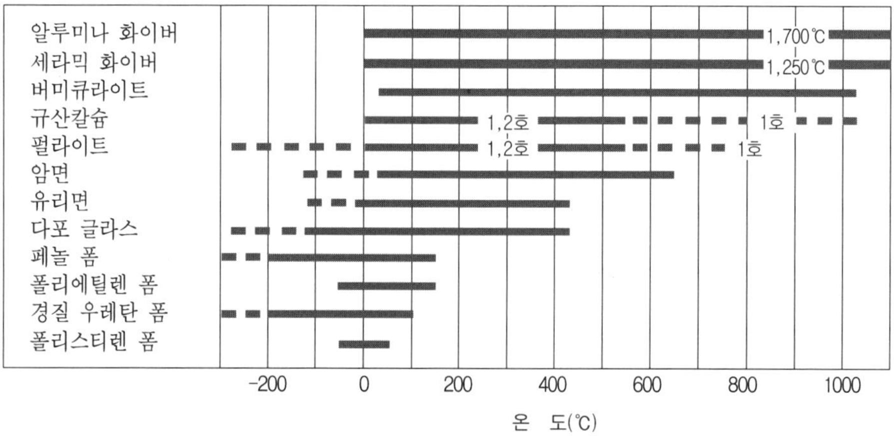

주) 저온측의 ▬ ▬ ▬ 범위는 시공방법에 따라 제한적으로 사용

그림 7-2 보온재의 사용온도 범위

7.1.1 단열성에 영향을 주는 요인

(1) 단열재의 형상과 열전도율

열전도율은 각 재료마다 고유의 값을 나타내는 재료상수로서, 재료의 단열성을 나타내는 가장 기본적인 값이다. 열전도율은 단열재의 구성재료와 공기의 열전도율, 단열재의 형상 및 용적 비율에 의하여 추정할 수 있다. 단열재의 형상은 섬유질계와 다공질계(발포계)로 나누어지며, 단열성은 재료의 두께에 반비례한다.

(2) 함수율의 영향

함수율(含水率)은 열전도율에 영향을 가장 많이 미치는 요인의 하나이다. 열전도율은 절대 건조상태일 때가 가장 작고 함수율이 증가할수록 커진다. 단열재는 내부에 공기를 다량으로 함유하고 있으므로 내부가 물로 채워지면 열전도율이 증가한다. 또한 고온쪽에서 증발한 물이 저온쪽에서 응축하여 대량의 잠열을 방출한다. 이 응축수는 모세관현상으로 다시 고온측으로 이동하여 열에너지를 공급받는 순환을 반복하는 히트펌프(heat pump)효과에 의해 단열성이 저하된다.

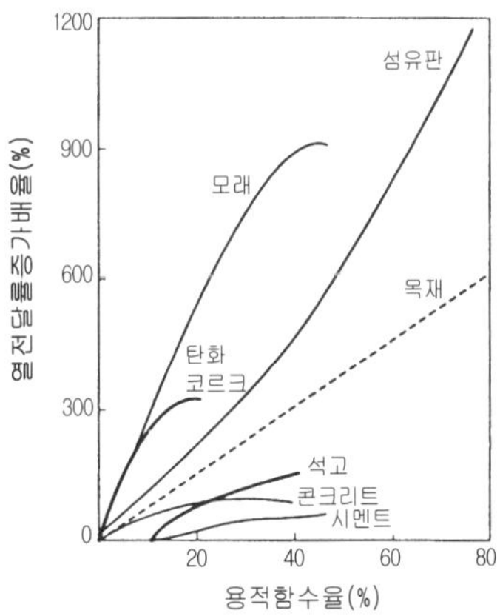

그림 7-3 재료의 함수량과 열전도율의 관계

(3) 재료의 표면상태

재료의 관류열량은 재료표면에 생기는 대류현상에 영향을 받는다. 이 경우 재료표면이 거칠수록 대류현상을 따르기 어려운 공기층이 생기므로 동일 재료이어도 표면이 거칠수록 열전달이 적고 단열성은 높아진다. 또한 지붕면 등이 고온으로 되면 복사가 지배적이 되기 때문에 복사열을 방지하기 위해서는 열선에 대하여 반사율이 큰 알루미늄박을 사용하는 것이 효과적이다. 최근의 단열재에는 알루미늄을 부착한 플라스틱 필름이 병용되어 복사열 및 습기 차단효과를 발휘하고 있다.

(4) 재료의 밀도

일반적으로 재료의 밀도가 크면 그림 7-4와 같이 열전도가 커지는 경향이 있다. 그러나 단열재는 그림 7-5와 같이 반대의 경향을 보이는 경우도 있다. 섬유질계는 밀도가 큰 것이 단열성이 좋고, 다공질계는 독립기포가 미세하고 균일할수록 열전도율은 작다. 밀도가 작은 것은 기포는 크지만 복사 · 대류에 의하여 열전도율이 커지는 것도 있다.

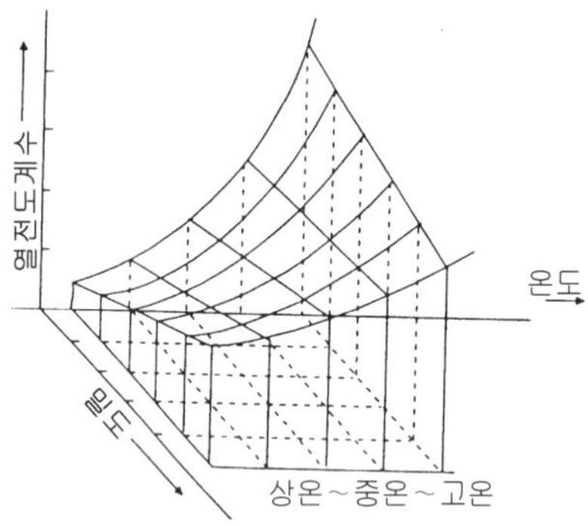

그림 7-4 열전도율과 밀도 · 온도의 관계

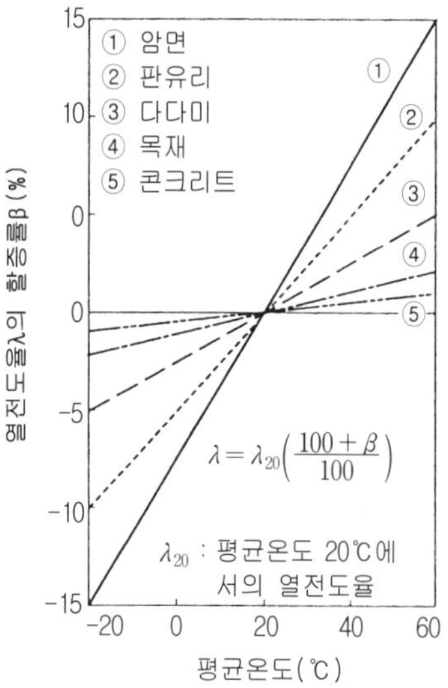

그림 7-5 무기질 섬유재료의 밀도와 열전도율의 관계

(5) 온도의 영향

단열재는 상용온도 범위에서는 온도와 열전도율은 거의 비례관계에 있다. 그러나 그림 7-6과 같이 중 · 고온 영역에서는 경량 단열재의 온도상승이 급증하는 경향이 있다.

이것은 공기의 열전도율이 고온이 되면 증대하고, 복사가 열전도에 기여하는 효과가 지배적인 것과 관계있다. 따라서 단열재의 열전도율은 측정시의 평균온도를 나타내지 않으면 정확하지 않다.

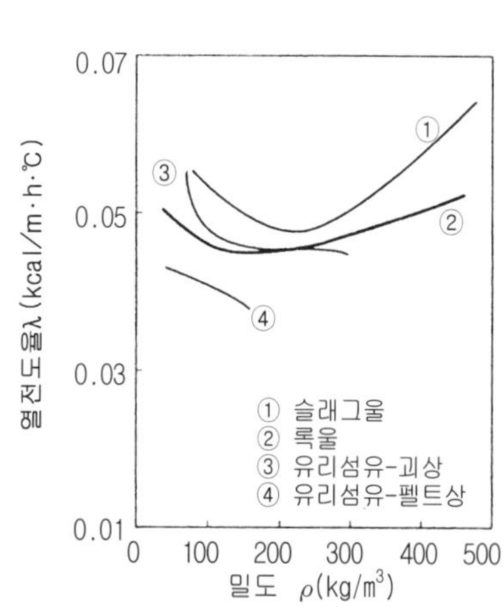

그림 7-6 재료의 평균온도와 열전도율의 증가관계

7.1.2 무기질 단열재

(1) 유리섬유

유리섬유(glass wool)는 용융상태인 유리에 증기를 분사시켜 만들거나 고속원심분리법으로 만들며, 300℃ 이하의 보온 · 보냉용에 많이 사용한다. KS규격에 주택용 유리섬유 단열재(KS F 6305)와 인조 광물섬유 보온재(KS L 9102)가 규정되어 있다. 보온판(board), 보온매트(mat), 보온통(cover), 보온대(lamella), 블랭킷(blanket) 등의 형태로 제조되고 있으며, 각 제품마다 밀도(10～120K)와 두께(20～150mm)가 다양하다.

표 7-2 유리면 보온재의 종류와 특성(KS L 9102)

<table>
<tr><th colspan="3">종 류</th><th>밀 도
(kg/m³)</th><th>열전도계수
(W/m · K)
평균온도 70℃</th><th>개 요</th></tr>
<tr><td rowspan="2">유리면</td><td colspan="2">2호</td><td>-</td><td>0.042 이하</td><td rowspan="2">유리 또는 유리질을 주성분으로 하는 물질을 용융하여 섬유화한 것. 2호 및 3호는 섬유의 굵기를 참고로 규정된 방법에 의한 열전도계수에 의하여 구분한 것으로, 2호는 대략 12㎛ 이하, 평균 7㎛ 정도, 3호는 대체로 20㎛ 이하, 평균 12㎛ 정도의 것.</td></tr>
<tr><td colspan="2">3호</td><td>-</td><td>0.049 이하</td></tr>
<tr><td rowspan="11">보온판</td><td rowspan="8">2호</td><td>24K</td><td>24</td><td>0.049 이하</td><td rowspan="11">유리면 2호 및 3호에 접착제를 이용하여 판모양으로 성형한 것으로서, 필요에 따라 적당한 외피를 길이방향으로 붙이거나 표면을 피복해도 좋다. 2호 및 3호의 24～120K는 밀도에 의하여 구분한 것.</td></tr>
<tr><td>32K</td><td>32</td><td>0.046 이하</td></tr>
<tr><td>40K</td><td>40</td><td>0.044 이하</td></tr>
<tr><td>48K</td><td>48</td><td>0.043 이하</td></tr>
<tr><td>64K</td><td>64</td><td rowspan="4">0.042 이하</td></tr>
<tr><td>80K</td><td>80</td></tr>
<tr><td>96K</td><td>96</td></tr>
<tr><td>120K</td><td>120</td></tr>
<tr><td rowspan="3">3호</td><td>80K</td><td>80</td><td rowspan="3">0.047 이하</td></tr>
<tr><td>96K</td><td>96</td></tr>
<tr><td>120K</td><td>120</td></tr>
<tr><td rowspan="3">보온대</td><td rowspan="3">2호</td><td>a</td><td>22～36</td><td rowspan="3">0.052 이하</td><td rowspan="3">보온판 2호를 일정한 너비로 나누고, 이것을 가지런하게 세로로 놓고, 종이 · 천 등을 한쪽 면에 길게 붙인 것. a～c는 밀도에 의해 구분한 것.</td></tr>
<tr><td>b</td><td>37～52</td></tr>
<tr><td>c</td><td>58～132</td></tr>
<tr><td rowspan="2">블랭킷</td><td rowspan="2">2호</td><td>a</td><td>24～40</td><td>0.048 이하</td><td rowspan="2">유리면 2호를 두루마리 형태로 성형한 것으로, 철망 또는 메탈라스 등의 외피로 보강해도 좋다. a 및 b는 밀도에 의해 구분한 것.</td></tr>
<tr><td>b</td><td>41～120</td><td>0.043 이하</td></tr>
<tr><td colspan="3">보온통</td><td>45～90</td><td>0.043 이하</td><td>유리면 2호에 접착제를 이용하여 원통모양으로 성형한 것으로, 필요에 따라서 적당한 외피를 붙이거나 표면을 피복해도 좋다. 혹은 길이방향에 따라 칼자국을 넣거나 분할해도 좋다.</td></tr>
</table>

유리섬유의 특징은 다음과 같다.

① 사용 온도범위는 −25~300℃이다.
② 섬유가 가늘고 균일하며 섬세하게 밀집되어 있기 때문에 다량의 공기를 포함하고 있으므로 보온·단열효과가 양호하다.
③ 순수한 무기질의 섬유제품으로서 불에 타지 않는다.
④ 가볍고 유연하여 작업성이 매우 좋으며, 칼이나 가위 등으로 쉽게 절단되므로 어떠한 장소나 형태에서도 시공이 용이하다. 또한 섬유길이가 길고 압축·복원력이 뛰어나서 운반, 보관, 취급이 용이하다.

(a) 보온판 (b) 보온대 (c) 보온통 (d) 보온 매트

그림 7-7 보온재 제품의 형태

(2) 암 면

암면(rock wool)은 규산칼슘계의 광석(안산암, 현무암)을 1,500~1,700℃의 고열로 용융시켜 고속회전방식에 의해 섬유모양으로 만든 것이다. 섬유가 거칠고 부스러지기 쉬운 결점이 있으나 내열성이 크다(최고사용온도 : 400~600℃). KS규격에 주택용 암면 단열재(KS F 6304), 취입용 암면 단열재(KS F 6306), 암면 흡음 천장판(KS L 9105), 암면 판상 단열재(KS L 9106) 등이 규정되어 있다.

유리섬유와 마찬가지로 보온판, 보온매트, 보온통, 보온띠, 블랭킷 등이 제조되며, 밀도는 50~200K까지, 두께는 20~100mm까지 다양하다. 보온판은 1호 및 2호, 보온대 및 블랭킷은 1호가 많이 사용된다. 특징은 다음과 같다.

① 사용 온도범위는 −25~600℃로서 고온용으로 우수하다.
② 단위체적마다의 섬유량이 많아서 이상적인 단열 공기층을 형성함으로써 단열성이 우수하다.
③ 원자재가 무기질이므로 불에 타지 않으며, 보온·단열재 중에서 사용온도범위가 넓고, 안전사용의 최고온도가 높아 내화피복제·내화구조물 등에 널리 사용된다.

④ 음을 흡수하는 독특하고 무수한 연속기공을 갖고 있으므로 흡음성능이 양호하다.
⑤ 섬유의 표면이 특수 코팅되어 있어서 습기를 거의 흡수하지 않으며, 수분에 강하다.
⑥ 화학적으로 안정된 무기질 재료이므로 산·알칼리 등 화학약품에 강하며, 풍화작용에 의한 열화현상이 없고 부패 및 변질되지 않으므로 반영구적이다.
⑦ 가볍고, 탄력성이 좋으며, 칼이나 가위 등으로 쉽게 절단되기 때문에 어떠한 장소나 형태에서도 시공이 용이하다.

표 7-3 암면 단열재의 종류와 특성(KS L 9106)

종류			밀 도 (kg/m^3)	열전도계수 (W/m·K) 평균온도 70±5℃	개요
암 면	-		40~150	0.044 이하	석회, 규산을 주성분으로 하는 내열성이 높은 광물을 용융하여 섬유화한 것이다.
보온판	1호		71~100	0.044(0.038) 이하	암면에 접착제를 사용하여 판모양으로 성형한 것으로, 필요에 따라 적당한 외피를 붙이거나 표면으로 피복해도 좋다.
	2호		101~160	0.043(0.037) 이하	
	3호		161~300	0.044(0.038) 이하	
펠 트	-		40~70	0.049(0.042) 이하	암면에 접착제를 사용하여 탄력이 있는 펠트모양으로 성형한 것으로서, 필요에 따라 적당한 외피를 붙이거나 표면을 피복해도 좋다.
보온통	-		40~200	0.044(0.038) 이하	암면에 접착제를 사용하여 원통모양으로 성형한 것으로, 필요에 따라 적당한 외피를 붙이거나 표면을 피복해도 좋다. 또한 길이방향을 따라 1개소를 절단하거나 분할해도 좋다.
보온대	1호		71~100	0.052(0.045) 이하	층 모양의 암면 또는 보온판을 일정한 너비로 끊어서 이것을 가지런히 세로로 놓고, 인장강도 20kN/m^2 이상의 종이·천 등을 한번에 붙여 마무리한 것이다.
	1호		101~160	0.049(0.042) 이하	
블랭킷	1호	a	40~70	0.049(0.042) 이하	층 모양의 암면 또는 보온판을 철망 또는 KS F 4552(메탈라스)에 규정한 메탈라스 등의 외피로 보강하여 성형한 것이다.
		b	71~100	0.044(0.038) 이하	
	2호		101~160	0.043(0.037) 이하	

(3) 규산칼슘

보통 실리카(silica)보온재라고 하며, 규조토와 소석회 및 보강섬유를 첨가하여 보온판, 보온통 등으로 압축성형하여 제조한다. KS L 9101에 규산칼슘 보온재가 규정되어 있으며, 다음과 같은 특징을 갖는다.

① 사용 온도범위는 내열도가 높아서 650℃까지 사용이 가능하다.
② 미세한 기공으로 구성되어 있으며, 고온에서도 낮은 전도율을 갖기 때문에 단열효과가

우수하다.

③ 안정된 결정구조로 되어 있어서 내열성이 우수하며, 고온에서 장기간 사용해도 변형이 거의 없다.

④ 무기질 단열재로서 불에 타지 않는다.

⑤ 가볍고, 견고하며, 시공성이 용이하다. 그러나 내충격성이 작아서 알루미늄이나 함석판 또는 스테인리스강판, 마스틱 등의 마감재(보강재)를 사용하여 마무리해야 한다.

표 7-4 규산칼슘 보온재의 종류와 특성(KS L 9101)

종 류	밀 도 (kg/m^3)	열전도계수 (W/m · K) 평균온도 70℃	사용온도 (℃)	휨 강도 (kPa)	비 고
보온판 1호-13 보온통 1호-13	130 이하	0.049 이하	1,000 이하	200 이상	보온통은 길이방향으로 나누어져 있다. 발수성을 가진 것은 끝에 -WP를 붙여 표시한다.
보온판 2호-17 보온통 2호-17	170 이하	0.055 이하	650 이하	200 이상	
보온판 1호-22 보온통 1호-22	220 이하	0.062 이하	1,000 이하	300 이상	
보온판 2호-22 보온통 2호-22	220 이하	0.062 이하	650 이하	300 이상	

(4) 탄산마그네슘

염기성 탄산마그네슘 85%에 석면섬유 10~15%를 첨가하고, 접착제로서 약간의 점토를 섞은 다음 형틀에 넣고 압축해서 만든다. 보통 85% 마그네시아 보온재라고 한다. 열전도율이 작고, 가벼우며, 물에 개어서 사용할 수 있다. 열분해온도가 300~320℃이므로 이 이상의 온도에서는 사용할 수 없다. 방습가공한 것은 옥외배관 또는 습기가 많은 곳에 적합하며, 보통 250℃ 이하의 관 · 탱크 등 각종 배관설비에 사용한다. 물반죽하여 사용하거나 보온판, 보온통으로 제조되고 있다.

KS F 4708에 염기성 탄산마그네슘 보온재가 규정되어 있다.

(5) 펄라이트

펄라이트(perlite)는 화산활동으로 분출한 용암이 수중 등에서 갑자기 응고하면 유리상의 암석이 된다. 이 화산암에는 진주암, 흑요석, 송지석 등이 있으며, 이를 분쇄하여 일정 조건하에서 1,000℃ 이상으로 급속 가열하면 약 30배 정도의 크기로 팽창된다. 이와 같이 속이

빈 세포상의 가벼운 팽창물에 시멘트와 모래를 혼합하여 모르타르로 사용하며, 가공 · 성형한 보온판과 보온통은 700℃까지의 보온 · 보냉에 사용된다.

KS규격에 펄라이트(KS F 3701), 발수성 펄라이트 보온재(KS F 4714)가 규정되어 있다. 특징은 다음과 같다.

① 사용온도범위가 −25∼1,000℃로 단열재 중에서 가장 넓다.
② 불연성이다.
③ 방수 · 방습성이 우수하다.
④ 다른 보온재에 비하여 보온된 배관이나 기기의 부식이 거의 없다.
⑤ 안전사용 온도범위 내에서는 수축이 전혀 없다. 오히려 약간 신장되었다가 냉각되면 다시 원상태로 복원되므로 보온을 하는 관의 신축에 대응할 수 있다. 따라서 장시간 사용해도 이음매부분에 틈이 생기지 않으므로 손실열량이 거의 없다.

(6) 규조토

규조토는 오래 전부터 사용되어온 보온재로서 고온용으로 사용된다. 그러나 단열효과가 적어 두껍게 시공해야 하는 단점이 있다. 규조토는 단독으로 성형할 수 없으므로 규조토분말에 아모사이드 석면이나 대마심유 등을 균등하세 배합하여 사용한다. 일반석으로 320℃ 이하의 증기관 하층 보온을 위하여 사용하며, 500℃ 이하의 관, 탱크, 노벽 등의 보온재로도 사용된다. 점토와 탄산마그네슘을 혼합 압축성형하여 보온판, 보온통 등으로 제조되고 있다.

(7) 석 면

석면(asbestos)은 사용중에 부서지거나 뭉그러지지 않아서 진동이 있는 장치와 400℃ 이하의 관, 탱크, 노벽(爐壁) 등에 많이 사용되어 왔다. 그러나 인체에 유해한 성분이 검출되어 현재 국내에서는 보온재로서의 사용이 극히 제한되고 있다.

석면포(KS L 5202, asbestos blanket)는 석면실을 직물로 짠 포로서 보온재, 피복류, 방화막, 각종 패킹류 등에 사용된다. 양질의 것은 500℃까지도 사용이 가능하며, 기기 · 밸브 · 플랜지 · 곡관 등 복잡한 표면의 보온재에 사용된다.

7.1.3 유기질 피복재

(1) 기포성 수지

주로 합성수지를 다공질의 제품으로 만든 것으로 열전도율이 극히 작고, 가벼우며, 흡수성 ·

흡습성이 작아 보온·보냉재료로 우수한 특성을 가지고 있다. 재료에 따라 폴리우레탄(경질우레탄폼), 발포폴리스티렌폼(스티로폴), 발포폴리에틸렌폼, 페놀폼 등이 있으며, 모양에 따라 보온판과 보온통이 있다.

1) 경질우레탄폼

우레탄의 결합을 가진 폴리머로서 폴리소시아네이트와 폴리올 등의 활성수소 함유물과의 반응에서 생성되는 합성수지로서 현장분사식·주입식·판상 등의 시공법으로 여러 가지 마감과정을 가지고 있으며, 제품의 경량성이 뛰어나다.

사용 온도범위가 −190~100℃로 저온에 많이 사용되고 있다. 기포성 수지로서의 우수한 특성을 가지며, 운반 등 취급이 용이하고 강한 자기접착성을 가진다. 불에 타기 힘든 난연성이나 연소시 인체에 매우 유해하고 강한 독가스가 유출된다. 보온판과 보온통이 제조되고 있으며, KS M 3809(경질우레탄폼 보온재)에 규격화하고 있다.

2) 발포폴리에틸렌폼

폴리에틸렌을 가교화 발포한 반경질제품으로 사용 온도범위가 −25~80℃이다. 기포성 수지로서의 우수한 특성을 가지나, 온도변화에 의한 수축과 팽창으로 이음매에서 틈새가 벌어지거나 갈라지는 단점이 있다.

또한 적용온도 이상을 초과했을 경우 순식간에 녹아버리는 성질이 있으므로 용접작업시 불똥의 피해를 입는 경우가 있다. 보온통 및 보온판 3호가 사용되며, KS M 3862(발포폴리에틸렌 보온재)에 규격화하고 있다.

3) 발포폴리스티렌폼

스티롤을 중합할 때에 발포제를 넣고 특수 열가공한 다음 팽창시켜서 다공질의 합성수지로 만든 것이다. 스티로폴(styropor)이라고도 하는 발포계 단열재로서, 막으로 완전히 격리된 극히 작은 독립된 기포군으로 이루어져 열의 대류를 차단하고 체적의 대부분을 공기가 차지하고 있으므로 매우 가벼운 물질이다. 사용온도는 70℃ 이하로 고온이지만 자외선에 약하다. 또한 화재시 유독가스의 발생위험이 크다.

종류에는 비드법 발포폴리스티렌(1차발포/2차발포)과 압출법 발포폴리스티렌이 있다. KS M 3808(발포폴리스티렌 보온재)에 보온판과 보온통이 규정되어 있으며, 열전도율을 기준으로 다음과 같이 구분한다.

표 7-5 발포폴리스티렌 보온재의 종류와 특성(KS M 3808)

제조방법	종류		밀도 (kg/m³)	열전도계수 (W/m·K) 평균온도 20±5℃	굽힘강도 (kPa)	압축강도 (kPa)	흡수량 (kg/m³)	연소성
비드법	보온판	1호	30 이상	0.036(0.031) 이하	350 이상	160 이상	0.1 이하	3초 이내에 불꽃이 꺼져서 찌꺼기가 없고 연소한계선을 초과하여 연소하지 않을 것.
		2호	25 이상	0.037(0.032) 이하	300 이상	120 이상		
		3호	20 이상	0.040(0.034) 이하	220 이상	80 이상		
		4호	15 이상	0.043(0.037) 이하	150 이상	50 이상	0.15 이하	
	보온통	1호	35 이상	0.036(0.031) 이하	300 이상	-	두께 30mm 미만 0.2 이하 두께 30mm 이상 0.1 이하	
		2호	30 이상	0.036(0.031) 이하	250 이상			
		3호	25 이상	0.037(0.033) 이하	200 이상			
압출법	보온판	특호	-	0.027 이하	450 이상	250 이상	-	
		1호	-	0.028 이하	350 이상	180 이상		
		2호	-	0.029 이하	300 이상	140 이상		
		3호	-	0.031 이하	250 이상	100 이상		
	보온통	1호	-	0.028 이하	350 이상	180 이상		
		2호	-	0.029 이하	300 이상	140 이상		
		3호	-	0.031 이하	250 이상	100 이상		

4) 발포고무

밀폐된 기포(closed cell) 형태의 탄성중합체이고, 합성고무제품으로 이루어진 발포형태의 폼 재질로서, 단열성이 우수하고 시공이 용이하여 다양하게 사용되고 있다. 제품 자체로 마감이 가능한 보온·보냉 단열재이다.

사용 온도범위가 −40~110℃이며, 먼지나 분진 또는 유리섬유와 같은 가시 등의 피해가 없다. 온도변화에 따른 수축과 팽창이 극히 작으며, 보통의 산·알칼리성에 강하고, 풍화작용에 의한 열화현상이 없는 등 재질의 변화가 거의 없어서 반영구적으로 사용이 가능하다.

(2) 탄화 코르크

코르크(cork)를 압축한 후 300℃로 가열하여 굳힌 것으로서, 재질이 여리고 부스러지기 쉬운 단점이 있으나 액체를 침투시키지 않음으로써 보냉·보온재로 우수하다. 보온판, 보온통 등으로 제조되며 냉수, 냉매배관, 냉각기, 펌프 등의 보냉용으로 사용한다. 탄화 코르크판은 KS F 3001에 규정되어 왔으나 96년 8월 이후에는 폐지되었다.

(3) 펠트(felt)

펠트제품의 원료로는 암면·슬래그섬유 등 광물성 섬유를 이용한 것, 양·소·말 등 짐승의 털로 만든 동물성 섬유를 사용한 것, 마·솜·툰드라 등 식물의 줄기로 만든 식물성 섬유를 사용한 것 또는 이들을 혼합한 것이 있다. 그러나 보온재로는 우모펠트, 양모펠트 등 주로 동물성 펠트가 사용된다. 이들은 유기물로서 연소할 우려가 있으므로 고온배관을 제외한 100℃ 이하의 배관에 사용한다. 특히 굽은 부분의 시공에 편리하다. 아스팔트나 타르(tar)로 가공한 것은 −60℃까지의 보냉용으로 사용된다. KS M 4901에 아스팔트 펠트를 규격화하고 있다.

7.1.4 보온공사용 외장 및 보조재

보온공사용 외장재에는 금속판재, 외장용 테이프, 알루미늄박판, 점착테이프 등이, 보조재로는 방습제, 정형재, 접착제, 보강재 등이 사용되고 있다. 보온용 외장재와 보조재의 종류를 표 7-6에 나타냈다.

표 7-6 보온공사용 외장재와 보조재

구분		종류
외장재	금속판	아연도철판(KS D 3506), 칼라아연도철판(KS D 3520), 알루미늄판(KS D 6701), 스테인리스강판(KS D 3698)
	외장용 테이프	면포, 유리직물(KS L 2508), 비닐테이프(KS A 1530), 알루미늄 유리직물
	알루미늄박판	알루미늄 및 알루미늄합금박(KS D 6705)
	점착테이프	방식용 폴리염화비닐 점착테이프(KS A 1530)
보조재	방습·방수제	아스팔트 루핑(KS F 4902), 아스팔트 펠트(KS F 4901), 아스팔트 크라프트지(KS A 1503), 폴리에틸렌 필름(KS M 3509)
	정형제	정형용 원지, 난연원지, 정형 엘보
	부착제	비닐접착테이프(KS A 1527), 알루미늄접착테이프
	보강제	아연철선(KS D 3552), 구갑철망, 메탈라스(KS F 4552), 리브라스, 와이어라스, 리벳(스플릿핀) 강판틀(KS D 3506), 코너비드(KS D 3506)
기타		치장밴드(KS D 3698), 조이너, 접착제, 마스틱, 하드시멘트, 모르타르

(1) 외장재

1) 금속판

① 아연철판(함석) : KS D 3506(용융아연도금 강판 및 강대)에서 규정하는 철판을 사용하

며, 판두께는 보온 바깥지름 250mm 이하의 관 · 밸브 등에 사용하는 경우 0.3mm이고, 기타는 0.4mm가 사용된다.

② 칼라아연철판 : KS D 3520(도장 용융아연도금 강판 및 강대)에서 규정하는 철판을 사용하며, 판두께는 보온 바깥지름 250mm 이하의 관 · 밸브 등에 사용하는 경우 0.27mm이고, 기타는 0.35mm가 이용된다.

③ 알루미늄판 : KS D 6701(알루미늄 및 알루미늄 합금의 판 및 조)에서 규정하는 철판을 사용하며, 판두께는 보온 바깥지름 250mm 이하의 관 · 밸브 등에 사용하는 경우 0.4mm로, 250mm를 초과하는 경우는 0.6mm, 기타는 0.8mm가 사용된다.

④ 스테인리스강판 : KS D 3698(냉간 압연 스테인리스강판 및 강대)에서 규정하는 철판을 사용하며, 판두께는 보온 바깥지름 140mm 이하의 관 및 보온 바깥지름 250mm 이하의 마감폭에 사용하는 경우 0.15mm로, 기타는 0.2mm가 사용된다.

2) 외장용 테이프

면포(중량 115g/㎡ 이상), 유리직물(KS L 2508에서 규정하는 풀림방지가 된 무알칼리 평직 유리직물), 비닐테이프(방식용 폴리염화비닐 점착테이프 ; KS A 1530에 준하고, 두께 0.2mm의 불점착성의 것), 알루미늄 유리직물(두께 0.02mm 이상의 알루미늄박판에 KS L 2508(유리직물)에서 규정하는 EP11E를 아크릴계 접착제로 접착시킨 것) 등이 사용되며, 관의 보온에 사용하는 경우는 적당한 폭(75～200mm)으로 절단하여 테이프모양으로 한다.

3) 알루미늄박판

KS D 6705(알루미늄 및 알루미늄합금박)에서 규정한 두께 0.02mm의 알루미늄박에 그라프트지를 맞붙인 것이 사용된다.

4) 방식용 폴리염화비닐 점착테이프

KS A 1530(방식용 폴리염화비닐 점착테이프)에 준한 테이프로 두께 0.2mm의 것이 사용된다.

(2) 보조재

1) 방습 · 방수제

① 아스팔트 루핑 : KS F 4902(아스팔트 루핑)에 규정하는 재질로서 중량 1,500g/㎡의 것이 사용된다.

② 아스팔트 펠트 : KS F 4901(아스팔트 펠트)에 규정하는 재질로서 중량 650g/㎡의 것이 사용된다.

③ 아스팔트 크라프트지 : KS A 1503(아스팔트 크라프트 방습지)에 규정하는 재질로서 테이프 모양의 것이 사용된다.

④ 폴리에틸렌 필름 : KS M 3509(포장용 폴리에틸렌 필름)에 규정하는 재질로서 두께 0.05mm의 것을 사용한다. 관의 보온에 사용하는 경우는 적당한 폭으로 절단하여 테이프 모양으로 한다.

2) 정형재

① 정형용 원지 : 판지 잡종으로 중량 3,700g/㎡의 것이 사용된다.

② 난연원지 : 무가소성 염화비닐수지를 사용한 비닐원지로 중량 3,700g/㎡의 것이 사용된다. KS M 3030(플라스틱 필름의 난연성 및 연속속도 시험방법)에 규정하는 방염 2급에 합격된 것으로 한다.

③ 정형 엘보 : 폴리에틸렌수지를 사용한 난연성 비닐엘보로서 KS M 3030(플라스틱 필름의 난연성 및 연속속도 시험방법)에 규정하는 방염 2급에 합격된 것으로 한다.

3) 부착제

① 비닐 점착테이프 : KS A 1527(포장용 폴리염화비닐 점착테이프)에 규정하는 재질로서 두께 0.2mm의 것이 사용된다.

② 알루미늄 점착테이프 : 알루미늄박판 또는 알루미늄 유리직물의 면에 점착제가 도포되고, 박리지가 부착되었으며, 점착강도가 완전하게 유지되는 것이 사용된다.

4) 보강제

① 아연철선 : KS D 3552(철선)에 규정한 아연도금철선으로서, 선의 지름 0.6mm 이상이 사용된다.

② 구갑철망 : 물반죽 보온재의 중간 보강제 또는 음폐부 덕트의 유리섬유 보온재 누름용으로 사용한다. 철선의 지름은 0.55(NO.24)~0.90mm(NO.20), 호칭망눈 20~26번이 사용된다.

③ 메탈라스 : KS F 4552(메탈라스)에 규정하는 것으로 호칭망눈 21~28번이 사용된다. 사용철선의 지름은 0.4mm 이상으로 아연도금되어진 것으로 한다.

④ 리브라스 : 축열조 벽면 방수모르타르의 보강용으로 사용한다.

⑤ 와이어라스 : 마름모형 라스로 축열조 바닥면 신더콘크리트 보강용으로 사용한다.

⑥ 리벳(스플릿핀) : 평면에 비교적 경량보온재를 설치할 경우에 사용한다.

⑦ 강판틀 : KS D 3506(용융아연도금 강판 및 강대)에 규정하는 두께 0.4mm 이상의 아연철판을 가공한 것으로 한다.

⑧ 코너비드 : KS D 3506(용융아연도금 강판 및 강대)에 규정하는 두께 0.2mm 이상의 평판으로 한다.

5) 기타

① 치장밴드 : KS D 3698(냉간압연 스테인리스강판 및 강대)에 규정하는 재질로 제작한 것으로서, 두께 0.15mm 이상으로 한다.

② 조이너 : 염화비닐 또는 알루미늄제가 사용된다.

③ 밀봉재 : 클로로프렌고무계 또는 실리콘 밀봉제가 사용된다.

④ 접착제 : 녹말풀, 아크릴에멀션형 접착제, 색산비닐수지계 알코올 용제 접착제, 실리카 접착제 등이 사용된다.

⑤ 마스틱(mastic) : 방습피막용 외장재로 합성수지의 에멀션형 코팅재인 비닐마스틱과 아스팔트를 주성분으로 한 보온·보냉마스틱이 있다.

⑥ 하드 시멘트 : 석면섬유에 내열성 바인더 및 경량의 충진재를 배합한 것으로 옥외 보온 외장재로 사용한다.

⑦ 특수 모르타르 : 방수용으로 방습 모르타르, 플라스틱 모르타르가 있다.

7.2 도장재료

도장(塗裝 ; coating, painting)이란 도료(塗料 ; paint)를 물체의 표면에 바르는 것으로, 그 목적은 물체의 방식보호와 외관의 변화 및 기타 특수성능을 부여하는 데 있다.

① 방식보호 : 방습 · 방수 · 방청 · 내기후성 · 내유성 · 내약품성 · 결로방지 · 노화방지 등을 부여함으로써 물체의 부식을 방지한다.

② 외관변화 : 색채나 광택의 변화 · 미관 · 표식 · 평활화 · 입체화 등을 부여함으로써 외관을 아름답게 한다.

③ 특수성능 : 크랙의 은폐 및 방지 · 전기절연성 · 단열 · 방음 · 불연효과 · 곰팡이방지 · 오염방지 · 발광 · 전자파 차폐 등의 성능을 부여한다.

7.2.1 도료의 성분

도장에 사용되는 도료의 성분은 크게 수지(resin), 안료(pigment), 소량의 보조제 및 유동 상태를 부여하기 위한 용제로 구성되어 있다. 여기서 안료를 제외한 액상, 즉 수지와 용제 및 보조제를 합하여 전색재(展色材, 비클 ; vehicle)라고 한다.

일반적으로 도료는 안료가 비클 속으로 분산한 것이다. 그러나 일부 도료에는 위의 성분이 모두 들어 있지 않은 것도 있다. 4가지 성분 중에서 안료가 없는 도료를 클리어라고 하며 투명한 도료이다. 또한 폴리에스테르 수지도료와 같이 용제가 들어 있지 않은 도료도 있다.

(1) 수 지

도료의 물성을 좌우하는 가장 중요한 성분으로 도막성능을 좌우한다. 수지와 기름의 중합체로서 대부분의 도료명칭은 수지 이름을 따르고 있다. 수지에는 천연수지와 합성수지가 있으나 주로 합성수지가 사용된다.

도료는 도장할 물체가 처해 있는 환경에 따라 적합한 종류를 선정해야 하며, 그 선택에 따라 수지의 종류가 결정된다. 그러나 주위환경이 다양하기 때문에 각각의 환경에 가장 잘 적응하는 수지를 선택하는 것이 중요하다.

① 기름 : 아마인유, 대두유 등
② 천연수지 : 로진(rosin), 댐머(dammer), 코펄(copal) 등
③ 합성수지 : 알키드(프탈산), 페놀, 에폭시, 아크릴, 우레탄, 멜라민, 실리콘 등

(2) 안 료

안료는 백색 · 청색 · 적색 등의 색상, 은폐력, 광택 등에 의하여 도장하는 물체의 미장효과를 주로 결정하는 성분이다. 안료에는 도료에 색상을 부여하거나 내구력을 증가시키는 착색안료, 금속의 녹을 방지하는 방청안료, 광택을 조절하거나 도막강도를 증가시키는 체질안료 등이 있다.

성분에 따라 무기안료와 유기안료로 구분된다. 무기안료는 광물성으로 내광성과 내열도가 우수하고, 유기안료는 착색력과 선명도가 우수하다.

① 착색안료 : 이산화티타늄(백색), 황연(황색), 산화철(적갈색) 등
② 방청안료 : 광명단, 크롬산아연, 아연말, 인산염 등
③ 체질안료 : 유산바륨(중정석), 탄산칼슘(대리석), 탈크(활석), 납석(clay) 등

(3) 용 제

수지를 용해하여 도장하기에 알맞은 유동상태를 부여하기 위하여 사용하는 성분으로 도료의 점도와 도장상태를 좌우한다. 도장할 때 작업성을 좋게 하며, 건조속도를 조절하고 또한 도막에 평활성을 부여한다. 일반적으로 유기용제가 사용되지만 물을 사용하는 경우도 있다. 도장된 뒤에는 휘발 또는 증발되므로 도막성분으로는 남지 않는다.

(4) 보조제(첨가제)

도료의 물성을 증가시키기 위하여 첨가되는 성분으로, 건조제 · 소포제 · 가소제 · 산화방지제 · 분산제 · 침전방지제 · 흐름방지제 · 슬립제, 기타 각종의 첨가제가 사용된다. 도료의 여러 가지 물성을 개선해주는 중요한 성분이다.

7.2.2 도료의 분류

현재 많은 종류의 도료가 제조되고 있으며, 표 7-7과 같이 여러 가지 방법으로 분류되고 있다.

표 7-7 도료의 분류

분 류 법	종 류
도막성분(도막형성 주요소)	유성도료, 주정도료, 수성도료, 합성수지도료, 셀룰로오스 유도체 도료, 고무계 도료
도료의 상태	조합페인트, 분체도료, 에멀션(emulsion)도료, 졸(sol)도료
도장의 목적(도막의 성능)	내열도료, 녹방지도료, 내산도료, 내알칼리 도료, 절연도료, 방부도료, 방화도료
도막의 성상	광택도료, 무광택도료, 투명도료, 불투명도료
경화성상 또는 건조방법	자연건조(airdrying)도료, 가열건조도료, 소부건조(baking)도료, 자외선경화도료, 전자선경화도료
도장방법	붓도장용 도료, 스프레이도장용 도료, 침지도료, 정전도장용 도료
도장순서	숍 프라이머(shop primer), 하도(下塗 ; under coat), 중도(中塗 : base coat), 상도(上塗 ; top coat)
도료의 기능	프라이머, 퍼티, 서페이서, 프라이머 서페이서, 필러, 실러, 언더코트, 마무리 도장

도료의 기능면에 따른 분류에 대해서 간단히 설명하고자 한다.

① 프라이머 : 금속소재에 최초로 바르는 도료로서 다음의 도장을 위해 만족한 표면을 만들기 위한 토대가 된다. 따라서 프라이머 도막은 밀착력이 강하고, 탄력성이 풍부하며, 온도변화에 수반되는 팽창 · 수축에 대해 순응성을 갖게 하는 동시에 방청안료(징크 크로메이트)가 포함된다.

② 퍼티 : 도장할 물체의 표면에 있는 구멍, 균열, 흉터, 기타 오목한 부분을 메우기 위한 것으로 보통 주걱으로 두껍게 도장한다. 안료가 매우 많기 때문에 내충격성이 나쁘고 또한 무르며, 각종 성능이 불량하므로 가급적 사용하지 않는 것이 좋다.

③ 서페이서(surfacer) : 프라이머와 퍼티 위에 칠하여 최종적으로 요철을 조정함으로써 상별 칠의 마무리가 양호하게 되도록 하는 도료이다. 따라서 상별 칠의 흡입을 방지하고 연마성, 내수성 및 프라이머로서 상별 칠에 대한 밀착성이 우수해야 한다.

④ 프라이머 서페이서 : 프라이머와 서페이서의 기능을 동시에 갖는 바탕도료로서, 선진형(서페이서의 성능이 주가 됨)과 비선진형(프라이머의 성능이 주가 됨)이 있다. 주로 소부형 합성수지도료에 적합하다.

⑤ 필러 : 목재의 표면에 있는 무수한 작은 구멍을 메우고 평활한 도장면을 만들어서 바탕을 견고하게 하고 마무리 도료의 흡입을 방지하기 위한 도료이다.

⑥ 실러 : 다공질 물체의 표면에 칠하는 도료로서 마무리 도료의 흡입을 적게 하고, 도장표면을 안정화시키기 위해서 도장한다. 또한 틈손질, 송진손질, 알칼리에 대한 손질을 위해 목재, 슬레이트, 플라스터 등에 도장한다.

⑦ 언더코트(under coat) : 일반적으로 필러 또는 실러 위에 도장하며, 평활한 면과 흡입이 없는 면을 만들기 위하여 도장한다. 이 때문에 마무리 도장은 광택나는 미려한 상태로 된다.

⑧ 마무리 도장(top coat) : 최후에 바르는 도료로서 색이나 광택이 좋은 미관을 주는 도료이다.

7.2.3 도료의 종류

도료는 표 7-8과 같이 수성페인트, 유성페인트, 에나멜페인트, 래커, 바니시, 방청페인트, 특수페인트, 분체도료, 프라이머 등 많은 종류가 있으나 설비용에 많이 사용하는 도료에 한하여 간단히 설명하기로 한다.

표 7-8 도료의 종류

구 분	내 용	종 류
수성페인트	안료를 물로 용해하여 수용성 교착제와 혼합한 분말상태의 도료	· 유기질의 소재를 사용한 분상 수성페인트 · 무기질의 소재를 사용한 분상 수성페인트 · 에멀션페인트(emulsion paint)
유성페인트	보일유에 안료를 혼합시킨 도료	· 건련페인트 · 조합페인트(KS M 5312) · 콘크리트 및 벽돌 외부용 조합페인트 (KS M 5957)
에나멜페인트 (enamel paint)	유성바니시에 안료를 혼합하여 만든 유색 불투명도료로 유성페인트와 유성바니시의 중간적 성질을 가졌다. 용제에 희석시켜 사용하며, 광택 · 내수성 · 내열성 · 내유성 · 내약품성이 우수하며, 외부용은 경도가 크고 내후성이 좋다.	· 염화비닐수지 에나멜(KS M 5305) · 자연건조형 알키드수지 에나멜(KS M 5701) · 가열건조형 알키드수지 광택 에나멜 (KS M 5703) · 아크릴수지 에나멜(KS M 5710) · 실리콘 알키드 공중합수지 에나멜 (KS M 5708) · 캐슈수지 에나멜(KS M 5705)
래커 (lacquer)	니트로셀룰로오스(nitro cellulose) 같은 용제에 용해시킨 섬유계 유도체를 주성분으로 하여 수지, 가소제를 첨가한 도료이다. 안료의 첨가 여부에 따라 래커 에나멜과 투명래커로 구분한다.	· 투명래커(KS M 5326) · 래커 에나멜 · high solid lacquer · hot lacquer
바니시 (vanish)	합성수지, 아스팔트, 안료 등에 건성유나 용제를 첨가한 도료	· 알키드수지 바니시(KS M 5601) · 스파 바니시(KS M 5603) · 아크릴수지 바니시(KS M 5605) · 아스팔트 바니시(KS M 5960) · 염화비닐 바니시(KS M 5304)
방청페인트	철강 등 금속의 녹발생을 방지하기 위한 녹막이 도료	· 광명단 조합페인트(KS M 5311) · 크롬산아연 방청페인트(KS M 5323) · 광명단 크롬산아연 방청페인트 (KS M 5424) · 에칭프라이머(KS M 5337) · 연산칼슘 방청 페인트(KS M 5967)
특수페인트	특수기능의 도료로 내열도료, 방화도료, 시온도료(카멜레온 도료), 발광도료, 방곰팡이도료, 전기절연도료 등이 있다.	· 건축용 방화도료(KS M 5328) · 발광도료(KS M 5334) · 알루미늄 페인트(KS M 5335) · 기와용 페인트(KS M 5700)
분체 도료	보통의 도료는 액상이며, 유기용제나 물을 함유하고 있는데 비해 분체도료는 가루모양의 도료이다. 도장한 후에는 열로 가루를 용해하여 도장막을 만든다.	· 에폭시 분체도료(KS M 5250) · 폴리에스테르 분체도료(KS M 5251)

(1) 유성페인트

보일유(boiled oil)에 안료를 넣어서 혼합시킨 도료로서, 보일유의 양에 따라 건련페인트와 조합페인트로 구분한다. 가격이 저렴하고 밀착성과 내기후성이 좋으며, 칠하기가 용이하다. 그러나 경도가 낮으며, 건조가 느리고(24시간), 광택 · 도막상태 · 내화성이 나쁘며 칠솔자국이 남는 단점이 있다.

1) 건련페인트

보일유의 양이 적고 안료가 많게 혼합된 페인트로서, 사용시에는 보일유와 건조제를 사용목적에 따라 자유롭게 배합할 수 있다.

2) 조합페인트

조합페인트(KS M 5312)는 각종 용도에 적합하도록 보일유를 별도로 혼합하지 않고, 그대로 도장할 수 있게 배합된 완성형 도료로서, 품질에 따라 1급과 2급이 있다. 마무리 도장(내 · 외부용), 나무바닥칠용 등 여러 종류가 있다. 철강제품에도 많이 사용되지만 내열도가 낮아 증기배관은 사용이 불가능하다.

(2) 방청페인트(녹막이 페인트)

1) 광명단 조합페인트

광명단 조합페인트(KS M 5311)는 광명단에 아마인유(亞麻仁油 ; linsed oil)) 또는 특성이 다른 전색재를 배합한 것으로 용도에 따라 5종이 있다. 밀착력이 강하고 도막이 굳어서 풍화에 강하며, 내구성 · 내유성이 우수하고, 흡수성 · 흡습성이 작은 우수한 방청도료이다. 주로 다른 착색도료의 밑칠용으로 사용하며, 1~5종이 규격화되어 있다.

1종 : 광명단과 아마인유의 혼합으로, 철제시설물에 사용하며 침투력이 우수하여 방청효과가 뛰어나다. 도장과 도장의 간격이 충분한 경우(최소 36시간)에 적합하다.

2종 : 광명단과 적색산화철 · 알키드수지 · 아마인유의 혼합으로, 부식환경에 노출되는 철제구조물에 적합하다. 1종보다 건조가 빠르다.

3종 : 광명단과 중유성 알키드수지 바니시의 혼합으로, 철제구조물의 녹방지용으로 사용된다. 1일 2회의 도장이 가능하므로 속건이 요구되는 보수작업 등에 사용하는 방청도료이다.

4종 : 광명단과 페놀수지 바니시와의 혼합으로, 내산성 · 내수성 · 내알칼리성이 요구되는 물탱크, 댐공사 등 물에 잠긴 철제부분의 방청용으로 사용된다.

5종 : 일반적인 방청프라이머로 2종과 유사한 건조성을 가진다.

2) 크롬산아연 방청페인트

크롬산아연 방청페인트(KS M 5323)는 알키드수지와 크롬산아연을 주체로 배합 제조된 도료로서, 내유성 · 밀착성 · 방청성 등이 우수하여 철제구조물의 방청프라이머로 널리 사용된다. 또한 전처리 후의 철제면이나 알루미늄면에 우수한 방청효과가 있다. 1종과 2종이 있으며, 일반 철제용 및 부식환경이 심한 지역의 철제구조물에 사용하는 방청도료이다.

3) 광명단 크롬산아연 방청페인트

광명단 크롬산아연 방청페인트(KS M 5324)는 방청안료인 광명단, 크롬산아연과 알키드수지를 전색재로 하여 배합제조한 도료로서, 금속의 팽창에 대한 신축성 · 밀착성이 우수하며, 물 속에 잠기지 않는 부분의 철제용으로 신설 및 보수 등에 일반적으로 사용된다.

4) 에칭 프라이머

에칭 프라이머(KS M 5337)는 부착성이 강한 폴리비닐 부티랄계 수지, 징크로메이트 방청안료 및 인산 촉매를 사용하여 제조된 2액형 프라이머이다. 우수한 방청성과 밀착성이 있으므로 금속(철재, 경금속, 합금)의 전처리 프라이머(밑칠용)로 널리 사용되고 있다. 1종의 단폭형과 2종의 장폭형이 있다.

5) 연산칼슘 방청페인트

연산칼슘 방청페인트(KS M 5967)는 아연도금강 표면용으로 연산칼슘을 바니시에 분산시켜 만든 액상도료이다. 산화에 의한 자연건조형으로 붓도장 및 스프레이도장에 적합하다.

6) 아연말 프라이머

아연말 프라이머(KS M 5325)는 핀홀(pin hole)에 의한 금속의 부식을 방지하기 위한 우수한 방청도료이다. 전색재의 종류에 따라 1종(건성유 사용), 2종(알키드수지 바니시 사용), 3종(페놀수지 바니시 사용)이 있다.

(3) 합성수지 도료

1) 염화비닐수지 도료

염화비닐수지는 내약품성이 큰 반면에 접착력이 적으며, 용제에 용해되기 어려우므로 초산비닐수지의 접착력이 큰 성질과 용해성이 좋은 성질을 이용하여 양자의 중합체가 사용된다. 내약품성, 내유성, 내산성, 내수성, 내알칼리성, 내후성이 크고 건조가 빠른 속건성(2시간 이내) 도료로서 금속의 방식용으로 매우 우수하다. 그러나 밀착력이 나쁘고 내열성이 작다.

염화비닐수지 에나멜(KS M 5305)은 폴리염화비닐을 주성분으로 한 휘발성의 자연건조형 도료로, 1종(옥내용)과 2종(옥외용)이 있다. 염화비닐수지 바니시(KS M 5304)는 투명한 도막을 이루며, 붓도장으로 사용한다. 비닐수지 도료에는 염화비닐, 초산비닐 공중합체 도료 이외에 폴리비닐수지 도료, 비닐졸 등이 있다.

2) 알키드수지 도료(프탈산수지 도료)

작업성, 내후성, 밀착성, 내열성, 내유성, 광택, 건조성 및 경도 등이 좋으며 가격도 저렴하다. 그러나 내수, 내알칼리, 내약품성은 충분하지 못하다. 유변성 알키드, 로진변성 알키드, 스티렌화 알키드, 페놀변성 알키드수지 도료가 있으나 주로 사용되는 것은 자연건조형(경화 8～16시간)의 프탈산수지 도료이다 .

특히 알키드수지와 아미노수지를 주체로 한 아미노 알키드수지 도료 중 소부형은 도막성능의 모든 점에서 우수하고, 도장 후 1시간 정도면 사용할 수 있으며, 가격이 경제적이다.

자연건조형 알키드수지 에나멜(KS M 5701)은 안료와 알키드수지를 액상화한 것으로, 1종(광택에나멜 1급, 2급), 2종(반광택에나멜), 3종(무광택에나멜)이 있다. 가열건조형 알키드수지 광택에나멜(KS M 5703)은 안료, 에나멜수지 및 변성 알키드수지 바니시를 주원료로 하였으며, 색깔에 따라 구분한다. 실리콘 알키드 공중합수지 에나멜(KS M 5708)은 실리콘 변성 장유성 알키드수지와 안료 및 희석제를 주원료로 하는 금속의 상도용 도료로 1종(광택)과 2종(반광택)이 있다.

3) 에폭시수지 도료

에폭시수지는 철 표면과 각종의 도금면에 대하여 강력한 접착력이 있으며, 내약품성이 우수하다. 고온 소부형(baking)은 에폭시수지와 페놀수지로 구성되며, 170～200℃에서 30～40분 정도 소부시킨 도료로 우수한 밀착성을 가지고 있다. 가용성, 내약품성, 특히 내알칼리성, 내용제성, 경도, 광택 및 내마모성이 있다. 중온 소부형은 150℃에서 20～30분 소부시킨 것으로 성능면에서 고온 소부형보다 다소 떨어지지만 우수한 도료이다.

에폭시 분체도료(KS M 5250)는 용도에 따라 2종류로 구분한다. 1종은 기름, 가스관 및 상하수도용 강관의 도장용이고, 2종은 건축용, 콘크리트용, 봉강 등의 도장용이다. 타르 에폭시수지 도료(KS M 5307)는 에폭시수지, 콜타르, 안료, 경화제 및 용매를 주원료로 한 2액형의 도료로서, 해수 · 담수 · 고습도 등에 의한 부식방지용으로 사용하며, 용도에 따라 3종류가 있다.

4) 에멀션 도료

합성수지 에멀션을 전색재로 하여 안료를 혼합·분산시켜 제조한 도료이다. 물이 용제로는 사용되지만 수지가 물에 용해되는 것은 아니고 작은 입자로 수중에 산재해 있다. 이 도료로 도장을 하면 먼저 수분이 증발함과 동시에 수지 입자가 접근하여 입자의 보호 콜로이드막이 파괴되면서 연속된 막이 형성되고, 안료는 그 안에 포함되어 피막된다. 주로 벽면 도장에 많이 사용되고 있다.

외부용 합성수지 에멀션 페인트(KS M 5310)와 내부용 합성수지 에멀션 페인트(KS M 5320)가 규정되어 있으며, 품질에 따라 각각 1급과 2급으로 구분한다.

5) 실리콘수지 도료

내열성(200～350℃)과 내기후성이 우수하며, 절연성·내약품성·방수성·내한성이 양호하다. 그러나 경화시키기 위해서는 고온이 필요하며, 밀착력이 부족하고, 다소 고가이다. 내열도료용과 변성 실리콘수지 도료가 있다.

6) 멜라민계 도료

내열도가 150～200℃이며, 내수성이 양호한 베이킹(燒付 ; baking) 도료로 사용된다.

기타 합성수지 도료에는 폴리에스테르수지 도료, 폴리우레탄수지 도료, 금속용 수성수지 도료, 아크릴수지 도료, 페놀수지 도료 등 다양하게 제조되고 있다.

(4) 기타 도료

1) 알루미늄 도료

알루미늄 도료(KS M 5335)는 알루미늄 분말 또는 알루미늄 페이스트를 유성 바니시(oil varnish)와 혼합한 것으로, 은분이라고도 한다. 방청효과가 매우 좋으며, 열을 잘 반사시키고 확산시키기 때문에 난방용 방열기의 표면에 칠하면 열방산 효과가 크다. 또한 도료의 표면에 알루미늄 피막이 생겨서 도막의 분해가 저지되고, 수분이나 습기가 통하기 어렵기 때문에 내구성이 매우 풍부한 도막이 생긴다.

가열되어도 금속 알루미늄이 철면에 녹아 붙으므로 내열성이 양호한(400～500℃) 도막이 된다. 충분한 효과를 얻기 위해서는 밑칠용으로 수성페인트를 칠하는 것이 좋다.

2) 투명래커

투명래커(MS M 5326)는 니트로 셀룰로오스, 수지, 가소제 및 용매를 주원료로 하며, 안료가 들어 있지 않은 도료로는 상도용(上途用)과 목재용이 있다. 내수·내열·내알코올성이 있으나 내후성이 부족하여 주로 내부용에 사용된다.

래커에나멜은 투명래커에 안료를 첨가한 것으로서, 속건성이며 도막이 견고하다. 내후성에 따라 외부용과 내부용이 있다.

3) 타르 및 아스팔트

지중매설 배관의 부식을 방지하려면 금속관의 외벽과 물의 접촉을 차단하는 것이 필요하며, 이 목적에 사용되는 것에는 콜타르(coaltar), 바니시(vanish), 아스팔트(asphalt) 등이 있다. 이들 도료는 관의 벽과 물 사이에 내식성의 도막을 만들어서 물과의 접촉을 방지한다. 그러나 지중매설시 용해되기 쉽고, 노출배관일 경우 온도변화로 인하여 도막에 균열이 생기거나 관의 팽창·신축 등에 의해 도막이 벗겨지거나 균열이 생기는 결점이 있다. 따라서 도료를 단독으로 사용하는 것보다는 쥬트(황마)와 함께 사용하거나 130℃ 정도로 구워서(소부) 사용한다.

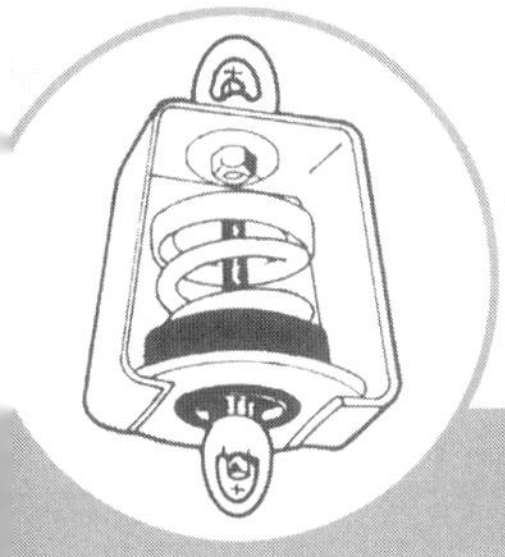

chapter 08

흡음 · 방진 · 방식

08

흡음·방진·방식

8.1 흡음 및 방진재료

8.1.1 흡음재료

(1) 흡음특성

재료의 흡음특성은 음의 반사 · 흡수 · 투과현상을 통하여 추정할 수 있고, 그림 8-1과 같이 입사음에너지와 반사음에너지의 비율인 흡음률(α)로 나타낸다. 일반적으로 흡음률 α =1일 때 완전흡음재료라고 한다. 그러나 각 재료의 흡음성은 단순히 그 재료의 표면성상, 재질, 두께로만 결정할 수가 없고, 입사율의 주파수, 입사각, 재료의 설치방법, 공기층을 포함한 재료의 구성상태에 따라 변한다.

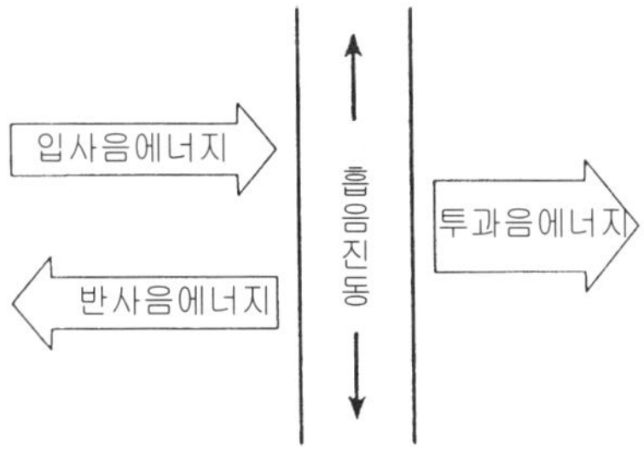

그림 8-1 음의 전달현상

(2) 흡음재의 조건

흡음재는 각 주파수의 흡음률이 높고, 불연성 또는 난연성 재질로서, 흡수성이 적고 기류에 의한 비산이 없어야 한다. 또한 온 · 습도에 의한 변형이 적으며, 가공변형이 용이해야 한다. 유리면이나 암면은 비산하기 쉬우므로 표면을 피복할 필요가 있다.

(3) 흡음재의 종류

1) 다공질 재료

다공질 재료나 섬유질 재료와 같이 통기성이 있는 재료의 흡음성은 표면반사율을 작게 한다. 따라서 흡음재료는 표면적이 크고, 미세한 연속공극을 많이 함유해야 한다. 이러한 흡음재에 음파가 입사하면 반사횟수가 많게 되어 재료 내부의 공기진동으로 점성마찰이 생기고 음에너지가 열에너지로 변화되어 흡음된다. 이 흡음은 고음역, 즉 주파수가 클수록 흡음효과가 우수하다. 발포우레탄·암면·유리면·흡음텍스 등이 실내 벽면, 천장, 덕트, 소음기, 취출구 등에 이용된다.

2) 판(막)상 재료

판상 또는 얇은막 형태의 재료는 그 뒷면에 공기층이 있으면 음압 때문에 강제진동이 일어나 진동에너지가 열에너지로 변화되는 흡음효과가 있다. 일반적으로 판상재료는 흡음피크가 300Hz 이하의 저음역이고, 최대 흡수율은 공진주파수일로 20~30%의 효과가 있다. 경질판재로는 합판이나 석고보드 등이, 다공질 재료에는 연질섬유판과 흡음텍스가 있으며, 막재료에는 비닐시트나 커튼 등의 직물·종이 등이 있다.

표 8-1 흡음재료의 종류와 특성

종 류	다공질 재료	판(막)상 재료	유공판 재료
주요재료	·유리섬유 ·암면 ·무기질섬유 흡음판 ·발포수지재료 ·기타 직물, 펠트	·얇은 합판 ·석고보드 ·플라스틱판 ·기타 하드보드 등의 판재료	·유공 석고보드 ·유공 알루미늄판 ·유공 하드보드 ·단일공명기형 흡음판 ·기타 슬릿 구조재
흡음특성	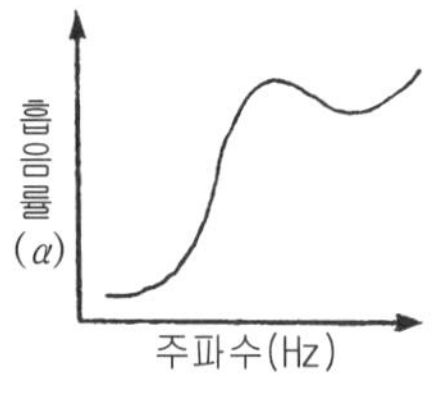 ·중·고음역에서 흡음특성 양호 ·배후 공기층의 두께로 저음역의 흡음특성 증가	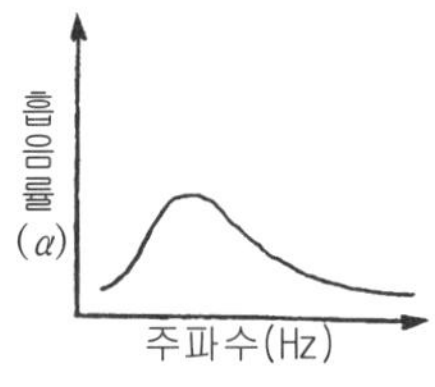 ·80~300Hz의 저음역 특정 공명수 부근에서 흡음율 0.2~0.5로 흡음효과 최대 ·고음역에서는 흡음률 0.1 내외로 반사판 역할	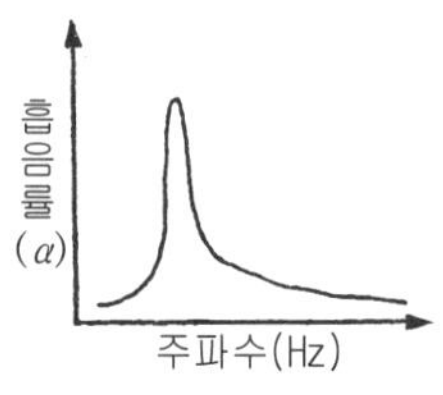 ·저음역의 공명주파수 부근에서 흡음효과 최대
흡음효과에 영향을 주는 사항	·재료의 두께, 밀도 ·표면처리 ·배후 공기층	·판두께, 밀도, 강성 ·배후 공기층 ·지지재료	·유공판의 개구율 ·배후의 공기층 ·흡음판 배면 재료

3) 유공판 재료

석고보드 등에 적당한 크기와 모양으로 관통구멍을 일정간격으로 설치하여 슬릿(slit)구조로 표면마감을 한 재료이다. 흡음효과는 음의 주파수와 구멍의 크기·형상, 뒷면 공기층의 두께와 섬유질 흡음재의 충전상태에 따라 변한다.

표 8-1에 흡음재료의 종류와 특성에 대한 개요를 나타냈다.

8.1.2 방진재료

(1) 방진재의 성질

건축설비에서 진동을 발생시키는 것은 냉동기·펌프·송풍기 등 냉온수 공급장치 및 공조기기류에서 발생하는 정상적인 진동과 배관·덕트 등에서의 충격적 진동이 있다.

진동절연을 위한 방진재료는 일반적으로 진동계의 고유진동수를 가진 주파수(exciting frequency)보다 낮아야 하기 때문에 스프링상수가 비교적 적어야 하고, 환경조건에 잘 적응할 수 있도록 내구성 및 기계적 강도가 커야 한다. 일반적으로 사용되는 방진재료는 금속스프링, 방진고무, 공기스프링, 기타 여러 가지 재료를 복합적으로 사용한 것이 있다.

(2) 방진재의 종류

1) 금속 스프링

스프링은 매우 큰 정적 변위를 주는 강성요소로서 매우 낮은 주파수의 진동계를 만들 수 있다. 반면에 금속 스프링은 매우 낮은 감쇠를 갖고 있으므로 스프링 자체의 고유진동이 일어나 높은 주파수의 진동이 발생하거나 소음절연성이 떨어진다. 이러한 문제를 해결하기 위해 마찰감쇠나 점성감쇠를 이용한 장치와 병행하여 사용하는 경우가 많다. 코일 스프링, 판스프링, 원형 스프링 등이 있으나 건축설비 장치물에는 주로 코일 스프링이 이용된다.

2) 방진고무

재료의 배합이나 형상에 따라 탄성률이 다양한 여러 가지 제품이 생산되고 있다. 스프링상수는 금속 스프링처럼 작게 만들 수는 없으나 보통 10~15Hz 정도의 고유진동수가 요구되는 경우에 많이 사용되고 있다. 또한 스프링에 비하여 매우 큰 감쇠비를 가지고 있으므로 공진시에 진폭이나 전달률이 극도로 커지는 것을 방지한다. 그리고 높은 주파수의 진동에 의해 방해되는 소음절연에도 유효하게 사용할 수 있다.

3) 공기스프링

금속스프링보다 적은 스프링 상수를 얻을 수 있으나 가격이 비싸고 방진시스템을 구성할 때 장치가 복잡해지는 경우가 있다. 작은 고유진동수가 필요한 정밀방진에 주로 사용되지만 진동계의 안정성 문제 등이 제기되는 경우가 있다.

그림 8-2에 대표적인 방진재료의 종류를, 표 8-2에 일반적으로 사용되고 있는 방진재료의 특성과 용도를 나타냈다.

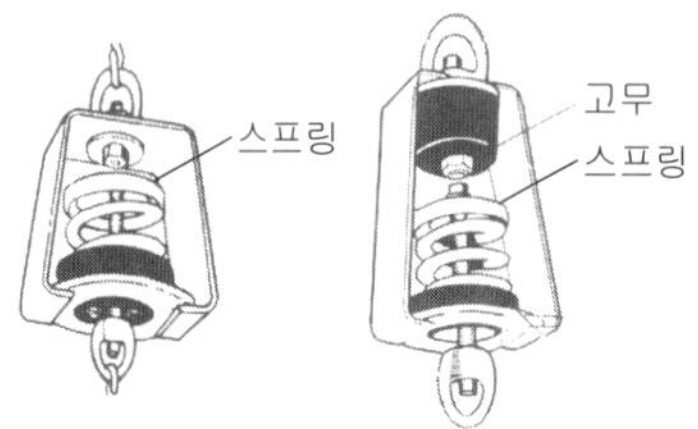

(a) 스프링 행거

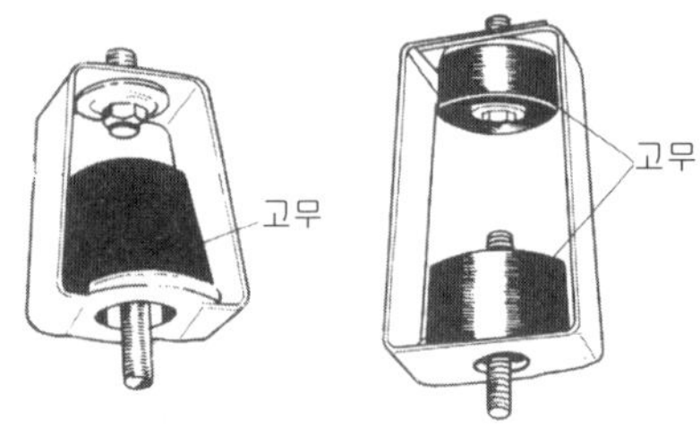

(b) 고무 행거

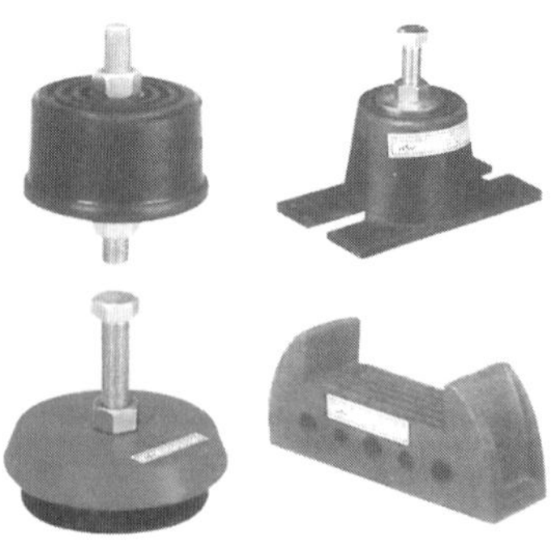
(c) 고무 마운트

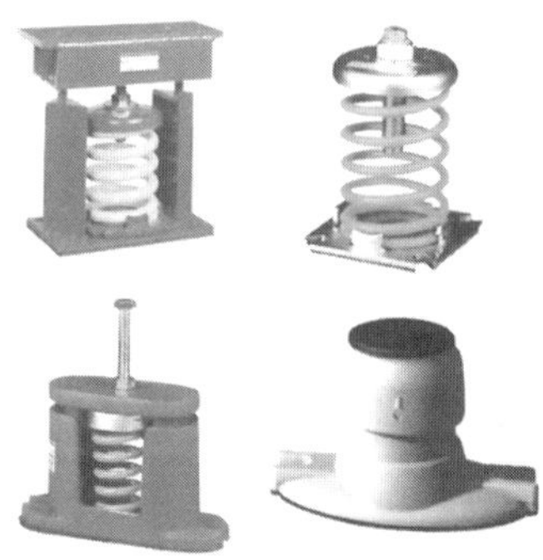
(d) 스프링 마운트

(e) 고무 패드

(f) 스프링 패드

(g) 스프링 고무 마운트

(h) 수평 밀림 방지기

(i) 방진가대

그림 8-2 방진재의 종류

표 8-2 방진재료의 특징과 용도

방진재료명	형 태	구성요소	특 징	용 도
개방형 스프링마운트		·스프링 ·상·하부 캡 ·스프링 지지대 ·조절볼트	·부가하중 베이스와 함께 사용 ·스프링의 정적 변위를 육안으로 확인 가능, 수평조절이 용이	·펌프의 부가하중식 방진용 ·수평력이 작용하지 않는 각종 장비의 방진용
제한형 스프링마운트	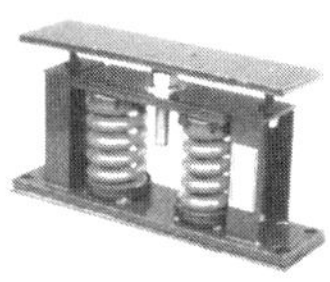	·상·하부 금속판 ·조절볼트 ·스프링 ·지지채널 ·임시 받침대	·중량물이면서 장비 설치 때와 운전할 때의 중량부하가 서로 다른 장비에 사용	·냉동기, 냉각탑
방진가대와 금속스프링의 조합	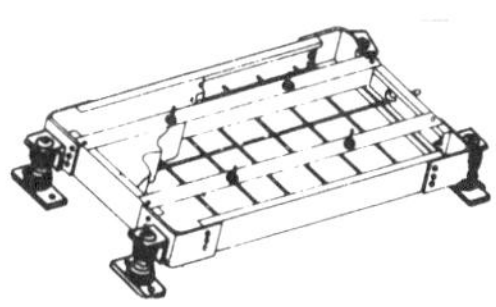	·방진스프링 ·철골구조 및 콘크리트	·방진효율이 크며, 부가하중식의 가대 ·기계의 진동진폭 감소 ·무게중심의 안정성 ·하중분포가 균일	·펌프, 공조기 ·송풍기, 공기압축기
고무패드	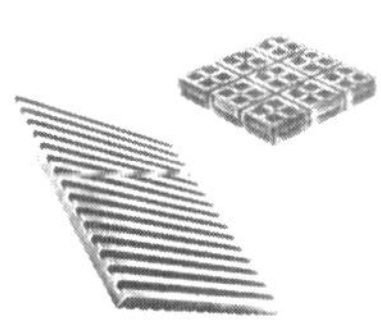	·네오프렌 ·고무와 코르크 조합	·단위면적마다의 지지하중이 크고, 다소 고주파 진동에 유효 ·신동, 충격, 소음방지의 효과 우수	·기기의 기초 부분 또는 중량이 크고 회전수가 높은 장비 ·각종 장비류의 기초패드 ·구조체 방진용
고무마운트		· 금속부품과 성형	·고무패드에 비하여 큰 절연효과 ·시공이 간단 ·장비의 이동과 수평조절이 간편	·소형 공조기 ·소형 펌프 ·소형 송풍기 등
공기스프링	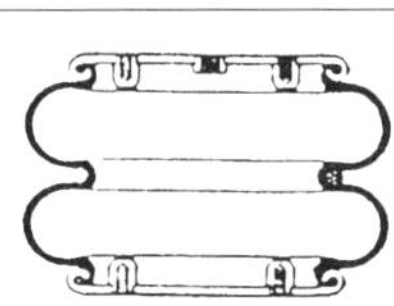	· 공기튜브 · 상하 금속판	·정밀진동 방지 및 고효율 방진절연 효과 ·금속스프링보다 낮은 진동계의 고유진동을 얻는다.	·반도체 정밀기계 ·정밀측정기기 ·기타 일반 방진기계

8.2 부식과 방식

8.2.1 부식의 발생

(1) 부식의 정의

부식(corrosion)이라는 말은 넓은 의미에서 사용되기도 하고, 좁은 의미로 사용되기도 한다. 사전적 의미로는 물질이 썩어 문드러지는 현상, 금속이 외부로부터의 화학작용에 의해서 금속이 아닌 상태로 되어 소모되어 가는 현상 및 암석·플라스틱 등의 비금속 재질이 물이나 공기의 작용으로 화학적 변화를 일으키는 현상을 말한다.

1) 넓은 의미

어떤 물질이 주위의 환경과 접촉하면서 화학적 또는 전기·화학적으로 반응을 일으켜 물질이 열화(deterioration)되거나 파괴되는 현상을 말한다. 따라서 금속의 열화현상뿐만 아니라 페인트 혹은 나무가 햇빛이나 화학물질에 의해 열화가 일어나는 경우도 부식이라고 말한다. 비금속물질은 그 구조상 전자(electrode)가 자유롭게 움직이지 못하므로 특정한 조건에서 화학적으로 반응할 수 있는 부식물질에 의해서만 열화가 일어난다.

2) 좁은 의미

금속의 열화현상만을 의미한다. 금속은 고유의 결정(crystal)구조를 가지고 있으며, 전자들은 그 결정구조를 통해서 자유롭게 움직일 수 있기 때문에 금속이 전해질과 접촉하고 있을 때 전기·화학적 반응으로 부식이 일어난다. 그리고 좁은 의미로 말할 때는 물리적 요인에 의한 열화, 즉 침식(erosion ; 바람, 물 등에 의한 열화)이나 마모(wear) 등은 부식이라고 하지 않는다.

(2) 금속의 부식과정

금속의 부식은 주위환경으로부터 화학적 작용에 의해 금속이 손상되는 현상으로서, 부식환경에 따라 건식(乾蝕 ; dry corrosion)과 습식(濕蝕 ; wet corrosion)의 2종류가 있다. 건식은 기체와의 반응으로 고온산화, 고온가스에 의한 부식 등 비교적 고온일 경우에 일어난다. 습식은 수중 또는 전해질 용액에 접하여 전기·화학적 반응으로 발생하며, 상온에서 철이 녹스는 것 같이 평상시에 주변에서 흔히 볼 수 있는 대부분의 부식이다.

습식이란 금속 표면의 원자가 그 결정격자를 이탈해서 수용액과 화학적으로 반응하는 부식을 말한다. 금속원자는 양성자와 중성자가 원자의 중앙에 핵으로 자리잡고 있고, 그 주위를 전자가 돌고 있어서 전기적으로 +와 −의 균형을 이루고 있다. 따라서 부식이 되려면 양성(+)인 금속이온이 떨어져나와야 하는데 이에 앞서 먼저 전자가 원자로부터 이탈된다. 이 전자가 분리하려면 전위차(potential difference)가 필요하며, 이는 금속이 갖는 고유의 성질과 환경에 의해 결정된다.

그림 8-3에 도시한 것과 같이 금속이 어떤 환경적 불균일에 의해 전위차가 생기면 전자가 이동하게 되고, 부식전지(corrosion cell)가 형성되어 전류가 흐른다. 이 전류를 부식전류(corrosion current)라 하며, 부식의 속도를 나타낸다.

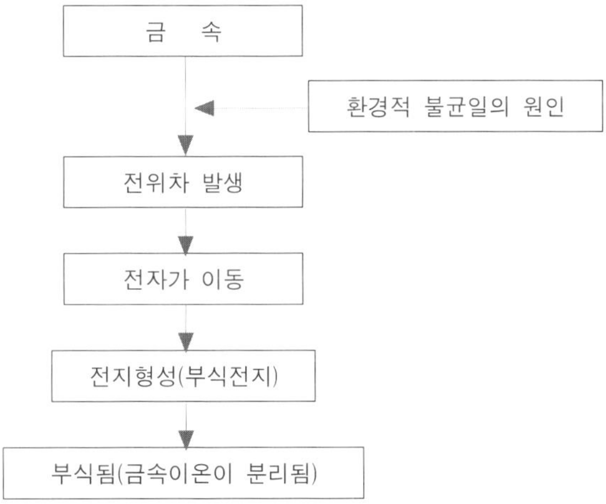

그림 8-3 부식 과정

이러한 부식과정에서 어떤 금속은 쉽게 수용액 속으로 이온화되는 경향이 있는 반면, 어떤 금속은 그렇지 않다. 금속의 이온화경향 차이는 전위로 표시된다. 상대적으로 쉽게 이온이 되려는 경향을 가진 금속을 양극(anode)이라 하고, 그 반대의 금속을 음극(cathode)이라 한다. 즉 양극은 정전류를 금속에서 용액으로 유출하는 금속(부식되는 금속)이고, 음극은 정전류를 용액에서 금속으로 유입하는 금속(보호되는 금속)이다.

그림 8-4와 같이 바닷물에 동(Cu)과 철(Fe)이 서로 연결되어 있다면 이온화경향이 상대적으로 적은 동은 음극이 되고, 이온화경향이 큰 철은 양극이 된다. 따라서 철은 먼저 용액 속으로 용출되어 철이온(Fe^{++})이 되며, 이때 철금속 내부에 상대적으로 많아진 전자(e−)는 철쪽으로부터 도선을 따라 구리쪽으로 이동한다. 그리하여 다시 철쪽의 전자수가 줄어들게 되면 전자발생을 위해 양성인 철이온이 용해반응을 계속하게 되며, 부식은 지속된다. 음극쪽에서 전자의 소모반응이 계속되는 한 양극에서의 철의 용해반응(부식)도 계속된다.

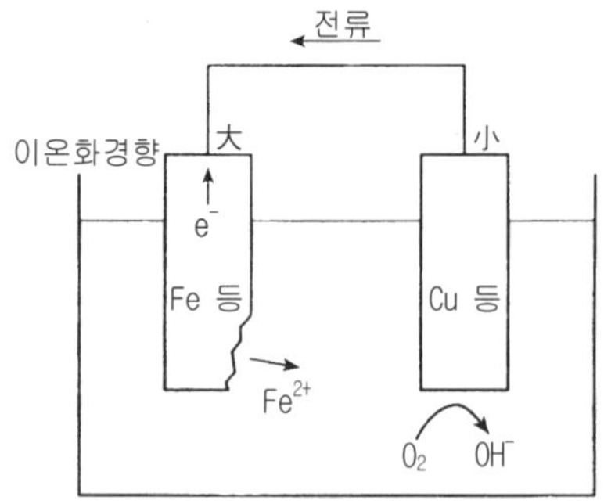

그림 8-4 부식의 마이크로적 모델

(3) 부식전지

금속의 전위차에 의해 전자가 이동하여 형성되는 부식전지에는 이종금속 전극전지, 농담전지, 온도차전지 등이 있으며, 실제 부식에서는 이들의 전지가 단독 또는 조합되어 작용한다.

1) 이종금속 전극전지(dissimilar electrode cell)

강관에 동제품의 밸브를 연결할 때처럼 이종금속간의 접합이나 동일 금속이더라도 결정입계와 결정입계간에 전지가 형성되며, 저전위 부분이 양극이 되어 부식된다. 유전부식이라고도 하며, 부식이 결정입계에 생길 때는 입계부식이라 한다.

2) 농담전지(concentration cell)

종류와 재질이 같은 금속으로 된 두 전극이 농도가 다른 동종의 용액 중에 침지되었을 때 형성되는 전지이다. 염분(salt)의 농도차에 의한 염농담전지와 통기차에 의해 생기는 산소농담전지의 2종류가 있다. 실제의 부식환경에서는 전자보다는 후자의 전지가 많이 형성되며, 농담전지에서는 일반적으로 농도차가 낮은 곳이 부식된다.

3) 온도차전지(differential temperature cell)

종류와 재질이 다른 두 개의 금속전극을 온도가 다른 동일 조성의 전해질 용액 중에 침지했을 때 생기며, 보일러나 열교환기 등에서 생기는 부식의 하나이다.

4) 응력차전지(differential stress cell)

고온 가공부와 저온 가공부, 냉간 가공부와 풀림처리한 부분, 인장력 등 응력이 작용하는 부분과 작용하지 않는 부분 등에서는 응력이 큰 부분과 적은 부분이 생기며, 이때 응력이 큰 부분에서 빨리 부식이 되고 파괴된다.

8.2.2 부식의 종류

금속의 부식은 부식환경에 따라 건식과 습식으로, 외관에 나타나는 부식의 상태에 따라 금속 표면이 고르게 부식되는 전면부식과 한정된 일부만이 부식되는 국부부식으로 나누어진다. 금속부식을 분류하면 다음과 같다.

- 금속부속
  - 건 식
    - 고온부식
    - 저온부식
  - 습 식
    - 전기화학적 부식
      - 전면부식
      - 국부부식
        - 틈새부식
        - 입계부식
        - 이종금속의 접촉부식
        - 공식
        - 선택부식
        - 전식
        - 온도·농도차 부식
    - 순화학적 부식
    - 미생물적 부식
    - 기계적 요소에 의한 부식(국부부식)
      - 응력부식
      - 침식
      - 부식피로

(1) 전면부식

전면부식(general corrosion or uniform corrosion)은 가장 일반적인 부식형태로 금속표면 전면에 걸쳐 균일하게 일어나기 때문에 균일부식이라고도 한다. 금속 자체가 거의 균질이고, 환경도 거의 균일할 때 일어난다. 부식예측이 가능하기 때문에 심각한 문제를 초래하지는 않는다.

부식의 정도는 일정 시간에 단위면적마다 얼마나 부식되었는가를 중량으로 표시할 수 있으며, 또한 중량을 밀도로 나누어서 두께가 얼마나 감소되었는가를 표시할 수도 있다. 전자를 부식도(corrosion rate), 후자를 침식도(penetration rate)라고 한다.

(2) 국부부식

국부부식(localized corrosion)은 금속의 한 부분이 계속해서 양극으로 작용함으로써 다른 부분보다 부식속도가 빠르기 때문에 생기는 부식이다.

1) 틈새부식(crevice corrosion)

동종 또는 이종물질이 접촉할 때 형성되는 틈새나 틈새부근에서 발생한다. 이는 틈새에서의 산소결핍, 산성도(acidity) 변화, 부식성이 강한 이온축적, 부식방지제의 농도부족 등에 의해 진행된다.

2) 입계부식(intergranular corrosion)

금속의 결정경계면을 따라 좁은 폭으로 일어나는 부식으로 스테인리스강이나 두랄루민에서 볼 수 있다. 부식속도가 빠르므로 부식이 금속 내부로 깊숙이 침입해서 금속의 강도와 유연성를 감소시킨다. 오스테나이트계 스테인리스강의 경우 450~843℃의 온도영역에서 크롬카바이드(chromium carbides)가 결정경계면에서 형성되어 경계면의 크롬함량이 낮아지므로 고온의 질산과 같은 부식환경에 민감하게 영향을 받는다.

3) 이종금속 접촉부식(galvanic corrosion) ; 전지작용부식

두 종류 이상의 서로 다른 금속이 접촉했을 때 일어나는 부식으로 두 금속 중 이온화경향이 높은 쪽(전위가 낮은 쪽)의 금속이 양극(anode)으로 되어 부식된다. 이 부식은 면적효과가 크기 때문에 음극과 양극의 면적비가 클수록 부식이 더 빨리 진행된다. 부식을 방지하기 위해서는 가능한 한 전위차가 적은 금속을 이용하거나 보호산화피막의 형성 또는 금속사이의 절연방법이 이용된다.

이종금속의 접촉부식은 금속의 종류뿐만 아니라 환경의 차이(예를 들면 산소농도의 차이 등)도 이러한 부식을 일으키는 원인이 될 수 있기 때문에, 이종금속의 접촉부식은 넓은 뜻으로 모든 부식의 대표적인 현상이라 할 수 있다. 따라서 부식공학의 이론적 중요성과 함께 방식기술의 중요한 근간을 이루고 있다.

4) 공식(pitting corrosion) ; 점부식

금속의 일부에 부식이 집중적으로 일어나 표면에 구멍(pit)을 만드는 현상으로서, 경우에 따라서는 밀집한 작은 구멍이 생김으로써 면이 거칠어진 것 같이 보인다. 공식은 염소를 포함하는 수용액 중에서 알루미늄 또는 스테인리스강 등 표면에 생성하는 부동태피막을 갖는 금속에서 발생한다. 피막의 일부가 파괴되어 새로운 표면이 노출되면 그 일부가 용해되어 국부부식으로 진행되며, 부식방지제를 투입하면 억제할 수도 있다. 강에서의 공식원리를 그림 8-5에 나타냈다.

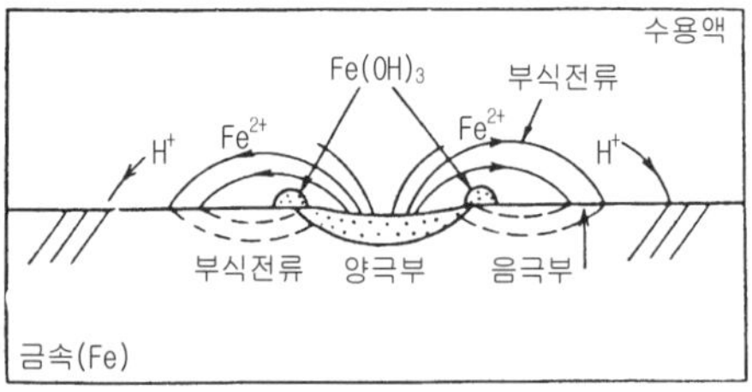

그림 8-5 강에서의 공식 원리

5) 응력부식(stress corrosion)

① 응력부식균열(stress corrosion cracking) : 내부의 잔류응력 또는 외부로부터 받는 힘에 의해 부식이 가속화되어 균열·파괴되는 현상이다. 탄소강이나 스테인리스강 등이 냉간가공이나 열처리에 의해서 생기는 잔류응력, 외부에서 가해진 인장응력, 용접중의 변형이나 불균일한 냉각 등 특수한 부식환경에서 일어날 수 있다.

② 부식피로(corrosion fatigue) : 금속에 응력이 주기적으로 작용할 경우 금속표면을 보호하고 있는 산화막이 쉽게 파괴되며, 이 파괴된 부분에 응력이 집중됨으로써 부식이 시작되어 결국 균열의 원인이 된다.

③ 수소균열(hydrogen cracking), 수소취화(hydrogen embrittlement) : 금속이 원자상의 수소를 흡수함으로써 일어나는 현상으로, 균열은 금속 내부로 확산되는 수소가 수소화합물로 석출되기 때문에 일어난다. 일반적으로 수소에 의해 취화된 강에 어느 임계값 이상의 응력이 가해지면 수소균열이 생기며, 임계응력은 수소함유량이 증가함에 따라 저하한다.

6) 침식(erosion corrosion) ; 난류부식

매우 빠른 유체 내에서 기계적 마모와 화학적 부식이 동시에 일어나는 부식으로서, 난류(turbulent flow)와 관계 있으므로 난류부식이라고도 한다.

① 캐비테이션 손상(cavitation damage) : 배관이나 펌프 등에서 캐비테이션이 발생할 경우, 기포가 금속 표면에서 터질 때 강한 충격작용에 의해 부동태산화피막이 깨지고 바탕(素地) 금속도 손상을 입게 된다. 주로 액체의 빠른 유속과 부식작용이 복합적으로 작용하여 일어난다.

② 충격부식(impingement attack) : 금속표면에 충돌하는 액체의 분출에 의해 일어나는 부식이다. 특히 산화피막과 같이 금속표면을 보호하고 있는 막이 주위 유체와의 마찰에 의해 떨어져나감으로써 부식이 가속화되는 현상이다.

③ 찰과부식(fretting corrosion) : 부식성 환경에서 극히 미약하게 상대운동을 하는 금속접촉면의 경우, 기계적 마멸보다 훨씬 빠른 손상이 생긴다. 이것을 찰과부식 또는 마멸부식(wear corrosion)이라 한다. 이러한 찰과부식은 작동하는 기계부품의 치수 정밀도를 나쁘게 하고, 심한 경우 피로 및 부식피로에 의해 그 부품이 파괴된다. 또한 이 부식은 금속간의 접촉면뿐만 아니라 금속과 비금속 간에도 생기며, 외관상으로는 표면색이 변하고 공식이 일어난다. 찰과부식이 일어나려면 반드시 산소가 필요하고, 접촉하중이 높을수록 부식은 증가한다.

7) 선택부식(selective corrosion)

두 가지 이상의 금속이 섞여 있는 합금중에서 어느 한쪽의 성분이 선택적으로 부식되는 현상이다.

① 흑연화부식(graphitization) : 회주철에서 금속이온이 산화되어 흑연층을 형성하는 경우를 말한다. 이를 예방하기 위해서는 주철에 소량의 합금성분을 첨가하여 소재의 밀도를 강화시키면 흑연막 형성의 억제효과를 증가시킨다. 탄소강의 경우는 455℃ 이상의 온도에서 탄소가 유리되므로, Cr-Mo 또는 Cr-Ni을 첨가하거나 탄소의 함유량을 낮춘다.

② 분할부식(parting corrosion) : 합금을 구성하는 금속성분의 일부가 부식되는 현상이다. 아연의 함유량이 15% 이상인 청동의 경우 아연만 선택적으로 부식되고, 구리만 남는 탈아연현상(dezincification)이 이에 해당된다. 비소, 안티몬 또는 인을 소량 첨가하여 예방한다.

③ 생물학적 부식(biological corrosion) : 미생물의 신진대사 결과에 의해 직·간접으로 금속 표면에 부식환경을 조성하거나, 전해농도의 전지(cell)를 만들거나 또는 피막저항을 변경시키는 등 주위의 환경조성을 바꾼다.

8.2.3 부식에 영향을 주는 인자

(1) 내부 인자

금속재료의 부식속도에 영향을 주는 내부인자에는 금속의 조성, 조직, 표면상태, 내부응력 등이 있다. 이들 인자는 하나 하나가 부식에 대하여 중요한 역할을 하는 경우와 거의 영향을 주지 않는 경우도 있다.

1) 가공의 영향

외부로부터 열을 가하지 않고 행하는 냉간가공은 금속 표면의 결정구조와 결정입계에 비틀림이 생기게 되므로 부식속도에도 영향을 준다. 표면의 거칠기에 대해서는 일반적으로 매끈한 표면쪽이 거친 표면보다 부식속도가 느리다. 그러나 환경에 의한 부식성이 강할 때는 별로 차이가 없다.

2) 열처리 영향

풀림(annealing) 또는 불림(normalizing)처리는 조직과 결정을 균일하게 하고, 잔류응력을 제거하여 안전하게 함으로써 내식성을 좋게 한다. 그러나 금속도료를 경화처리하거나 뜨임(tempering)처리하는 경우는 결정구조상태가 불균일하게 되므로 내식성을 나쁘게 하고, 국부부식을 일으킬 수 있다.

(2) 대기환경

부식에 영향을 주는 외적 인자의 수는 매우 많지만 상호 복잡하게 관련되어 있으므로 정확하게 파악하는 것은 쉽지 않다. 그러나 금속표면에 접하는 수분의 정도에 따라 대기부식의 형식이 다르다. 금속표면에 응축수막 등이 존재하는 대기부식, 육안으로는 볼 수 없는 얇은 액막이 존재하는 습한 대기부식, 금속표면에 액체의 막이 존재하지 않는 건조한 대기부식으로 나누어진다.

그림 8-6에 대기부식의 속도와 금속표면 수분막의 두께 관계를 나타냈다. 영역 Ⅰ은 금속의 표면에 흡착하고 있는 수분의 양이 적으므로 액체로서의 수막을 만들지 못하는 상태, 즉 건조한 대기부식에 해당된다. 영역 Ⅱ는 습한 대기부식에 해당되는 것으로 전해질액막이 생겨서 전기·화학적으로 부식된다. 영역 Ⅲ은 액막이 눈에 보이는 정도까지 두껍게 된 조건으로 액막의 증대로 인한 산소의 공급이 지체되어 부식속도가 저하된다. 영역 Ⅳ는 액체의 막이 두껍게 된 형태로 완전히 액체 속에 침적된 경우와 같다. 역역 Ⅲ과 Ⅳ는 젖은 대기부식이다.

또한 금속부식에는 각종 대기오염물질의 영향이 크게 미치는 것은 잘 알려져 있다. 특히 아황산가스, 먼지, 바닷가의 해수, 미립자 등의 경우 많은 영향을 미친다. 환경에 따른 부식 진행 정도를 해안지방의 환경을 100으로 볼 때 도시환경은 20~30, 산간지방은 10~20이다.

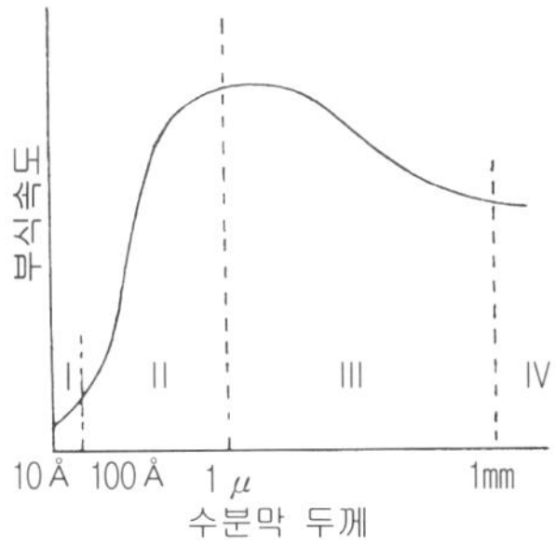

그림 8-6 대기부식 속도와 수분막 두께의 관계

(3) 담수환경

1) pH

철과 같이 산에 녹는 경우 pH가 4~10 범위에서의 부식률은 접촉하는 산화제(용존산화)의 농도에 따라 달라진다. 강의 경우 부식속도는 주로 피막을 통하여 확산되는 산소의 산화작용에 의하여 결정되지만, pH 4 이하에서는 피막이 용해하기 때문에 수소발생형의 부식이 일어난다. 고온에서는 철의 부식률이 염기도에 따라 증가한다. 알루미늄이나 아연은 산이나 염기성 용액에서 빠르게 용해된다. 그러나 금과 백금같은 귀금속은 pH에 영향을 받지 않는다.

그림 8-7에 강과 구리의 부식속도에 대한 pH의 영향을 나타냈다.

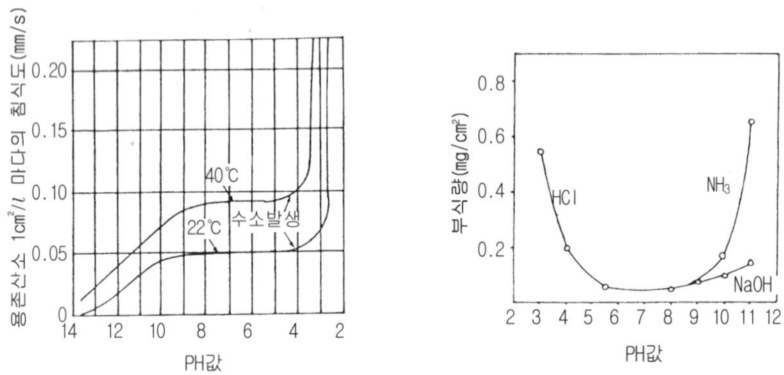

(a) 연강 (b) 구리

그림 8-7 부식과 물의 PH 관계

2) 산화제

실제로 관찰되는 부식반응의 대부분이 수소와 산소의 결합으로 인해 물이 생성되는 반응과 연계되어 있다. 따라서 어떤 용액의 산화능력이 부식에 관한 주요 척도로 이용된다. 산화제는 일반적으로 어떤 물질을 부식시키지만 스테인리스강의 산화크롬막과 같이 형성된 산화물은 금속표면에 보호피막을 형성시켜 더 이상의 부식이 진행되지 않도록 억제시키기도 한다.

3) 온도

일반적으로 화학반응속도는 온도가 10℃ 상승할 때마다 2배의 속도로 된다고 하지만 부식의 경우에는 단순하지가 않다. 부식에 의하여 생성된 물질이 그 후의 부식반응에 영향을 주는 것도 원인의 하나이다. 또한 부식이 산소의 확산에 의하여 빠르기의 정도가 정해지는 경우, 일정한 산소농도에서의 부식속도는 온도가 30℃ 상승할 때마다 약 2배로 된다.

철의 경우 그림 8-8(a)에서와 같이 개방용기에서의 부식속도는 약 80℃까지는 온도와 함께 증대하지만 그 이상의 온도에서는 오히려 감소한다. 이는 온도상승에 따라 반응속도는 증가하나 산소용해도의 현저한 저하가 병행하여 일어나기 때문이다.

밀폐계에서는 산소가 빠져나가지 못하고 온도의 상승과 함께 부식속도가 증대하고, 산소가 없어질 때까지 계속된다. 그림 (b)는 아연의 부식속도로서, 70℃에서 최대를 나타내고 있다.

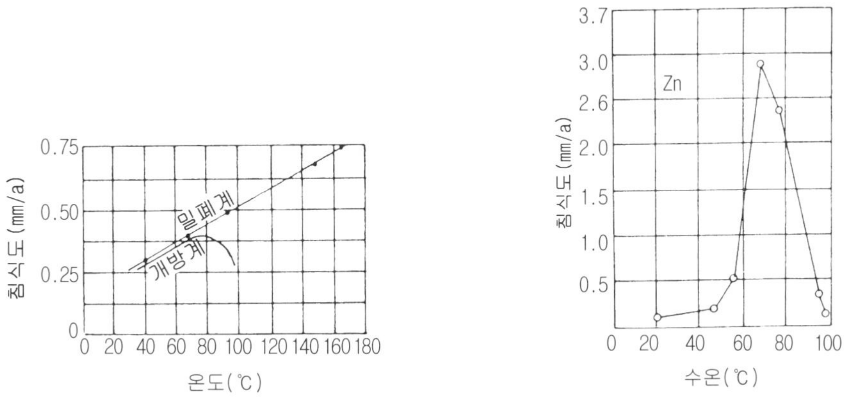

(a) 철의 경우 (b) 아연의 경우

그림 8-8 부식과 온도의 영향

4) 유속

금속의 표면 위를 흐르는 부식성 유체의 속도가 증가할수록 금속의 부식속도는 증가한다. 이는 유체의 빠른 유동으로 인하여 금속표면의 부식층이 빠른 속도로 벗겨져 나가 부식에 민감한 새로운 표면을 제공하기 때문이다.

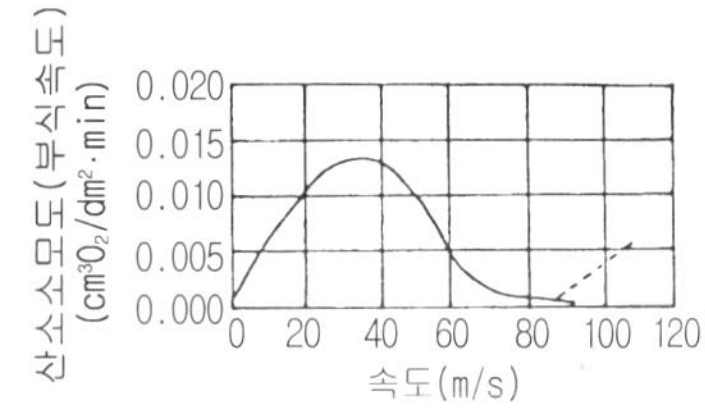

그림 8-9 담수중의 철 부식과 유속의 영향

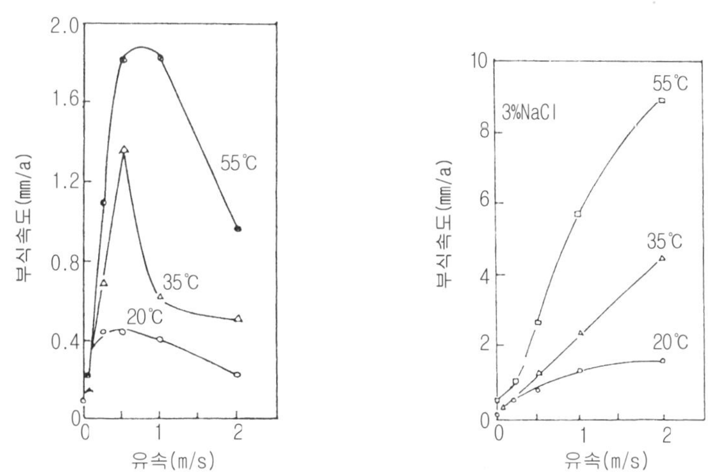

(a) 수돗물 (b) 3% 소금물

그림 8-10 연강의 부식에 미치는 유속과 온도의 영향

5) 용존산소의 영향

물에 의한 철의 부식은 음극반응에 의하여 지배되는 것으로서 그림 8-11(a)와 같이 부식속

도는 용존산소에 비례하여 증가한다. 그러나 그림 (b)와 같이 수중에 공기가 포화되어 있는 경우는 초기의 부식속도는 매우 빠르지만 녹이 슬면 산소확산에 장벽이 되어 부식속도는 감소하는 경향을 나타내고 있다.

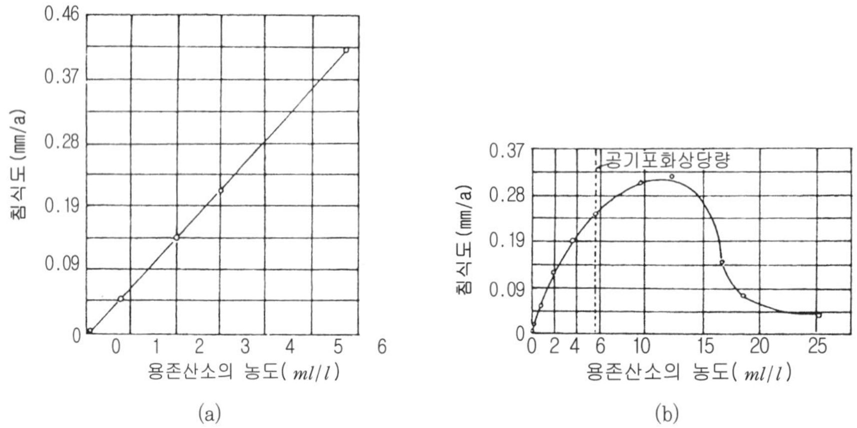

그림 8-11 연강의 부식과 용존산소의 영향

6) 피막

일단 부식이 시작된 후의 부식속도는 형성된 피막의 성질에 따라 달라진다. 금속표면 위의 피막이 부식성 유체에 녹지 않을 경우 더 이상의 부식은 진행되지 않지만, 부식성 유체를 투과시키거나 부식성 유체에 녹는 경우는 금속표면에 새로운 부식층이 형성되어 금속이 계속 유실된다. 또한 금속의 부식으로 인한 피막의 형성 외에 부식성 유체로부터 불용성 화학물이 형성되어 금속표면에 침전함으로써 금속표면이 보호되기도 한다. 이 외에 접촉유체에 의하거나 의도적으로 금속표면에 형성된 오일막은 금속표면의 부식을 예방하는 효과가 있다.

7) 농도 및 시간

대부분의 부식환경에서 농도 및 시간은 중요한 역할을 하지만 부식속도가 항상 농도와 시간에 비례하지는 않는다. 따라서 어떤 금속에 대한 일부분의 부식실험자료를 근거로 다른 조건에서의 부식상황을 예측할 때에는 주의해야 한다.

8) 불순물

부식성 유체에 포함된 불순물은 부식속도를 지연시키거나 촉진시키기도 한다. 염소이온은 스테인리스강 표면에 형성된 산화막을 파괴함으로써 유체중의 염소농도를 항상 점검할 필요가 있다.

8.2.4 방식방법

방식(防蝕 ; anti-corrosion)이란 금속이 기체 또는 액체와 같은 부식성 물질의 화학작용에 의하여 침식되지 않도록 방지하는 것이다. 따라서 금속제품의 방식목적은 부식을 차단하든지 억제함으로써 그 가치와 수명을 유지하고 연장시키는 것이다.

방식방법으로는 ① 내식성 재료를 사용하는 방법, ② 도금이나 도장 등 금속에 피복하는 방법, ③ 부식환경을 처리하는 방법, ④ 전기·화학적 방식법이 이용되고 있다.

(1) 방식설계

부식속도가 0.05mm/a 이하에서 전면부식이 진행되는 경우는 실용상 특별한 문제가 없다. 그러나 부식이 경미하더라도 국부적으로 부식이 진행되는 경우에는 주의가 필요하다. 방식면에서 중요한 것은 장치 전체가 균형을 이루도록 하는 것으로서, 부분적인 결함으로 인하여 전체에 영향을 주는 결함은 피해야 한다.

부식 가능성을 최소화하기 위해서 각 장치의 적절한 배수(drainage), 틈새(crevice)의 최소화, 검사 및 정비의 용이, 가능한 한 맞대기 용접방식 등을 채택해야 한다. 또한 서로 다른 금속의 접촉은 가능한 한 피하고, 부득이한 경우에 절연조치를 해야 한다. 보온재는 습기를 흡수해서는 안되며, 금속재료는 적절한 열처리와 표면처리를 실시한다.

1) 구조적 결함

주요 구조부는 볼트조임 등 기계적 접합을 피하고, 용접으로 하는 것이 좋다.

2) 응력

잔류응력은 미리 제거하여 사용하고, 구조상 응력이 반복되는 부분에는 응력부식균열이 일어나기 쉬운 재료의 사용은 피한다.

3) 유속이 빠르거나 고형물을 함유한 유체

고속으로 흐르는 유체 및 고형물을 함유한 유체는 정적 상태에서도 예상을 초월하는 격심한 침식부식을 일으킨다. 따라서 장치 설계시 유속분포에 주의하여 굴곡부분 등에 무리가 생기지 않도록 한다.

4) 국부가열

부분적인 온도변화가 생기지 않는 구조로 하고 보온재의 적용에도 주의한다.

5) 이종금속의 접촉

전위가 서로 많이 다른 금속이 직접 접촉하는 구조를 피하고, 절연물(절연유니언, 절연플랜지 등)을 사이에 끼워 조합시키도록 한다. 부득이한 경우는 양극부의 면적이 넓게 되도록 한다.

6) 액체의 불필요한 정체가 없는 구조

옥외구조물이나 골조재료에는 빗물 등의 액체가, 옥내 부재에서는 결로수 등이 정체되지 않는 구조로 한다.

7) 표면 마무리

도장 등의 피복을 하는 금속면의 모서리 부위는 둥근 모양으로 한다.

(2) 사용재료의 선정

1) 재료의 사용조건 파악

목적으로 하는 사용조건에서 부식에 관한 인자를 상세히 조사한다. 조사 내용에는 물이나 공기의 조성, pH, 산화·환원성, 부식을 촉진 또는 억제하는 성분의 유무, 용액의 전기전도도, 온도, 압력, 유속 및 고체입자의 유무 등을 파악한다. 또한 이와 같은 인자의 변동폭이나 경시변화의 예상도 고려해야 하고, 냉각탑을 갖는 순환계통에서는 대기오염 물질의 흡수상태와 농도 등도 파악한다.

2) 재료의 내식성에 대한 자료수집

재질을 가장 경제적으로 선택하기 위해서는 유사한 기존의 시설자료를 참고로 하는 것이 바람직하므로 각종 시험자료와 경험상의 자료를 수집한다.

3) 재료의 내식시험

사용목적에 근접한 재료가 선정되면 실제적인 사용조건으로 내식시험을 하는 것이 바람직하다.

(3) 부식환경의 처리

대기환경에 대한 부식방지대책으로는 습기를 제거하거나 기화성 방청제 및 탈산소제를 사용하는 방법이 있다. 물에 의한 부식의 경우에는 중화, 부식억제물 첨가, 보일러용수의 탈기

(脫氣) 등에 의한다. 운전정지중의 보일러에 질소가스를 충만시켜 보관하는 것도 환경처리에 속한다.

1) 제습

대기중의 수분으로 인하여 금속표면에 결로가 생기지 않도록 온도와 습도를 조절하거나 한정된 공간을 제습장치 또는 제습제를 사용하여 습도를 저하시킨다.

2) 기화성 방청제

한정된 공간에는 기화성 방청제를 봉입하여 공간에 접한 금속면을 방청한다.

3) 탈기 및 탈산소

수중에서 금속의 부식속도는 일반적으로 용존산소에 비례하므로 보일러 용수 등의 방지대책으로는 수중의 용존산소를 화학적으로 제거한다.

4) 중화법

보일러 및 냉각용수의 pH를 조정하는 방법으로 탄산소다, 가성소다, 인산소다, 질산염계 콤파운드 등이 사용된다.

5) 부식억제제 사용

음료수세동의 석수방지에는 메탈린산소다, 규산소다가 사용된다. 비음료수계에는 이 외에 크롬산, 아질산소다가 사용된다. 특히 크롬산을 함유한 물을 배수할 때는 공해방지 차원에서 주의가 필요하다.

6) 질소가스 충전

운전 정지중의 보일러 등에는 질소가스를 충진시켜 방식한다.

(4) 피복에 의한 방식

표면을 피복하여 부식환경과 차단하고 모재금속을 부식으로부터 보호하는 방법이다. 피복하는 재료에 따라 금속피복, 유기질 피복, 무기질 피복으로 구분된다.

1) 금속피복

① 전기도금 : 금속의 이온을 함유한 용액에 전극을 넣고, 전류를 통하게 하면 음극에서 금속이온이 방전해서 석출(析出)된다. 이것을 이용하여 음극에 놓은 물품 표면에 금속의 얇은 막을 입혀 피복하는 방법이다. 니켈, 크롬, 카드뮴, 구리, 아연, 주석, 납도금 등이 이용된다.

② 용융도금 : 도금하려고 하는 금속 용융액 속에 금속제품을 담가서 표면에 용융액을 부착하게 한 후 꺼냄으로써 피복하는 방법이다. 융해금속 · 침지도금이라고도 한다. 피도금물보다 용융점이 낮은 금속 · 합금의 얇은 층을 입히는 데 사용된다. 용융아연도금, 용융알루미늄도금, 용융주석도금 등이 있다.

③ 용사 : 주로 샌드브라스트법(규사를 고압공기나 원심력으로 뿜어붙이는 방법)에 의하여 전처리를 한 철강재에 용융상태의 금속입자를 뿜어붙여서 금속피복을 형성시키는 방법이다. 피복에 사용되는 금속은 아연과 알루미늄이 대부분이다.

④ 확산침투법 : 철강의 표면에 다른 원소를 침입 · 확산시켜 표면을 고합금층으로 변화시키는 금속피복방식이다. 아연, 알루미늄, 크롬, 붕소 등이 사용되고 있다.

2) 유기질 피복

금속재의 표면에 고무나 각종 합성수지재를 피복하여 방식하는 방법이다. 피복방식에는 접착제를 사용하여 붙이는 방법, 도료를 바르는 방법, 입자의 상태로 부착시킨 후 열로서 융착시키는 방법 등이 있다. 고무계, 폴리에틸렌, 폴리우레탄, 자연건조형 불소수지 등이 사용된다.

3) 무기질 피복

법랑과 유리라이닝이 대표적이며, 이 외에 규산계 도료가 포함된다. 법랑은 냉장고, 싱크대, 욕조 및 건축용 패널 등에 사용된다. 불산을 제외한 각종 산이나 유기용제에 견디고 고온에서도 강하며, 내마모성이 우수하다. 그러나 급격한 열변화 및 충격에 약한 단점이 있다.

(5) 전기방식

전기방식(electrolytic protection)은 금속표면의 전위를 조절하여 금속을 부동태 또는 안정화시킴으로써 부식을 방지하는 방식이다. 주로 수중의 강구조물, 매설배관 및 탱크, 냉각수계통, 화학장치 등에 적용된다.

금속이 부식될 경우 일반적으로는 전지반응이 일어나 이온화 경향이 큰 부분이 용해되므로, 반대로 금속에 부동상태(不動狀態)가 되는 전위를 주어서 부식을 방지한다. 즉 금속표면에서 전위차에 의한 부식전지가 형성될 때 부식반응이 일어나게 되므로 전류를 조절하여 전위차를 제거하면 반응이 억제된다. 양극전류를 주는 경우를 양극방식, 반대로 음극전류를 주어서 부식을 방해하는 방법을 음극방식이라 하며, 주로 음극방식이 적용된다.

1) 양극방식(anodic protection)

보호금속에 방식전류를 흘리거나 양극방식용 약품을 혼합함으로써 금속표면에 치밀한 보호피막(부동태피막)을 형성시키는 방법이다.

2) 음극방식(cathodic protection)

금속의 이온화(전위)를 인위적으로 바꾸어 부식영역을 피하는 방법이다. 외부에서 전류를 공급하여 보호금속의 부식영역을 피하는 외부전원법과 보호해야 할 금속보다 부식성이 더 강한 금속을 연결하여 대신 희생시킴으로써 부식을 방지하는 희생양극법이 있다.

① 희생양극법(유전양극법) : 방식하고자 하는 금속체에 상대적으로 전위가 낮은 유전양극(流電陽極)을 전기적으로 접촉함으로써, 유전양극이 용해될 때 발생하는 전자를 보호금속(피방식체)에 공급하여 방식한다. 사용되는 양극은 아연, 알루미늄, 마그네슘이 있으며, 특히 마그네슘은 지중에 매설한 배관이나 탱크의 방식용으로, 아연이나 알루미늄은 수중의 강구조물이나 냉각수계통, 선박 등에 사용된다.

② 외부 전원법 : 별도로 설치한 직류전원에 전류를 흘려서 방식하려는 금속을 음극으로 하는 방식이다. 지하매설관, 항만시설, 대형 탱크시설, 대형 선박 등에 적용한다.

부 록

1. 형강재의 중량
2. 철강제 관플랜지의 기본치수
3. 배관재료의 규격과 사용구분
4. 설비재료의 KS규격

부록 1. 형강재의 중량

1. 강판(철판)의 단위중량 및 매당 중량

두께		단위중량	914×1,829 (3′×6′) (mm)	1,219×2,438 (4′×8′) (mm)	두께		단위중량	914×1,829 (3′×6′) (mm)	1,219×2,438 (4′×8′) (mm)
mm	인치	kg/m²	kg/매	kg/매	mm	인치	kg/m²	kg/매	kg/매
0.35	0.0138	2.748	4.59	8.17	14	0.551	109.9	184	327
					15	0.591	117.8	197	350
0.40	0.0157	3.140	5.25	9.33	16	0.630	125.6	210	373
0.45	0.0177	3.532	5.91	10.5	17	0.699	133.4	223	396
0.50	0.0197	3.925	6.56	11.7	18	0.709	141.3	236	420
0.55	0.0217	4.318	7.22	12.8	19	0.748	149.2	249	443
0.60	0.0236	4.710	7.88	14.0	20	0.787	157.0	263	467
0.65	0.0256	5.102	8.53	15.2	21	0.827	164.9	276	490
					22	0.866	172.7	289	513
0.70	0.0276	5.495	9.19	16.3	23	0.906	180.6	302	537
0.75	0.0295	5.888	9.84	17.5					
0.80	0.0315	6.280	10.5	18.7	24	0.945	188.4	315	560
					25	0.984	196.3	328	583
0.85	0.0335	6.672	11.2	19.8	25.4	1.00	199.4	333	593
0.90	0.0354	7.065	11.8	21.0	26	1.02	204.1	341	607
0.95	0.0370	7.458	12.5	22.2	27	1.06	212	354	630
1.0	0.0394	7.85	13.1	23.3	28	1.10	219.8	368	653
1.2	0.0472	9.42	15.8	28.0	29	1.14	227.7	381	677
1.4	0.0551	10.99	18.4	32.7	30	1.18	235.5	394	700
1.6	0.0630	12.56	21.0	37.3	31	1.22	243.4	407	723
1.8	0.0790	14.13	23.6	42.0	32	1.26	251.2	420	747
2.0	0.0787	15.70	26.3	46.7	33	1.30	259.1	433	770
2.3	0.0906	18.06	30.2	53.7	34	1.34	266.9	446	793
2.5	0.0984	19.63	32.8	58.3	35	1.38	274.8	459	817
2.6	0.102	20.14	34.1	60.7	36	1.42	282.6	473	840
2.8	0.110	21.98	36.8	65.3	38	1.50	298.3	499	887
2.9	0.114	22.77	38.1	67.7	40	1.57	314.0	525	993
3.0	0.118	23.55	39.4	70.0	45	1.77	353.3	591	1,050
3.2	0.126	25.12	42.0	74.7	50	1.97	392.5	656	1,167
3.5	0.138	27.48	45.9	81.7	55	2.17	431.8	722	1,283
3.6	0.147	28.26	47.3	84.0	60	2.36	471	788	1,400
4.0	0.157	31.40	52.5	93.3	65	2.56	510.3	853	1,517
4.5	0.177	35.33	59.1	105	70	2.76	549.5	919	1,633
5.0	0.197	39.25	65.6	177	75	2.95	588.8	984	1,750
5.5	0.217	43.18	72.2	128	80	3.15	628	1,050	1,866
5.6	0.220	43.96	73.5	130	85	3.35	667.3	1,116	1,983
6.0	0.236	47.10	78.8	140					
6.3	0.248	49.46	82.7	147	90	3.54	706.5	1,181	2,100
7.0	0.276	54.95	91.9	163	95	3.74	745.8	1,247	2,217
8.0	0.315	62.80	105	187	100	3.94	785	1,313	2,333
9.0	0.354	70.65	118	210	110	4.33	863.5	1,444	2,566
					120	4.72	942	1,575	2,800
10	0.393	78.50	131	233					
11	0.433	86.35	144	257	130	5.12	1,021	1,707	3,034
12	0.472	94.20	158	280	140	5.51	1,099	1,838	3,266
12.7	0.500	99.70	167	296	150	5.91	1,178	1,970	3,501
13	0.512	102.1	171	303					

2. 원형강의 단면적 및 단위중량

직경 (mm)	단면적 (cm²)	단위 중량 (kg/m)	직경 (mm)	단면적 (cm²)	단위 중량 (kg/m)	직경 (mm)	단면적 (cm²)	단위 중량 (kg/m)	직경 (mm)	단면적 (cm²)	단위 중량 (kg/m)	직경 (mm)	단면적 (cm²)	단위 중량 (kg/m)
6	0.2827	0.222	22	3.801	2.98	39	11.95	9.38	75	44.18	34.7	160	201.1	158
7	0.3848	0.302	23	4.155	3.26	40	12.57	9.87	80	50.27	39.5	170	227.0	178
8	0.5027	0.395	24	4.524	3.55	42	13.85	10.9	85	56.75	44.5	180	254.5	200
9	0.6362	0.499	25	4.909	3.85	44	15.21	11.9	90	60.62	49.9	190	293.5	223
10	0.7854	0.617	26	5.309	4.17	45	15.90	12.5	95	70.88	55.6	200	314.2	247
11	0.9503	0.746	27	5.726	4.49	46	16.62	13.0	100	78.54	61.7	210	346.4	272
12	1.131	0.888	28	6.158	4.83	48	18.10	14.2	105	86.59	68.0	220	380.1	298
13	1.327	1.04	29	6.605	5.18	50	19.64	15.4	110	95.03	74.6	230	415.5	326
14	1.539	1.21	30	7.069	5.55	52	21.24	16.7	115	103.9	81.6	240	452.4	355
15	1.767	1.39	31	7.548	5.93	55	23.76	18.7	120	113.1	88.8	250	490.9	385
16	2.011	1.58	32	8.042	6.31	56	24.63	19.3	125	122.7	96.3	260	530.9	417
17	2.27	1.78	33	8.553	6.71	60	28.27	22.2	130	132.7	104	270	572.6	449
18	2.545	2.00	34	9.079	7.13	64	32.17	25.3	135	143.1	112	280	615.8	483
19	2.835	2.23	35	9.621	7.55	65	33.18	26.0	140	153.9	121	300	706.9	555
20	3.142	2.47	36	10.18	7.99	68	36.32	28.5	145	165.1	130			
21	3.464	2.72	38	11.34	8.90	70	38.48	30.2	150	176.7	139			

3. 각강의 단위중량

4각강의 단위중량								6각강의 단위중량			
대변거리 (mm)	중량 (kg/m)	대변거리 (mm)	중량 (kg/m)	대변거리 (mm)	중량 (kg/m)	대변거리 (mm)	중량 (kg/m)	대변거리 (mm)	중량 (kg/m)	대변거리 (mm)	중량 (kg/m)
6	0.283	16	2.01	32	8.04	65	33.2	6	0.245	23	3.60
7	0.385	19	2.83	36	10.2	70	38.5	7	0.333	26	4.60
8	0.502	20	3.14	38	11.3	75	44.2	8	0.435	29	5.77
9	0.636	21	3.46	40	12.6	80	50.2	9	0.551	32	6.96
10	0.785	22	3.80	42	13.8	90	63.6	10	0.680	35	8.33
11	0.950	23	4.15	46	16.6	100	78.5	12	0.979	46	14.4
12	1.133	25	4.91	48	18.1	110	95.0	14	1.33	50	17.0
13	1.333	26	5.31	50	19.6	120	113	17	1.96	58	22.9
14	1.544	28	6.15	55	23.7	140	154	19	2.45	70	33.3
15	1.777	30	7.07	60	28.3	160	201	21	3.00	75	38.7

4. 평강의 표준 단면치수와 단면적, 단위중량

표준단면치수		단면적 (cm^2)	단위 무게 (kg/m)	표준단면치수		단면적 (cm^2)	단위 무게 (kg/m)	표준단면치수		단면적 (cm^2)	단위 무게 (kg/m)
두께 (mm)	폭 (mm)			두께 (mm)	폭 (mm)			두께 (mm)	폭 (mm)		
4.5	25	1.125	0.88	12	90	10.800	8.48	22	150	33.00	25.90
4.5	32	1.440	1.13	12	100	12.000	9.42	22	180	39.60	31.10
4.5	38	1.710	1.34	12	125	15.000	11.80	22	200	44.00	34.50
4.5	44	1.980	1.55	12	150	18.000	14.10	22	230	50.60	39.70
4.5	50	2.250	1.77	12	180	21.600	17.00	22	250	55.00	43.20
6	25	1.500	1.18	12	200	24.000	18.80	22	280	61.60	48.40
6	32	1.920	1.51	12	230	27.600	21.70	22	300	66.00	51.80
6	38	2.280	1.79	12	250	30.000	23.60	25	50	12.50	9.81
6	44	2.640	2.07	12	280	33.600	26.40	25	65	16.25	12.80
6	50	3.000	2.36	12	300	36.000	28.30	25	75	18.75	14.70
6	65	3.900	3.06	16	32	5.120	4.02	25	90	22.50	17.70
6	75	4.500	3.53	16	38	6.080	4.77	25	100	25.00	19.60
6	90	5.400	4.24	16	44	7.040	5.53	25	125	31.25	24.50
6	100	6.000	4.71	16	50	8.000	6.28	25	150	37.50	29.40
6	125	7.500	5.89	16	65	10.400	8.16	25	180	45.00	35.30
8	25	2.000	1.57	16	75	12.000	9.42	25	200	50.00	39.20
8	32	2.560	2.01	16	90	14.400	11.30	25	230	57.50	45.10
8	38	3.040	2.39	16	100	16.000	12.60	25	250	62.50	49.10
8	44	3.520	2.76	16	125	20.000	15.70	25	280	70.00	55.00
8	50	4.000	3.14	16	150	24.000	18.80	25	300	75.00	58.90
8	65	5.200	4.08	16	180	28.800	22.60	28	100	28.00	22.00
8	75	6.000	4.71	16	200	32.000	25.10	28	125	35.00	27.50
8	90	7.200	5.65	16	230	36.800	28.90	28	150	42.00	33.00
8	100	8.000	6.28	16	250	40.000	31.40	28	180	50.40	39.60
8	125	10.000	7.85	16	280	44.800	35.20	28	200	56.00	44.00
9	25	2.250	1.77	16	300	48.000	37.70	28	230	64.40	50.60
9	32	2.880	2.26	19	38	7.220	5.67	28	250	70.00	55.00
9	38	3.420	2.68	19	44	8.360	6.56	28	280	78.40	61.50
9	44	3.960	3.11	19	50	9.500	7.46	28	300	84.00	65.90
9	50	4.500	3.53	19	65	12.350	9.69	32	100	32.00	25.10
9	65	5.850	4.59	19	75	14.250	11.20	32	125	40.00	31.40
9	75	6.750	5.30	19	90	17.100	13.40	32	150	48.00	37.70
9	90	8.100	6.36	19	100	19.000	14.90	32	180	57.60	45.20
9	100	9.000	7.06	19	125	23.750	18.60	32	200	64.00	50.20
9	125	11.250	8.83	19	150	28.500	22.40	32	230	73.60	57.80
9	150	13.500	10.60	19	180	34.200	26.80	32	250	80.00	62.80
9	180	16.200	12.70	19	200	38.000	29.80	32	280	89.60	70.30
9	200	18.000	14.10	19	230	43.700	34.30	32	300	96.00	75.40
9	230	20.700	16.20	19	250	47.500	37.30	36	100	36.00	28.30
9	250	22.500	17.70	19	280	53.200	41.80	36	125	45.00	35.30
12	25	3.000	2.36	19	300	57.000	44.70	36	150	54.00	42.40
12	32	3.840	3.01	22	50	11.000	8.64	36	180	64.80	50.90
12	38	4.560	3.58	22	65	14.300	11.20	36	200	72.00	56.50
12	44	5.280	4.14	22	75	16.500	13.00	36	230	82.80	65.00

5. 등변 ㄱ형강의 표준단면치수와 단면적, 단위중량

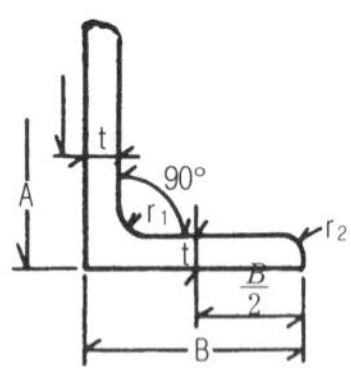

표준단면치수(mm)				단면적 (cm^2)	단위 무게 (kg/m)	표준단면치수(mm)				단면적 (cm^2)	단위 무게 (kg/m)
A×B	t	r_1	r_2			A×B	t	r_1	r_2		
25×25	3	4	2	1.427	1.12	90×90	7	10	5	12.22	9.59
30×30	3	4	2	1.727	1.36	90×90	10	10	7	17.00	13.3
40×40	3	4.5	2	2.336	1.83	90×90	13	10	7	21.71	17.0
40×40	5	4.5	3	3.755	2.95	100×100	7	10	5	13.62	10.7
45×45	4	6.5	3	3.492	2.74	100×100	10	10	7	19.00	14.9
45×45	5	6.5	3	4.302	3.38	100×100	13	10	7	24.31	19.1
50×50	4	6.5	3	3.892	3.06	120×120	8	12	5	18.76	14.7
50×50	5	6.5	3	4.802	3.77	130×130	9	12	6	22.74	17.9
50×50	6	6.5	4.5	5.644	4.43	130×130	12	12	8.5	29.76	23.4
60×60	4	6.5	3	4.692	3.68	130×130	15	12	8.5	36.75	28.8
60×60	5	6.5	3	5.802	4.55	150×150	12	14	7	34.77	27.3
65×65	5	8.5	3	6.367	5.00	150×150	15	14	10	42.74	33.6
65×65	6	8.5	4	7.527	5.91	150×150	19	14	10	53.38	41.9
65×65	8	8.5	6	9.761	7.66	175×175	12	15	11	40.52	31.8
70×70	6	8.5	4	8.127	6.38	175×175	15	15	11	50.21	39.4
75×75	6	8.5	4	8.727	6.85	200×200	15	17	12	57.75	45.3
75×75	9	8.5	6	12.69	9.96	200×200	20	17	12	76.00	59.7
75×75	12	8.5	6	16.56	13.00	200×200	25	17	12	93.75	73.6
80×80	6	8.5	4	9.327	7.32	250×250	25	24	12	119.40	93.7
90×90	6	10	5	10.55	8.28	250×250	35	24	18	162.60	128.0

6. 부등변 ㄱ형강의 표준단면치수와 단면적, 단위중량

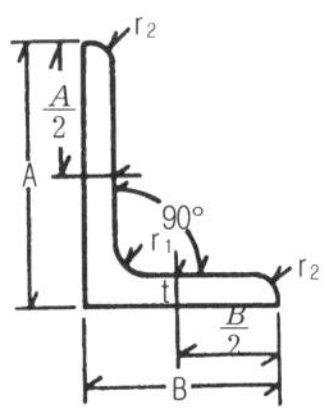

표준단면치수(mm)				단면적 (cm^2)	단위 무게 (kg/m)	표준단면치수(mm)				단면적 (cm^2)	단위 무게 (kg/m)
A×B	t	r_1	r_2			A×B	t	r_1	r_2		
90×75	9	8.5	6	14.04	11.0	125×90	13	10	7	26.26	20.06
100×75	7	10	5	11.87	9.32	150×90	9	12	6	20.94	16.4
100×75	10	10	7	16.50	13.0	150×90	12	12	8.5	27.36	21.5
125×75	7	10	5	13.62	10.7	150×100	9	12	6	21.84	17.1
125×75	10	10	7	19.00	14.9	150×100	12	12	8.5	28.56	22.4
125×75	13	10	7	24.31	19.1	150×100	15	12	8.5	35.25	27.7
125×90	10	10	7	20.50	16.1						

7. 부등변 부등두께 ㄱ형강의 표준단면치수와 단면적, 단위중량

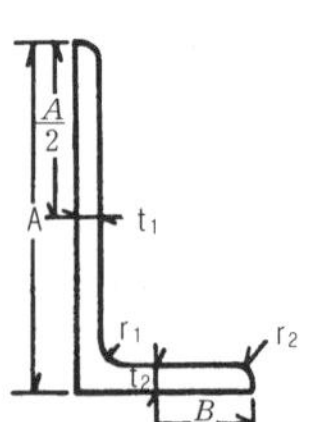

표준단면치수(mm)					단면적 (cm^2)	단위 무게 (kg/m)	표준단면치수(mm)					단면적 (cm^2)	단위 무게 (kg/m)
A×B	t_1	t_2	r_1	r_2			A×B	t_1	t_2	r_1	r_2		
200×90	9	14	14	7	29.66	23.3	300× 90	13	17	19	9.5	52.67	41.3
250×90	10	15	17	8.5	37.47	29.4	350×100	12	17	22	11	57.74	45.3
250×90	12	16	17	8.5	42.95	33.7	400×100	13	18	24	12	68.59	53.8
300×90	11	16	19	9.5	46.22	36.3							

8. ㄷ형강의 표준단면치수와 단면적, 단위중량

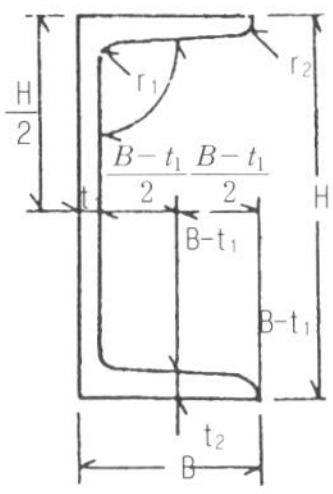

표준단면치수(mm) H×B	t_1	t_2	r_1	r_2	단면적 (cm²)	단위 무게 (kg/m)	표준단면치수(mm) H×B	t_1	t_2	r_1	r_2	단면적 (cm²)	단위 무게 (kg/m)
75×40	5	7	8	4	8.818	6.92	250×90	9	13	14	7	44.07	34.6
100×50	5	7.5	8	4	11.92	9.36	250×90	11	14.5	17	8.5	51.17	40.2
125×65	6	8	8	4	17.11	13.4	300×90	9	13	14	7	48.57	38.1
150×75	6.5	10	10	5	23.71	18.6	300×90	10	15.5	19	9.5	55.74	43.8
150×75	9	12.5	15	7.5	30.59	24.0	300×90	12	16	19	9.5	61.90	48.6
180×75	7	10.5	11	5.5	27.20	21.4	380×100	10.5	16	18	9	69.39	54.5
200×80	7.5	11	12	6	31.33	24.6	380×100	13	16.5	18	9	78.96	62.0
200×90	8	13.5	14	7	38.65	30.3	380×100	13	20	24	12	85.71	67.3

9. I형강의 표준단면치수와 단면적, 단위중량

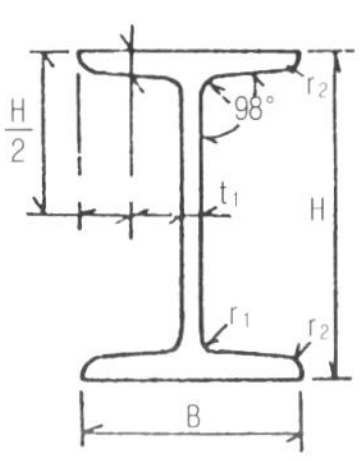

표준단면치수(mm) H×B	t_1	t_2	r_1	r_2	단면적 (cm²)	단위 무게 (kg/m)	표준단면치수(mm) H×B	t_1	t_2	r_1	r_2	단면적 (cm²)	단위 무게 (kg/m)
100×75	5	8	7	3.5	16.43	12.9	300×150	10	18.5	19	9.5	83.47	65.5
125×75	5.5	9.5	9	4.5	20.45	16.1	300×150	11.5	22	23	11.5	97.88	76.8
150×75	5.5	9.5	9	4.5	21.83	17.1	350×150	9	15	13	6.5	74.58	58.5
150×125	8.5	14	13	6.5	46.15	36.2	350×150	12	24	25	12.5	111.1	87.2
180×100	6	10	10	5	30.06	23.6	400×150	10	18	17	8.5	91.73	72.0
200×100	7	10	10	5	33.06	26.0	400×150	12.5	25	27	13.5	122.1	95.8
200×150	9	16	15	7.5	64.16	50.4	450×175	11	20	19	9.5	116.8	91.7
250×125	7.5	12.5	12	6	48.79	38.3	450×175	13	26	27	13.5	146.1	115.0
250×125	10	19	21	10.5	70.73	55.5	600×190	13	25	25	12.5	169.4	133.0
300×150	8	13	12	6	61.58	48.3	600×190	16	35	38	19	224.5	176.0

10. T형강의 표준단면치수와 단면적, 단위중량

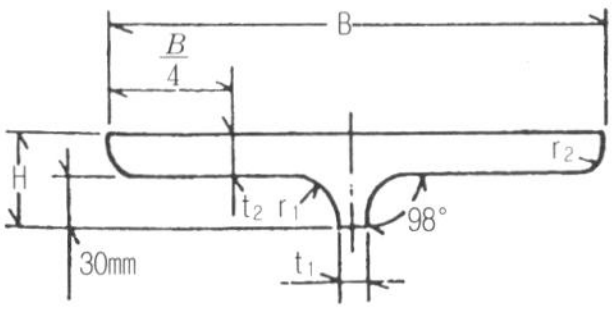

표준단면치수(mm) 호칭치수 B×t_2	B	H	t_1	t_2	r_1	r_2	단면적 (cm²)	단위무게 (kg/m)
150×9	150	39	12	9	8	3	18.52	14.5
150×12	150	42	12	12	8	3	23.02	18.1
150×15	150	45	12	15	8	3	27.52	21.6
200×12	200	42	12	12	8	3	29.02	22.8
200×16	200	46	12	16	8	3	37.02	29.1
200×19	200	49	12	19	8	3	43.02	33.8
200×22	200	52	12	22	8	3	49.02	38.5
250×16	250	46	12	16	20	3	46.05	36.2
250×19	250	49	12	19	20	3	53.55	42.0
250×22	250	52	12	22	20	3	61.05	47.9
250×25	250	55	12	25	20	3	68.55	53.8

11. H형강의 표준단면치수와 단면적, 단위중량

호칭치수 (높이×변)	표준단면치수(mm) H×B	t_1	t_2	r	단면적 (cm^2)	단위무게 (kg/m)
100×50	100×50	5	7	8	11.85	9.3
100×100	100×100	6	8	10	21.90	17.2
125×60	125×60	6	8	10	16.84	13.2
125×125	125×125	6.5	9	10	30.31	23.8
150×75	150×75	5	7	8	17.85	14.0
150×100	150×100	6	9	11	26.84	21.1
150×150	150×150	7	10	11	40.14	31.5
175×90	175×90	5	8	9	23.04	18.1
175×175	175×175	7.5	11	12	51.21	40.2
200×100	198×99	4.5	7	11	23.18	18.2
	200×100	5.5	8	11	27.16	21.3
200×150	194×150	6	9	13	39.01	30.6
200×200	200×200	8	12	13	63.53	49.9
	*200×204	12	12	13	71.53	56.2
250×125	248×124	5	8	12	32.68	25.7
	250×125	6	9	12	37.66	29.6
250×175	244×175	7	11	16	56.24	44.1
250×250	250×250	9	14	16	92.18	72.4
	*250×255	14	14	16	104.7	82.2
300×150	298×149	5.5	8	13	40.80	32.0
	300×150	6.5	9	13	46.78	36.7
300×200	294×200	8	12	18	72.38	56.8
300×300	*294×302	12	12	18	107.7	84.5
	300×300	10	15	18	119.8	94.0
	300×305	15	15	18	134.8	106
350×175	346×174	6	9	14	52.68	41.4
	350×175	7	11	14	63.14	49.6
350×250	340×250	9	14	20	101.5	79.7
350×350	*344×348	10	16	20	146.0	115
	350×350	12	19	20	173.9	137
400×200	396×199	7	11	16	72.16	56.6
	400×200	8	13	16	84.12	66.0
400×300	390×300	10	16	22	136.0	107
400×400	*388×402	15	15	22	178.5	140
	*394×398	11	18	22	186.8	147
	400×400	13	21	22	218.7	172
	*400×408	21	21	22	250.7	197
	*414×405	18	28	22	295.4	232
	*428×407	20	35	22	360.7	283
	*458×417	30	50	22	528.6	415
	*498×432	45	70	22	770.1	605
450×200	446×199	8	12	18	84.30	66.2
	450×200	9	14	18	96.76	76.0
450×300	440×300	11	18	24	157.4	124
500×200	496×199	9	14	20	101.3	79.5
	500×200	10	16	20	114.2	89.6
	*506×201	11	19	20	131.3	103
500×300	482×300	11	15	26	145.5	114
	488×300	11	18	26	163.5	128
600×200	596×199	10	15	22	120.5	94.6
	600×200	11	17	22	134.4	106
	*606×201	12	20	22	152.5	120
600×300	582×300	12	17	28	174.5	137
	588×300	12	20	28	192.5	151
	*594×302	14	23	28	222.4	175
700×300	*692×300	13	20	28	211.5	166
	700×300	13	24	28	235.5	185
800×300	792×300	14	22	28	243.4	191
	800×300	14	26	28	267.4	210
900×300	*980×299	15	23	28	270.9	213
	900×300	16	28	28	309.8	243
	*912×302	18	34	28	364.0	286

12. 일반구조용 각형 강관의 치수 및 중량

표준단면치수		무게(kg/m)	단면적(cm^2)
A×B	두께(t)		
300×300	6.0	54.7	69.68
300×300	4.5	41.3	52.67
250×250	8.0	59.5	75.79
250×250	6.0	45.2	57.63
250×250	5.0	38.0	48.36
200×200	8.0	46.9	59.79
200×200	6.0	35.8	45.63
175×175	6.0	31.1	39.63
175×175	5.0	26.2	33.36
150×150	6.0	26.4	33.63
150×150	5.0	22.3	28.36
150×150	4.5	20.1	25.67
125×125	6.0	21.7	27.63
125×125	5.0	18.3	23.36
125×125	4.5	16.6	21.17
125×125	3.2	12.0	15.33
100×100	4.5	13.1	16.67
100×100	4.0	11.7	14.95
100×100	3.2	9.52	12.13
100×100	2.3	6.95	8.852
90×90	3.2	8.51	10.85
90×90	2.3	6.23	7.932
80×80	3.2	7.51	9.567
80×80	2.3	5.50	7.012
75×75	3.2	7.01	8.927
75×75	2.3	5.14	6.552
60×60	3.2	5.50	7.007
60×60	2.3	4.06	5.172
60×60	1.6	2.88	3.672
50×50	3.2	4.50	5.727
50×50	2.3	3.34	4.252
50×50	1.6	2.38	3.032
40×40	2.3	2.62	3.332
40×40	1.6	1.88	2.392
30×30	1.6	1.38	1.752
30×30	1.2	1.06	1.345
25×25	1.6	1.12	1.432
25×25	1.2	0.867	1.105
20×20	1.6	0.872	1.123
20×20	1.2	0.679	0.865
200×100	6.0	26.4	33.63
200×100	4.5	20.1	25.67
150×100	6.0	21.7	27.63
150×100	4.5	16.6	21.17
150×80	6.0	19.8	25.23
150×80	5.0	16.8	21.36
150×80	4.5	15.2	19.37
125×75	4.0	11.7	14.95
125×75	3.2	9.52	12.13
125×75	2.3	6.95	8.852
125×40	2.3	5.69	7.242
125×40	1.6	4.01	5.112
100×50	3.2	7.01	8.927
100×50	2.3	5.14	6.552
100×40	2.3	4.78	6.092
100×40	1.6	3.38	4.312
100×20	2.3	4.06	5.172
100×20	1.6	2.88	3.672
90×45	3.0	6.25	7.967
90×45	2.3	4.60	5.862
75×45	3.2	5.50	7.007
75×45	2.3	4.06	5.172
75×45	1.6	2.88	3.672
75×20	2.3	3.16	4.022
75×20	1.6	2.25	2.872
60×30	3.2	3.99	5.087
60×30	2.3	2.98	3.792
60×30	1.6	2.13	2.712
50×20	2.3	2.25	2.827
50×20	1.6	1.63	2.072
40×20	1.6	1.375	1.7517
40×20	1.2	1.053	1.3453
30×20	1.6	1.124	1.4317
30×20	1.2	0.868	1.105

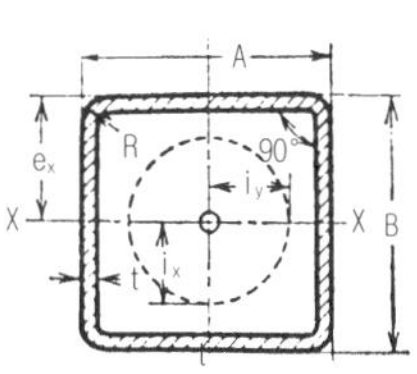

부록 2. 철강제 관플랜지의 기본치수

1. 호칭압력 2K 플랜지

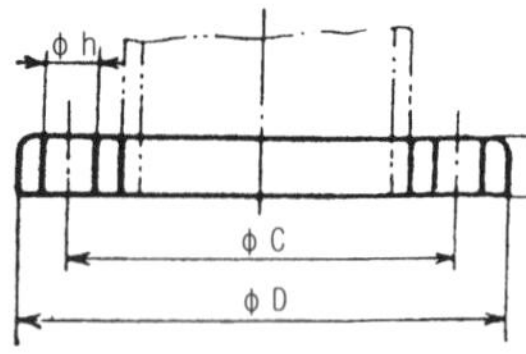

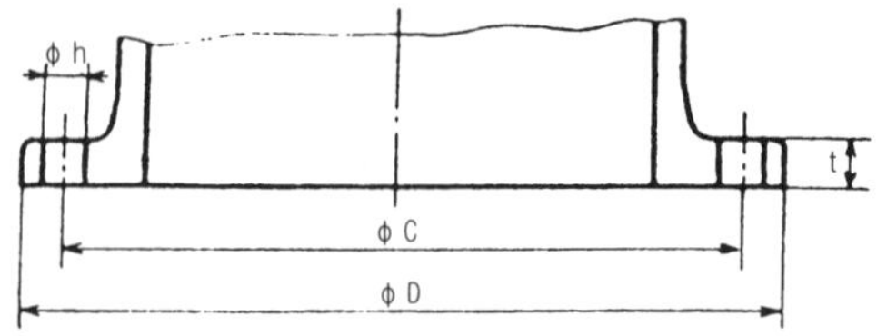

(단위 : mm)

호칭지름	적용하는 강관의 바깥지름	플랜지의 바깥지름 D	플랜지의 두께 t		볼트의 구멍			볼트의 나사의 호 칭
			탄소강	회주철	중심원의 지름 C	수	지름 h	
450	457.2	605	22	28	555	16	23	M 20
500	508.0	655	22	28	605	20	23	M 20
(550)	558.8	720	24	30	665	20	25	M 22
600	609.6	770	24	30	715	20	25	M 22
(650)	660.4	825	24	30	770	24	25	M 22
700	711.2	875	24	30	820	24	25	M 22
(750)	762.0	945	24	32	880	24	27	M 24
800	812.8	995	24	32	930	24	27	M 24
(850)	863.6	1045	24	32	980	24	27	M 24
900	914.4	1095	24	32	1030	24	27	M 24
1000	1016.0	1195	26	34	1130	28	27	M 24
(1100)	1117.6	1305	26	34	1240	28	27	M 24
1200	1219.2	1420	26	36	1350	32	27	M 24
1350	1371.6	1575	26	36	1505	32	27	M 24
1500	1524.0	1730	28	38	1660	36	27	M 24

주) 1. 호칭지름이 400 이하인 플랜지의 기본치수는 부록 2의 2.표를 적용한다.
2. 괄호를 붙인 호칭지름의 것은 되도록 쓰지 않는다.
3. 플랜지의 개스킷자리는 KS B 1519(관플랜지의 개스킷 자리 치수)의 호칭압력 5K 플랜지에 따른다.
4. 볼트구멍 지름(h)은 인수 · 인도 당사자 사이의 협정에 따라 KS B 1007(볼트구멍 지름 및 카운터 보어 지름)의 3급을 사용해도 좋다.

2. 호칭압력 5K 플랜지

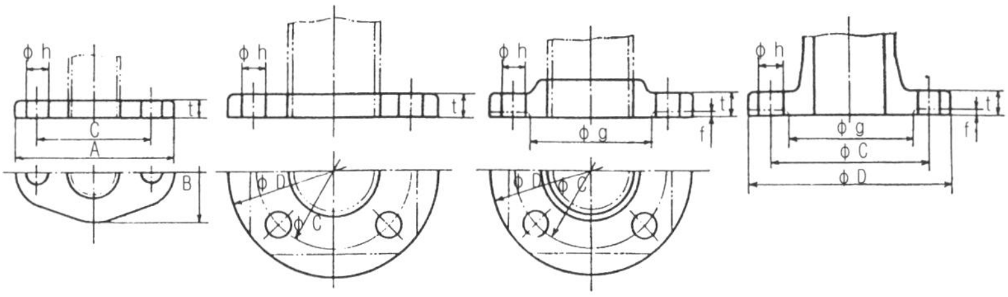

(단위 : mm)

호칭지름	적용하는 강관의 바깥지름	플랜지의 바깥지름 D(A×B)	플랜지의 각부 치수				볼트구멍			볼트의 나사의 호칭
			t		f	지름 g	중심원의 지름 C	수	지름 h	
			회주철 이외	회주철						
10	17.3	75(75×45)	9	12	1	39	55	4(2)	12	M 10
15	21.7	80(80×50)	9	12	1	44	60	4(2)	12	M 10
20	27.2	85	10	14	1	49	65	4	12	M 10
25	34.0	95	10	14	1	59	75	4	12	M 10
32	42.7	115	12	16	2	70	90	4	15	M 12
40	48.6	120	2	16	2	75	95	4	15	M 12
50	60.5	130	14	16	2	85	105	4	15	M 12
65	76.3	155	14	18	2	110	130	4	15	M 12
80	89.1	180	14	18	2	121	145	4	19	M 16
(90)	101.6	190	14	18	2	131	155	4	19	M 16
100	114.3	200	16	20	2	141	165	8	19	M 16
125	139.8	235	16	20	2	176	200	8	19	M 16
150	165.2	265	18	22	2	206	230	8	19	M 16
(175)	190.7	300	18	22	2	232	260	8	23	M 20
200	216.3	320	20	24	2	252	280	8	23	M 20
(225)	241.8	345	20	24	2	277	305	12	23	M 20
250	267.4	385	22	26	2	317	345	12	23	M 20
300	318.5	430	22	28	3	360	390	12	23	M 20
350	355.6	480	24	30	3	403	435	12	25	M 22
400	406.4	540	24	30	3	463	495	16	25	M 22
450	457.2	605	24	30	3	523	555	16	25	M 22
500	508.0	655	24	32	3	573	605	20	25	M 22
(550)	558.8	720	26	32	3	630	665	20	27	M 24
600	609.6	770	26	32	3	680	715	20	27	M 24
(650)	660.4	825	26	34	3	735	770	24	27	M 24
700	711.2	875	26	34	3	785	820	24	27	M 24
(750)	762.0	945	28	36	3	840	880	24	33	M 30
800	812.8	995	28	36	3	890	930	24	33	M 30
(850)	863.6	1045	28	38	3	940	980	24	33	M 30
900	914.4	1095	30	38	3	990	1030	24	33	M 30
1000	1016.0	1195	32	40	3	1090	1130	28	33	M 30
(1100)	1117.6	1305	32	42	3	1200	1240	28	33	M 30
1200	1219.2	1420	34	46	3	1305	1350	32	33	M 30
1350	1371.6	1575	34	48	3	1460	1505	32	33	M 30
1500	1524.0	1730	36	52	3	1615	1660	36	33	M 30

주) 1. 괄호를 붙인 호칭지름의 것은 되도록 쓰지 않는다.

2. 플랜지의 개스킷 자리는 KS B 1519에 따른다. 다만, 필요할 경우에는 2점쇄선과 같이 큰 평면 자리로 해도 좋다.

3. 호칭지름 50 이하의 것은 2점쇄선으로 나타낸 바와 같은 각형의 것을 사용할 수 있다.

4. 볼트구멍 지름(h)은 볼트의 나사 호칭 M16 이하의 경우는 KS B 1007의 3급, 볼트의 나사 호칭 M30의 경우는 KS B 1007의 2급에 따른 것이다.
또한, 볼트의 나사 호칭 M20 이상의 경우, 일반용 펌프 등에서 특히, KS B 1002(6각 볼트)의 보통 볼트를 사용하고, 표 중의 볼트구멍 지름(h)에 따르지 않을 때에는, 인수 · 인도 당사자 사이의 협정에 따라 KS B 1007의 3급으로 할 수 있다.

3. 호칭압력 10K 보통 플랜지

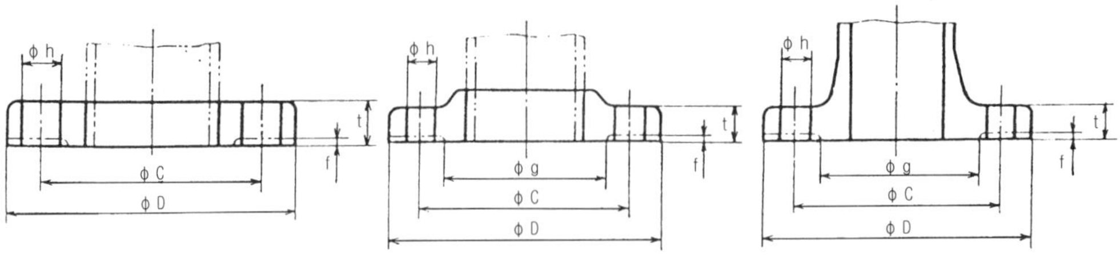

(단위 : mm)

호칭지름	적용하는 강관의 바깥지름	플랜지의 바깥지름 D	플랜지의 각부 치수				볼트구멍			볼트의 나사의 호칭
			t		f	지름 g	중심원의 지름 C	수	지름 h	
			회주철 이외	회주철						
10	17.3	90	12	14	1	46	65	4	15	M 12
15	21.7	95	12	16	1	51	70	4	15	M 12
20	27.2	100	14	18	1	56	75	4	15	M 12
25	34.0	125	14	18	1	67	90	4	19	M 16
32	42.7	135	16	20	2	76	100	4	19	M 16
40	48.6	140	16	20	2	81	105	4	19	M 16
50	60.5	155	16	20	2	96	120	4	19	M 16
65	76.3	175	18	22	2	116	140	4	19	M 16
80	89.1	185	18	22	2	126	150	8	19	M 16
(90)	101.6	195	18	22	2	136	160	8	19	M 16
100	114.3	210	18	24	2	151	175	8	19	M 16
125	139.8	250	20	24	2	182	210	8	23	M 20
150	165.2	280	22	26	2	212	240	8	23	M 20
(175)	190.7	305	22	26	2	237	265	12	23	M 20
200	216.3	330	22	26	2	262	290	12	23	M 20
(225)	241.8	350	22	28	2	282	310	12	23	M 20
250	267.4	400	24	30	2	324	355	12	25	M 22
300	318.5	445	24	32	3	368	400	16	25	M 22
350	355.6	490	26	34	3	413	445	16	25	M 22
400	406.4	560	28	36	3	475	510	16	27	M 24
450	457.2	620	30	38	3	530	565	20	27	M 24
500	508.0	675	30	40	3	585	620	20	27	M 24
(550)	558.8	745	32	42	3	640	680	20	33	M 30
600	609.6	795	32	44	3	690	730	24	33	M 30
(650)	660.4	845	34	46	3	740	780	24	33	M 30
700	711.2	905	34	48	3	800	840	24	33	M 30
(750)	762.0	970	36	50	3	855	900	24	33	M 30
800	812.8	1020	36	52	3	905	950	28	33	M 30
(850)	863.6	1070	36	52	3	955	1000	28	33	M 30
900	914.4	1120	38	54	3	1005	1050	28	33	M 30
1000	1016.0	1235	40	58	3	1110	1160	28	39	M 36
(1100)	1117.6	1345	42	62	3	1220	1270	28	39	M 36
1200	1219.2	1465	44	66	3	1325	1380	32	39	M 36
1350	1371.6	1630	48	70	3	1480	1540	36	45	M 42
1500	1524.0	1795	50	74	3	1635	1700	40	45	M 42

주) 1. 괄호를 붙인 호칭지름의 것은 되도록 쓰지 않는다.

2. 플랜지의 개스킷 자리는 KS B 1519에 따른다. 다만, 필요한 경우에는 2점쇄선과 같이 큰 평면자리로 해도 좋다.

3. 볼트구멍 지름(h)은 볼트의 나사 호칭 M16 이하의 경우에는 KS B 1007의 3급, 볼트의 나사 호칭 M30 이상의 경우에는 KS B 1007의 2급에 따른 것이다.
또한, 볼트의 나사 호칭 M20 이상의 경우 일반용 펌프 등에서, 특히 KS B 1002의 보통 볼트를 사용하고, 표중의 볼트구멍 지름(h)에 따르지 않을 때는, 인수 · 인도 당사자 사이의 협정에 따라 KS B 1007의 3급으로 할 수 있다.

4. 호칭압력 10K 얇은형 플랜지

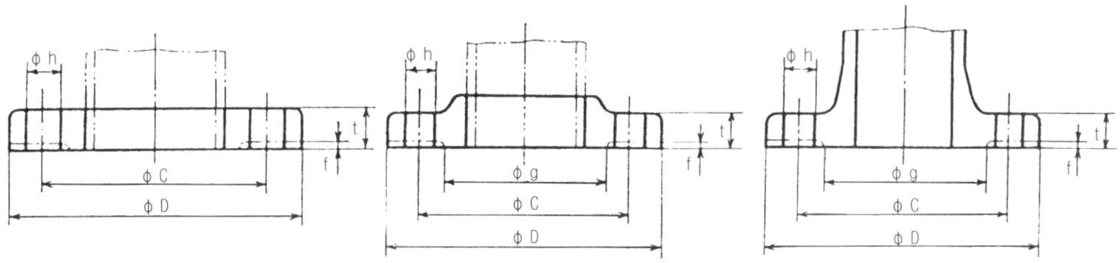

(단위 : mm)

호칭지름	적용하는 강관의 바깥지름	플랜지의 바깥지름 D	플랜지의 각부 치수				볼트구멍			볼트의 나사의 호칭
			t		f	지름 g	중심원의 지름 C	수	지름 h	
			회주철 이외	회주철						
10	17.3	90	9	12	1	46	65	4	12	M 10
15	21.7	95	9	12	1	51	70	4	12	M 10
20	27.2	100	10	14	1	56	75	4	12	M 10
25	34.0	125	12	16	1	67	90	4	15	M 12
32	42.7	135	12	18	2	76	100	4	15	M 12
40	48.6	140	12	18	2	81	105	4	15	M 12
50	60.5	155	14	18	2	96	120	4	15	M 12
65	76.3	175	14	18	2	116	140	4	15	M 12
80	89.1	185	14	18	2	126	150	8	15	M 12
(90)	101.6	195	14	18	2	136	160	8	15	M 12
100	114.3	210	16	20	2	151	175	8	15	M 12
125	139.8	250	18	22	2	182	210	8	19	M 16
150	165.2	280	18	22	2	212	240	8	19	M 16
(175)	190.7	305	20	24	2	237	265	12	19	M 16
200	216.3	330	20	24	2	262	290	12	19	M 16
(225)	241.8	350	20	24	2	282	310	12	19	M 16
250	267.4	400	22	26	2	324	355	12	23	M 20
300	318.5	445	22	28	3	368	400	16	23	M 20
350	355.6	490	24	28	3	413	445	16	23	M 20
400	406.4	560	24	30	3	475	510	16	25	M 22

주) 부록 2의 3 비고를 참조

5. 호칭압력 16K 플랜지

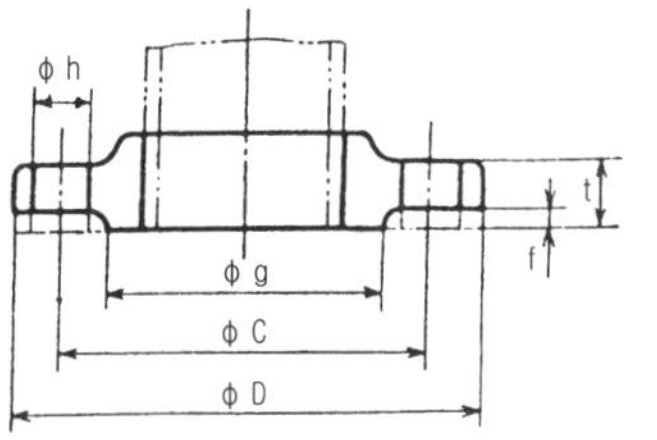

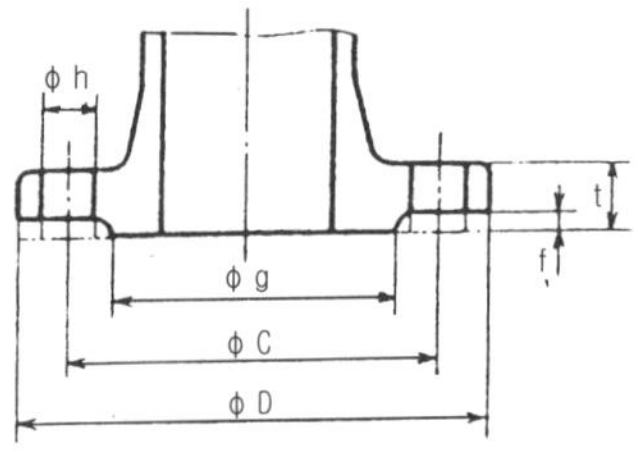

(단위 : mm)

호칭지름	적용하는 강관의 바깥지름	플랜지의 바깥지름 D	플랜지의 각부 치수				볼트구멍			볼트의 나사의 호칭
			t		f	지름 g	중심원의 지름 C	수	지름 h	
			회주철 이외	회주철						
10	17.3	90	12	—	1	46	65	4	15	M 12
15	21.7	95	12	—	1	51	70	4	15	M 12
20	27.2	100	14	—	1	56	75	4	15	M 12
25	34.0	125	14	—	1	67	90	4	19	M 16
32	42.7	135	16	—	2	76	100	4	19	M 16
40	48.6	140	16	—	2	81	105	4	19	M 16
50	60.5	155	16	20	2	96	120	8	19	M 16
65	76.3	175	18	22	2	116	140	8	19	M 16
80	89.1	200	20	24	2	132	160	8	23	M 20
(90)	101.6	210	20	24	2	145	170	8	23	M 20
100	114.3	225	22	26	2	160	185	8	23	M 20
125	139.8	270	22	26	2	195	225	8	25	M 22
150	165.2	305	24	28	2	230	260	12	25	M 22
200	216.3	350	26	30	2	275	305	12	25	M 22
250	267.4	430	28	34	2	345	380	12	27	M 24
300	318.5	480	30	36	3	395	430	16	27	M 24
350	355.6	540	34	38	3	440	480	16	33	M 30×3
400	406.4	605	38	42	3	495	540	16	33	M 30×3
450	457.2	675	40	46	3	560	605	20	33	M 30×3
500	508.0	730	42	50	3	615	660	20	33	M 30×3
(550)	558.8	795	44	54	3	670	720	20	39	M 36×3
600	609.6	845	46	58	3	720	770	24	39	M 36×3
(650)	660.4	895	48	—	5	770	820	24	39	M 36×3
700	711.2	960	50	—	5	820	875	24	42	M 39×3
(750)	762.0	1020	52	—	5	880	935	24	42	M 39×3
800	812.8	1085	54	—	5	930	990	24	48	M 45×3
(850)	863.6	1135	56	—	5	980	1040	24	48	M 45×3
900	914.4	1185	58	—	5	1030	1090	28	48	M 45×3
1000	1016.0	1320	62	—	5	1140	1210	28	56	M 52×3
(1100)	1117.6	1420	66	—	5	1240	1310	32	56	M 52×3
1200	1219.2	1530	70	—	5	1350	1420	32	56	M 52×3
(1300)	1320.8	1645	74	—	5	1450	1530	32	62	M 56×3
1350	1371.6	1700	76	—	5	1510	1590	32	62	M 56×3
(1400)	1422.4	1755	78	—	5	1560	1640	36	62	M 56×3
1500	1524.0	1865	80	—	5	1670	1750	36	62	M 56×3

주) 1. 괄호를 붙인 호칭지름의 것은 되도록 쓰지 않는다.
2. 플랜지의 개스킷 자리는 KS B 1519에 따른다. 다만, 호칭지름 600 이하에 있어서는 필요한 경우에는 2점쇄선과 같이 전면 자리로 해도 좋다.
3. 볼트구멍 지름(h)은 볼트의 나사 호칭 M16 이하의 경우에는 KS B 1007의 3급, 볼트의 나사 호칭 M30×3 이상의 경우에는 KS B 1007의 2급에 따른다.

(참고) 호칭지름 850 및 1350을 제외한 650 이상의 치수는 ISO 2084(Pipeline flanges for genral use–Metric series–Mating dimensions)의 호칭 압력 25bar(1 bar = 0.1MPa)에 따른다.

6. 호칭압력 20K 플랜지

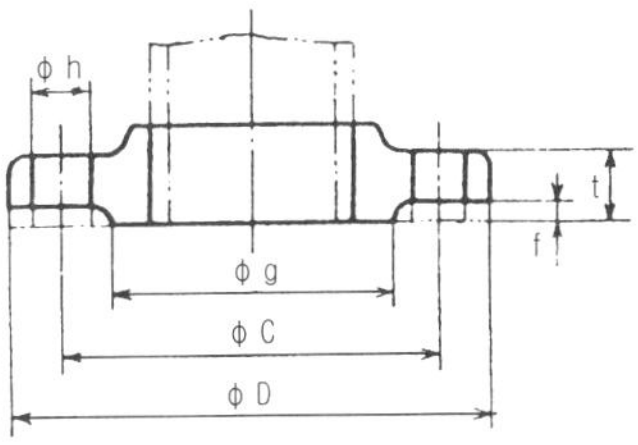

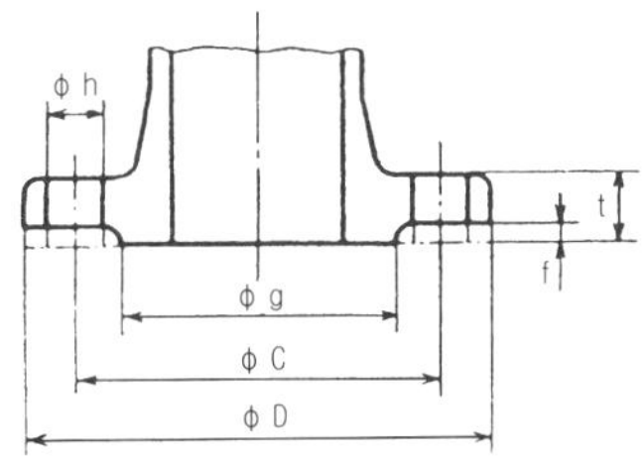

(단위 : mm)

호칭지름	적용하는 강관의 바깥지름	플랜지의 바깥지름 D	플랜지의 각부 치수				볼트구멍			볼트의 나사의 호칭
			t		f	지름 g	중심원의 지름 C	수	지름 h	
			회주철 이외	회주철						
10	17.3	90	14	16	1	46	65	4	15	M 12
15	21.7	95	14	16	1	51	70	4	15	M 12
20	27.2	100	16	18	1	56	75	4	15	M 12
25	34.0	125	16	20	1	67	90	4	19	M 16
32	42.7	135	18	20	2	76	100	4	19	M 16
40	48.6	140	18	22	2	81	105	4	19	M 16
50	60.5	155	18	22	2	96	120	8	19	M 16
65	76.3	175	20	24	2	116	140	8	19	M 16
80	89.1	200	22	26	2	132	160	8	23	M 20
(90)	101.6	210	24	28	2	145	170	8	23	M 20
100	114.3	225	24	28	2	160	185	8	23	M 20
125	139.8	270	26	30	2	195	225	8	25	M 22
150	165.2	305	28	32	2	230	260	12	25	M 22
200	216.3	350	30	34	2	275	305	12	25	M 22
250	267.4	430	34	38	2	345	380	12	27	M 24
300	318.5	480	36	40	3	395	430	16	27	M 24
350	355.6	540	40	44	3	440	480	16	33	M 30×3
400	406.4	605	46	50	3	495	540	16	33	M 30×3
450	457.2	675	48	54	3	560	605	20	33	M 30×3
500	508.0	730	50	58	3	615	660	20	33	M 30×3
(550)	558.8	795	52	62	3	670	720	20	39	M 36×3
600	609.6	845	54	66	3	720	770	24	39	M 36×3
(650)	660.4	945	60	—	5	790	850	24	48	M 45×3
700	711.2	995	64	—	5	840	900	24	48	M 45×3
(750)	762.0	1080	68	—	5	900	970	24	56	M 52×3
800	812.8	1140	72	—	5	960	1030	24	56	M 52×3
(850)	863.6	1200	74	—	5	1020	1090	24	56	M 52×3
900	914.4	1250	76	—	5	1070	1140	28	56	M 52×3

주) 1. 괄호를 붙인 호칭지름의 것은 되도록 쓰지 않는다.
2. 플랜지의 개스킷 자리는 KS B 1519에 따른다. 다만, 호칭지름 600 이하에 있어서는 필요한 경우에는 2점쇄선과 같이 전면 자리로 해도 좋다.
3. 볼트구멍 지름(h)은 볼트의 나사 호칭 M16 이하의 경우에는 KS B 1007의 3급, 볼트의 나사 호칭 M30×3 이상의 경우에는 KS B 1007의 2급에 따른다.

(참고) 호칭지름 650 이상의 플랜지로서 850 이하인 것의 치수는 ISO 2084의 호칭 압력 40bar(1 bar = 0.1MPa)에 따른다.

7. 호칭압력 30K 플랜지

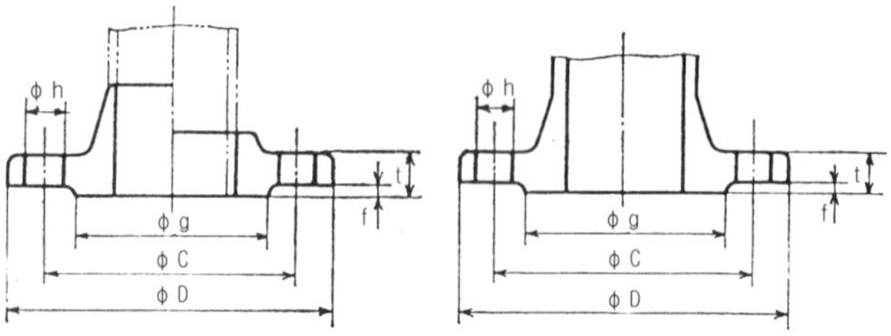

(단위 : mm)

호칭지름	적용하는 강관의 바깥지름	플랜지의 바깥지름 D	플랜지의 각부 치수			볼트구멍			볼트의 나사의 호 칭
			t	f	지름 g	중심원의 지 름 C	수	지름 h	
10	17.3	110	16	1	52	75	4	19	M 16
15	21.7	115	18	1	55	80	4	19	M 16
20	27.2	120	18	1	60	85	4	19	M 16
25	34.0	130	20	1	70	95	4	19	M 16
32	42.7	140	22	2	80	105	4	19	M 16
40	48.6	160	22	2	90	120	4	23	M 20
50	60.5	165	22	2	105	130	8	19	M 16
65	76.3	200	26	2	130	160	8	23	M 20
80	89.1	210	28	2	140	170	8	23	M 20
(90)	101.6	230	30	2	150	185	8	25	M 22
100	114.3	240	32	2	160	195	8	25	M 22
125	139.8	275	36	2	195	230	8	25	M 22
150	165.2	325	38	2	235	275	12	27	M 24
200	216.3	370	42	2	280	320	12	27	M 24
250	267.4	450	48	2	345	390	12	33	M 30×3
300	318.5	515	52	3	405	450	16	33	M 30×3
350	355.6	560	54	3	450	495	16	33	M 30×3
400	406.4	630	60	3	510	560	16	39	M 36×3

주) 1. 괄호를 붙인 호칭 지름의 것은 되도록 쓰지 않는다.
2. 플랜지의 개스킷 자리는 KS B 1519에 따른다.
또한, g는 KS B 1519의 큰 평면 자리의 경우를 나타낸 것이다.
3. 볼트구멍 지름(h)은 볼트의 나사 호칭 M16의 경우에는 KS B 1007의 3급, 볼트의 나사 호칭 M30×3 이상의 경우에는 KS B 1007의 2급에 따른 것이다.

부록 3. 배관재료의 규격과 사용구분

1. 관(pipes)

구분	관종	명칭	규격	사용구분: 증기	고온수	냉온수	냉각수	기름	냉매	급수	급탕	배수	통기	소화	비 고
금속관	주철관	배수용 주철관	KS D 4307									○	○		보통압력관
		수도용 원심력 덕타일 주철관	KS D 4311								○			○	1종 및 2종
금속관	강관	수도용 아연도 강관	KS D 3537			○	○			○		○	○	○	백관(아연도)
		수도용 도복장 강관	KS D 3565							○					
		배관용 탄소강관	KS D 3507	◎		○	○	◎	◎	○		○	○	○	◎는 흑관
		압력배관용 탄소강관	KS D 3562	◎	●	○	○	◎	◎	○				○	기타는 백관 ● : SCH40 흑관
		배관용 아크용접 탄소강 강관	KS D 3583							○				○	백관
		폴리에틸렌 피복강관	KS D 3589				○	○		○					
		분말 융착식 폴리에틸렌 피복강관	KS D 3607				○			○					
		고압배관용 탄소강관	KS D 3564	○		○									흑관
		내식성 급수용 강관	KS D 3623							○	○				
		배관용 스테인리스 강관	KS D 3576			○	○			○	○				
		일반용 스테인리스 강관	KS D 3595			○	○			○	○				
		경질 염화비닐 라이닝 강관	KS D 3761				○			○					
		수도용 에폭시수지 분체 내외면 코팅 강관	KS D 3608				○			○					
		수도용 폴리에틸렌 분체 라이닝 강관	KS D 3619				○			○					
비금속관	연관	연관	KS D 6702									○	○		1종 및 2종
		수도용 연관	KS D 6703							○					1종 및 2종
		배수, 통기 및 세척용 연관	관련 규격									○	○		
	동관	이음매 없는 동 및 동합금관	KS D 5301			○	○		○	○	○	○*	○*	○**	*소변기 계통은 제외 **스프링클러 계통의 관경 65A 이하에 한정 사용
		동 및 동합금 용접관	KS D 5545		○	○	○		○	○	○				
	일반용플라스틱관	일반용 경질 염화비닐관	KS M 3404				○					○	○		
		수도용 경질 염화비닐관	KS M 3401				○			○					
		수도용 폴리에틸렌관	KS M 3408				○			○					
		가교화 폴리에틸렌관	KS M 3357			○				○	○				
		폴리프로필렌 공중합체관	KS M 3362			○				○	○				
		폴리부틸렌관	KS M 3363			○				○	○				
		내열성 경질 염화비닐관	KS M 3414		○						○				
		발포 중심층을 갖는 공압출 염화비닐관	KS M 3413									○	○		
	콘크리트관	철근콘크리트관	KS F 4401									○			
		원심력 철근콘크리트관	KS F 4403									○			
		진동 및 전압 철근콘크리트관	KS F 4402									○			
		코어식 프리스트레스트 콘크리트관	KS F 4405									○			
		하수도용 철근콘크리트관	관련 규격									○			
	도관	도관(직관)										○			배수용

주) 1. 응축수 배관은 증기와 동일 조건으로 사용한다.
2. 중수 배관은 급수와 동일 조건으로 사용한다.

※ 배관재료에 사용하는 도복장 방법은 다음 표에 따른다.

명 칭	규 격	사용구분			비 고
		급 수	배 수	통 기	
수도용 강관 아스팔트 도복장 방법	KS D 8306	○			
수도용 강관 콜타르 에나멜 도복장 방법	KS D 8307	○			

※ 규격에 의하지 않는 관류는 다음 표에 적합한 것으로 한다.

구 분	적 요
증기, 냉온수, 냉각수 및 기름용 배관류	1) 관경 400mm를 초과하는 경우는 다음의 재료를 사용하고, 압력용기 구조 규격의 제 1종에 따라 제작한 것을 사용한다. ① KS D 3503 ② KS D 3560 ③ KS D 3515
급수 및 온수 공급용 배관류	1) 모양 및 재질 ① 물 및 온수의 수송에 적당한 내면 및 모양을 가진 것. ② 필요한 강도, 내식성 및 내열성이 있고 음료용 수질기준을 유지할 수 있으며, 위생상 유해한 물질 등을 용출 하지 않고 변질이 적은 것. 2) 최저 사용압력 수압 0.735MPa{7.5kgf/cm^2}에 견딜 수 있는 것. 3) 시험압력 1.72MPa{17.5kgf/cm^2} 이상의 수압시험에 합격한 것.
배수 및 통기용 관류	1) 모양 및 재질 배수 및 통기 등의 목적에 적합한 내면 및 모양을 가진 것으로 필요한 강도 · 내식성 · 내연성 및 내침투성 또는 변질이 적은 재료 2) 사용압력 수압 0.343MPa{3.5kgf/cm^2} 이상의 사용압력에 견디는 것. 3) 시험압력 사용압력에 준한다.

2. 이음쇠(fittings)

구분	관종	명 칭	규 격	사용구분 증기	고온수	냉온수	냉각수	기름	냉매	급수	급탕	배수	통기	소화	비 고
금속관	주철관	수도용 주철 이형관	KS D 4309							○				○	
		배수용 주철관	KS D 4307									○	○		
		수도용 원심력 덕타일 주철관	KS D 4311							○				○	
	강관	강제 용접식 플랜지	KS B 1503	○		○	○	○		●	●			○	
		나사식 강관제 관이음쇠	KS B 1533	○		○	○	○		●	●		○	○	
		가단 주철제 관이음쇠	KS B 1531	○		○	○	○		●	●		○	○	
		나사식 배수관 이음쇠	KS B 1532									○			
		일반배관용 강제 맞대기 용접식 관이음쇠	KS B 1522	○		○	○	○		○	○			○	
		배관용 강판제 맞대기 용접식 관이음쇠	KS B 1543	○		○	○	○		○	○			○	
급속관	강관	배관용 강제 맞대기 용접식 관이음쇠	KS B 1541	○	○	○	○	○		○	○			○	
		수도용 도복장 강관 이형관	KS D 3578							○					
		수도용 수지 코팅관 이음쇠	관련 규격							○					
		일반배관용 스테인리스강관 프레스식 관이음쇠	KS B 1547			○	○			○	○				
		일빈배관용 스테인리스강관 그립식 관이음쇠	KS B 1549			○	○			○	○				
비금속관	동관	동 및 동합금 관이음쇠	KS D 5578			○	○			○	○				
		동합금 납땜 관이음쇠	KS B 1544			○	○			○	○				
		동 및 동합금 플레어 관이음쇠	KS B 1545						○						
	플라스틱관	배수용 경질 염화비닐 이음관	KS M 3410									○	○		
		수도용 경질 염화비닐 이음관	KS M 3402				○			○			○		
		수도용 폴리에틸렌관의 이음관	KS M 3411				○			○					
		수도용 내충격성 경질 염화비닐 이음관	관련규격				○			○					
		폴리부텐 이음관	KS M 3364			○				○	○				
		폴리프로필렌 공중합체 이음관	KS M 3369				○				○				
		내열성 경질 염화비닐 이음관	KS M 3415			○				○	○				
	도관	도관(이형관)	관련 규격									○			배수용
이음쇠관	매개이음쇠	땜납용 니플 및 수도꼭지용 소켓 및 엘보(연관용)	관련 규격			○					○	○			연관용은 연관에 한함.
		플러그, 코킹용 소켓, 납땜용 니플 및 청소구(연관 및 강관용)	관련 규격										○	○	

주) ● : 아연도금 또는 수지코팅을 시행한 것으로 한다.

※ 기타 제품의 관련규격은 다음 표에 따른다.

명 칭	규 격	사용구분											비고
		증기	고온수	냉온수	냉각수	기름	냉매	급수	급탕	배수	통기	소화	
철강제 관플랜지의 압력단계	KS B 1501	○	○	○	○	○		○	○	○	○	○	
관플랜지의 개스킷 자리치수	KS B 1519	○	○	○	○	○		○	○	○	○	○	
관플랜지의 치수 허용차	KS B 1502	○	○	○	○	○		○	○	○	○	○	
철강제 관플랜지의 기본치수	KS B 1511	○	○	○	○	○		○	○			○	
동 합금제 관플랜지의 기본치수	KS B 1510						○						
수도용 강관 아스팔트 도복장방법	KS D 8306							○					
수도용 강관 콜타르 에나멜 도복장방법	KS D 8307							○					
타르 에폭시 수지도료	KS M 5307							○					
수도용 타르 에폭시수지 도료 도장방법	KS D 8501							○					

※ 규격이 정해지지 않은 특수 이음쇠류(패킹, 가스개스킷 등의 보강재도 포함)는 모양, 재질, 최고사용압력 및 시험압력과 함께 사용하는 관재와 같거나 또는 동등 이상이어야 하고, 관과의 접속이 충분한 강도를 가질 수 있어야 한다.

3. 밸브(valves)

밸브류	재 질	형 식	규 격	사용구분									비 고
				증기	고온수	냉온수	냉각기	기름	급수	급탕	배수	소화	
게이트밸브	청동제	0.49MPa 나사식	KS B 2301	○		○	○		○	○	●	○	●배수펌프의 토출측에만 사용
		0.98MPa 나사식		○		○	○	○	○	○	●	○	
		0.98MPa 플랜지형		○		○	○	○	○	○	●	○	
		0.49MPa 솔더형				○	○	○	○	○			
		0.98MPa 솔더형				○	○		○	○			
	주철제	0.98MPa 플랜지형 안나사	KS B 2350	○		○	○	○	○		●	○	
		0.98MPa 플랜지형 바깥나사		○		○	○	○	○		●	○	
	주강제	0.98MPa 플랜지형 바깥나사	KS B 2361	○		○	○	○	○	○		○	
		1.96MPa 플랜지형 바깥나사		○	○	○	○	○	○	○		○	
	가단주철10K 나사끼움식	0.98MPa 메탈시트	KS B 2356	○		○	○	○	○	○		○	
글로브밸브	청동제	0.49MPa 나사식	KS B 2301	○		○	○	○	○	○		○	
		0.98MPa 나사식		○		○	○	○	○	○		○	
		0.98MPa 플랜지형		○		○	○	○	○	○		○	
		0.49MPa 솔더형				○	○		○	○		○	
		0.98MPa 솔더형				○	○		○	○		○	
	주철제	0.98MPa 플랜지형	KS B 2350	○		○	○	○	○			○	
	주강제	0.98MPa 플랜지형	KS B 2361	○		○	○	○	○	○		○	
		1.96MPa 플랜지형		○	○	○	○	○	○	○		○	
	가단주철10K 나사끼움식	0.98MPa 메탈시트	KS B 2356	○		○	○	○	○	○		○	
		0.98MPa 소프트 시트		○		○	○	○	○	○		○	
앵글밸브	청동제	0.98MPa 나사식	KS B 2301	○		○	○	○	○	○		○	
		0.98MPa 플랜지형		○		○	○	○	○	○		○	
	주철제	0.98MPa 플랜지형	KS B 2350	○		○	○	○	○	○		○	
	주강제	0.98MPa 플랜지형	KS B 2361	○		○	○	○	○	○		○	
		1.96MPa 플랜지형		○	○	○	○	○	○	○		○	

밸브류	재 질	형 식	규 격	사용구분 증기	고온수	냉온수	냉각기	기름	급수	급탕	배수	소화	비 고
체크밸브	청동제	0.98MPa 나사식 리프트	KS B 2301	○		○	○	○	○	○			●배수펌프의 토출관에서만 사용 가능
		0.98MPa 나사식 스윙		○		○	○	○	○	○	●	○	
		0.98MPa 스윙 리프트				○	○		○	○			
						○	○		○	○			
	주철제	0.98MPa 플랜지형 스윙	KS B 2350	○		○	○	○	○	○	●	○	
	주강제	0.98MPa 플랜지형 스윙	KS B 2350	○		○	○	○	○	○		○	
		1.96MPa 플랜지형 스윙		○	○	○	○	○	○	○		○	
	가단주철10K 나사끼움식	리프트 메탈시트 소프트 시트	KS B 2356	○		○	○	○	○	○		○	
		스윙 메탈시트 소프트 시트		○		○	○	○	○	○		○	
볼밸브	청동제	0.98MPa 나사식 플랜지형	KS B 2308										
	주철제	0.98MPa 플랜지형											
수도용제수밸브	청동제	수직형: 플랜지형 관받이형 원통형	KS B 2332										
		수평형: 플랜지형											
콕	청동제	청동나사식 플러그콕 청동나사식 글랜드콕	KS B 2371 KS B 2372										
일반용 수도꼭지		앵글밸브 스트레이트밸브	KS B 2331										
수도용 분수전			KS B 2341						○				접속부는 브레이징 용접형 또는 플랜지형
수도용 지수전			관련규격						○				
수도용 공기밸브			KS B 2340						○				
수도용 버터플라이 밸브			KS B 2333						○				
수도용 감압밸브			KS B 6153						○				밸브본체는 한국산업규격에 따른다.
동관 접속용 밸브류													

※ 단위 환산 기준
5kgf/cm^2=0.49MPa, 10kgf/cm^2=0.98MPa, 20kgf/cm^2=1.96MPa

부록 4. 설비재료의 KS 규격

1. 관(pipes)

KS 번호	규격명	적용범위
배관용 강관		
D 3507	배관용 탄소강관	사용 압력이 비교적 낮은 증기, 물, 기름, 가스, 공기 등의 배관에 사용하는 탄소강관이다.
D 3537	수도용 아연도 강관	배관용 탄소강관에 아연도금을 한 관으로, 사용 정수두 100m 이하의 수도관에서 주로 급수용으로 사용한다.
D 3562	압력배관용 탄소강관	350℃ 정도 이하의 압력배관에 사용하는 탄소강관으로, 고압용의 배관에 대하여는 KS D 3564(고압배관용 탄소강관)에 따른다.
D 3564	고압배관용 탄소강관	350℃ 정도 이하에서 사용 압력이 높은 배관에 사용하는 탄소강관이다.
D 3569	저온배관용 강관	빙점 이하의 특히 낮은 온도의 배관에 사용된다.
D 3570	고온배관용 탄소강관	주로 350℃를 초과하는 고온도의 배관에 사용하는 탄소강관이다.
D 3573	배관용 합금강 강관	주로 고온도의 배관에 사용하는 합금강 강관으로, 몰리브덴 강관과 크롬-몰리브덴 강관이 있다.
D 3583	배관용 아크용접 탄소강 강관	사용 압력이 비교적 낮은 증기, 물, 가스, 공기 등의 배관에 사용하는 관으로 아크용접에 의해 제조된다.
D 3623	내식성 급수용 강관	일반적으로 급수용에 사용하는 내식성의 용접강관으로, 상수도용 급수관은 백관을 사용한다.
D 3631	연료가스 배관용 탄소강관	사용 압력이 1.0MPa{9.9kgf/cm^2} 이하인 연료용 가스(도시가스 및 액화석유가스 등)를 공급하는 배관에 사용하는 탄소강관이다.
D 3758	내관용 이음매 없는 니켈-크롬-철 합금관	내식용 및 고온용의 배관에 사용하는 이음매 없이 제조되는 니켈-크롬-철의 합금관이다.
라이닝 및 피복강관		
D 3565	상수도용 도복장 강관	일반적으로 사용 정수두 100m 이하의 상수도 배관에 사용하는 도복장을 한 강관이다.
D 3589	폴리에틸렌 피복강관	가스, 기름, 물 등의 수송에 사용하는 관으로서 주로 지중매설용으로 사용하며, 바깥면을 폴리에틸렌으로 피복한 강관이다.
D 3607	분말 용착식 폴리에틸렌 피복강관	사용 온도 60℃ 이하의 액체, 액화가스, 물 등을 수송하는 지중매설용 강관으로, 바깥면을 보호하기 위하여 관의 바깥면에 분말용착법으로 폴리에틸렌을 피복한 강관과 폴리에틸렌을 피복한 관이음쇠가 있다.
D 3608	수도용 에폭시수지 분체 내외면 코팅강관	최고 사용 압력 1.0MPa{10kgf/cm^2} 이하의 수도에 사용하는 에폭시 수지 분체로 내외면을 코팅한 강관이다.
D 3619	수도용 폴리에틸렌 분체 라이닝강관	정수두 100m 이하의 수도에서 사용되는 폴리에틸렌 분체로 라이닝한 강관이다.
D 3626	일반 용수용 도복장 강관	하수도, 공업용수, 농업용수 등에 사용하는 도복장 강관이다.
D 3761	경질염화비닐 라이닝 강관	최고 사용 압력 1.0MPa{10kgf/cm^2} 이하의 수도에 사용하는 경질염화비닐을 라이닝한 강관이다.

스테인리스강관		
D 3576	배관용 스테인리스강관	내식용, 저온용, 고온용 등의 배관에 사용되는 스테인리스 강관으로, 특히 내식성을 요구하는 화학공업배관에 많이 사용된다.
D 3585	스테인리스강 위생관	낙농, 식품공업 등에 사용하는 스테인리스강관이다.
D 3588	배관용 아크용접 대구경 스테인리스강관	내식용, 저온 및 고온용 배관에 사용하는 아크용접 대구경 스테인리스강관으로 호칭지름 150mm부터 제조된다.
D 3595	일반배관용 스테인리스강관	최고 사용 압력 1.0MPa{10kgf/cm^2} 이하의 급수, 급탕, 배수, 냉온수의 배관 및 기타 배관에 사용하는 스테인리스강관이다.
보일러·열교환기용 강관		
D 3563	보일러 및 열교환기용 탄소강관	관의 내외에서 열을 주고받을 경우에 사용하는 탄소강관이다. 예를 들면 보일러의 수관·연관·과열기관·공기예열관, 석유화학공업의 열교환기관, 콘덴서관, 촉매관 등에 사용한다. 다만, 가열로용 강관 및 저온 열교환기용 강관은 별도로 규정한다.
D 3571	저온 열교환기용 강관	빙점 이하의 낮은 온도에서 관 내외의 열교환으로 사용되는 강관으로 탄소강관과 니켈강관이 있다.
D 3572	보일러·열교환기용 합금강관	관의 내외에서 열의 교환으로 사용되는 합금강관으로 KS D 3563(보일러 및 열교환기용 탄소강관)과 동일한 용도로 사용된다. 가열로용 강관 및 저온 열교환기용 강관은 별도로 규정한다.
D 3577	보일러·열교환기용 스테인리스강관	관의 내외에서 열의 교환용으로 사용되는 스테인리스강관이다. 보기를 들면, 보일러의 과열기관, 화학공업, 석유공업의 열교환기관, 콘덴서관, 촉매관 등에 사용한다. 다만, 가열로용 강관은 별도로 규정한다.
D 3757	열교환기용 이음매없는 크롬-철 합금관	관의 내외에서 열의 수수를 목적으로 사용하는 장소, 즉 석유·화학공업의 열교환기관, 원자력용의 증기발생관 등에 사용된다.
D 3759	배관용 및 열교환기용 티탄-팔라듐 합금관	일반 배관 및 열교환기에 사용하는 단면이 둥근 내식용의 티탄-팔라듐의 합금관이다.
구조용 관		
D 3517	기계구조용 탄소강관	기계, 자동차, 자전거, 가구, 기구, 기타 기계 부품에 사용하는 탄소강관이다.
D 3536	기계구조용 스테인리스강관	기계, 자동차, 자전거, 가구, 기구, 그밖에 기계 부품 및 구조물에 사용하는 스테인리스강관이다.
D 3566	일반구조용 탄소강관	토목, 건축, 철탑, 비계, 말뚝, 지주, 그 밖의 구조물에 사용하는 탄소강관이다.
D 3568	일반구조용 각형강관	토목, 건축 및 기타 구조물에 사용하는 각형 강관이다.
D 3574	기계구조용 합금강 강관	기계, 자동차, 그 밖의 기계부품에 사용하는 합금강 강관으로, 크롬강관과 크롬-몰리브덴강관이 있다.
D 4108	용접구조용 원심력 주강관	압연강재, 단강품 또는 다른 주강품과의 용접구조에 사용되는 관으로, 특히 용접성이 우수한 관두께 8mm 이상 150mm 이하의 주강관이 제조된다.
D 3632	건축구조용 탄소강관	주로 건축구조물에 사용하는 강관으로, 바깥지름 60.5~1371.6mm까지 제조된다.

주철관		
D 4307	배수용 주철관	건물의 배수용에 사용하는 주철관으로 호칭지름 50~200mm까지 7종이 있다.
D 4311	덕타일 주철관	땅속이나 지상에 배관하여 압력 또는 무압력 상태에서 물 등의 수송용으로 사용하는 주철관이다. 일반적으로 부식을 방지하기 위하여 KS D 4316(수도용 원심력 덕타일 주철관의 모르타르 라이닝)에 규정한 시멘트 모르타르 라이닝 주철관과 KS D 4317(덕타일 주철관 내면 에폭시수지 분체도장)에서 규정한 내면 에폭시수지 분체도장 덕타일 주철관이 사용된다.
비철금속관		
D 5301	이음매 없는 동 및 동합금관	전신 가공한 단면이 둥근형의 이음매 없는 동 및 동합금관이다.
D 5539	이음매 없는 니켈 동합금관	니켈을 함유한 동관으로 단면을 둥글게 이음매 없이 전신 가공한다.
D 5545	동 및 동합금 용접관	KS D 5201(동 및 동합금의 판 및 조)에서 규정하는 조를 관으로 성형하여 고주파 유도가열용접 또는 티그용접으로 제조한 관이다.
D 6702	일반 공업용 납 및 납합금관	압출에 의해 제조하며, 화학성분에 따라 1종(화학공업용), 2종(일반용), 3종(가스용)이 있다.
D 6703	수도용 폴리에틸렌 라이닝 납관	폴리에틸렌으로 라이닝을 한 납관으로, 사용압력 0.75MPa{7.6kgf/cm^2} 이하의 수도용에 사용한다.
D 6713	알루미늄 및 알루미늄합금 용접관	알루미늄 및 알루미늄합금 조와 알루미늄합금 브레이싱 시트를 고주파 유도 가열용접 및 알루미늄 합금판을 이너트가스 아크용접으로 제조한 관이다.
D 6761	이음매 없는 알루미늄 및 알루미늄합금관	전신 가공한 단면이 원형인 이음매 없이 제조된 알루미늄 및 알루미늄합금관이다.
D 9202	폴리에틸렌 복합 압력 알루미늄관	건축물에 설치하는 냉온수(90℃ 이하), 음료 및 가스배관용으로 사용된다. 폴리에틸렌과 알루미늄층을 열용해성 접착제로 밀착시킨 복합관이다.
합성수지관		
M 3333	강화 플라스틱 복합관	수로에 주로 사용하는 유리섬유 강화 플라스틱 복합관이다.
M 3357	가교화 폴리에틸렌관	냉·온수 배관에 사용하는 관으로, 고밀도 폴리에틸렌을 특수반응시켜 가교화분자물질로 변화시켰다.
M 3362	폴리프로필렌 공중합체관	프로필렌에 약간의 에틸렌을 함유시킨 폴리에틸렌 공중합체(PP-C)관으로, 1종(수도용)과 2종(온수 난방용)이 있다.
M 3363	폴리부틸렌관	주로 온도 95℃ 이하의 물을 수송하는데 사용하는 관으로 일명 폴리부텐관이라고 한다.
M 3401	수도용 경질염화비닐관	사용 압력 0.75MPa{7.6kgf/cm^2} 이하의 수도배관에 사용하는 관으로, 경질염화비닐관(VP)과 내충격성 경질염화비닐관(HIVP)이 있다.
M 3403	새마을 간이상수도용 경질염화비닐관	정수두 20m 이하의 새마을 간이상수도용으로 사용하는 경질 염화비닐관 및 이음관이다.

M 3404	일반용 경질염화비닐관	수도용을 제외한 일반 유체를 수송하는 관으로 일반관(VG_1)과 얇은관(VG_2)이 있다. 수도용(KS M 3401)과 전선관(KS C 8431은 별도로 규정한다.)
M 3407	일반용 폴리에틸렌관	일반용으로 사용하는 폴리에틸렌관으로 1종과 2종이 있다.
M 3408	수도용 폴리에틸렌관	사용 압력 0.75MPa{7.6kgf/cm^2} 이하의 수도배관에 사용하는 관으로 1종(저밀도 또는 중밀도)과 2종(고밀도)이 있다.
M 3413	발포 중심층을 갖는 공압출 염화비닐관	내부에 발포층을 형성시킨 3중벽 구조로 된 PVC관으로 일반관(FG_1), 얇은관(FG_2), 통신보호관(FC)이 있다.
M 3414	내열성 경질염화비닐관	사용 온도 90℃ 이하의 물 배관에 사용하는 관으로 호칭지름 13~50mm가 있다.
M 3500	대구경 2중벽 구조 고밀도 폴리에틸렌관	고밀도 폴리에틸렌(HDPE)으로 성형된 2중벽 관으로서 관의 내면은 평활하고 외면은 요철 모양 또는 평활한 모양을 가진다. 배수로, 하수로 및 농업 용수로용 등 저압이면서 자연 기울기에 의한 흐름에 사용되며, 주로 안지름이 450~3,000mm인 대구경 관이다.
M 3514	가스용 폴리에틸렌관	도시가스 및 액화석유가스의 수송에 사용되는 폴리에틸렌관이다.
M 3600	하수도용 고강성 경질염화비닐 이중벽 주름관	하수도 배관용으로 사용되는 고강성 경질 염화비닐관으로서, 매끄러운 안쪽 벽면과 주름진 바깥쪽면으로 구성된 하수도용 주름관이다.
콘크리트관, 도관		
F 4401	무근콘크리트관 및 철근콘크리트관	주로 하수도용 또는 관개배수용으로 사용하는 관이다.
F 4402	진동 및 전압 철근콘크리트관	주로 오수와 우수용 관거 또는 수로 등에 사용하는 관이다.
F 4403	원심력 철근콘크리트관	원심력공법에 의해 제작된 콘크리트관으로 흄관이라고 부른다. 용도에 따라 보통관과 압력관이 있다.
F 4405	코어식 프리스트레스트 콘크리트관	원심력 또는 축 전압을 응용하여 성형한 코어로 프리스트레스 도입하여 제조한 콘크리트관으로, 외압과 내압이 동시에 많이 걸리는 장소에 주로 사용된다.
F 4406	프리스트레스트 콘크리트 실린더관	철판 실린더와 원심력 및 축 전압, 진동다짐 등을 응용하여 제작한 콘크리트 코어에 원둘레 방향으로 프리스트레스를 가한 콘크리트관으로 도수로, 송수로, 배수로 및 급수 지선용으로 사용하는 관이다.
L 3208	도관	점토를 주원료로 하여 구워서 만든 관으로 직관(보통관, 두꺼운 관), 곡관, 가지관이 있다.
L 5116	석면시멘트	시멘트와 석면을 주원료로 하여 만든 관으로서, 주로 연통(연돌)에 사용한다.

2. 배관 부속류(fittings)

KS 번호	규 격 명	적 용 범 위
관 플랜지		
B 1503	강제 용접식 플랜지	증기, 공기, 가스, 물, 기름 등의 일반용 배관에 사용하는 강관이음용 플랜지로서, 기준치수는 KS B 1511(철강제 플랜지의 기본 치수)에 따르며 호칭압력 5~30K가 있다.
B 1506	스테인리스강제 용접식 플랜지	증기·공기·물·기름 등의 스테인리스 배관에 사용하는 강제 용접식 플랜지로서, 호칭압력 10K, 20K, 30K가 있다.
B 1509	냉동 장치용 관플랜지	냉동장치 및 히트펌프장치에 사용하는 설계압력 3MPa{30kgf/cm^2}의 배관용 및 멈춤 밸브용 관플랜지이다.
강관용 이음쇠		
B 1507	강관용 플렉시블 그루브 조인트	수도용 강관 및 이들의 관이음쇠에 사용되는 조인트이다. 관, 관이음쇠 또는 다른 부속들을 세로방향으로 체결하는 데 사용된다.
B 1522	일반배관 및 연료 가스 배관용 강제 맞대기 용접식 관이음쇠	사용 압력이 비교적 낮은 증기·공기·물·기름·가스 등의 일반 배관에 맞대기 용접으로 부착하는 강제의 관 이음쇠이다.
B 1531	나사식 가단주철제 관이음쇠	증기·공기·물·기름·가스 등의 일반 배관에 사용하는 나사식 가단주철제의 관이음쇠이다.
B 1532	나사식 배수관 이음쇠	KS D 3507(배관용 탄소강관)을 배수관으로 사용할 때 사용하는 나사식 강관제 이음쇠이다.
B 1533	나사식 강관제 관이음쇠	증기·공기·물·기름·가스 등의 일반 배관에 사용하는 나사식 강관제 이음쇠이다.
B 1535	유압용 25MPa{250kgf/cm^2} 물림식 관이음쇠	최고 사용 온도 120℃, 압력 25MPa{250kgf/cm^2} 이하의 유압배관계에 사용하는 이음쇠 중, 주로 부속서에서 규정하고 있는 강관용의 물림식 이음쇠이다.
B 1541	배관용 강제 맞대기 용접식 관이음쇠	주로 압력배관, 고압배관, 고온배관, 합금강 배관, 스테인리스강 배관, 저온배관, 및 가열로용 강관에 맞대기 용접으로 부착하는 강제 및 니켈-크롬-철합금제의 이음쇠이다.
B 1542	배관용 강제 삽입 용접식 관이음쇠	주로 압력배관, 고압배관, 고온배관, 저온배관, 합금강배관, 스테인리스강 배관을 삽입용접으로 부착하는 강제 이음쇠이다.
B 1543	배관용 강판제 맞대기 용접식 관이음쇠	주로 압력배관, 고온배관, 합금강 배관, 스테인리스강 배관, 저온배관에 맞대기 용접으로 부착하는 길이 방향의 이음매를 가진 이음쇠이다.
B 1547	일반 배관용 스테인리스 강관 프레스식 관이음쇠	급수, 배수, 냉온수의 배관 및 기타 배관에 사용되는 스테인리스강관의 연결에 사용하는 프레스식 이음쇠이다.
B 1549	일반 배관용 스테인리스 강관 그립식 관이음쇠	급수, 배수, 냉온수의 배관 및 기타 배관에 사용되는 스테인리스강관을 그립식으로 연결할 때 사용하는 이음쇠이다.
D 3578	상수도용 도복장 강관 이형관	하수도, 공업용 수도, 농업용수 등의 배관에 사용하는 상수도용 도복장 강관(KS D 3565)을 이음할 때 사용되는 이형관이다.

D 3627	일반 용수용 도복장 강관 이형관	하수도, 공업용 수도, 농업용수 등의 배관에 사용하는 일반 용수용 도복장 강관(KS D 3626)을 이음할 때 사용되는 이형관이다.
주철 이형관		
D 4307	배수용 주철관 (이형관)	배수에 사용하는 주철관 및 그 이형관이다.
D 4308	덕타일 주철 이형관	지중(땅속) 또는 지상에 배관하여 압력 또는 무압력에서 물의 수송 등에 사용하는 이형관이다.
D 4309	수도용 주철 이형관	수도에 사용하는 주철 이형관이다.
비철금속관 이음쇠		
B 1537	냉매용 플레어 및 경납땜 관이음쇠	동 및 동합금에 대하여 부식성이 없는 냉매를 사용한 냉동장치의 동관접속용 이음쇠로서, 플레어 이음쇠와 경납땜용 이음쇠가 있다.
B 1544	동합금 납땜 관이음쇠	KS D 5301(이음매 없는 동 및 동합금관)의 배관용 동관에 사용하는 이음쇠로서 한쪽은 납땜, 다른 한쪽은 나사이음을 하도록 되어 있다.
B 1545	동 및 동합금 플레어 관이음쇠	KS D 5301(이음매 없는 동 및 동합금관)의 배관용 동관을 어닐링하여 플레어 가공하거나 또는 압축접합하여 사용하는 이음쇠이다.
B 1548	배관용 알루미늄 및 알루미늄합금제 맞대기 용접식 관이음쇠	알루미늄 및 알루미늄합금관의 배관에 맞대기 용접으로 접합할 때 사용하는 이음쇠로서, 이음매 없는 알루미늄 및 알루미늄 합금제와 세로이음매를 가진 이음쇠가 있다.
D 5578	동 및 동합금 관이음쇠	KS D 5301(이음매 없는 동 및 동합금관)의 배관용 동관에 끼워 납땜을 하여 접합하는 이음쇠로서, 일반적으로 동관을 성형 가공시킨 순동이음쇠가 주로 사용된다.
비금속관 이음재		
B 1546	폴리에틸렌 관이음쇠	냉온수 배관에 사용하는 가교화 폴리에틸렌관의 연결에 사용하는 금속제의 압축형 이음쇠이다.
B 2814	가교 폴리에틸렌관용 클램프식 관이음	KS M 3357에 규정하는 가교 폴리에틸렌관의 접합에 사용하는 이음에 관한 규정이다.
M 3364	폴리부텐 이음관	KS M 3363(폴리부틸렌관)에 규정하는 폴리부텐관의 융착접합에 사용하는 이음관이다.
M 3368	수도용 내충격성 ABS 이음관	수도용 경질염화비닐관의 접합에 사용되는 내충격성 ABS 이음관이다.
M 3369	폴리프로필렌 공중합체 이음관	KS M 3362(폴리프로필렌 공중 합체관)의 이음에 사용되는 이음관이다.
M 3402	수도용 경질 염화비닐 이음관	KS M 3410(수도용 경질염화비닐관)에 규정한 수도용 경질염화비닐관의 TS접합에 사용하는 이음관으로, 경질염화비닐 이음관과 내충격성 경질염화비닐 이음관이 있다.
M 3410	배수용 경질염화비닐 이음관	KS M 3404(일반용 경질염화비닐관)의 관을 사용하는 배수용 배관의 냉간 삽입접합에 사용하는 경질염화비닐 이음관이다.
M 3411	수도용 폴리에틸렌관의 이음관	KS M 3408(수도용 폴리에틸렌관)의 이음에 사용되는 이음관으로, 융착식 이음관과 죔식 이음관이 있다.

M 3415	내열성 경질염화비닐 이음관	사용 온도 90℃ 이하의 물 배관의 접합에 사용하는 내열성의 경질염화비닐 이음관이다.
M 3515	가스용 폴리에틸렌관의 이음관	KS M 3514(가스용 폴리에틸렌관)에 규정하는 폴리에틸렌관의 융착접합에 사용하는 이음관이다.
M 3534	섬유강화 플라스틱관의 이음관	유체를 이송하는 데 사용되는 표준 섬유 강화 플라스틱관의 이음관이다. 최고 사용 압력은 액체의 경우는 2MPa, 기체의 경우는 1MPa로 한다.
M 3603	하수도용 고강성 경질 염화비닐 이음관	이중벽 주름관의 연결에 사용되는 하수도용 고강성 경질염화비닐 이음관이다.
	기 타	
B 1536	벨로즈형 신축관이음	증기 · 공기 · 물 · 기름 · 가스 등의 배관에서, 온도 변화에 의하여 생기는 관의 축방향의 신축을 흡수시키기 위해 사용하는 신축 이음쇠이다.
B 1538	주철 10kgf/cm^2 Y형 증기 여과기	주철제 1MPa(10kgf/cm^2)급 Y형 증기배관용 여과기이다.
B 2375	워터해머 흡수기	물로부터 완전하게 차단된 영구적인 공기 또는 질소가스실(공기실)을 가지며, 배관계통의 압력변동에도 불구하고, 공기 또는 질소가스를 충전하는 등 별도의 유지관리 없이 워터해머 압력을 지속적으로 흡수할 수 있도록 설계된 흡수기이다.
B 6402	증기트랩	증기트랩에 대한 규정
B 6403	난방용 방열기 트랩	최고 사용 압력 100kPa(1kgf/cm^2)의 증기에 사용하는 벨로즈식 방열기 트랩이다.

3. 밸브류

KS 번호	규격명	적용범위
B 2301	청동밸브	일반 기계나 배관장치 등에 사용하는 청동제 밸브이다.
B 2308	볼밸브	주로 석유공업제품(가스, 액체 및 화학약품)의 배관 및 냉 · 온수 배관에 많이 사용한다.
B 2319	황동 단조 나사식 게이트밸브	일반 기계장치 등에 사용하는 황동제의 단조가공한 나사 이음식 게이트밸브이다.
B 2330	플러팅밸브	최고 사용 압력 0.74MPa{7.5kgf/cm^2}의 급수조절용으로 사용하는 밸브이다.
B 2332	수도용 제수밸브	최고 사용 압력 0.74MPa{7.5kgf/cm^2}의 수도용에 사용하는 밸브이다.
B 2333	수도용 버터플라이 밸브	수도용에 사용하는 버터플라이 밸브
B 2334	수도용 덕타일 주철 제수밸브	수도에 사용하는 덕타일 주철 제수밸브
B 2335	플러그밸브	주로 화학공장, 발전소에서 냉 · 온수, 고온 · 고압가스배관 등 다양한 용도로 사용되는 밸브로 양방향 동축 윤활식과 비윤활식이 있다.

B 2336	냉매용 서비스밸브	사용 최고 압력이 4.15MPa{42.3kgf/cm^2}의 이하에서 CFC, HCFC, HFC를 냉매로서 공기조화의 목적으로 사용하는 냉동기 및 에어컨디셔너(냉 · 난방용 및 제습을 겸하는 구조의 것을 포함한다.)에서, 냉매의 충전 · 보충 및 회수에 사용하는 호칭구경 25.4mm 이하의 냉매용 밸브이다.
B 2337	전자팽창밸브	R-22를 냉매로 하는 정격 냉방능력 17,500 W{15,050kcal/h} 이하의 냉 · 난방기에 사용되는 전동방식의 전자 밸브이다.
B 2340	수도용 공기밸브	최고 사용 압력 750kPa{7.5kgf/cm^2}의 수도용에 사용하는 공기빼기 밸브이다.
B 2341	수도용 분수전	최고 사용 압력 750kPa{7.5kgf/cm^2}의 수도에 사용한다.
B 2342	수도용 새들붙이 분수전	최고 사용 압력 750kPa{7.5kgf/cm^2}의 수도에 사용하는 새들붙이 분수전이다.
B 2350	주철밸브	일반 기계장치 등에 사용되는 주철제 밸브이다.
B 2356	가단 주철 10K 나사끼움식 밸브	일반 기계장치 등에 사용하는 가단주철제 1MPa{10kgf/cm^2}급 나사이음식 밸브이다.
B 2361	주강 플랜지형 밸브	일반 기계장치, 화학장치 등에 사용하는 주강제의 플랜지 이음형 밸브이다.
B 2371	청동 나사식 콕	일반 기계장치, 화학장치 등에 사용하는 주강제의 플랜지 이음형 밸브이다.
B 2373	물용 자동 공기 배출 밸브	최고 사용 압력 0.98N/mm^2{10.0kgf/cm^2}의 물용 자동 공기 배출 밸브이다.
B 2376	듀얼 플레이트 체크 밸브	듀얼 플레이트 체크밸브에 대한 규정이다.
B 2813	웨이퍼형 고무붙이 버터플라이 밸브	기계장치, 건축설비, 물처리 등의 일반설비용 배관에 사용하는 웨이퍼형 버터플라이 밸브이다. 다만 선박용 및 수도용에는 적용하지 않는다.
B 2818	일반 산업용 체크 밸브	호칭압력(K) 5 K, 10 K, 20 K용 일반 기계장치 및 화학장치 등에 사용되는 일반 산업용의 체크밸브이다.
B 6029	가스밸브	주로 일반 가정용의 저압배관에서 압력 15 kPa 이하의 도시가스 또는 액화석유가스배관에 사용하는 밸브이다.
B 6030	냉매용 스톱밸브	냉매용 배관에 사용하는 밸브이다.
B 6153	수도용 감압밸브	체크기구를 내장한 최고 사용 압력 750 kPa{7.5 kgf/cm^2}의 감압밸브로, 온수용 열교환기의 급수에 주로 사용한다.
B 6155	온수기기용 릴리프 밸브	최고 사용 압력 100 kPa 이하의 온수용 열교환기의 온수쪽 또는 급수쪽에 주로 사용하는 안전밸브이다.
B 6214	고압가스 용기용 밸브	주로 KS B 6210 에 규정하는 고압가스 용기 중, 내용적 1～120 ℓ 이하인 용기에 사용하는 용기용 밸브 및 의료가스용 요크 조임식 밸브이다. 다만, 용해 아세틸렌 및 액화석유가스 용기용 밸브는 제외한다.
B 6316	증기용 및 가스용 스프링 안전밸브	원통 코일스프링에 의한 직동식의 증기용 스프링식 안전밸브 및 가스용 스프링식 안전밸브로 다음의 것은 포함하지 않는다. (1) 액체의 압력을 개방하는 용도로 사용하는 것. (2) 호칭 압력 390(설정 압력 42.9 MPa{429 kgf/cm^2}을 초과하는 것. (3) 차량용 등 특수구조인 것. (4) 압력조정에 사용하는 언로더에 속하는 것. (5) 디스크시트 구멍의 지름이 15㎜ 미만의 것.

B 6346	유압용 서브플레이트 붙이 4포트 솔레노이드밸브	솔레노이드로 작동하는 스풀형 직동식 4포트 변환 밸브 중에서, 서브플레이트 또는 직접 기계에 개스킷을 부착시켜 각종 기계의 유압계통에 사용하는 밸브이다. 다만, 항공기 등 특수한 것에 사용하는 것은 제외한다.
B 6347	공기압용 2포트 솔레노이드밸브	공기압 회로에 사용하는 직동형 및 파일럿형의 2포트 전자 변환밸브로 다음의 조건에서 사용한다. (1) 최고 사용 압력은 700 kPa{7kgf/cm^2}로 한다. (2) 주위 온도 및 사용 공기 온도는 5~50 ℃로 한다. (3) 밸브에는 원칙적으로 해로운 진동, 충격을 주어서는 안 된다. (4) 최대 작동 빈도는 1초에 1회로 하고, 최소 작동 빈도는 30일에 1회로 한다. (5) 밸브를 사용하는 공기압 회로에는 KS B 6348(공기압용 필터)에 규정하는 필터를 갖춘다.
B 6349	공기용 감압밸브	공기압 회로에 사용하는 직동형의 감압밸브이다.
B 6355	공기압용 3포트 솔레노이드밸브	공기압 회로에 사용되는 직동형 및 파일럿형의 3포트 솔레노이드밸브로서 다음의 조건으로 사용한다. (1) 밸브의 최고 사용 압력은 700 kPa {7 kgf/cm^2}로 한다. (2) 밸브의 주위 온도 및 사용 공기 온도는 5~50 ℃로 한다. (3) 밸브에는 원칙으로 해로운 진동, 충격을 주어서는 안 된다. (4) 최대 작동 빈도는 2초에 1회로 하고, 최소 작동 빈도는 30일에 1회로 한다. (5) KS B 6348(공기압용 필터)에 규정한 필터를 구비한다.
B 6356	공기압용 4포트, 5포트 솔레노이드밸브	공기압 회로에 사용되는 직동형 및 파일럿형의 4포트 및 5포트의 솔레노이드밸브로서 다음의 조건으로 사용한다. (1) 밸브의 최고 사용 압력은 700 kPa{7kgf/cm^2}로 한다. (2) 밸브의 주위 온도 및 사용 공기 온도는 5~50 ℃로 한다. (3) 밸브에는 원칙으로 유해한 진동, 충격을 주어서는 안 된다. (4) 작동빈도는 30일에 1회로 한다. (5) 밸브를 사용하는 공기압 회로에는 밸브의 상류측에 KS B 6348(공기압용 필터)에 규정한 필터를 구비한다.
B 6372	공기압용 속도제어밸브	공기압 실린더의 속도제어용 밸브로, 기계장치에 쓰이는 공기압 시스템에서 사용된다.
B 6501	수용 솔레노이드밸브	개폐기능을 가진 솔레노이드밸브로, 물을 흘려보내는 관로에 사용된다.
B 6502	증기용 솔레노이드밸브	개폐기능을 갖고 있는 솔레노이드밸브로, 증기를 유동시키는 배관에 사용된다.
B 6503	연료유용 전자밸브	연료유가 흐르는 관로에 사용하며, 개폐기능을 가진 전자밸브이다.
B 6612	자동온도조절밸브	공급수 온도 120℃ 이하 상용압력 0.98 MPa{10 kgf/cm^2} 이하인 온수를 사용하여 난방하는 방식에서 온수의 양을 자동으로 조절하여 선택한 온도를 유지하는 자동온도 조절밸브이다.
M 3529	열가소성 플라스틱 수동식 볼밸브	도시가스, 액화석유가스, 천연가스 및 혼합가스 등의 가스류와 수돗물 배관에 사용하는 열가소성 플라스틱제 수동식 볼밸브이다.

4. 보온 · 단열재

KS 번호	규 격 명	적 용 범 위
F 3503	흡음재료	건축물 등에서 흡음을 목적으로 하는 재료에는 암면 흡음재, 유리면 흡음재, 흡음용 연질 섬유판, 흡음용 목모 시멘트판, 흡음용 구멍 석고판 및 흡음용 구멍 석면 시멘트판 등이 있다.
F 3701	펄라이트	단열재 및 흡음재의 원재료 등으로 사용되는 경량 골재.
F 3702	질석	경량 · 흡음 · 단열 · 방화 · 내화 및 치장을 목적으로 사용된다.
F 4708	염기성 탄산마그네슘 보온재	탄산마그네슘 물반죽 보온재, 탄산마그네슘 보온판 및 탄산마그네슘 보온통 등이 있다.
F 4714	발수성 펄라이트 보온재	발수성 펄라이트 보온판 및 발수성 펄라이트 보온통이 있다.
F 4901	아스팔트 펠트	유기 천연섬유를 주원료로 한 원지에 아스팔트를 침투시킨 펠트이다. 각종 구조물의 방수공사 및 방습공사, 지붕덮기 바탕 및 벽 바탕 등에 사용된다.
F 4902	아스팔트 루핑	유기 천연섬유를 주원료로 한 원지에 아스팔트를 침투, 피복하여 앞 뒤 양면에 광물질 분말을 부착시킨 재료이다. 각종 구조물의 방수공사 및 방습공사, 지붕 덮기 바탕 및 벽 바탕 등에 사용된다.
F 5660	폴리에스테르 흡음 단열재	건축용 또는 복합 패널의 단열 및 흡음재로 사용하는 폴리에스테르 흡음 단열재이다.
F 6304	주택용 암면 단열재	주로 주택에 사용하는 암면 단열재(매트, 펠트 등)이다.
F 6305	주택용 유리섬유 단열재	주로 주택에 사용하는 유리섬유 단열재이다.
F 6306	취입용 암면 단열재	주로 주택의 천장에 시공하는 취입용 암면 단열재
L 5202	석면포	KS L 5301(석면사)에서 규정하는 석면사를 평직으로 짠 포로서, 석면 피복류, 석면 이불, 석면 방화막, 석면제 각종 패킹류(석면 고무테이프, 석면포 개스킷, 석면 로드 패킹 등)의 제조나 보온재 등에 사용한다..
L 9101	규산칼슘 보온재	1,000 ℃ 이하의 보온에 사용하는 보온재로 보온판과 보온통이 있다.
L 9102	인조 광물섬유 보온재	보온 보랭용에 사용되는 유리면 보온재로서 보온판, 보온통, 블랭킷 및 보온대가 있다.
L 9105	암면 흡음 천장판	흡음을 목적으로 건축물 천장의 마무리에 주로 사용된다.
L 9106	암면 판상 단열재	암면을 주원료로 하여 단열, 방화, 이슬맺힘 방지 등을 목적으로 건물의 내 · 외장 하지재로 사용된다.
M 3807	재활용 발포 폴리스티렌 보온재	재활용 발포 폴리스티렌 스크랩을 20 % 이상 사용하고, 건설 현장의 보온재로 사용하는 폴리스티렌을 발포시켜 만든 발포 폴리스티렌 보온판이다.
M 3808	발포 폴리스티렌 보온재	폴리스티렌을 발포시켜 만든 보온재로서 보온판과 보온통이 있으며, 사용온도 70 ℃ 이하의 보온 · 보랭에 사용된다.
M 3809	경질 우레탄폼 보온재	100 ℃ 이하의 보온 · 보랭에 사용하는 보온재로서 보온판과 보온통이 있다.
M 3862	발포 폴리에틸렌 보온재	폴리에틸렌을 발포시켜 만든 보온재로서 사용온도 70 ℃ 이하 또는 120 ℃ 이하의 보온 · 보랭에 사용된다.
D 7082	흡음용 유공 알루미늄 패널	흡음을 목적으로 하여 사용하는 유공 알루미늄 패널이다.
D 9003	접착 알루미늄박	알루미늄박에 종이 또는 셀로판지 등을 접착제로 접착한 것이다.

5. 도 장 재

K.S 번호	규 격 명	적 용 범 위
바 탕 도 료		
M 5300	래커계 실러	주로 목재에 투명 래커를 도장할 때 하도용으로 사용하는 우드 실러 및 샌딩 실러이다.
M 5301	래커계 하지도료	주로 래커 에나멜을 도장할 때 하도 또는 중도용으로 사용한다.
M 5306	염화비닐수지 프라이머	염화비닐수지의 프라이머이다.
M 5318	조합페인트 목재 프라이머 백색 및 담색(외부용)	외부 목재용 프라이머로 백색과 담색이 있다.
M 5325	아연말 프라이머	아연화와 전색제를 혼합 분산시킨 성분과 아연말 성분으로 각각 포장되어 있다. 사용 직전에 두 성분을 혼합하여 도장하도록 되어 있는 것, 또는 전 성분을 충분히 혼합 분산하여 단일 액상으로 되어 있는 것이 있다. 다만, 식수를 저장하는 물탱크의 내면에는 사용할 수 없다.
방 청 도 료		
M 5311	광명단 조합페인트	광명단을 주 안료로 하고 여기에 전색제를 혼합 분산시켜 만든 광명단조합 페인트로서, 주로 철강 표면의 녹 방지를 목적으로 사용한다.
M 5323	크롬산아연 방청페인트	크롬산아연, 아연화, 이산화티탄 또는 산화철과 알키드수지 바니시를 충분히 혼합 분산시켜 액상으로 만든 페인트이다.
M 5337	에칭 프라이머	에칭 프라이머에 대하여 규정한다.
M 5424	광명단-크롬산 아연 방청 페인트	광명단과 크롬산아연을 방청안료로 하고, 알키드수지 바니시를 전색제로 하여, 이를 충분히 혼합 분산시켜 액상으로 만든 페인트이다.
M 5962	반광택 방청에나멜	주로 금속용 프라이머 또는 상도 도장에 사용된다.
M 5963	속건 알키드 방청프라이머	속건성의 알키드 방청프라이머로서, 납과 크로메이트를 함유하지 않고 환경규제대상 휘발물질을 420g/ l 이하 포함하고 있어야 한다.
M 5967	연산칼슘 방청페인트	주로 아연도금 강제품의 표면을 칠하는데 사용한다.
표 면 도 료		
M 5251	폴리에스테르수지 분체도료	주로 건축용 알루미늄에 사용된다.
M 5304	염화비닐수지 바니시	염화비닐수지 바니시에 대하여 규정한다.
M 5305	염화비닐수지 에나멜	염화비닐수지 에나멜에 대하여 규정한다.
M 5307	타르 에폭시수지도료	타르 에폭시수지 도료에 대하여 규정한다.
M 5310	합성수지 에멀션 페인트(외부용)	합성수지 에멀션을 전색제로 하여 안료를 혼합 분산시켜 만든 외부용 페인트이다.
M 5312	조합 페인트	조합페인트는 착색안료, 체질안료와 건성유, 알키드수지 바니시 등을 주원료로 하여, 이들을 충분히 혼합 분산시켜 여러 가지 색의 액상으로 만든 것이다.
M 5320	합성수지 에멀션 페인트(내부용)	합성수지 에멀션을 전색제로 하여 안료를 혼합 분산시켜 만든 내부용 페인트이다.

M 5601	알키드수지 바니시	산화형 알키드수지와 휘발성 용매를 주원료로 하여 만든 바니시이다.
M 5701	자연건조형 알키드수지 에나멜	자연 건조형의 알키드수지 광택, 반광택, 무광택 에나멜이다. 에나멜은 안료, 알키드수지를 주원료로 하고, 이를 충분히 혼합 분산하여 액상으로 한 것이다.
M 5703	가열 건조형 알키드수지 광택 에나멜	가열 건조형의 알키드수지 광택 에나멜이다. 에나멜은 안료와 아미노수지 및 변성 알키드수지 바니시를 주원료로 하고, 이를 충분히 혼합 분산하여 가열 건조에 적합하도록 만들어진 것이다.
M 5705	캐슈 수지 도료	주로 옥내에서 사용되는 나무제품, 금속제품 등의 상도에 사용하는 도료이다.
M 5708	실리콘 알키드 공중합수지 에나멜	실리콘 금속의 상도용으로 광택 및 반광택의 에나멜이 있다. 변성 장유성 알키드수지와 안료 및 희석제를 주원료로 하고, 이들을 충분히 혼합 분산시켜 액상으로 한 것이다.
M 5710	아크릴수지 에나멜	안료와 열가소성 아크릴수지를 도막형성의 주요소로 하여 충분히 혼합 분산시켜 액상으로 만든 휘발건조성의 유색 불투명 도료이다. 자연건조에 의해 비교적 짧은 시간에 도막이 형성되며 특히 내후성이 우수하다. 붓이나 스프레이 도장으로 콘크리트면, 모르타르면, 슬레이트 등 건축물 및 건재의 외장용 등에 사용된다.
M 5711	조합페인트 무광, 흰색 및 담색(내부용)	내부용 조합페인트로 무광, 흰색, 담색이 있다.
M 5957	콘크리트 및 벽돌 외부용 조합페인트	콘크리트 및 벽돌에 사용되는 반광택 외부용 조합페인트에 대하여 규정한다.
M 5965	유성 알키드 조합페인트(외부용·반광)	반광택의 외부용 유성 알키드 조합페인트에 대하여 규정한다.
M 5250	에폭시수지 분체도료	에폭시수지 분체도료에 대하여 규정한다.
M 5335	알루미늄 페인트	알루미늄 페인트에 대하여 규정한다.
M 5605	아크릴수지 바니시	아크릴수지 바니시에 대하여 규정한다.
방화도료·희석재		
M 5319	도료용 희석제	도료용 희석제에 대하여 규정한다.
M 5328	건축용 방화도료	건축용 방화도료에 대하여 규정한다.
M 5723	아크릴수지 에나멜용 희석제	열가소성 아크릴수지 에나멜용 희석제에 대하여 규정한다.

6. 강 재

KS 번호	규 격 명	적 용 범 위
D 3503	일반 구조용 압연강재	다리·선박·차량·그 밖의 구조물에 사용하는 일반 구조용의 열간 압연강재이다.
D 3515	용접 구조용 압연강재	용접성이 우수한 열간 압연강재로서, 다리·선박·차량·석유 저장소·용기·그 밖의 구조물에 사용한다.
D 3529	용접 구조용 내후성 열간 압연강재	용접성을 고려한 내후성 열간 압연강재로, 교량·건축·기타의 구조물에 사용한다.

D 3530	일반 구조용 경량 형강	냉간으로 성형한 경량형강으로 건축 및 기타 구조물에 사용한다.
D 3558	일반 구조용 용접 경량 H형강	연속적으로 고주파 저항용접 또는 이것과 고주파 유도용접의 병용으로 성형하는 경량 H형강으로, 건축 · 토목 · 그 밖의 일반 구조물에 사용한다.
D 3593	조립용 형강	단층 또는 여러 층의 선반용, 전시대용, 조명기구 구조물용, 칸막이용, 재료 운반기구용, 책꽂이용, 건축 구조물용 등에 사용되는 슬로티드 앵글이다.
D 3606	울타리용 철주	울타리용으로 사용하는 철주이다.
D 3609	건축용 강제 받침재 (벽 · 천장)	건축물의 벽 및 천장에 사용하는 강제의 받침재이다.
D 3694	열간압연 스테인리스강 등변ㄱ형강	열간압연 스테인리스강으로 제조한 등변ㄱ형강이다.
D 3752	기계구조용 탄소강재	열간압연 또는 열간단조 등 열간가공에 의하여 제조한 탄소강재로서, 보통 재 단조나 절삭 등의 가공과 열처리를 하여 사용한다. 다만, KS D 3710(탄소강 단강품) 및 KS D 4116(탄소강 단강품용 강편)은 포함하지 않는다.

7. 판 재

KS 번호	규 격 명	적 용 범 위
D 3501	연간압연 연강판 및 강대	일반용 및 드로잉용의 열간압연 연강판과 강대이다.
D 3506	용융아연도금 강판 및 강대	무게 백분율로 97 % 이상의 아연을 함유한 도금조(알루미늄은 0.30 % 이하)에서 양면을 같은 두께로 용융아연도금을 한 강판 및 강대이다. 강판은 평판 이외에 KS D 3053(강판제 골판의 모양 및 치수)에 규정된 모양, 치수의 골판을 포함한다.
D 3512	냉간압연 강판 및 강대	냉간압연으로 제조한 강판 및 강대로서, 마대강 (너비 500mm 미만) 및 마대강에서 절단된 강판을 포함한다.
D 3520	도장 용융아연도금 강판 및 강대	냉간압연 원판을 사용한 용융아연도금 강판 및 강대(KS D 3506)에 내구성이 있는 합성수지도료를 양면 또는 한쪽 면에 균일하게 도장, 열처리한 것이다. 강판은 평판 이외에 KS D 3053(강판제 골판의 모양 및 치수)의 골판을 포함한다.
D 3528	전기아연도금 강판 및 강대	전기아연도금을 실시한 강판 및 강대이다. 판 및 코일에 사용하는 원판은 원칙적으로 KS D 3503(일반 구조용 압연강재), KS D 3519(자동차 구조용 열간압연 강판 및 강대), KS D 3501(열간압연 연강판 및 강대), KS D 3512(냉간압연 강판 및 강대)에 따른다.
D 3540	중 · 상온 압력용기용 탄소강판	주로 중온 내지 상온용의 압력용기에 사용되는 탄소강 열간압연 강판이다.
D 3541	저온 압력용기용 탄소강 강판	저온에서 사용하는 압력용기 및 설비에 사용되는 열간압연 탄소강 강판이다.
D 3543	보일러 및 압력용기용 크롬몰리브덴강 강판	보일러 및 압력용기(저온에서 사용하는 것은 제외)에 사용하는 크롬몰리브덴강 열간압연 강판이다.

D 3544	용융 알루미늄도금 강판 및 강대	용융 알루미늄도금을 실시한 강대 및 강대를 절판한 강판이다.
D 3555	강관용 열간압연 탄소 강대	용접용 강관제조에 사용하는 열간압연 강대이다.
D 3560	보일러 및 압력용기용 탄소강 및 몰리브덴강 강판	보일러 및 압력용기에 사용하는 탄소강 및 몰리브덴강의 열간압연강판이다.
D 3586	저온 압력용기용 니켈강 강판	저온용의 압력용기 및 설비에 사용되는 열간압연 니켈강 강판이다.
D 3602	강제 강판	냉간으로 성형한 강제 강판으로 건축, 토목, 차량, 기타의 구조물에 사용한다.
D 3611	용접 구조용 고항복점 강판	압력용기, 고압설비 기타의 구조물에 사용하는 강판으로서 용접성이 양호하고 인장강도가 780 N/mm^2{80kgf/mm^2}, 내력이 685 N/mm^2{70kgf/mm^2}이다.
D 3615	도장 스테인리스강판	주로 건축물의 지붕, 외장, 내장 등에 사용하는 판상 및 대상의 스테인리스강판이다. 판 및 코일은 KS D 3698(냉간압연 스테인리스강판 및 강대)에 규정된 스테인리스강대에 유기도료를 소착시킨 것을 말한다.
D 3698	냉간압연 스테인리스강판 및 강대	냉간압연으로 제조된 스테인리스강판 및 강대
D 3705	열간압연 스테인리스강판 및 강대	열간압연으로 제조된 스테인리스강판 및 강대
D 6701	알루미늄 및 알루미늄합금의 판 및 조	압연한 알루미늄 및 알루미늄 합금판, 접합판, 조 및 원판
D 6705	알루미늄 및 알루미늄합금박	압연 가공한 알루미늄 및 알루미늄합금박
M 3501	경질 염화비닐판	두께 0.8mm를 초과하는 경질염화비닐판이다.

8. 환봉 · 선재

KS 번호	규 격 명	적 용 범 위
D 3504	철근콘크리트용 봉강	철근콘크리트 보강에 사용하는 봉강으로서, 열간압연으로 만든 원형 봉강과 이형 봉강이 있다.
D 3505	PC 강봉	프레스트레스트 콘크리트에 사용하는 PC 강봉이다.
D 3509	피아노 선재	피아노선, 오일 템퍼선, PC 강선, PC강 꼬임선, 와이어 로프 등의 제조에 사용하는 피아노 선재이다.
D 3514	와이어 로프	기계, 건설, 선박, 어업, 임업, 광업, 공중 케이블, 엘리베이터 등에 사용하는 일반용 와이어 로프이다.
D 3552	철선	보통 철선, 못용 철선, 어닐링 철선 및 철망용 철선이다.
D 3613	철근콘크리트용 아연도금 봉강	콘트리트의 보강에 사용하는 아연도금 봉강이다.
D 3692	냉간가공 스테인리스강봉	냉간가공으로 제조한 스테인리스 강봉이다.
D 3702	스테인리스강 선재	스테인리스강으로 된 선재로서, 용접재료용 스테인리스강 선재에는 적용하지 않는다.

D 3703	스테인리스강선	스테인리스강선 및 약 11 % 이상의 크롬을 포함하는 내열강선. 다만, 스프링용 스테인리스강선 및 냉간 압조용 스테인리스 강선에는 적용하지 않는다.
D 3706	스테인리스강봉	열간가공으로 제조한 스테인리스강봉(원형강, 각강, 육각강 및 평강을 총칭)이다.
D 5101	동 및 동합금봉	전신 가공한 단면이 원형, 정사각형, 직사각형 및 정육각형인 동 및 동합금봉이다.
D 6759	알루미늄 및 알루미늄합금 압출 형재	알루미늄 및 알루미늄합금제로 압출가공한 형재이다.
D 7002	PC 강선 및 PC 강연선	PC 콘크리트에 사용하는 PC 강선 및 PX 강연선이다.
D 7003	아연도 철 연선	전력용 · 통신용의 가공 지선, 매설 지선 및 지선이나 또는 이와 유사한 목적에 사용하는 아연도 철 연선이다.
D 7007	아연도 강 연선	전력용 · 통신용의 가공 지선, 매설지선, 매신저 지선(messenger wire), 자기 지지형 케이블용 지지선 및 지선과 이와 유사한 목적으로 사용하는 아연도금 강연선.
D 7009	PC 경강선	강선을 냉간가공을 하면서 제조하는 프리스트레스트 콘크리트 탱크 및 관에 사용하는 PC 경강선이다.
D 7026	용접용 스테인리스 강봉 및 강선	티그(TIG)용접 및 미그(MIG)용접에 사용하는 스테인리스강 나봉 및 선이다.
F 4552	메탈라스	미장공사의 바탕, 콘크리트의 바탕, 단열시공의 바탕 등에 사용하는 메탈라스이다.

9. 주물 · 주강

K.S 번호	규 격 명	적 용 범 위
D 3710	탄소강 단강품	일반용으로 사용하는 탄소강의 단강품.
D 4101	탄소강 주강품	탄소강의 주강품으로 원심력 주강관을 포함한다.
D 4103	스테인리스강 주강품	스테인리스강의 주강품으로 원심력 주강관을 포함한다.
D 4107	고온 고압용 주강품	고온도에서 사용되는 밸브, 플랜지, 케이싱 기타의 고압 부품용에 사용하는 주강품이다.
D 4301	회주철품	편상흑연을 함유한 주철품
D 4302	구상흑연주철품	구상흑연주철품에 대하여 규정한다.
D 4303	흑심가단주철품	흑심가단주철품에 대하여 규정한다.
D 4304	펄라이트 가단주철품	펄라이트 가단주철품에 대하여 규정한다.
D 4305	백심가단주철품	백심가단주철품에 대하여 규정한다.
D 6001	황동주물	일반용 황동주물에 대하여 규정한다.
D 6002	청동주물	일반용 청동주물에 대하여 규정한다.

D 6003	화이트메탈	각종 베어링 활동부 또는 패킹 등에 사용되는 화이트메탈 주괴에 대하여 규정한다.
D 6005	아연합금 다이캐스팅	아연합금 다이캐스팅에 대하여 규정한다.
D 6006	알루미늄합금 다이캐스팅	알루미늄합금 다이캐스팅에 대하여 규정한다.
D 6007	고강도 황동주물	일반용 고강도 황동주물에 대하여 규정한다.
D 6008	알루미늄 합금주물	금형주물, 사형주물 등의 알루미늄 합금주물에 대하여 규정한다.
D 6010	인청동 주물	일반 인청동 주물에 대하여 규정한다.
D 6011	연입 청동 주물	일반용 연입 청동주물에 대하여 규정한다.
D 6015	알루미늄 청동주물	일반용 알루미늄 청동주물에 대하여 규정한다.
D 6016	마그네슘 합금주물	사형 및 금형에 의한 마그네슘 합금주물에 대하여 규정한다.

10. 계 기 류

KS 번호	규 격 명	적 용 범 위
	온 도 계	
B 5215	수은 충만 압력식 지시 온도계	부르동관과 감온통을 도관으로 연결한 것 속에 수은을 충만시킨 압력계부와 지시부로 이루어지는 단침 동심의 둥근형 압력식 지시 온도계 중에서 온도범위 30～+650℃에서 사용되고 있는 온도계이다.
B 5217	기온용 바이메탈식 온도계	바이메탈을 이용하여 주로 기온을 측정할 때 사용되는 온도계에 한하며, 측정범위 -50～+50℃로 사용되는 와선형의 바이메탈 온도계이다
B 5235	증기압식 지시 온도계	부르동관과 감온통을 도관으로 연결한 것 속에 휘발성 액체를 봉입한 압력계부와 지시부로 구성되어 있는 단침 동심의 둥근형 압력식 지시 온도계 중에서 온도범위 -30～+200℃에서 사용되고 있는 온도계이다.
B 5302	유리제 온도계 (전체 담금)	전체 담금으로 측정하는 사용온도 범위가 -30～+360℃이며, 액체를 봉입한 일반 유리제의 막대 온도계이다.
B 5310	자기 기록 온도계	감온부가 지지대의 측면에 있고, 온도를 원통 위에 기록하는 형식의 자기 온도계이다.
B 5311	자기 기록 습도계	감습부가 지지대의 측면에 있고 습도를 원통 위에 기록하는 자기 습도계이다.
B 5315	유리제 2중관 온도계	수은을 봉입한 유리제 온도계 중에서, 전체담금으로 사용온도 범위가 -30～+360℃인 일반용의 유리제 2중관 온도계이다.
B 5316	담금선붙이 유리제 막대 온도계	액체를 봉입한 유리제 온도계 중 담금선붙이로서, 사용온도 범위가 -30～+360℃의 일반용 유리제 봉상 온도계이다.
	유량계, 수도미터, 열량계	
B 5260	전자 유량계	공업용 전자 유량계로서 원리, 구성 및 기능, 성능, 성능시험방법 및 사용방법에 대하여 규정하고 있다. 다만, 의료용, 액체 금속 측정용 및 개수로(開水路) 유량 측정용의 유량계에는 적용하지 않는다.

B 5301	접선류 익차형 수도미터	최고 사용 압력 0.74MPa{7.5kgf/cm^2} 이하의 수도에 사용하는 접선류 익차형 수도미터 중 구경이 50mm 이하인 수도미터이다.
B 5323	면적 유량계	액체, 기체 또는 증기의 유량을 측정하는 면적식 유량계이다.
B 5327	다이어프램식 가스미터	가스압력이 9.8kPa{1,000mm H_2O} 이하이고, 그 사용 최대 유량이 5.5m^3/h 이하인 가스 부피의 계량에 사용하는 독립 내기형 또는 내기일체형의 구조를 갖는 다이어프램식 가스미터이다.
B 5328	오일미터	오일의 적산부피를 계량하는 호칭구경 100mm 이하의 오일미터로 사용점도 범위가 1poise 이하이다.
B 5330	접선류 익차형 온수미터	최고 사용 압력 0.74MPa{7.5kgf/cm^2} 이하의 온수에 사용하는 접선류 익차형 수도미터 중에서 구경이 50mm 이하의 수도미터이다.
B 5336	고압용 수량계	최고 사용 압력이 {0.74MPa{7.5kgf/cm^2} 초과 2.45MPa{25kgf/cm^2 이하인 고압용에 사용하는 임펠러형과 터빈형의 수량계이다.
B 5340	용적식 로터리 피스톤형 수도미터	관로를 거쳐서 측정점을 통과하는 냉수의 통과 부피를 측정하는데 사용하는 수도미터로서, 물의 흐름에 의하여 이미 알려진 부피의 용기가 회전 구동하면서 이 용기에 채워진 물을 배출하는 회전수를 세어서 통과 부피를 지시한다.
B 5346	월트만식 수도미터	관로를 거쳐서 측정점을 통과하는 냉수의 통과부피를 측정하는 데 사용하는 수도미터이다. 수도미터 안에 흐름 축선의 둘레를 회전하는 나선형 익차가 물의 흐름에 의하여 회전운동을 하고, 그 회전수에 의하여 통과 부피의 합계를 지시한다. 일명 축류 익차형 수도미터라 한다.
B 5304	적산 열량계	냉방 또는 난방상태에서 액체상태인 열매체에 의해 전달된 열량을 측정하는 데 사용하는 것으로서, 공급된 열매체의 부피 또는 유량 및 열부하기의 송류측과 환류측에서 열매체의 온도 또는 온도차를 검출하여 열량을 측정하는 장치(이하 적산열량계라 한다.)로서 호칭구경이 40mm 이하인 것이다.
압력계, 기압계		
B 5305	부르동관 압력계	단일침 동심의 둥근형 지시 부르동관 압력계(압력계, 진공계 및 연성계 포함)로서, 게이지압을 측정한다.
B 5312	자기 기록 기압계	이중 다이어프램 또는 벨로즈를 사용하여 기압을 원통 위에 기록하는 기압계이다.
B 5520	격막식 압력계	격막식 압력계에 대한 규정이다.

11. 접 합 재

KS 번호	규 격 명	적 용 범 위
	용 접 봉	
D 7004	연강용 피복아크용접봉	연강의 용접에 사용하는 피복아크용접봉
D 7005	연강용 가스용접봉	탄소강 등의 용접에 사용하는 가스용접봉
D 7006	고장력강용 피복아크 용접봉	인장강도 490N/mm^2{50kgf/mm^2}급에서 780N/mm^2{80kgf/mm^2}급까지의 고장력강의 용접에 사용하는 피복아크용접봉
D 7008	주철용 피복아크용접봉	주철의 용접에 사용하는 피복아크용접봉
D 7012	동 및 동합금 피복아크용접봉	동 및 동합금의 용착금속을 얻는 피복아크용접봉
D 7014	스테인리스강 피복아크용접봉	크롬 11% 이상 및 니켈 22% 이하의 용착금속을 얻는 스테인리스강 피복아크용접봉
D 7026	용접용 스테인리스 강봉 및 강선	티그(TIG)용접 및 미그(MIG)용접에 사용하는 스테인리스강 나봉 및 선
M 3512	합성수지제 용접봉	폴리염화비닐, 폴리프로필렌 및 폴리에틸렌 제품의 용접에 사용하는 폴리염화비닐, 폴리프로필렌 및 폴리에틸렌 용접봉
	땜 납	
D 6704	땜납	주석, 납, 안티몬, 은, 비스무트, 동 및 인을 함유한 땜납 합금이다.
D 8049	동 및 황동 땜납	납땜에 사용하는 동 및 황동제의 땜납이다.
D 8050	인동 땜납	납땜에 사용하는 인동제의 땜납이다.
D 8319	은 땜납	납땜에 사용하는 은제품의 땜납이다.
	기계식 이음재	
B 1002	6각 볼트	일반적으로 사용하는 강제, 스테인리스강제 및 비철금속제의 6각 볼트이다.
B 1012	6각 너트	일반적으로 사용하는 6각 너트이다.
B 1101	냉간성형 리벳	일반적으로 사용하는 냉간에서 성형한 리벳으로 강제 리벳, 황동제 리벳, 구리제 리벳 및 알루미늄제 리벳이 있다.
	접착제, 접착테이프	
A 1527	포장용 폴리염화비닐 점착테이프	주로 포장, 봉함, 식별 등에 사용하는, 한 면에 점착제가 균일하게 도포되어 있는 폴리염화비닐 점착테이프이다. 다만, 전기절연용 및 방식용(부식 방지용)은 제외된다.
A 1530	방식용 폴리염화비닐 점착테이프	주로 강관, 봉강, 기타 금속체의 방식에 사용하는 폴리염화비닐 점착테이프이다.
M 3409	수도용 경질염화비닐관용 접착제	KS M 3401(수도용 경질 염화 비닐관)과 KS M 3402(수도용 경질 염화비닐 이음관)의 접합에 사용하는 염화비닐수지용 액형 접착제이다.

기타 이음재		
B 1518	관 플랜지용 스파이럴형 개스킷	유체가 증기, 물, 기름 등의 관플랜지에 사용하는 스파이럴형 개스킷으로서, 다음 규격에 규정되어 있는 각 관플랜지를 말한다. KS B 1511(철강제 관플랜지의 기본치수), KS B 1503(강제 용접식 플랜지)
D 2302	연 지금	코깅이음, 납땜이음에 사용하는 연 지금
D 2305	주석 지금	납땜용으로 사용하는 주석 지금
F 4910	건축용 실링재	건축 구성재의 줄눈 부분, 새시 주위의 충전, 유리끼우기 등에 사용하는 건축용 실링재
L 5201	포틀랜드시멘트	시멘트 모르타르이음에 사용하는 포틀랜드시멘트
M 6613	수도용 고무	수도용 관의 연결부 및 밸브에 사용하는 누수 방지용 고무.

12. 지지관련 부속류

KS 번호	규 격 명	적 용 범 위
B 1016	기초볼트	일반적으로 사용하는 강제의 기초볼트
B 1527	파이프 서포트	주로 파이프 시스템의 증기관 또는 송수관 배관에 사용하는 파이프 행거, 슬라이더 및 롤러형 서포트이다.
B 1561	방진 스프링 행거	산업용 시설을 상부 지지대로부터 완충시키기 위한 스프링식 방진 행거이다.
B 1562	방진 고무 마운트	일반 산업기계에 사용하는 방진용 고무 마운트이다.
B 1583	방진 스프링 마운트	일반 산업기계에 사용하는 방진용 스프링 마운트이다.
B 1588		

13. 위 생 기 기 류

KS 번호	규 격 명	적 용 범 위
B 1534	위생도기 부속 쇠붙이	KS L 1551(위생도기)에 규정한 도기의 세척구 및 배수구에 붙는 부속 쇠붙이
B 1565	플로어 드레인	건물 내·외의 위생(폐수 및 폐유)배수장치 배관에 사용하는 플로어 드레인이다.
B 1569	바닥 배수트랩	주로 건축물에 사용하는 바닥 배수트랩이다.
B 1587	하이탱크용 사이펀	KS L 1551(위생도기)의 하이탱크에 사용하는 하이탱크용 사이펀
B 1588	로탱크용 필 밸브(볼탭)	KS L 1551(위생도기)의 서양식 대변기에 사용하는 로탱크용 필 밸브(볼탭)이다.
B 1589	로탱크용 플러시 밸브(사이펀)	KS L 1551(위생도기)의 서양식 대변기에 사용하는 로탱크용 플러시 밸브(사이펀)이다.
B 2331	수도꼭지	사용 압력 0.74 MPa{7.5 kgf/cm^2}의 급수, 급탕용에 사용하는 수도꼭지로, 태양열이용 온수기 전용인 꼭지는 제외한다.
B 2369	대변기 세척밸브	수세식 대변기의 세척에 사용하는 밸브이다.
F 4522	루프 드레인(평 지붕용)	주로 건축물의 평지붕에 사용하는 루프 드레인이다.

F 4528	휴지걸이	화장실 등에 사용하는 두루마리용 휴지걸이이다.
F 4529	수건걸이	주로 욕실에 설치되는 수건걸이이다.
F 4531	배수전	건축물에 사용하는 생활하수 및 공장용수 처리의 오물찌꺼기 거름 배수전이다.
F 4803	유리섬유 강화 플라스틱제 정화조 구성부품	몸체의 외각부분을 유리섬유 강화 플라스틱으로 제조하는 단독처리 방식 정화조로서, 처리대상인원 50명 이하의 정화조 구성부품이다.
F 4806	욕조	욕조에 대한 규정
F 4808	욕조의 플라스틱제 뚜껑	플라스틱제 또는 플라스틱으로 표면을 피복한 욕조 뚜껑이다.
F 4811	유리섬유 강화폴리에스테르 물탱크	급수설비에 사용하는 유리섬유 강화폴리에스테르제 물탱크이다.
F 4812	욕실용 방수 팬	주택의 욕실에 사용하는 방수 팬
F 4813	세면대	세면대 선반과 세면기가 포함된 세면대
L 1004	주택용 간이 수세 변기	주로 주택에 사용하는 간이 수세식 변기
L 1551	위생도기	주로 건축물에 사용하는 위생도기
L 1563	비수세식 도기제 변기	비수세식의 도기제품 변기

건축설비재료

2003년 2월 28일 1판 1쇄 발행
2021년 2월 25일 1판 7쇄 발행

저 자 유 성 종
발 행 인 강 해 작
발 행 처 기 문 당
주 소 서울시 성동구 무학봉 28길 4-1
전 화 02)2295-6171(代)~5
팩 스 02)2296-8188
출판등록 1976. 10. 7(1-44)
홈페이지 http://www.kimoondang.com
I S B N 978-89-6225-321-4 93540

정 가 23,000원